中文版

Dreamweaver/Fireworks/Flash（CS6版）网页设计

Dreamweaver
Fireworks
Flash

张江波　王海荣　余　婕　等

電子工業出版社
Publishing House of Electronics Industry
北京·BEIJING

内 容 简 介

Dreamweaver CS6、Fireworks CS6、Flash CS6 三个软件是 Adobe 公司最新推出的网页设计软件，也是当前使用最广泛的常用网页设计软件。

本书从零开始，系统并详细地介绍了 Adobe Dreamweaver CS6、Adobe Fireworks CS6 和 Adobe Flash CS6 在网页设计中的应用，主要针对网页设计的基础知识、网页三剑客软件的使用方法进行了较为详细的讲解，并配合丰富的且较为实际的应用案例，使读者可以全面地、快速地理解和掌握网页三剑客在网页设计中的应用。通过本书的学习，读者可以学会应用这些软件工具进行网页编辑、网页效果图设计、网页图像处理、网页动画制作等，并能综合应用这些软件工具来创建个人站点或其他各类网站的前端页面。

全书内容安排由浅入深，语言通俗易懂，实例题材丰富多样，每个操作步骤的介绍都清晰准确。本书可作为广大网页设计爱好者的学习用书，也可作为广大设计人员的参考用书，还可作为大、中专院校职业教育用书或者相关专业的培训教材，对有经验的网页设计者也有很高的参考价值。

图书在版编目（CIP）数据

中文版 Dreamweaver/Fireworks/Flash（CS6 版）网页设计 / 张江波等编著. —北京：电子工业出版社，2014.1

ISBN 978-7-121-22069-2

Ⅰ. ①中… Ⅱ. ①张… Ⅲ. ①网页制作工具 Ⅳ.①TP393.092

中国版本图书馆 CIP 数据核字（2013）第 289292 号

策划编辑：祁玉芹
责任编辑：鄂卫华
印　　刷：中国电影出版社印刷厂
装　　订：中国电影出版社印刷厂
出版发行：电子工业出版社
　　　　　北京市海淀区万寿路 173 信箱　邮编　100036
开　　本：787×1092　1/16　印张：28.5　字数：730 千字
印　　次：2014 年 1 月第 1 次印刷
定　　价：65.00 元（含光盘 1 张）

凡所购买电子工业出版社图书有缺损问题，请向购买书店调换。若书店售缺，请与本社发行部联系，联系及邮购电话：（010）88254888。

质量投诉请发邮件至 zlts@phei.com.cn，盗版侵权举报请发邮件至 dbqq@phei.com.cn。

服务热线：（010）88258888。

前言

PREFACE

网页三剑客（Adobe Dreamweaver、Adobe Fireworks 和 Adobe Flash）是网页设计、网站开发过程中应用最为广泛的软件。Dreamweaver 是一个专业的网页编辑和制作软件，它提供了全方位的网页编辑功能，不但可以进行“所见即所得”的网页编辑，还可以在“代码视图”中编辑网页代码、编写各类 Web 程序，使得网页制作和开发的过程更加快速、便捷。Fireworks 是一个专业的 Web 图像设计软件，利用 Fireworks 可以编辑和处理网页图像、设计网页图形以及制作网页动画图像，此外，利用 Fireworks 还可以非常方便地制作出网页或程序功能的交互原型，在网站开发和程序开发前期工作中也可以发挥强大的作用。Flash 是一个专业的平面动画制作软件，可开发出具有跨多种操作系统平台、兼容多种设备、体积小巧、使用简便以及便于网络传播等特点的 Web 应用和桌面程序，在网络应用、多媒体演示、互动游戏、软件开发中得到较为广泛的应用。

本书定位于网页设计的初、中级用户，不仅适用于网页设计的初学者，对于熟悉网页三剑客以前版本的老用户也极具参考价值。本书从基础入手，以网页设计和制作为中心，使读者通过基础知识的学习掌握软件中相关的功能，提高设计和制作网页的水平，并且能够制作网页动画，最终能综合应用这三个软件，制作出符合 W3C 标准的、内容丰富的多媒体网页。

本书共 23 章，从内容上可分为两大部分：第一大部分为基础知识篇，重点讲解网页三剑客三个软件的基础知识及其应用，第 1～8 章讲解 Dreamweaver CS6 软件的基础知识及其应用，第 9～16 章主要讲解 Fireworks CS6 在网页效果图设计、网页图形制作、网页图像处理和网页动画制作中的应用，第 17～20 章主要讲解 Flash CS6 在网页动画制作、交互动画设计中的应用；第二大部分为实战应用篇（第 21～23 章），通过实际网页内容制作的过程，讲解网页三剑客软件在网页设计中的综合应用及相互配合的方式。具体章节内容如下。

第 1 章 网站建设与网页设计基础知识
第 2 章 Dreamweaver CS6 软件基础知识
第 3 章 添加网页内容元素
第 4 章 网页表单元素
第 5 章 插入其他网页元素
第 6 章 使用 CSS 布局和修饰网页内容
第 7 章 使用框架、模板与库
第 8 章 应用行为与特效
第 9 章 初识 Fireworks
第 10 章 图形图像处理基础
第 11 章 矢量图形与文本的编辑
第 12 章 位图的应用与处理
第 13 章 使用蒙版与滤镜
第 14 章 制作 GIF 动画
第 15 章 制作交互原型
第 16 章 图像的优化与导出及效率工具
第 17 章 初识 Flash
第 18 章 制作动画
第 19 章 应用多媒体和组件
第 20 章 应用 ActionScript 创建交互动画
第 21 章 设计并制作公司网站
第 22 章 设计并制作团购网站
第 23 章 制作动态 Flash 相册

本书由一线专业设计人员参与编写，他们具有丰富的设计经验，在此表示感谢。本书由张江波、王海荣、余婕主持编写，参与编写工作的还有张欣、张陆忠、罗黄斌、乔婧丽、曾敏宇、刘文敏、宗和长、张亚兰、陈正荣、娄方敏、徐友新、叶飞、许丰华、汪明、张瑞敏等。由于编写时间仓促，书中难免有疏漏与不妥之处，欢迎广大读者来信咨询指正，我们将认真听取您的宝贵意见，推出更多的精品计算机图书。

编　者

2013 年 12 月

第 19 章 应用多媒体和组件 361

第 20 章 应用 ActionScript 创建交互动画 375

第 1 章 网站建设与网页设计基础知识

本章导读

在学习制作网页和建设网站之前，首先需要了解与网络相关的基础知识，了解网页制作与设计的专业术语、工具软件、制作流程及网页的基本元素等，本章将重点介绍与网页设计相关的基础知识。

知识要点

- 了解 Internet 相关基础知识
- 了解和掌握网页设计相关的名词术语
- 了解与网页设计和制作相关的软件工具
- 了解网站开发流程
- 了解网页基本元素
- 了解网页布局规范及标准

案例展示

1.1 知识讲解——Internet 基础知识

Internet 即因特网，是由成千上万个网络以及上亿台计算机通过特定的协议相互连接而成的全球计算机网络，是提供信息资源查询和信息资源共享的全球最大的信息资源平台，而网站和网页则是 Internet 网络中最为常见的一种信息传播载体。本节将介绍与 Internet 相关的基础知识。

1.1.1 关于 Internet

关于 Internet 有着许多的描述，例如以下几种：

- Internet 是一个基于 TCP/IP 协议的网络，通过该协议可实现不同品牌、不同性能、不同操作系统的计算机之间的互联。
- Internet 是一个虚拟的社会或者国家，它有着自己的游戏规则和道德准则。
- Internet 以相互交流信息资源为目的，基于一些共同的协议，并通过许多路由器和公共互联网而构成，它是一个信息资源和资源共享的集合。

不论如何描述 Internet，人们最注重的是它的实用价值，例如，收发电子邮件、上网浏览或冲浪、查询信息、电子商务、网络休闲娱乐、网络办公等，这些应用都充分证明 Internet 的实用价值。

随着 Internet 在全球的普及和其在各个领域的广泛应用，工业时代那种以地缘为本的场地分割、垄断方式的国家和企业集团的模式会逐步被打破。现在面对的是一个统一的全球市场，经济将实现全球化。目前最为突出的是网络环境下的经济模式——电子商务。

1.1.2 万维网

万维网即环球信息网（World Wide Web），缩写为 WWW，是一个基于超级文本（Hypertext）的信息查询工具。WWW 存在于 Internet 中，由自愿加入的各计算机节点上的 WWW 服务器（网页服务器）和超级文本格式的信息文件组成，Internet 网络中的客户计算机发出请求，即可查询和访问 WWW 服务器中的信息。

1.1.3 超文本

超文本即超级文本（Hypertext），它是将各种不同空间的文字信息组织在一起的网状文本，它允许从当前阅读的位置直接到文本链接指向的位置。网页中的链接文本就是最常见的超文本内容。

1.1.4 浏览器

要在 WWW（万维网）中“阅读”网络中的海量信息，浏览器则是最基本的“阅读”工具。浏览器是指可以显示网页服务器或者文件系统的 HTML 文件内容，并让用户与这些文件内容交互的一种软件。浏览器的种类非常丰富，不同计算机平台可运行不同的浏览器。目前常见的浏览器有 Internet Explorer、Firefox、Safari、Google Chrome、Opera、360 安全浏览器、腾讯 TT、QQ 浏览器、搜狐高速浏览器、傲游浏览器等。

不同内核的浏览器在解析网页内容时，可能会存在一些差异，由于网页访问者所使用的浏览器是未知的，所以，在制作网页时，应尽量保证不同浏览器查看网页的效果相同，故建议安装多种浏览器以测试网页效果，推荐安装 Internet Explorer、Firefox、Safari、Google Chrome。

专家提示

目前网络用户中，仍然存在许多使用较老版本浏览器的用户，不同版本的浏览器在解析网页内容时也会存在一定的差异，而差异最大的则是 Internet Explorer 的 6.0 版本，故建议网页设计师们安装相关调试工具以测试不同浏览器环境下的网页效果，如 IETester 等。

1.1.5 URL

URL（Uniform / Universal Resource Locator）即统一资源定位符，也被称为网页地址，是因特网上标准的资源地址，以取得网络上的各种服务。

URL 由三部分组成：协议类型，主机名和路径及文件名。

- 协议类型：包括 HTTP、FTP、Telnet、Mailto、file 等。
- 主机名：指服务器在网络中的 IP 地址（如 125.64.92.92）或域名（www.baidu.com）。
- 路径及文件名：表示主机上的一个目录或文件地址，文件夹和文件名之间以“/”符号分隔。

URL 的书写格式为：协议类型://主机名/路径及文件名，当访问主机上的根目录或根文件夹时，可省略主机名后的路径及文件名，例如，访问百度网站首页，URL 为“http://www.baidu.com”。

1.1.6 IP 地址

IP 地址就像是我们的家庭住址一样，如果你要写信给一个人，你就要知道他（她）的地址，这样邮递员才能把信送到。计算机发送信息就好比是邮递员，它必须知道唯一的“家庭地址”才能不至于把信送错。只不过我们的地址是用文字来表示的，计算机的地址用二进制数字表示。

IP 地址就是给每个连接在 Internet 上的主机分配的一个 32 位地址，为了方便用户理解和记忆，它采用了十进制标记法，将 32 位的二进制数分为 4 个部分，每部分 8 位，每个部分用一个小于等于 255 的十进制数表示，中间用“.”隔开，如下图所示。

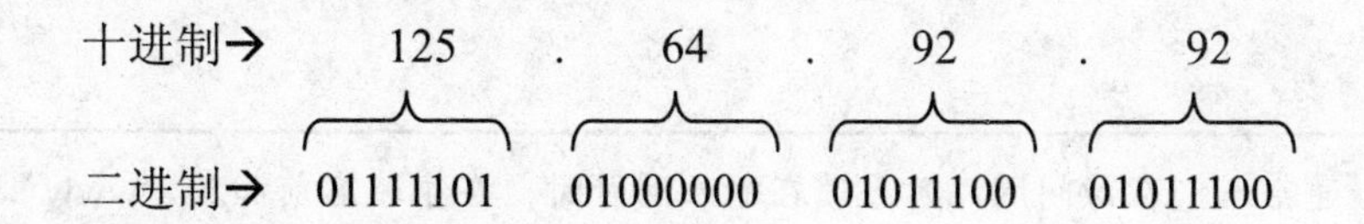

由此可见最低的 IP 地址是 0.0.0.0，最高的 IP 地址是 255.255.255.255。

1.1.7 域名

IP 地址为网络提供了一种统一的寻址方式，但若要大家记住百度的 IP 地址是 220.18.111.140、网易的 IP 地址是 118.123.110.50 等，所有网站都通过 IP 地址来访问，那么访问网站则会变成非常困难的事。使用一串用点分隔的名字组成一个主机名称用于替代输入 IP 地址的方式，使主机地址变得简单易记，而这一串标志主机名称的名字则为域名（Domain Name），目前域名已经成为互联网品牌、网上商标保护的必备产品之一。

域名通常由两部分组成，前面是域名主体，其后为域名后缀，例如“baidu.com”，其中，baidu 为域名主体，其后的“.com”为域名后缀，用于表示域名的性质或国家地域等。常见的用于表示性质的域名后缀见下表。

域名后缀	性　质
com	Commercial organizations，工、商、金融等企业
edu	Educational institutions，教育机构
gov	Governmental entities，政府部门
net	Network operations and service centers，互联网络、接入网络的信息中心（NIC）和运行中心（NOC）
org	Other organizations，各种非营利性的组织
Info	infomation，提供信息服务的企业
mobi	适用于手机网络的域名
cc	原是岛国“Cocos (Keeling) Islands”的缩写，但也可把它看成“Commercial Company”（商业公司）的缩写，所以现已开放为全球性国际顶级域名，主要应用在商业领域内。简短，容易记忆，漂亮，容易输入，是新一代域名的新秀
tv	原是太平洋岛国图瓦卢“Tuvalu”的国家代码顶级域名，但因为它也是“television”（电视）的缩写，所以现已开放为全球性国际顶级域名，主要应用在视听、电影、电视等全球无线电与广播电台领域内

上表中所列举的域名亦可称为国际域名，还有一种域名是国内域名，它是按照国家和地区的不同而分配的后缀，如 cn（中国）、hk（中国香港）、mo（中国澳门）、tw（中国台湾）、us（美国）、uk（英国）、jp（日本）、kr（韩国）等。

由域名和域名后缀即可构成顶级域名，如“baidu.com”、“163.com”等，在一个顶级域名下，还可以划分出多个二级域名，即主域名的分支。二级域名的结构是在主域名前再添加一个名称，例如“mail.163.com”，其中“mail”则是“163.com”域名下的二级域名。目前很多大型的网站都会使用多个二级域名对网站中的子栏目进行分类，以方便用户直接访问。

专家提示

通常人们在访问网站时习惯在输入网址时，在主域名前加入“www.”，实际上“www”也是一个二级域名，只是人们习惯把它作为网站的主要入口而已。

1.1.8　HTTP

HTTP（Hypertext Transport Protocol）即超文本传输协议，它规定了浏览器和万维网服务器之间互相通信的规则，它允许将超文本标记语言（HTML）文档从 Web 服务器传送到客户端浏览器上，即实现网站访问和网页浏览的功能。

在访问网站时，浏览器通常都会在域名前自动添加“http://”，即表示通过超文本传输协议访问指定的域名或 URL 地址。

1.1.9　FTP

在网络应用中除了最常用的 HTTP 协议外，还有一种较常用的，用于计算机之间文件传送的协议——FTP。FTP（File Transfer Protocol）是 TCP/IP 网络上两台计算机之间传送文件的协议，FTP 是在 TCP/IP 网络和 Internet 上最早使用的协议之一。

网站的内容存放在网络中的 Web 服务器上，为了更快捷方便地管理服务器上的文件，通常 Web 服务器会同时提供 FTP 服务，可通过 FTP 方式快速地管理服务器中存放的文件。

要使用 FTP 方式访问和管理 FTP 服务器上的目录及文件，通常在 Windows 的“资源管理器”的“地址栏”中输入协议名称及服务器的 URL 地址即可，如“ftp://192.168.0.100”。登录后即可像管理本地计算机中的文件一样管理远程计算机中指定目录中的文件。此外，还可以借助专业的 FTP 软件工具，更快速更方便地管理 FTP 空间。

1.1.10　带宽

带宽（band width）又叫频宽，是指在固定的时间可传输的资料数量或在传输管道中可以传递数据的能力，也可以说是通信线路的速度。带宽越大，网络的效率就越高。带宽的基本单位是 bit/s（比特/秒）。

1.1.11　网站

网站是因特网上一块固定的面向全世界发布消息的地方，由域名（也就是网站地址）和网站空间构成，通常包括主页和其他具有超链接文件的页面。在因特网的早期，网站只能保存单纯的文本。经过几年的发展，当万维网出现之后，图像、声音、动画、视频，甚至 3D 技术开始在因特网上流行起来，网站也慢慢地发展成我们现在看到的图文并茂的样子。通过动态网页技术，用户内容及功能目的，大致将网站分为以下一些类型：

- 个人网站：个人网站的设计比商业网站要自由得多，不同的行业，不同兴趣和爱好的网页制作者，不同的设计目的，所设计出来的网页会有很大不同。
- 企业型网站：企业类网站作为企业的名片越来越受到人们的重视，成为企业宣传品牌、展示服务与产品乃至进行所有经营活动的平台和窗口。通过网站可以展示企业形象，扩大社会影响，提高企业的知名度，
- 娱乐休闲网站：娱乐休闲类网站大都是以提供娱乐信息和流行音乐为主的网站。如很多在线游戏网站、电影网站和音乐网站等，它们可以提供丰富多彩的娱乐内容。这类网站的特点也非常显著，通常色彩鲜艳明快，内容综合，多配以大量图片，设计风格或轻松活泼，或时尚另类。

- 游戏网站：娱乐游戏类网站的设计要求比较高，除了要表现出网页包含的内容外，网页的分类和布局结构也很重要。有漂亮的首页，才能引起爱好者的浏览兴趣。
- 机构网站：所谓机构类网站通常指政府机关、非营利性机构或相关社团组织建立的网站。这类网站在互联网中应用十分广泛，如学术组织网站、教育网站、机关网站等，都属于这一类型。这类网站的风格通常与其组织所代表的意义相一致，一般采用较常见的布局与配色方式。
- 电子商务网站：电子商务网站有多种类型，其中最为常见的是在互联网上成立虚拟商场，为人们提供一种新的购物方式。随着网络的普及和人们生活水平的提高，网上购物已成为一种时尚。丰富多彩的网上资源、价格实惠的打折商品、服务优良送货上门的购物方式，已成为人们休闲、购物两不误的首选方式。网上购物也为商家有效地利用资金提供了帮助，而且通过互联网可以宣传自己的产品，因此现实生活中涌现出了越来越多的购物网站。
- 综合门户类网站：门户类网站将无数信息整合、分类，为上网者打开方便之门，绝大多数网民通过门户类网站来寻找自己感兴趣的信息资源，巨大的访问量给这类网站带来了无限的商机。门户类网站涉及的领域非常广泛，是一种综合性网站。此外这类网站还具有非常强大的服务功能，如搜索、论坛、聊天室、电子邮箱、虚拟社区、短信等。门户类网站的外观通常整洁大方，用户所需的信息在上面基本都能找到。目前国内较有影响力的门户类网站有很多，如新浪（www.sina.com.cn）、搜狐（www.sohu. com）和网易（www.163.com）等。
- 搜索引擎类网站：搜索引擎（search engine）是指根据一定的策略、运用特定的计算机程序从互联网上搜集信息，在对信息进行组织和处理后，为用户提供检索服务，将检索到的相关信息展示给用户的网站系统。搜索引擎是网站建设中针对“用户使用网站的便利性”所提供的必要功能，同时也是“研究网站用户行为的一个有效工具”。高效的站内检索可以让用户快速准确地找到目标信息，从而更有效地促进产品/服务的销售，而且通过对网站访问者搜索行为的深度分析，对于进一步制定更为有效的网络营销策略具有重要价值。目前，流行的搜索引擎有百度（www.baidu.com）、谷歌（www.google.com.hk）和必应（www.bing.com）等。

1.2　知识讲解——网页制作基础

用户在访问网站时所看到的实际内容即为网页，一个网站中通常有许多网页，常见的网页文件格式为 HTML 格式，其文件扩展名为“html”、“htm”、“asp”、“aspx”、“php”和“jsp”等。网页是构成网站的基本元素，而网页则是由一些基本元素构成的，包括文本、图像、超级链接、表格、动画、音乐和交互式表单等。

1.2.1　网页的类型

根据网页中的交互功能，可将网页分为静态网页和动态网页两种类型。

静态网页是指没有后台数据库，不含前后台交互程序的网页，通常仅用于一些不会经常更新信息的展示。它是由纯粹的 HTML 格式制作的网页，其文件后缀通常为“htm”、“html”、 “xml”和“shtml”等。

动态网页一般以数据库为基础，可实现如用户注册、登录、在线调查等有着复杂的数据交互的信息存储的功能。动态网页常见的文件后缀有“aspx”、“asp”、“jsp”、“php”、“do”等。

专家提示　网页中存在 GIF 动画、Flash 动画或 js 前端互动特效等均不能说明该页就是动态网页，动态网页必须存在网站后台交互功能。

1.2.2　网页的构成元素

网页是网络中传递各种信息的重要载体，例如传播新闻、音乐、视频等，故网页可以由以下元素构成：

- 文本：即文字内容，是网页内容的主要元素，能准确地表达信息内容和含义。
- 图像：用于美化网页、对实物进行更直观的展示以及表达设计思想等。
- 动画：用于吸引浏览者目光，强调信息和内容，同时起到修饰和美化网页的作用。
- 声音：是多媒体网页的重要组成部分，可以给网页浏览者造成听觉上的感染或冲击，使网页不再是一个无声世界。
- 视频：使网页内容更精彩丰富，具有更强的感染力。
- 表单：用于收集用户信息的网页组件，例如用户注册、登录等。
- 超级链接：将文字或图像转换为可单击元素，使用户单击后可快速切换至其他页面或运行相关程序，通常用于实现网站内容的导航或交互功能。
- 表格：用于控制数据信息的布局和排列方式。

由于网页存在于网络中、显示于屏幕上并包含着各种各样的交互功能，它类似于平面设计或平面排版，但又有许多不同之处，经过多年的发展，网页设计和排版形成了一种不约而同的标准，网络中大部分的网页都有着以下几个重要元素。

1. 网站标志（Logo）

网站作为一种信息传播媒体，在传递信息的同时，也需要对自身进行宣传，网站的标志如同一个商品的商标，集中体现了网站的特色、内容、文化及个性。通常网站的标志都设计得十分醒目，并设置在网页中最显眼的位置，以便给浏览者留下深刻的印象，故而标志的设计应以简洁易记为目标，使得浏览者能快速地记住网站，下图中列举了一些常见的网站 Logo。

網易 NETEASE www·163·com

淘宝网

2. 导航栏

由于网站是由许多网页构成的，浏览者可通过一个页面快速切换至另一个页面，通常网页中需要提供这样一个功能栏目，以便浏览者快速找到自己感兴趣的内容，这就是导航栏。如下图所示列举了多种效果的导航栏。

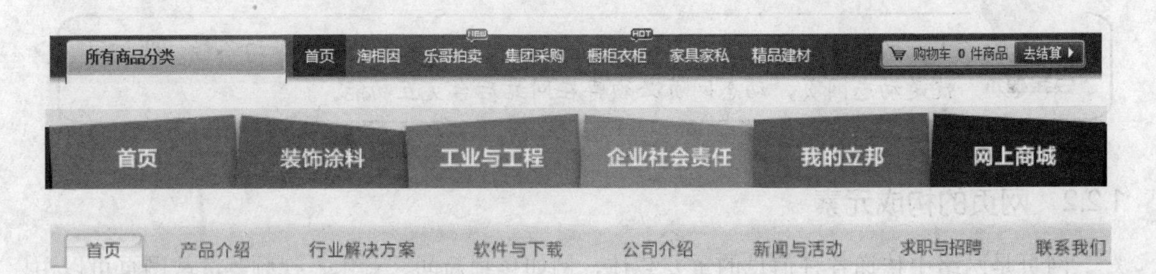

3．Banner

Banner 是网页中的重要元素之一，即旗帜广告、横幅广告，用于体现网页的中心意旨，表达最主要的情感思想或宣传中心，在大部分网站中以广告为主，在企业网站中则多以表达企业的中心文化或主要产品为主。如下图所示为一些网站中的 banner 部分。

4．页脚（版权区）

页脚则是页面的最底端部分，通常在页脚部分中加入一些辅助用户了解网站的链接、标注网站所属单位的名称、地址、联系方式、网站备案信息、版权声明等信息，使浏览者通过页脚了解到网站所有者的一些情况。如下图所示为一些网站的页脚区域。

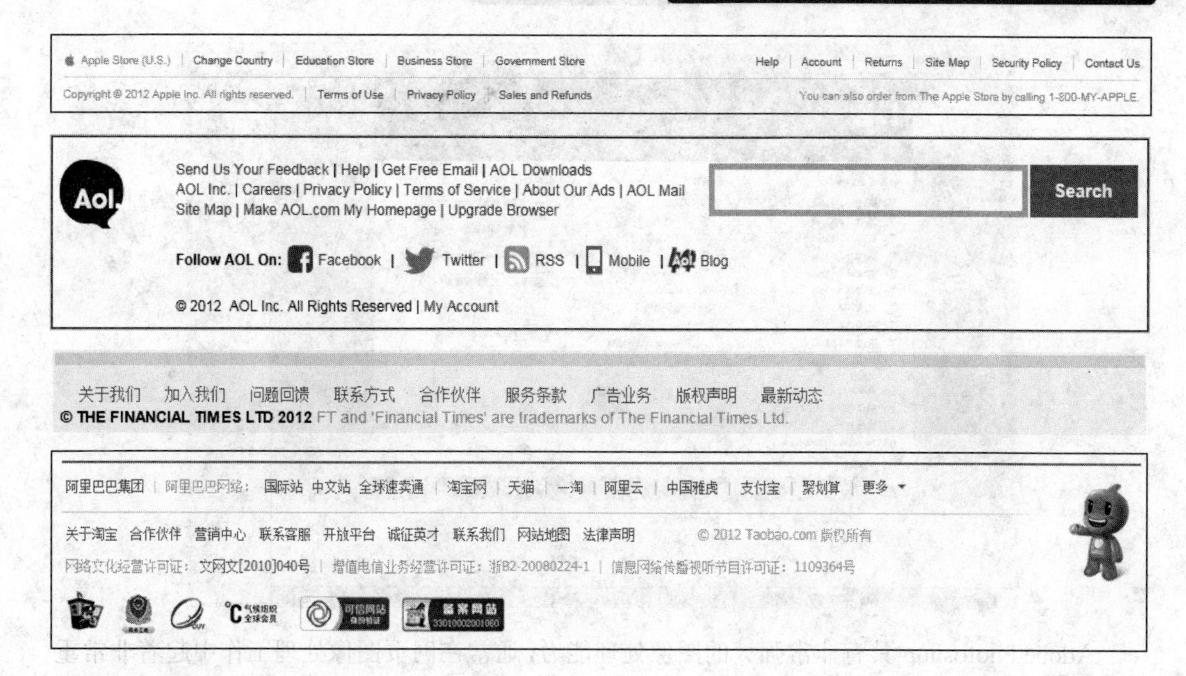

1.2.3　网页设计工具

在建设网站和设计制作网页时，会用到许多软件工具，以提高网站设计和建设的效率。在网页设计和制作过程中通常需要进行网页效果设计、图像处理与优化、网页布局制作与内容编排、动画设计和制作等工作，常用的软件如下。

1．网页编排软件

网页的编辑和排版是网页制作中的重要工作之一，该类软件的作用是将网页中的各类内容元素进行整合。由于网页文件实质上是由文本格式的 HTML 代码构成的，凡是能进行文本文档编辑的软件均可完成网页的编排，如 Windows 系统自带的记事本也能完成网页的编排。但由于普通的文本文档编辑软件无法进行可视化的网页内容编辑，为了更方便更快捷地实现网页编排，常常需要借助专业的网页编排软件。

常用的网页编排软件有 Adobe Dreamweaver、Microsoft FrontPage 等，最为流行的则是 Adobe Dreamweaver，它可以对 Web 站点、网页和 Web 应用程序进行设计、编码和开发，并且软件界面简洁、功能强大。它不仅是专业人员制作网站的首选工具，而且广大网页制作爱好者使用率也很高。目前 Adobe Dreamweaver 已更新至版本 CS6，支持最新的 HTML 和 CSS，如下图所示是 Adobe Dreamweaver CS6 的工作界面。

2．网页设计及图像处理软件

在网络不断发展的今天，光靠简单的内容排版制作的网页已经无法很好地适应浏览者对美观的要求和对艺术的追求，为了使整体的网页效果更美观、布局结构更合理更个性，常常需要应用专业的图形和图像处理软件来设计网页的整体效果、处理网页中各种图形和图像元素。常用的网页效果图设计和网页图像处理的软件有 Adobe Photoshop 和 Adobe Fireworks 等。

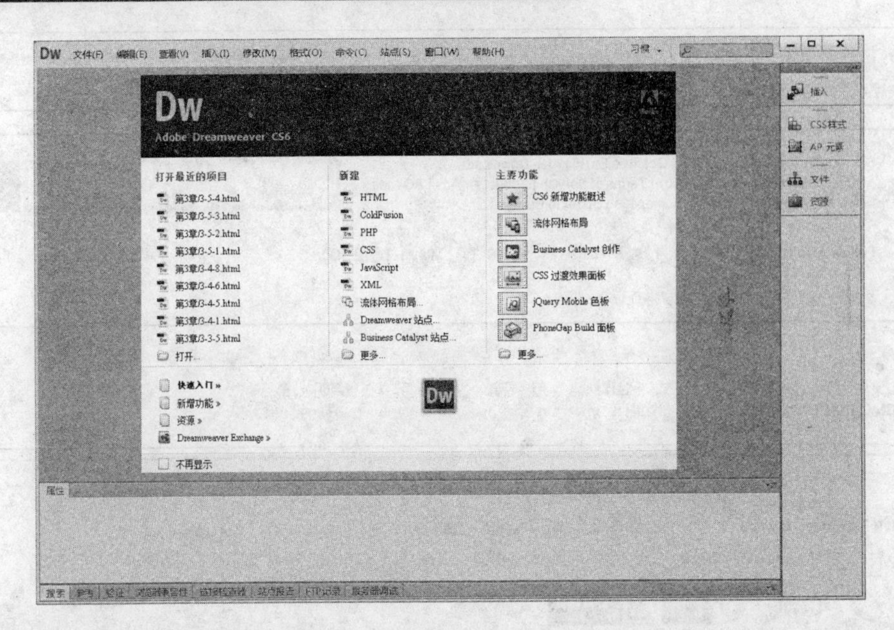

Adobe Photoshop 具有非常强大的图像处理能力，通常在网页图像处理工作中起着非常重要的作用，同时在平面设计、包装设计、建筑设计等工作中均有重要应用；而 Adobe Fireworks 则为更专业的网页设计软件，应用 Fireworks 除了能够更高效地设计网页效果图、处理网页中的图形和图像外，还能快速地制作和模拟网页中的动态交互效果，制作网页交互原型、网页图像动画等，在网页制作的前期工作中体现出更为强大的功能和作用。目前 Adobe Fireworks 也更新至 CS6 版本，下图为 Adobe Fireworks CS6 的软件界面。

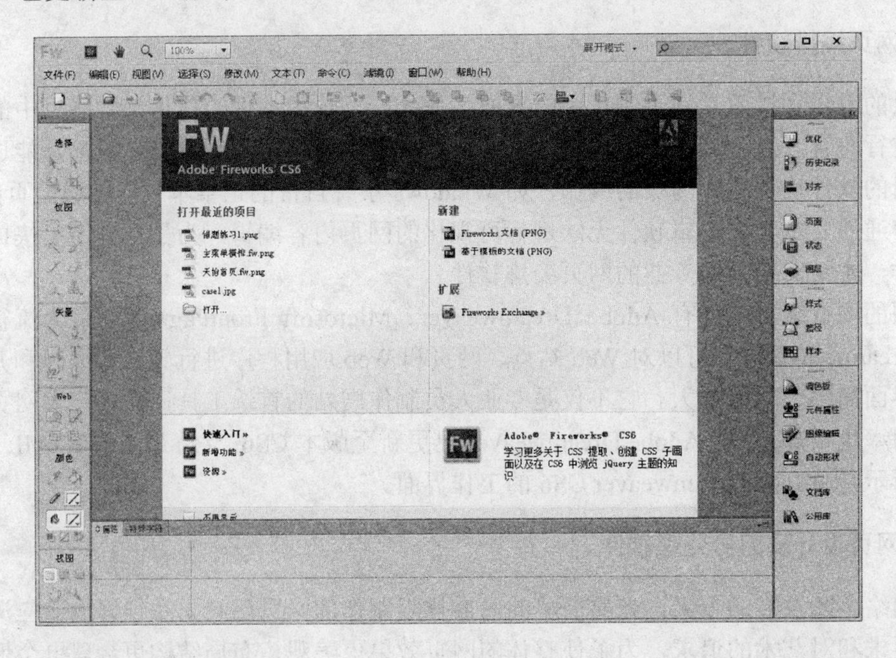

3．网页动画设计与制作软件

网页中增加动画效果，不但能吸引浏览者的眼球，更为网页整体的效果及品牌形象起到了提升作用，通常网页中的动画可以通过 Adobe Fireworks 和 Adobe Flash 进行制作，前者主要用于简单的图像动画制作，而 Flash 则是用于复杂的多媒体动画及交互动画制作的专业动画制作软件，是目前最流行的网页动画制作软件。

Adobe Flash 除了应用于网页动画的制作外，在各行各业也有着广泛的应用，例如 Flash 游戏、多媒体演示动画、应用软件开发等。

如下图所示为 Adobe Flash CS6 工作环境。

1.2.4　网站开发流程

网站建设是一个系统工程，有一定的工作流程，只有遵循这个步骤，做好网站建设中的每一个步骤，才能设计出完整的规范的网站。网站开发的大致流程如下。

1. 网站的整体规划

在创建网站前，首先必须对网站进行整体的规划和设计。网站的整体规划和设计在整个网站创建中起到指导作用。好的网站规划能够令网站质量更佳，使浏览者身心舒畅。通常在建立网站前需要书写网站功能需求和网站项目策划书，在策划书中详细规划网站。大型的网站和功能性较强的网站可制作出网站的交互原型，以分析网站中各部分的功能和存在的问题。

2. 设计页面效果图

在确定好网站的风格和搜集完资料后就需要设计网页效果图了，在网页效果图设计中包括 Logo、标准色彩、标准字、导航条和首页布局等设计元素。可以使用 Photoshop 或 Fireworks 软件来具体设计网站的效果图。

网页效果图设计是网站规划中的一个非常重要的环节。网页的设计包括网站的 Logo 设计、网页的布局设计、网页的色彩搭配和网站的字体等。互联网上有很多风格迥异的网站，其表现有的大气、有的婉约、有的精致、有的古典、有的沉稳、有的庄严肃穆、有的高雅严谨、有的雄伟壮丽等。

3. 静态 Web 页面制作

完成网页效果图的设计后，需要参照效果图制作出真正的网页文件。通常通过对效果图中的图形和图像进行切片，导出为小图片后，再应用 Dreamweaver 软件，制作出符合行业标准的静态 Web 页面。

4. 动态功能模块程序开发

在网站中若需要应用动态程序，则需要开发相应的功能程序模块，并将制作好的静态 Web 页制作为动态网页，并制作后台管理程序，用于管理前端页面中显示的信息内容及网站中的各类功能。

5. 注册域名和空间

域名注册的流程与方式比较简单，首先可以通过域名注册商，或者一些公共的域名查询网站查询所希望注册的域名是否已经被注册，如果没有，则需要尽快与一家域名注册服务商取得联系，告诉他们自己希望注册的域名，以及付款的方式。域名属于特殊商品，一旦注册成功是不可退款的，所以通常情况下，域名注册服务商需要先收款。当域名注册服务商完成域名注册后，域名查询系统并不能立即查询到该域名，因为全球的域名 WHOIS 数据库更新需要 1～3 天的时间。

网站是建立在网络服务器上的一组电脑文件，它需要占据一定的硬盘空间，这就是一个网站所需的网站空间。在网络中有许多提供免费静态网站空间的网站，若是制作静态网站可以申请静态网站空间，如果要制作动态网站，则通常需要到空间提供商处租用支持动态网站程序的服务器。

一般来说，一个标准中型企业网站的基本网页 HTML 文件和网页图片需要 8 MB 左右空间，加上产品照片和各种介绍性页面，一般在 15 MB 左右。除此之外，企业可能还需要存放反馈信息和备用文件的空间，这样，一个标准的企业网站总共需要 30～50 MB 的网站空间。当然，如果是从事网络相关服务的用户，可能需要将大量的内容存放在网站空间中，这样就需要申请足够大的空间。

6. 网站测试与发布

网站测试实际上是模拟用户访问网站的过程，用以发现问题并对此改进设计。发布是让人知道网站的存在。通常在网站测试时，可将网站文件上传于申请的网站空间，通过访问空间地址测试网站整体运行情况及程序与空间的兼容性，用不同的浏览器访问网站，以确认浏览器的兼容性，可请不同地区的朋友访问网站以确定不同线路是否可以访问网站。

网站测试无误后可将空间地址与域名绑定，并向工业和信息化部提交网站备案信息申请网站备案，网站备案可以通过官方备案网站在线备案或者通过当地电信部门两种方式来进行网站的备案。网站备案的目的就是为了防止在网上从事非法的网站经营活动，打击不良互联网信息的传播，如果网站不备案的话，很有可能被查处以后关停。根据中华人民共和国信息产业部第十二次部务会议审议通过的《非经营性互联网信息服务备案管理办法》精神，在中华人民共和国境内提供非经营性互联网信息服务，应当办理备案！未经备案，不得在中华人民共和国境内从事非经营性互联网信息服务。而对于没有备案的网站将予以罚款或关闭。

7. 网站推广及优化

网站的推广对网站的运营有重大的作用，当一个网站发布之后，人们并不会知道这个网站的存在，必须通过各种手段宣传，让大家知道并访问这个网站。常见的推广手段有搜索引擎推广、电子邮件推广、网站资源合作推广、信息发布推广、网站广告推广、传统广告推广等。目前较为流行的推广方式有 SEO（Search Engine Optimization），即搜索引擎优化，主要目的是增加特定关键字在搜索引擎的搜索结果中的曝光率，以增加点击率和访问量；其次还有微博推广等新兴的推广方式。

网站的优化则是在网站运营的过程中，根据浏览者反馈的情况及运营过程中收集的数据，通过分析和处理后对网站中的功能及页面内容进行改进，以适应大部分访问者的习惯，使网站能被访问者接受和喜爱。

1.2.5 HTML 基础知识

HTML（Hypertext Markup Language）即超文本标记语言，用于描述网页文本的一种标记语言。它通过标记符号来标记要显示的网页中的各个部分。使用超文本标记语言制作网页文档并不复杂，但其功能强大，并且具有很强的扩展性和跨平台特性，目前 HTML 的版本已经发展至 4.01 版本，而 HTML 5 的草案也早已提出，但目前仍处于发展阶段，许多移动平台的浏览器和新发布的一些浏览器已经开始适应 HTML 5，但由于庞大的网络中仍有大部分用户使用着老版本的浏览器而不能很好适应 HTML 5，作为网页设计开发者，暂时不能抛弃这部分用户，并且 HTML 5 也并未正式发布，所以，目前 HTML 4.01 仍为主流的超文本标记语言。

HTML 实质上也是文本，通过浏览器对文本中的标签进行解释从而表现出不同的效果，在浏览器中打开网页后可查看网页的源文件，即为 HTML 代码。现以 Internet Explorer 9.0 为例，查看网页 HTML 的方法有：

方法一：在网页内容区域中的空白处单击鼠标右键，在弹出的菜单中选择“查看源文件”命令，如左下图所示。

方法二：单击“查看”菜单，选择“源文件”命令，如右下图所示。

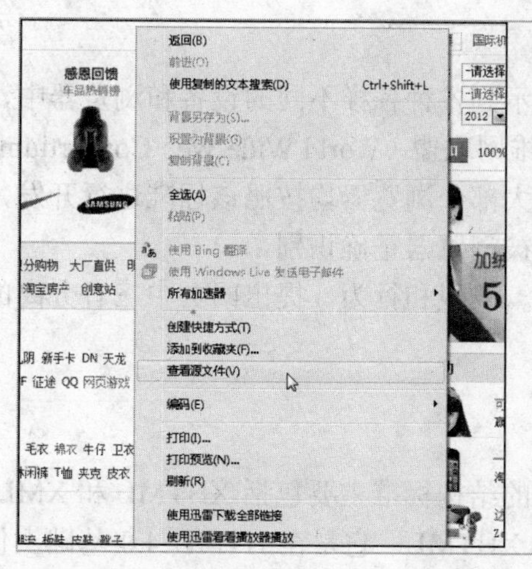

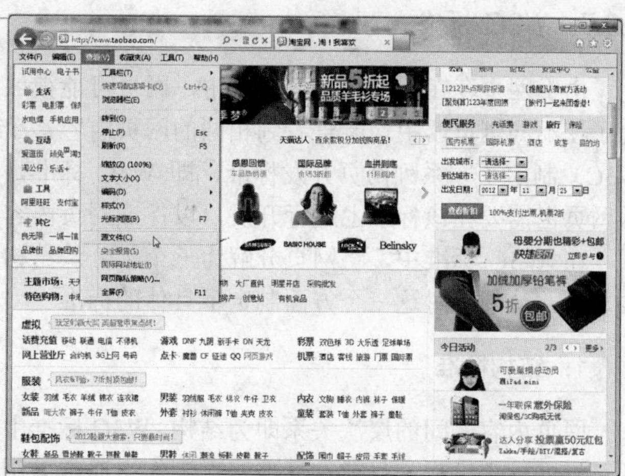

在网页的源文件窗口中，即可看到 HTML 标签及网页内容的组成，如下图所示。

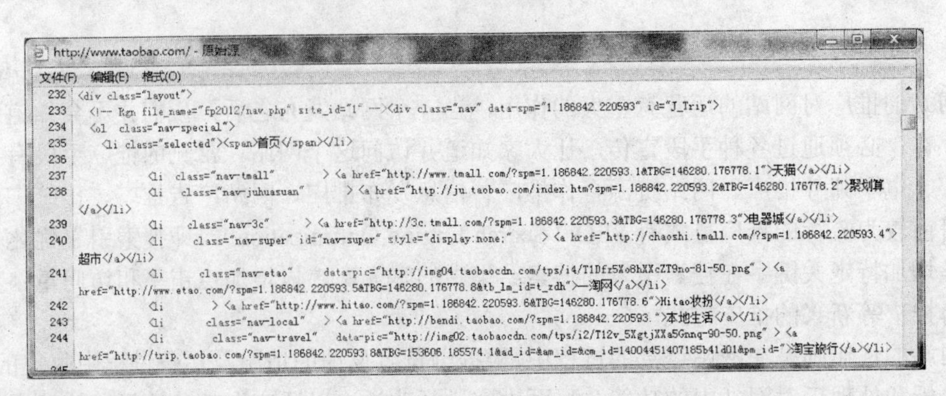

标准的超文本标记语言文件通常以.html 作为文件后缀名，其内容中都具备一个基本的整体结构，分别为：表明文件类型的标记“<HTML>”、表示文件头信息的标记“<head>”、表示网页内容主体的标记“<body>”。如右图所示的内容是基本的网页结构。

```
<html>
<head>
<title></title>
</head>
<body>

</body>
</html>
```

大部分的超文本标记都由一个开始标记和一个结构标记构成，即标记一个区域中的内容，其基本格式为“<标签名>…</标签名>”，如“<html>…</html>”、“<body>…</body>”等。许多标记可层层嵌套来表明一种层次关系，例如在超文本标记语言文件的基本结构中，“head”标记和“body”标记均属于“html”标记的内容，此外还有许多标签可以放置于“head”或“body”标记中。

1.2.6 DIV+CSS 网页布局概述

DIV+CSS 是一种网页布局的方式，即布局网页中各元素及内容，并为各部分内容添加修饰的一种方式。DIV 实际上是 HTML 标记语言中的一个标签，用于表示一个区域；CSS 是层叠样式表（Cascading Style Sheets）的缩写，用于定义元素的显示形式及显示效果。从表面上可将 DIV+CSS 理解为在 HTML 中使用 DIV 元素作为网页各部分内容的容器，使用 CSS 样式来控制容器的外观及位置的一种布局方式。

1.2.7 W3C 标准

由于网页存在于庞大的互联网中，网页可能被展示到各种各样不同的设备和浏览器中，为了使不同浏览器中均能查看到相同的网页内容，万维网联盟（World Wide Web Consortium，W3C）制定了一系列网页开发标准，即 W3C 标准，大部分浏览器均按照该标准进行开发，故网页也需要在该标准上进行开发，以保证网页内容被浏览器正确识别。

在 W3C 标准中，将网页分解为三个部分：结构、表现和行为，提出网页中三者分离的要求，并分别针对这三个方面制定了具体的标准。

1. 结构标准

网页内容之间的层次关系即为结构，W3C 标准中的结构标准主要包括 XHTML 和 XML，即可扩展标识语言。目前在标准网页制作中通常采用 XHTML，它是在 HTML 4.0 基础上使用 XML 规则对其进行扩展得到的。

2．表现标准

表现可理解为网页中的修饰成分，表现的标准语言为 CSS，其主要目的是取代 HTML 中的表现元素，从而实现分离表现和结构，使站点的访问与维护更加容易。

3．行为标准

行为可以理解为网页中的交互或程序，行为标准中规定了文档对象模型 DOM，即与浏览器、平台、语言的接口，使得网页中的程序可以调用网页内容甚至浏览器对象中的标准组件；同时，行为标准中将 JavaScript 作为标准脚本程序语言。

1.3　同步训练——实战应用

实例 1：使用开发人员工具查看百度首页

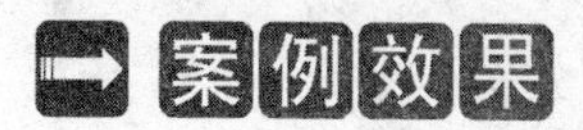

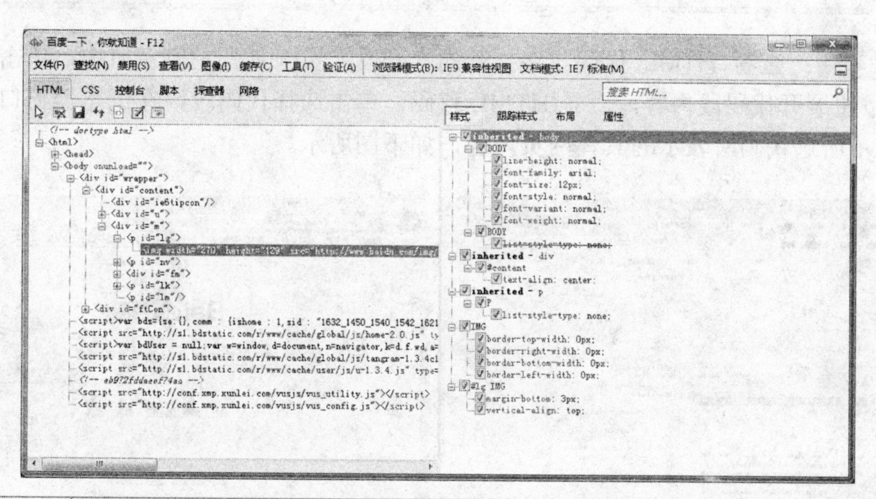

	素材文件：光盘\素材文件\无
	结果文件：光盘\结果文件\无
	教学文件：光盘\教学文件\第 1 章\实例 1.avi

制作分析

本例难易度：★★☆☆☆

关键提示：

启动 IE 浏览器（9.0），打开“开发人员工具”，通过“开发人员工具”窗口查看网页 HTML 代码及 CSS 样式表。

知识要点：

- 访问网站
- 启用开发人员工具
- 查看网页中的 HTML 代码
- 查看网页中 CSS 代码
- 使用不同浏览器版本测试页面

具体步骤

STEP 01：访问百度首页。启动浏览器 IE9.0，在地址栏中输入“baidu.com”并按【Enter】键，打开百度首页，如左下图所示。

STEP 02：开启开发人员工具。选择“工具”菜单中的“F12 开发人员工具”选项，开启“开发人员工具”窗口，操作过程如右下图所示。

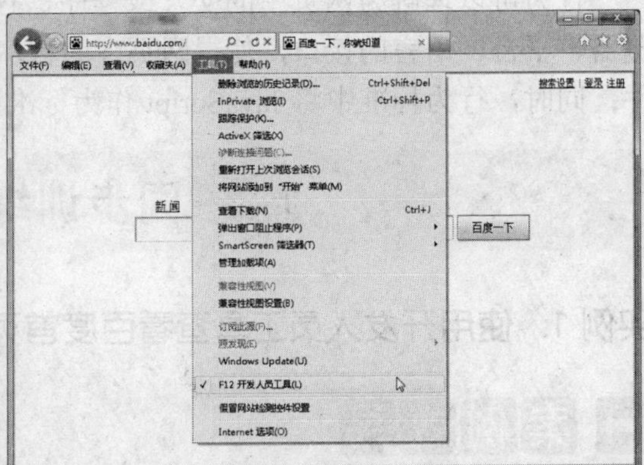

STEP 03：查看 HTML 代码。在打开的“开发人员工具”左侧窗口中，单击代码段前的“+”按钮展开代码段内容，查看 HTML 代码，单击选择代码段，在浏览器窗口中将以蓝色边框显示所选代码所表示的具体网页内容，如下图所示。

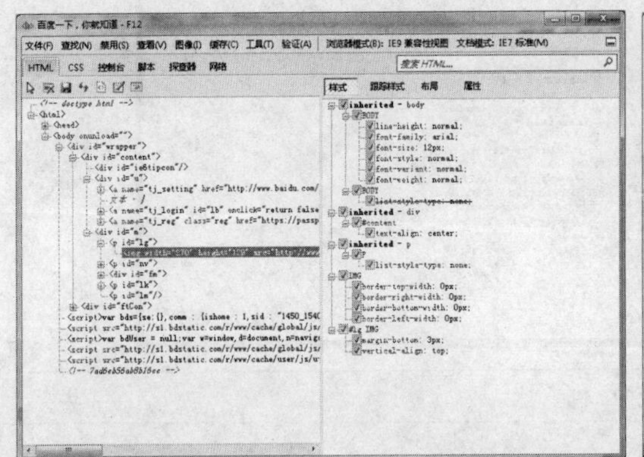

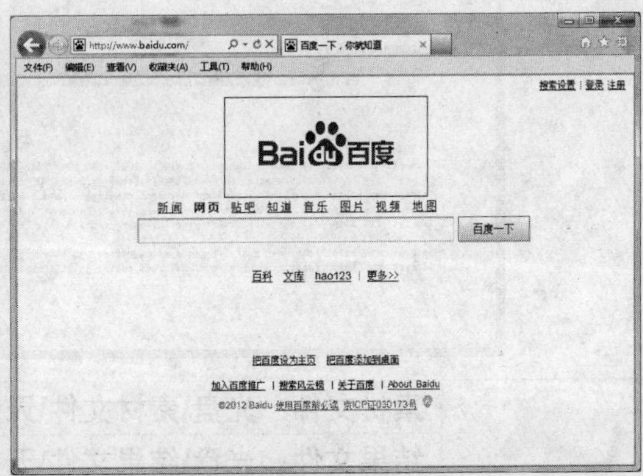

STEP 04：查看所选元素的 CSS 样式。单击“开发人员工具”右侧窗口上方的“跟踪样式”按钮，可查看当前所选元素的 CSS 样式，如左下图所示。

STEP 05：查看老版本 IE 下页面的显示效果。为检验网页在不同版本的 IE 浏览器下的显示效果，可单击“开发人员工具”窗口中的“浏览器模式”菜单，选择要使用的浏览器版本，如右下图所示。

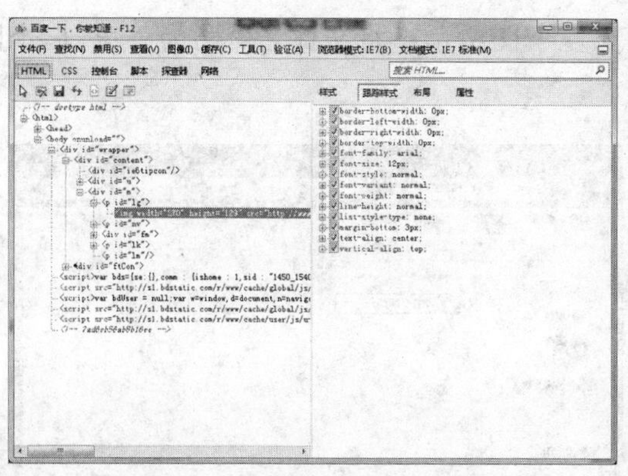

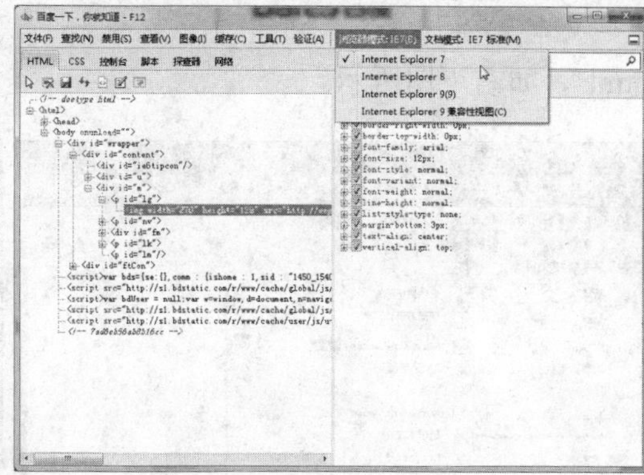

实例 2：使用记事本创建网页文件

案例效果

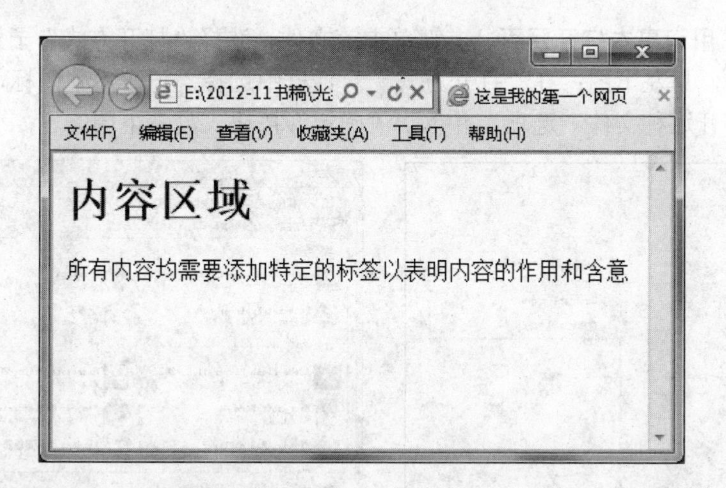

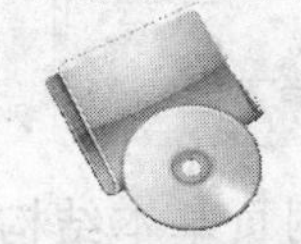	素材文件：光盘\素材文件\无
	结果文件：光盘\结果文件\第 1 章\第 1 个网页.html
	教学文件：光盘\教学文件\第 1 章\实例 2.avi

制作分析

本例难易度：★★★★☆

关键提示：

网页文件实质上就是文本文件，只是将文件扩展名更改为 html 或 htm，并应用 HTML 标记对文本内容进行标记说明，使其能被浏览器解析，作为网页中指定部分及内容。

知识要点：

- 创建网页文件
- HTML 的基本元素
- HTML 标记的基本格式

具体步骤

STEP 01：**创建网页文件**。打开资源管理器，进入要创建网页的文件夹，执行“文件→

新建→文本文档”命令，创建一个文本文件，如左下图所示；将文件名命名为“第 1 个网页.html”，如右下图所示。

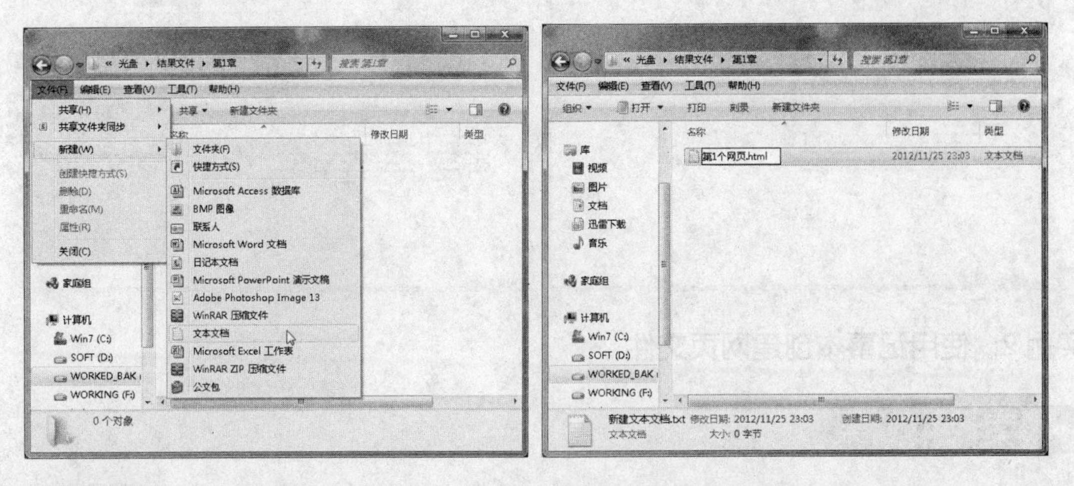

STEP 02：**用记事本打开网页**。右键单击该文件，选择“打开方式”子菜单中的“选择默认程序”命令，见左下图；在“打开方式”对话框中选择“记事本”图标，取消“始终使用选择的程序打开这种文件”选项，并单击“确定”按钮，见右下图。

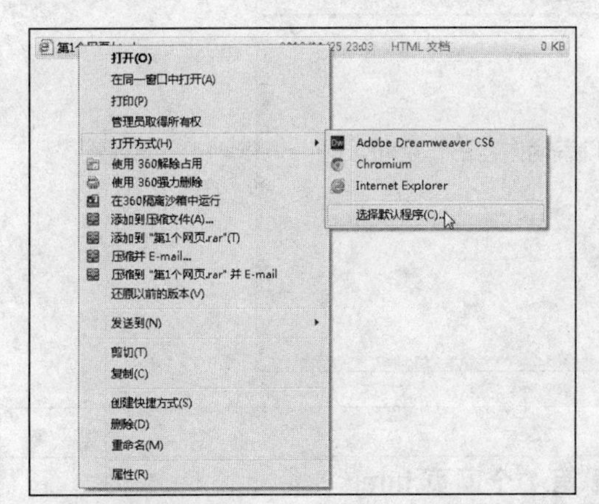

STEP 03：**输入 HTML 基本结构标签**。在打开的文档内容中输入标志网页基本结构 HTML 的基本标签：html、head、title 和 body，具体结构如下图所示。

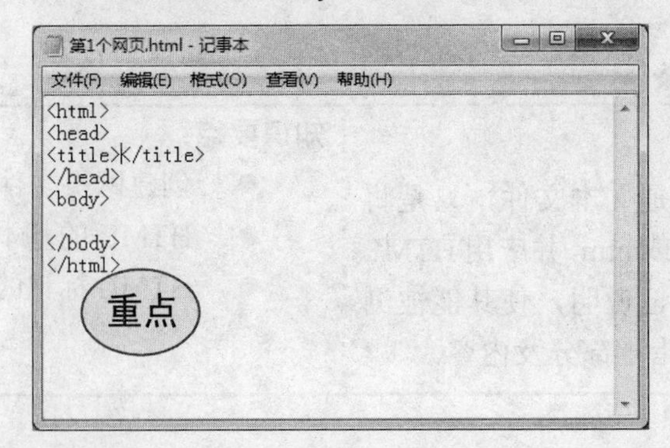

STEP 04：**设置网页标题文字**。在“<title>”和“</title>”标记之间输入网页的标题文字内容“这是我的第一个网页”，如下图所示。

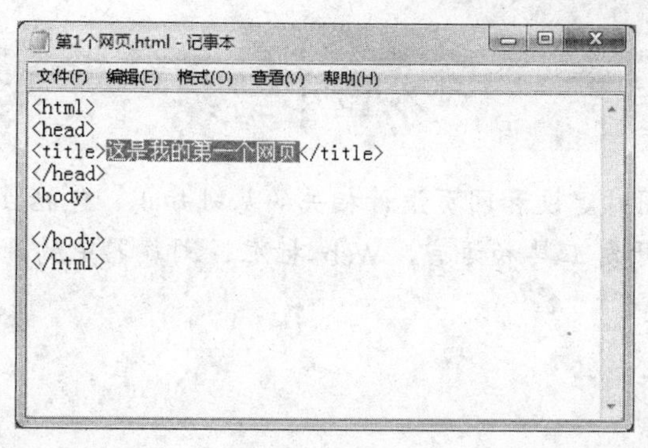

STEP 05：**输入网页正文内容**。在“<body>”和“</body>”之间输入网页中的正文内容，如左下图所示，保存文件并双击文件，用浏览器打开查看网页效果，如右下图所示。

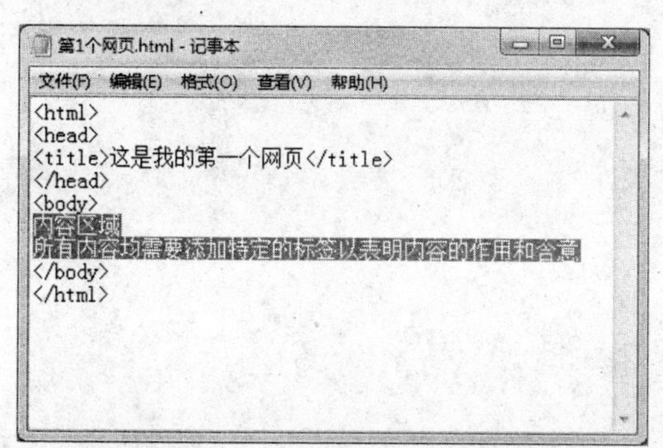

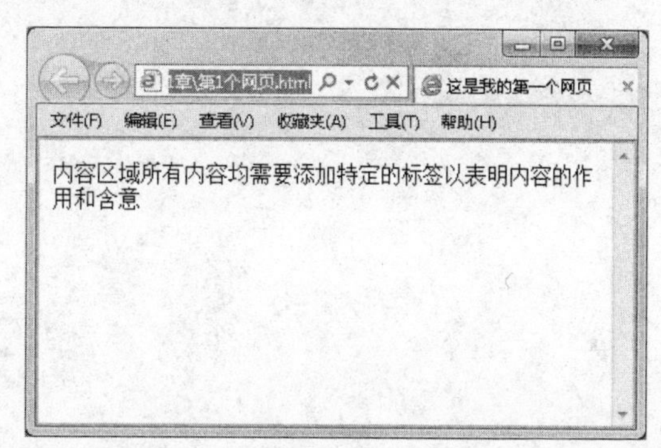

STEP 06：**使用标题文字标签**。在“<body>”和“</body>”之间的文字内容中“内容区域”四个字前插入文本“<h1>”，在其后插入文本“</h1>”，将“内容区域”四个字设置为一级标题文字内容，如左下图所示；保存文件，并切换至浏览器中打开的网页，按【F5】键刷新网页，查看网页效果，如右下图所示。

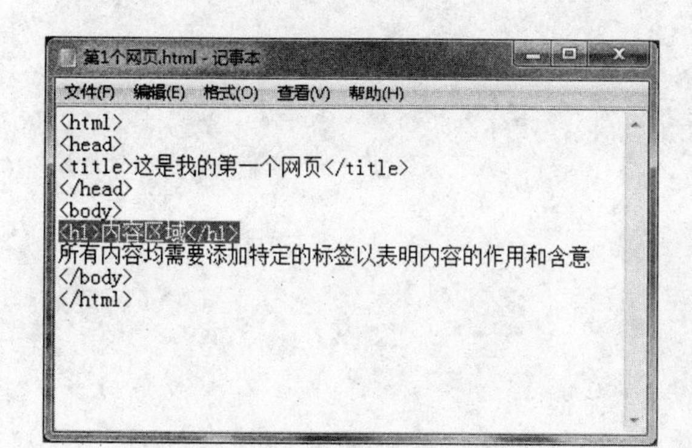

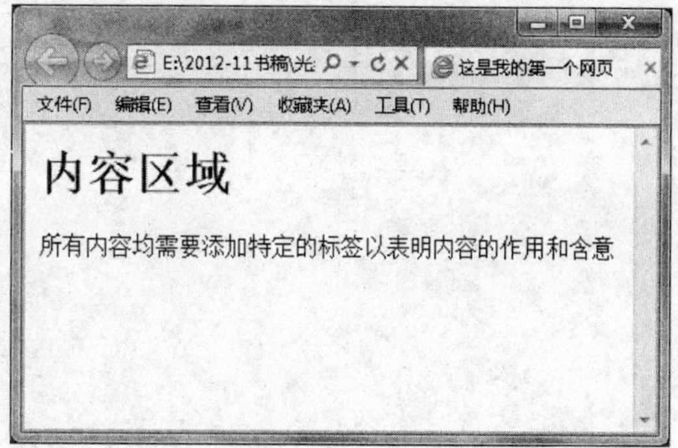

专家提示

在将文本文件重命名为网页文件时，应注意文件的扩展名，HTML 网页文件的扩展名为 html 或 htm，在更改文件名时无法修改文件扩展名，则需要在 Windows 系统中的“资源管理器”中，执行“工具→文件夹选项”命令，在“查看”选项卡中取消“隐藏已知文件类型的扩展名”选项，单击“确定”按钮后修改文件扩展名。

本章小结

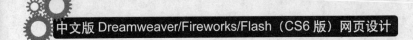

本章主要介绍了与网站建设和网页设计相关的基础知识，包括互联网基础知识、网站和网页相关的基础知识、开发工具和语言、Web 标准、浏览器中的开发人员工具的使用以及 HTML 语言的基本结构等。

第 2 章

Dreamweaver CS6 软件基础知识

本章导读

Dreamweaver 是著名的网站开发工具之一，用于对网页内容进行编辑和排版，它提供了可视化的操作界面方便开发人员更直观地查看网页效果，同时提供了 HTML、CSS 和 JavaScript 代码的编辑和提示功能，使网页开发更为高效。本章将介绍 Dreamweaver CS6 软件的基础知识和基本操作。

知识要点

- ◆ 了解 Dreamweaver 软件
- ◆ 熟悉 Dreamweaver CS6 的界面和工作环境
- ◆ 掌握 Dreamweaver CS6 的参数设置
- ◆ 掌握站点的创建与管理
- ◆ 掌握网页文件的基本操作

案例展示

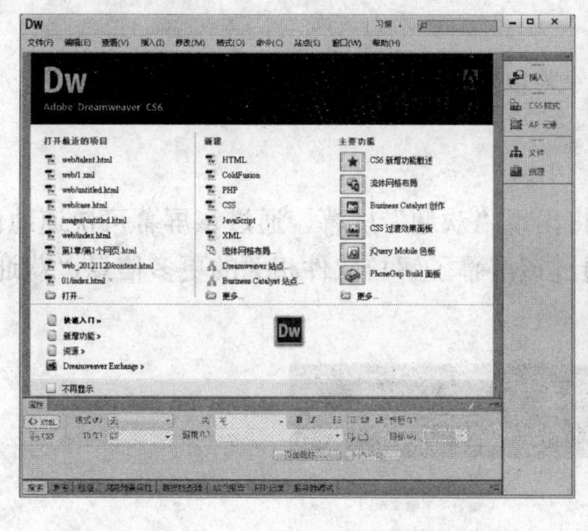

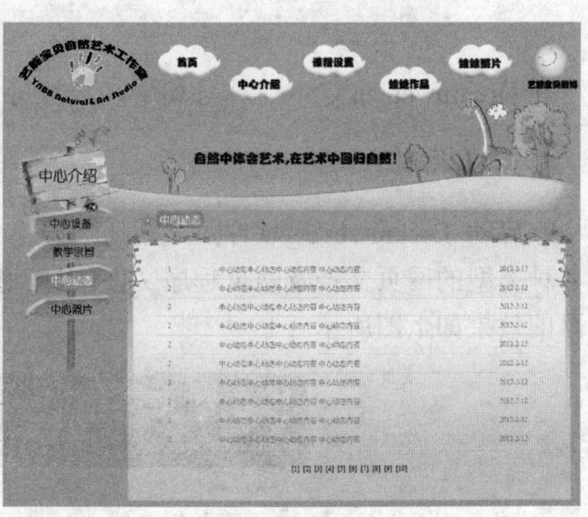

2.1 知识讲解——初识 Dreamweaver

Dreamweaver CS6 是世界顶级软件厂商 Adobe 推出的一款拥有可视化编辑界面，用于制作并编辑网站和移动应用程序的网页设计软件。利用 Dreamweaver CS6 可以进行可视化的页面布局、代码编辑和程序开发工作，使得网页开发过程更为快捷方便。

2.1.1 Dreamweaver CS6 工作环境

要使用 Dreamweaver CS6 进行网页设计和制作，首先需要了解软件的工作环境及各部分的功能，如下图所示，是 Dreamweaver CS6 的工作环境。

在 Dreamweaver CS6 工作环境中，大致可分为以下部分。

1. 欢迎屏幕

在启动 Dreamwever 软件后，默认情况下将出现“欢迎”屏幕，通过该屏幕可快速地创建各种类型的网页文档及网页程序文件，也可通过该屏幕了解与软件相关的更多信息，“欢迎”屏幕的效果如下图所示。

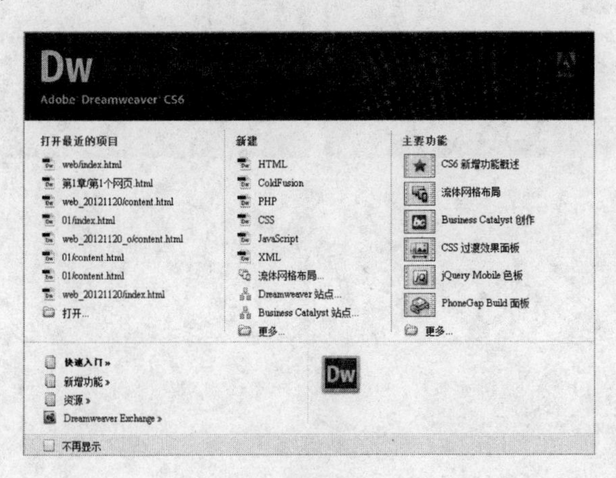

2. 应用程序栏

应用程序栏即窗口顶部区域，包括“工作区切换器”、“菜单栏”和“应用程序控件”，如下图所示。

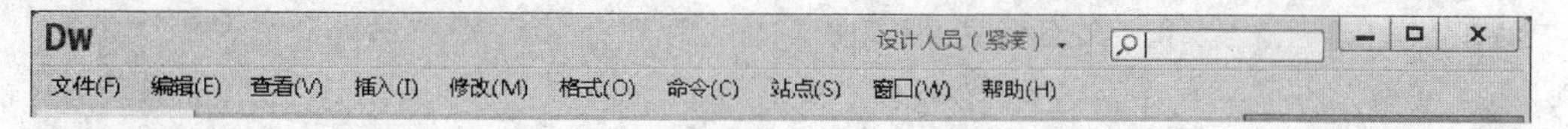

其中各菜单的功能如下：

- 文件：用于管理页面文件，如新建、打开、保存、导入和导出等。
- 编辑：用于对文件常规编辑，如撤销、复制、剪切、粘贴、选择标签和定义快捷键等。
- 查看：此菜单中包含了文档的各种视图，通过它可以显示或隐藏不同类型的页面元素以及其他的辅助工具，如：标尺、网格等。
- 插入：插入栏的替代项目，用于将各种网页对象插入到页面中。
- 修改：用于更改选定页面或项的属性，可以编辑标签属性、更改表格和表格元素，并且为库和模板执行不同的操作。
- 格式：设置文本在页面中的格式，如字体、段落、颜色、CSS 样式等。
- 命令：对各种命令的访问，包括根据格式参数设置代码格式和创建像册的命令，以及清理 HTML 和使用 Fireworks 优化图像的命令。
- 站点：用于创建、打开和编辑站点。
- 窗口：用于打开或隐藏 Dreamweaver CS6 所有面板、检查器和窗口。
- 帮助：提供对 Dreamweaver CS6 帮助文档的访问，包括对 Macromedia 网站的访问以及 Dreamweaver CS6 扩展帮助系统。

“工作区切换器”位于菜单栏右侧，用于更改窗口的布局环境，在 Dreamweaver CS6 中为不同类型的网页设计和开发人员提供了不同的软件布局，“工作区切换器”菜单展开的效果如右图所示。

3. 文档工具栏

“文档”工具栏用于切换文档的视图方式（如“设计”视图和“代码”视图等）、预览方式、网页标题内容等常用操作，该工具栏完整效果如下图所示。

其中各按钮的功能如下：

- 代码：仅在“文档”窗口中显示“代码”视图。
- 拆分：将“文档”窗口拆分为“代码”视图和“设计”视图。如果选择这种组合视图，则“视图选项”菜单中的“顶部的设计视图”选项变为可用。
- 设计：仅在“文档”窗口中显示“设计”视图。

- 实时视图：显示不可编辑的、交互式的、基于浏览器的文档视图。
- 多屏幕：查看页面，就如同页面在不同尺寸的屏幕中显示。
- 在浏览器中预览/调试：在浏览器中预览或调试文档。通过弹出菜单可选择不同类型的浏览器调试网页文档。
- 文件管理：显示“文件管理”弹出菜单，可用于管理服务器端的文件。
- W3C 验证：用于验证当前文档或选定的标签。
- 检查浏览器兼容性：用于检查 CSS 是否对于各种浏览器均兼容。
- 可视化助理：使用各种可视化助理来设计页面，即设置是否显示或强调一些网页中原本不可见的元素或边框，以辅助设计人员进行布局和设计。
- 刷新设计视图：在“代码”视图中对文档进行更改后刷新该文档的“设计”视图。在执行某些操作（如保存文件或单击此按钮）之后，在“代码”视图中所做的更改才会自动显示在“设计”视图中。
- 文档标题：允许您为文档输入一个标题，它将显示在浏览器的标题栏中。如果文档已经有了一个标题，则该标题将显示在该区域中。

新手注意

在 Dreamweaver 中除了“文档”工具栏外还有“标准”工具栏、“代码”工具栏等，要显示或隐藏工具栏，可在“查看→工具栏”菜单中进行选择。

4. 文档窗口

“文档”窗口用于显示当前编辑和操作的文档，通过“文档”工具栏中相应的按钮可以切换“文档”窗口中内容的显示方式，如左下图所示为“代码”视图，如右下图所示为“设计”视图。

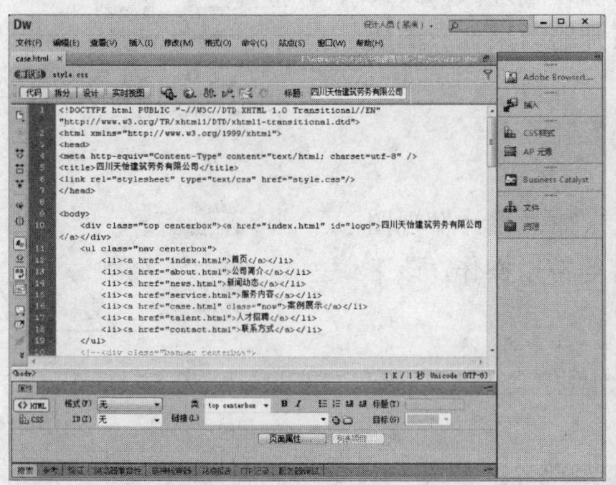

新手注意 在 Dreamweaver 中一个文档可使用多种视图进行显示，无论在哪一种视图下编辑，均是对同一文档进行编辑，并且其内容会自动同步。

5. 状态栏

“文档”窗口底部则是状态栏，在状态栏中可通过标签选择器选择网页内容，同时提供了文档查看相关的辅助工具，如下图所示为状态栏。

<body><div...><div...><div.maintext><p> 100% 352 x 370 1 K / 1 秒 Unicode (UTF-8)

状态栏由以下几个部分组成：

- 标签选择器：位于状态栏左侧，用于显示或选择当前所选对象及其外层的 HTML 标签，单击标签文本即可选中相应 HTML 标签及其中包含的元素。
- 选取工具：启用和禁用手形工具。
- 手形工具：使用此工具，可以在“文档”窗口中单击并拖动文档。
- “缩放工具”和“设置缩放比率”弹出菜单：用于为文档设置缩放比率。
- “窗口大小”弹出菜单：（在“代码”视图中不可用）使用此工具，可以将“文档”窗口的大小调整到预定义或自定义的尺寸。更改“设计”视图或“实时视图”中页面的视图大小时，仅更改视图大小的尺寸，而不更改文档大小。
- 文档大小和下载时间：显示页面（包括所有相关文件，如图像和其他媒体文件）的预计文档大小和预计下载时间。
- 编码指示器：显示当前文档的文本编码。

6. 属性栏

属性栏用于查看和更改所选对象或文本的各种属性，不同对象的属性可能不相同，故选择不同类型的对象后，属性栏的内容会随之变化，如下图所示为选中一个超级链接文本时的属性栏。

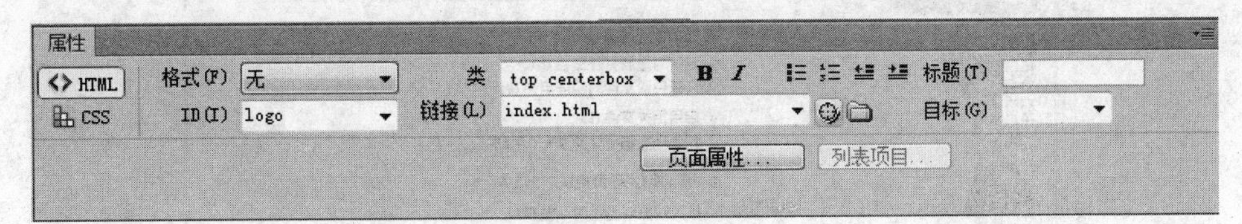

7. 面板

面板用于监控和修改相关对象或操作，例如使用“插入”面板中的功能可向网页中插入各类网页元素，使用“CSS 样式”面板或应用 CSS 样式表、使用“文件”面板可对站点结构及文件进行管理等。如下图所示，从左到右分别为“插入”面板、“CSS 样式”面板和“文件”面板。

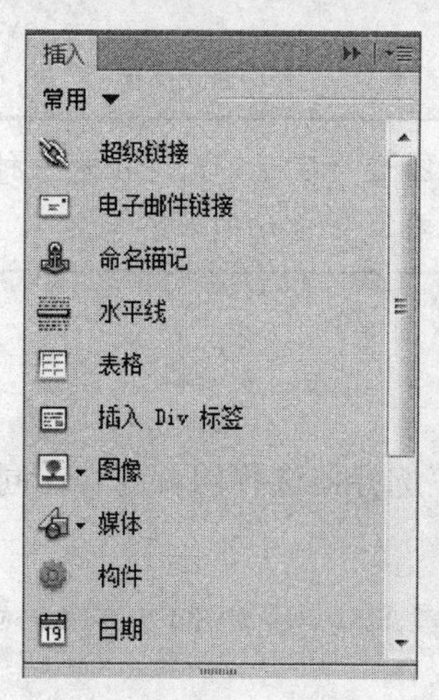
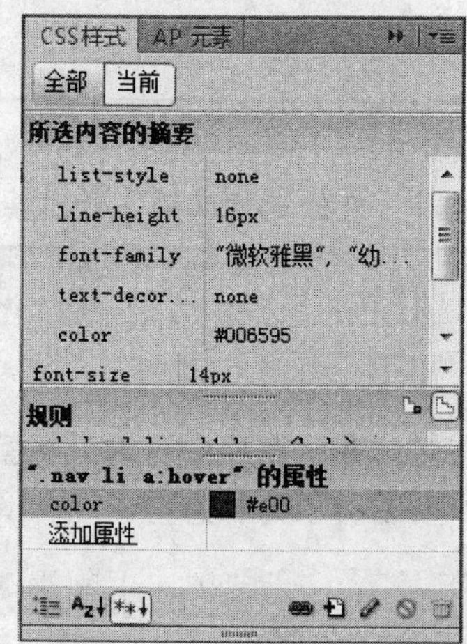
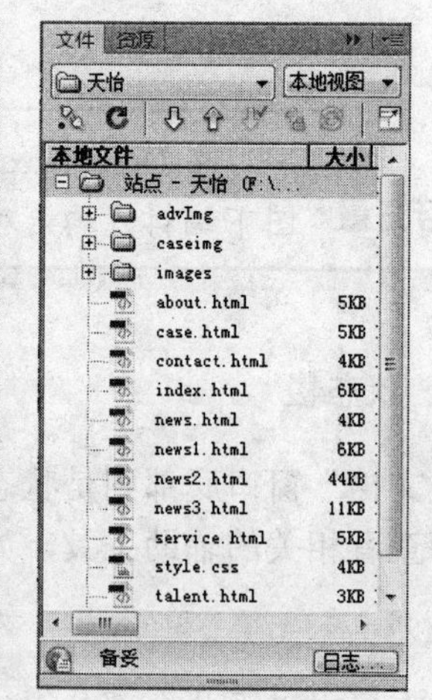

专家提示

在 Dreamweaver 中，各面板的位置大小均可进行手动调整，拖动面板的标题栏部分可移动面板，拖动至其他面板上可将多个页面组合为面板组，拖至窗口部件以外的部分可使页面独立；双击面板的标题文件可隐藏/显示面板；单击面板组右上角的»或«按钮可隐藏或显示面板组；单击×按钮可关闭面板组。

在"窗口"菜单中选择相应的面板可显示或隐藏相应的面板。

2.1.2 Dreamweaver CS6 参数设置

在 Dreamweaver 中，通过设置参数可以改变 Dreamweaver 界面的外观、面板、站点、字体和状态栏等对象的属性特征，开发人员可根据自己的习惯和喜好，自行设置和定义相关参数。要设置软件相关参数，可执行"编辑→首选参数"命令，打开"首选参数"对话框，对话框效果如下图所示。

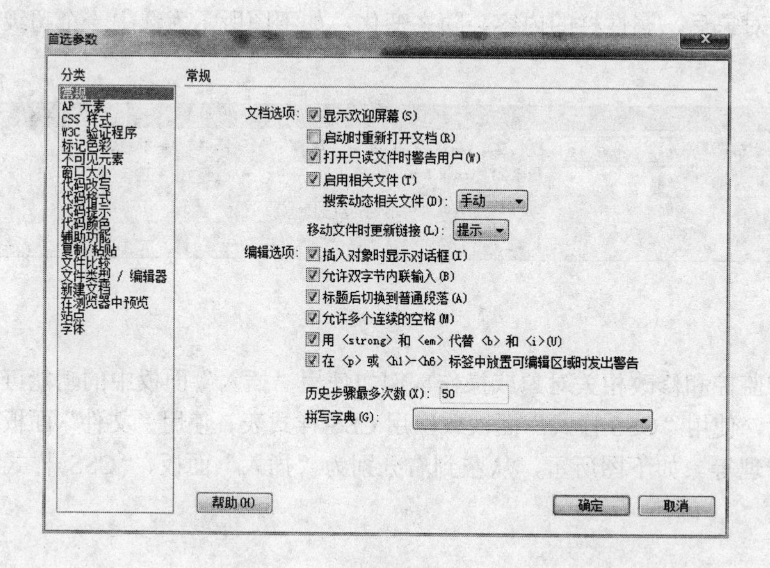

在“首选参数”对话框中左侧为“分类”选项，选择不同分类后可设置相应类别的功能参数，上图中选择了“常规”选项，在“常规”选项中可设置的功能如下：

- 显示欢迎屏幕：设置 Dreamweaver 在启动时是否显示欢迎屏幕。
- 启动时重新打开文档：以前编辑过的文档在再次启动后重新打开。
- 打开只读文件时警告用户：用于决定在打开只读文件时是否提示该文件为只读文件。
- 启用相关文件：用于查看哪些文件与当前文档相关（例如 CSS 或 JavaScript 文件），并在文档顶部为每个相关文件显示了一个按钮，单击该按钮可打开相应文件。
- 搜索动态相关文件：允许选择动态相关文件是自动还是在手动交互之后显示在“相关文件”工具栏中。您还可以选择禁用搜索动态相关文件。
- 移动文件时更新链接：用于设置移动文件时是否更新文件中的链接。
- 插入对象时显示对话框：用于决定在插入图片、表格、Shockwave 电影及其他对象时，是否弹出对话框；若不选择该复选框，则不会弹出对话框，这时只能在属性面板中指定图片的源文件、表格行数等。
- 允许双字节内联输入：选择该复选框，就可以在“文档”窗口中直接输入双字节文本；取消选择该复选框，则会出现一个文本输入窗口来输入和转换文本。
- 标题后切换到普通段落：选择该复选框，输入的文本中可以包含多个空格。
- 允许多个连续的空格：选择此复选框，就可以输入多个连续的空格。
- 用<strong>和<em>代替<b>和<i>：选择该复选框，代码中的<b>和<i>将分别用<strong>和<em>代替。
- 在<p>或<h1>-<h6>标签中放置可编辑区域时发出警告：指定在 Dreamweaver 中保存一个段落或标题标签内具有可编辑区域的 Dreamweaver 模板时是否发出警告信息。该警告信息会通知用户将无法在此区域中创建更多段落。
- 历史步骤最多次数：该文本框用于设置历史面板所记录的步骤数目。如果步骤数目超过了该处罗列的数目，则历史面板中前面的步骤就会被删掉。
- 拼写字典：该下拉列表框用于检查所建立文件的拼写，默认为英语（美国）。

除“常规”选项外，还可以根据习惯设置软件其他分类的参数选项，其他分类的主要功能如下：

- AP 元素：用于设置文档中插入“AP 元素”时，该对象的默认效果。
- CSS 样式：用于设置创建、编辑 CSS 样式时可选用的功能选项。
- W3C 验证程序：设置在使用 W3C 验证功能时出现一些特殊情况的默认处理方式。
- 标记色彩：用于设置在网页编辑状态下“设计”视图中各类元素或不同状态下的显示颜色。
- 不可见元素：设置在“设计”视图中是否显示一些网页中不可见元素为特定的图标标志，如锚记、表单隐藏区域、服务器端语言或标签等。
- 窗口大小：用于设置“状态栏”中“窗口大小”菜单中可选择的选项，即可自定义多种窗口大小，以便查看页面在不同窗口大小情况下的显示效果。

- 代码改写：设置是否自动将“设计”视图下输入的特殊字符转换为正确的 HTML 代码，以及自动更正一些简单的代码错误。
- 代码格式：为使“代码”视图下的代码更清晰，可设置代码的显示格式。
- 代码提示：设置在输入代码时软件自动给出的提示方式。
- 代码颜色：设置不同类型的代码在“代码”视图中的显示色彩。
- 辅助功能：设置是否需要在某些对象插入时打开“辅助功能”对话框来设置对象的相关属性。
- 复制/粘贴：设置复制和粘贴的方式，如是否带结构、是否带格式等。
- 文件比较：用于设置进行文件比较的第三方应用程序。
- 文件类型/编辑器：用于设置站点中直接打开各种类型的文件时所调用的外部编辑器或软件程序等。
- 新建文档：设置新建文本时默认的文档类型及相关属性。
- 在浏览器中预览：设置可用于调试页面效果的浏览器及其预览快捷键。
- 站点：本地站点与远程站点之间的文件更新和传递时的相关设置。
- 字体：用于设置软件中所使用的字体语言（编码）和各种情况下使用的字体样式。

2.1.3 自定义快捷键

利用 Dreamweaver 制作网页时，为提高工作效果，常常需要使用快捷键进行快速操作，在 Dreamweaver 中预设了一些常用功能的快捷键，利用这些预设的快捷键可以使网页制作过程更加敏捷。此外，不同类型的网页开发人员还可以根据自己的工作内容及习惯，自行定义一些快捷键，使开发过程更加便捷。

在 Dreamweaver CS6 中自定义快捷键的方法如下：

STEP 01：**执行快捷键命令**。执行“编辑→快捷键”命令，打开“快捷键”对话框，如左下图所示。在该对话框中可查看到系统预设的快捷键。

STEP 02：**复制快捷键设置**。单击“复制副本”按钮，在打开的“复制副本”对话框中设置一个副本名称，如右下图所示。

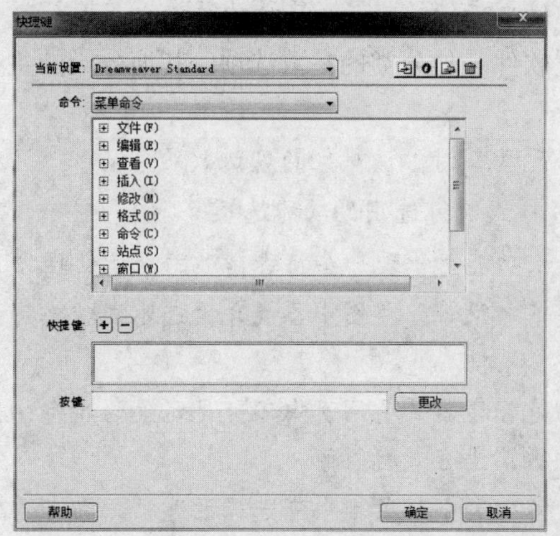

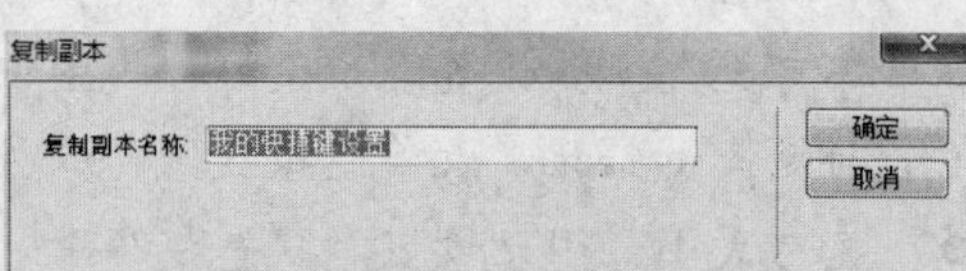

STEP 03：**自定义快捷键**。在“命令”下拉列表框中选择要设置快捷键所在的位置，在“菜单命令”中“插入”菜单中的“超级链接”；将光标定位于“按键”文本框中，按快捷键【Ctrl+K】，如左下图所示。

STEP 04：**确定快捷键修改**。单击“按键”文本框右侧的“更改”按钮，将上一步中设置的快捷键应用于所选命令，如右下图所示。

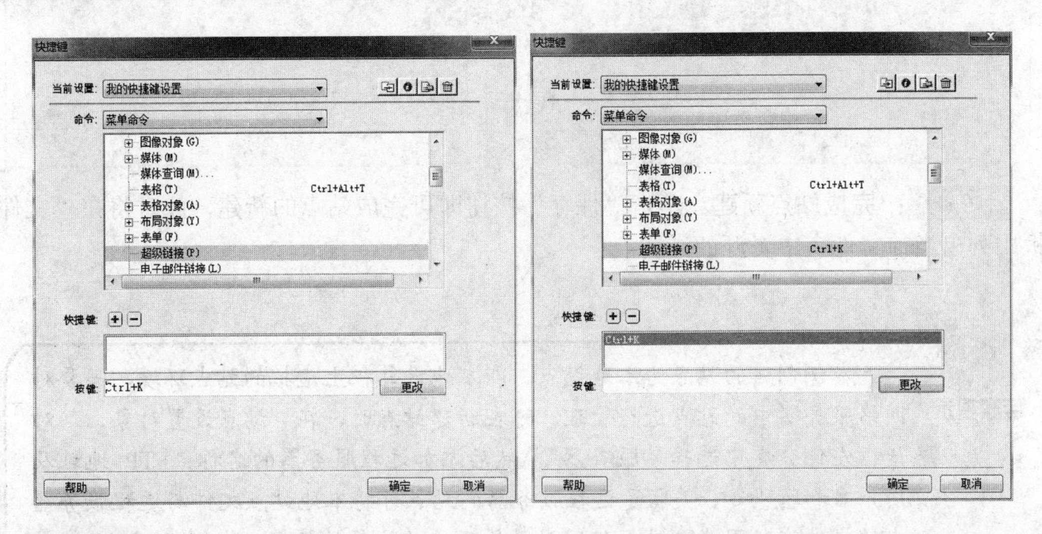

STEP 05：**完成快捷键设置**。单击“确定”按钮保存快捷键设置。

2.2　知识讲解——站点的新建与管理

网站是由许多网页文件及相关的文件资源组成的，网页文件中仅包含文本内容，而其他图片、动画、声音、视频等资料均是通过 URL 引用的外部文件，为使一个网站中所有网页都能正常显示并相互关联，需要将所有网页文件及相关资源等有规律地组织和关联在一起，即形成一个站点。在 Dreamweaver 中提供了站点管理的相关功能，不但可以对本地站点进行管理，甚至可直接对远程服务器中的站点进行管理。

2.2.1　新建站点

新建站点实质上是将一个文件夹虚拟为一个网站，将该文件夹中的所有文件视作该网站中的资源，以便在进行站点内容编辑时快速查找或打开相应文件、快速建立文件之间的关联、检查和效验站点中的文件等。建立站点的具体方法如下：

STEP 01：**执行新建站点命令**。执行“站点→新建站点”命令，打开“站点设置对象…”对话框。

STEP 02：**设置站点名称**。在对话框的“站点名称”文本框中为站点设置一个名称，如左下图所示。

STEP 03：**选择站点文件夹**。单击“本地站点文件夹”文本框后的按钮，在打开的对话框中选择新站点所在的文件夹后单击“选择”按钮，如右下图所示。

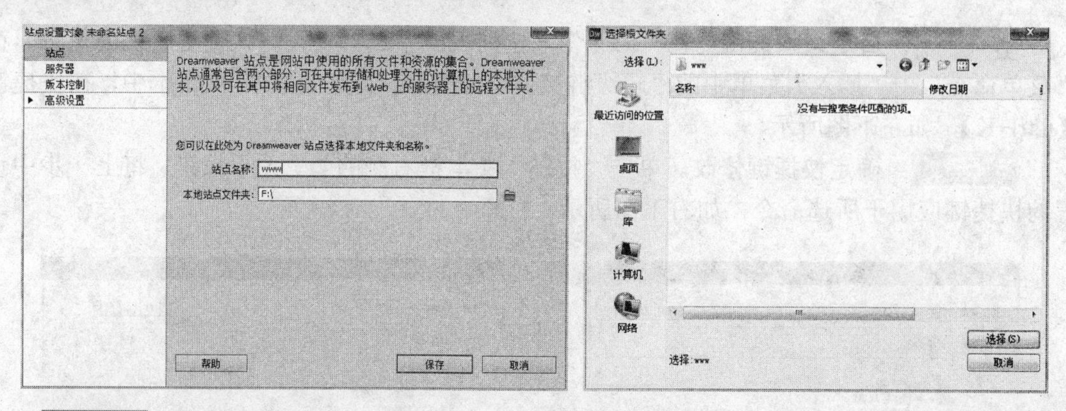

STEP 04：**完成站点新建。**单击“保存”按钮即可完成站点的新建，此时将在“文件”面板中列出当前文件夹中资源的结构。

本例创建的站点为本地站点，即本地计算机上虚拟的站点环境，若要对网络服务器中的站点进行管理，可在新建站点时，在“站点设置对象...”对话框左侧分类中选择“服务器”，然后添加远程服务器的名称、FTP 地址及用户名和密码等。关联了远程服务器的站点可将本地站点文件与远程服务器中的文件进行同步，从而使网站的管理更为方便快捷。

2.2.2 管理站点

在 Dreamweaver CS6 中可以建立多个不同的站点，以便随时对不同的站点内容进行管理或编辑。为了方便对多个站点的管理，Dreamweaver 提供了如切换站点、修改站点设置、删除站点、复制站点、导入和导出站点等站点管理功能。

1. 切换站点

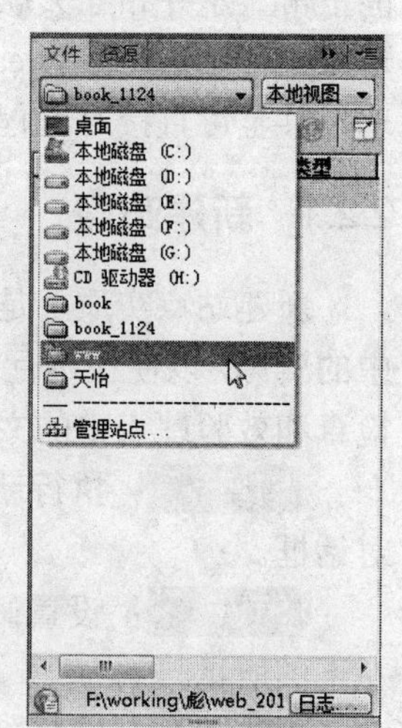

在 Dreamweaver 中可以创建多个站点，而同一时刻，Dreamweaver 只能对一个站点中的文件及文件内容进行关联性的编辑和管理，当要对站点内容进行编辑管理时，首先应确定 Dreamweaver 中正处于该站点的编辑状态下，若不在该站点的编辑状态下，则需要切换至相应的站点，切换站点的方式如下：

方法一：在“文件”面板中单击“站点”下拉列表框，选择要切换至的站点即可。其中使用绿色文件夹图标的为 Dreamweaver 中已创建的站点，如右图所示。

方法二：执行“站点→管理站点”命令，打开“管理站点”对话框。在“您的站点”列表中选择要编辑和管理的站点，单击“完成”按钮，即可切换到该站点，如下图所示。

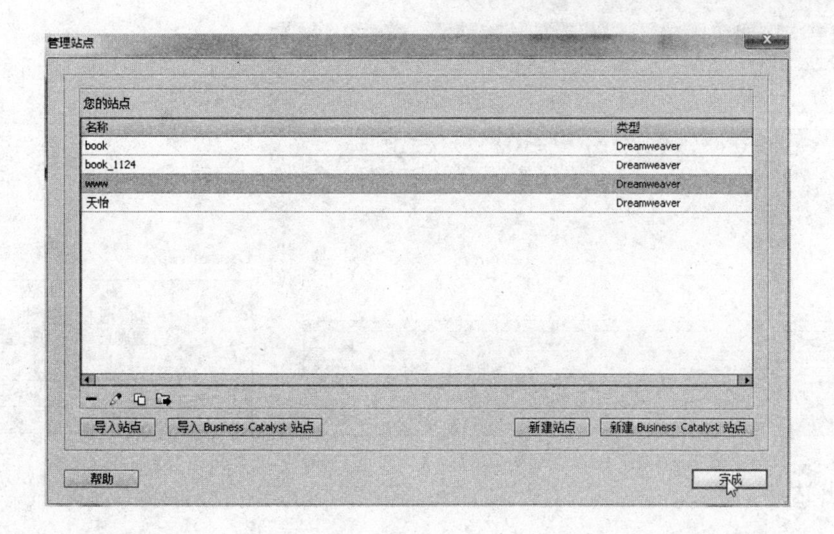

2. 修改站点设置

在 Dreamweaver 中创建了站点后，若需要对站点的名称及地址进行修改，则需要修改站点设置，具体方法如下：

STEP 01：**执行管理站点命令**。执行“站点→管理站点”命令，打开“管理站点”对话框。

STEP 02：**选择要修改设置的站点**。在“您的站点”列表中双击要修改设置的站点名称，打开“设置站点对象…”对话框，参照“新建站点”的方式对站点设置进行修改即可。

专家提示

如果在 Windows 系统的“资源管理器”中改变了站点文件夹的位置或更改了整个站点文件夹的名称，则在 Dreamweaver 中对应站点将不可用，需要重新设置站点的路径才能正常使用。

3. 删除站点

在 Dreamweaver 中创建了站点之后，该站点的信息将一直保存在 Dreamweaver 的站点列表中。若不再对某一站点进行编辑和修改，则可以将站点从 Dreamweaver 的站点列表中删除。删除站点的方法如下：

STEP 01：**执行管理站点命令**。执行“站点→管理站点”命令，打开“管理站点”对话框。

STEP 02：**执行删除站点操作**。在“您的站点”列表中选择要删除的站点名称，单击列表下方的“删除”−按钮，如左下图所示。

STEP 03：**确认删除操作**。在弹出的对话框中单击“是”按钮即可删除站点，如右下图所示。

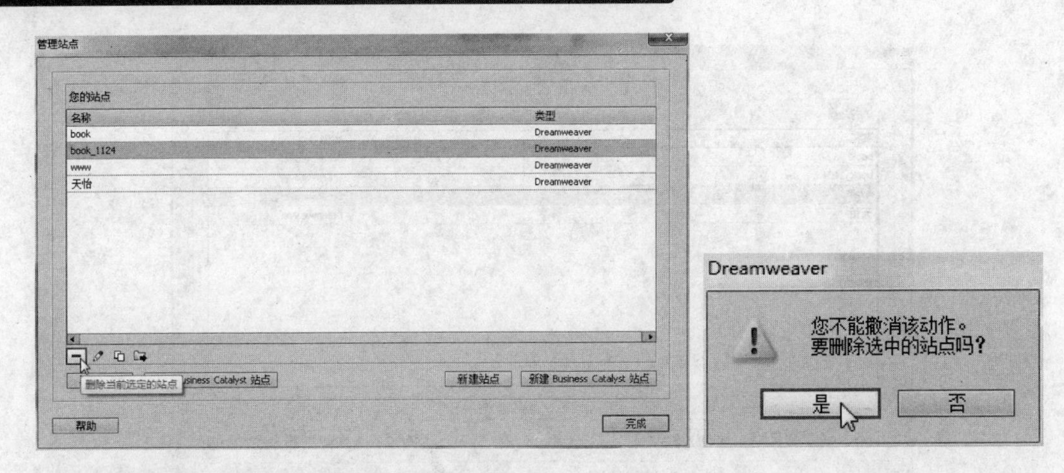

4．导出站点

导出站点功能可以将站点的设置导出为一个设置文件（.ste），利用该文件可以快速还原站点的设置，长期不使用的站点设置可将其导出后删除，若担心以后可能会使用，则可将站点导出为文件进行备份。导出站点的方法如下：

STEP 01：**执行管理站点命令**。执行“站点→管理站点”命令，打开“管理站点”对话框。

STEP 02：**执行导出站点命令**。在“您的站点”列表中选择要导出的站点名称，单击列表下方的“导出当前选定的站点”按钮，如左下图所示。

STEP 03：**保存站点设置文件**。在打开的“导出站点”对话框中选择文件存放的位置并设置文件名称，单击“保存”按钮即可，如右下图所示。

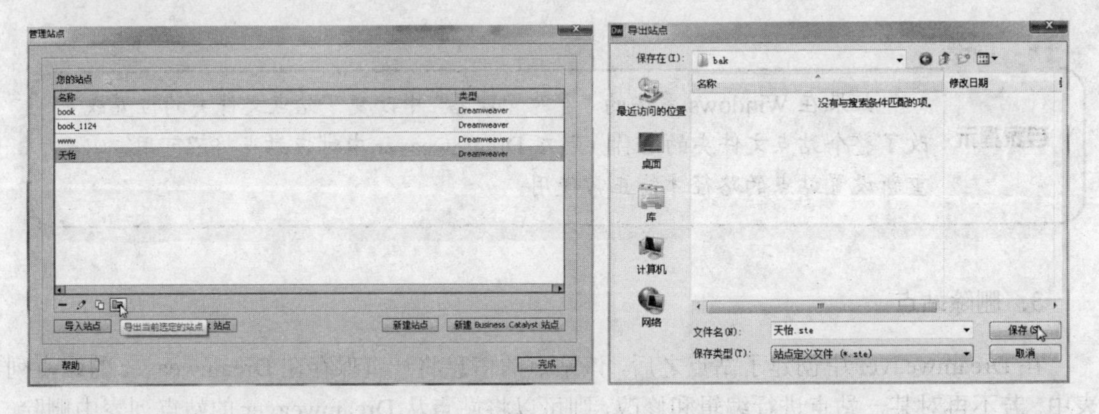

专家提示

当重装 Windows 系统、切换系统用户或清理系统文件后，Dreamweaver 中的站点信息将丢失，导出的站点设置文件可起到备份站点设置的功能，当站点系统丢失后可通过站点文件（.ste）恢复相应站点的设置。

5．导入站点

若要将导出的站点设置文件恢复为 Dreamweaver 中的站点，则需要使用“导入站点”功能，具体方法如下：

STEP 01：**执行管理站点命令**。执行“站点→管理站点”命令，打开“管理站点”对话框。

STEP 02：**执行导入站点命令**。单击 “导入站点”按钮，在打开的对话框中选择要导入的站点设置文件，打开文件即可将文件中存储的站点设置导入到 Dreamweaver 中。

6．复制站点

在 Dreamweaver 中提供了复制站点的功能，在“管理站点”对话框中选择要复制的站点后单击“复制”按钮，可直接复制一个站点。需要注意的是，通过该方式复制的站点仅仅是复制的站点设置，并未复制站点文件夹中的文件结构和内容。

2.2.3 站点中的文件管理

在一个复杂的站点中，它包含的文件会很多，而且各文件的类型和作用不尽相同。为了能更合理地管理文件，就要将文件分门别类地存放在相应的文件夹中，同时需要对站点中的文件进行管理，由于网站中文件之间存在一些关联，直接用 Windows 系统的“资源管理器”进行文件管理，则可能导致站点中文件的链接丢失或错误的情况发生；利用 Dreamweaver 中的“文件”面板对站点文件夹中的文件资源进行管理，则可以让 Dreamweaver 自动更新关联文件中的链接，保证站点的结构。

1．新建文件夹

在站点文件夹中，通常需要创建多个子文件夹来放置不同的资源文件，如网页文件夹、媒体文件夹、图像文件夹、程序文件夹等，再将相应的文件放在相应的文件夹中。而站点中的一些特殊文件，如模板、库等最好存放在系统默认创建的文件夹中。

在站点中创建文件夹的步骤如下：

STEP 01：**执行新建文件夹命令**。在“文件”面板中的空白处单击鼠标右键，在弹出的快捷菜单中选择“新建文件夹”命令，如左下图所示。

STEP 02：**输入文件夹名称**。输入要创建的文件夹名称，例如站点中用于存储图片的文件夹通常命名为“images”，如右下图所示。

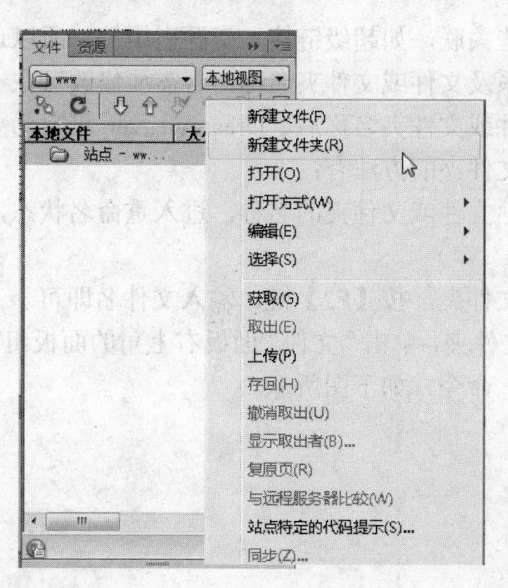

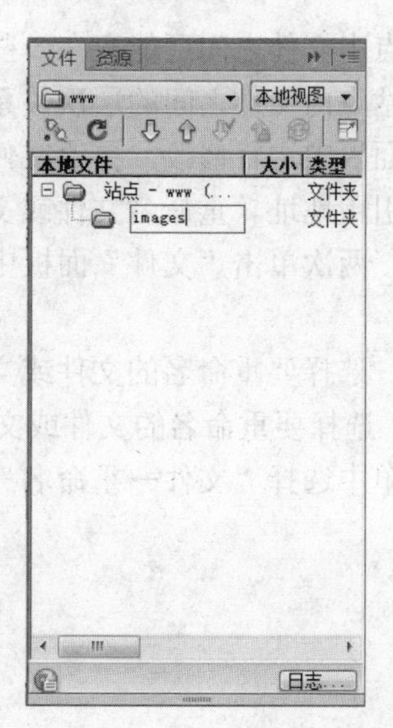

新手注意

在实际运用中，除通过此方式在站点文件夹中新建文件夹外，也可以利用 Windows 系统的“资源管理器”，在相应的站点文件夹下创建新文件夹，但需要注意，创建文件夹后在 Dreamweaver 中的“文件”面板中单击按钮，刷新站点后才能在“文件”面板中看到新建的文件夹。

2. 删除文件/文件夹

若不再需要站点中某一文件或文件夹，在“文件”面板中选择该文件后直接按【Delete】键即可删除文件或文件夹。

3. 新建文件

与新建文件夹的方式相似，在“文件”面板中单击右键，在弹出的菜单中选择“新建文件”命令，然后设置新文件的名称即可。

专家提示

通常站点中的大部分资源文件都需要从其他软件导出或从其他路径复制过来，在 Dreamweaver 中仅需要创建一些网页文件、样式表文件和 JavaScript 文件。

4. 新建文件

与新建文件夹的方式相似，在“文件”面板中单击右键，在弹出的菜单中选择“新建文件”命令，然后设置新文件的名称即可。

5. 重命名文件或文件夹

由于站点中文件之间可能存在一些关联，如超级链接、资源引用等，所以通常情况下尽量避免修改站点内文件之间的层次关系及文件或文件夹名称，若需要修改可在 Dreamweaver 的“文件”面板中进行修改，更改文件或文件夹名称后，Dreamweaver 可自动更新相关文件中的链接或引用地址。重命名文件或文件夹的方法有：

方法一：两次单击“文件”面板中文件或文件夹的名称，进入重命名状态，输入文件名即可。

方法二：选择要重命名的文件或文件夹，按【F2】键，输入文件名即可。

方法三：选择要重命名的文件或文件夹，单击“文件”面板右上角的面板组菜单按钮，在弹出的菜单中选择“文件→重命名”命令，如下图所示。

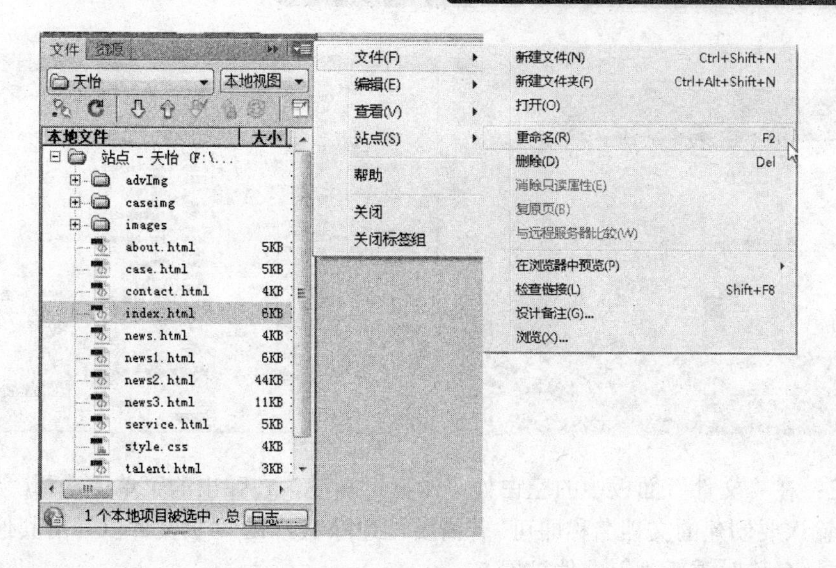

6. 移动和复制文件

与 Windows 系统“资源管理器”中的操作相同，可通过拖动方式移动文件的位置，亦可使用快捷键【Ctrl+X】剪切文件，然后选择要粘贴至的文件夹后按快捷键【Ctrl+V】粘贴。

按住【Ctrl】键拖动文件可复制文件，亦可使用快捷键【Ctrl+C】复制文件，然后选择要粘贴至的文件夹后按快捷键【Ctrl+V】粘贴。

2.3　知识讲解——文档的基本操作

网页是网站中基本的组成元素，而网页本身的内容仅仅是文本文档而已。此外，在网页中所应用的样式表（CSS）文件、脚本程序文件等都是文本文档，在 Dreamweaver 中提供了这些文本类型的文档的创建和编辑等功能。本节将重点讲解站点中文档的基本操作。

2.3.1　新建文档

在站点中，利用 Dreamweaver 可以创建多种类型的文档，如网页文档、样式表文档、脚本程序文档、XML 等，甚至可以创建 ASP、PHP、JSP 等网站后台程序文档。接下来以创建网页文档为例，介绍 Dreamweaver 中新建文档的方法。

方法一：启动 Dreamweaver 软件后，在“开始画面”中的“新建”列表中单击要创建的文档类型，即可创建相应类型的文档，创建空白网页文档，选择“HTML”即可，如左下图所示。

方法二：执行“文件→新建”命令（或按快捷键【Ctrl+N】），在打开的对话框中选择要创建的文档类型，然后单击“创建”按钮即可，如右下图所示为创建空白网页文档。

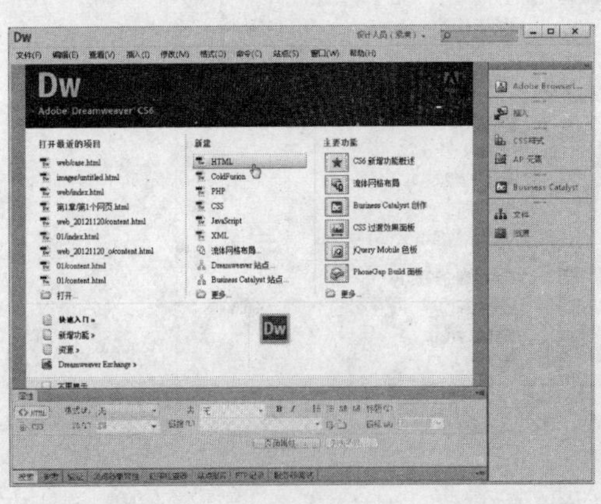

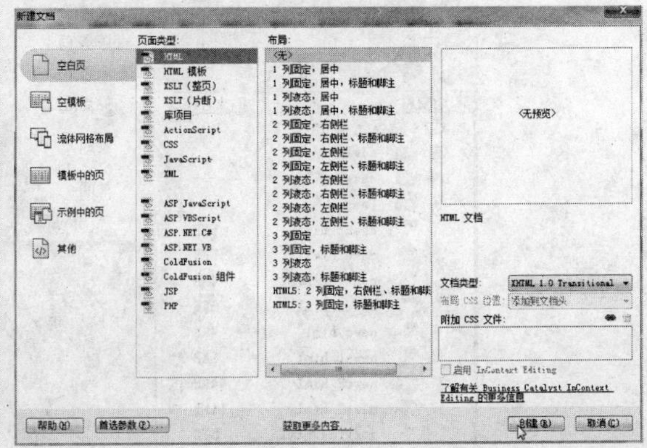

方法三：在“文件”面板中的空白处单击鼠标右键，在弹出的菜单中选择“新建文件”命令，然后输入要创建的文档名称即可。若需要创建除 HTML 网页文件以外的其他文本文档，可在输入文档名称时重新输入文件扩展名。

专家提示

通过以上方式创建的文档，文件内部会自动添加相应的基本代码（包括在“文件”面板中新建文件），例如，创建出空白网页文件后，文件将包含基本的网页代码，即基本的 HTML 标签；若创建 XML 文档，文档中将自动包含 XML 文档声明。

除用以上方法在站点中创建文档外，亦可以在 Windows 系统的“资源管理器”中找到站点文件夹，在站点文件夹中新建普通的文本文档并修改扩展名，但这种方式文档中不会自动添加文档的基础内容。

2.3.2 新建流体网格布局

在 IT 技术飞速发展的今天，网络的应用早已渗透到各行各业，网络似乎成为人们生活中不可或缺的部分，许多设备也都能够访问和浏览网页，除各种类型的电脑外，智能手机、MID、网络电视、导航仪等越来越多的电子产品或设备都能访问网站浏览网页，但由于这些设备的屏幕大小、显示分辨率等因素，同样的网页可能在不同的显示屏幕上显示出不一样的效果。

为了使制作出的网页能很好地适应各种屏幕环境，Dreamweaver CS6 中提供了一种新的布局方式——流体网格布局。在流体网格布局中，页面内容的宽度会自动适应不同的屏幕宽度，使网页的显示效果达到最佳状态。

Dreamweaver CS6 中创建流体网格布局的方法如下：

STEP 01：**执行新建流体网格布局命令**。执行“文件→新建流体网格布局”命令，打开“新建文档”对话框。

STEP 02：**设置流体网格布局参数**。在对话框右侧图示区中分别设置三种代表性的设备中，页面的百分比宽度及相关参数如下图所示。

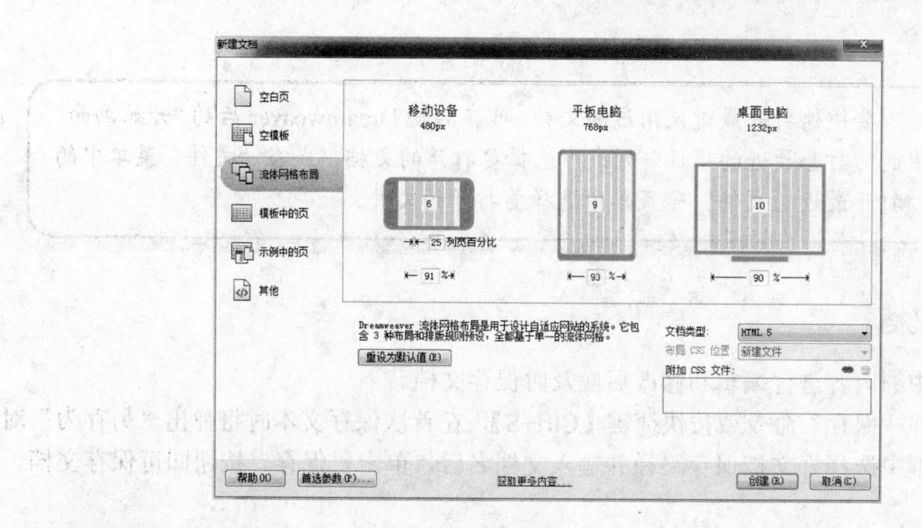

STEP 03：**创建文件**。单击“创建”按钮即可创建出可适应多种设备的流体网格布局的网页文件和样式表文件。

> **专家提示**
>
> 流体网格布局的网页主要解决不同类型的设备上网页的显示效果及用户体验问题，由于流体网格布局的网页在内容设计上必须按照一定规律进行内容排列，无法呈现出较为复杂的页面结构，所以在使用流体网格布局时需要仔细权衡利弊。

2.3.3　打开文档

若要对站点中文本类型的文档进行编辑，均可在 Dreamweaver 中将其打开。无论网页文档（HTML）、样式表文件（CSS）、脚本程序文件（JS 或 VBS），甚至 ASP、PHP 或 JSP 等文件，均可打开。

打开文档的方法有：

方法一：在“文件”面板中双击要编辑打开的文档。

方法二：执行“文件→打开”命令，在“打开”对话框中选择要打开的文档即可，如下图所示。

专家提示

要快速打开最近使用过的文档，可在启动 Dreamweaver 后的“开始画面”中的“打开最近的项目”列表中选择要打开的文档，或在“文件”菜单中的“打开最近的文件”子菜单中选择要打开的文件。

2.3.4 保存文档

当对文档中的内容进行编辑和修改后应及时保存文档。

执行“文件→保存”命令或按快捷键【Ctrl+S】，在首次保存文本时将弹出“另存为”对话框，在对话框中选择好文档保存路径并输入文档名后，单击“保存”按钮即可保存文档，如下图所示。

专家提示

在一个站点中，通常需要一个首页文档，也就是当浏览者直接访问站点而未指名要访问的文件时，服务器自动打开的一个网页文档，可以是动态网页文档，也可以是静态网页文档，但通常其主文件名设置为“index”或“default”。例如，要将静态网页保存为站点中的首页文档，可将文件保存为“index.html”或“default.html”。

在 Dreamweaver 中新建文档后应先保存文件，然后再进行网页内容编辑，在编辑过程中不时地保存文件，以防止因意外导致文件未保存。同时，先保存文件可保证在页面中引用站内资源时的路径为相对路径，以适应网络应用的需要。

2.3.5 关闭文档

在 Dreamweaver 中可同时打开多个文档进行编辑，当网页文档编辑完成后或不需要编辑时，则需要手动关闭文档，关闭文档的方法有：

方法一：执行“文件→关闭”命令或按快捷键【Ctrl+W】即可。

方法二：单击“文档”窗口上方文件名标签后的×按钮。

在关闭文档时，若文档未保存，Dreamweaver 将提示是否保存，弹出如右图所示的对话框，若需要保存则单击“是”按钮，若不保存则单击“否”按钮，单击“取消”按钮文档将不被关闭。

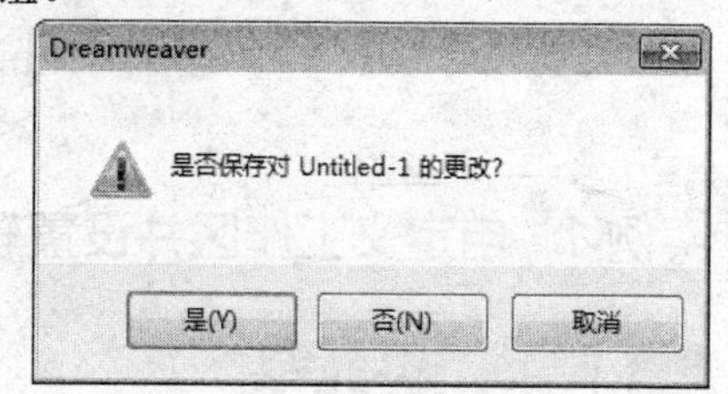

2.3.6 预览网页

在 Dreamweaver 中设计和制作网页时，常常需要预览网页的效果，在“设计”视图下虽然可以看到与浏览器中大致相同的效果，但由于不同浏览器研发的厂商或版本有区别，仍然会存在一些差异，所以，在设计和制作网页时，都需要不时地在各种浏览器中预览和测试网页的效果。在 Dreamweaver CS6 中预览网页的方法如下：

方法一：在“文件”菜单中的“在浏览器中预览”子菜单中选择要用于预览网页的浏览器，即可在该浏览器中预览当前打开的网页文档。

方法二：单击“文档”工具栏中的“在浏览器中预览/调试”按钮，在弹出的菜单中选择要使用的浏览器即可。

方法三：按快捷键【F12】即可在默认浏览器中预览当前网页。

在预览网页时，为保证网页中浏览的效果与当前文档中的内容一致，应先保存网页文件和相关文档，若要预览的网页尚未保存，Dreamweaver 将弹出“另存为”对话框，保存文件后自动打开浏览器预览网页。

为查看在不同的浏览器中网页显示的效果，可以在不同的浏览器中预览网页，在保证安装了多种浏览器后，如果“在浏览器中预览”菜单中未出现该浏览器名称，则需要在 Dreamweaver 中手动添加用于预览网页的浏览器。添加浏览器的方法如下：

STEP 01：**执行编辑浏览器列表命令**。单击“文档工具栏”中的“在浏览器中预览/调试”按钮，在弹出的菜单中选择“编辑浏览器列表”命令。

STEP 02：**添加浏览器**。在打开的“首选参数”对话框右侧区域中单击按钮，如左下图所示。

STEP 03：**设置浏览器名称和地址**。在打开的“添加浏览器”对话框中设置浏览器的名称，并选择浏览器程序安装路径中的启动程序文件，如右下图所示，单击“确定”按钮即可。

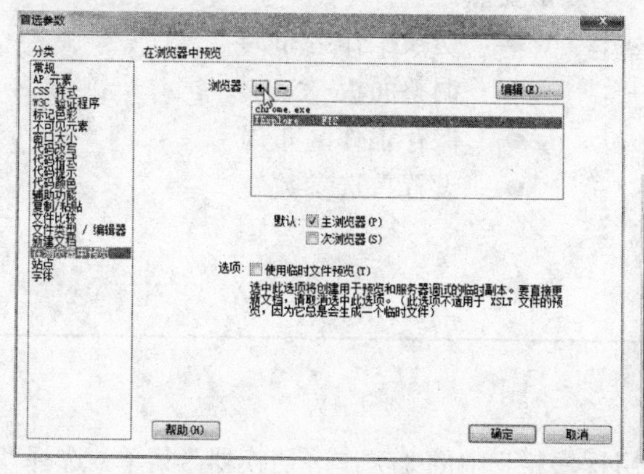

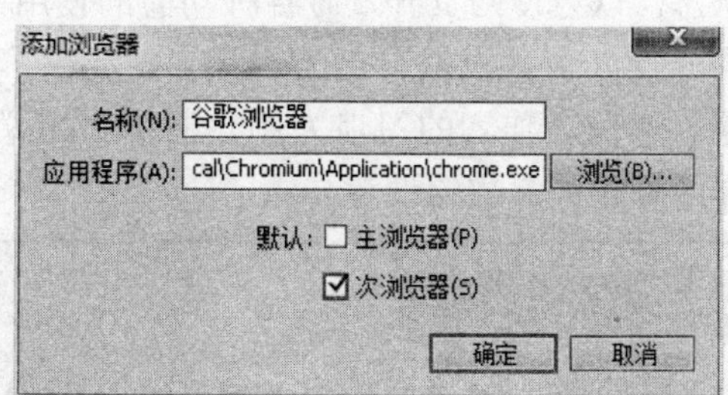

2.4 同步训练——实战应用

实例 1：自定义工作区并设置软件参数

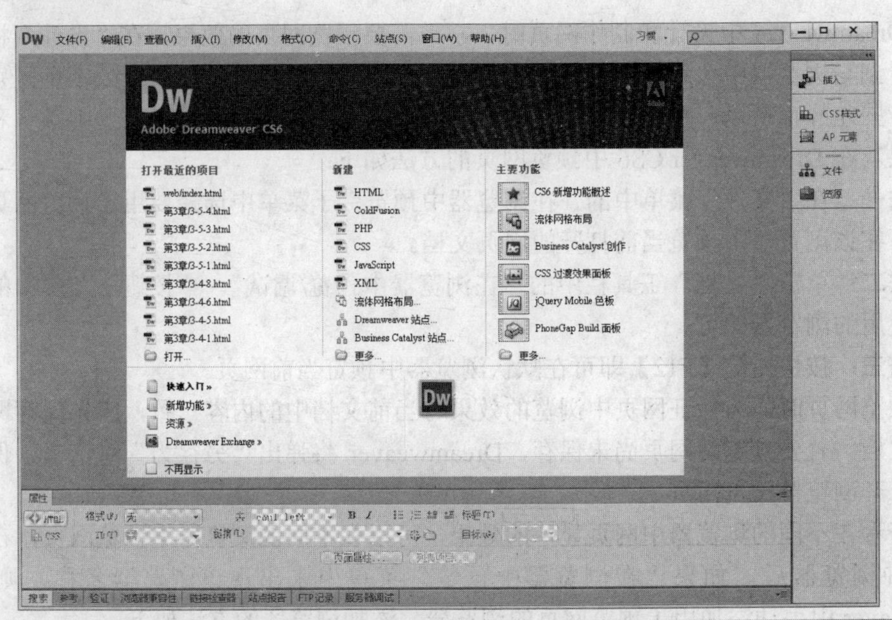

素材文件：光盘\素材文件\第 2 章\无
结果文件：光盘\结果文件\第 2 章\无
教学文件：光盘\教学文件\第 2 章\实例 1.avi

制作分析

本例难易度：★★★☆☆

关键提示：

在使用 Dreamweaver 开发网页之前，首先需要将 Dreamweaver 的工作环境调整到最佳状态，以方便网页开发时各种功能的使用，不同开发人员可根据自己的习惯自行定义和设置，本例以作者的习惯为例，演示自定义工作区和相关参数的设置。

知识要点：

- 切换工作区布局
- 调整面板
- 保存工作区布局
- 设置首选参数

具体步骤

STEP 01：选择工作区布局。单击“应用程序栏”中的“工作区切换器”菜单，选择“设计人员（紧凑）”布局，使右侧面板为图标方式呈现，通过单击可展开面板，如左下图所示。

STEP 02：关闭不常用的面板。为使工作区内容更为简洁，更好地利用工作区空间，可将不常用面板关闭，分别在“Adobe BrowserLab”面板和“Business Catalyst”面板上单击鼠标右键，在弹出的菜单中选择“关闭”命令将这两个面板关闭，如右下图所示。

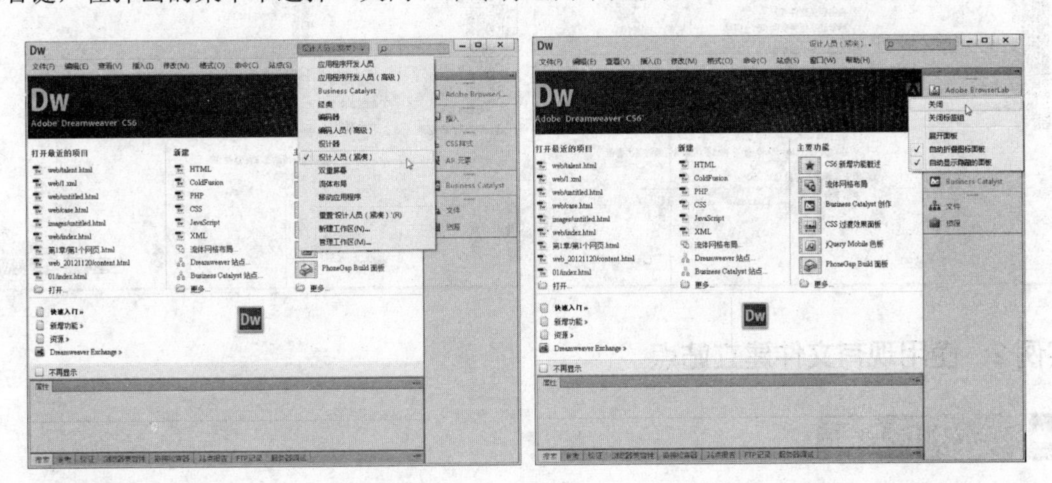

STEP 03：调整面板宽度。为增大文档区域空间，可编辑右侧面板图标的宽度，鼠标指向右侧面板栏的左边界，拖动调整面板宽度，如左下图所示。

STEP 04：保存工作区布局。为便于以后工作区临时调整后快速恢复刚才设置好的工作区，可保存当前的工作区布局，具体方法为：单击“工作区切换器”菜单，选择“新建工作区”命令，在打开的对话框中设置工作区名称后单击“确定”按钮即可，如右下图所示。

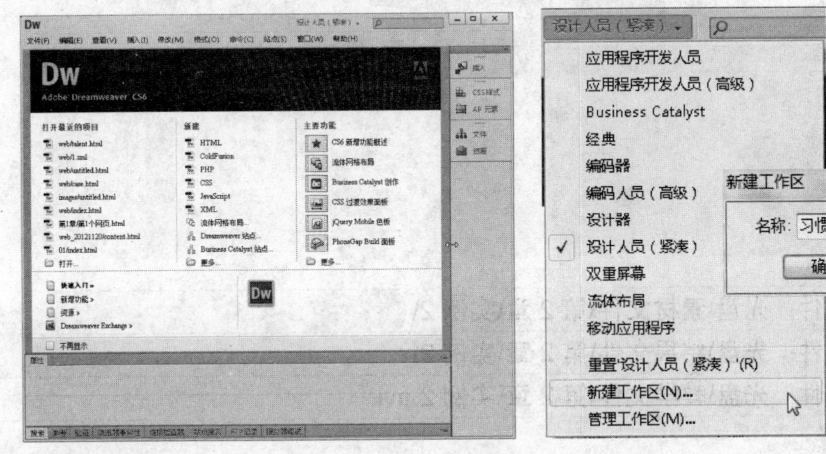

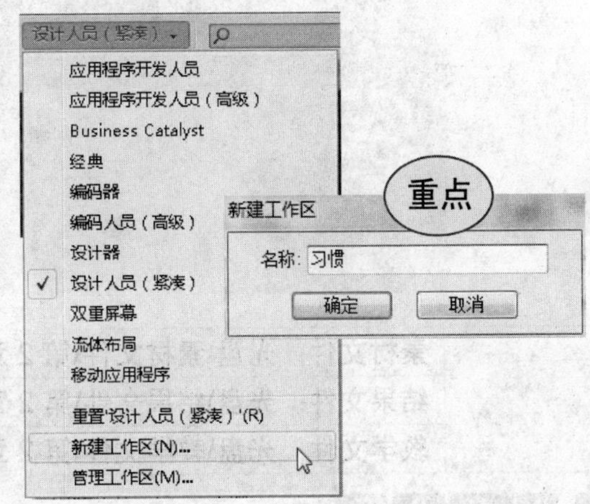

STEP 05：设置软件常规参数。按快捷键【Ctrl+U】，打开“首选参数”对话框；在“常规”设置中选择“允许多个连续的空格”选项和“用<strong>和<em>代替<b>和<i>”选项，如左下图所示。

STEP 06：增大代码视图显示字体。在“分类”列表中选择“字体”选项，在右侧的“字体”设置中，设置“代码视图”的字体大小为 12pt，以增大“代码”视图中的字体大小，完成后单击“确定”按钮参数设置完成，如右下图所示。

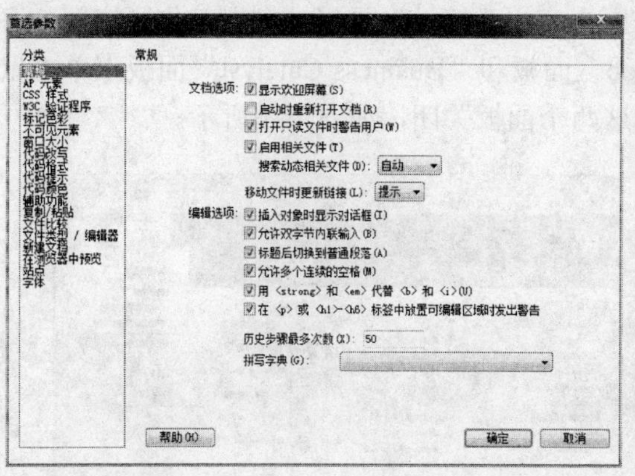

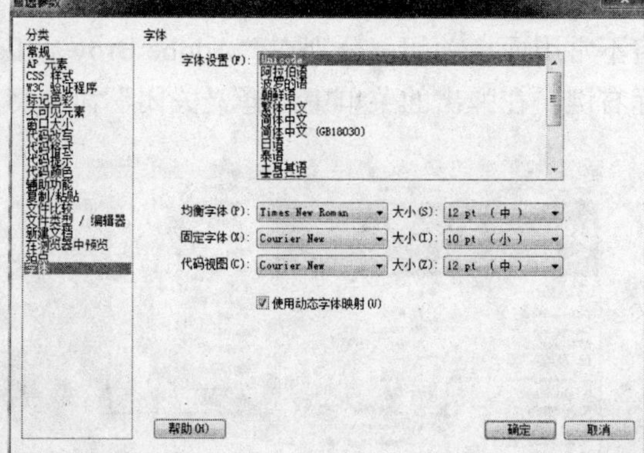

实例 2：使用现有文件建立站点

案例效果

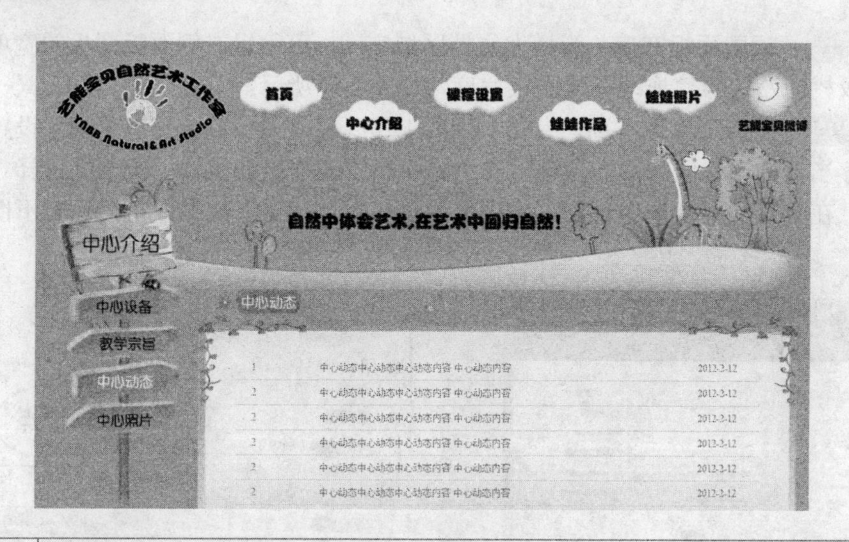

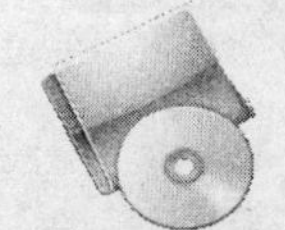

素材文件：光盘\素材文件\第 2 章\实例 2\
结果文件：光盘\结果文件\第 2 章\实例 2\
教学文件：光盘\教学文件\第 2 章\实例 2.avi

制作分析

本例难易度：★★★★☆

关键提示：

若要在本地计算机上管理和编辑其他计算机上创建的网站和网页内容，首先需要将该站点文件夹建立为 Dreamweaver 站点。在建立站点后修改站点结构或文件名时，站点内的链接可自动更新。

知识要点：

- 新建站点
- 重命名站内文件名
- 查看网页代码
- 预览网页

➡ 具体步骤

STEP 01：**复制站点文件。**在 Windows 系统的“资源管理器”中将素材文件夹（光盘\素材文件\第 2 章\实例 2\）中的文件复制到自己新建的一个文件夹中，如下图所示。

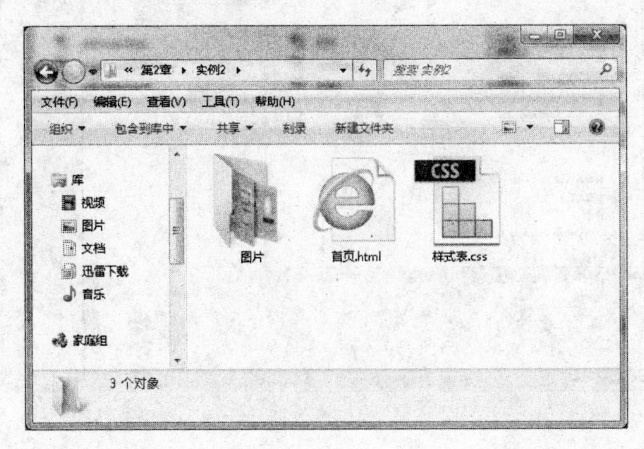

STEP 02：**建立站点。**在 Dreamweaver 中执行“站点→新建站点”命令，在打开的对话框中设置站点的名称，选择本地站点文件夹的路径为上一步创建的文件夹，单击“保存”按钮创建站点，如下图所示。

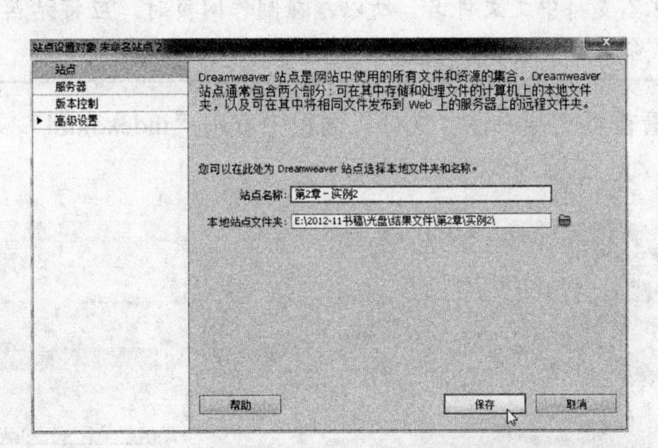

STEP 03：**重命名首页文件。**在“文件”面板中选择“首页.html”文件，按【F2】键重命名文件名称为“index.html”；在弹出的“更新文件”对话框中单击“更新”按钮，以更新站点中各页面中与该文件相关的链接地址，如右所示。

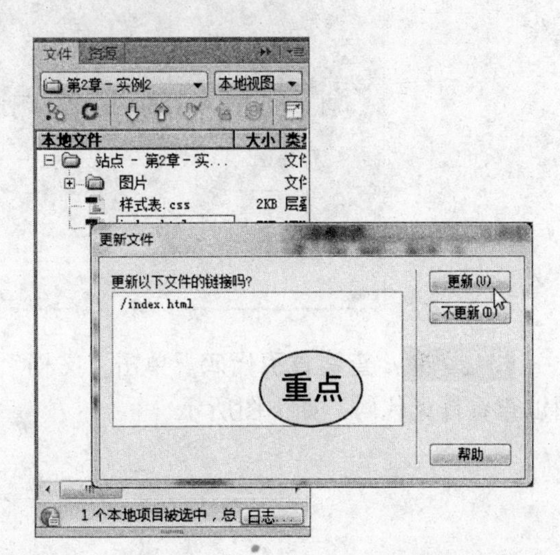

STEP 04：**重命名其他文件和文件夹。**用与上一步相同的方式，重命名“样式表.css”文件为“style.css”，重命名文件夹“图片”为“images”，如下图所示。

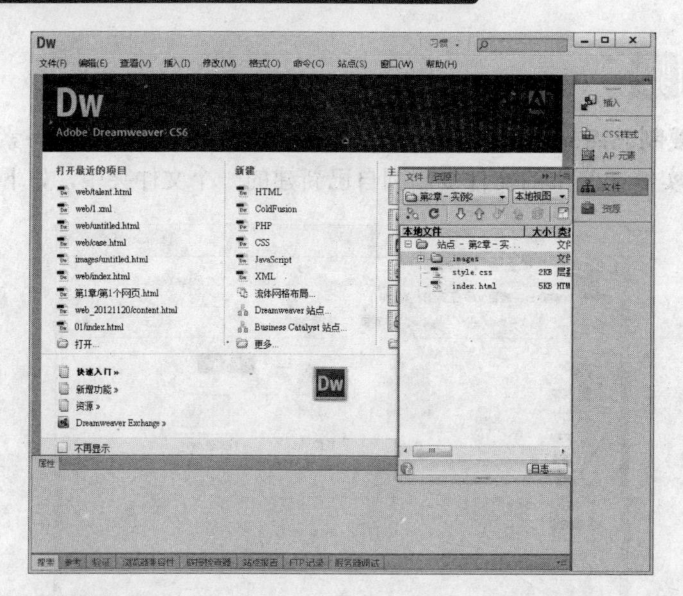

新手注意

由于网站制作完成后需要存放于网络中的 Web 服务器中才能被网络中的用户访问，而大部分 Web 服务器不支持中文方式命名的文件名称，部分浏览器也不支持中文文件名，所以，在制作网页时，应将站点中所有文件以英文方式命名。

STEP 05：**查看首页文件**。在“文件”面板中双击“index.html”文件打开文件，如下图所示。

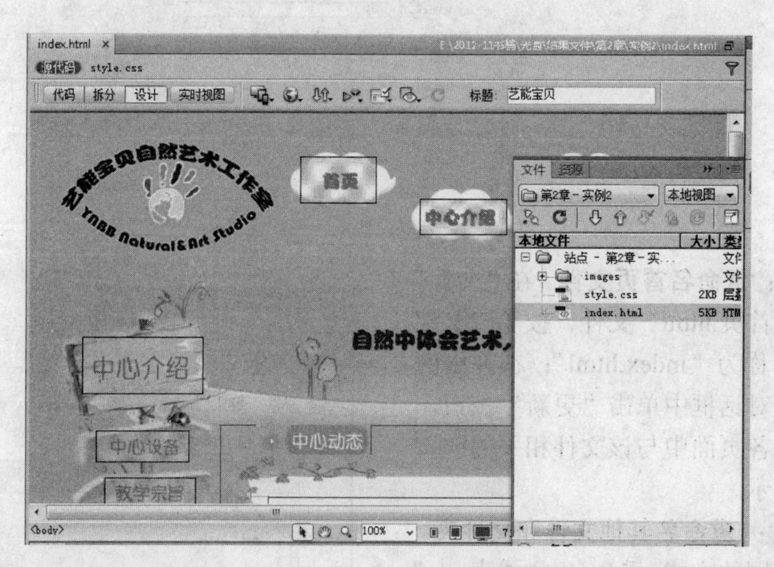

STEP 06：**查看首页代码**。单击“文档”工具栏中的“代码”按钮，切换至“代码”视图以查看首页代码，如下图所示。

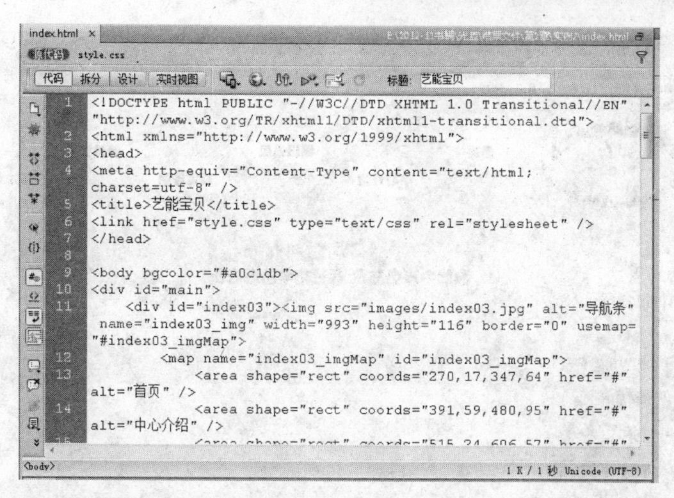

STEP 07：使用拆分视图同时查看设计和代码。单击“文档”工具栏中的“拆分”按钮，切换至“拆分”视图以同时查看首页设计和代码，见下图。

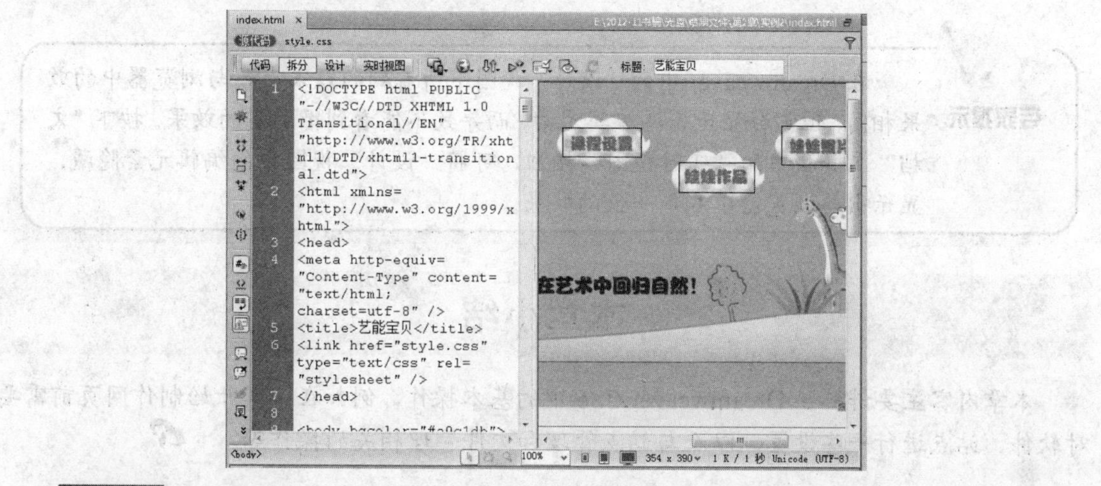

STEP 08：切换拆分方式。执行“查看→垂直拆分”命令，取消选择“垂直拆分”；选择“查看→顶部的设计视图”选项，将“设计”视图切换至顶部显示，见下图。

STEP 09：在浏览器中预览。按【F12】键在默认浏览器中预览网页效果，如下图所示。

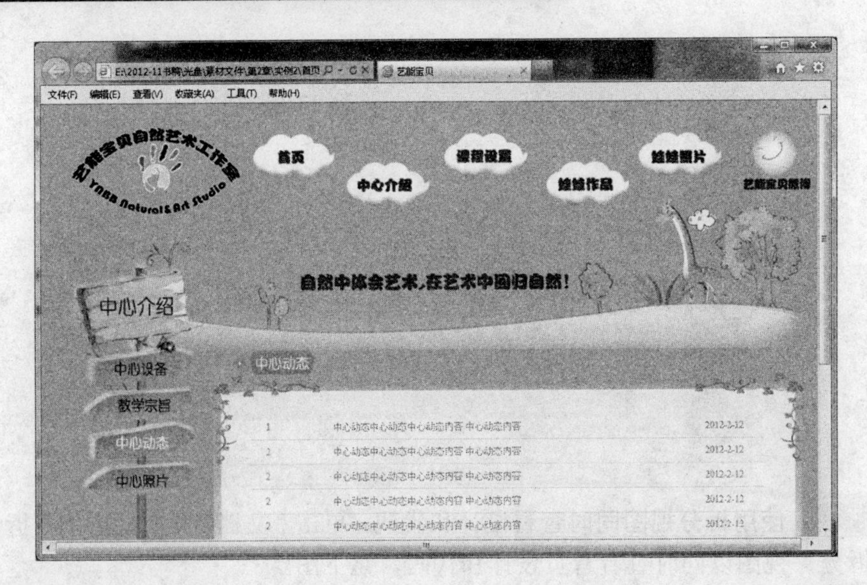

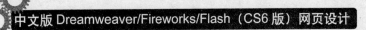

专家提示　在 Dreamweaver 中的“设计”视图下所看到的效果大致与浏览器中的效果相同，但它会显示一些编辑元素，而导致不能看到很真实的效果。按下“文档”工具栏中的“实时视图”按钮，可将“设计”视图中的编辑元素隐藏，显示出与浏览器中基本一致的效果。

本章小结

本章内容主要讲解了 Dreamweaver CS6 中的基本操作，例如在正式开始制作网页前需要对软件、站点进行一些设置，以及与站点管理和文件管理相关的操作等。

第 3 章

添加网页内容元素

本章导读

文本、图片、链接等内容都是网页中最主要的元素，这些元素在网页中应用的方式也非常丰富，利用 Dreamweaver 可以非常方便地插入和编辑这些元素，本章将介绍 Dreamweaver 中插入和编辑网页中这些内容元素的方法。

知识要点

- 熟练掌握网页文本内容的使用
- 掌握列表的使用
- 熟练掌握超级链接的插入及设置
- 掌握表格的基本应用
- 熟练掌握各类图片的插入及设置
- 掌握 Dreamweaver CS6 新增的图片编辑功能

案例展示

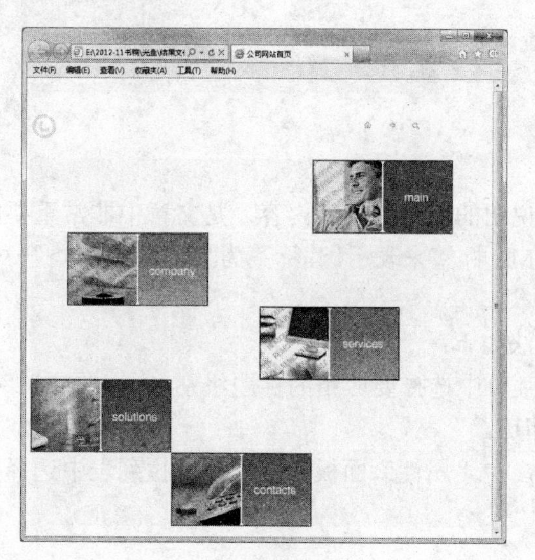

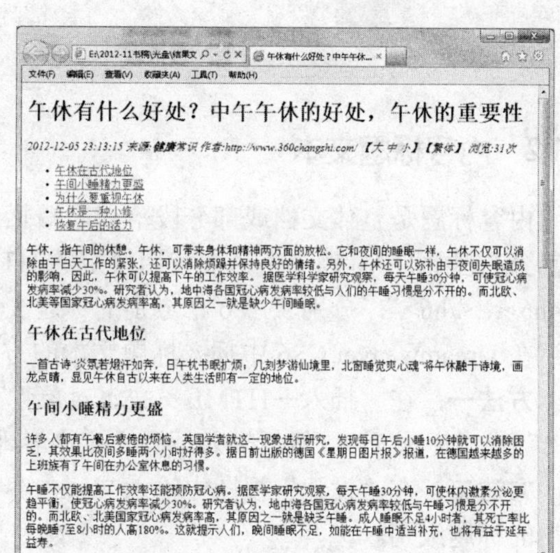

3.1　知识讲解——插入文本内容

文本是网页中最基本且应用最广泛的元素，是信息的主要载体。在 Dreamweaver 中插入文本内容的方法非常多而且很简单，在“设计”视图中将光标定位于要插入文本的位置，直接输入文本内容即可。由于网页中文本也有多种类型，如标题文本、段落文本、特殊字符等，不同类型的文本则需要不同的 HTML 标签来表示，本节介绍各种常见类型文本的插入方式。

3.1.1　网页标题文本

在一个网页中通常需要一个概括整个页面内容的标题，而页面标题通常无须显示于文章内容中，而是出现于浏览器标题栏或浏览器中当前页标签上，同时，对于网络中的搜索引擎（如百度、Google 等）而言，它们按浏览者输入的关键字搜索网页时，首先检索网页的标题中是否含有关键字，所以一个网页的标题内容至关重要。

在 Dreamweaver 中为网页添加标题文本的方式如下：

方法一：在“文档”工具栏中的“标题”文本框中输入网页的标题内容。

方法二：在“代码”视图中，在“<title>”后“</title>”之前插入网页标题内容即可，如下图所示。

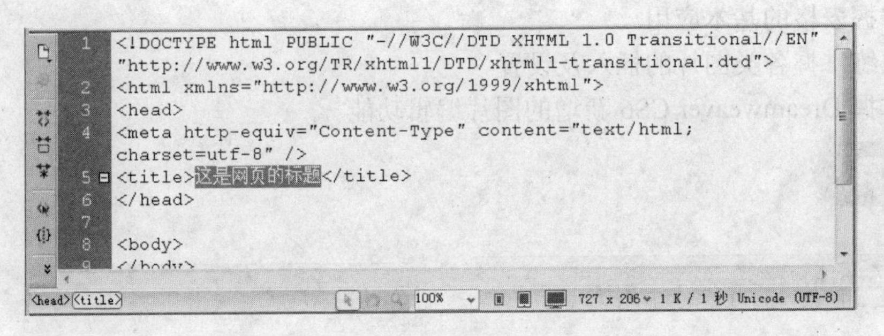

3.1.2　内容标题文本

内容标题是整体文档或部分段落前起概括说明的简短的文字内容，是文章中非常重要的一部分。在网页中标题文字需要使用特定的 HTML 标签来表示，其标签为“<h1>...</h1>”……“<h6>...</h6>”，分别表示 6 个级别的标题文本。

在 Dreamweaver CS6 中插入标题文本的方法如下：

方法一：在“插入→HTML→文本对象”菜单中选择要应用的标题级别（“标题 1”“标题 2”或“标题 3”），然后输入标题文字内容即可。

方法二：在“设计”视图中输入文字内容，在“属性”面板“格式”下拉列表中选择要应用的标题级别。

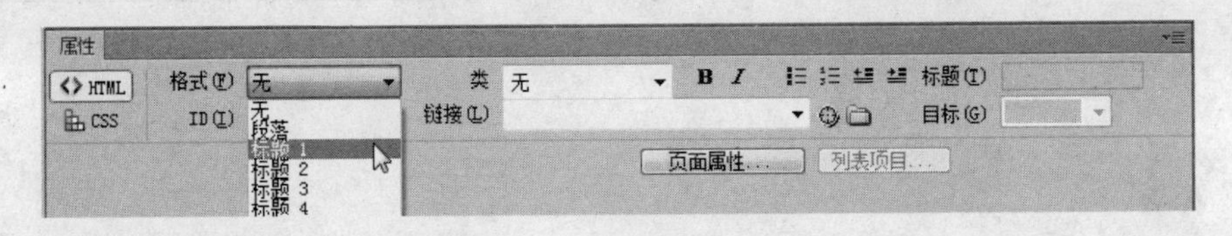

方法三：在“代码”视图中输入“<h1>”标签，并输入标题文本内容即可，如下图所示。

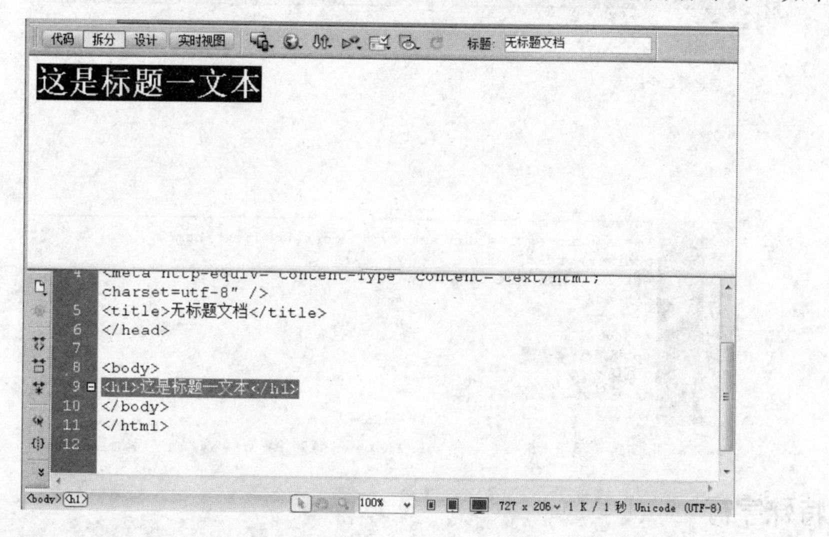

3.1.3 段落文本

段落文本是网页文本中的主要内容，也是大量文本组成的基本结构，在 Dreamweaver 中的“设计”视图中输入文本内容后，按【Enter】键后，文本内容将自动应用段落文本的标记。在 HTML 标记中，段落使用“<p>…</p>”标记，如下图所示。

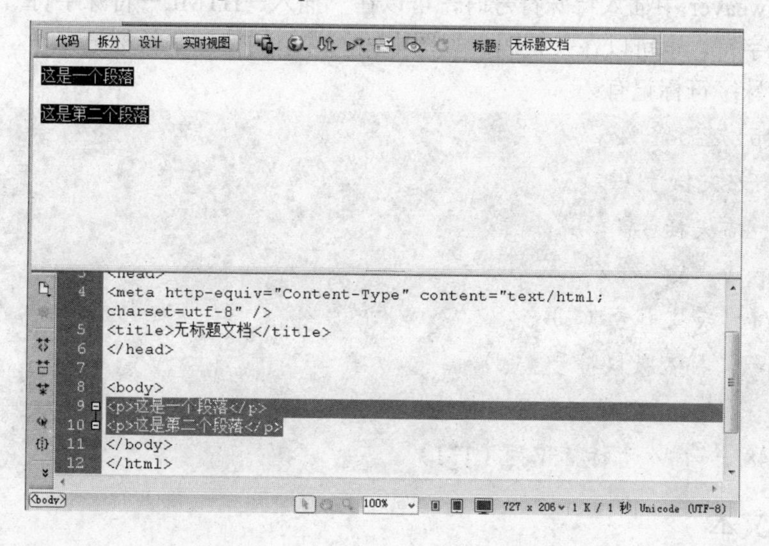

3.1.4 换行标记

在“设计”视图中输入文本时按【Enter】键会将文本内容分为两个段落，而在“代码”视图中的换行在网页显示时将会被忽略，若仅需要文本内容换行显示不分段，则此时需要使用换行标记。在 HTML 中，换行使用“
”标记。

在 Dreamweaver CS6 中除在“代码”视图下直接输入换行标记“
”外，“设计”视图还可使用快捷键【Shift+Enter】进行换行，换行后的效果如下图所示。

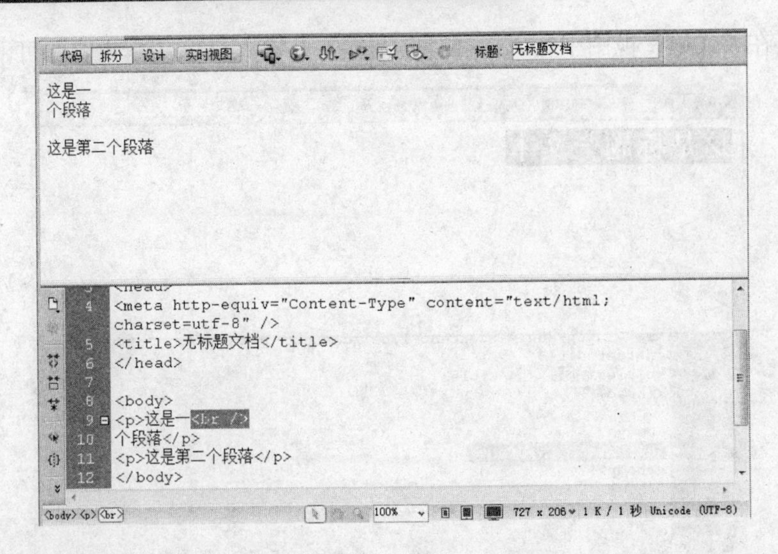

3.1.5 特殊字符

在“设计”视图中大部分的特殊字符均可直接输入。但由于 HTML 语言中使用了标记来描述内容的含义，故许多字符在 HTML 代码中有着特殊的作用和意义。例如“<>”在 HTML 中表示一个标记，若在“代码”视图中直接输入“<>”将会被浏览器视为一个 HTML 标记而不被显示，所以，在“代码”视图中使用一些特殊字符时，需要使用一些特殊的代码来表示。

在 Dreamweaver 中插入特殊符号时，可以在“插入→HTML→特殊字符”菜单中选择需要使用的特殊字符，也可以在“代码”视图中输入常用的特殊字符标记。

常用的特殊字符标记有：

- ：空格。
- <：左尖括号（<）。
- >：右尖括号（>）。
- &：“&”符号。
- "：英文引号（”）。
- ©：插入版权符号（©）。
- ®：插入注册商标符号（®）。
- ™：插入商标标识符（TM）。

3.1.6 强调文本

在网页中使用文本内容时，若需要引起浏览者的注意，可以加粗或倾斜强调文本内容，加粗的标记可以使用“<strong>…</strong>”或“<b>…</b>”，倾斜的标记可以使用“<em>…</em>”或“<i>…</i>”。

在“设计”视图中加粗文本的方法：选择要加粗的文本内容，在“属性”面板中单击“加粗”**B**按钮，即可加粗所选文字，如下图所示。

在“设计”视图中倾斜文本的方法：选择要倾斜的文本内容，在“属性”面板中单击“倾斜” *I* 按钮，即可倾斜所选文字，如下图所示。

新手注意　在 Dreamweaver CS6 中“设计”视图下使用“加粗”和“倾斜”将自动应用标记“<strong>...</strong>”和“<em>...</em>”，它们包含了强调文本的作用，在网络搜索引擎对页面内容检索时会重视这些内容；而“<b>...</b>”和“<i>...</i>”标记则仅起外观修饰使用。在 W3C 标准中要求，网页中的修饰成分要与内容分离，即尽量不要使用 HTML 标记修饰内容，故一般不使用“<b>...</b>”和“<i>...</i>”标记。

3.2　知识讲解——列表

当多段简短的文本以相同级别并列时，在网页内容结构中为体现和强调这些内容的并列关系，可以使用 HTML 标记语言中的列表标记来表现。在 HTML 标记语言中，列表有三种形式，分别为无序列表、有序列表和定义列表。

3.2.1　无序列表

在列表中若不需要表现出并列元素之间的顺序，可使用无序列表元素。无序列表也称为“项目列表”，在 HTML 标记语言中可以使用“<ul>...</ul>”标记表示无序列表区域，在其内部使用“<li>...</li>”表示其中的一条列表项目，如下图所示为无序列表的默认效果和代码。

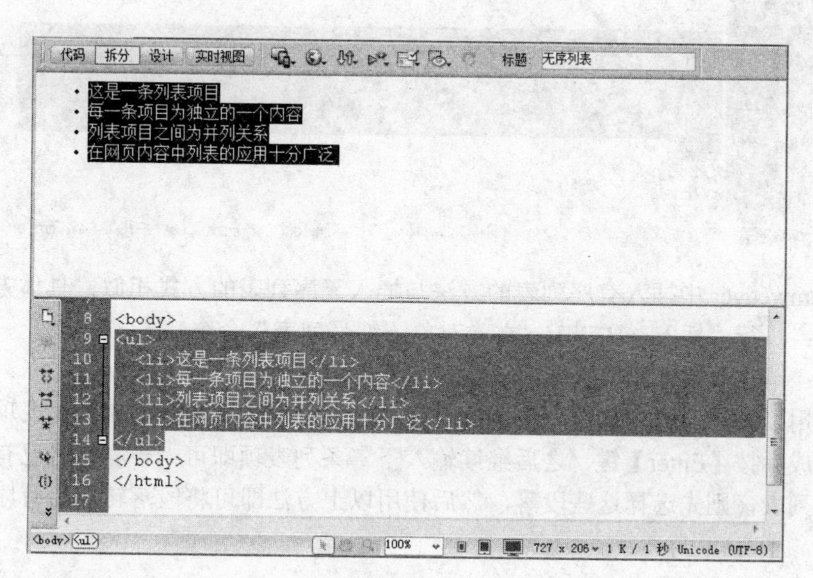

在 Dreamweaver 中插入无序列表的方法有：

方法一： 执行“插入→HTML→文本对象→项目列表”命令。

方法二： 单击“属性”面板中的“项目列表”按钮。

无论使用以上哪一种方式后，在页面内容中输入内容即成为一个列表项，每条列表项输入完成后按【Enter】键，之后继续输入下一条列表项即可；若需要将已有的多个段落转换成列表，则先选择这些段落，然后使用以上方法即可将段落转换为列表。

专家提示 当列表输入完成后，若接下来要输入的内容不是列表的内容，可按向下方向键或使用鼠标单击列表下方区域，将插入点定位于列表区域外，之后输入内容则不属于项目列表。

3.2.2 有序列表

与无序列表相似，有序列表则为列表中的项目添加了编号，以表现各列表项目之间的先后顺序。有序列表也被称为编号列表。在 HTML 标记语言中，有序列表使用标记“<ol>…</ol>”表示，其中的列表项目仍然使用“<li>…</li>”表示。如下图所示为有序列表的效果及 HTML 代码。

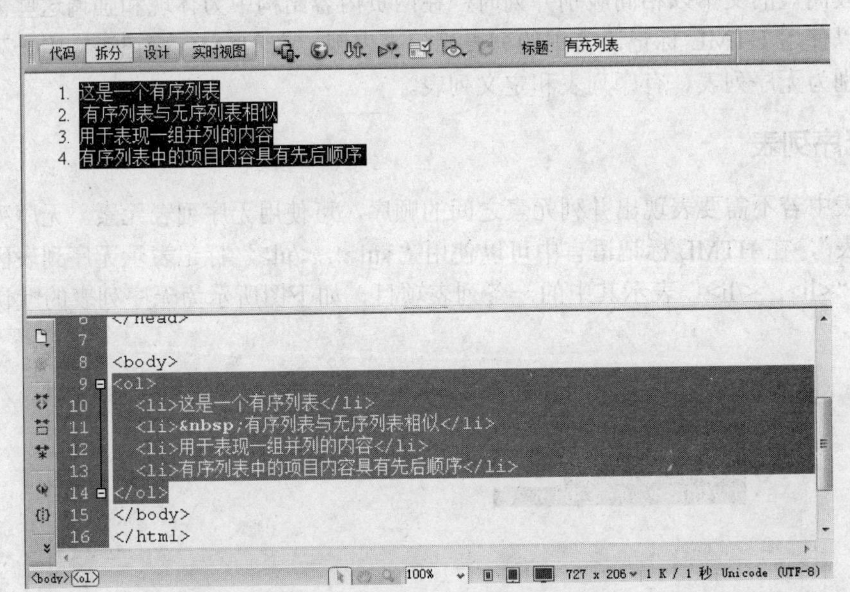

在 Dreamweaver 中插入有序列表的方法与插入无序列表的方式相似，具体方法有：

方法一： 执行“插入→HTML→文本对象→编号列表”命令。

方法二： 单击“属性”面板中的“编号列表”按钮。

无论使用以上哪一种方式后，在页面内容中输入内容即成为一个编号列表项目，每条列表项输入完成后按【Enter】键，之后继续输入下一条列表项即可；若需要将已有的多个段落转换成有序列表，则先选择这些段落，然后使用以上方法即可将段落转换为有序列表。

专家提示　若要修改列表的类型或取消列表格式，可执行“格式→列表”菜单中相应的命令。

3.2.3　定义列表

定义列表与列表类似，但这种列表中除了列表项之外，还包含了列表项的描述。通俗地讲，定义列表中包含一种与项目列表类似的列表项目，同时在每一个列表项目中还包含对这个列表项目的描述内容。在 HTML 标记语言中，使用“<dl>…</dl>”表示定义列表区域，其内部使用“<dt>…</dt>”表示其中的一个列表项目，在“<dt>…</dt>”内部则使用“<dd>…</dd>”表示这个项目的具体描述或内容，如下图所示为定义列表的效果及 HTML 代码。

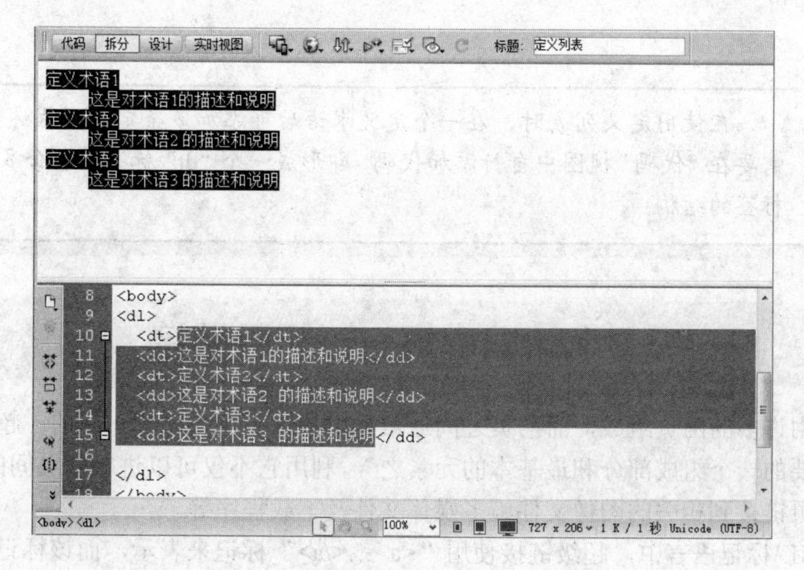

在 Dreamweaver 中使用定义列表的方法如下：

STEP 01：**插入定义列表**。执行“插入→HTML→文本对象→项目列表”命令，插入定义列表。

STEP 02：**输入定义术语**。输入第一条概括性的内容，然后按【Enter】键，如下图所示。

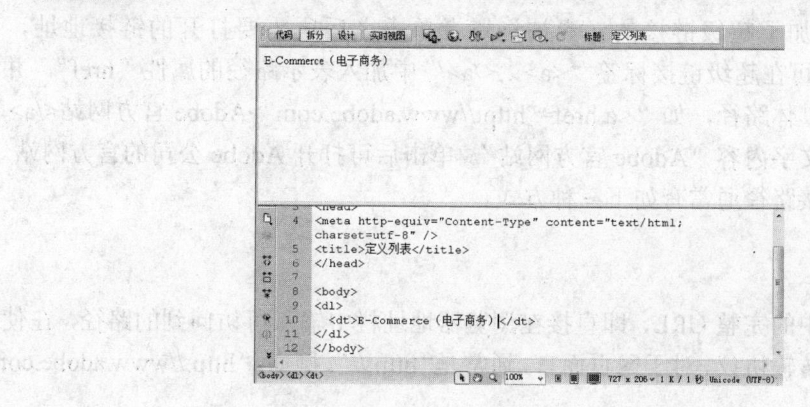

STEP 03：**输入定义**。输入对上一条“定义术语”的描述内容，然后按【Enter】键，如下图所示。

代码 拆分 设计 实时视图 标题：定义列表

E-Commerce（电子商务）
顾客与服务提供者或商家（包括我们熟悉的商店、商场等）之间的商务关系，如顾客在网络上购买电子商店的商品，用户在网络上享受服务提供者提供的服务等。

```
<body>
<dl>
   <dt>E-Commerce（电子商务）</dt>
   <dd>顾客与服务提供者或商家（包括我们熟悉的商店、商场等）之间
的商务关系，如顾客在网络上购买电子商店的商品，用户在网络上享受
服务提供者提供的服务等。</dd>
</dl>
</body>
</html>
```

STEP 04：**输入定义**。重复上面两个步骤，即输入新的定义术语及具体的定义内容，完成定义列表即可。

专家提示 在使用定义列表时，在一个定义术语后可添加多条定义（描述），通常需要在“代码”视图中自行添加代码，即形成一个“dt”标签内包含多个“dd”标签的结构。

3.3 知识讲解——超级链接

网站是由许多的网页组成，而网页之间通常是由超级链接联系到一起的。超级链接是网站中非常重要的一个组成部分和最基本的元素之一，利用它不仅可以进行网页间的相互链接，还可以使网页链接到相关的图像文件、多媒体文件及下载程序等。

在 HTML 标记语言中，超级链接使用“<a>…</a>”标记来表示，而该标记中必须添加相应的一些属性才能真正起到链接的作用。例如链接的路径、链接的目标窗口、链接的说明文字等。

3.3.1 设置链接路径

链接路径是指添加了超级链接的元素被浏览者单击之后所需要打开的链接地址，在 HTML 标记语言中，可在超级链接标签“<a>…</a>”中加入表示路径的属性“href”，并设置该属性值为链接的具体路径，如“<a href="http://www.adobe.com">Adobe 官方网站</a>”，在浏览器中将显示为文字内容“Adobe 官方网站”，单击后可打开 Adobe 公司的官方网站。

在站点中表示链接路径通常有如下三种方式。

1. 绝对路径

绝对路径是网络中的完整 URL，即直接在浏览器地址栏中输入可访问到的路径，在使用时应包括相关的网络传输协议，对于网页而言，通常是“http://”。例如，“http://www.adobe.com”

即是一个绝对路径。

绝对路径包含的是精确地址，因此不用考虑源文件的位置。如果目标文件被移动，则链接无效。创建外部链接时（即从一个网站的网页链接到其他网站的网页），必须使用绝对路径。

在 Dreamweaver CS6 中要设置绝对路径的链接地址，可选择要添加链接的文字或图片，然后在“属性”面板的“链接”文本框中输入链接到的路径，如下图所示。

2．根目录相对路径

根目录相对路径是指从站点文件夹到被链接文档经过的路径。站点上所有公开的文件都存放在站点的根目录下。

根目录相对路径以斜杠“/”开头，表示站点文件夹，例如：/web/index.htm 是指站点文件夹下的 Web 子文件夹中的一个文件（index.htm）的根目录相对路径。使用根目录相对路径时，即使在站点内部移动包含根目录相对链接的文档，链接也不会发生错误。

在 Dreamweaver 中，若要设置链接使用站点根目录相对路径，可在“站点设置…”对话框的“本地信息”中选择“链接相对于”选项为“站点根目录”，如下图所示。

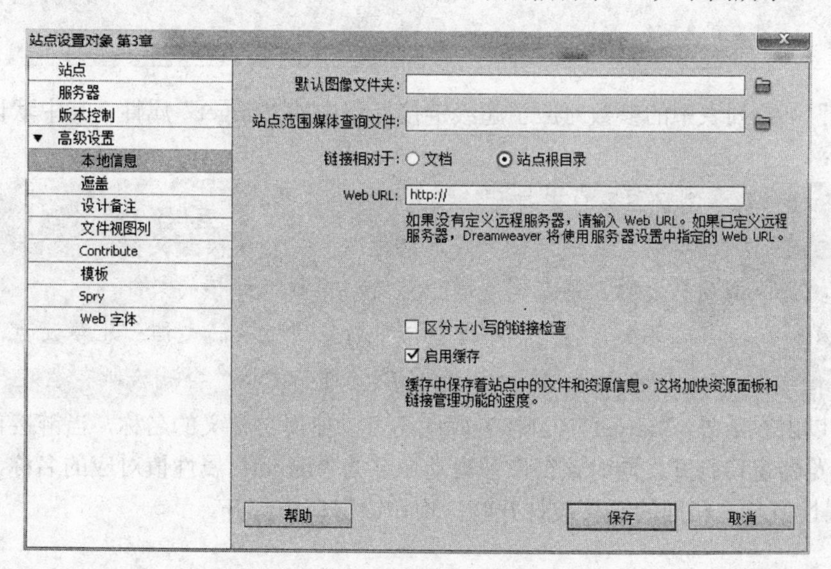

设置了链接相对于站点根目录，且选择要添加链接的元素后，单击“属性”面板中“链接”选项右侧的“浏览文件”按钮，然后在打开的对话框中选择站点中的文件即可。

3．文档目录相对路径

在 Dreamweaver CS6 中，链接默认使用文档目录相对路径，文档目录相对路径对于大多数 Web 站点的本地链接来说，是最适用的路径。在当前文档与所链接的文档处于同一文件夹内，而且可能保持这种状态的情况下，文档相对路径特别有用。文档相对路径还可用来链接到其他文件夹中的文档，方法是利用文件夹层次结构，指定从当前文档到所链接的文档的路径。

使用文档相对路径可省去当前文档和被链接的文档在绝对 URL 中相同的部分，只保留不同部分。

在 Dreamweaver CS6 中为选择元素添加文档目录相对路径链接的方法：单击“属性”面板中“链接”选项右侧的“浏览文件”按钮，然后在打开的对话框中选择站点中的文件；亦可按住“属性”面板中“链接”选项右侧的“指向文件”按钮，拖动至“文件”面板中要链接的文件。

3.3.2 设置链接的目标窗口

在网页中添加了超级链接后，在浏览器中单击链接时，默认情况下将在当前窗口中打开。根据网页中不同链接的需要，有时需要链接在新窗口中打开，甚至会指定链接在某一个具有特定名称的窗口中打开，此时可设置超级链接的“目标”属性。在 HTML 的“a”标记上添加“target”属性，设置属性值为目标窗口的名称即可，如“<a href=”http://www.adobe.com” target=”_blank” >Adobe 官方网站</a>”，该链接打开时将在一个新的浏览器窗口中打开。

利用 Dreamweaver 可以快速设置链接打开的窗口，仅需要选择链接内容后，在“属性”面板的“目录”下拉列表框中选择目标窗口的名称即可，如下图所示。

“目标”下拉列表中的参数对应了超级链接标记中的“target”属性，其中默认的可选值的作用如下：

- _blank：在新浏览器窗口中打开链接文件。
- _parent：将链接的文件载入含有该链接框架的父框架集或父窗口中。如果含有该链接的框架不是嵌套的，则在浏览器全屏窗口中载入链接的文件。
- _self：在与当前页面相同的框架或窗口中打开所链接的文档。此参数为默认值。
- _top：在当前的整个浏览器窗口中打开所链接的文档，会删除所有框架。

除使用以上参数外，“target”（目标）属性还可以使用自定义的名称，当链接首次被打开时将以新浏览器窗口打开，同时该窗口被自动命名为“target”属性值对应的名称，之后其他“target”属性值与之相同的链接被打开时，均在该窗口中打开。

知识链接——链接目标窗口与框架

框架可被理解为显示网页内容的容器，使用框架可以将一个浏览器窗口划分为多个部分，每个部分可显示一个独立的网页内容。在使用了框架的网页中，每一个框架通常都有一个名称，链接的“target”属性设置为框架的名称后，单击链接可在该名称框架中打开链接页面。关于框架的更多知识，可参见本书第 7 章的内容。

3.3.3 创建锚记链接

锚记链接是超链接的一种类型，通常应用于当前页面中快速定位。要使用锚记链接首先需要命名锚记，然后利用超链接指向该锚记，即可实现单击链接后快速定位至锚记所在的位置。所以要实现锚记链接至少需要两个元素：一个用于标志位置的标签（命名锚记），另一个是指向该锚记的链接。

在 HTML 标记中，命名锚记仍然使用“a”标记，与超级链接不同的是，命名锚记时只需要定义一个锚记的名称，用于链接的定位，所以，在命名锚记时无须添加链接的指向路径“href”属性，仅使用“name”属性为锚记命名即可；要让链接指向这一个锚记，则在创建超级链接时设置链接路径为这个锚记的名称，名称前加“#”即可。例如，要实现单击页面底部的一个链接“返回顶部”后，页面自动跳转到页面最顶部，首先在页面内容顶部位置（即“<body>”之后）添加一个锚记“<a name="top"></a>”，然后在页面底部添加一链接“<a href="#top">返回顶部</a>”，即可实现锚记链接。

在 Dreamweaver 中可以快速插入锚记和锚记链接，具体步骤如下：

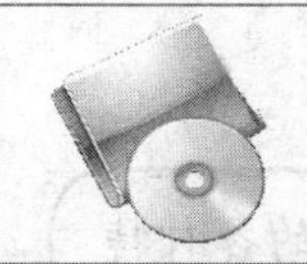	素材文件：光盘\素材文件\第 3 章\3-3-3.html
	结果文件：光盘\结果文件\第 3 章\3-3-3.html
	教学文件：光盘\教学文件\第 3 章\3-3-3.avi

STEP 01：**插入命名锚记**。将插入点定位到页面顶部，执行“插入→命名锚记”命令，如左下图所示。

STEP 02：**设置锚记名称**。在打开的“命名锚记”对话框中输入锚记名称“top”，然后单击“确定”按钮插入锚记，如右下图所示。

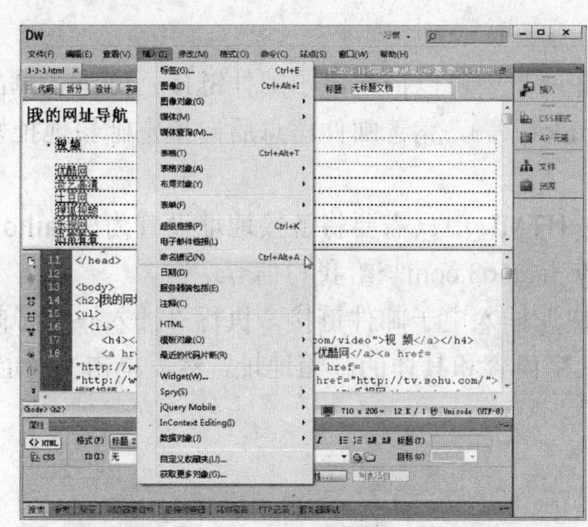

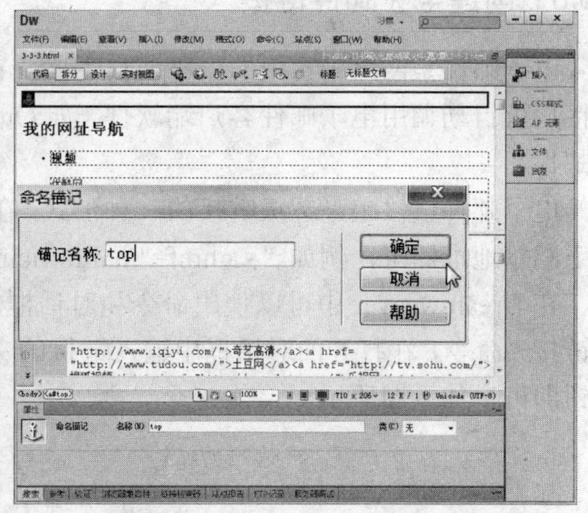

STEP 03：**插入锚记链接**。在页面底部插入文字“返回顶部”，选择文字后在“属性”面板“链接”栏中输入链接地址为“#top”，如下图所示。

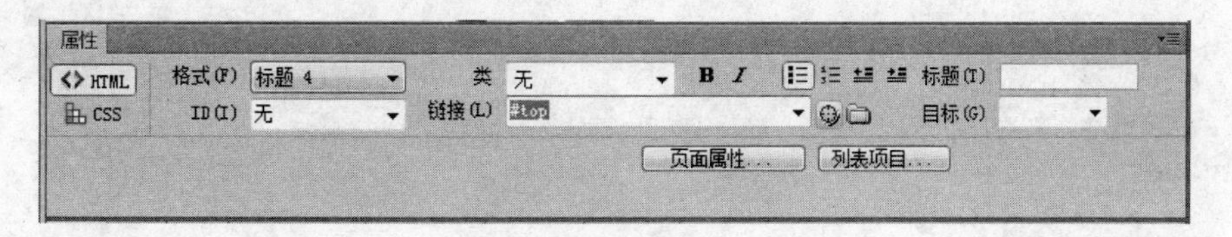

STEP 04：预览并测试锚记链接。按【F12】键在浏览器中预览网页，在网页顶部单击“返回顶部”按钮，页面内容即可回到页面顶部。

专家提示 锚记链接通常应用于内容较长的网页中，使浏览者可以快速切换至页面中不同的位置。在定义锚记名称时应注意，锚记名称不能以数字开头，也不能使用特殊字符。

如果要使链接打开另一个网页文件，同时打开该页面后要定位到其内部的锚记位置，可在链接地址后加上“#”再加上具体的锚记名称。

3.3.4 创建空链接

若要使网页中某些文字内容或图片可以被用户单击，但不需要切换页面，此时可以使用空链接。创建空链接的方式与创建普通链接的方式相同，只需要设置链接地址为“#”即可。

专家提示 空链接仍然属于超级链接的一种形式，所以它具备超级链接的各种特性。通常在设计网页时，当未确定链接的确切地址时，可以使用空链接代替。同时，若要使一些文字或图片被用户单击后实现一些特殊功能，此时也可以使用空链接，然后利用 JavaScript 脚本程序实现其特殊的交互效果。

3.3.5 创建电子邮件链接

电子邮件是网络中常用的一种通信手段，在网页中可以插入电子邮件链接，浏览者单击链接后可自动调用电子邮件客户端软件（如 Outlook 等），完善邮件信息后向指定邮箱地扯发送邮件。

电子邮件链接也是超级链接的一种形式，在 HTML 中只需要将链接地址设置为“mailto:”加上邮箱地址即可，例如“<a href="mailto:richy_li@163.com">给我写信</a>”。

在 Dreamweaver 中可以使用命令和对话框快速插入电子邮件链接，执行“插入→电子邮件链接”命令，在打开的对话框中输入链接的文字内容和具体的邮箱地址，然后单击“确定”按钮即可，如下图所示。

专家提示

在网页中的电子邮件链接并不能自动向指定邮箱发送邮件，并且客户端必须有电子邮件相关的软件。若需要指定邮件发送的主题和内容，可在链接的邮件地址后增加相关的参数。在 URL 中添加参数时使用“？”开头，然后使用“参数 = 值”方式添加参数，多个参数间使用“&”符号分隔。指定邮件发送主题可以使用“subject”参数，指定邮件内容则可使用“body”参数。例如要添加链接，向“richy_li@163.com”发送主题为“电子邮件链接学习”，内容为“我学会了使用邮件链接”的邮件，可设置链接地址为“mailto:richy_li@163.com?subject=电子邮件链接学习& body=我学会了使用邮件链接”。

3.3.6　为链接添加提示文字

通常链接允许用户单击，并且单击后有一定作用和功能，为增强用户体验，让用户明确相应链接的作用，可以为链接添加提示文字，当鼠标指向链接时，可显示出说明文字。

在 HTML 中的超级链接标签上添加“title”属性，设置属性值为链接的提示文字即可，例如“<a href="mailto:richy_li@163.com" title="单击链接后将调用 Outlook 软件">给我写信</a>”，当用户指向该链接时，将显示出提示文字内容，如左下图所示。

在 Dreamweaver 中可以在“属性”页面中设置链接的“标题”属性内容，效果相同，如右下图所示。

专家提示

好的用户体验对于目前的网页来说非常重要，同时，网络中的搜索引擎（如百度、Google 等）在收录网页内容时，也非常重视链接中的“title”属性，所以，在网页中为链接添加提示文字是非常有必要的。

3.4　知识讲解——表格

在网页中，常常需要展示一些数据，为使数据的展现更加明晰整齐，可以使用表格元素。表格由许多单元格构成，能够以有序、整洁的方式组织数据。表格中可以放置各种对象，如文本、图形以及多媒体对象等，从而能够有效整齐地控制内容的排列，故在不需要遵守 W3C 标准的情况下，可以使用表格布局整个网页，这是最简单方便的网页布局方式。

3.4.1 创建表格

在 HTML 中，一个表格区域由“<table>…</table>”标记标志，其中使用“<tr>…</tr>”标记表示一行，在一行中用“<td>…</td>”表示一个单元格，原则上表格中每一行中应具备相同的单元格个数，且任何一个表格都必须包含这三种元素。

例如制作如左下图所示的表格效果，表格的代码如右下图所示。

姓名	性别	年龄
张三	男	23
李四	女	22

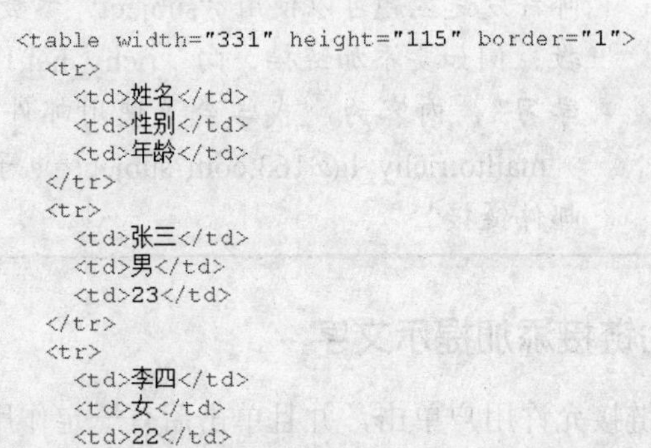

```
<table width="331" height="115" border="1">
  <tr>
    <td>姓名</td>
    <td>性别</td>
    <td>年龄</td>
  </tr>
  <tr>
    <td>张三</td>
    <td>男</td>
    <td>23</td>
  </tr>
  <tr>
    <td>李四</td>
    <td>女</td>
    <td>22</td>
  </tr>
</table>
```

在 Dreamweaver CS6 中创建表格的步骤如下：

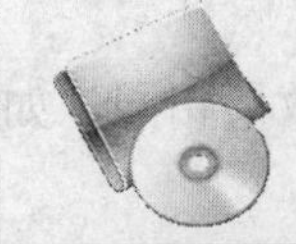

素材文件：光盘\素材文件\第 3 章\无
结果文件：光盘\结果文件\第 3 章\3-4-1.html
教学文件：光盘\教学文件\第 3 章\3-4-1.avi

STEP 01：**执行插入表格命令。**执行“插入→表格”命令，在打开的对话框中设置表格行数为 3，列数为 3，表格宽度为 330，并单击“确定”按钮，如下图所示。

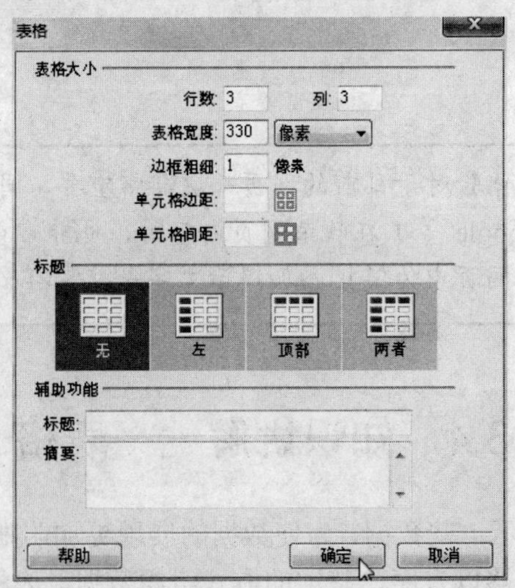

STEP 02：**输入表格内容。**在表格中各单元格内输入文字内容，如下图所示。

姓名	性别	年龄
张三	男	23
李四	女	22

在表格中还可以使用“表头”元素“<th>…</th>”，通常表头可存在于表格的最左列或第一行。在 Dreamweaver 中插入表格时，在“表格”对话框中可以在“标题”一栏中选择“表头”的位置。HTML 中，在第一行中使用表头“<th>…</th>”来表示第一行中的一个单元格（即一个列标题）；若要将第一列的单元格作为表头，则每一行中第一个单元格使用“<th>…</th>”。

3.4.2　选择表格元素

在 Dreamweaver 中编辑表格时，常常需要选择表格元素，例如选定一行或多行、选择一列或多列、选择整个表格等。

1．选定整行

选定整行单元格的操作方法有下面两种：

方法一：在一行表格中，按住鼠标左键不放横向拖动。

方法二：将光标放置到一行表格的左边，当出现选定箭头时，单击鼠标左键，即可选中整行表格。

选定整行单元格后的效果如下图所示。

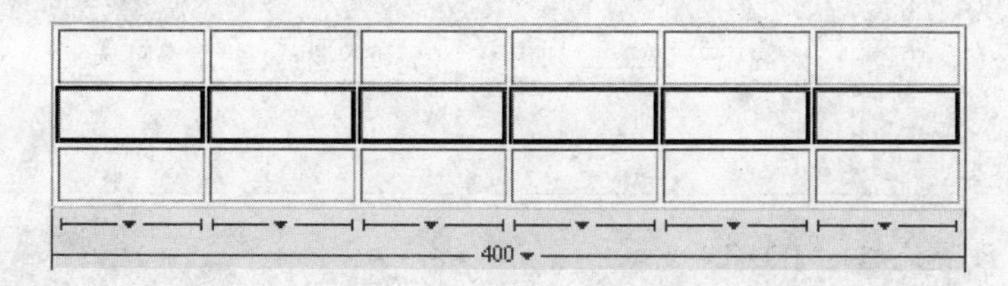

2．选定整列

选定整列的操作方法有下面两种：

方法一：在一列表格中，按住鼠标左键不放纵向拖动。

方法二：将光标置于一列表格上方，当出现选定箭头时，单击鼠标左键，选定的单元格内侧会出现黑框。

选定整列后的效果如下图所示。

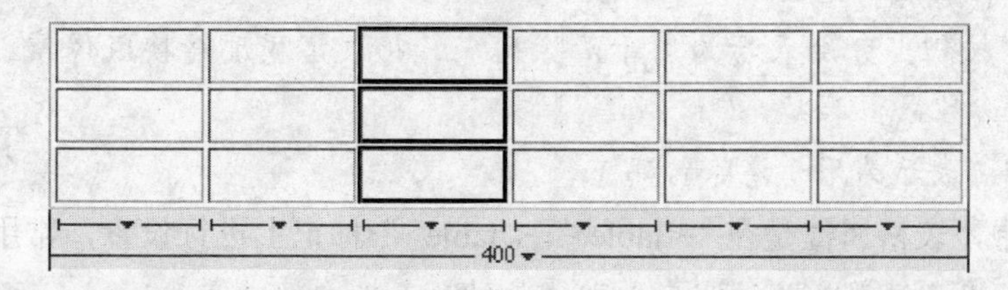

3．选定整个表格

选定整个表格的操作方法有如下几种：

方法一：执行“修改→表格→选择表格”命令。

方法二：将鼠标移动到表格的左上角或右下角，当光标变成⊞形状时单击。

方法三：将光标放置到任意一个单元格中，然后单击文档窗口左下角的标签。

选定事个表格的效果如下图所示。

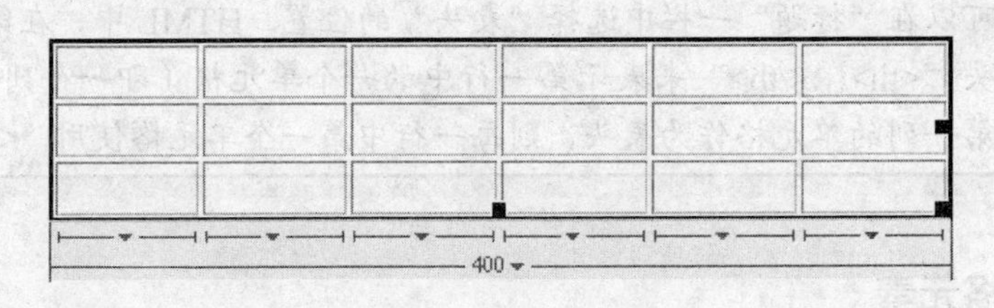

3.4.3 设置表格与单元格属性

在网页中，表格及其单元格均可设置多种属性以实现不同的效果，如表格整体的颜色、边框效果、宽度大小等。

1. 设置表格属性

表格属性即整体表格的特性，通常可设置整体表格的大小、边框、单元格间距等，在 Dreamweaver 中可通过“属性”面板快速设置表格的属性。选择整个表格后，属性面板中各参数的作用如下：

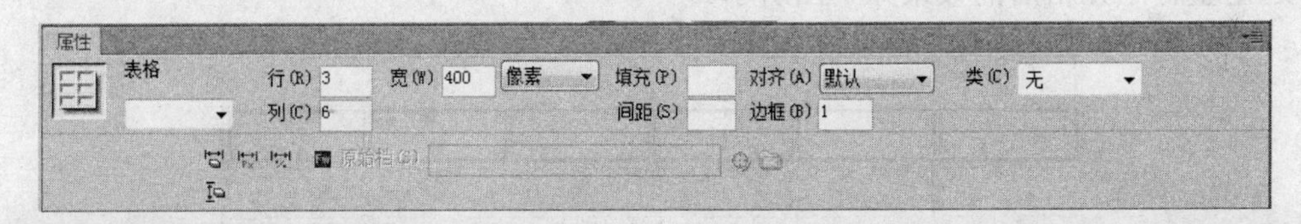

- 表格：设置表格的 ID 名称。
- 行：设置表格的行数。
- 列：设置表格的列数。
- 宽：设置表格的宽度。
- 填充：设置单元格内容与边框的距离。
- 间距：设置每个单元格之间的距离。
- 对齐：设置表格对齐方式。对齐方式有左对齐、居中对齐和右对齐 3 种。
- 边框：表格边框宽度，以像素为单位。
- 按钮：分别表示为用于清除列宽、将表格宽度转换成像素、将表格宽度转换成百分比。
- 按钮：表示为用于清除行高。

在 HTML 中，表格属性是在“<table>…</table>”标记上进行设置，常用的属性如下：

- width：用于设置表格的宽度，即“属性”面板中的“宽”。
- border：用于设置表格的边框粗细，即“属性”面板中的“边框”。
- bgcolor：用于设置表格的背景颜色。

- cellpadding：用于设置单元格内容与单元格边框的距离，即“属性”面板中的“填充”属性。
- cellspacing：设置每个单元格之间的距离，即“属性”面板中的“间距”。
- align：即“属性”面板中的“对齐”，设置表格对齐方式。对齐方式有左对齐、居中对齐和右对齐 3 种。

2．设置单元格属性

表格中的单元格元素（HTML 中的“td”标记）也可以单独设置一些属性，在 Dreamweaver CS6 中无论光标定位于一个单元格中还是选择了一个或多个单元格或行列，在“属性”面板中都可看到单元格的属性，如下图所示。

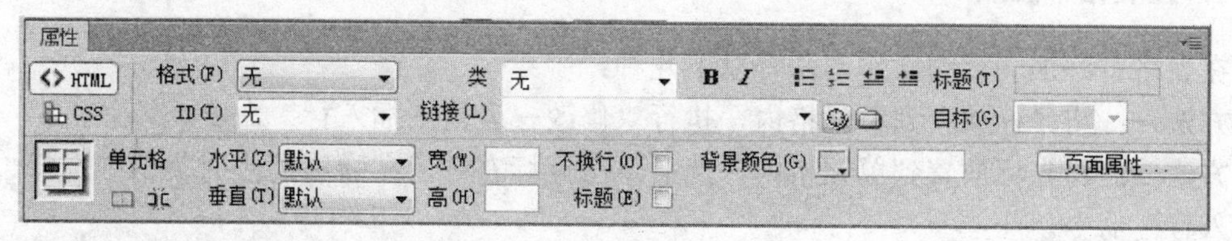

其中各参数的作用如下：

- 格式：设置表格中文本的格式，即段落的级别。
- ID：设置单元格的 ID 名称。
- 链接：设置单元格中内容的链接属性。
- ☰ ☷ ☰ ☰：设置表格中文本列表方式和缩进方式。
- 水平：设置表格中元素的水平对齐方式，其中包括“左对齐”、“右对齐”、“居中对齐”三项。默认是“左对齐”。
- 垂直：设置表格中元素的垂直方式，其中包括“顶端”、“居中”、“底部”、“基线”四项，默认为“居中”。
- 宽、高：设置单元格的宽度和高度，单位为像素。
- 不换行：选中此项，表格中文字、图像将不会环绕排版。
- 标题：设置单元格的表头。
- 背景颜色：设置单元格的背景颜色。
- 边框：设置单元格的边框颜色。
- 页面属性：单击此按钮，打开“页面属性”对话框，对网页文档页面的属性进行设置。

在 HTML 代码中，单元格的属性是在“<td>…</td>”标签上添加的，常用的属性有：

- align：即“属性”面板中的“对齐”，设置表格对齐方式。对齐方式有“left”（左对齐）、“center”（居中对齐）和“right”（右对齐）3 种。
- valign：设置表格中元素的垂直方式，其中包括“top”（顶端）、“middle”（居中）、“bottom”（底部）、“baseline”（基线）四项，默认为“middle”。
- width：设置单元格（列）宽度。
- height：设置单元格（行）高度。
- bgcolor：用于设置单元的背景颜色。

3.4.4 添加和删除行或列

在对表格进行编辑操作时，常常需要添加和删除行或列。在 HTML 中“<tr>…</tr>”表示行，要添加行，则在表格代码中添加一个“<tr>…</tr>”标记，并在其内添加与其他行中相同个数的单元格“<td>…</td>”即可；要删除行则删除一组“<tr>…</tr>”标记及其内容即可。若要增加一列，则需要在每一行（“<tr>…</tr>”）中增加一个“<td>…</td>”标记；要删除一列，同样在每一行（“<tr>…</tr>”）中删除一个“<td>…</td>”标记。

在 Dreamweaver CS6 中的设计视图下提供了更为方便的添加和删除行或列的操作，具体操作如下。

1. 在表格中添加一行

在表格中添加一行的操作方法有以下几种：

方法一：将光标放置到单元格内，执行“修改→表格→插入行”命令。

方法二：将光标放置到单元格内，然后单击鼠标右键，在弹出的快捷菜单中选择“表格→插入行”命令。

方法三：将光标放置到单元格内，按【Ctrl+M】组合键。

方法四：将光标放置到单元格内，执行“插入→表格对象”中的“在上面插入行”或“在下面插入行”命令。

2. 在表格中添加一列

在表格中添加一列的操作方法有以下几种：

方法一：将光标放置到单元格内，执行“修改→表格→插入列”命令。

方法二：将光标放置到单元格内，然后单击鼠标右键，在弹出的快捷菜单中选择“表格→插入列”命令。

方法三：将光标放置到单元格内，按【Ctrl+Shift+A】组合键。

方法四：将光标放置到单元格内，执行“插入→表格对象”中的“在左边插入行”或“在右边插入行”命令。

3. 在表格中添加多行或多列

如果要一次性在表格中添加多行或多列，则可以使用“插入行或列”对话框进行添加，具体方法如下。

将光标定位于要插入行或列的附近单元格；执行“修改→表格→插入行或列”命令，或在单元格内单击鼠标右键，在弹出的快捷菜单中选择“表格→插入行或列”命令，打开如右图所示的“插入行或列”对话框。

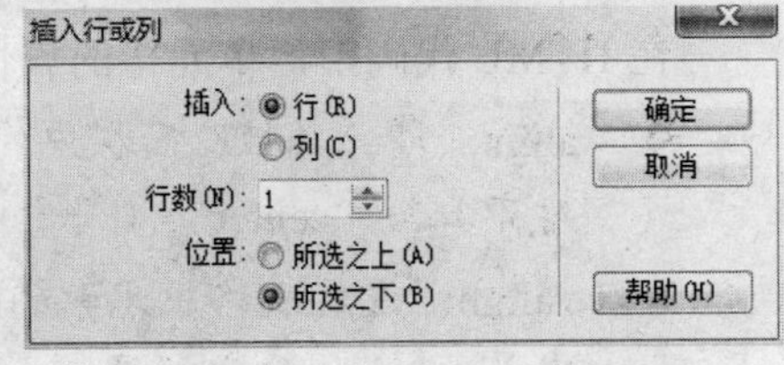

对话框中各参数的作用如下：

- 插入：可通过单选项来选择插入“行”还是插入“列”。

- 行数：如选择“行”单选项，这里就输入要添加行的数目，如选择“列”单选项，这里就输入要添加列的数目。
- 位置：如选择“行”单选项，这里就可选择插入行的位置是在光标当前所在单元格之上或者之下。如选择“列”单选项，就可选择插入列的位置是在光标当前所在单元格之前或者之后。

4．删除行或列

将光标放置到单元格内，执行“修改→表格→删除行”命令，或者单击鼠标右键，在弹出的快捷菜单中选择“表格→删除行”命令，即可删除行；将光标放置到单元格内，执行“修改→表格→删除列”命令，或者单击鼠标右键，在弹出的快捷菜单中选择“表格→删除列”命令，即可删除列。

3.4.5 单元格的合并及拆分

在网页中使用表格时，若表格的结构比较复杂，此时可通过合并或拆分单元格的方式来制作复杂的表格结构。

1．合并单元格

要合并的单元格必须是连续的，选择要合并的单元格后可使用以下几种方式合并单元格：

方法一：单击“属性”面板中的“合并”按钮，如下图所示。

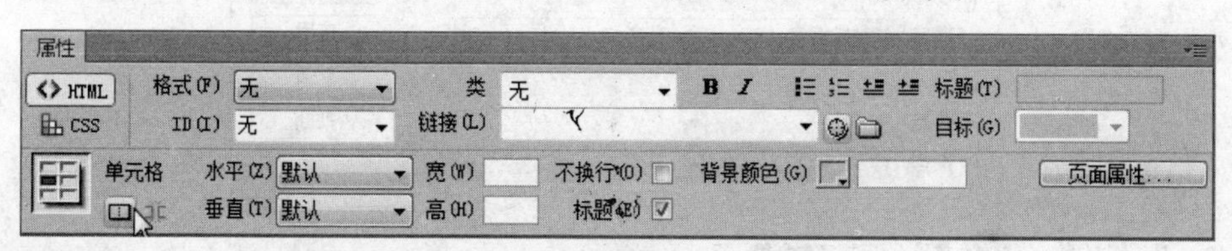

方法二：执行“修改→表格→合并单元格”命令。

方法三：单击鼠标右键，在弹出的快捷菜单中选择“表格→合并单元格”命令。

在 HTML 标记语言中，合并单元格使用单元格标记“<td>...</td>”中的“colspan”或“rowspan”属性进行设置。“colspan”属性用于设置一行中要合并的单元格个数，设置后需删除该行中相应的单元格个数；“rowspan”属性用于设置一列中要合并的单元格个数，设置后删除被合并的单元格所在的行被合并的单元格。

2．拆分单元格

在 Dreamweaver 中可以将一个单元格拆分为多个单元格，选择或将光标定位于要拆分的单元格中后，可使用以下几种方式拆分单元格：

方法一：单击“属性”面板中的“拆分”按钮。

方法二：执行“修改→表格→拆分单元格”命令。

方法三：单击鼠标右键，在弹出的快捷菜单中选择“表格→拆分单元格”命令。

专家提示 在 HTML 标记语言中，拆分单元格实质上是利用“colspan”和“rowspan”属性对相关的行或列进行合并来实现单元格拆分效果的。例如将一个单元格拆分为两列，在 HTML 代码中实质上是将整个表格增加了一列，然后将被拆分单元格上方和下方的单元格设置了“colspan”属性，即进行了合并，从而实现拆分单元格的效果。

3.4.6 表格的排序

在 Dreamweaver CS6 中为辅助网页设计师对网页内容进行编辑，在表格中增加了对表格数据排序的功能，允许对表格的内容以字母和数字的方式进行排序，具体方法如下。

	素材文件：光盘\素材文件\第 3 章\3-4-5.html
	结果文件：光盘\结果文件\第 3 章\3-4-5.html
	教学文件：光盘\教学文件\第 3 章\3-4-5.avi

在“设计”视图选择需要排序的表格，执行“命令→排序表格”命令，打开“排序表格”对话框，如下图所示。

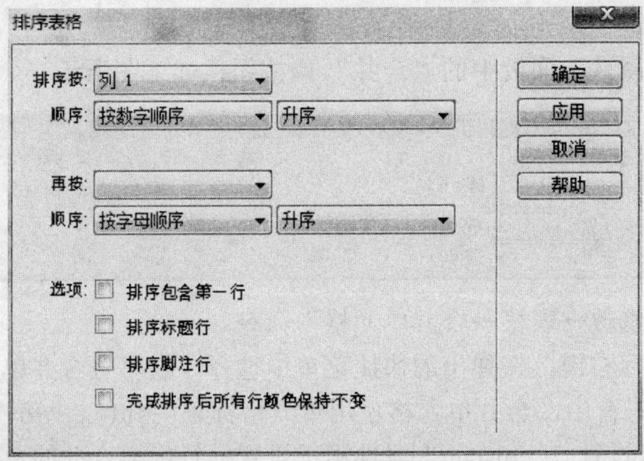

对话框中各参数设置的作用如下

- 排序按：选择表格中用于排序的列。
- 顺序：选择排序的方式，按字母顺序或数字顺序以及按升序或按降序进行排序。
- 再按：当前一排序依据有相同数据时排序依据的列。
- 排序包含第一行：选择后将把第一行的数据包含到排序数据中。
- 排序标题行：选择后将把标题行的数据包含到排序数据中。
- 排序脚注行：选择后将把脚注行的数据包含到排序数据中。

完成“排序表格”对话框设置后，单击“确定”或“应用”按钮即可完成对表格数据的排序，如左下图所示为原始表格效果，右下图为按照第一列（编号）进行数值升序排序后的效果。

编号	姓名	年龄	工龄	绩效分
003	张三	28	5	92
008	梅四	33	9	95
009	吴宇	22	2	85
005	刘浪	29	7	90

编号	姓名	年龄	工龄	绩效分
003	张三	28	5	92
005	刘浪	29	7	90
008	梅四	33	9	95
009	吴宇	22	2	85

3.4.7　嵌套表格

在制作网页时，若表格结构十分复杂，如果采用表格的合并和拆分，很可能导致表格结构混乱或出现浏览器中表格结构变形的问题，所以，通常情况下可以使用表格嵌套的方式来解决这类问题。即在表格的单元格中再插入表格来实现表格整体的复杂结构。

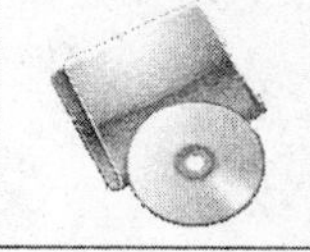

素材文件：光盘\素材文件\无
结果文件：光盘\结果文件\第 3 章\3-4-7.html
教学文件：光盘\教学文件\第 3 章\3-4-7.avi

要在单元格中嵌套表格，仅需要将光标定位于单元格中，然后使用插入表格的方式插入一个表格即可。如左下图所示为多个表格嵌套的效果，右下图为该表格嵌套效果的完整代码。

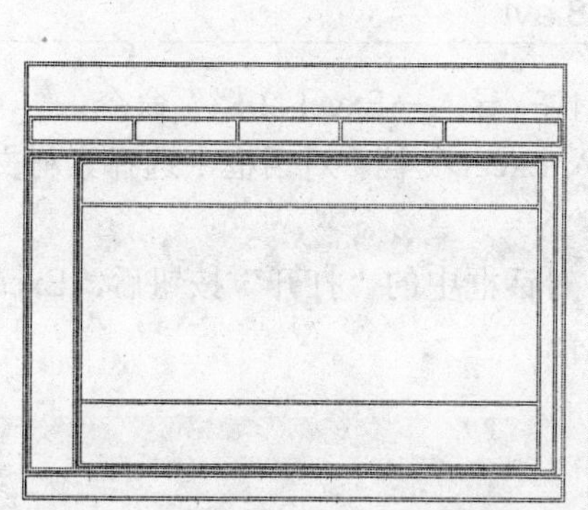

```
<table width="568" height="401" border="1">
  <tr>
    <th height="40" scope="col"> </th>
  </tr>
  <tr>
    <th height="38" scope="row"><table width="562" border="1">
      <tr>
        <th width="101" scope="col"> </th>
        <th width="101" scope="col"> </th>
        <th width="101" scope="col"> </th>
        <th width="101" scope="col"> </th>
        <th width="112" scope="col"> </th>
      </tr>
    </table></th>
  </tr>
  <tr>
    <th height="265" scope="row"><table width="558" height="262" border="1">
      <tr>
        <th width="41" scope="col"> </th>
        <th width="343" scope="col"><table width="488" height="314" border="1">
          <tr>
            <th height="38" scope="col"> </th>
          </tr>
          <tr>
            <th height="195" scope="row"> </th>
          </tr>
          <tr>
            <th scope="row"> </th>
          </tr>
        </table></th>
      </tr>
    </table></th>
  </tr>
  <tr>
    <th scope="row"> </th>
  </tr>
</table>
```

专家提示

若不要求网页使用 W3C 标准，可以使用表格嵌套的方式来布局网页，实现网页整体内容的结构规划。在使用表格布局时，应将表格的边框（border）、填充（cellpadding）和间距（cellspacing）都设置为 0。

3.4.8　导入和导出表格数据

在编辑和制作网页时，若需要将现有的表格内容制作为网页中的表格内容，此时可以利用 Dreamweaver 中的导入表格功能快速导入表格。在 Dreamweaver CS6 中可以将 Word 文档、Excel 文档和文本文档导入到网页中并设置为表格。同样也可以将网页中的表格数据导出为其他类型的数据文档。

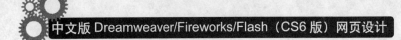

1. 导入表格数据

要将外部数据导入到网页中作为表格，在 Dreamweaver CS6 中可以执行“文件→导入”命令来导入外部数据。例如要导入如下图所示的 Excel 表格中的数据，操作如下：

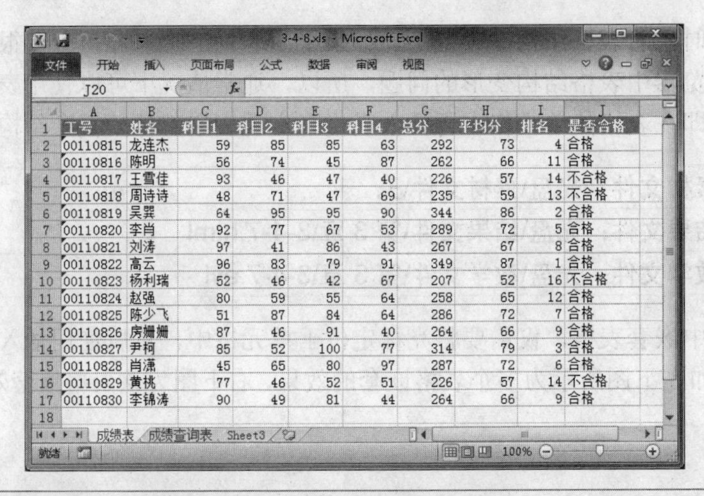

工号	姓名	科目1	科目2	科目3	科目4	总分	平均分	排名	是否合格
00110815	龙连杰	59	85	85	63	292	73	4	合格
00110816	陈明	56	74	45	87	262	66	11	合格
00110817	王雪佳	93	46	47	40	226	57	14	不合格
00110818	周诗诗	48	71	47	69	235	59	13	不合格
00110819	吴巽	64	95	95	90	344	86	2	合格
00110820	李肖	92	77	67	53	289	72	5	合格
00110821	刘涛	97	41	86	43	267	67	8	合格
00110822	高云	96	83	79	91	349	87	1	合格
00110823	杨利瑞	52	46	42	67	207	52	16	不合格
00110824	赵强	80	59	55	64	258	65	12	合格
00110825	陈少飞	51	87	84	64	286	72	7	合格
00110826	房姗姗	87	46	91	40	264	66	9	合格
00110827	尹柯	85	52	100	77	314	79	3	合格
00110828	肖潇	45	65	80	97	287	72	6	合格
00110829	黄桃	77	46	52	51	226	57	14	不合格
00110830	李锦涛	90	49	81	44	264	66	9	合格

	素材文件：光盘\素材文件\第 3 章\3-4-8.html
	结果文件：光盘\结果文件\第 3 章\3-4-8.html
	教学文件：光盘\教学文件\第 3 章\3-4-8.avi

STEP 01：**执行导入 Excel 文档命令**。执行“文件→导入→Excel 文档”命令。

STEP 02：**打开 Excel 表格文件**。在打开的“导入 Excel 文档”对话框中选择素材文档，如左下图所示。

STEP 03：**完成导入**。单击“导入 Excel 文档”对话框中的“打开”按钮后，Excel 文档中的表格将被导入到当前网页文件中，如右下图所示。

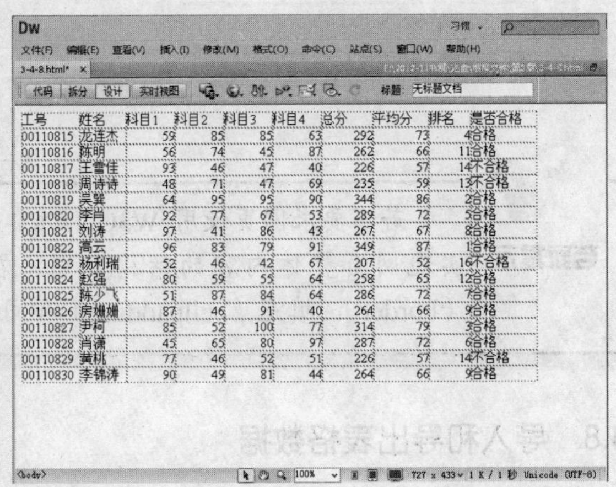

2．导出表格数据

当要将网页中的表格导出为表格数据时，可在 Dreamweaver CS6 中将网页中的表格导出为文本文档，然后利用其他软件将其制作为相应格式的文档。将光标放置于要导出的表格中或选择该数据表格，执行“文件→导出→表格”命令，打开“导出表格”对话框，如下图所示。

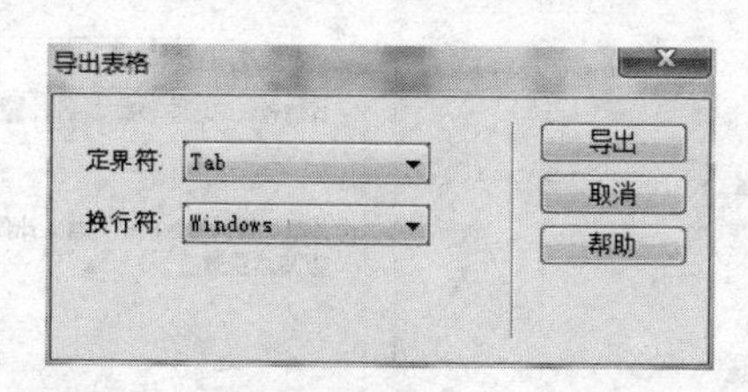

“导出表格”对话框中各参数的作用如下：

- 定界符：选择文本文档中单元格数据之间的分隔符。
- 换行符：用于选择应用于不同操作系统中的换行符的类型。

在“导出表格”对话框中单击“导出”按钮后，在打开的“表格导出为”对话框中设置文件导出的路径及文件名，单击“保存”按钮即可。

3.5　知识讲解——图像

图像是网页中的重要成员，它不仅是网页中重要的修饰元素，更是信息传递的一种重要方式。在页面中恰到好处地使用图像能使网页更加生动、形象和美观。

3.5.1　插入普通图像

在网页中通常可以插入 JPG、GIF 和 PNG 格式的图像。插入到网页中的图像并不会存在于网页文件中，而是以链接的方式关联到网页文件中，即当图像的文件名或位置发生变化后网页中便看不到该图像了。在 HTML 中插入图像使用“<img/>”标记，在该标记中需要用“src”属性设置图像文件的路径，例如要将网页文件所在的文件夹中的一个图像文件“1.jpg”插入到网页中，可使用标记“<img src="1.jpg"/>”。

在 Dreamweaver 中可以快速插入图像，操作步骤如下：

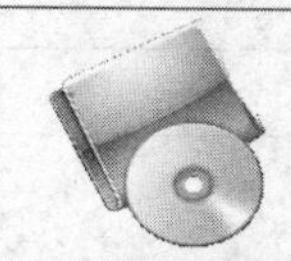

	素材文件：光盘\素材文件\第 3 章\images\
	结果文件：光盘\结果文件\第 3 章\3-5-1.html
	教学文件：光盘\教学文件\第 3 章\3-5-1.avi

STEP 01：**执行插入图像命令**。将光标定位于网页中要插入图像的位置，执行“插入→图像”命令，或按快捷键【Ctrl+Alt+I】。

STEP 02：**选择图像文件**。在打开的“选择图像源文件”对话框中选择图像存储的路径和文件，单击“确定”按钮，如左下图所示。

STEP 03：**设置图像辅助功能属性**。在弹出的“图像标签辅助功能属性”对话框中设置“替换文本”和“详细说明”文本内容，单击“确定”按钮即可插入图像，如右下图所示。

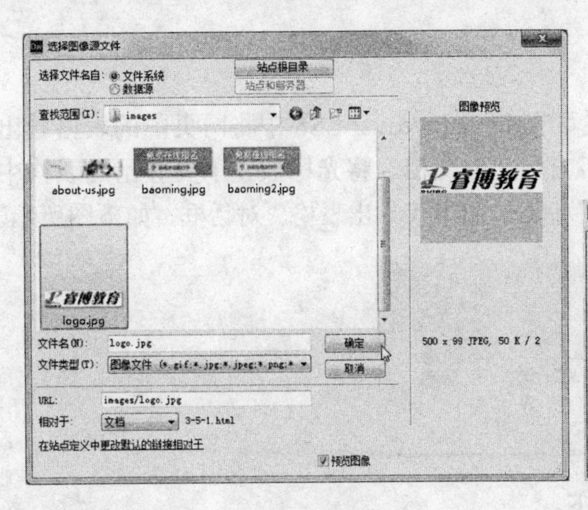

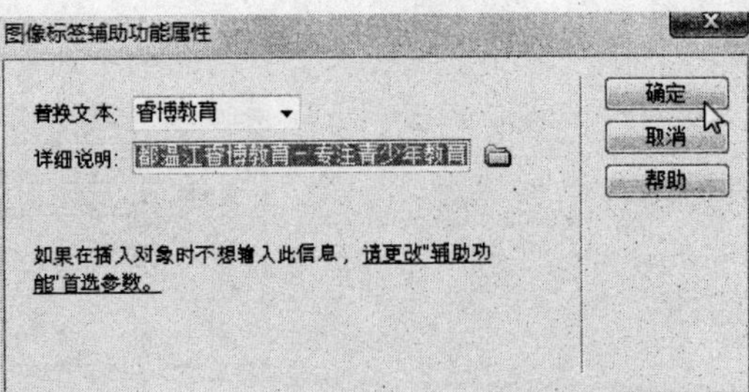

专家提示

在 Dreamweaver 中插入图像时会弹出“图像标签辅助功能属性”对话框，要求设置“替换文本”和“详细说明”，若不需要设置可取消该对话框。

通常为了使网页内容更易被网络搜索引擎抓取，设置图像的“替换文本”和“详细说明”是非常有必要的。在 HTML 中，“替换文本”使用“img”标记中的“alt”属性来设置，在浏览器中当鼠标指向图像时或图像不能显示时将显示该属性的内容；“详细说明”则使用“longdesc”属性设置，通常设置为对图像进行具体说明的 URL，也可用稍长的文本替代。

3.5.2 图像的编辑与修改

通常网页中的图像需要使用专业的图像软件进行编辑和处理，在 Dreamweaver CS6 中新增了网页图像的简单编辑和修改功能，允许对图像进行亮度/对比度、优化、锐化和裁剪等编辑和调整操作，使得网页中图像的处理过程变得简单方便。在 Dreamweaver CS6 中图像编辑与修改的具体方法如下。

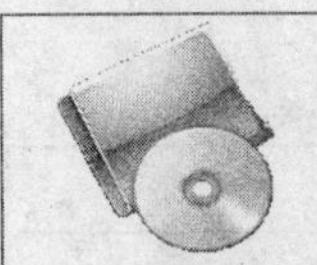

素材文件：光盘\素材文件\第 3 章\images\about-us.jpg

结果文件：光盘\结果文件\第 3 章\3-5-2.html

教学文件：光盘\教学文件\第 3 章\3-5-2.avi

1. 调整亮度/对比度

图像的亮度和对比度是图像中最基本的属性，在 Dreamweaver 中提供了调整图像亮度和对比度的功能，使用方法如下：

STEP 01：**执行亮度/对比度命令**。选择要调整亮度和对比度的图像，执行“修改→图像→亮度/对比度”命令。

STEP 02：**调整亮度和对比度**。在打开的“亮度/对比度”对话框中设置图像的亮度和对比度，调整后单击“确定”按钮，如下图所示。

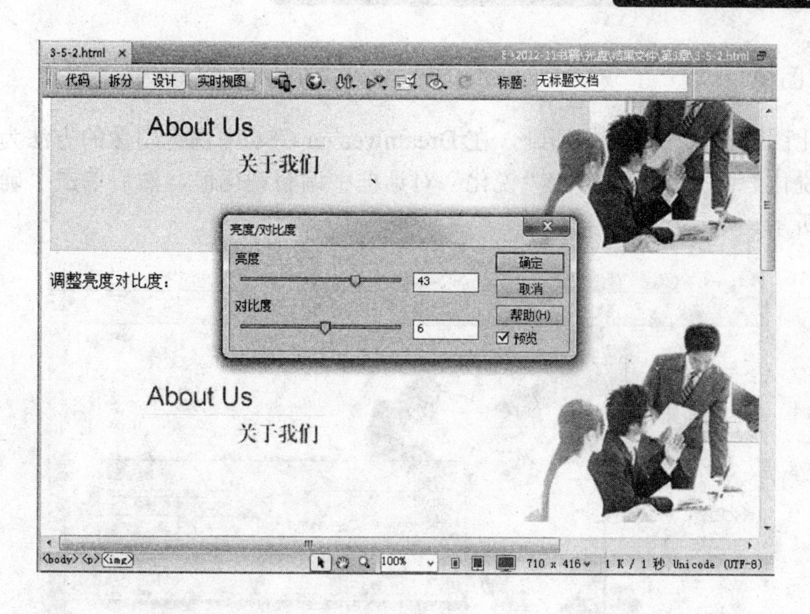

新手注意

由于网页中插入的图像来自外部文件，当外部图像文件发生变化时，网页中显示的图像文件也会发生变化。在 Dreamweaver CS6 中对图像进行编辑修改后将改变相关的图像文件，因此，网页中引用了相同图像文件的图像显示效果也会随之变化。

2. 裁剪图像

裁剪图像即改变图像的显示区域大小，同样裁剪图像后也会修改引用的图像文件，执行“修改→图像→裁剪”命令，将弹出警告对话框，如左下图所示，单击“确定”按钮后进入图像裁剪状态，拖动裁剪框四周的控制点确定图像显示的区域，设置完成后按【Enter】键或鼠标双击图像即可完成图像裁剪，如右下图所示。

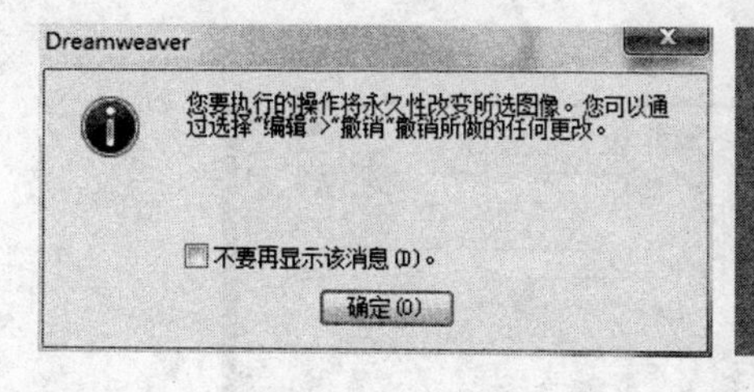

新手注意

在 Dreamweaver CS6 中对图像进行编辑时会弹出如左上图所示的对话框，若已明白该对话框的作用，可以在对话框中选择“不要再显示该消息”选项，以后在 Dreamweaver 中编辑图像时将不再弹出该对话框。

3. 锐化图像

适当锐化图像可让图像更加清晰，在 Dreamweaver CS6 中锐化图像的方法为：执行“修改→图像→锐化”命令，在弹出的“锐化”对话框中调整锐化值，然后单击“确定”按钮即可，如下图所示。

4. 优化图像

由于网页中的图像需要在网络中传输，图像文件的大小决定着网络用户下载图像的速度，通常可以通过对图像进行优化来减小文件大小。在 Dreamweaver CS6 中优化图像的方法如下：

执行“修改→图像→优化”命令，在弹出的“图像优化”对话框中调整优化参数，然后单击“确定”按钮即可，如下图所示。

对话框中各参数的作用如下：

- 预置：Dreamweaver 中预设好的优化方案，直接选用即可。
- 格式：选择优化后的图像格式，即可更改文件类型。
- 品质：设置图像的显示质量。质量越高，图像文件越大，图像效果越好；质量越低，图像文件越小，图像效果越差。

3.5.3　图像占位符

由于网页中某些图像内容可能会使用动态数据，随时可能切换，在制作静态网页时无须添加具体的图像内容，此时可以使用图像占位符来代替具体的图像。另外，在制作网页时，常常需要先制作出网页的基本结构，然后再添加相应的内容，此时也可使用图像占位符代替具体的图像，当需要使用具体图像时再快速将图像占位符替换为实际图像。

1. 插入图像占位符

在 Dreamweaver CS6 中插入图像占位符的方式如下：

	素材文件：光盘\素材文件\第 3 章\无
	结果文件：光盘\结果文件\第 3 章\3-5-3.html
	教学文件：光盘\教学文件\第 3 章\3-5-3.avi

STEP 01：执行插入图像占位符命令。将光标放置到页面中要插入图像占位符的位置，执行“插入→图像对象→图像占位符”命令。

STEP 02：设置图像占位符。在打开的“图像占位符”对话框中设置图像的名称、大小、颜色和替换文本，如左下图所示。

STEP 03：完成图像占位符插入。单击“确定”按钮即可插入图像占位符，插入图像占位符后的效果如右下图所示。

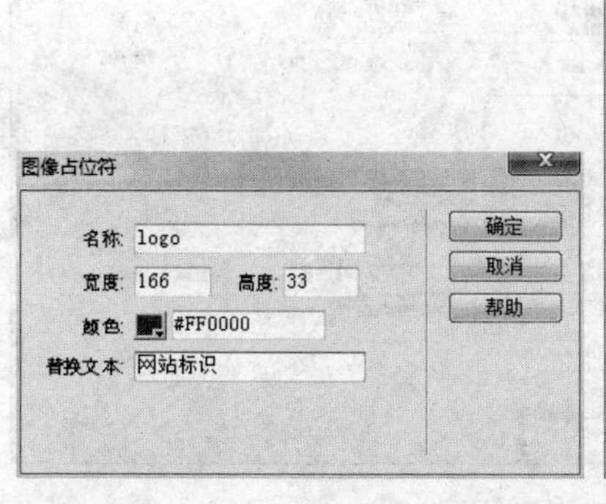

“图像占位符”对话框中各参数的作用如下：

- 名称：用于设置该位置将要放置的图像名称。
- 宽度：预设该图像的宽度值（单位：像素）。
- 高度：预设该图像的高度值（单位：像素）。

- 颜色：设置图像占位符的显示颜色，但不影响实际插入的图像色彩。
- 替换文本：插入到该位置的图像上的替换文本（alt 属性）。

2. 替换图像占位符为图像

当确定了图像占位符中要放置的具体图像后，可将图像占位符快速替换为实际图像。双击图像占位符，此时将打开“选择图像源文件”对话框，在对话框中选择要使用的图像文件后单击“确定”按钮即可。

3.5.4 交互式图像

在网页中常常需要添加一些交互效果以增加浏览者与网页之间的互动，拉近浏览者与网站之间的距离。鼠标经过图像是网页中常用的一种互动方式，即当浏览者将鼠标指向或经过网页中的图像时，图像内容便切换为另一幅图像，通常可用于制作一些关键性的按钮交互动画、图标按钮、广告按钮等。

在 Dreamweaver CS6 中可以非常方便地制作交互图像效果，操作步骤如下：

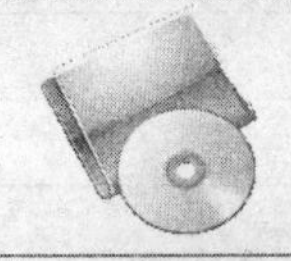	素材文件：光盘\素材文件\第 3 章\images\
	结果文件：光盘\结果文件\第 3 章\3-5-4.html
	教学文件：光盘\教学文件\第 3 章\3-5-4.avi

STEP 01：**执行插入鼠标经过图像命令**。将光标定位于网页中要插入鼠标经过图像的位置，执行“插入→图像→鼠标经过图像”命令。

STEP 02：**设置图像名称及初始图像**。在打开的“插入鼠标经过图像”对话框中的“图像名称”中输入图像的名称，如左下图所示。

STEP 03：**设置图像名称及初始图像**。单击“原始图像”栏右侧的“浏览”按钮，在打开的“原始图像”对话框中选择交互图像中的第一幅图像文件，并单击“确定”按钮，如右下图所示。

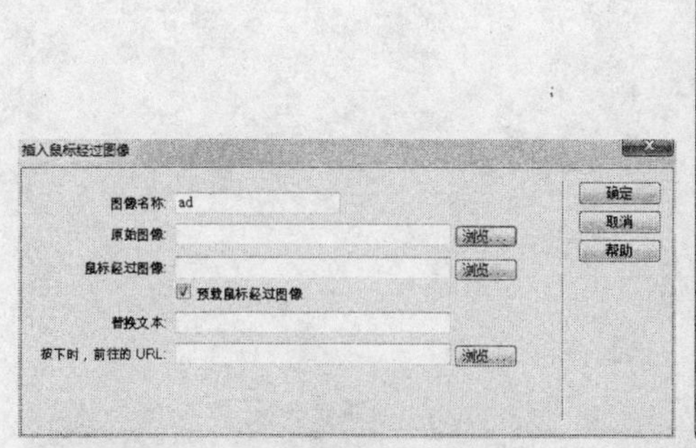

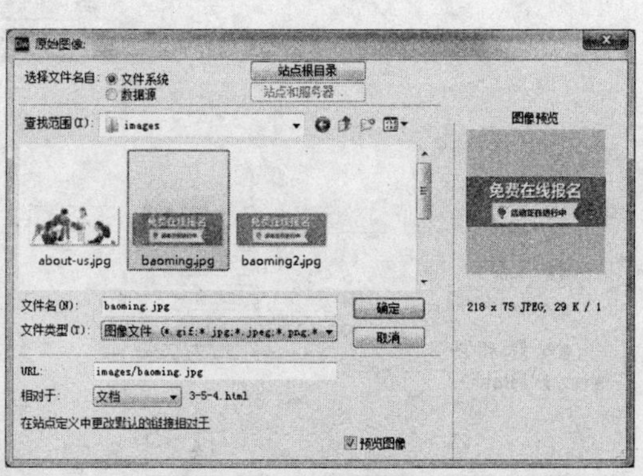

STEP 04：**设置鼠标经过图像**。单击“鼠标经过图像”栏右侧的“浏览”按钮，在打开的“鼠标经过图像”对话框中选择交互图像中的第一幅图像文件，并单击“确定”按钮，如左下图所示。

STEP 05：**设置其他信息**。设置鼠标经过图像的“替换文本”和“按下时，前往的 URL”后单击“确定”按钮即可在网页中插入鼠标经过图像，如右下图所示。

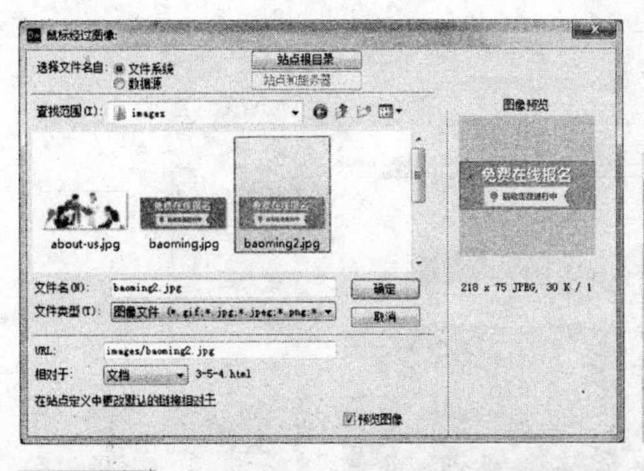

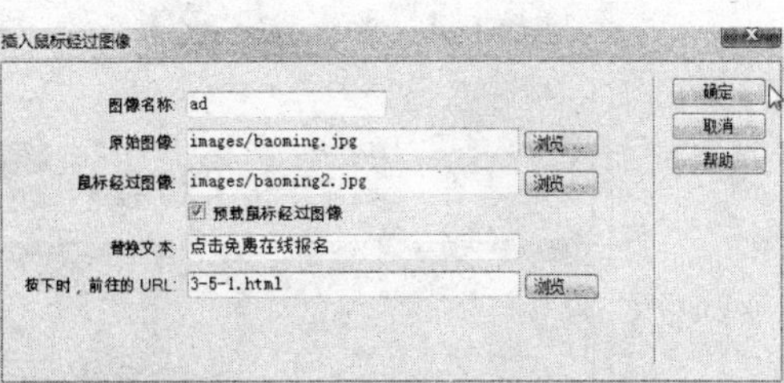

STEP 06：**预览鼠标经过图像效果。**保存文件后按【F12】键在浏览器中预览，如左下图所示为鼠标未指向图像时的效果，右下图为鼠标指向时的效果。

新手注意　用于创建交互式图像的两幅图像大小必须相同。否则交换的图像在显示时会进行压缩或展开以适应原有图像的尺寸，这样容易造成图像失真。

3.5.5　图像热点

在一些以图像为主题的网页中，网页主体或部分区域可能需要由完整的图像构成，但为了体现出网页的交互特性，常常需要在图像上划分出一些可单击区域，用户可以单击这些位置链接到其他页面，而这种图像上划分出的允许用户单击的区域被称为热点。在 Dreamweaver CS6 中，图像上可以绘制不同形状的热点，如圆形、矩形、不规则多边形等，具体操作如下：

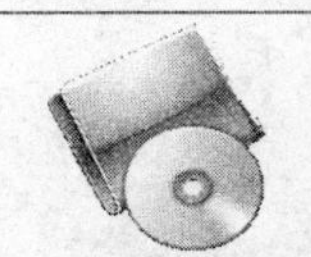	素材文件：光盘\素材文件\第 3 章\3-5-5\3-5-5.jpg
	结果文件：光盘\结果文件\第 3 章\3-5-5.html
	教学文件：光盘\教学文件\第 3 章\3-5-5.avi

1. 使用圆形热点

在网页图像中若需要设置一个圆形区域可被单击时，可以选择图像后，单击“属性”面板中“地图”栏中的“圆形热点工具”按钮，然后在图像上相应位置拖动绘制出圆形区域，最后在属性页面中设置热点链接的地址、目标等即可，如下面第一张图所示。

2. 使用矩形热点

在网页图像中若需要设置一个矩形区域可被单击时，可以在图像上绘制矩形热点，与绘制圆形热点方式相似，单击“属性”面板中“地图”栏中的“矩形热点工具”按钮，然后在图像上相应位置拖动绘制出矩形区域，并设置相关的属性即可，如下面第二张图所示。

3. 使用不规则多边形热点

若需要设置图像中一个不规则区域可被单击时，可以绘制多边形热点，单击“属性”面板中“地图”栏中的“不规则多边形热点工具”按钮，在图像上相应位置通过单击定点的方式逐步绘制出不规则多边形区域，然后设置相关的属性即可，如下图所示。

4. 编辑和调整热点

若要对图像上已绘制的热点进行修改和调整，首先需要选择热点。选择包含热点的图像对象后，在“属性”面板中单击“指针热点工具”按钮，然后单击图像中的热点即可选择该热点。

使用“指针热点工具”，可以对热点进行如下一些修改和调整：

- 删除热点：选择热点后，按【Delete】键即可删除。
- 移动热点：拖动热点即可调整热点的位置。
- 复制、粘贴热点：选择热点后，按快捷键【Ctrl+C】即可复制热点，按快捷键【Ctrl+V】即可粘贴热点，粘贴出的热点与原被复制的热点重合，将粘贴出的热点移动到目标位置并修改相应的属性即可。
- 调整热点大小或形状：选择热点后，拖动热点四周的控制点可调整热点的大小；对于多边形热点，则可调整多边形中各节点的位置，即改变多边形的形状。

5. 图像热点的 HTML 标记

在 Dreamweaver 中为图像添加了热点后并不会改变原始的图像文件，它仅仅是在网页 HTML 文件中增加了一些 HTML 标记来说明图像热区的大小位置等信息。在 HTML 中，图像热点使用“map”标记进行定义，在“map”标签内使用“area”标签定义出图像上各个热区的形状、各点的位置等信息，最后在图像标记“img”中使用“usemap”属性引用相应的“map”，如下图所示为图像热点的 HTML 代码。

```
<img src="3-5-5/3-5-5.jpg" width="647" height="289" usemap="#Map" border="0" />
<map name="Map" id="Map">
  <area shape="circle" coords="56,52,49" href="index.html" target="_self" alt="网站首页" />
  <area shape="rect" coords="2,120,647,290" href="ad_content.html" target="_blank" />
  <area shape="poly" coords="137,33,128,100,251,117,246,63,261,52,269,48" href=
"project.html" target="_self" />
</map>
```

3.6 同步训练——实战应用

实例 1：制作企业网站首页

案例效果

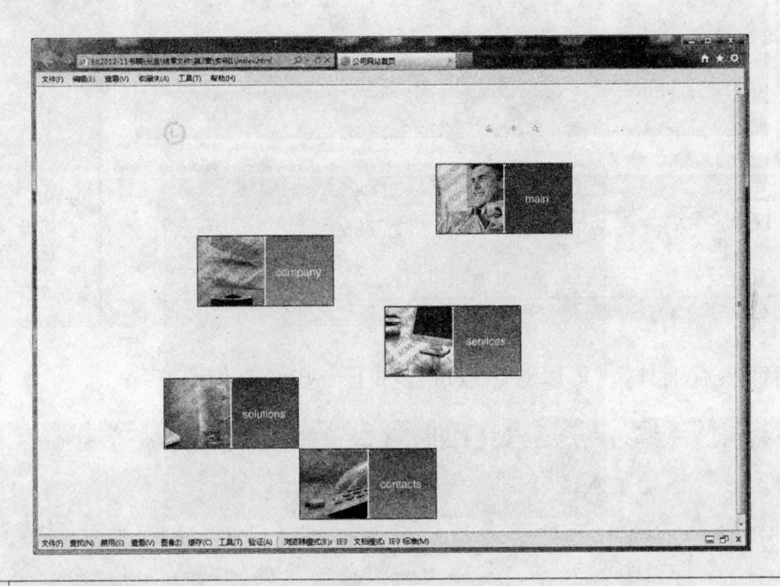

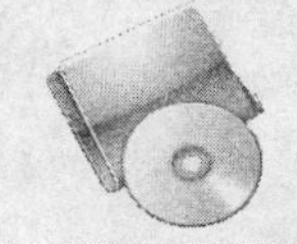	素材文件：光盘\素材文件\第 3 章\实例 1\
	结果文件：光盘\结果文件\第 3 章\实例 1\index.html
	教学文件：光盘\教学文件\第 3 章\实例 1.avi

制作分析

本例难易度：★★★★☆

关键提示：

在制作网页时，如果无须按照现有的 W3C 标准进行布局，仅用于普通电脑屏幕的网页，不考虑在不同设备上的页面显示效果，或为了快速展示一个页面布局的整体效果，可以使用表格元素作为网页的主要布局元素。即利用表格的单元格的位置和大小划分页面的结构，将网页内容放置于不同位置的单元格中形成完整的网页，俗称表格布局。

知识要点：

- 表格布局的基本元素
- 插入表格
- 调整表格
- 设置表格和单元格属性
- 合并与拆分单元格
- 嵌套表格
- 插入图片
- 为图片设置超级链接

➡ 具体步骤

STEP 01：新建站点。将光盘中相关素材文件夹复制到自己的文件夹中，在 Dreamweaver CS6 中执行“站点→新建站点”命令，自行设置站点名称，然后设置站点文件夹路径为复制到自己文件夹中的“实例 1”文件夹路径，如左下图所示。

STEP 02：新建网页文件。按快捷键【Ctrl+N】，在“新建文档”对话框中选择“空白页→HTML→无”，然后单击“创建”按钮，新建一个空白网页文件，如右下图所示。

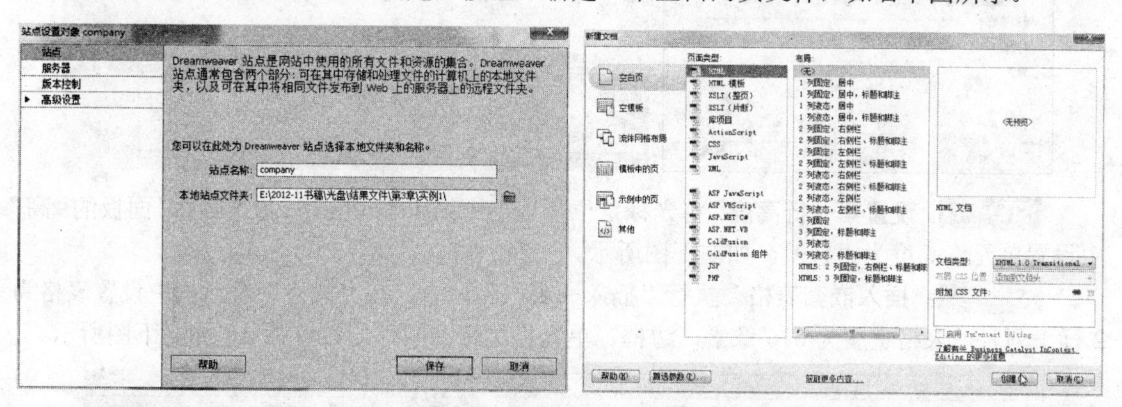

STEP 03：保存为首页文件。按组合键【Ctrl+S】保存网页文件，将网页保存于刚建立的站点根目录中，命名文件名称为“index.html”，如左下图所示。

STEP 04：设置网页标题。设置网页标题为“公司网站首页”，单击“文档”工具栏中的“设计”按钮切换到“设计”视图，如右下图所示。

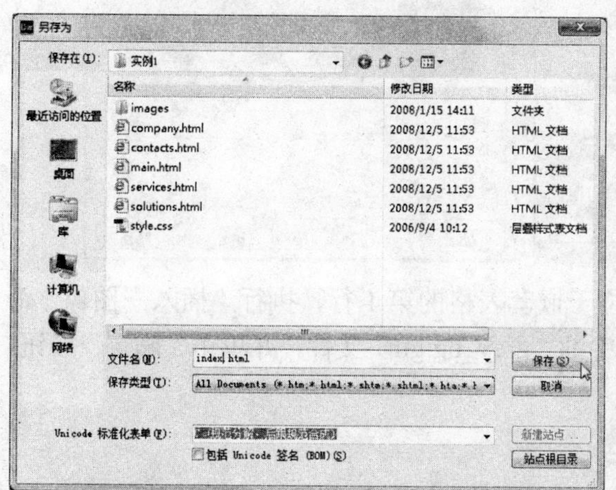

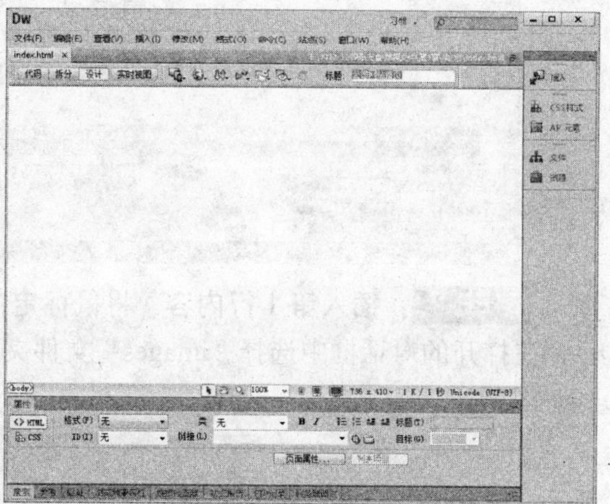

STEP 05：插入表格。执行“插入→表格”命令，在“表格”对话框中设置表格为 3 行 1 列，表格宽度为 676 像素，边框、单元格边距和间距均设置为 0，如左下图所示。

STEP 06：设置表格页面居中。选择表格后，在“属性”面板的“对齐”选项中选择“居中对齐”选项，设置表格于页面中居中对齐，如右下图所示。

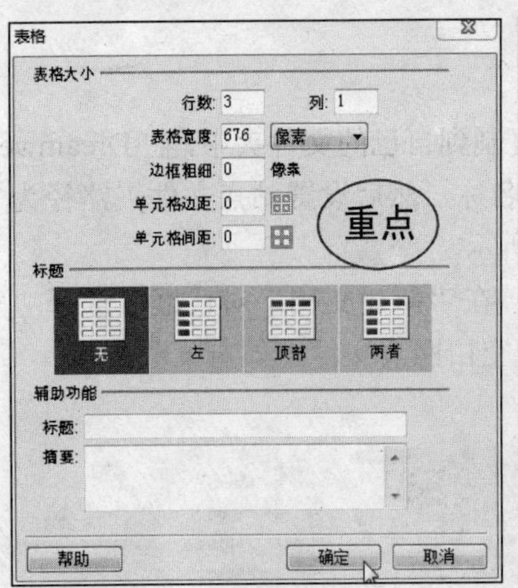

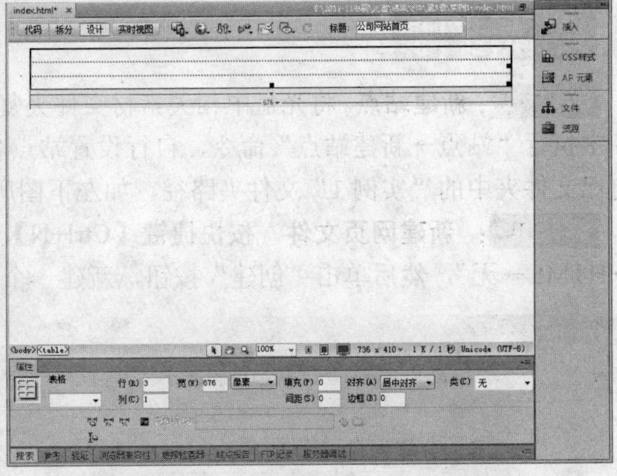

STEP 07：设置第一行高度。将光标定位于表格中第 1 个单元格，在“属性”面板的“高”中设置单元格高度为“119”，如左下图所示。

STEP 08：插入嵌套表格。执行“插入→表格”命令，在“表格”对话框中设置表格为 2 行 1 列表，表格宽度为 676 像素，边框、单元格边距和间距均设置为 0，如右下图所示。

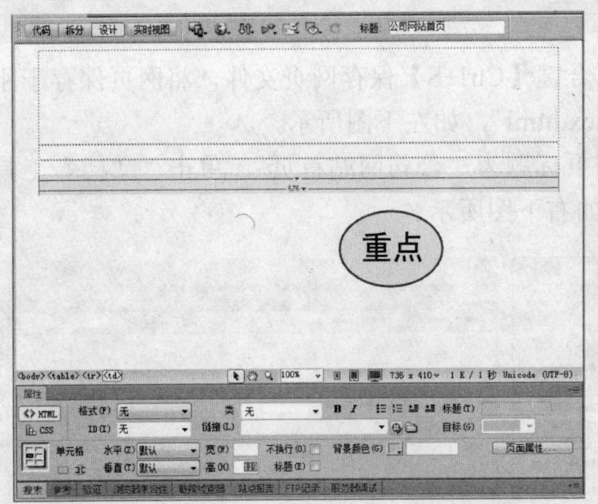

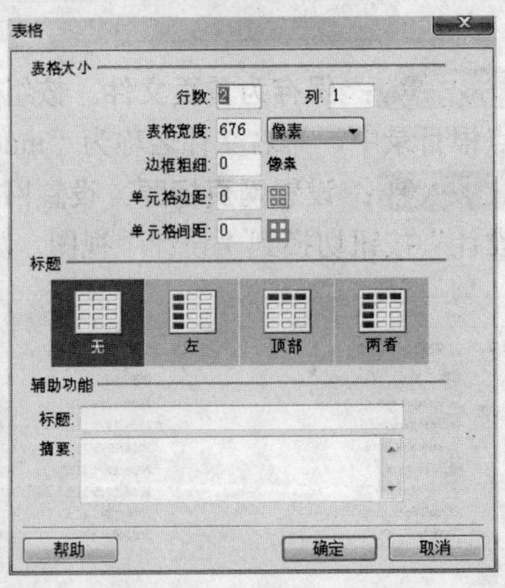

STEP 09：插入第 1 行内容。将鼠标定位于嵌套表格的第 1 行，执行“插入→图像”命令，在打开的对话框中选择“images”文件夹中的“grey_bg.gif”文件，并单击“确定”按钮，如下图所示。

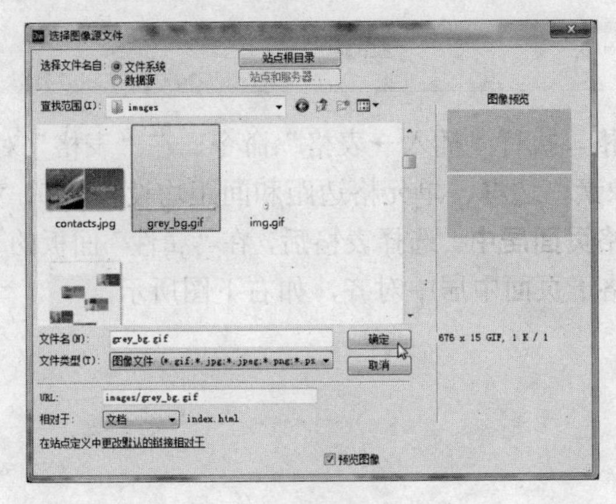

STEP 10：**设置第 2 行高度**。将光标定位于嵌套表格的第 2 行，在“属性”面板中设置行高为“104”，如下图所示。

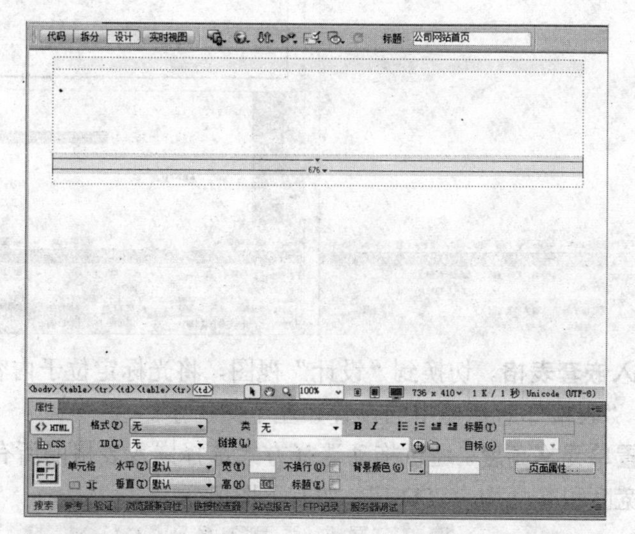

STEP 11：**拆分单元格**。单击“属性”面板中的“拆分单元格”按钮，在打开的对话框中设置把单元格拆分为 3 列，并单击“确定”按钮，如左下图所示。

STEP 12：**插入图像**。在拆分后的第一个单元格内插入“images”文件夹中的图像“c_name.gif”，如右下图所示。

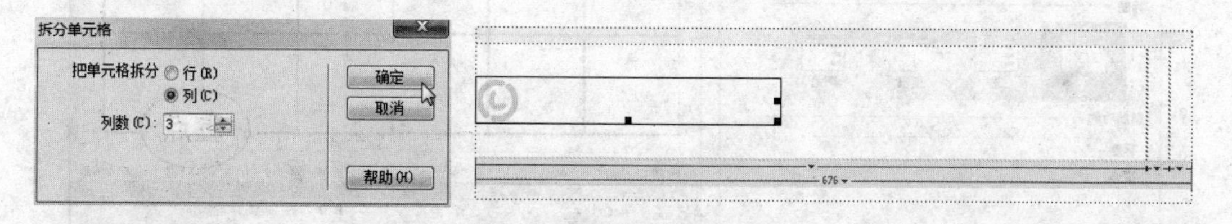

STEP 13：**插入网页顶部右侧的图标**。将光标定位于拆分出的最右侧单元格，分别插入“images”文件夹下的图片“link.gif”、“link1.gif”和“link2.gif”，并使用多个空格将图片隔开，并拖动调整左侧单元格宽度，制作出如下图所示的效果。

STEP 14：**设置主要内容区高度**。将光标定位于最外层表格的第 2 行，在“属性”面板中设置表格高度为“562”，如左下图所示。

STEP 15：**设置单元格背景图像**。单击“文档”工具栏中的“拆分”按钮切换至“拆分”视图；在当前单元格“td”标签中增加属性“background”，并设置属性值为“images/mosaik.gif”，即设置单元格的背景图像为“images”文件夹中的图片“mosaik.gif”，如右下图所示。

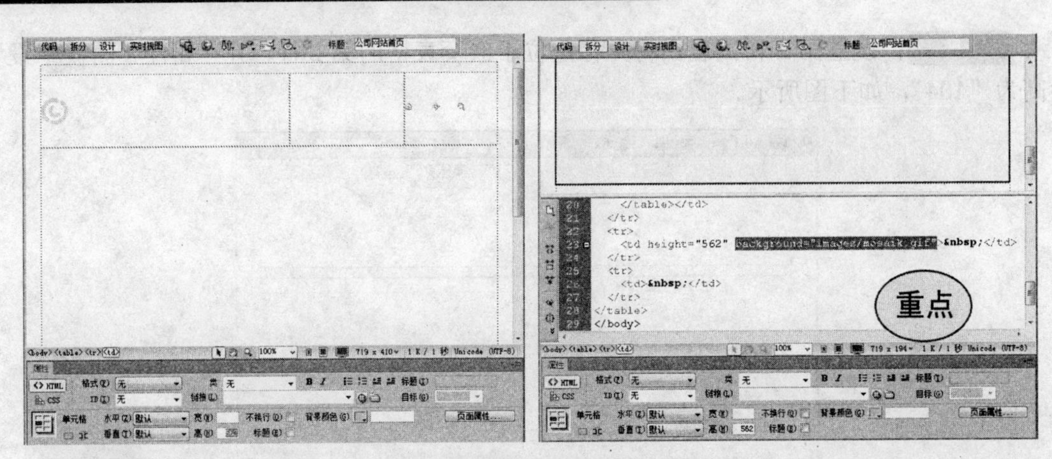

STEP 16：插入嵌套表格。切换到“设计”视图，将光标定位于内容单元格后，插入一个 5 行 6 列的表格，“表格”对话框中的设置如左下图所示。

STEP 17：设置单元格高度。通过拖动选择方式选择嵌入表格的所有单元格，在“属性”面板中设置单元格宽度和高度均为“112”，如右下图所示。

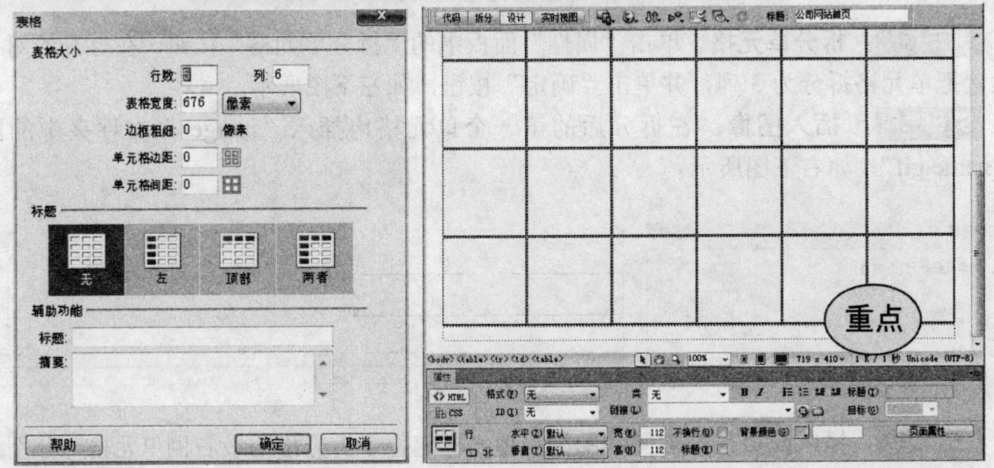

STEP 18：插入第一个图片链接。合并主要区域嵌套表格中第一行的最后两个单元格，插入“images”文件夹中的图像“main.jpg”，并在“属性”面板中设置图像的“链接”地址为“main.html”，如下图所示。

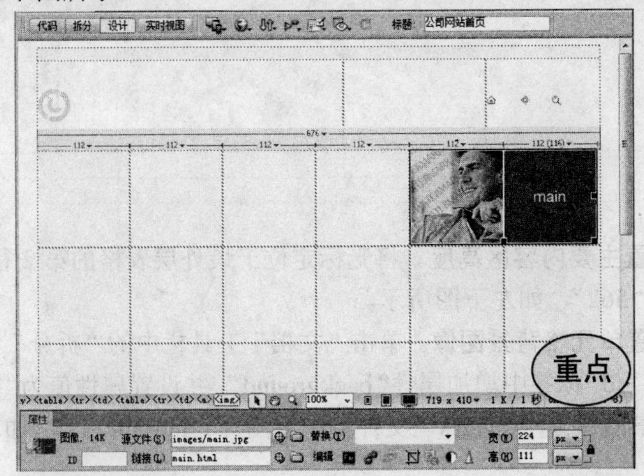

STEP 19：插入第二个图片链接。合并主要区域嵌套表格中第二行的第 2、3 个单元格，插入“images”文件夹中的图像“company.jpg”，并在“属性”面板中设置图像的“链接”地址为“company.html”，如下图所示。

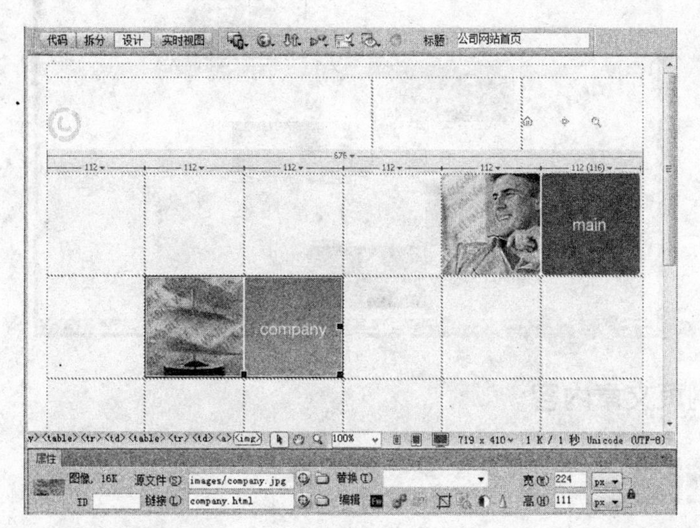

STEP 20：插入其他图片链接。如下图所示，合并相应位置的单元格，分别插入图像“services.jpg”、“solutions.jpg”和“contacts.jpg”，并分别设置链接地址为“services.html”、“solutions.html”和“contacts.html”。

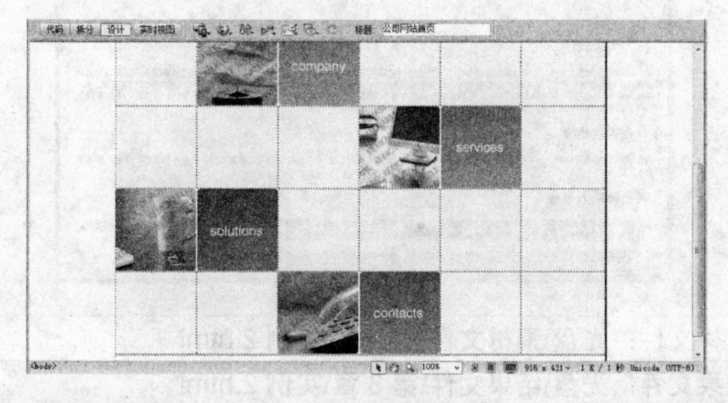

STEP 21：保存并浏览网页。保存网页，按【F12】键在浏览器中预览网页，效果如下图所示。

新手注意

在表格中，单元格的大小、位置等都是被包含到表格的属性中的，使用表格布局后，页面中所有元素的位置都需要依靠表格和单元格的属性来进行控制。而在 W3C 标准中要求网页中的内容与表现（修饰）要分离，HTML 是网页的内容描述语言，表格是 HTML 中的一种元素，利用表格来控制元素的位置及修饰效果并未达到 W3C 标准中的要求，所以表格布局不是标准的页面布局方式，目前仅用于快速展示布局效果或演示交互原型等。

虽然表格布局不是标准的页面布局方式，但是并不代表网页中不可以使用表格元素，通常网页中用于展示标准数据的区域也需要使用表格。

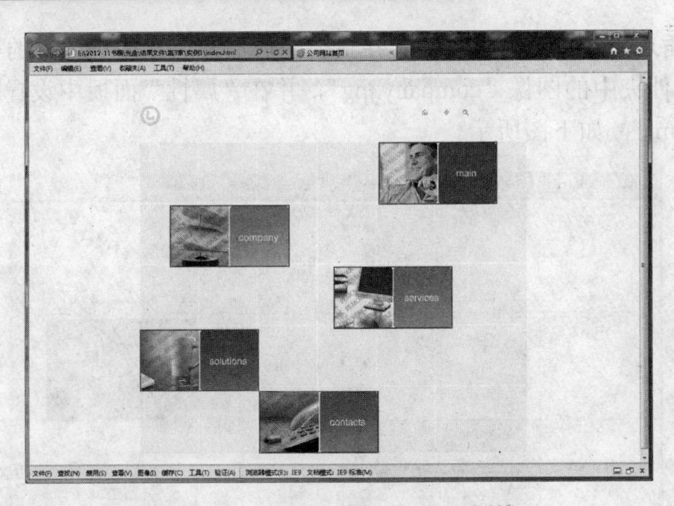

实例 2：编辑网页文章内容

案例效果

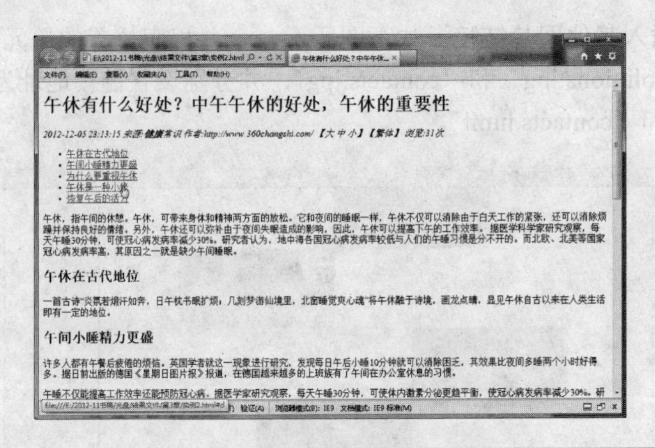

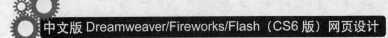

	素材文件：光盘\素材文件\第 3 章\实例 2.html
	结果文件：光盘\结果文件\第 3 章\实例 2.html
	教学文件：光盘\教学文件\第 3 章\实例 2.avi

制作分析

本例难易度：★★★★☆

关键提示：	知识要点：
在 W3C 标准中，HTML 用于设置网页内容的结构。在网页中的文章内容中，同样应该使用不同的标签来定义文章中不同文字内容在文章中所扮演的角色，例如设置文章内容的大标题、小标题、列表元素、锚链接等。	● 设置文档标题 ● 设置文章内容标题元素 ● 插入列表元素 ● 插入锚链接 ● 强调关键字词

➡ 具体步骤

STEP 01：设置文档标题。打开素材文档后，在“文档”工具栏中的“标题”栏中或“代码”视图中的“title”标记内输入网页的标题文字，如左下图所示。

STEP 02：设置文章一级标题。选择文章中第一段文字，在“属性”面板中的“格式”下拉列表框中选择“标题 1”，如右下图所示。

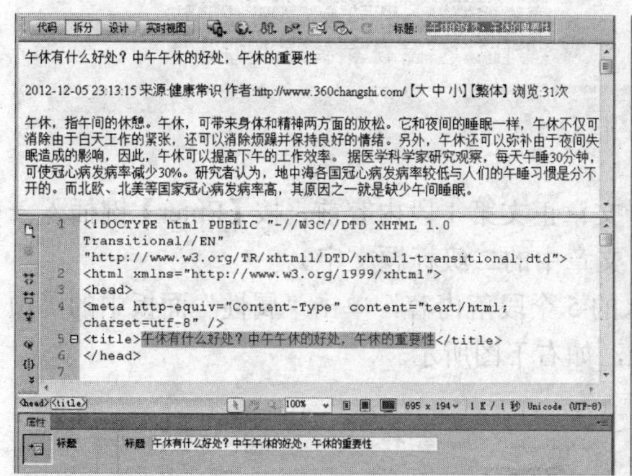

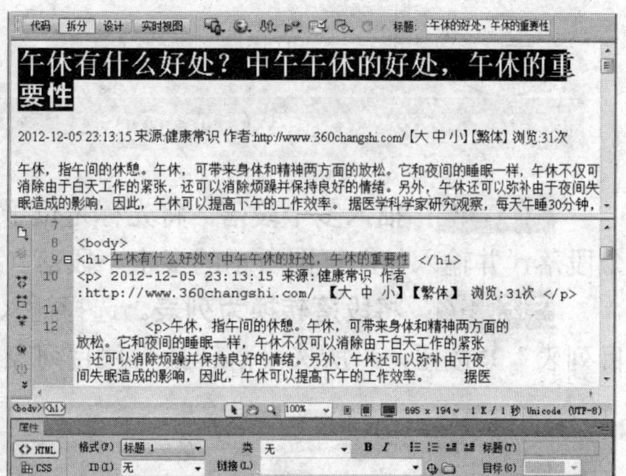

STEP 03：设置文章二级标题。选择文章中用于表示二级标题的文字段落，在“属性”面板中的“格式”下拉列表框中选择“标题 2”，按相同方式设置完所有的二级标题段落，如左下图所示。

STEP 04：设置斜体文字。选择标题后的日期等文字内容，单击“属性”面板中的“倾斜” *I* 按钮，将该段内容设置为斜体文字，如右下图所示。

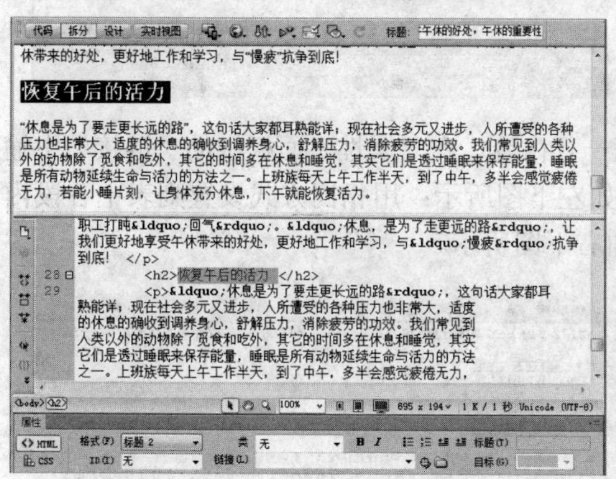

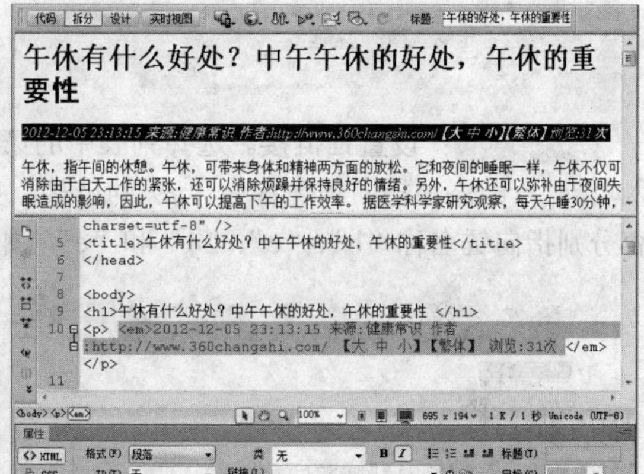

STEP 05：命名锚记。将光标定位于第 1 个二级标题文字前，执行“插入→命名锚记”命令，在打开的“命名锚记”对话框中设置锚记名称为“a”，如左下图所示；用相同的方式分别在所有二级标题文字前插入锚记“b”、“c”、“d”和“e”，如右下图所示。

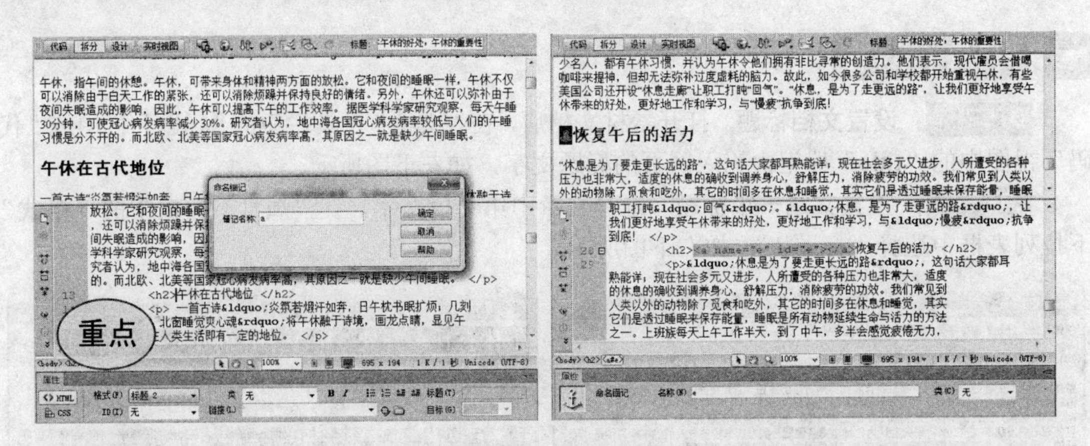

STEP 06：插入多个段落。将光标定位于文章正文第 1 段内容前，按【Enter】键插入一个段落，并输入如左下图所示的多个小段落（文章中的二级标题文字）。

STEP 07：将段落转换为列表。选择插入的 5 个段落内容，单击“属性”面板中的“项目列表”按钮，将所选段落转换为项目列表，如右下图所示。

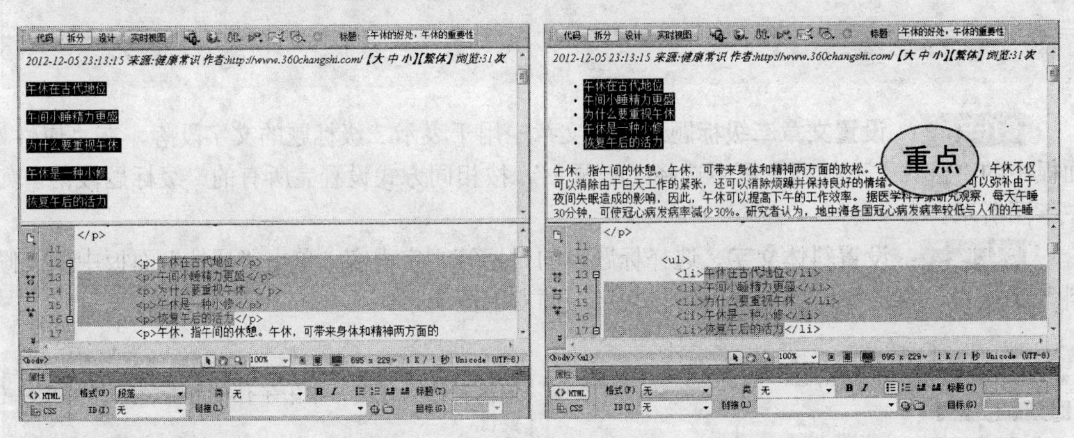

STEP 08：设置锚链接。选择列表中的第一行内容，在“属性”面板中的“链接”中输入“#a”，即添加指向锚名称为“a”的链接，如左下图所示；用相同方式设置列表中各段内容分别指向锚名称“b”、“c”、“d”和“e”，如右下图所示。

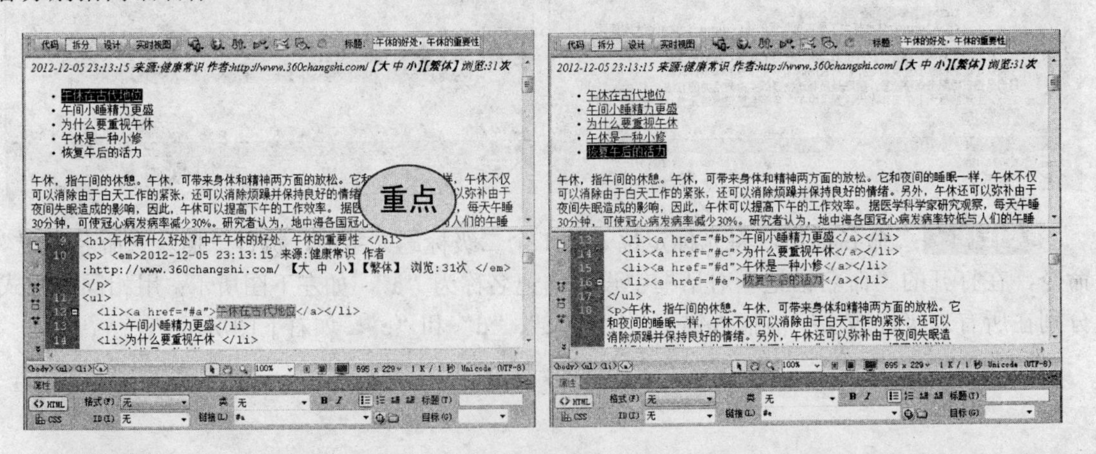

STEP 09：强调关键词。将光标定位于“代码”视图中文章开始位置，执行“编辑→查

找和替换”命令，在打开的“查找和替换”对话框中设置查找的内容为“健康”，替换的内容为“<strong>健康</strong>”，如左下图所示；单击“替换全部”命令后，在“搜索”面板中可查看查找并替换的结果，如右下图所示。

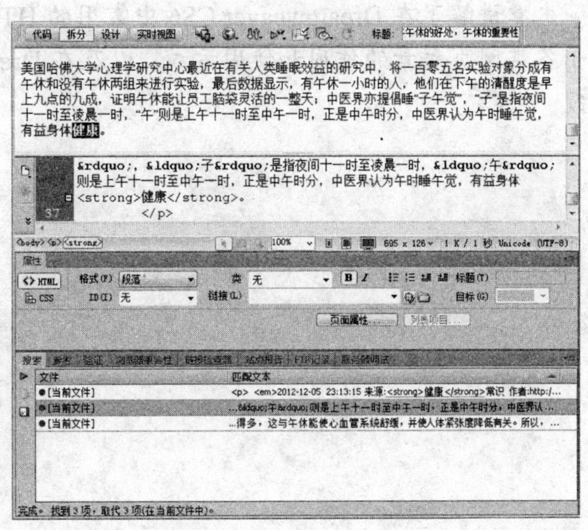

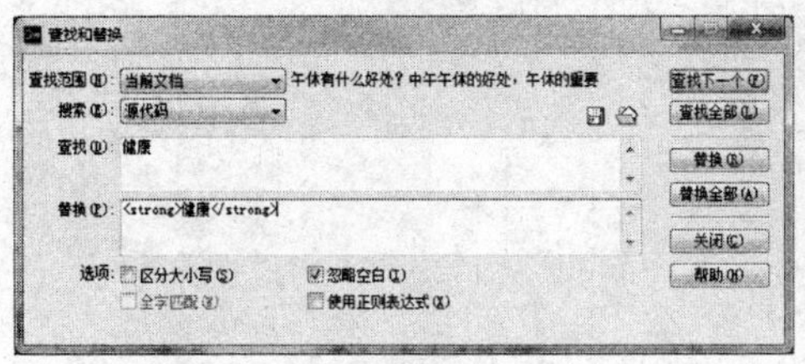

STEP 10：**保存并在浏览器中预览网页**。按快捷键【Ctrl+S】保存文件，按【F12】键在默认浏览器中预览网页效果，单击文章开头部分的链接，页面可跳转至文章中相应位置，如下图所示。

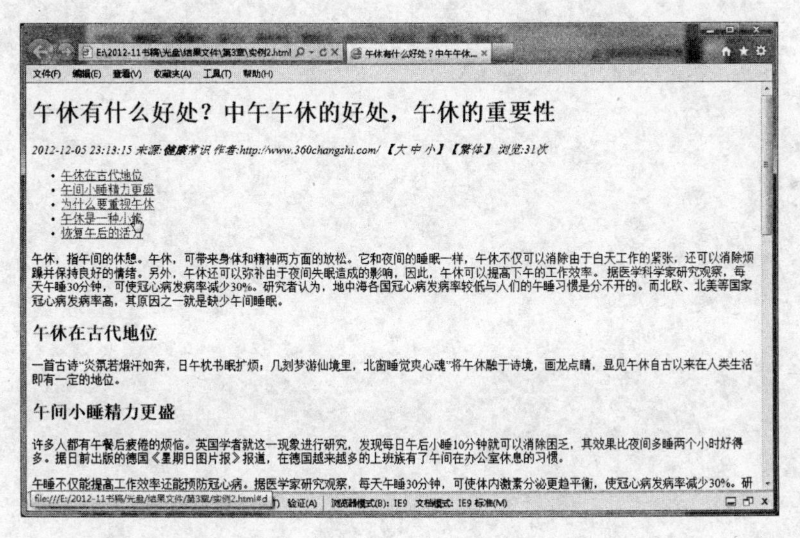

专家提示

网页中的“关键字”对于搜索引擎收录和查询网页内容非常重要，而“strong”标记是对文章中的“关键字”进行强调的常用标记。通常利用“查找和替换”功能可以快速为文章内容中的“关键字”添加上相应的标签。

需要注意的是，当光标定位于“设计”视图中使用“查找和替换”功能时，仅能替换网页中的内容，不能替换 HTML 标记。所以，要替换 HTML 标记需要在“代码”视图中进行操作。

本章小结

本章讲解了在 Dreamweaver CS6 中常用的 HTML 元素的插入、编辑和修改等功能。重点在于各类网页元素的作用和使用方式，以及在 Dreamweaver CS6 中如何对这些元素进行编辑修改。

第 4 章 网页表单元素

本章导读

表单是网页中的重要元素，主要用于采集数据。使用表单可以将用户填写或选择的数据利用程序进行加工处理或提交到 Web 服务器，从而实现各种互动交互。

知识要点

- 了解表单的作用
- 熟练掌握表单标记的属性设置
- 熟练掌握各类表单元素的作用及应用范围
- 熟练掌握各类表单元素的插入方法
- 熟练掌握各类表单元素的相关属性及设置

案例展示

4.1 知识讲解——表单域

在网页中，一个表单可能需要由多个不同类型的表单元素构成，不同的表单元素将用于收集不同类型的信息，当表单信息填写完成后，由表单将其整体发送至 Web 服务器进行处理。用于放置表单元素的容器则是表单域。

4.1.1 插入表单域

在 HTML 标记语言中，表单域使用 “<form>…</form>” 标记来表示。除了在“代码”视图中输入“<form>…</form>”标记来插入表单外，在 Dreamweaver CS6 中提供了多种插入表单的方法：

方法一： 执行“插入→表单→表单”命令，即可在网页中插入一个表单域。

方法二： 打开“插入”面板，选择“表单”类型，如左下图所示；单击列表中的“表单”即可在页面中插入一个表单域，如右下图所示。

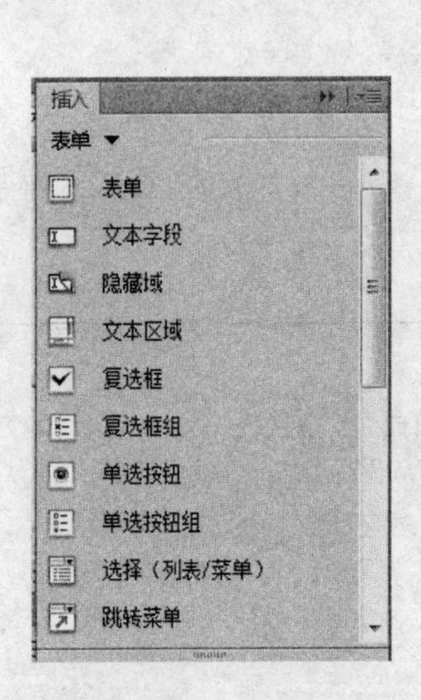

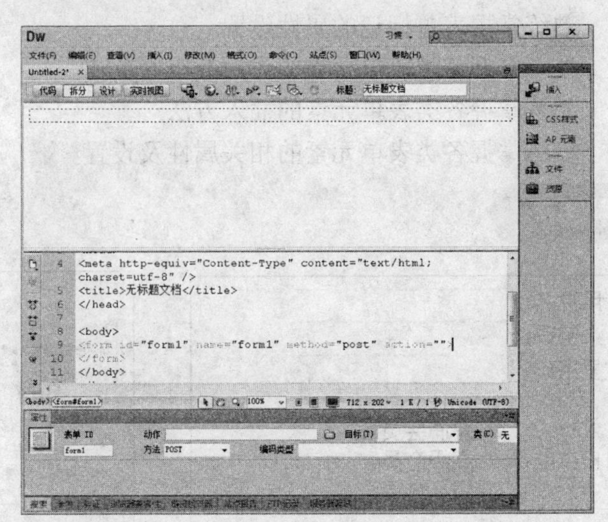

4.1.2 表单域属性设置

在一个网页中，有时可能需要使用多个收集不同信息的表单（form），为了区别不同的表单，可以为表单域设置不同的 ID 名称。更重要的是，表单填写完成后，数据采用什么方式提交、提交到哪个服务器程序等，这些都是表单中非常重要的属性。

在 Dreamweaver 中选择表单后，可以在“属性”面板中设置表单的各种属性，各属性的功能和作用如下：

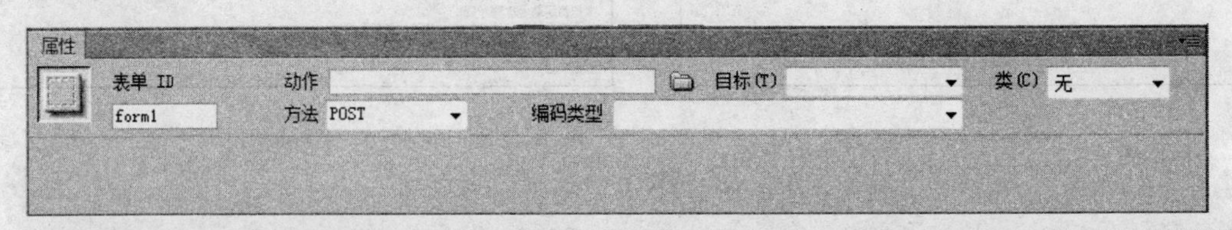

- 表单 ID：即 HTML 中的“id”属性。在该文本框中，输入标志该表单的唯一名称。

该名称将用于脚本引用或表单控制。

- 动作：即 HTML 中的“action”属性。用于指定处理该表单数据提交至的动态页或脚本的路径。
- 目标：与超级链接中的“目标”属性相同，在 HTML 中使用“target”属性。用于指定被调用程序所返回的数据显示的窗口。有“_blank”、“_self”、“_top”和“_parent”选项。
- 方法：HTML 中的“method”属性。选择将表单数据传输到服务器的方法，有“post”和“get”两个选项。选择“post”选项表示发送长字符串，选择“get”选项表示发送较短的字符串。
- 编码类型：指定对提交给服务器进行处理的数据使用的 MIME 编码类型。该下拉列表框中的“application/x-www-form-urlencoded”选项通常与“post”方法协同使用。如果要创建文件上传域，则选择“multipart/form-data”选项。

4.2　知识讲解——常用表单元素

表单元素即在表单中用于收集各种不同类型数据的元素，如文本框、密码框、下拉列表框等。在 HTML 中，每种表单元素都具有不同的标记或属性，其应用范围也不相同，例如让用户输入密码，则需要使用密码域；如果需要让用户选择性别，则可能使用下拉列表框或单选按钮。

4.2.1　使用文本域

文本域是表单中应用最多的一种元素，亦称为文本框，用于让用户输入文字信息。在 HTML 标记中，文本域使用“<input/>”标记，将“type”属性设置为“text”即可。

在 Dreamweaver CS6 中可使用以下方法插入文本域：

方法一：执行“插入→表单→文本域”命令。

方法二：在“插入”面板的“表单”组中单击“文本字段”。

此时，将弹出如右图所示的“插入标签辅助功能属性”对话框，可通过该对话框设置文本域的一些常用属性，也可单击“取消”按钮关闭对话框后在“属性”面板中设置。

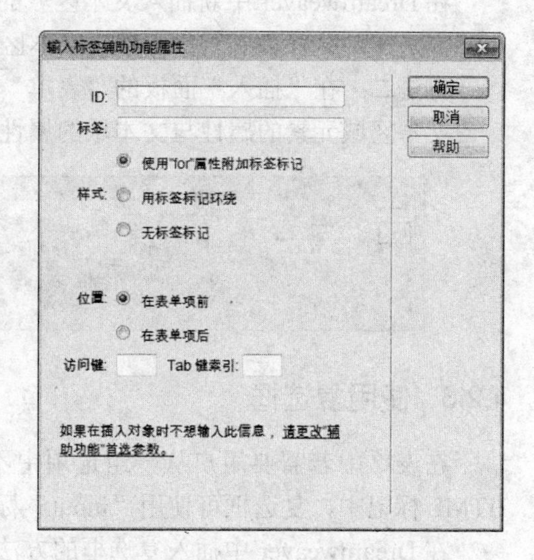

选择文本域后，“属性”面板显示如下图所示。

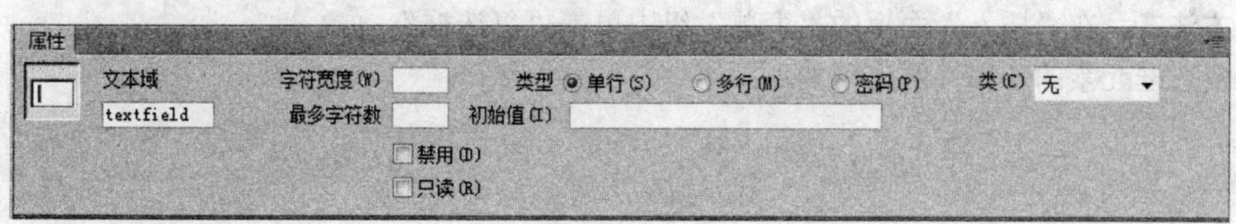

- 文本域：指定一个在该表单中唯一的名称。该名称是发送给服务器进行处理的值。
- 字符宽度：设置文本域中最多可显示的字符数，即文本域的显示宽度。
- 最多字符数：设置文本域中最多可输入的字符数。
- 类型：设置文本域的类型，在该栏中可选择单行、多行或密码 3 种文本。选择“多行”后表单元素将成为“文本区域”；选择“密码”后，表单元素将成为“密码域”。
- 初始值：设置首次载入表单时文本域中显示的值。
- 禁用：选择该项后，浏览者不能使用文本域。
- 只读：选择该项后，浏览者不能修改文本域中的内容。

专家提示

为了使用户输入的数据不被他人看到（如输入密码等），可在文本域的“属性”面板中设置类型为“密码”，或者在 HTML 中，设置“type”属性为“password”。

4.2.2 使用文本区域

在表单中如果需要访问者输入多行文字内容，此时应使用“文本区域”。在 HTML 标记中，文本区域使用“<textarea>…</textarea>”标记。在 Dreamweaver 中，将插入的文本域的“类型”属性设置为“多行”，此时文本域将成为文本区域。

在 Dreamweaver 中新插入文本区域的方法有：

方法一：执行“插入→表单→文本区域”命令。

方法二：在“插入”面板的“表单”组中单击“文本区域”。

文本区域元素的属性与文本域的属性相同，如下图所示为文本域的属性。

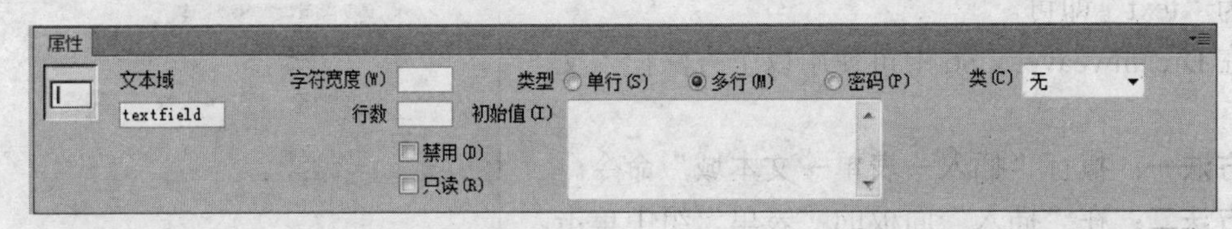

4.2.3 使用复选框

在表单中若需要用户从一组选项中不选择或选择多个选项，此时可以使用复选框。在 HTML 标记中，复选框可使用“input”标记，并设置“type”属性为“checkbox”。

在 Dreamweaver 中插入复选框的方法有：

方法一：执行“插入→表单→复选框”命令。

方法二：在“插入”面板的“表单”组中单击“复选框”。

复选框元素的各属性的作用如下：

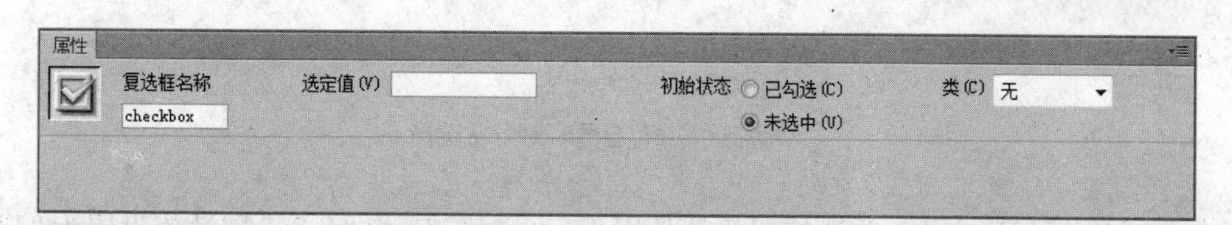

- 复选框名称：指定一个在该表单中唯一的名称。该名称是发送给服务器进行处理的值。
- 选定值：设置当复选框被选择之后的值，通常用于程序检测。
- 初始状态：设置首次载入表单时复选框是否被选中。

4.2.4 使用复选框组

通常在表单中复选框是以组方式存在的，即一个项目提供多个复选框供用户选择，如下图所示的选项。

* 购买类型/用途： IT设备 数码通讯 办公用品耗材 大家电 项目合作-政府采购 礼品

在 HTML 标记中，将同一组复选框的“name”属性设置为相同值即可，在 Dreamweaver CS6 中也可通过命令快速插入复选框组，方法如下：

方法一：执行“插入→表单→复选框组”命令。

方法二：在“插入”面板的“表单”组中单击“复选框组”。

执行插入复选框组命令后将弹出“复选框组”对话框，如左下图所示。在对话框中的“名称”文本框中设置组的名称；单击⊞按钮可向复选框组中新增复选框，单击⊟按钮可删除复选框组中的复选框；在“复选框”列表中单击复选框标签可修改复选框标签上的文字内容，单击值可修改复选框的值，如右下图所示；在“布局，使用”选项中可选择多个复选框排列的方式，使用换行符或表格进行布局。

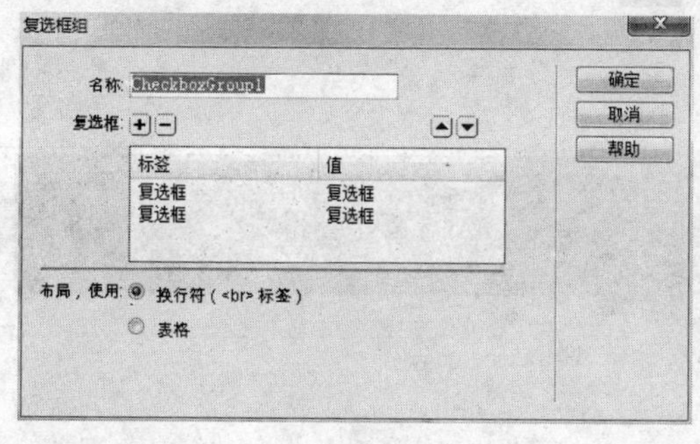

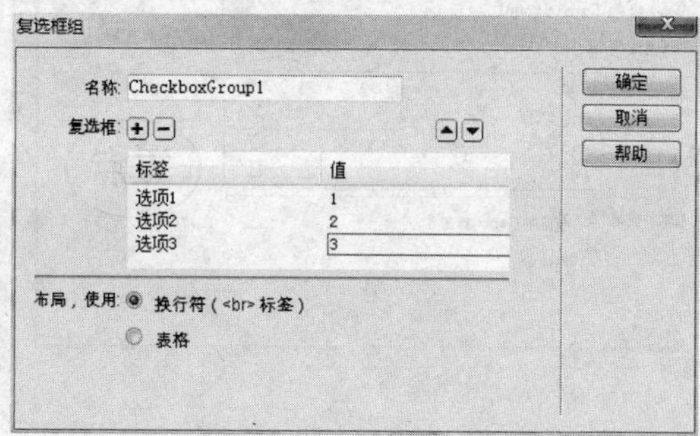

单击“确定”按钮后即可在页面中插入复选框组，效果如下图所示。

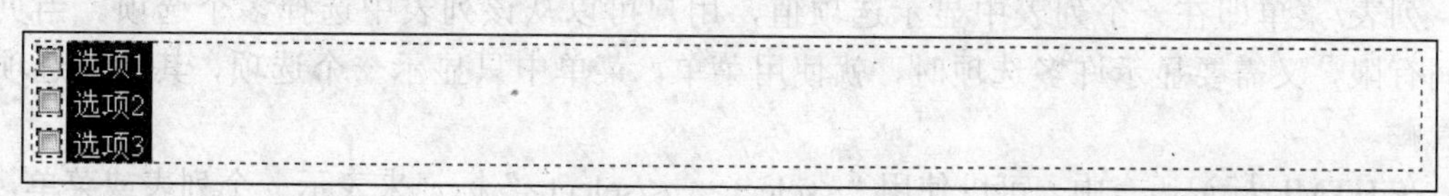

4.2.5 使用单选按钮和单选按钮组

在表单中常常还需要用户从一组选项中选择一个选项，此时可以使用单选按钮，如下图

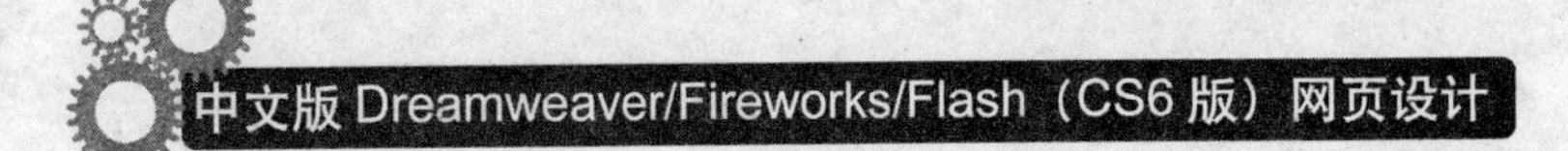

所示。

会员类型：◎单位会员 ◎个人会员

在 HTML 标记语言中，单选按钮仍然使用“input”标记，将“type”属性值设置为“radio”即为单选按钮。在 Dreamweaver 中插入单选按钮的方式有：

方法一：执行“插入→表单→单选按钮”命令。

方法二：在“插入”面板的“表单”组中单击“单选按钮”。

单选按钮的属性与复选按钮的属性相同，选择单选按钮后“属性”面板如下图所示。

通常使用单选按钮时都需要两个或两个以上，并且同一组单选按钮只能选择其中一项，而直接插入的单选按钮相互之间并无关联，只有将多个单选按钮设置为一组，才能实现单选的功能。

要将多个单选按钮设置为一组，可在 HTML 中设置多个单选按钮的“name”属性相同，也可在 Dreamweaver 中“插入单选按钮组”命令来快速插入一组单选按钮，具体方法如下：

方法一：执行“插入→表单→单选按钮组”命令。

方法二：在“插入”面板的“表单”组中单击“单选按钮组”。

执行以上命令后将弹出“单选按钮组”对话框，如左下图所示。与“复选框组”对话框中的设置相同，该对话框用于设置这一组单选按钮的名称、按钮个数、单选按钮所显示的文字内容及选择后的值。如右下图所示为插入的单选按钮组。

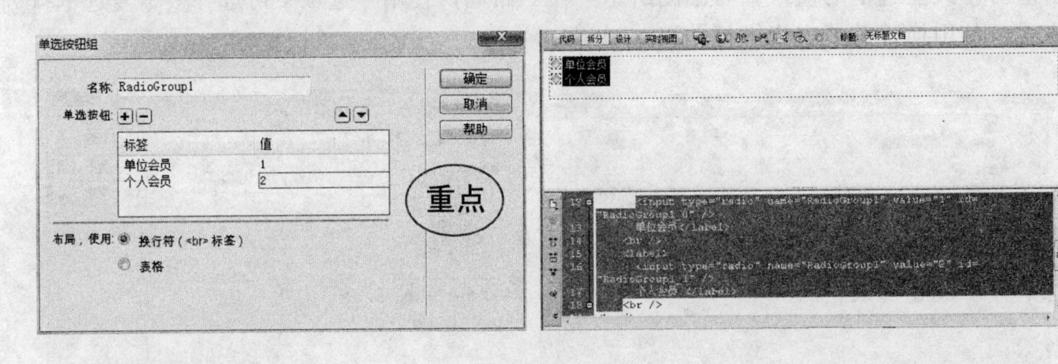

4.2.6 使用列表/菜单

列表/菜单即在一个列表中显示选项值，用户可以从该列表中选择多个选项。当页面空间有限，又需要显示许多选项时，就使用菜单。菜单中只显示一个选项，其他的选项则被隐藏。

在 HTML 标记语言中，可以使用“<select>…</select>”标记来表示一个列表或菜单，使用“<option>…</option>”属性来表示列表中的一个选项，如下左图为一个菜单 HTML 代码，右下图为浏览器中列表显示的效果。

```
<select>
  <option value="1">办公室</option>
  <option value="2">市场部</option>
  <option value="3">采购部</option>
  <option value="4">技术部</option>
</select>
```

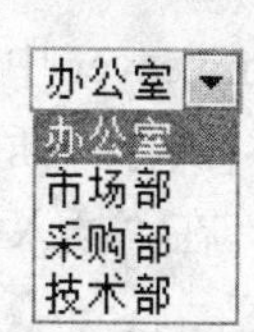

在 Dreamweaver CS6 中插入列表/菜单元素的方法如下：

方法一：执行“插入→表单→选择（列表/菜单）”命令。

方法二：在“插入”面板的“表单”组中单击“选择（列表/菜单）”。

插入列表/菜单元素后，还需要添加列表/菜单中的选项，具体操作如下：

选择页面中的列表/菜单元素后，在“属性”面板中单击“列表值”按钮，打开如下图所示的对话框。在对话框中单击⊞按钮可添加一条项目，在列表中设置好项目的标签和值，完成多条项目值的添加后，单击“确定”按钮即可。

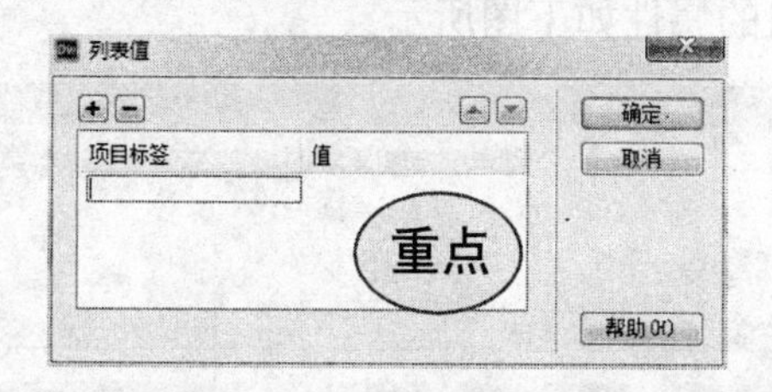

插入的列表/菜单默认为菜单方式显示，若要将其设置为列表方式，可选择列表/菜单元素后，在“属性”面板中选择“列表”单选项，并设置列表的高度值，如左下图所示，右下图为浏览器中显示的列表效果。

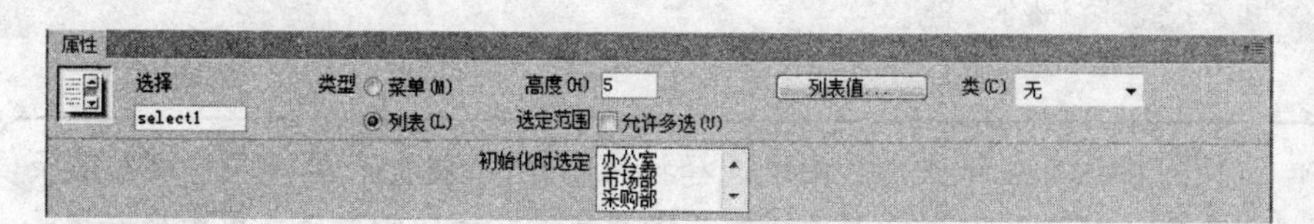

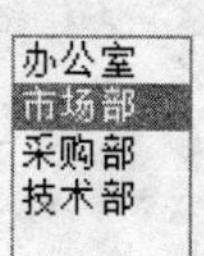

新手注意　在 HTML 中菜单和列表样式仅通过“selcet”标记的“size”属性值进行区别，当“size”属性值大于 1 时将显示为列表样式。“size”属性以“行”为单位。

4.2.7　使用文件域

当需要用户上传文件至服务器时，可以在表单中使用文件域。文件域的外观与文本域类似，只是文件域多一个[浏览...]按钮。在文件域的文本框中可以手动输入要上传的文件路径，也可以单击[浏览...]按钮指定上传文件。

在 HTML 标记语言中，文件域仍然使用“input”标记，设置“type”属性为“file”则为文件域，如下图所示为文件域的 HTML 代码和浏览器中的效果。

```
<input type="file" name="fileField" id="fileField" />
```

[浏览...]

在 Dreamweaver 中插入文件域的方法有：

方法一：执行“插入→表单→文件域”命令。

方法二：在“插入”面板的“表单”组中单击“文件域”。

4.2.8 使用按钮

按钮是表单中非常重要的一种元素，通常用于让用户确定一些操作，如提交表单、重置表单或执行一些特殊的交互程序等。在 HTML 标记语言中，按钮也采用“input”标记，将“type”属性设置为“submit”、“reset”或“button”则分别为提交按钮、重置按钮或普通按钮。

在 Dreamweaver CS6 中快速插入按钮的方法有：

方法一：执行“插入→表单→按钮”命令。

方法二：在“插入”面板的“表单”组中单击“按钮”。

选择按钮元素后，按钮的属性如下图所示。

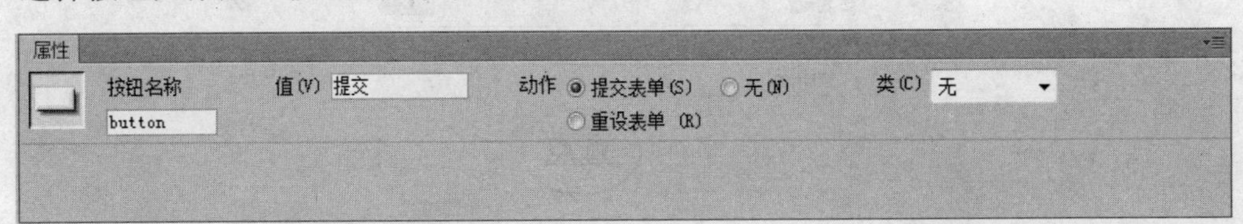

- 按钮名称：指定一个在该表单中唯一的名称。该名称是发送给服务器进行处理的值。
- 值：设置按钮上显示的文字内容。
- 动作：用户设置按钮的功能。

新手注意 使用按钮时应根据实际需求选择按钮动作，“提交表单”即将按钮赋予提交表单的功能，用户单击该按钮后将自动提交按钮所在的表单中的数据；“重设表单”即将当前表单中所有元素的值清空，恢复到初始状态；“无”则不具有任何功能，该类按钮的功能需要编写脚本程序来实现。

4.2.9 使用图像域

图像域即在表单中使用图像作为按钮，并且图像按钮具有提交表单的功能。在 HTML 标记语言中，图像按钮仍然使用“input”标记，需要设置“type”属性值为“image”，同时使用“src”属性设置图像的来源路径。

在 Dreamweaver CS6 中快速插入图像域的方法有：

方法一：执行“插入→表单→图像域”命令。

方法二：在“插入”面板的“表单”组中单击“图像域”。

插入图像域时将弹出“选择图像源文件”对话框，选择站点内的图像即可。

4.2.10 插入隐藏域

隐藏域是用来收集或发送信息的不可见元素，对于网页的访问者来说，隐藏域是看不见的。当表单被提交时，隐藏域就会将预设的信息发送到服务器上。

在 HTML 标记语言中，隐藏域仍然使用“input”标记，需要设置“type”属性值为“hidden”，通常还需要设置“value”属性值，用于向服务器传递参数。

在 Dreamweaver CS6 中快速插入隐藏域的方法有：

方法一：执行“插入→表单→隐藏域”命令。

方法二：在“插入”面板的“表单”组中单击“隐藏域”。

在隐藏域的属性中，通常只需要设置“值”属性，如下图所示。

4.2.11　插入跳转菜单

跳转菜单是添加了链接的菜单，即在菜单中每个选项均可添加一个 URL 链接，访问者可以通过跳转菜单快速选择要切换至的页面。

在 Dreamweaver CS6 中插入跳转菜单的方法如下：

STEP 01：**插入跳转菜单**。执行“插入→表单→跳转菜单”命令或在“插入”面板的“表单”组中单击“跳转菜单”。

STEP 02：**设置菜单选项及链接**。在打开的“插入跳转菜单”对话框中设置第 1 条菜单项的文字和链接地址，如左下图所示，单击⊞按钮增加多个菜单项，并分别设置各菜单项的文字和链接地址，如右下图所示。

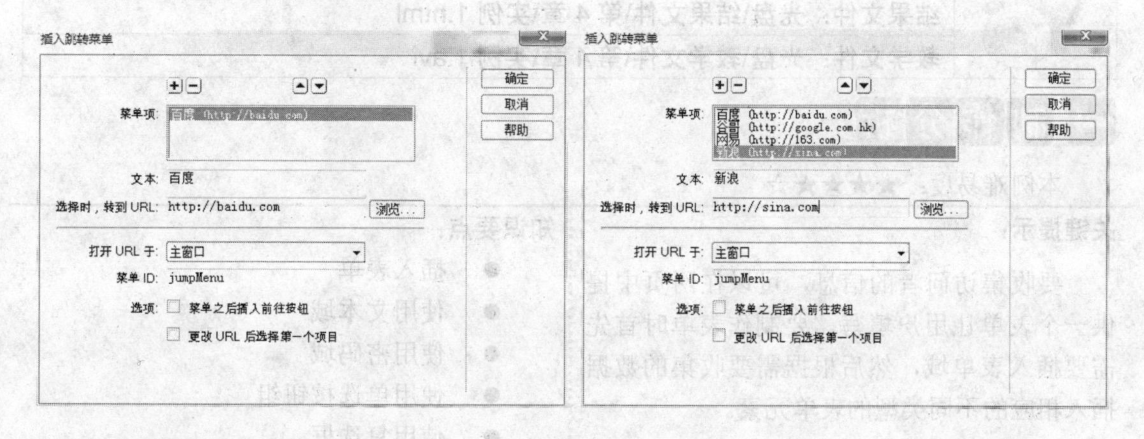

> **专家提示**
>
> 在 HTML 标记语言中并没有“跳转菜单”这种类型的表单元素，“跳转菜单”实际上是 Dreamweaver 软件提供的一个快捷功能，它自动生成 HTML 标记语言中的“select”标记和内容，同时自动在页面中嵌入了 JavaScript 程序，使得普通的“列表/菜单”（select）具有了选择后跳转链接的功能。

4.3 同步训练——实战应用

实例 1：制作用户注册表单内容

案例效果

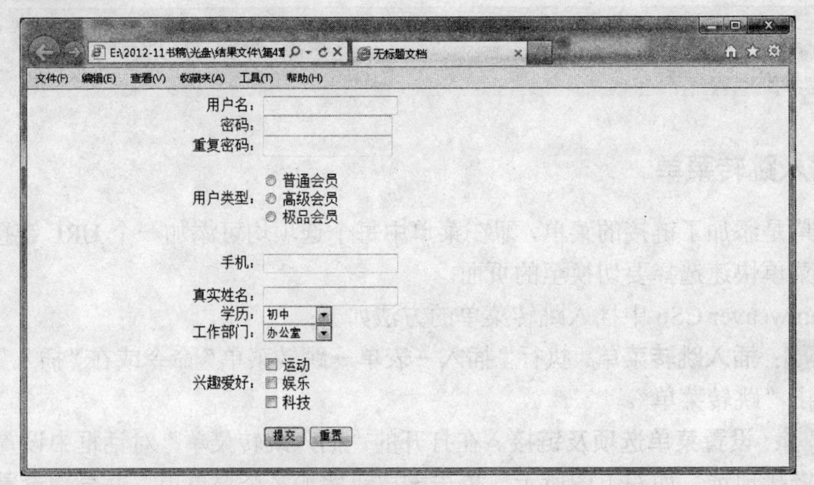

素材文件：光盘\素材文件\第 4 章\无
结果文件：光盘\结果文件\第 4 章\实例 1.html
教学文件：光盘\教学文件\第 4 章\实例 1.avi

制作分析

本例难易度：★★★★☆

关键提示：

要收集访问者的信息，可以在网页中提供一个表单让用户填写。要制作表单时首先需要插入表单域，然后根据需要收集的数据插入相应的不同类型的表单元素。

知识要点：

- 插入表单
- 使用文本域
- 使用密码域
- 使用单选按钮组
- 使用复选框
- 使用列表/菜单
- 使用按钮

具体步骤

STEP 01：**插入表单和布局表格。**新建网页文件，执行“插入→表单→表单”命令在页面中插入一个表单；执行“插入→表格”命令，在打开的“表格”对话框中设置表格大小为 10 行 3 列，表格宽度为 778 像素，边框、单元格边距和间距均设置为 0，如左下图所示。

STEP 02：**设置表格第一列对齐方式。**选择表格第一列，在“属性”面板中设置“水平”对齐方式为“右对齐”，如右下图所示。

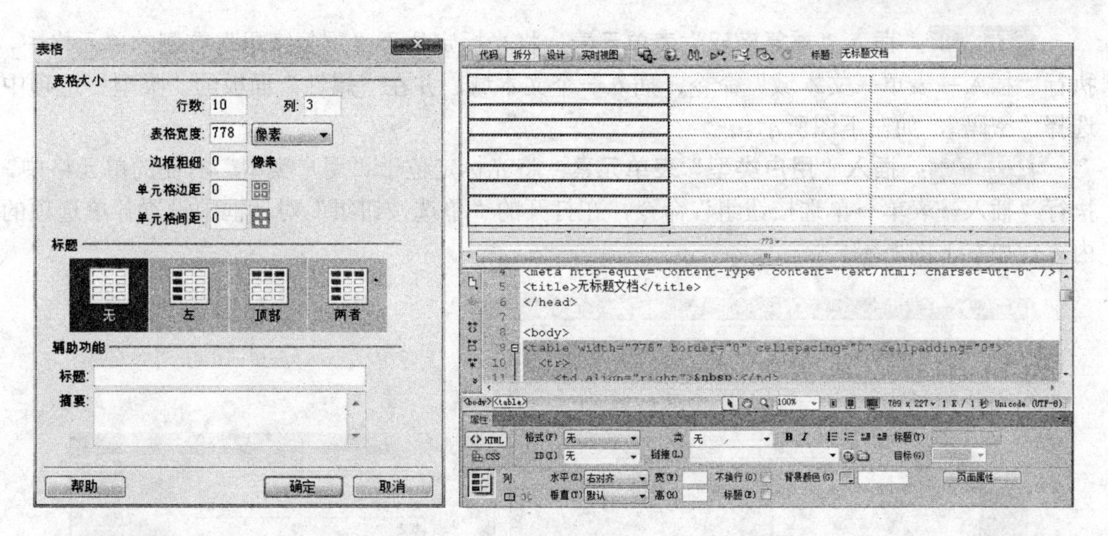

STEP 03：**输入并设置表单标签文字**。在表格第 1 列中输入相应的表单元素标签内容，如下图所示。

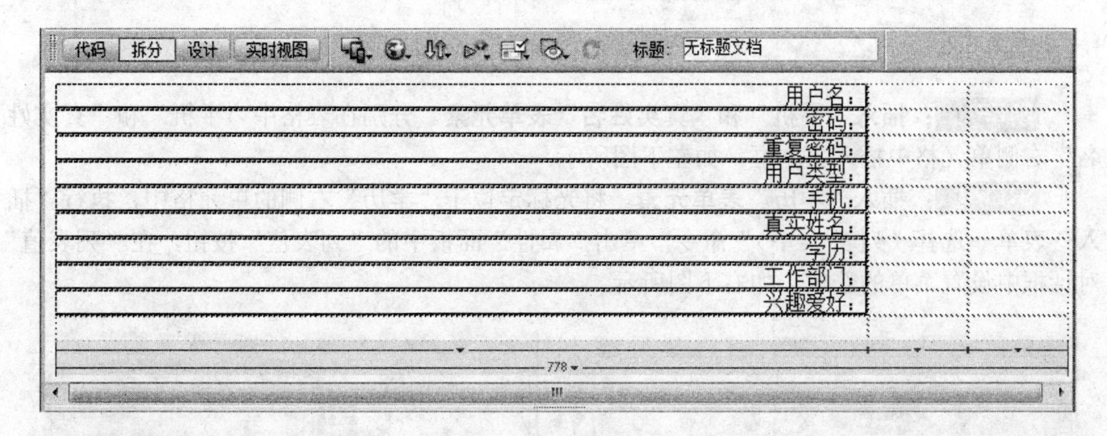

STEP 04：**插入"用户名"表单元素**。将光标定位于"用户名"右侧的单元格中，执行"插入→表单→文本域"命令，插入文本域用于收集"用户名"信息，如左下图所示。

STEP 05：**插入"密码"表单元素**。将光标定位于"密码"右侧的单元格中，执行"插入→表单→文本域"命令，插入一个文本域，并在"属性"面板的"类型"选项中选择"密码"，如右下图所示。

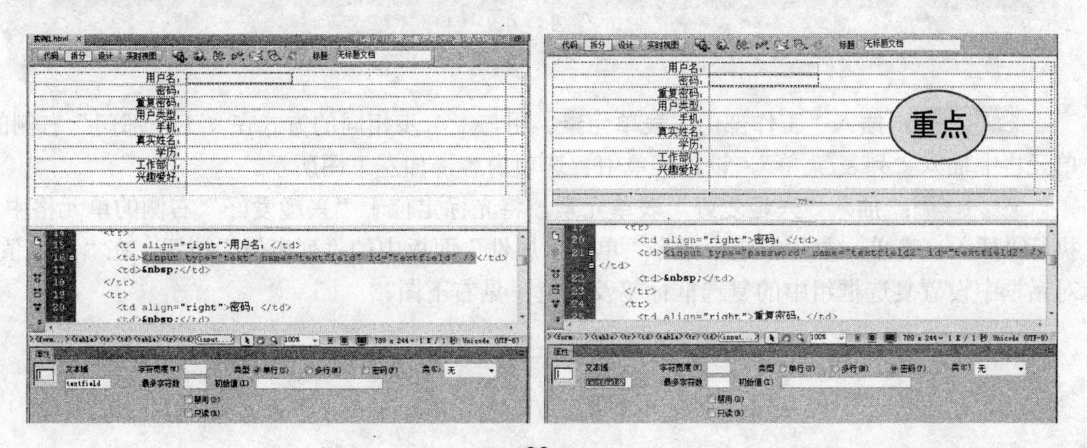

STEP 06：**插入“重复密码”表单元素**。将光标定位于“重复密码”右侧的单元格中，执行“插入→表单→文本域”命令，插入一个文本域，并在“属性”面板的“类型”选项中选择“密码”，如左下图所示。

STEP 07：**插入“用户类型”表单元素**。将光标定位于“用户类型”右侧的单元格中，执行“插入→表单→单选按钮组”命令，在打开的“单选按钮组”对话框中设置各单选项的内容，如右下图所示。

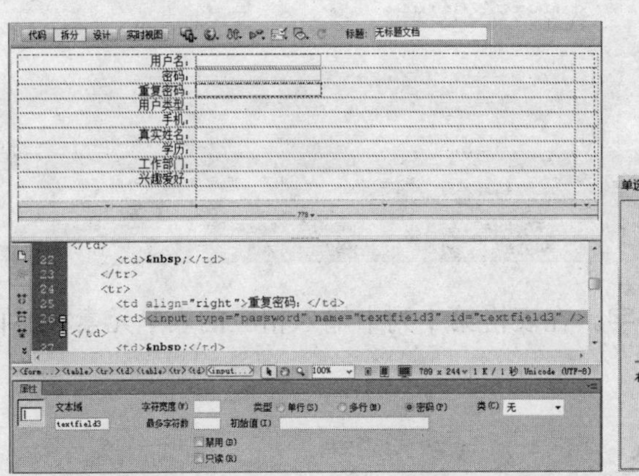

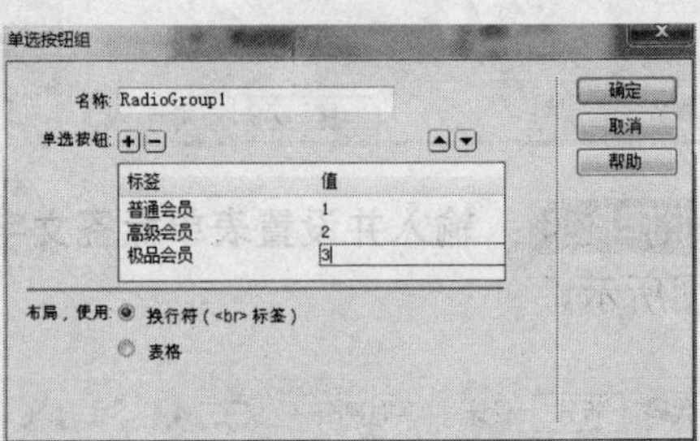

STEP 08：**插入“手机”和“真实姓名”表单元素**。分别在表格中“手机”和“真实姓名”右侧单元格中插入文本框，如左下图所示。

STEP 09：**插入“学历”表单元素**。将光标定位于“学历”右侧的单元格中，执行“插入→表单→选择（列表/菜单）”命令，单击“属性”面板中的“列表值”按钮，在“列表值”对话框中设置菜单的选项，如右下图所示。

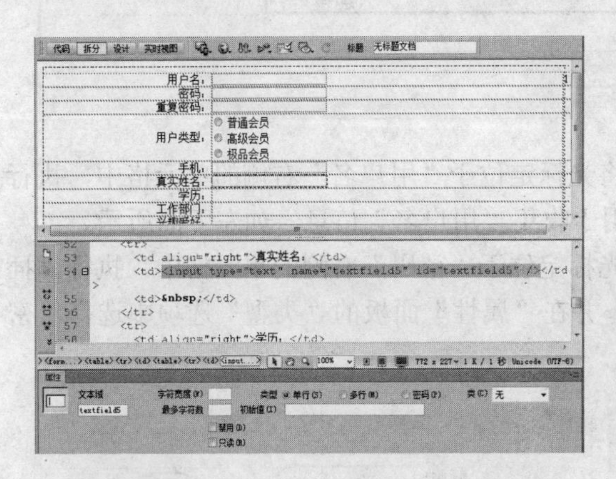

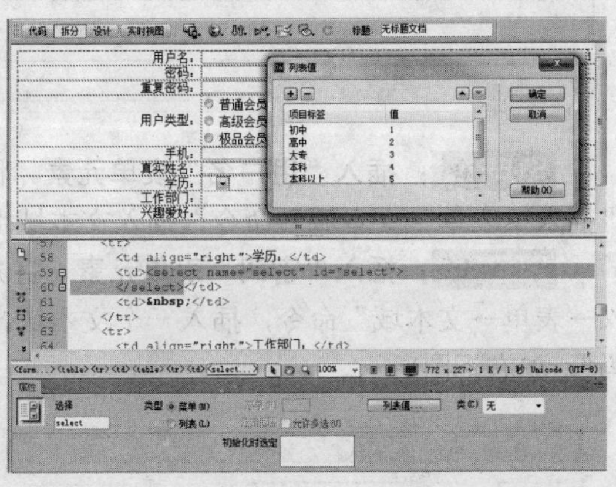

STEP 10：**插入“工作部门”表单元素**。用与上一步相同的方式在“工作部门”右侧的单元格中插入“列表/菜单”，设置菜单中各选项内容，如左下图所示。

STEP 11：**插入“兴趣爱好”表单元素**。将光标定位于“兴趣爱好”右侧的单元格中，执行“插入→表单→复选框组”命令，单击“属性”面板中的“列表值”按钮，在“列表值”对话框中设置复选框组中的复选框标签及取值，见右下图。

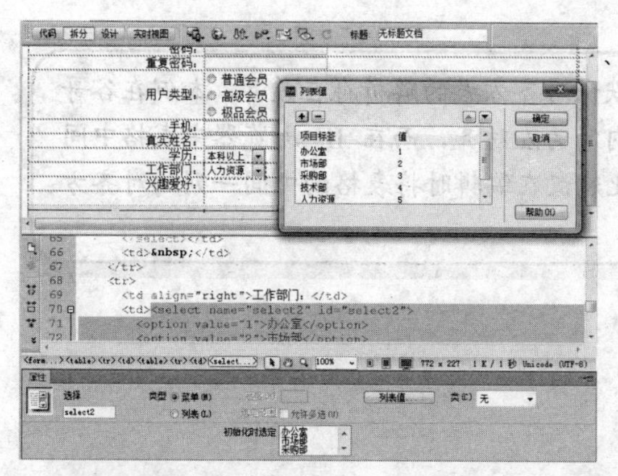

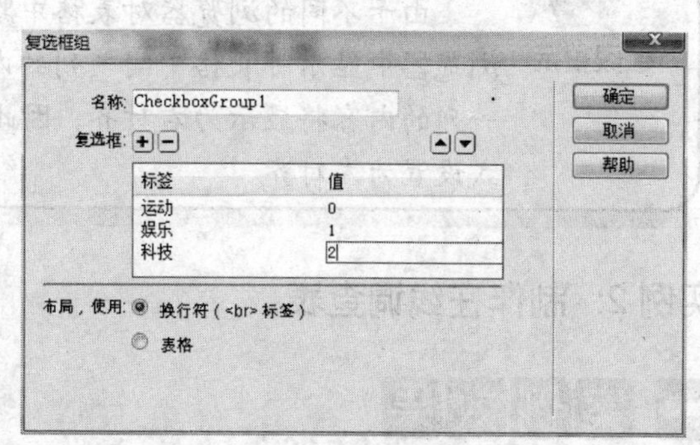

STEP 12：**插入“提交”按钮**。将光标定位于表格最后一行中间一列中，执行“插入→表单→按钮”命令，插入一个“提交”按钮，如左下图所示。

STEP 13：**插入“重置”按钮**。将光标定位于“提交”按钮后，执行“插入→表单→按钮”命令，插入一个按钮，在“属性”面板中设置“动作”为“重设表单”，如右下图所示。

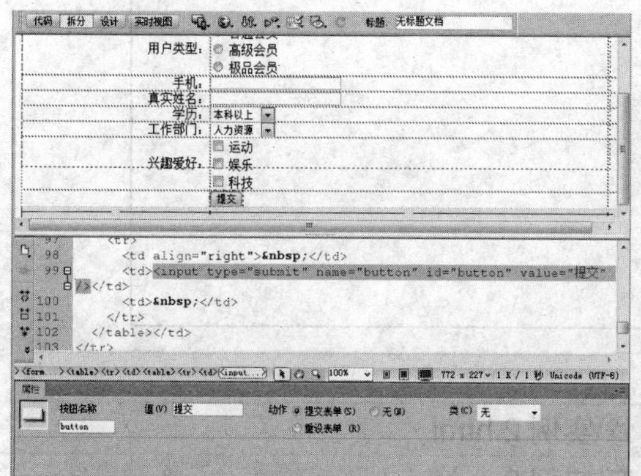

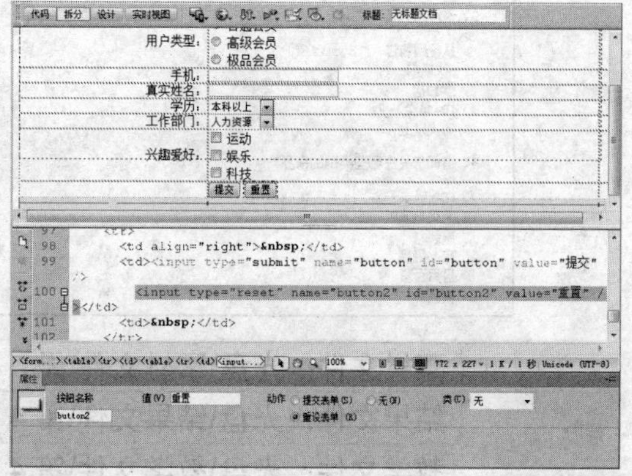

STEP 14：**保存并预览**。按【Ctrl+S】组合键保存文件并按【Ctrl+F12】组合键预览网页，表单内容的效果如下图所示。

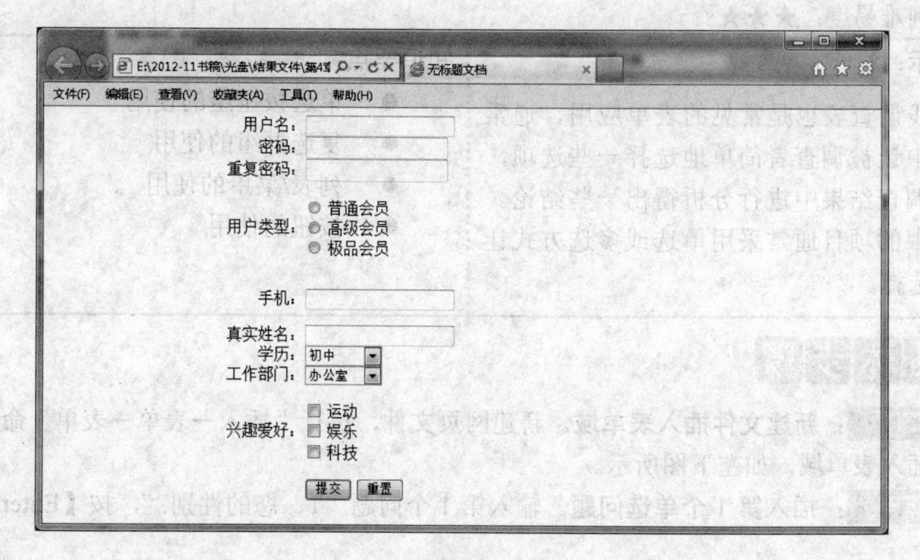

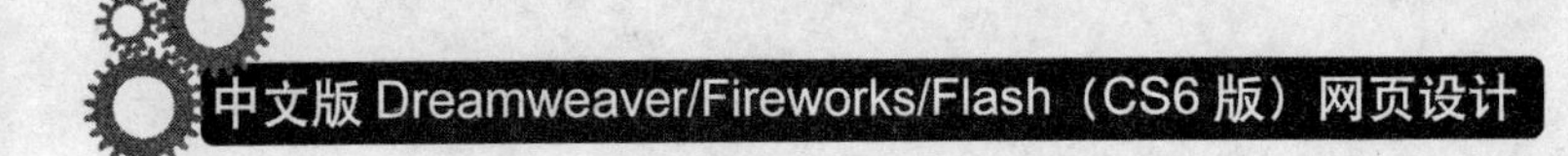

专家提示　由于不同的浏览器对表格中默认对齐方式的解析存在差异，本例在谷哥浏览器中显示时表格中间一列的内容为左对齐，而在 IE 浏览器中表格中间一列的内容将显示为右对齐，因此建议在编辑时将表格的中间一列的对齐方式设置为左对齐。

实例 2：制作在线调查表

案例效果

1、您的性别：

- ◎ 男
- ◎ 女

2、请问您的网龄有多长？

- ◎ 1年以内
- ◎ 1－2年
- ◎ 3－5年
- ◎ 5年以上

3、请问您有过几次网上购物经验？

- ◎ 从没网购过
- ◎ 5次以内
- ◎ 5~10次
- ◎ 10~50次
- ◎ 50次以上

4、请问您关注哪些类别的商品？

- ☐ IT数码电子类
- ☐ 家用电器类
- ☐ 服装
- ☐ 床上用品
- ☐ 日月百货
- ☐ 食品

	素材文件：光盘\素材文件\无
	结果文件：光盘\结果文件\第 4 章\实例 2.html
	教学文件：光盘\教学文件\第 4 章\实例 2.avi

制作分析

本例难易度：★★★☆☆

关键提示：

在线调查表也是常见的表单应用，通常调查表中让被调查者简单地选择一些选项，然后从调查结果中进行分析得出一些结论。调查表中的项目通常采用单选或多选方式让浏览者选择。

知识要点：

- 单选按钮组的使用
- 复选框组的使用
- 列表/菜单的使用
- 按钮的使用

具体步骤

STEP 01：新建文件插入表单域。新建网页文件，执行"插入→表单→表单"命令，在页面中插入表单域，如左下图所示。

STEP 02：插入第 1 个单选问题。输入第 1 个问题"1、您的性别："，按【Enter】键分段后执行“插入→表单→单选按钮组”命令，在弹出的“单选按钮组”对话框中分别设置单选项内容为“男”和“女”，如右下图所示。

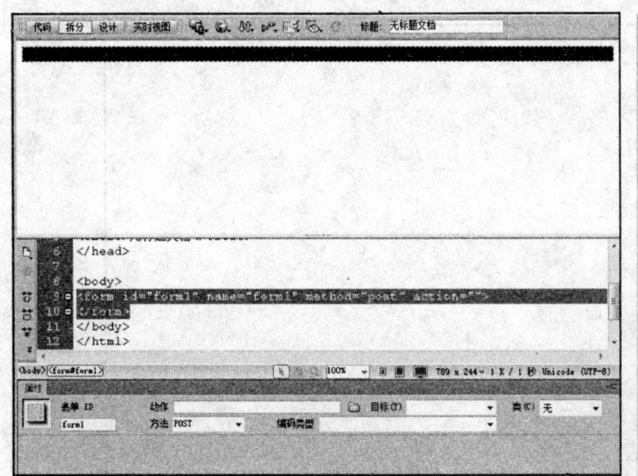
</head>
<body>
<form id="form1" name="form1" method="post" action="">
</form>
</body>
</html>

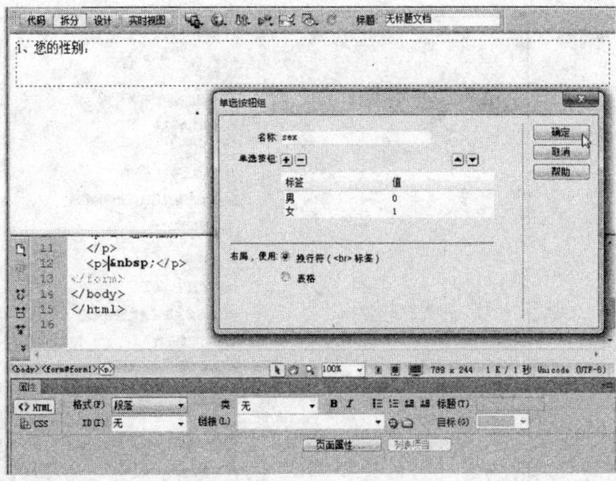
1、您的性别：
单选按钮组
名称: sex
确定
取消
帮助
标签
值
男
0
女
1
换行符（
 标签）
表格

STEP 03：**插入其他单选问题**。按【Enter】键分段后用与上一步相同的方式制作第 2、3 题的内容，如左下图所示。

STEP 04：**插入第 1 个多选问题**。按【Enter】键分段后输入第 1 个多选问题“4、请问您关注哪些类别的商品?”，按【Enter】键分段后执行“插入→表单→复选框组”命令，在弹出的对话框中分别设置各选项的标签内容，具体内容如如下图所示。

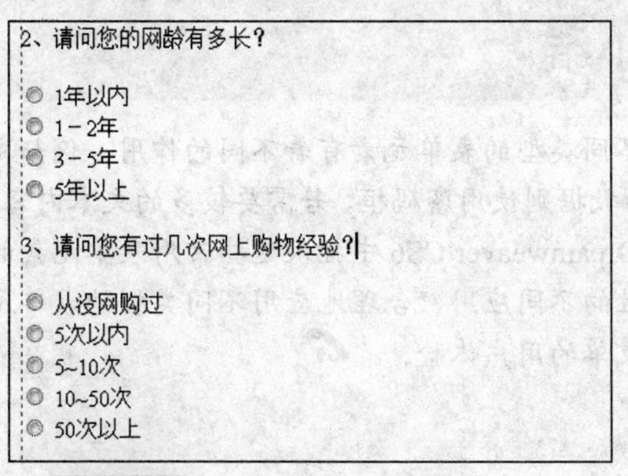
2、请问您的网龄有多长?
1年以内
1－2年
3－5年
5年以上
3、请问您有过几次网上购物经验?
从没网购过
5次以内
5~10次
10~50次
50次以上

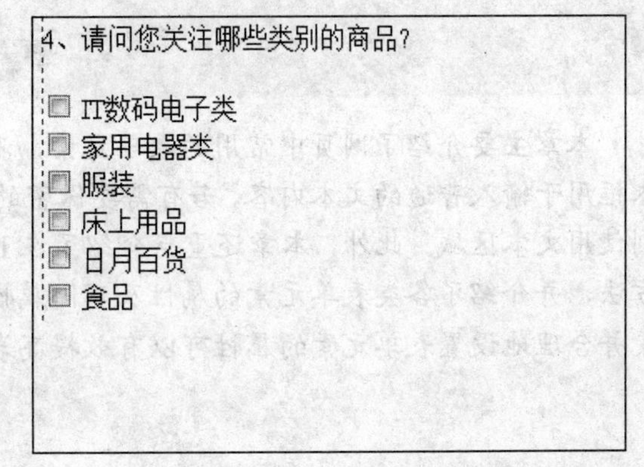
4、请问您关注哪些类别的商品?
IT数码电子类
家用电器类
服装
床上用品
日月百货
食品

STEP 05：**插入其他多选问题**。用与上一步相同的方式插入第 5 题和第 6 题的题目和内容，如左下图所示。

STEP 06：**插入提交和重置按钮**。在页面最后一行插入一个“提交”按钮和“重置”按钮，如右下图所示。

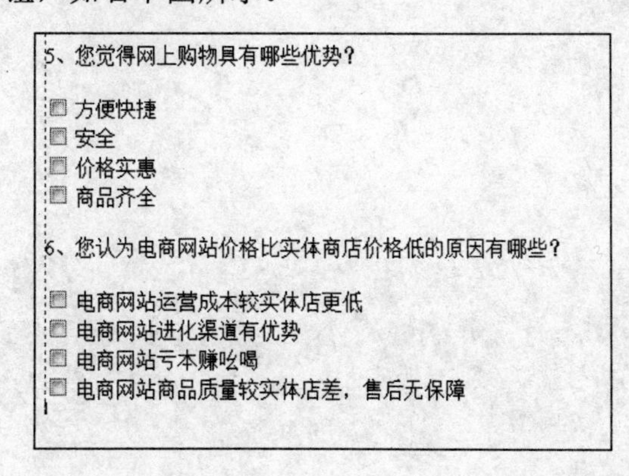
5、您觉得网上购物具有哪些优势?
方便快捷
安全
价格实惠
商品齐全
6、您认为电商网站价格比实体商店价格低的原因有哪些?
电商网站运营成本较实体店更低
电商网站进化渠道有优势
电商网站亏本赚吆喝
电商网站商品质量较实体店差，售后无保障

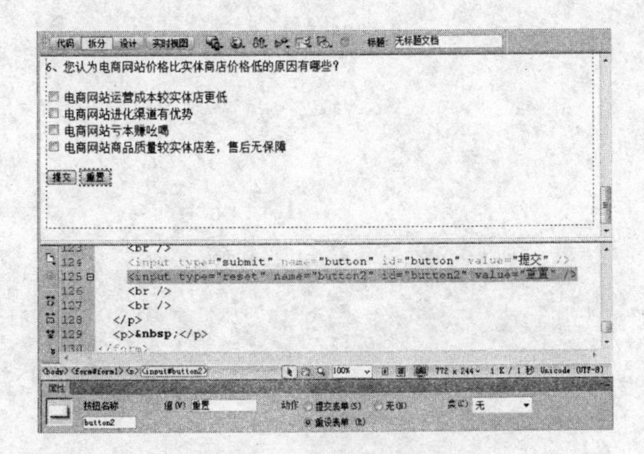
6、您认为电商网站价格比实体商店价格低的原因有哪些?
电商网站运营成本较实体店更低
电商网站进化渠道有优势
电商网站亏本赚吆喝
电商网站商品质量较实体店差，售后无保障
提交
重置
<input type="submit" name="button" id="button" value="提交" />
<input type="reset" name="button2" id="button2" value="重置" />

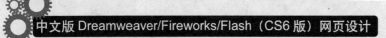

STEP 07：**保存并预览网页。**按【Ctrl+S】组合键保存文件并按【Ctrl+F12】组合键预览网页，在线调查表的效果如下图所示。

1、您的性别：

◎ 男
◎ 女

2、请问您的网龄有多长？

◎ 1年以内
◎ 1－2年
◎ 3－5年
◎ 5年以上

3、请问您有过几次网上购物经验？

◎ 从没网购过
◎ 5次以内
◎ 5~10次
◎ 10~50次
◎ 50次以上

4、请问您关注哪些类别的商品？

□ IT数码电子类
□ 家用电器类
□ 服装
□ 床上用品
□ 日月百货
□ 食品

5、您觉得网上购物具有哪些优势？

□ 方便快捷
□ 安全
□ 价格实惠
□ 商品齐全

6、您认为电商网站价格比实体商店价格低的原因有哪些？

□ 电商网站运营成本较实体店更低
□ 电商网站进化渠道有优势
□ 电商网站亏本赚吆喝
□ 电商网站商品质量较实体店差，售后无保障

提交 重置

本章小结

本章主要介绍了网页中常用的表单元素，不同类型的表单元素有着不同的作用，例如文本框用于输入普通的文本内容，若有需要保密的数据则使用密码框，若需要较多的文本内容，则使用文本区域。此外，本章还重点介绍了在 Dreamweaver CS6 中插入这些常用表单元素的方法，并介绍了各类表单元素的属性及不同属性的不同应用，合理地应用不同类型的表单元素并合理地设置表单元素的属性可以有效提高表单的用户体验。

第 5 章

插入其他网页元素

本章导读

在 HTML 标记语言中还有一些标记在网页中起着特殊的作用，例如为 HTML 代码添加注释文字，为搜索引擎优化而设置的文件头标签，以及为增加网页动态效果而添加的多媒体元素等。

知识要点

- 插入水平线
- 插入日期
- 插入注释
- 设置网页头文件标签
- 插入 Flash 元素
- 插入其他多媒体元素

案例展示

5.1 知识讲解——插入特殊元素

在 HTML 中提供了一些表示特殊含义的标记，在 Dreamweaver 中也提供了一些特殊功能，可以快速地插入一些特殊内容。

5.1.1 插入水平线

水平线是网页中用于水平分割的直线，在 HTML 标记语言中可以使用“<hr/>”标记来表示，在 Dreamweaver CS6 中也可以使用相应的命令或功能快速插入水平线，方法如下：

方法一：执行“插入→HTML→水平线”命令。

方法二：在“插入”面板中选择“常用”分类，单击“水平线”即可。

5.1.2 插入日期

在网页中常常需要插入当前的日期或时间，例如编辑网页基本新闻稿的时间和日期，此时可以使用 Dreamweaver 中的插入日期命令，方法如下：

方法一：执行“插入→日期”命令。

方法二：单击“插入”面板“常用”分类中的“水平线”。

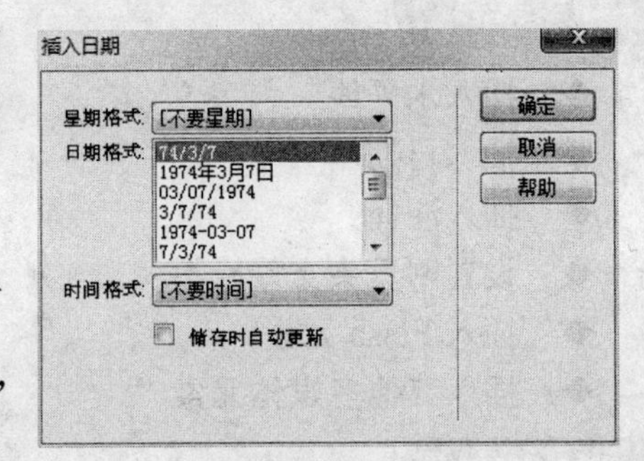

执行以上命令后会弹出如右图所示的“插入日期”对话框，在对话框中设置日期文本中包含的星期、日期和时间的格式，单击“确定”按钮后即可在页面中插入当前的日期和时间。

新手注意

通过 Dreamweaver 中的命令插入的日期和时间只作为文本内容存在，不会根据文档编辑时间变化。在 HTML 标记语言中并没有用于显示当前日期时间的标记。

5.1.3 插入注释

网页中的注释是浏览者看不到的一些说明信息。注释的内容不会被浏览器解释和显示，通常在网页开发阶段，在网页前端页面制作时可以通过注释对代码内容进行辅助说明，帮助网站程序员理解代码的作用，同时也可以在网页调试时临时隐藏一些网页内容。

在 HTML 标记语言中，注释可以使用“<!--”标记开始，使用“-->”结束。在 Dreamweaver 中插入注释的方法有：

方法一：执行“插入→注释”命令，在打开的对话框中输入注释内容，单击“确定”按钮即可。

方法二：单击“插入”面板“常用”分类中的“注释”，在打开的对话框中输入注释内容，单击“确定”按钮即可。

方法三：在“代码”视图中单击“代码”工具栏中的“应用注释”按钮，在菜单中选择“应用 HTML 注释”，然后在“<!--”和“-->”之间输入注释内容即可。

5.2　知识讲解——文件头标签

文件头标签是 HTML 标记语言中“head”区域中的辅助性标签，它用于提供有关页面的元信息、基础信息或链接信息，例如针对搜索引擎的描述信息、刷新的频率、页面链接基于的页面等，常用的头文件标签有“meta”、“base”和“link”等。下面将根据具体的功能介绍常用的文件头标签。

5.2.1　插入页面关键字

页面关键字对于浏览者而言并无太大的意义，但对于网络中的搜索引擎而言则非常重要，搜索引擎在收录和查询页面时将从这里提取相关的关键字。

在 HTML 中，要为网页设置关键字可以在“head”标签中添加“meta”标签，设置标签的“name”属性为“keywords”、“content”属性为关键字的内容，多个关键字之间可以使用英文半角状态的逗号分隔，如“<meta name="keywords" content="关键字,keyworks,什么是关键字，为什么要加关键字" />”。

在 Dreamweaver 中可以执行“插入→HTML→文件头标签→关键字”命令，打开如下图所示的“关键字”对话框，输入关键字内容后单击“确定”按钮即可。

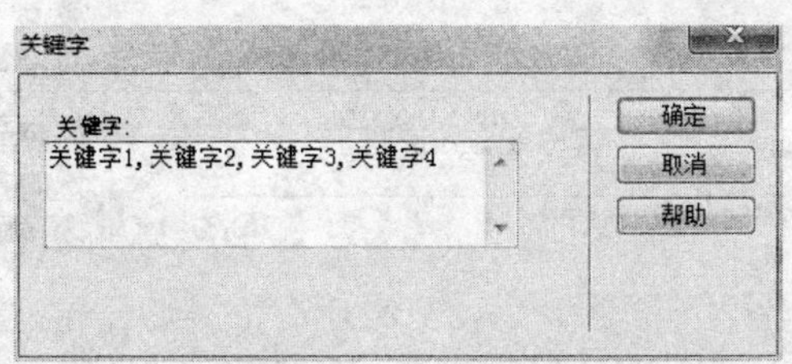

5.2.2　插入页面说明

页面说明也称为页面描述，与关键字相同，都是为搜索引擎抓取页面内容而添加的说明性文字，同时在搜索引擎的搜索结果中展现出页面说明的内容。例如在“百度”中搜索“新浪”，搜索结果中网站标题下所列出的描述文字即为网站首页的“说明”，如左下图所示。

在 HTML 中，页面说明使用“meta”标签，设置标签的“name”属性为“description”、“content”属性为说明的具体内容，在 Dreamweaver 中可以执行“插入→HTML→文件头标签→说明”命令，打开如右下图所示的“说明”对话框，输入关键字内容后单击“确定”按钮即可在页面中插入页面说明内容。

新浪首页
新浪网为全球用户24小时提供全面及时的中文资讯，内容覆盖国内外突发新闻事件、体坛赛事、娱乐时尚、产业资讯、实用信息等，设有新闻、体育、娱乐、财经、科技、房产、...
www.sina.com.cn/ 2012-12-9 - 百度快照

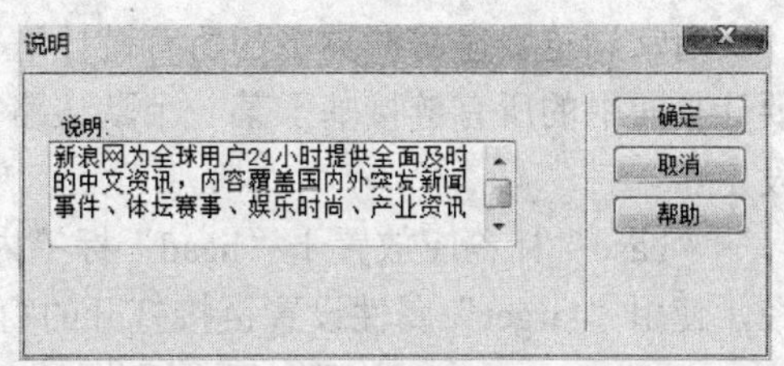

5.2.3 设置刷新时间

在网页中可以指定网页的刷新时间，即设置页面在设定的时间以后重新加载页面或跳转到其他 URL。在 HTML 标记语言中可以使用“meta”标记，并设置“http-equiv”属性为“refresh”、“content”属性为具体的刷新时间和重新载入的 URL。若刷新当前页面，“content”属性设置为具体的刷新时间数值即可，单位为“秒”；若刷新到其他 URL，则在时间数后使用“;”连接具体的 URL，例如要设置页面打开后 3 秒钟跳转到“http://baidu.com”，可添加代码“<meta http-equiv="refresh" content="3;URL=http://baidu.com" />”。在 Dreamweaver 中可执行“插入→HTML→文件头标签→刷新”命令，打开“说明”对话框，设置页面刷新的延迟时间、转到的页面或刷新当前页面，然后单击“确定”按钮即可。

5.2.4 插入自定义 meta 标签

页面中除需要使用“meta”标签指定页面的关键字、说明和刷新时间外，根据不同的应用范围还需要为页面添加一些其他的辅助信息，如作者、过期时间、Cookie 时间等，此时可通过自定义 meta 标签的方式向页面添加这些辅助信息。

在 HTML 中，可直接在“head”标签中插入“meta”标签，设置标签相关的属性及属性值即可；在 Dreamweaver 中执行“插入→HTML→文件头标签→Meta”命令，在打开的“META”对话框中设置属性名称、属性取值和具体的内容即可，如下图所示。

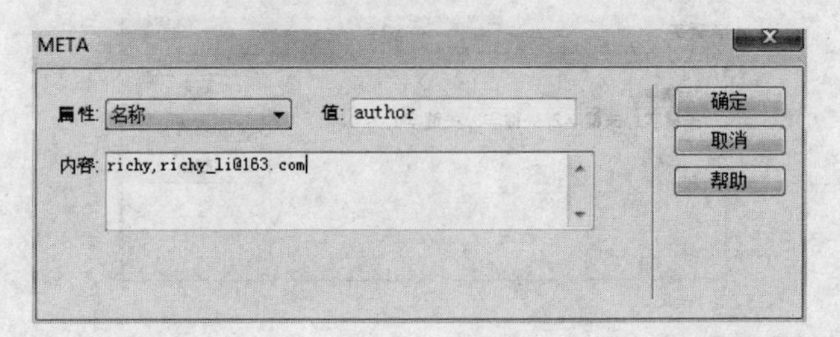

专家提示 “meta”标签中使用“name”或“http-equiv”属性及取值来标明标签的作用，用“content”属性来设置具体的内容或设置，例如要禁止浏览器从本地计算机的缓存中访问页面内容，可以设置“http-equiv”属性为“Pragma”，设置“content”属性值为“no-cache”。

5.2.5 设置默认路径和目标

通常浏览器在对网页中的所有链接进行解析时，都会使用当前页面的相对路径。如果需要让页面中的所有链接基于某一个默认路径，可以使用 HTML 标记语言中的“base”标签来设定。

“base”标签应放置于“head”标签内，使用“href”属性设置页面中所有链接的基础路径，使用“target”属性设置链接打开的窗口，如左下图所示。

在 Dreamweaver 中可执行“插入→HTML→文件头标签→基础”命令插入“base”标签，在打开的对话框中设置链接的基础路径和目标，单击“确定”按钮即可，如右下图所示。

```
<base href="../第3章/实例2.html" target="_blank" />
```

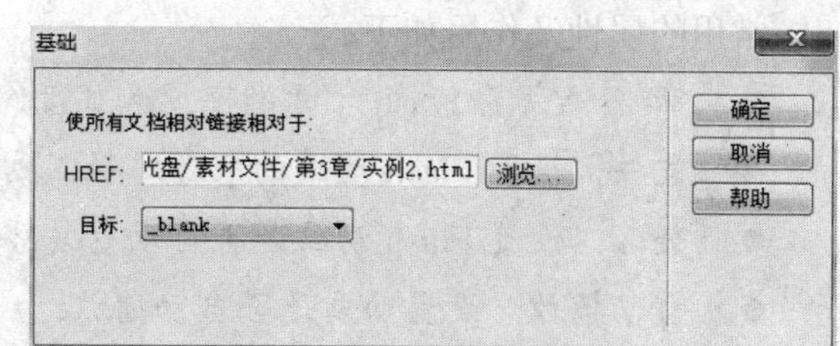

专家提示

在制作一些稍大型的网站时，由于页面可能会被分散到站点中不同的文件夹中，为了让站点中不同文件夹中的文件均能按相同的链接地址访问文件，此时可以设置网页文档中的默认路径为站点的根路径。

5.2.6　插入文件链接

在网页中有时需要将其他外部文档引用到当前文档中，例如引用外部样式表，此时可以使用插入文件链接的标签“link”。“link”标签应用于“head”标签中，通过“href”属性设置链接进入的文件路径，通常还可以使用“rel”属性定义当前文档与链接文档之间的关系，使用“type”属性设置链接文档的类型，例如要链接外部样式表文件“style.css”，使用标签“<link href="style.css" rel="stylesheet" type="text/css">”。

在 Dreamweaver 中可以执行“插入→HTML→文件头标签→链接”命令，在打开的对话框中设置要链接到当前文档中的文件 URL 及相关属性，单击“确定”按钮即可。

5.3　知识讲解——插入多媒体元素

在网页中除使用普通的文字、图像等基本的信息元素外，还可以使用动画、音频和视频等多媒体元素，从而使网页内容更加丰富多彩，更具吸引力。

5.3.1　插入 Flash 元素

在网页中允许嵌入 Flash 动画元素，在 HTML 标记语言中可以使用“embed”标记插入 Flash 元素，通常可以使用 Dreamweaver 中的命令快速插入 Flash 元素。执行“插入→媒体→SWF”命令，在打开的“选择 SWF”对话框中选择要插入的 Flash（*.swf）文件，然后单击“确定”按钮即可将 Flash 元素插入到网页中。

选择插入的 Flash 元素后，可以通过“属性”面板设置 Flash 元素的相关属性，“属性”面板中的内容如下图所示。

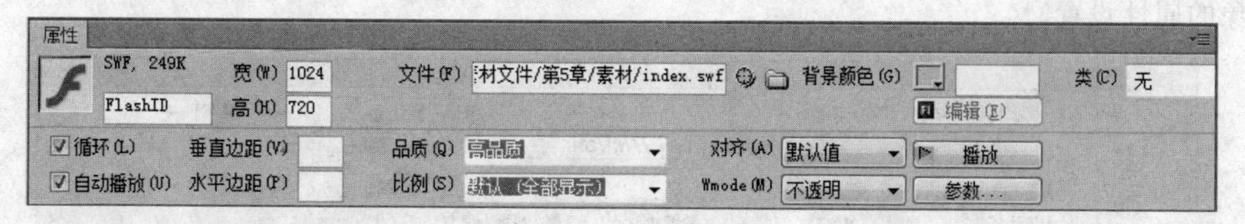

常用的属性及作用如下：

- 宽/高：设置 Flash 元素的高度和宽度；
- 文件：设置 Flash 动画的来源路径；
- 循环：设置 Flash 动画是否自动重复播放；
- 自动播放：设置动画是否自动播放；
- 品质：设置动画播放时的品质质量，品质越高占用客户端系统资源越多；
- 比例：设置动画是否自动适应设置的宽度和高度，以及使用何种方式适应；
- 对齐：设置 Flash 元素在其外部区域中的对齐方式；
- Wmode：设置 Flash 背景是否透明显示；
- “播放”按钮：单击按钮后可在“设计”视图中播放 Flash 中的动画；
- “参数”按钮：单击按钮后可为 Flash 元素添加其他的属性及属性值，通常应用于向 Flash 传递参数或其他特殊情况。

新手注意

通过 Dreamweaver 中的命令插入 Flash 元素后将自动生成一个 JS 文件并在网页中嵌入一些脚本程序，在后期对网页内容进行编辑时，应当谨慎处理相关的代码和脚本程序。若要删除插入的 Flash 元素，可以在“设计”视图中单击选择插入的 Flash 元素，然后按【Delete】键删除。

5.3.2 插入 Shockwave 影片

Shockwave 是 Web 上用于交互式媒体的 Macromedia 标准，是经过压缩的格式，使创建的多媒体文件能够被快速下载，并且可以在大多数的浏览器中播放。在 Dreamweaver CS6 中执行“插入→媒体→Shockwave”命令，在打开的对话框中选择要嵌入的视频文件，单击“确定”按钮即可将视频插入到当前网页中。

5.3.3 插入 ActiveX

使用 ActiveX 可以方便地在网页中嵌入各种动画、视频、音频、交互式对象，以及复杂的程序。当网页访问者浏览到包含 ActiveX 元素的网页时，浏览器自动下载或提示用户安装相应的 ActiveX 插件。实质上 Flash、Shockwave 等元素内容在网页中能播放都得到了相应的 ActiveX 插件的支持，即浏览器中的 Flash 播放插件、Shockwave 播放插件均属于 ActiveX 插件。

在 Dreamweaver CS6 中，执行“插入→媒体→ActiveX”命令即可插入一个 ActiveX 插件，然后通过“属性”面板设置嵌入的文件来源、显示大小等属性即可，如下图所示为 ActiveX 对象的属性设置。

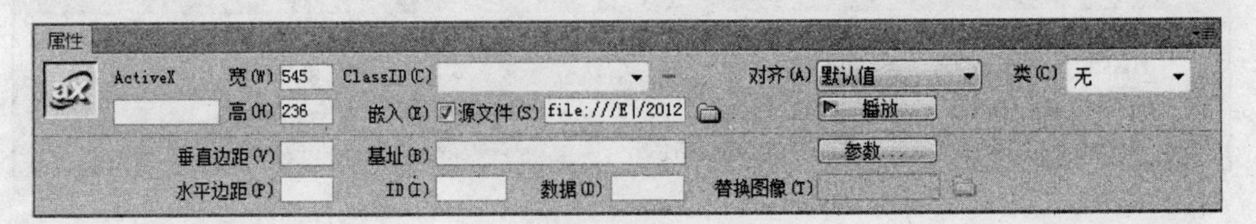

专家提示

大部分多媒体类型的文件均可使用 ActiveX 插入到网页中，只要访问者浏览器中含有相关媒体文件的播放插件就能播放。例如，要在网页中插入音频文件，可以直接使用 ActiveX 元素，设置嵌入的源文件路径为音频文件地址即可。

5.4　同步训练——实战应用

实例 1：使用 Flash 作为网站进入动画

案例效果

	素材文件：光盘\素材文件\第 5 章\实例 1\
	结果文件：光盘\结果文件\第 5 章\实例 1\index.html
	教学文件：光盘\教学文件\第 5 章\实例 1.avi

制作分析

本例难易度：★★★★☆

关键提示：

首先将素材文件夹复制于硬盘中并在 Dreamweaver 中将该文件夹建立为站点，新建网页首页文件，在网页中嵌入 Flash 动画并设置相关的属性，即可将 Flash 动画作为网站首页动画。

知识要点：

- 插入 Flash 动画
- 设置 Flash 元素属性
- 保存含有 Flash 元素的网页

具体步骤

STEP 01：**绘制窗帘杆**。将素材文件夹复制于硬盘，并将该文件夹建立为 Dreamweaver 中的站点，站点结构如左下图所示。

STEP 02：**新建首页文件**。按快捷键【Ctrl+N】，新建一个空白的 HTML 网页文件，按快捷键【Ctrl+S】保存网页文件至当前站点文件夹中，命名文件名为“index.html”，站点结构如右下图所示。

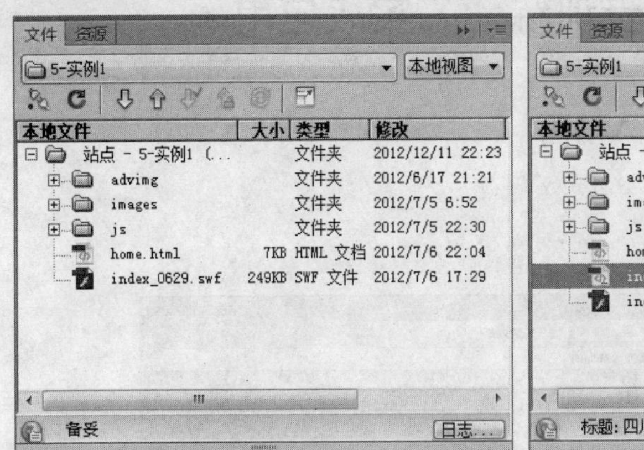

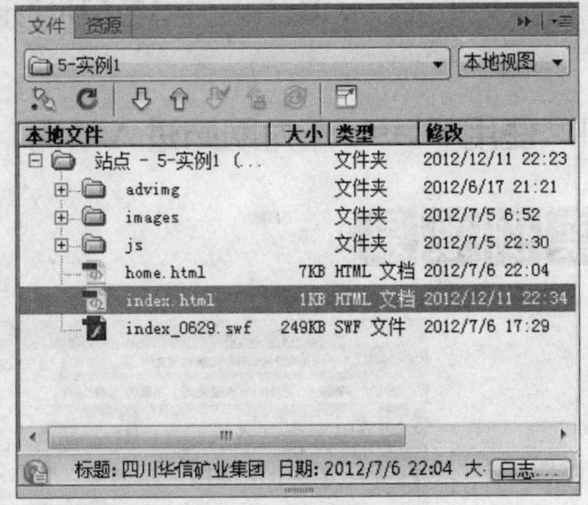

STEP 03：**插入 Flash 动画**。切换到“设计”视图，执行“插入→媒体→SWF”命令，在打开的对话框中选择素材文件“index_0629.swf”，然后单击“确定”按钮，如左下图所示。

STEP 04：**设置动画属性**。在“属性”面板中设置 Flash 元素的宽度和高度值均为“100%”，设置“对齐”属性为“居中”，如右下图所示。

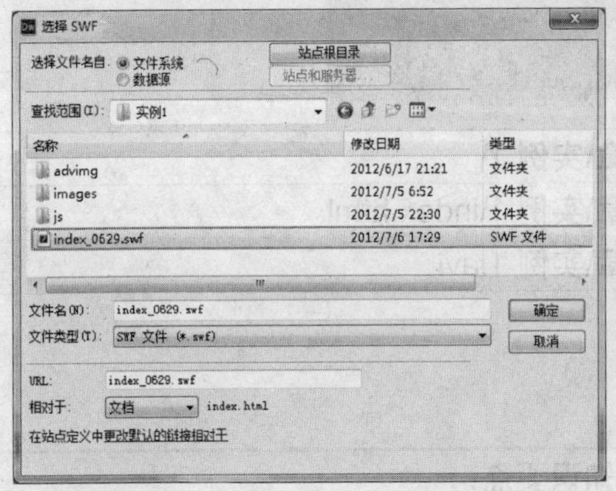

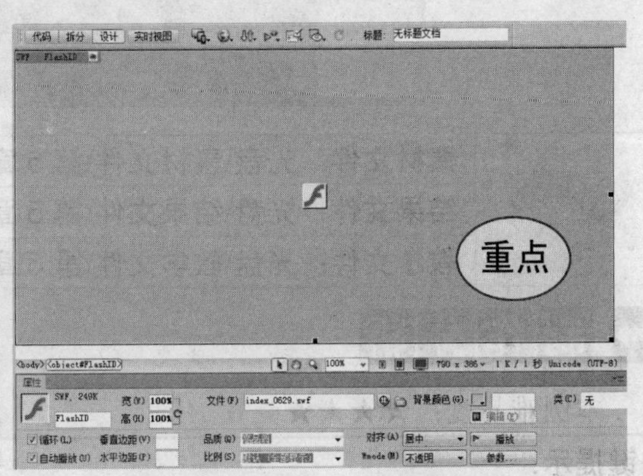

STEP 05：**添加样式表文件链接**。执行“插入→HTML→头文件标签→链接”命令，在打开的“链接”对话框中设置链接文件为“style.css”，“Rel”属性为“stylesheet”，然后单击“确定”按钮，如左下图所示。

STEP 06：**保存文件**。按快捷键【Ctrl+S】保存网页文件，此时将弹出如右下图所示的对话框，单击“确定”按钮保存相关文件即可。

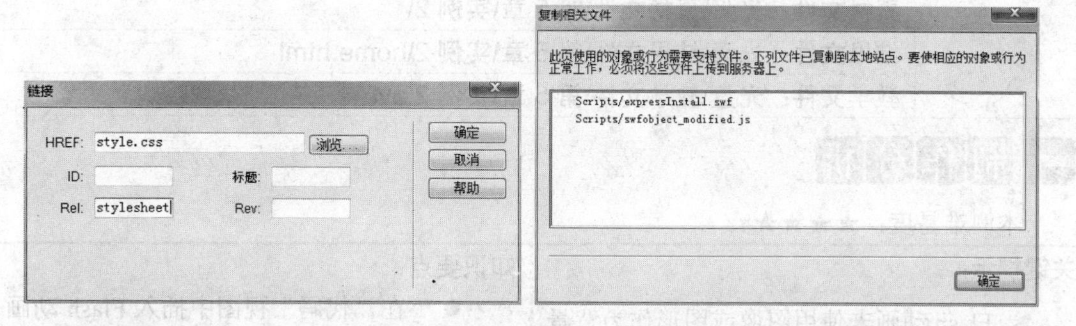

STEP 07：预览网页动画。按【F12】键在默认浏览器中预览当前网页，效果如下图所示。

实例 2：使用透明 Flash 修饰 Logo

➡ 案例效果

素材文件：光盘\素材文件\第 5 章\实例 2\
结果文件：光盘\结果文件\第 5 章\实例 2\home.html
教学文件：光盘\教学文件\第 5 章\实例 2.avi

制作分析

本例难易度：★★★★☆

关键提示：

当 Flash 动画未使用图像或图形作为背景时，可使用 Flash 元素的 Wmode 属性，将 Flash 插入到网页中并设置为 Flash 背景透明，使 Flash 叠加于网页背景或其他网页元素之上。

知识要点：

- 在“代码”视图中插入 Flash 动画
- 设置 Flash 元素大小
- 设置 Wmode 属性

具体步骤

STEP 01：**复制文件新建站点。**将素材文件夹复制于自己的文件夹中，在 Dreamweaver 中建立站点，设置该文件夹为站点文件夹，双击“home.html”文件打开该文件，如左下图所示。

STEP 02：**在代码视图中定位插入点。**切换至“代码”视图，将光标定位于第 15 行标签“<div class="left logo">”与“</div>”之间，如右下图所示。

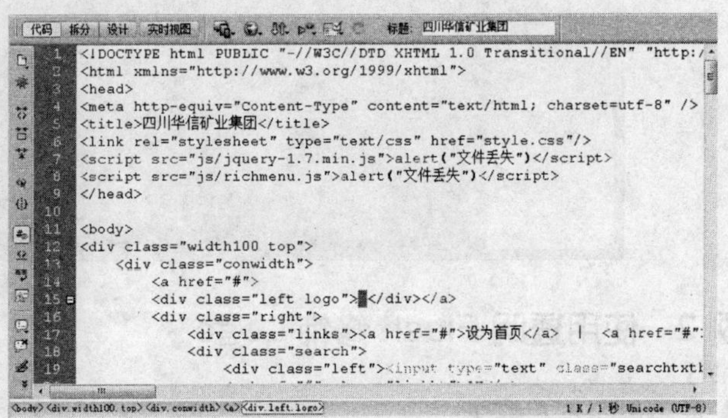

STEP 03：**插入 Flash 动画。**执行“插入→媒体→SWF”命令，在“选择 SWF”对话框中选择站点文件夹中的“frontflash.swf”文件，如下图所示。

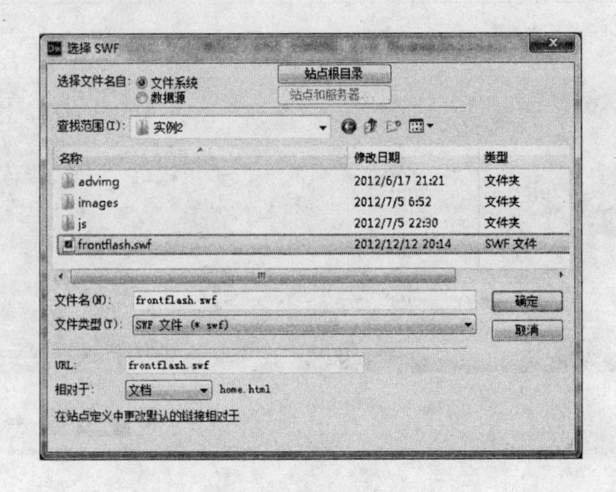

STEP 04：**设置 Flash 大小**。切换至“设计”视图，选择插入的 Flash 元素后在“属性”面板中设置宽度和高度分别为“277”和“94”，如下图所示。

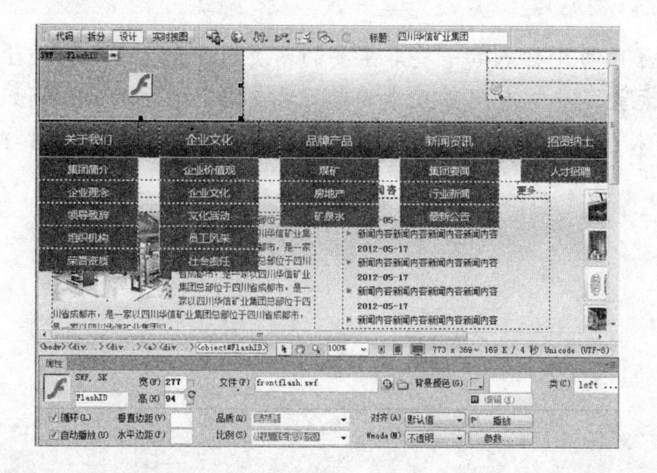

STEP 05：**设置 Flash 透明背景**。在“属性”面板“Wmode”属性中选择“透明”选项，即可将 Flash 设置为透明背景，具体设置如下图所示。

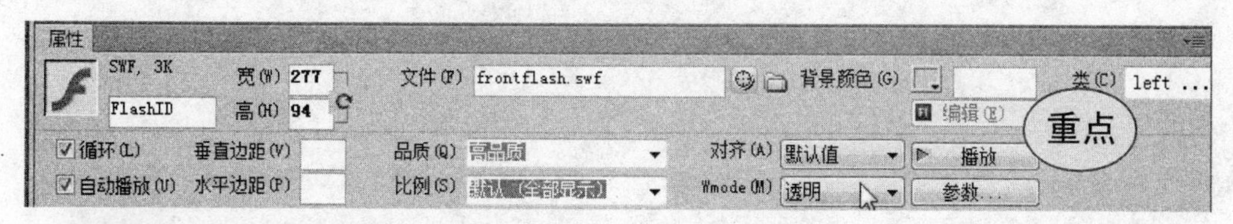

STEP 06：**保存并测试网页**。保存文件，按【Enter】键在默认浏览器中预览，可看到在网页的 Logo 上出现了背景透明的 Flash 动画，如下图所示。

本章小结

本章主要介绍了网页中插入的一些非主要的网页内容元素，但实质上为增加网站特色方面的竞争力，这些元素是非常有用并且非常有必要在网页中添加的。例如文件头标签在 SEO 中非常重要，多媒体元素在多媒体网页应用中也必不可少。

第 6 章 使用 CSS 布局和修饰网页内容

本章导读

CSS 是 W3C 标准中用于描述网页内容表现效果的一种语言，在网页中起着修饰和美化的作用。目前流行的 DIV+CSS 布局，就是利用 HTML 语言元素来控制网页内容的结构，利用 CSS 语言来控制网页中这种元素的排列位置以及修饰方式的。本章将重点讲解 CSS 样式表的应用方法。

知识要点

- 了解 CSS 样式表相关语法
- 掌握样式表的多种应用方式
- 掌握 Dreamweaver 中定义和应用样式表的方法
- 掌握常用的 CSS 样式表属性
- 掌握 DIV+CSS 布局的基本原理及方法

案例展示

现场作文比赛
55人靠满分作文上北大
2013年中高考命题有大变化(组图)
巧解数学题 7岁男孩每次考试100分
清华状元"高中读书笔记" 爆红网络
最牛"单词哥"，1天巧记200个单词

农村老太28天学会说英语
7天提高作文水平，元芳你怎么看?
最牛学习法，35名差生考上重点
3岁宝宝识上千汉字
2014高考"核心考点"提前曝光

6.1 知识讲解——CSS 语言基础

CSS 是英语 Cascading Style Sheets 的缩写，也被称为“层叠样式表”或“级联样式表”，是用于表现 HTML 标记语言中元素样式的一种语言。CSS 描述了网页中各种元素需要使用的修饰成分。

6.1.1 CSS 简介

使用 CSS 样式表可以控制网页 HTML 中各元素的大小、位置、外观样式等各种修饰成分。在网页中要使用 CSS 样式表，可以使用以下三种方式：

- 外部样式：或称为“外联式样式”。将样式表内容编写于外部 CSS 文件中，使用“link”标签将 CSS 文件链接到网页。
- 内页样式：或称为“嵌入式样式”。是将样式表定义的内容编写于当前网页中的“style”标签中，针对当前页中特定元素进行样式定义，通常“style”标签放置于“head”标签内部，在页面内容加载前加载。
- 行内样式：或称为“内联式样式”。该方式直接在要应用样式的 HTML 标签内添加“style”属性，在“style”属性中设置具体的样式属性及取值。

以上三种样式表应用方式都有不同的优势，在实际应用中需要根据实际需求选用应用方式。“外部样式”因样式表存在于独立的样式表文件中，便于多个文件同时使用相同的样式；“内页样式”则只应用于当前页面，常用于设置当前页面中重复应用的样式；“行内样式”则常用于设置个别元素较为特殊的样式。

6.1.2 CSS 属性

CSS 属性是 CSS 语言中的重要元素，用于表示对象的一种样式特性。在 CSS 语言中通过设置指定属性的取值来设置对象的外观样式，例如要设置对象的边框样式可使用“border”属性，具体的边框样式、边框颜色、边框粗线等都使用该属性的取值来设置。

在 CSS 语言中，设置属性和属性值的格式为“属性名:取值;”，如“background:#093;”。多个属性和属性值，依次排列即可，其中“;”不可省略，如“background:#093;color:#FFF;”。

若一个属性需要设置多个不同类型的值，则多个值之间用空格隔开即可，如“border”属性设置边框效果，需要设置边框宽度、样式和颜色三个值，可写为“border:2px solid #0F0;”。

例如要设置一个段落的样式如左下图所示，可在段落标签“p”中添加“style”属性并设置相关的样式属性及取值，如右下图所示。

CSS属性是CSS语言中的重要元素，用于表示对象的一种样式特性。在CSS语言中通过设置指定属性的取值来设置对象的外观样式，例如要设置对象的边框样式可使用"border"属性，具体的边框样式、边框颜色、边框粗线等都使用该属性的取值来设置。

```
<p style="border:2px solid #0F0; background:#093;
color:#FFF; padding:20px;">
css属性是css语言中的重要元素，用于表示对象的一种样式
特性。在css语言中通过设置指定属性的取值来设置对象的外
观样式，例如要设置对象的边框样式可使用&ldquo;border&rdquo;属
性，具体的边框样式、边框颜色、边框粗线等都使用该属性的取值来设置。
</p>
```

6.1.3 选择器

在使用行内样式表（内联式样式）时，直接在需要应用样式的标签上添加“style”属性，在“style”属性中依次列出 CSS 属性和取值即可在对应的标签元素上应用样式表。若使用外部样式（外联式样式）或内页样式（嵌入式样式），则需要指定样式表应用于的 HTML 元素，具体格式如下所示：

选择器 { 属性及取值列表 }

其中“属性及取值列表”的书写格式与“style”属性中的书写格式完全相同，“选择器”则用于确定“{}”中列举的样式表所应用于的目标对象。

在 CSS 选择器中，需要通过一些特殊符号来确定选择器作用，例如“.”、“*”、“#”、“,”等在选择器中都表示不同的选择方式，常用的选择方式有以下几种。

1. 类型选择

类型选择即以 HTML 标签类型作为选择器，针对该类标签设置样式。例如要设置所有段落的样式，可使用选择符“p”，要设置所有超链接的样式，可以使用选择符“a”。如下图所示的样式表定义均使用类型选择器。

```
body{font-size:12px}
p{padding:0; margin:0; line-height:26px;}
a{text-decoration:none}
```

2. 类选择

类选择可理解为“为样式定义样式名称”，当 HTML 元素中需要应用该样式时，在 HTML 标签上使用“class”属性引用该样式。类选择器的名称可自行定义，以“.”开头，例如“.abc”、“.xyz123”等。

通常在需要重复使用同一种样式时，可使用类选择方式定义样式。例如，页面中多处使用到红色 18 像素的文字样式，此时使用类选择器定义样式表，如“.red18”，具体代码如左下图所示；在网页中具体标签元素上应用该样式时，设置“class”属性值为“red18”，如右下图所示。

```
.red18{font:18px;color:red;}
```

```
<strong class="red18">CSS</strong>
```

3. ID 选择

ID 选择即针对 HTML 中使用了相应 ID 名称的对象设置样式。ID 选择器以“#”开头，例如“#abc”，用于定义 HTML 中 ID 名称为“abc”的元素的样式。如左下图所示定义 HTML 中 ID 名称为“user”的元素的样式，右下图为应用该样式的 HTML 元素。

```
#user{width:120px; height:18px;}
```

```
<input id="user" type="text" />
```

4. 包含选择

选择具有包含关系的元素，使用空格符表示包含关系。例如选择器“p a”用于选择所有段落标签(p)中的超链接(a)的样式。再如页面许多元素中都使用了通过类选择定义的“.red18”样式，现需要设置所有一级标题（h1）中应用了“.red18”样式的元素样式，此时可使用“h1 .red18”作为选择器进行样式定义。

5. 分组选择

为提高样式应用的效率，可将一个样式定义应用于多个不同的选择器，多个选择器之间用“,”隔开即可。如同时定义所有标题元素（h1～h6）的样式，可设置选择器为“h1,h2,h3,h4,h5,h6”。

6、伪类及伪对象选择

使用伪类选择可设置 HTML 元素上的一些特定的特殊样式和效果，例如超链接不同状态下的样式。伪类选择使用“:”标志，具体格式为“选择器:伪类”，如设置超链接的鼠标指向时的样式，可使用选择器“a:hover”。

超链接可使用的伪类及作用如下：

- link：链接未访问时的样式。
- hover：鼠标指向链接时的样式。
- visited：已访问过的链接样式。
- active：链接激活状态下的样式。
- focus：链接或表单元素等获取输入焦点时的样式。

6.2 知识讲解——使用 Dreamweaver 创建 CSS

在 Dreamweaver CS6 中提供了较为方便的可视化的 CSS 创建和应用方法，无论是创建内联式样式、嵌入式样式还是外联式样式，新建或应用 CSS 规则，在 Dreamweaver CS6 中均可非常轻松地完成。

6.2.1 创建内联样式表

内联样式即在 HTML 标签上使用“style”属性设置的样式，在 Dreamweaver CS6 中的“设计”视图下，选择要设置样式的内容或元素（也可将光标定位于要设置样式的元素中），单击“属性”面板中的“CSS”选项，在“目标规则”下拉列表框中选择“<新内联样式>”选项，如下图所示，然后单击“编辑规则”按钮即可创建内联样式表。

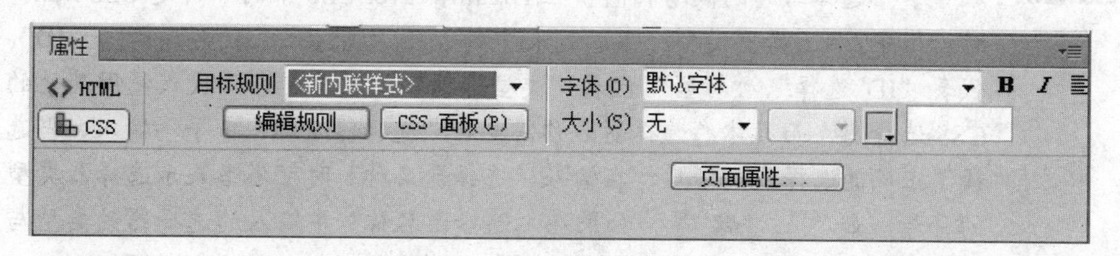

6.2.2 创建嵌入式样式表

嵌入式样式表即使用“style”标签嵌入到当前文件“head”标签中的 CSS 样式，仅针对当前文档中的元素设置样式。在 Dreamweaver CS6 中创建嵌入式样式表的方法如下：

方法一：选择网页元素后在“属性”面板“CSS”选项中“目标规则”下拉列表框中选择“<新 CSS 规则>”选项，单击“编辑规则”按钮，如左下图所示；在打开的“新建 CSS 规则”对话框中的“选择器类型”下拉列表框中选择要创建的选择器类型，在“选择器名称”框中输入要创建的 CSS 选择器名称，在“规则定义”下拉列表框中选择“（仅限该文档）”，然后单击“确定”按钮即可开始创建样式表，如右下图所示。

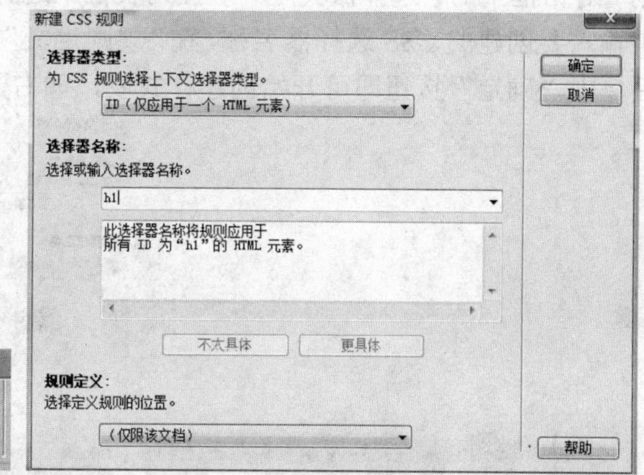

专家提示

由于嵌入式样式表与外联式样式表都是以创建样式表规则的方式创建和应用样式的，所以即使没有选择应用样式的网页元素，也可以直接创建样式表规则，通过设置“选择器类型”和“选择器名称”确定样式表应用的网页元素。

方法二：选择网页元素后在“CSS 样式”面板中单击“新建 CSS 规则”按钮，打开“新建 CSS 规则”对话框；在“选择器类型”下拉列表框中选择要创建的选择器类型，在“选择器名称”框中输入要创建的 CSS 选择器名称，在“规则定义”下拉列表框中选择“（仅限该文档）”，如左下图所示，然后单击“确定”按钮即可开始创建样式表。

专家提示　在“新建 CSS 规则”对话框中“选择器”的概念与上一节“CSS 语言基础”中“选择器”的概念相同。在 Dreamweaver CS6 中的“新建 CSS 规则”对话框中，“选择器类型”下拉列表中的选项“类”代表“类选择”、“ID”代表“ID 选择”、“标签”代表“类型选择”、“复合内容”代表使用其他的 CSS 选择器，而具体的选择器名称需要在“选择器名称”中手动输入，当选择了正确的选择器类型后，在输入“选择器名称”时可省略表示选择器类型的符号，如“.”、“#”等。如果在“选择器名称”中输入的选择器的类型与“选择器类型”中选择的类型不一致，将弹出提示对话框进行询问。

6.2.3　创建外联式样式表

为方便在不同的网页文件中使用相同的样式表，通常需要在网页中使用外联式样式表，即将样式表创建于一个外部 CSS 文件中。创建外联样式表的方式有多种，通常可以使用以下几种方式创建外联样式表：

方法一：选择网页元素后在“属性”面板“CSS”选项中“目标规则”下拉列表框中选择“<新 CSS 规则>”选项，单击“编辑规则”按钮，如左下图所示；在打开的“新建 CSS 规则”对话框中的“选择器类型”下拉列表框中选择要创建的选择器类型，在“选择器名称”框中输入要创建的 CSS 选择器名称，在“规则定义”下拉列表框中选择“(新建样式表文件)”，然后单击“确定”按钮即可开始创建样式表，如右下图所示。

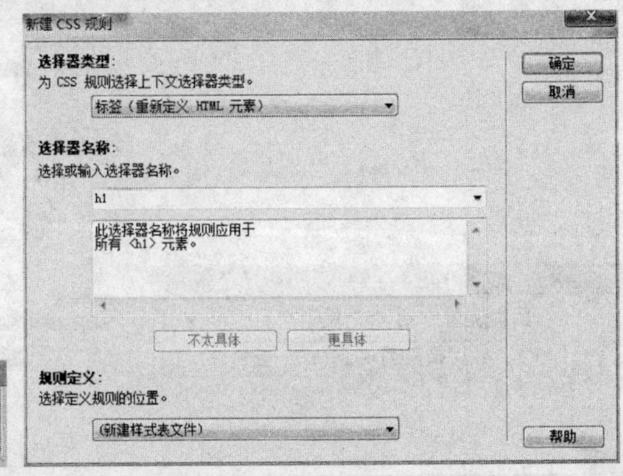

新手注意　通过单击“CSS 样式”面板中的“新建 CSS 规则”按钮也可打开“新建 CSS 规则”对话框，凡在对话框中的“规则定义”下拉列表框中选择“新建样式表文件”选项后，单击“确定”按钮，便可弹出“将样式表文件另存为”对话框，设置样式表文件保存的位置和名称即可新建一个样式表文件。

需要注意的是，并不是每一次新建 CSS 样式规则都需要创建新的外联样式表，通常，可以同时应用于多个网页文件的 CSS 样式规则可创建在同一个外联样式表中，即在新建 CSS 规则时，可在“规则定义”下拉列表中选择当前已存在的外联样式表，将新建的 CSS 样式保存于该外联样式表中。

方法二：执行“文件→新建”命令，在“新建文档”对话框中选择“空白页→CSS”选项，单击“创建”按钮创建一个 CSS 文件，如左下图所示；将文件保存于当前站点文件夹中；在需要应用外联样式表的网页文件中执行“插入→HTML→文件头标签→链接”命令，在打开的对话框中设置“HREF”属性为要链接的样式表文件路径，设置“Rel”属性为“stylesheet”，单击“确定”按钮即可创建出外联样式表，如右下图所示。

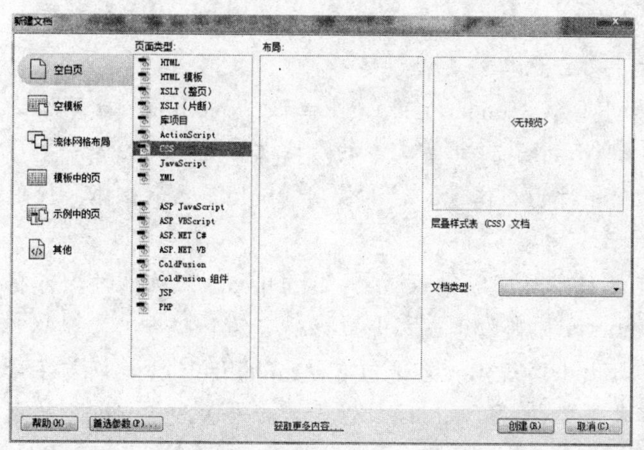

6.2.4　定义 CSS 规则

定义 CSS 规则就是设置一系列 CSS 属性和属性值。定义好的 CSS 规则，将根据所设定的“选择器”，应用于相应的网页元素上。在 Dreamweaver CS6 中新建 CSS 规则后，均会弹出 CSS 规则定义对话框用于定义 CSS 规则，如下图所示。

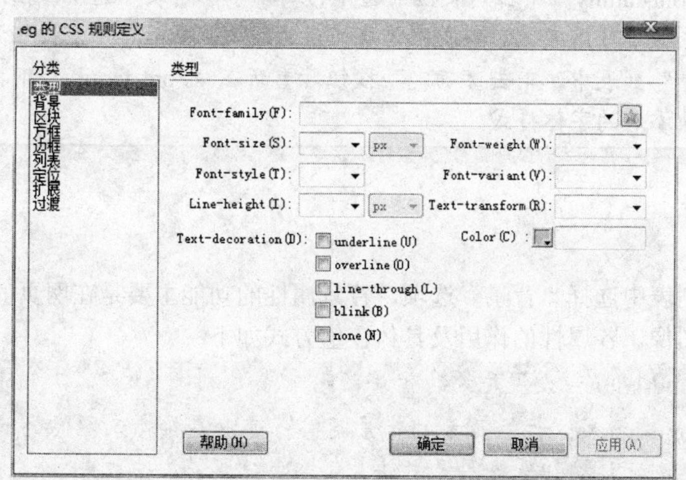

在 CSS 规则定义对话框中，左侧“分类”列表框用于选择要设置的样式类别，右侧区域为该样式类别中可以设置的 CSS 属性。其中各样式分类中的 CSS 属性的作用如下。

1. 类型

“类型”分类包含了 CSS 属性中一些基本的与文字相关的属性，如字体、字号、文字颜色和其他文件修饰效果等，各属性的作用及具体取值方式如下：

- Font-family：用于设置当前样式所使用的字体。
- Font-size：定义文本大小。通过选择数字和度量单位来设置文字大小，常用的度量单位有“px”（像素）、“pt”（点）和“em”（相对尺寸）。
- Font-style：设置字体样式。可选值有“normal”（正常）、“italic”（倾斜）和“Oblique”（偏斜体），网页中的文字默认为“normal”（正常）样式。
- Line-height：设置文本所在行的高度。选择“normal”自动计算字体大小的行高，或输入一个确切的值并选择一种度量单位。
- Text-decoration：向文本中添加下画线“underline”、上画线“overline”或删除线“line-through”，或使文本闪烁“blink”。正常文本的默认设置是“none”。
- Font-weight：对字体应用特定或相对的粗体量。通常使用“bold”表示粗体，使用“normal”则为正常粗细。
- Font-variant：设置文本的小型大写字母变量，设置为“small-caps”属性时，可将小写字母转换为大写，使用“normal”则为正常大小写状态。
- Text-transform：设置英文中字母大小写规则。可选值有“capitalize”（单词首字母大写）、“uppercase”（全部大写）、“lowercase”（全部小写）和“none”（不限制）。
- Color：设置文本颜色。

专家提示

在网页中默认可使用的字体很少，若需要在网页中使用多种字体，可在“Font-family”下拉列表框中选择“编辑字体列表”选项，在弹出的对话框中选择“可用字体”列表中需要使用的字体，然后单击«按钮添加到“选择字体”列表中，单击“确定”按钮后重新在“Font-family”下拉列表框中选择新添加的字体样式。

2. 背景

在“分类”列表中选择“背景”选项，背景属性的功能主要是在网页的元素后面添加固定的背景颜色或图像。各属性的作用及具体取值方式如下：

- Background-color：设置元素的背景颜色。
- Background-image：设置元素的背景图像。可以直接输入图像的路径和文件，也可以单击“浏览”按钮选择图像文件。
- Background Repeat：确定是否以及如何重复背景图像。可选属性值有：
  no-repeat：指在元素开始处显示一次图像。
  repeat：指在元素的后面水平和垂直平铺图像。
  repeat-x 和 repeat-y：分别显示图像的水平方向平铺图像和垂直方向平铺图像。
- Background Attachment：确定背景图像是固定在它的原始位置（“fixed”）还是随内容一起滚动（“scroll”）。

- Background Position (X)和 Background Position (Y)：指定背景图像相对于元素的初始位置。这可以用于将背景图像与页面中心垂直和水平对齐，如果“Background Attachment”属性为“fixed”，则位置相对于“文档”窗口而不是元素。

3．区块

在“分类”列表中选择“区块”选项，可以定义文本的间距和对齐样式，在 CSS 的“区块”各选项中的参数如下。

- word-spacing：设置单词的间距，在第一个下拉列表框中输入一个数值，在第二个下拉列表框中选择度量单位。
- letter-spacing：增加或减小字母或字符的间距。若要减小字符间距，指定一个负值，字母间距设置覆盖对齐的文本设置。
- Vertical-align：指定应用它的元素的垂直对齐方式。该属性主要应用于表格单元格元素和图片元素的垂直对齐。该属性默认为“baseline”（基线对齐），常用的可选值还有“top”（顶端对齐）、“middle”（中部对齐）和“bottom”（底部对齐）等。
- Text-align：设置元素中的文本水平对齐方式。可选属性值有“left”（左对齐）、“center”（居中对齐）、“right”（右对齐）和“justify”（两端对齐）。
- Text-indent：指定第一行文本缩进的程度。可以使用负值创建凸出，但显示取决于浏览器。
- white-space：确定如何处理元素中的空白。从下面 3 个选项中选择：

  normal：默认值，自动处理换行。

  pre：处理方式与文本被括在<pre>标签中一样（即保留所有空白，包括空格、制表和回车）。

  nowrap：指定仅当遇到
标签时文本才换行。

  Display：指定是否以及如何显示元素。常用的可选值有：
- None：隐藏对象。

  Block：默认值，将对象强制显示为块元素。

  Inline：将对象强制显示为内联元素。

  inline-block：显示为内联元素，但其内容作为块元素。

  list-item：指定为列表项目。

知识链接——“块元素”与“内联元素”栏的讲解

在“Display”属性中可设置元素的显示类型为“block”（块元素）或“inline”（内联元素）。“块元素”可理解为具有固定高度和宽度的容器，且自动在新的一行开始，例如标题、段落等元素默认为“block”；“内联元素”可理解为自动并排，并自动适应内部的文字和图片大小的元素，如“<strong>”、“<img>”等标签默认为“inline”。

4．方框

“分类”列表中的“方框”选项主要用于设置“块元素”的区域大小及内外边距，在“方框”分类中可设置以下 CSS 属性。

- width 和 height：设置元素的宽度和高度。
- float：设置元素的浮动方向。可选值有“left”（左浮动）、“right”（右浮动）和“none”（不浮动）。在块元素上设置了浮动属性后，可将块元素并排。
- clear：清除浮动，即设置元素两边是否可以有浮动对象。可选值有“none”（默认，允许两侧可以有浮动对象）、“left”（不允许左侧有浮动对象）、“right”（不允许右侧有浮动对象）和“both”（不允许两边有浮动对象）。
- padding：指定元素内容与元素边框之间的间距。取消选择“全部相同”选项可设置元素各个边的填充；“全部相同”将相同的填充属性设置为它应用于元素的“top”（上）、“right”（右）、“bottom”（下）和“left”（左）侧。
- margin：外边距，指定一个元素的边框与另一个元素之间的间距。仅当应用于块级元素（段落、标题和列表等）时，Dreamweaver 才在“文档”窗口中显示该属性。取消选择“全部相同”可设置元素各个边的边距；“全部相同”将相同的边距属性设置为它应用于元素的“top”（上）、“right”（右）、“bottom”（下）和“left”（左）侧。

5．边框

“分类”列表中的“边框”选项主要用于设置元素的边框线样式。在“分类”列表中选择“边框”选项，可以定义以下 CSS 边框属性。

- style：设置边框的样式外观。样式的显示方式取决于浏览器。取消选择“全部相同”可设置元素各个边的边框样式；“全部相同”将相同的边框样式属性设置为它应用于元素的“top”（上）、“right”（右）、“bottom”（下）和“left”（左）侧。常用的边框样式属性值有：

  none：默认值，无边框；

  solid：直线；

  dotted：点线；

  dashed：虚线；

  double：双线；

  groove：3D 凹槽；

  ridge：3D 凸槽；

  inset：3D 凹边；

  outset：3D 凸边。
- width：设置元素边框的粗细。取消选择“全部相同”可设置元素各个边的边框宽度；“全部相同”将相同的边框宽度设置为它应用于元素的“top”（上）、“right”（右）、“bottom”（下）和“left”（左）侧。
- color：设置边框的颜色。取消选择“全部相同”可设置元素各个边的边框颜色。

6．列表

“分类”列表中的“列表”选项主要用于设置列表元素的特定样式。对话框中可以设置的CSS列表属性如下：

- List style type：设置项目符号或编号的外观，常用的可选值有：
  Disc：默认值，实心圆；
  Circle：空心圆；
  Square：实心方块；
  Decimal：阿拉伯数字；
  lower-roman：小写罗马数字；
  upper-roman：大写罗马数字；
  lower-alpha：小写英文字母；
  upper-alpha：大写英文字母；
  none：不使用项目符号。
- List style image：可以为项目符号指定自定义图像。单击“浏览”按钮选择图像，也可直接输入图像的路径。
- List style position：设置列表项目标记放置的位置。默认使用“outside”，项目标记位于文本以外，且环绕文本不根标记对齐；使用“inside”，则列表项目标记放置在文本以内，且环绕文本根标记对齐。

7．定位

“分类”列表中的“定位”选项主要用于设置元素的定位方式和剪辑区域。对话框中可以设置的CSS属性如下：

- Position：在CSS布局中，“Position”发挥着非常重要的作用，很多容器的定位是用“Position”来完成的。“Position”属性有四个可选值，它们分别是：
  absolute：绝对定位，能够很准确地将元素移动到你想要的位置，绝对定位元素的位置。
  fixed：相对于窗口的固定定位。
  relative：相对定位，是相对于元素默认位置的定位。
  static：该属性值是所有元素定位的默认情况，在一般情况下不需要特别去声明它，但有时候遇到继承的情况，如果不愿意见到元素所继承的属性影响本身，可以用Position:static取消继承，即还原元素定位的默认值。
- Z-index：设置绝对定位中块元素的显示层级，使用绝对定位时通常需要设置元素的显示层次。
- Overflow：设置元素内容超出区域大小后的处理方式，可选值如下：
  Visible：默认值，直接显示出超出区域的内容。
  Auto：根据实际情况自动选择裁剪内容或显示滚动条。

Hidden：不显示超出区域的内容。

Scroll：显示滚动条。

- Visibility：如果不指定可见性属性，则默认情况下大多数浏览器都继承父级的值。可选值有“visible”（显示）和“hidden”（隐藏）。
- placement：指定元素与容器四周的距离。
- clip：定义元素中的可见部分。如果指定了剪辑区域，可以通过脚本语言访问它，并操作属性以创建像擦除这样的特殊效果。通过使用“改变属性”行为可以设置这些擦除效果。

8．扩展

“分类”列表中的“扩展”选项主要用于设置一些特殊的 CSS 样式，可设置的 CSS 属性如下。

- page-break-before：其中两个属性的作用是为打印的页面设置分页符。
- page-break-after：检索或设置对象后出现的页分割符。
- cursor：指针位于样式所控制的对象上时改变指针图像。
- Filter：对样式所控制的对象应用特殊效果。该属性效果只能在 IE 浏览器中显示。

9．过渡

“分类”列表中的“过渡”选项是 Dreamweaver CS6 中新增的一项用于设置 CSS3 中过渡效果的选项，通过新增过渡效果，设置相关的持续时间、延迟和计时功能等即可添加 CSS3 过渡效果。

6.2.5 应用类样式

当创建样式表时定义了类样式，在网页中需要应用该样式时，需要在标签上使用“class”属性进行引用。在 Dreamweaver CS6 中可通过“属性”栏中的设置快速应用类样式，方法如下。

1．应用单个类样式

如果需要在某一个网页元素上应用一个类样式，可以先选择该元素标签，然后使用以下方法引用类样式。

方法一：选择要应用样式的网页元素或内容，在“属性”面板“HTML”栏中的“类”下拉列表框中选择要应用的类样式，如下图所示。

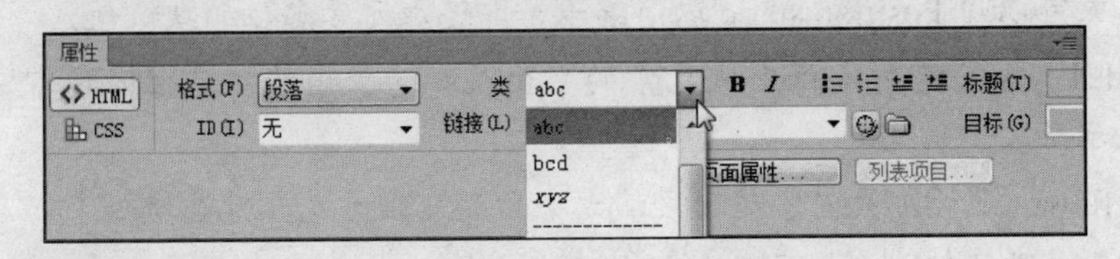

方法二：选择要应用样式的网页元素或内容，在“属性”面板“CSS”栏中的“目标规则”下拉列表框中选择要应用的类样式，如下图所示。

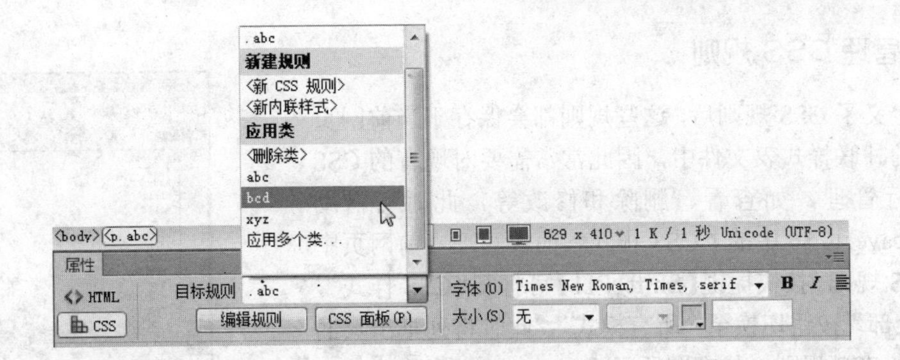

专家提示　在方法一中的“类”下拉列表中选择“无”，与在方法二中的“目标规则”下拉列表中选择“<删除类>”的作用相同，均为清除在当前元素上对类样式的引用，并不会删除 CSS 样式的规则。

2．应用多个类样式

在同一个 HTML 元素上可以同时应用多个类样式，如果在 HTML 代码中设置，可在“class”属性的取值中排列多个类样式名称，中间用空格分隔即可。在 Dreamweaver CS6 中新增了同时引用多个类样式的功能，在“属性”面板中引用样式类的下拉列表框中可选择“应用多个类…”选项，如左下图所示，在打开的“多类选区”对话框中选择要引用的多个类即可，如右下图所示。

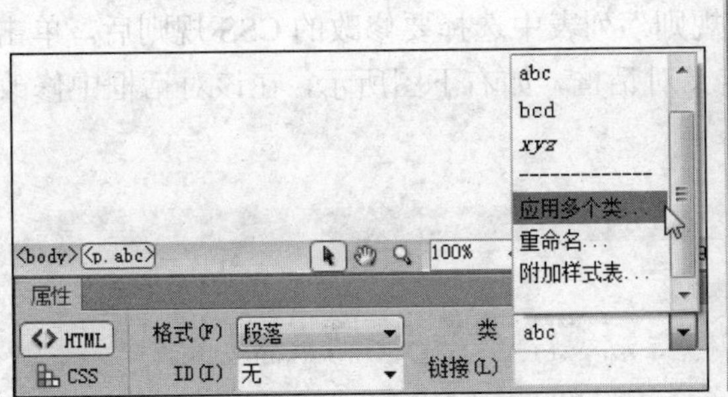

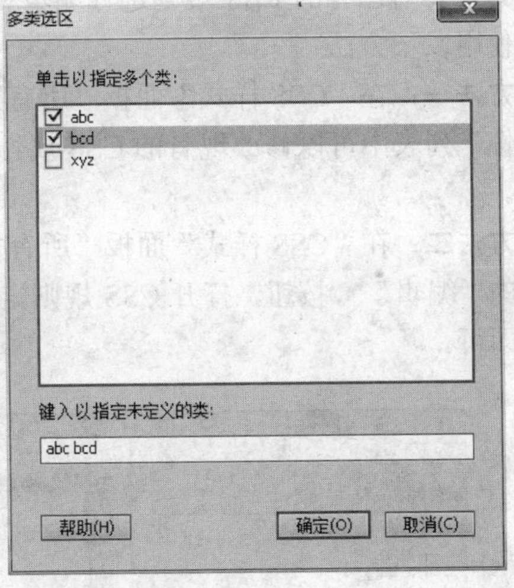

专家提示　通过 Dreamweaver 中的“属性”面板应用 CSS 类样式前，如果选择的目标并非一个完整的标签内容，在应用类样式后会自动为所选内容增加“<span>…</span>”标签，用于引用样式，该标签默认为内联元素。

6.2.6 管理 CSS 规则

当定义了 CSS 规则后，这些规则都会保存于当前网页或创建的外联样式表文件中，因此常常需要对现有的 CSS 规则进行管理，如查看、删除和修改等，此时可借助 Dreamweaver CS6 中的“CSS 样式”面板管理当前网页中所有 CSS 规则。按快捷键【Shift+F11】可打开“CSS 样式”，单击“全部”按钮切换至“所有模式”，此时将列举出页面中所有的 CSS 规则，如右图所示。

1．删除 CSS 规则

如果不再需要某一 CSS 规则，在“CSS 样式”面板“所有规则”列表中选择要删除的 CSS 规则，然后单击面板右下角的“删除”按钮，即可删除该 CSS 规则。删除 CSS 规则后，页面中所有应用该规则的元素上将失去该 CSS 规则中的样式。

2．重命名 CSS 规则

在“CSS 样式”面板“所有规则”列表中列出的 CSS 规则名称实际上就是 CSS 语言中提及的“选择器”，重命名 CSS 规则即重新设置 CSS 选择器，修改样式应用的目标对象。选择“所有列表”中要重命名 CSS 规则后，按【F2】键，然后输入新的规则名称即可。

3．修改 CSS 规则定义

如果要对已有的 CSS 规则进行编辑和修改，如修改 CSS 属性值、设置新 CSS 属性等，可以使用以下方法：

方法一：在“CSS 样式”面板“所有规则”列表中选择要修改的 CSS 规则后，在下方的“属性”列表中可以修改现有的 CSS 属性，如左下图所示，单击“添加属性”还可新增 CSS 属性。

方法二：在“CSS 样式”面板“所有规则”列表中选择要修改的 CSS 规则后，单击面板底部的“编辑” 按钮，打开 CSS 规则定义对话框，如右下图所示，在该对话框中修改 CSS 规则即可。

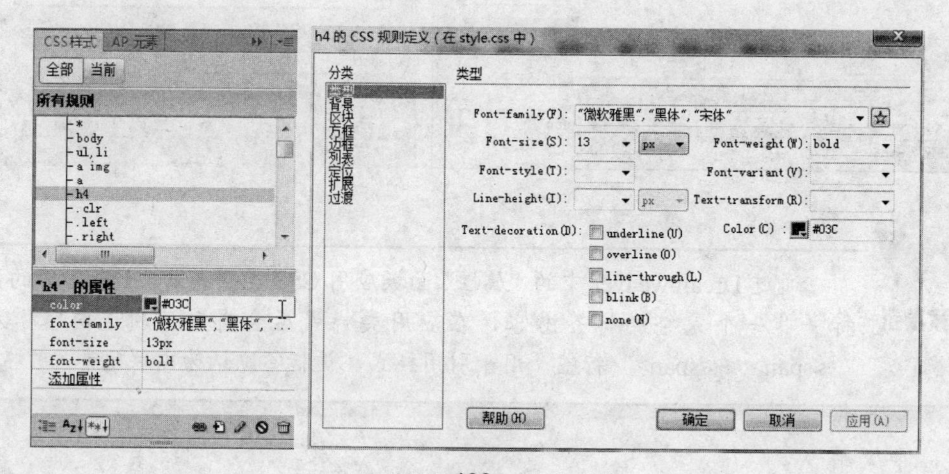

4. 禁用/启用 CSS 属性

在修改和调试网页效果时，常常需要临时删除个别 CSS 属性，以查看相应的网页显示效果。在 Dreamweaver CS6 中提供了临时禁用 CSS 属性的功能，即禁用/启用 CSS 属性。

在“CSS 样式”面板中选择相应的 CSS 规则，然后在“属性”列表中选择要禁用的属性，单击“禁用/启用 CSS 属性” 按钮即可禁用该属性，再次单击 按钮可启用 CSS 属性。

5. 删除 CSS 属性

如果要删除某一 CSS 属性，可以在“CSS 样式”面板“属性”列表中选择要删除的属性，然后单击“删除 CSS 属性” 按钮即可。

新手注意

“删除 CSS 属性”按钮与“删除 CSS 规则”为同一个按钮，若选择的是 CSS 规则则删除 CSS 规则，若选择的是属性则删除 CSS 属性。

6.2.7 查看与编辑所选对象应用的 CSS 规则

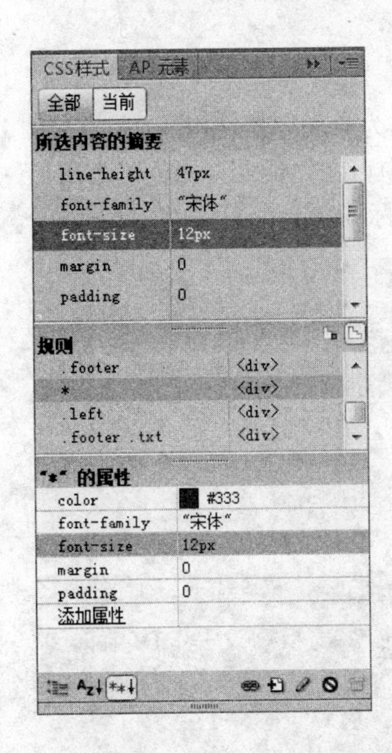

在一个网页中可能会定义非常多的 CSS 规则，而这些规则也会应用到不同的网页元素上，在对元素样式进行编辑和修改时，常常需要查看和修改该对象上所应用的 CSS 规则及相关的 CSS 属性，使用“CSS 样式”面板中的“当前”选择模式可查看到当前对象上应用的所有 CSS 规则和 CSS 属性。在“CSS 样式”面板中单击“当前”按钮即可切换至“当前”选择模式，如左图所示。

“CSS 样式”面板“当前选择”模式下各部分的作用如下：

“所选内容的摘要”列表中将列出当前所选对象上有效的 CSS 属性，“规则”列表中列出应用于当前对象上的 CSS 规则，“‘*’的属性”列表中则列举出具体的某一 CSS 规则中的完整 CSS 属性列表。

当选择“所选内容的摘要”列表中的属性后，在“规则”列表中可查看到该属性所属的 CSS 规则，如果要修改该属性，可以在“‘*’的属性”列表中修改当前选中的属性。

新手注意

由于 CSS 规则可能应用于多个元素，如果对某一 CSS 规则中的属性进行了修改和调整，其他应用相同 CSS 规则的元素样式也会随之变化，所以在对样式进行修改和调整时，应先明确要修改的 CSS 规则应用到了哪些对象上，修改会导致它们发生什么样的变化等。

6.3 知识讲解——DIV+CSS 布局详解

目前网络中大部分网页的布局都使用了较为标准的 DIV+CSS 布局方式。实质上这种布局方式就是利用 CSS 规则及相关属性来布置和排列 HTML 元素，形成符合需求的布局结构。

6.3.1 盒子模型

盒子模型是 DIV+CSS 布局中非常重要的概念，它是用来描述和表现网页中布局元素的一种模型。使用 DIV+CSS 布局网页时，可以将网页内容划分成许多放置不同内容的矩形盒子，通过控制这些盒子的位置或排列方式来完成一个页面布局。而每一个网页元素均可以看成是一个盒子，每一个盒子都是由盒子内容（content）、盒子到边框之间的距离即内边距（padding）、盒子的边框（border）和盒子边框与外部元素之间的距离即外边距（margin）四个部分构成的。盒子模型的效果如右图所示。

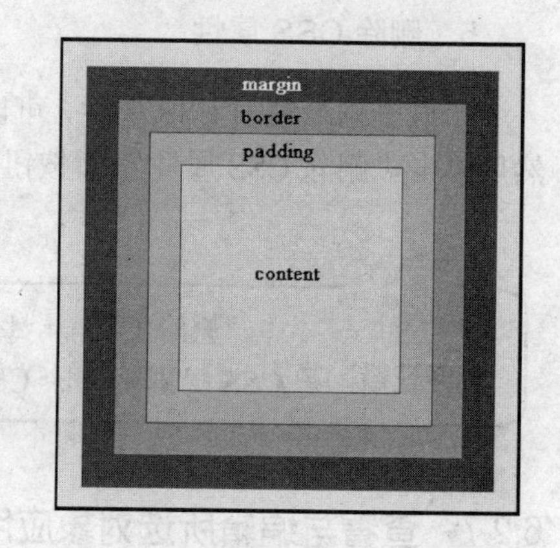

6.3.2 DIV 标签

DIV 是 HTML 中的一种容器标签，通常用于网页布局时作为布局容器使用。在 HTML 标记语言中使用“<div>...</div>”标签。在 Dreamweaver CS6 中可在“插入”面板“常用”栏中单击“插入 Div 标签”，打开如下图所示的对话框插入 Div 标签。

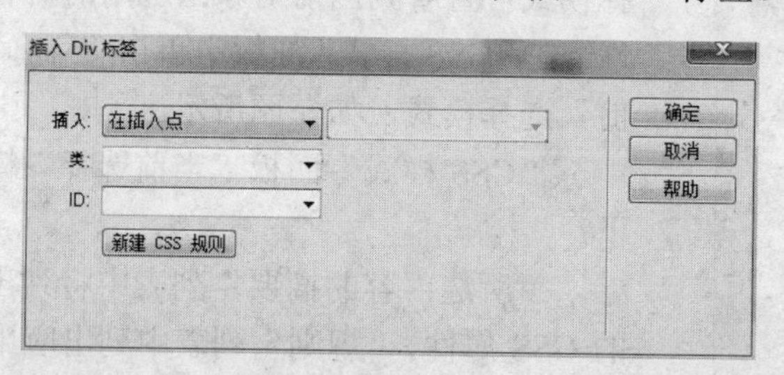

在“插入 Div 标签”对话框中各参数的作用如下：

- 插入：用于设置 DIV 标签插入的位置。“在插入点”选项设置在当前光标所在处插入 DIV 标签，“在开始标签之后”和“在结束标签之前”选项则设置 DIV 插入到当前光标所在的网页元素标签内的具体位置。
- 类：用于设置插入的 DIV 上引用的类样式。
- ID：设置插入的 DIV 的 ID 名称。
- 新建 CSS 规则：单击该按钮后可打开“新建 CSS 规则”对话框，可新建外联样式表或嵌入式样式表中的 CSS 规则。

6.3.3 DIV+CSS 布局方法

使用 DIV+CSS 布局，即将 DIV 或与 DIV 有着相似作用的 HTML 元素利用 CSS 作为盒子模型来排列。要进行 DIV+CSS 布局，具体的方法如下。

1．制作盒子

首先将整个网页看作由许多盒子排列而成，然后逐一制作每一个盒子。可以将 DIV 或其他 HTML 元素作为网页布局的盒子，根据实际需要设置盒子元素的宽度和高度，即 CSS 属性“width”和“height”；盒子中放置内容与盒子边缘之间距离可以使用“padding”属性来添加；如果盒子需要使用边框，则可以设置“border”属性；盒子边框与外部元素之间的距离使用“margin”属性进行设置即可。

2．排列盒子

要制作出复杂的网页结构，通常需要将盒子进行复杂的排列。排列盒子是 DIV+CSS 布局中的重点内容。利用 CSS 属性可以有多种方式排列盒子，常用的方式为直接排列，即利用 HTML 元素的嵌套表现出盒子放置的层次结构，使用“float”属性并排一些需要并列摆放的盒子。例如网页中某一行中有三个并排的内容，此时，可将这三个内容分别放入三个盒子，然后将三个盒子放入一个大盒子中作为一行。要将多个盒子并排，在这些并排的盒子上都需要使用“float”属性设置浮动方向。

3．修饰盒子及内容

排列好盒子之后，剩下的工作主要是美化、修饰盒子和内容。例如设置盒子的背景、边框、文字内容的颜色、字体、文字大小、行高、列表样式等，均通过 CSS 属性进行设置。

6.3.4　CSS 代码优化

使用 DIV+CSS 布局可以减小网页文件的大小，起到优化网页的作用，但如果 CSS 规则定义不当，如存在大量的冗余规则，可能会产生各种负面的影响。所以在应用 DIV+CSS 布局时需要考虑 CSS 代码优化相关的问题。通常可从以下几个方面着手。

1．减少重复的规则定义

在进行 DIV+CSS 布局前，首先分析如何划分页面结构，尽量将结构划分得简单清晰；分析出页面中可以使用相同样式的区域或内容，在定义样式时只需要定义一个样式规则；尽量使用整体性的样式定义，少用 ID 选择方式定义样式以及内联样式。

2．简写 CSS 代码

在 CSS 代码中，有些 CSS 属性是可以简写的，在优化 CSS 代码时，可以将简单的代码进行简写，可有效减小 CSS 或网页文件的大小。常用的可简写的属性有：

- 外边距：“margin”为元素的外边距，4 周边距相等时仅需要设置该属性为一个距离值即可。如果要设置其四周的边距不相同，则需要分别使用“margin-top”、“margin-right”、“margin-bottom”和“margin-left”4 个属性设置 4 个方向的边距。在代码中可直接使用 1 个“margin”属性表示 4 个方向的边距，只需将 4 个方向的边距值（带单位）按上、右、下、左的顺序依次排，并用空格分隔后作为“margin”属性的值，如“margin:3px 4px 5px 6px；”。此外，如果上下边距一致，左右边距一致，还可简化为并列两个值，第一个值为上下边距，第二个值为左右边距，如“margin:10px 20px;”。

- 内边距：“padding”为元素内容与边框之间的距离，与“margin”属性相同，可以在一个属性中设置 4 个方向不同的边距值。
- 边框：在 Dreamweaver 中若要设置 4 条边不相同，代码中将会使用“border-top-width”、“border-top-style”、“border-top-color”、“border-right-style”等许多属性分别设置各方向上边框，使用的属性相对较多。而 CSS 语言中，设置边框可以使用许多复合属性，如“border”、“border-style”、“border-color”、“border-width”或“border-top”、“border-right”、“border-bottom”和“border-left”等。使用这些复合属性都可以用少量的属性完成不同边框线样式的设置。“border”属性可同时设置 4 条边相同的线型、颜色和粗细，将这三个属性值以空格分隔作为“border”的属性即可；使用“border-top”、“border-right”、“border-bottom”和“border-left”设置上、右、下、左侧的边框，属性值的设置与“border”用法相同；此外，还可以使用“border-style”、“border-width”和“border-color”分别设置 4 条边的线型、粗细和颜色，属性值则按上、右、下、左的顺序依次排列即可。如左下图所示为 Dreamweaver CS6 中定义 CSS 规则设置边框样式生成代码，简化后的代码如右下图所示。

```
border-top-width: 1px;
border-right-width: 1px;
border-bottom-width: 1px;
border-left-width: 1px;
border-top-style: dashed;
border-right-style: dashed;
border-bottom-style: dashed;
border-left-style: dashed;
border-top-color: #030;
border-right-color: #090;
border-bottom-color: #F00;
border-left-color: #00F;
```

```
border-width: 1px;
border-style: dashed;
border-color: #030 #090 #F00 #00F;
```

6.3.5 使用 AP 元素布局

在 Dreamweaver 中提供了一种较为简单快捷的布局元素——AP DIV（AP 元素），也被称为层。顾名思义，AP 是 Absolute Position 缩写，所以 AP DIV 是采用了绝对定位方式的 DIV 元素。在 Dreamweaver CS6 中提供了可视化地绘制和管理 AP DIV 的功能，使得 DIV+CSS 布局的过程更为简单快捷。

1. 绘制 AP DIV

选择“插入”面板中的“布局”选项，单击“绘制 AP Div”按钮，如左下图所示。此时光标变“十”字形状，在“文档”窗口“设计”视图中拖动鼠标，即可绘制出一个 AP DIV，如右下图所示。或者执行“插入→布局对象→AP Div”命令，也可绘制 AP DIV。

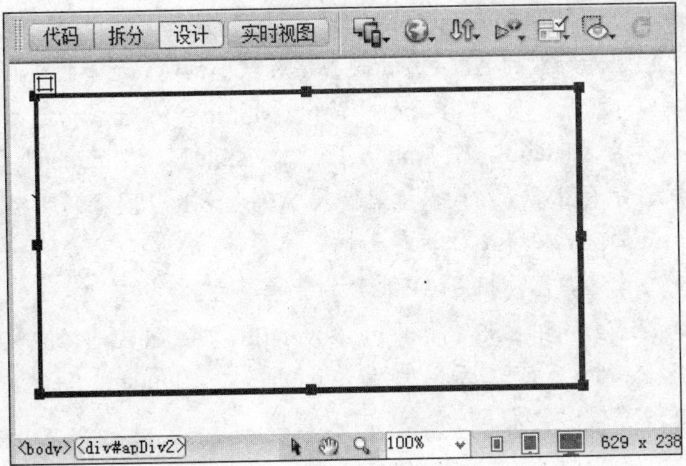

在绘制 AP DIV 时按住【Ctrl】键不放，可以连续绘制多个 AP DIV。绘制出的 AP DIV 在代码中是由两部分组成的，一部分是页面中的 HTML 元素，即含有 ID 名称的“<div>”标签，另一部分是 CSS 样式表中针对该 ID 名称的规则定义。每绘制一个 AP DIV 都会生成一个独立的 CSS 规则，所以通过该方式布局的页面中 CSS 代码不够简洁。

2. 编辑和调整 AP DIV

绘制出了 AP DIV 后，在“设计”视图中可以对绘制出的 AP DIV 进行编辑和调整的操作。单击 AP 元素的边框可选择该元素，拖动边框即可移动 AP 元素，拖动边框四周的控制点可调整 AP 元素的大小，单击元素内容将光标定位于 AP 元素中后，可以在元素中插入其他网页内容。当选择 AP 元素后，在“属性”面板中会出现 AP 元素的相关属性，如下图所示，通过“属性”面板可调整 AP 元素。

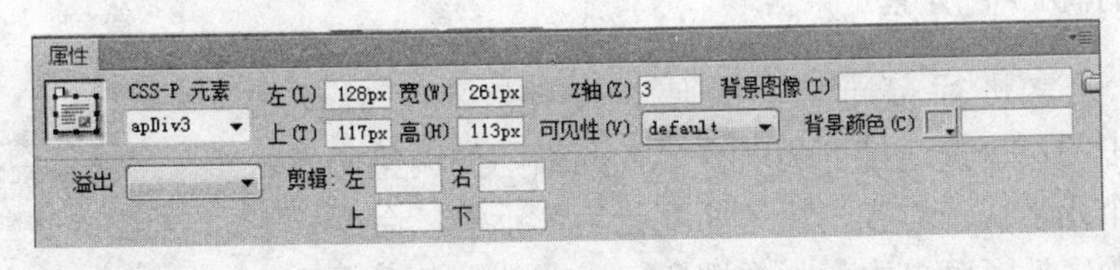

“属性”面板中各参数的作用如下：

- “CSS-P 元素：在文本框里输入当前 AP 元素的名称，以便在“AP 元素”面板和 JavaScript 代码中标志该 AP 元素。应该注意的是，每个 AP 元素都只有它自己唯一的名称，命名时只应该使用标准的字母和数字字符，而不要使用空格、连字符、斜杠或句号等特殊字符。
- 左/上：设置 AP 元素的坐标位置，即相对于页面（如果嵌套，则是父层）的左上角位置。
- 宽/高：指定 AP 元素的宽度和高度。

- Z 轴：即 CSS 属性中的“z-index”属性，指定 AP 元素的堆叠顺序。在浏览器中，编号较大的 AP 元素出现在编号较小的 AP 元素的前面，值可以为正，也可以为负。
- 可见性：即 CSS 属性中的“visibility”属性，指定 AP 元素最初是否是可见的。包括“default”、“inherit”、“visible”、“hidden”4 项。
- 背景图像：在文本框里输入 AP 元素背景图像的路径或单击编辑框右侧的文件夹图标，在本机上选择一幅图像文件。
- 背景颜色：指定 AP 元素的背景颜色。
- 溢出：即 CSS 属性中的“over-flow”属性，选择当 AP 元素里的内容超过层的指定大小时如何显示，包括“visible”、“hidden”、“scroll”、“auto”4 项。
- 剪辑：定义 AP 元素的可见区域。

3. 使用“AP 元素”面板

使用“AP 元素”面板可以管理文档中存在的所有 AP 元素，如右图所示。凡 CSS 规则中定义的“position”属性为“absolute”的元素，均可在“AP 元素”面板中看到。

在“AP 元素”面板列表中双击 AP 元素，可以修改 AP 元素的 ID 名称，双击“Z”列中的数值可修改 AP 元素的堆叠顺序。单击列中的空白按钮，可切换 AP 元素的“可见性”状态。

在使用 AP 元素布局页面时，为防止多个 AP 元素重叠，可选择“防止重叠”选项。

CSS样式 AP 元素
☐防止重叠
ID Z
apDiv5 5
apDiv4 4
apDiv3 3
apDiv2 2
apDiv1 1
a
b
未命名
未命名

4. 选择多个 AP 元素

在对 AP 元素进行编辑和调整时，有时候需要同时选择多个元素，此时，在“AP 元素”面板中按住【Ctrl】键依次单击多个要选择的 AP 元素即可，也可直接在“设计”视图中按住【Ctrl】键单击 AP 元素边框。

5. 对齐与排列 AP 元素

使用 AP 元素进行布局时，为使布局整齐，可以使用 Dreamweaver 中的命令快速排列和对齐 AP 元素，如调整元素的堆叠顺序、多个元素快速对齐、快速匹配元素大小等。命令位于“修改→排列顺序”子菜单中，如右图所示。菜单中各命令的作用如下：

移到最上层(G)
移到最下层(D)
左对齐(L) Ctrl+Shift+1
右对齐(R) Ctrl+Shift+3
上对齐(T) Ctrl+Shift+4
对齐下缘(B) Ctrl+Shift+6
设成宽度相同(W) Ctrl+Shift+7
设成高度相同(H) Ctrl+Shift+9
防止 AP 元素重叠(P)

- 移到最上层：自动修改元素的“Z 轴”属性为当前文档中的最大数值。
- 移到最下层：自动修改元素的“Z 轴”属性为当前文档中的最小数值。
- 左对齐、右对齐、上对齐和对齐下缘：用于设置当前选择的多个 AP 元素之间的对齐方式。
- 设成宽度相同：设置所选的多个 AP 元素的宽度与选择的第一个 AP 宽度相同。
- 设成高度相同：设置所选的多个 AP 元素的高度与选择的第一个 AP 高度相同。
- 防止 AP 元素重叠：与“AP 元素”面板中的“防止重叠”功能一致。

6．删除 AP 元素

如果要删除不需要的 AP 元素，在“设计”视图中或“AP 元素”面板中选择 AP 元素后按【Delete】键即可删除 AP 元素。删除 AP 元素后该元素的 CSS 规则并不会删除，如果需要删除相应的 CSS 规则，需要在“CSS 样式”面板中删除相应的 CSS 规则。

7．复制 AP 元素

在使用 AP 元素进行布局时，如果用到相同效果的 AP 元素，可以通过复制 AP 元素的方式快速制作新的 AP 元素。在“设计”视图中选择要复制的 AP 元素，按快捷键【Ctrl+C】复制元素，然后将光标定位于页面内容开始位置，按快捷键【Ctrl+V】即可将复制的 AP 元素粘贴为新的 AP 元素。

新手注意

AP 元素的复制不是简单的复制粘贴过程，该复制过程不仅复制了 HTML 中的元素，同时也复制了元素的 CSS 规则，并进行了重新命名，以使新的 AP 元素与被复制元素之间完全独立。

6.4　同步训练——实战应用

实例 1：使用 DIV+CSS 布局网页首部

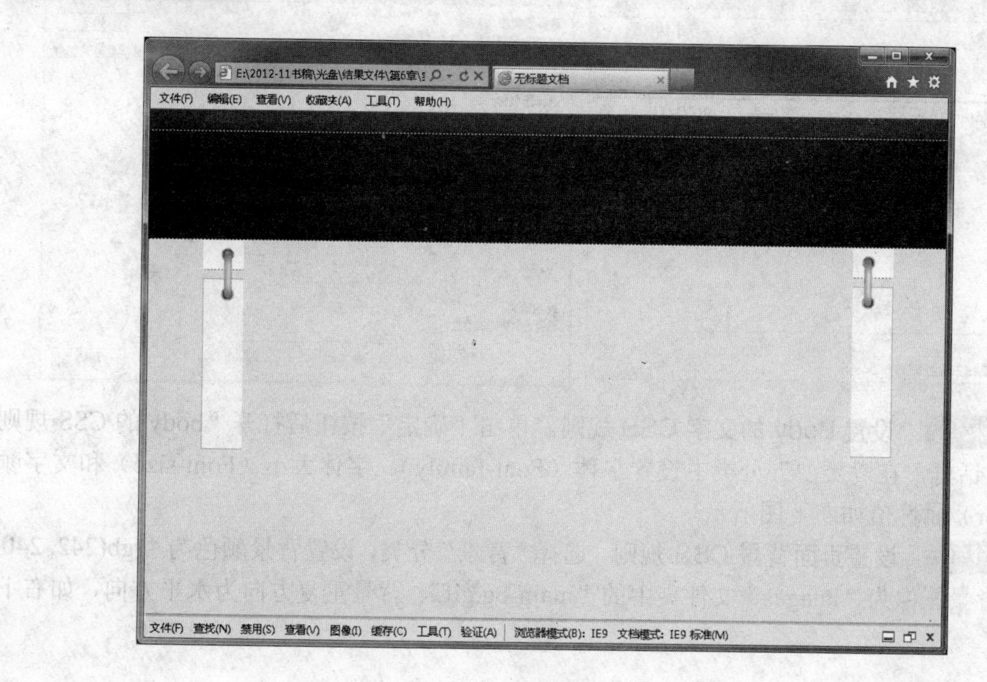

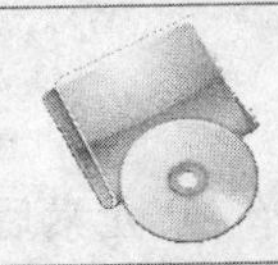

素材文件：光盘\素材文件\实例 1\
结果文件：光盘\结果文件\第 6 章\实例 1\images\
教学文件：光盘\教学文件\第 6 章\实例 1.avi

制作分析

本例难易度：★★★★☆

关键提示：

利用 DIV+CSS 布局网页，在网页中插入用户放置各部分内容的 DIV 元素，然后使用 CSS 控制 DIV 的大小及布局，之后使用 CSS 设置各 DIV 中的修饰效果，即可完成页面的整体布局。最后在各布局元素内插入具体的网页内容，对内容进行修饰即可完成整个页面的制作。

知识要点：

- 插入 DIV
- 定义 CSS 规则
- 设置 CSS 背景相关属性
- 设置元素大小
- 利用 Float 属性布局
- 设置边框相关属性

具体步骤

STEP 01：**新建站点及网页文件。**新建站点文件夹，将素材文件夹“images”复制到站点文件夹中；并在站点文件夹中新建首页网页文件“index.html”，如左下图所示。

STEP 02：**新建 CSS 规则。**首先需要设置页面元素“body”的 CSS 样式，在“属性”面板“CSS”栏“目标规则”下拉列表框中选择“新 CSS 规则”，然后单击“编辑规则”按钮，打开“新建 CSS 规则”对话框；在“选择器类型”下拉列表框中选择“标签”，在“选择器名称”中选择“body”，在“规则定义”下拉列表框中选择“(仅限该文档)”，如右下图所示。

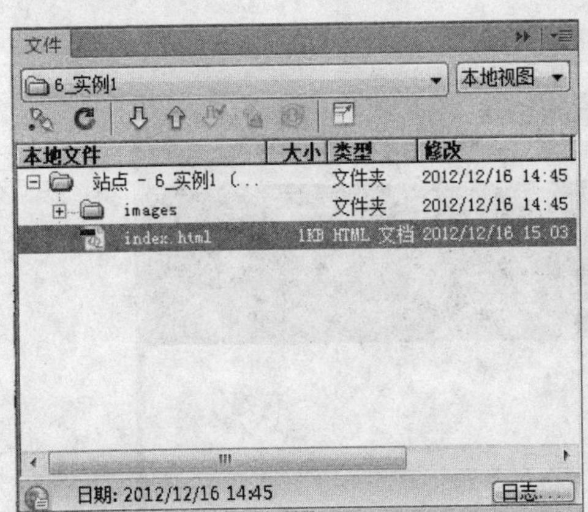

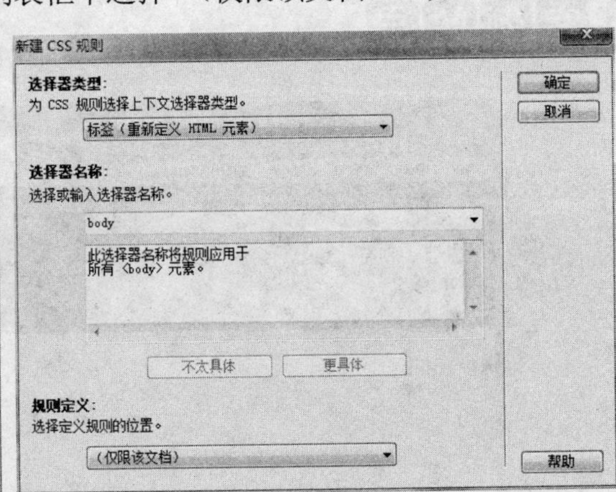

STEP 03：**设置 Body 的文字 CSS 规则。**单击“确定”按钮后打开“body 的 CSS 规则定义”对话框，在“类型”分类中设置字体（Font-family）、字体大小（Font-size）和文字颜色（Color）属性值如左下图所示。

STEP 04：**设置页面背景 CSS 规则。**选择“背景”分类，设置背景颜色为“rgb(242, 240, 220)”、背景图像为“images”文件夹中的“main-bg.gif”、背景重复方向为水平方向，如右下图所示。

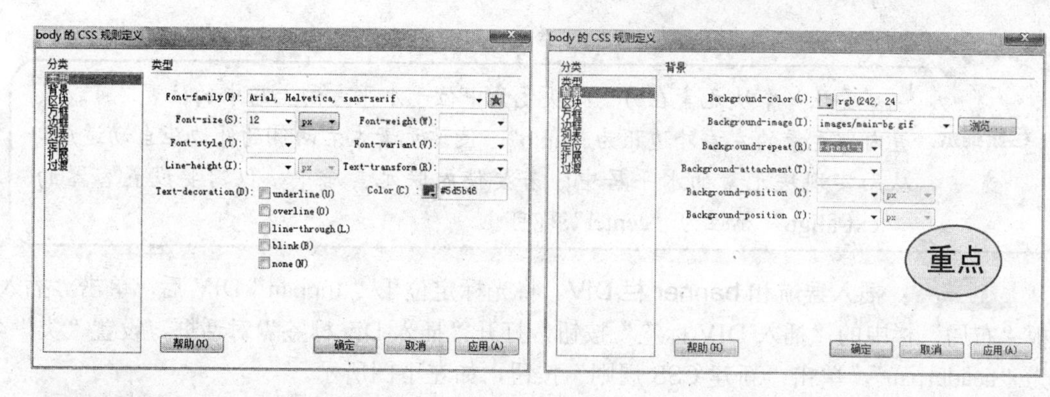

STEP 05：取消页面默认的边距。选择“方框”分类，设置“Padding”和“Margin”属性四个方向值均为 0，如左下图所示；单击“确定”按钮完成“body”元素的 CSS 规则定义，页面效果如右下图所示。

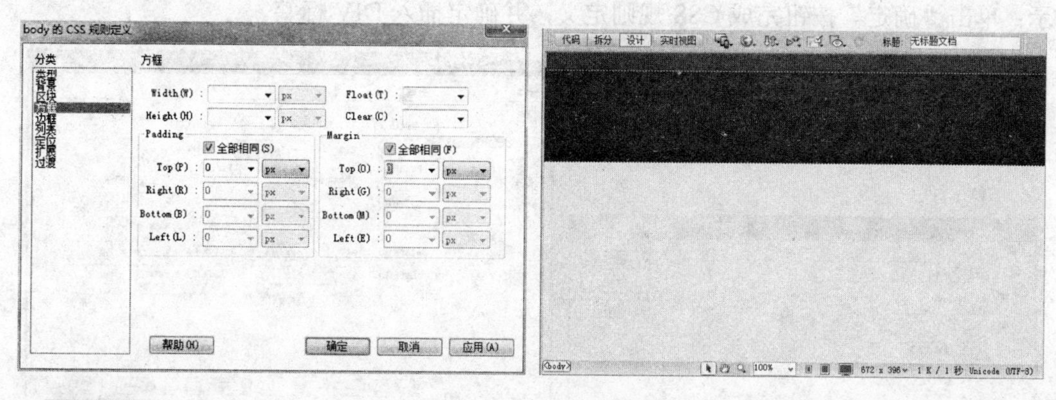

STEP 06：插入 DIV。单击“插入”面板“布局”栏中的“插入 DIV 标签”按钮，打开“插入 Div 标签”对话框，设置“类”名称为“toppan”，单击“新建 CSS 规则”按钮，如左下图所示。

STEP 07：定义 CSS 规则“.toppan”。在打开的“新建 CSS 规则”对话框中单击“确定”按钮，在打开的“.toppan 的 CSS 规则定义”对话框中选择“方框”分类，设置元素的宽度为 778 px、高度为 141 px、上下外边距为 0，左右外边距为“auto”，使 DIV 在页面中水平方向居中。具体 CSS 属性设置如右下图所示；单击“确定”按钮完成 CSS 规则定义，并确定插入 DIV 标签。

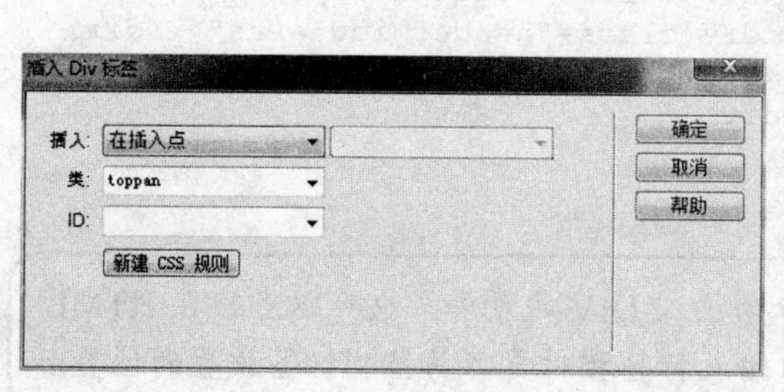

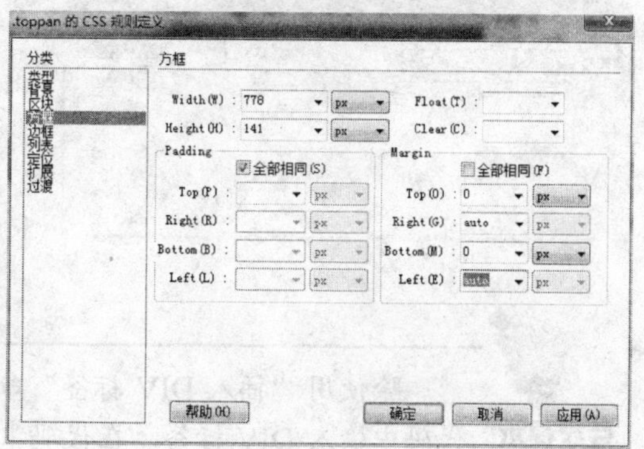

专家提示

要让一个块元素在另一个块元素中位于水平方向上居中的位置，可以设置内部元素的左右外边距为“auto”，使该元素左右两侧的外边距自动适应，从而实现块元素的水平居中；若要使内联元素居中，仅需要设置容器的“text-align”属性为“center”即可。

STEP 08：插入导航和 banner 栏 DIV。将光标定位于“.toppan”DIV 后，单击“插入”面板“布局”栏中的“插入 DIV 标签”按钮，打开“插入 Div 标签”对话框，设置“类”名称为“headerpan”，单击“新建 CSS 规则”按钮，如左下图所示。

STEP 09：定义 CSS 规则“.headerpan”。在打开的“新建 CSS 规则”对话框中单击“确定”按钮，在打开的“.headerpan 的 CSS 规则定义”对话框中选择“方框”分类，设置元素的宽度为 778 px、高度为 228 px、上下外边距为 0，左右外边距为“auto”，如右下图所示；单击“确定”按钮完成 CSS 规则定义，并确定插入 DIV 标签。

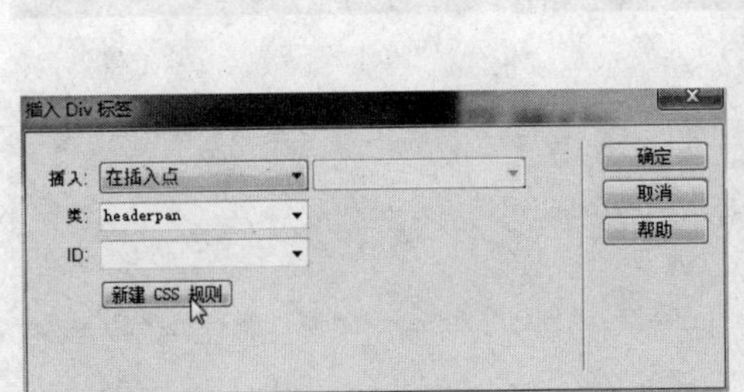

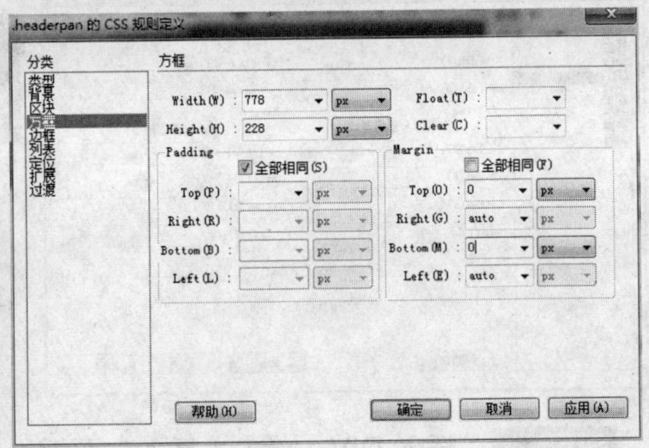

STEP 10：在“.headerpan”DIV 中插入第 1 个 DIV。选择“.headerpan”中的文字内容，按【Delete】键删除内容；单击“插入”面板“布局”栏中的“插入 DIV 标签”按钮，打开“插入 Div 标签”对话框，设置“类”名称为“headerleftpan”，并单击“确定”按钮，如左下图所示；删除 DIV 中的文字内容。

STEP 11：在“.headerpan”DIV 中再插入 2 个 DIV。将光标定位于上一步插入的 DIV 后，用与上一步相同的方式插入两个 DIV，分别设置“类”名称为“headermiddlePan”和“headerrightPan”，并删除 DIV 中的文字内容，插入“.headerpan”DIV 中的代码如右下图所示。

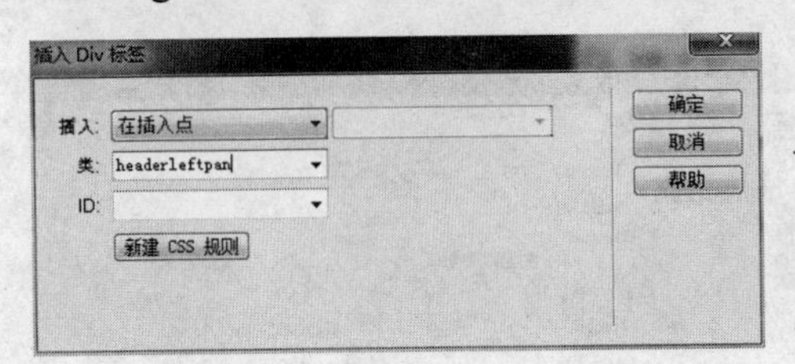


```
<div class="headerpan">
  <div class="headerleftpan"></div>
  <div class="headermiddlePan"></div>
  <div class="headerrightPan"></div>
</div>
```

专家提示

除使用“插入 DIV 标签”命令插入 DIV 元素外，也可以直接在 HTML 代码中输入 DIV 标签；在代码中输入标签相对更容易控制标签放置的位置。

STEP 12：新建 CSS 规则“.headerleftpan”。单击“CSS 样式”面板中的“新建 CSS 规则”按钮，如左下图所示；在打开的“新建 CSS 规则”对话框中“选择器类型”为“类”，“选择器名称”为“headerleftpan”，单击“确定”按钮，如右下图所示。

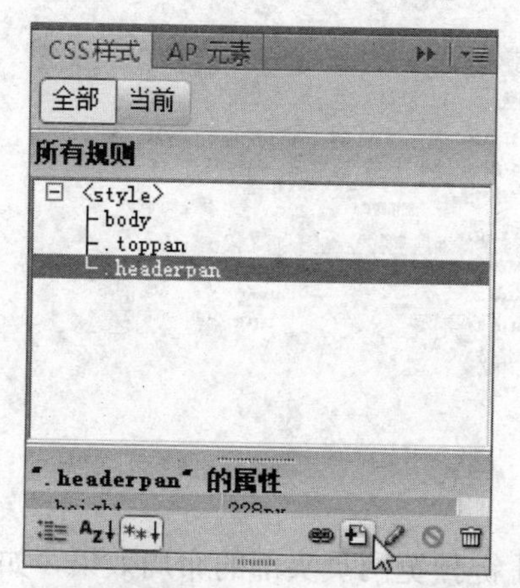

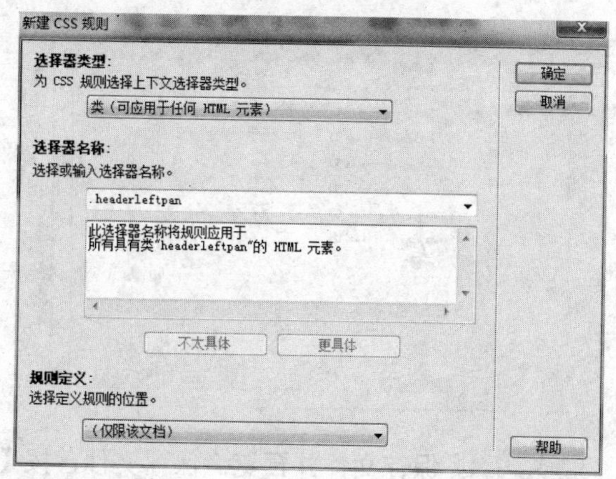

STEP 13：定义 CSS 规则“.headerleftpan”。在“.headerleftpan 的 CSS 规则定义”对话框中选择“背景”分类，设置背景图像（Background-image）属性为“images/leftfolder.gif”，如左下图所示；选择“方框”分类，分别设置元素的宽度和高度为 46 px 和 228 px，并设置“Float”属性值为“left”，如右下图所示；单击“确定”按钮完成“.headerleftpan”的 CSS 规则定义。

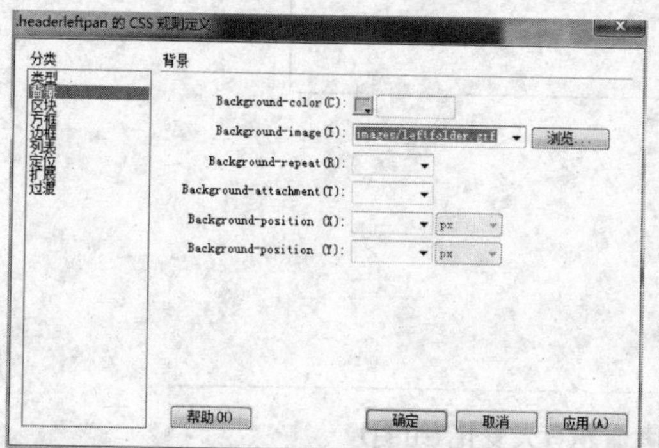

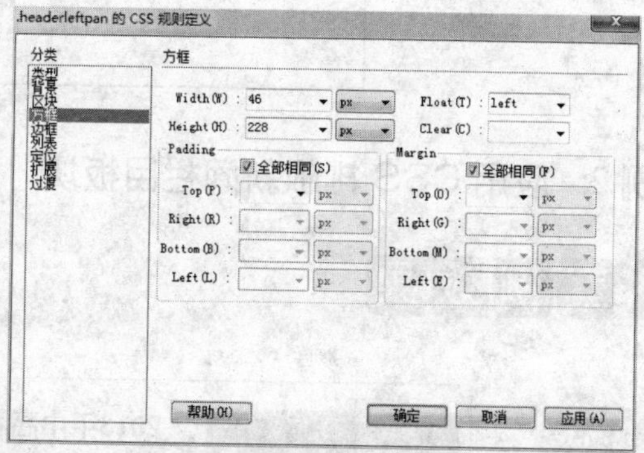

STEP 14：新建和定义 CSS 规则“.headermiddlePan”。新建 CSS 规则“.headermiddlePan”，如左下图所示；设置元素宽度和高度值分别为 686 px 和 228 px，并设置“Float”属性值为“left”，如右下图所示。

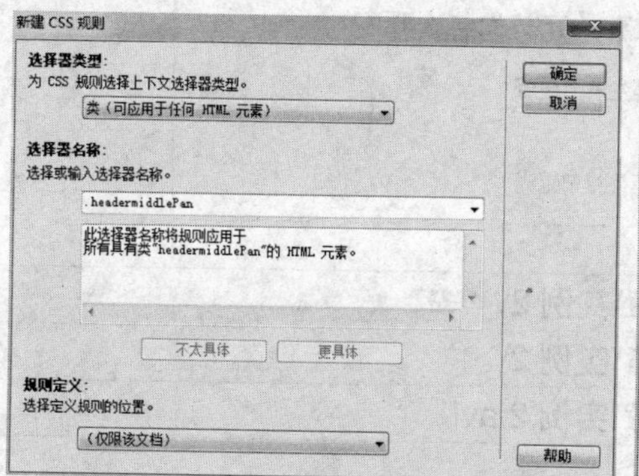

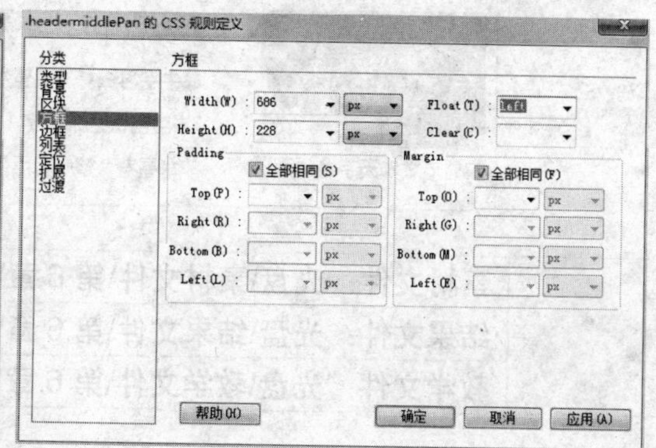

STEP 15：新建和定义 CSS 规则“.headerrightPan”。新建 CSS 规则“.headerrightPan”，在“背景”分类中设置背景图像为“images/rightfolder.gif”，如左下图所示；设置元素宽度和高度值分别为 46 px 和 228 px，并设置“Float”属性值为“right”，如右下图所示。

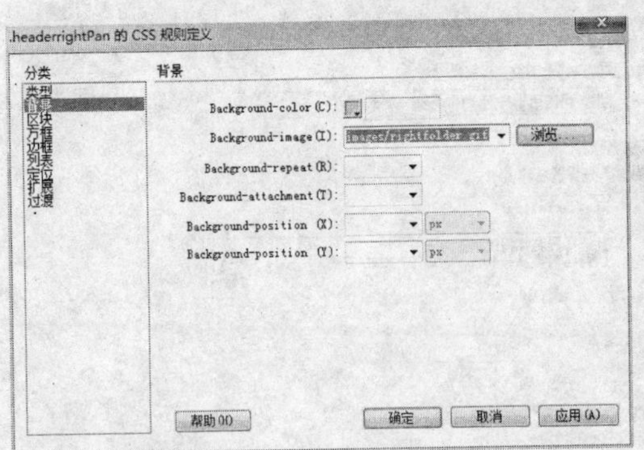

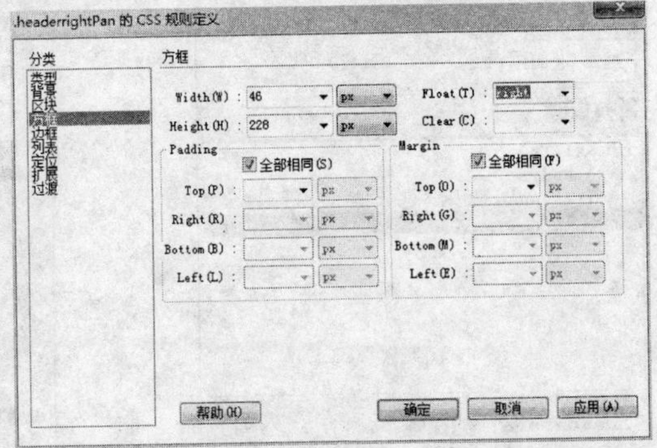

STEP 16：保存文件并预览。保存文件，按【Enter】键预览网页头部的布局效果，如下图所示。

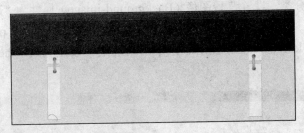

实例 2：应用 CSS 排版新闻栏目板块

案例效果

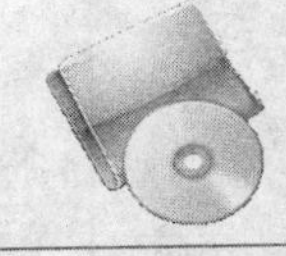

素材文件：光盘\素材文件\第 6 章\实例 2\

结果文件：光盘\结果文件\第 6 章\实例 2\

教学文件：光盘\教学文件\第 6 章\实例 2.avi

制作分析

本例难易度：★★★★☆

关键提示：

在网页中常常会有一些区域使用相同的布局样式，在定义 CSS 规则时，通常只需要定义好一个区域的 CSS，相同效果的区域可直接引用相应的样式规则。

知识要点：

- 定义类样式
- 使用复合选择器
- 定义列表样式
- 定义超链接样式

具体步骤

STEP 01：打开素材文件。将素材文件夹复制到新文件夹内，建立站点，在 Dreamweaver 中打开素材文件“news.html”，如下图所示。

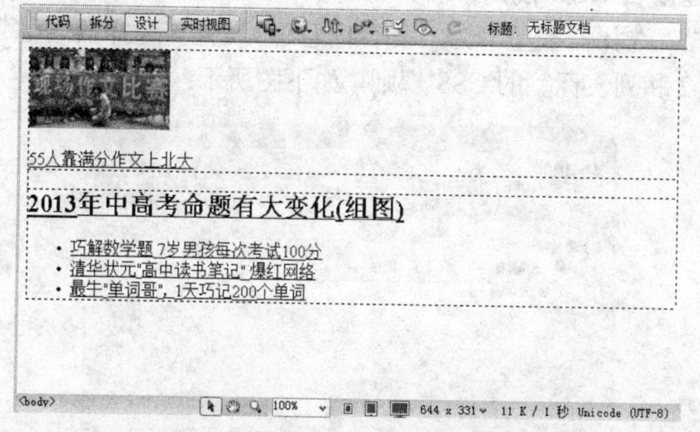

STEP 02：新建 CSS 规则“.newspan”。页面中新闻列表的整体区域引用了样式类“.newspan”，在“CSS 样式”面板中单击“新建 CSS 规则”按钮，新建 CSS 规则，定义“.newspan”样式类，如左下图所示；单击“确定”按钮定义 CSS 规则。

STEP 03：设置“类型”相关属性。在“.newspan 的 CSS 规则定义”对话框中选择“类型”分类，设置字体（Font-family）为“宋体”、文字大小（Font-size）为“12px”，行高（Line-height）为“24px”，如右下图所示。

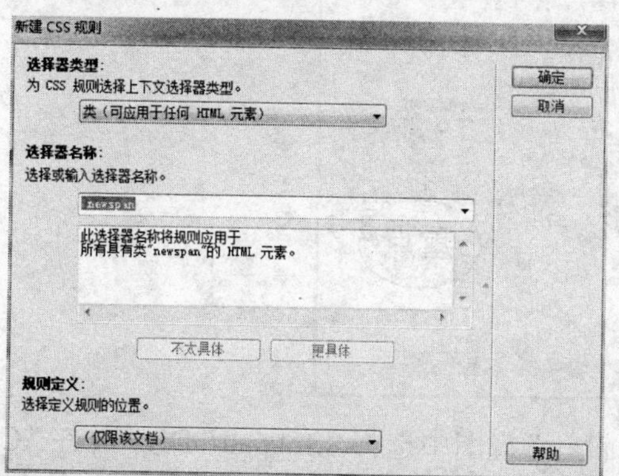

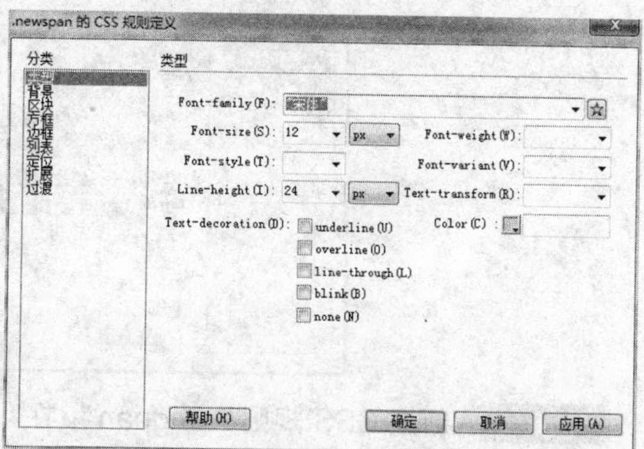

STEP 04：设置“方框”相关属性。选择“方框”分类，设置宽度和高度值分别为“500px”

和“110px”，设置“Padding”属性 4 个方向的值均为 6，见左下图。

STEP 05：设置“边框”相关属性。选择“边框”分类，设置四条边的线条样式均为直线（solid）、1px、蓝色（#09C），见右下图；单击“确定”按钮完成“.newspan”规则定义。

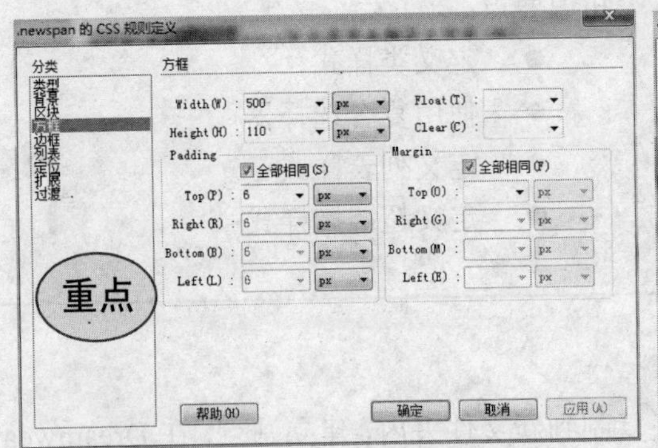

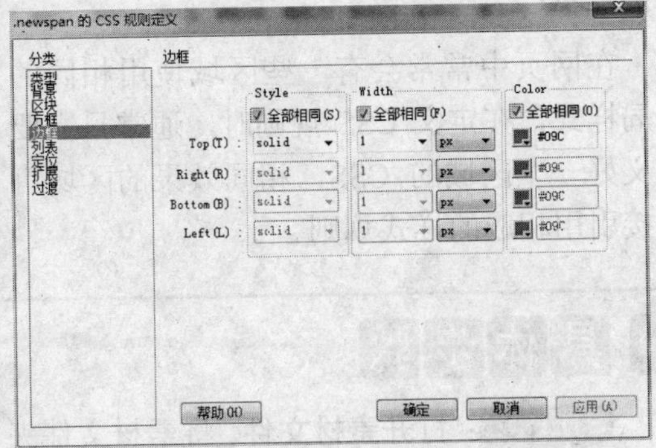

STEP 06：新建复合 CSS 规则。在“CSS 样式”面板中单击“新建 CSS 规则”按钮，新建 CSS 规则，设置“选择器类型”为“复合内容”，设置“选择器名称”为“p,h2,ul,li”，即同时定义段落、标题 2 和列表标签的 CSS 规则，如下图所示；单击“确定”按钮创建 CSS 规则。

STEP 07：取消外边距和内边距。在“方框”分类中设置“Padding”和“Margin”中 4 个方向的值均为 0，单击“确定”按钮完成复合 CSS 规则定义，如下图所示。

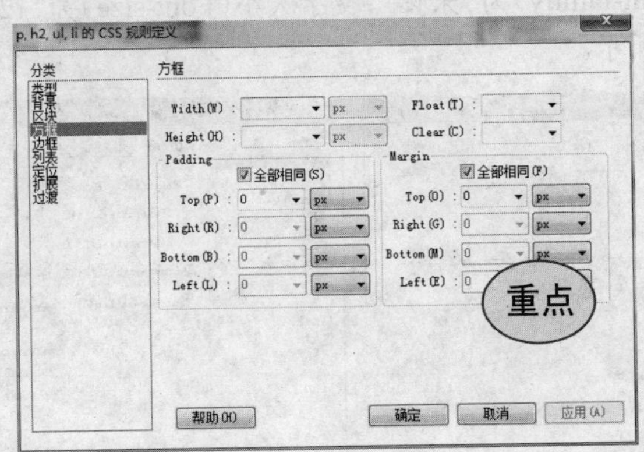

STEP 08：新建 CSS 规则“.imgpan”。在“设计”视图中选择“imgpan”Div，并在“CSS 样式”面板中单击“新建 CSS 规则”按钮，在打开的“新建 CSS 规则”对话框中设置“选择器类型”为“类”，“选择器名称”为“imgpan”，如左下图所示；单击“确定”按钮定义

CSS 规则。

STEP 09：**设置“方框”相关属性**。选择“方框”分类，设置宽度为“140px”，高度属性值为“auto”，设置“Float”属性为“left”，设置外部上边距为“8px”，如右下图所示。

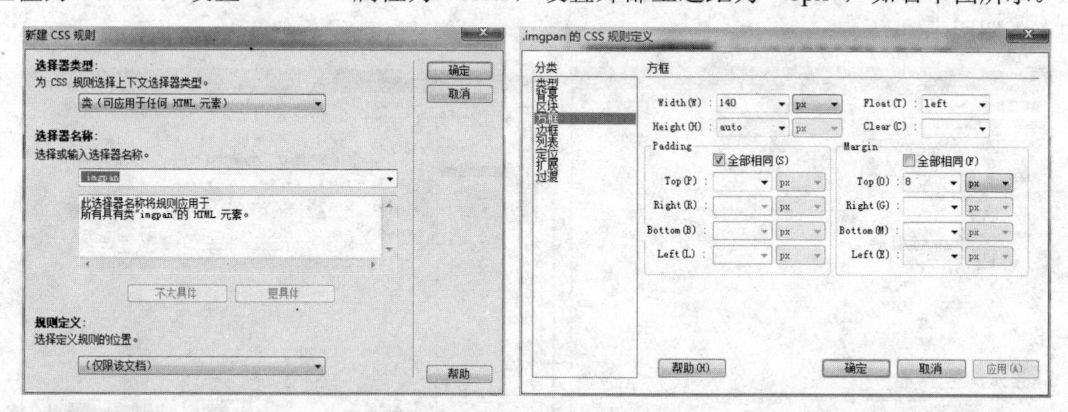

STEP 10：**新建并定义 CSS 规则“.atc”**。新建 CSS 规则“.atc”，如左下图所示，并单击“确定”按钮；在“.atc 的 CSS 规则定义”对话框中设置“方框”分类中的宽度属性值为“340 px”，高度属性值为“auto”，“Float”属性为“right”，如右下图所示；单击“确定”按钮完成“.atc”CSS 规则定义。

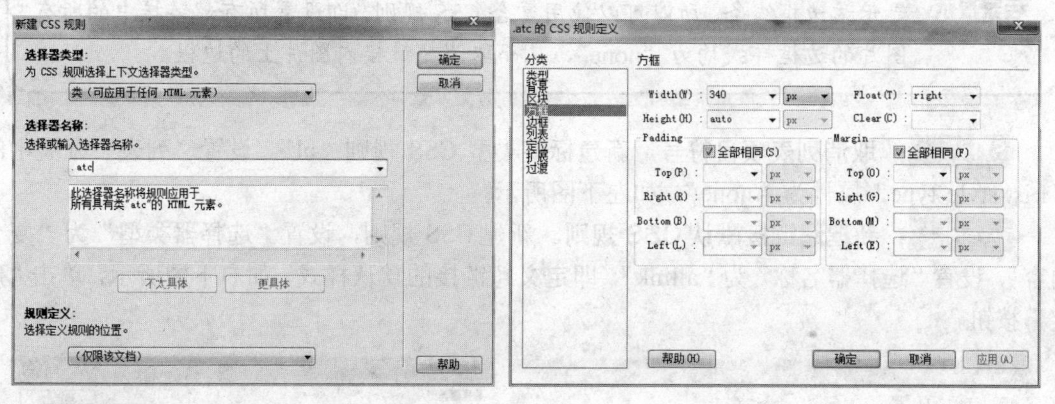

STEP 11：**新建并定义复合 CSS 规则**。新建 CSS 规则，设置“选择器类型”为“复合内容”，设置“选择器名称”为“.newspan .atc h2”，如左下图所示；在“.newspan .atc h2 的 CSS 规则定义”对话框中设置字体大小为“16px”，设置行高为“36px”，如右下图所示，单击“确定”按钮完成“.newspan .atc h2”的 CSS 规则定义。

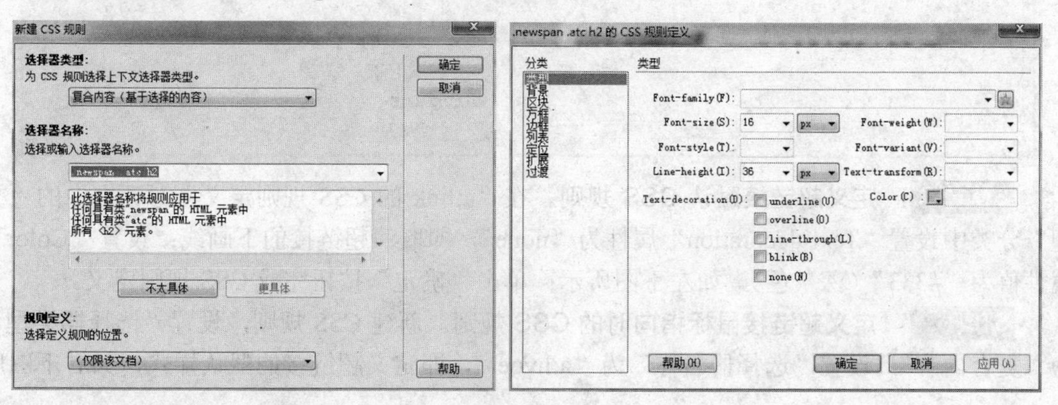

STEP 12：**取消链接图片的边框。**新建 CSS 规则，设置“选择器类型”为“复合内容”，设置“选择器名称”为“a img”（即超链接元素内部的图片元素），并单击“确定”按钮，如左下图所示；在“a img 的 CSS 规则定义”对话框中设置“边框”分类中的边框线为“none”，如右下图所示。

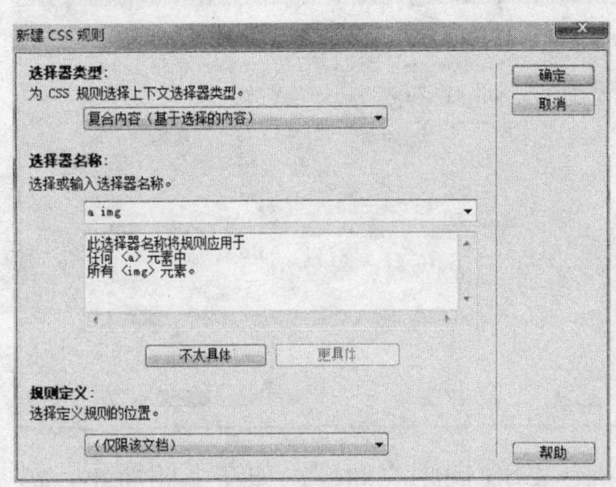

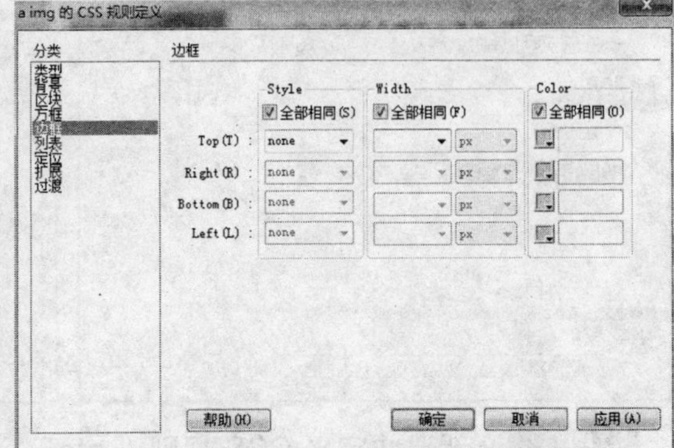

专家提示

在网页中超链接内部的图片上会默认出现边框线，通常在网页中不需要显示该边框线条，所以可以使用复合 CSS 规则，即设置所有超链接中的所有图片的边框样式均为“none”，从而取消超链接内图片上的边框。

STEP 13：**取消列表项目符号。**新建标签类型 CSS 规则“ul”，设置“列表”分类中的“List-style-type”属性为“none”，如左下图所示。

STEP 14：**新建超链接默认 CSS 规则。**新建 CSS 规则，设置“选择器类型”为“复合内容”，设置“选择器名称”为“a:link”，即定义超链接的默认样式，如右下图所示，单击“确定”按钮。

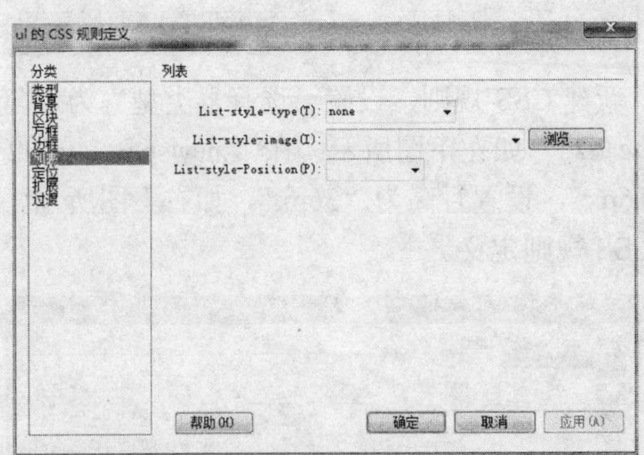

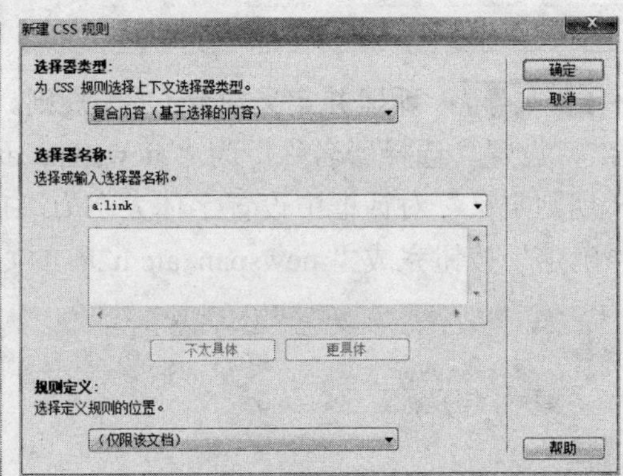

STEP 15：**定义超链接默认 CSS 规则。**在“a:link 的 CSS 规则定义”对话框中的“类型”分类中设置“Text-decoration”属性为“none”，即取消超链接的下画线；设置“Color”属性值为“#333”（深灰色），如左下图所示；单击“确定”按钮完成 CSS 规则定义。

STEP 16：**定义超链接鼠标指向时的 CSS 规则。**新建 CSS 规则，设置“选择器类型”为“复合内容”，设置“选择器名称”为“a:hvoer”，即定义超链接的默认样式，如右下图所示，单击“确定”按钮。

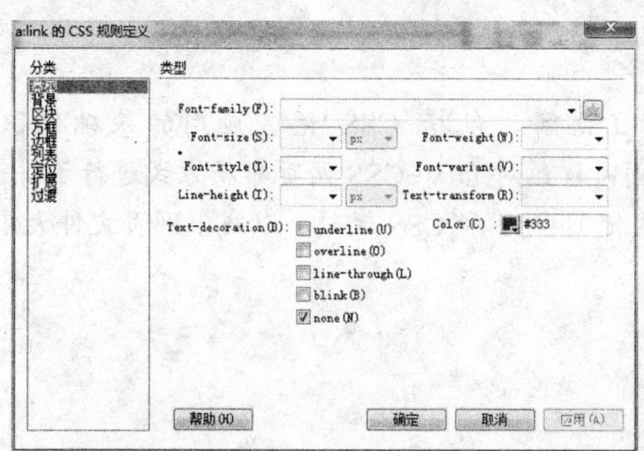

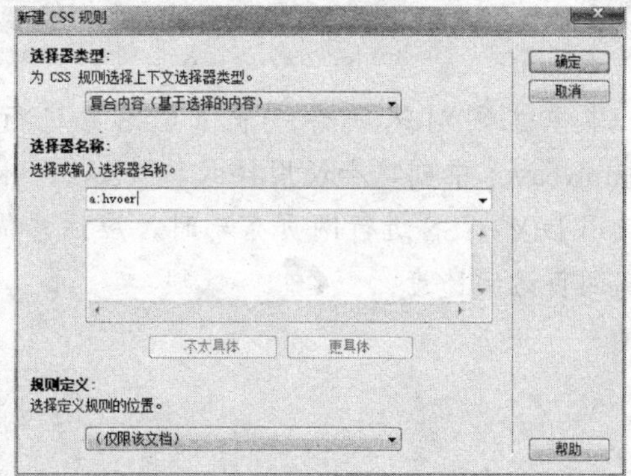

STEP 17：**定义超链接默认 CSS 规则**。在“a:hover 的 CSS 规则定义”对话框中的“类型”分类中设置“Text-decoration”属性为“underline”，即为超链接添加下画线；设置“Color”属性值为“#09C”（尉蓝色），如左下图所示；单击“确定”按钮完成 CSS 规定义。

STEP 18：**复制并修改网页内容**。在“设计”视图中选择“.newspan”DIV，按快捷键【Ctrl+C】复制，将光标定位于“.newspan”DIV 之后，按快捷键【Ctrl+V】粘贴出相同网页内容，然后修改粘贴的区域中的图片内容及文字内容，最终效果如右下图所示。

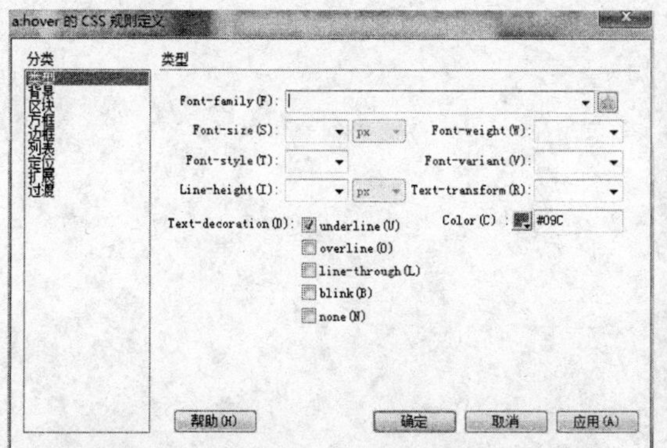

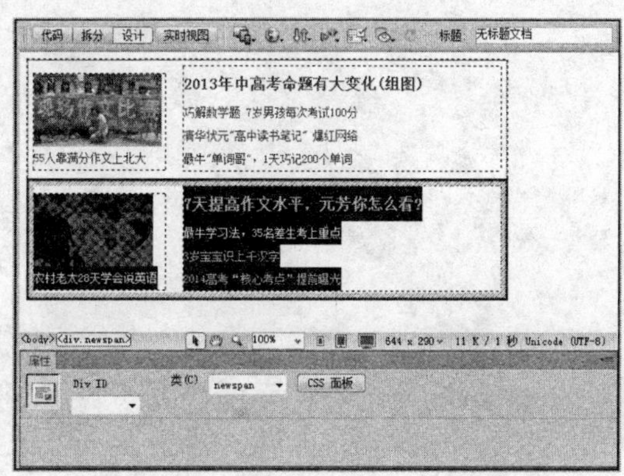

STEP 19：**保存并预览栏目内容效果**。按快捷键【Ctrl+S】保存文档，然后按【F12】键在浏览器中预览网页效果，排列整齐的新闻栏目效果如下图所示。

本章小结

本章主要对级联样式表（CSS）进行了讲解，包括 CSS 语言应用的基础知识和 Dreamweaver 中创建和使用样式相关知识，同时详细对 DIV+CSS 网页布局方式进行了讲解，在使用 DIV+CSS 进行网页布局时，应注意优化 HTML 和 CSS 代码，以减小网页文件大小，提高网页访问速度。

第 7 章

使用框架、模板与库

本章导读

网站是由许许多多的网页构成的，在一个网站中，通常需要许多页面风格统一的网页，网站中各页面中都会运用许多相同的元素，如相同的布局结构，相同的顶部区域、相同的按钮效果、相同的修饰样式等。在制作网页时，使用框架或 Dreamweaver 中的模板和库，都可以快速制作多个风格统一的页面。

知识要点

- 了解框架的作用
- 掌握框架和框架集的使用
- 熟练掌握浮动框架的应用
- 掌握模板的使用方法
- 掌握库元件的创建方法
- 掌握库元件的应用

案例展示

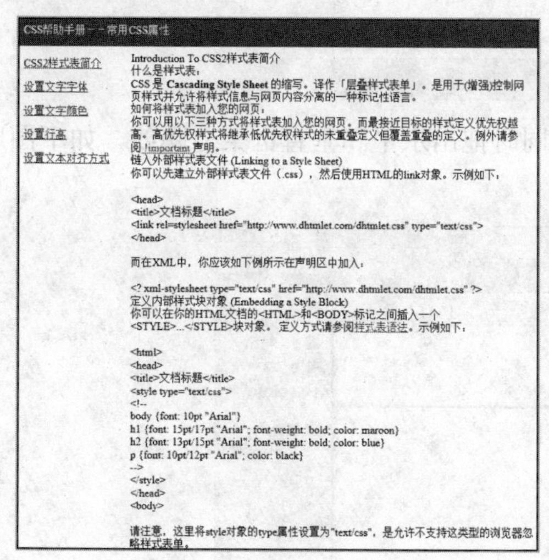

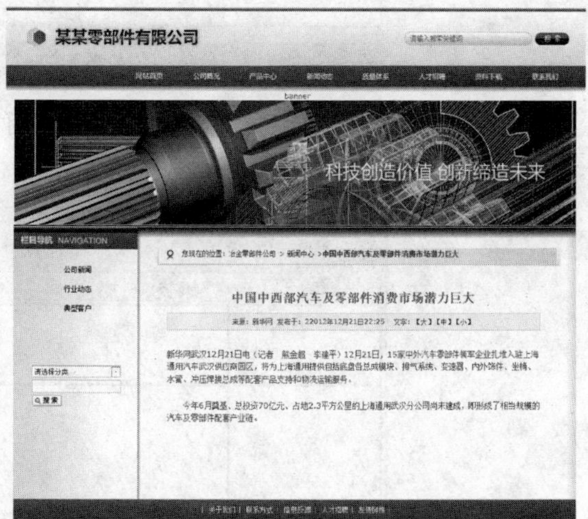

7.1　知识讲解——应用框架制作网页

框架将一个浏览器窗口划分为多个区域，每个区域都可以显示不同的 HTML 文档。在 Dreamweaver 中，几个框架组合在一起，称为框架集。一个框架网页实际上是由一个框架集页面和若干用作不同框架内容的网页构成。

7.1.1　创建框架网页

在 Dreamweaver CS6 中创建框架网页可以从普通的新网页文件开始创建，即先新建一个网页文件，然后使用相关创建创建框架。在 Dreamweaver CS6 可以有两种方式创建框架网页，分别是创建自定义框架和使用预定义框架，具体方法如下。

方法一：执行“查看→可视化助理→框架边框”命令，使框架边框在文档窗口中可见；将光标移到“文档”窗口的框架边框线上，拖动鼠标至相应的位置，即可创建一条框架分隔线，如下图所示。

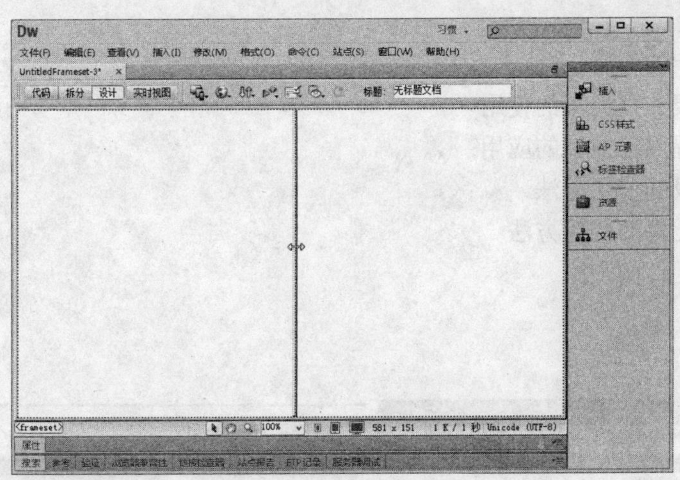

拖动“文档”窗口左上角边框线的交叉点可同时拖出水平和垂直框架分隔线，如下图所示。

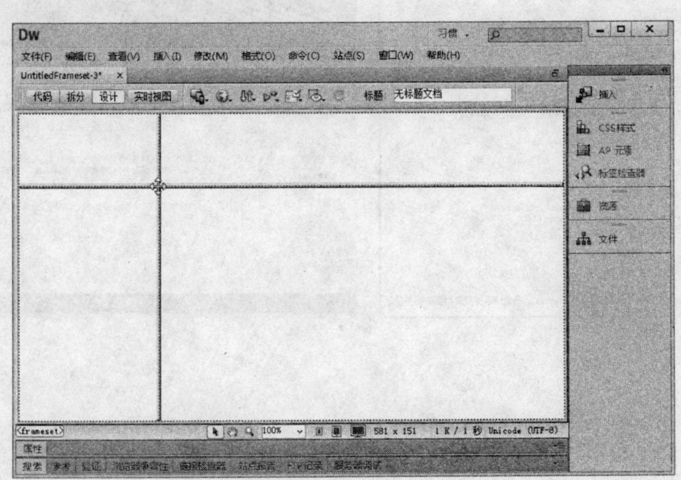

专家提示　要删除不需要的框架分隔线，将框架分隔线拖到“文档”窗口外即可删除。

方法二：执行“插入→HTML→框架”命令，在菜单中选择相应的命令也可插入框架，如下图所示。

7.1.2　拆分或嵌套框架

在一个框架集之内的框架集称为嵌套的框架集。一个框架集文件可以包含多个嵌套的框架集。如果在一组框架中不同的行或列中有不同数目的框架，则要求使用嵌套的框架集。将光标定位于要拆分或嵌套的框架中，然后使用以下方法拆分或嵌套框架：

方法一：执行“修改→框架集”命令，在子菜单中选择相应的拆分命令拆分当前框架。

方法二：执行“插入→HTML→框架”命令，在菜单中选择相应的命令即可在当前框架内部再嵌入一个框架集。

7.1.3　框架和框架集相关操作

框架集是一个 HTML 文件，它定义一组框架的布局和属性，包括框架的数目，框架的大小和位置以及在每个框架中初始显示的页面的 URL。框架集网页中不能包含具体的网页内容，只能使用框架集和框架标签。

在 HTML 语言中，使用标签“frameset”表示框架集，使用标签“frame”把浏览器的窗体分为多个行与列的框架页、使用“noframes”标签可以设置当浏览器不能识别框架标签时的显示内容，通过各标签中的各种属性可以设置框架集或框架的属性。

在 Dreamweaver CS6 中提供了对框架集和框架的可视化操作功能，可执行的操作和操作方法如下：

1．使用框架面板选择框架或框架集

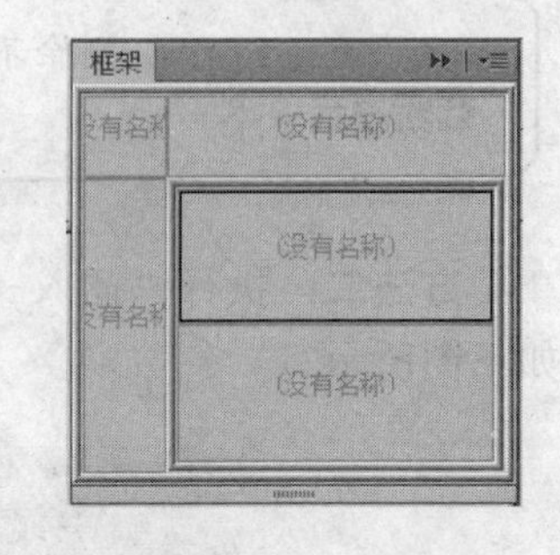

要设置框架或框架集属性时首先需要选择框架或框架集，使用“框架”面板可以准确地选择框架或框架集，执行“窗口→框架”命令或按快捷键【Ctrl+F12】可打开“框架”面板，如右图所示。

在“框架”面板中显示的框架结构与页面中的框架结构相同，单击“框架”面板中的框架可选择页面中相应的框架，单击“框架”面板中表示框架集的边框线即可选择框架集，通常框架集的边框线以较粗较明显的线条表示。

2．保存框架

在框架网页中，每一个框架中为一个独立的网页文件，若要保存某一个框架内的网页内容，可以将光标定位于该框架中，然后“文件→保存框架”命令，在打开的对话框中设置好文件的保存路径和框架文件的名称即可保存框架内容。

3．保存框架集

框架集是一个独立的网页，它是多个框架的集合，执行“文件→框架集另存为”命令可保存框架集。在保存框架集时，其内部框架中的网页若未保存，将提示保存各框架内部网页。

4．设置框架属性

在框架网页中，选择某一框架后可以在“属性”面板中设置该框架的属性，如下图所示为选择框架后的“属性”面板。

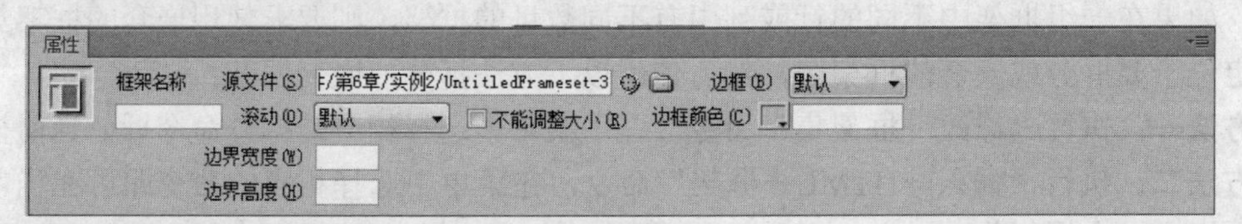

在框架的属性中，各参数的功能与作用如下：

- 框架名称：在该文本框中输入框架的名称，主要用来作为链接指向的目标。框架名称不能以数字开头。
- 源文件：设置框架中要显示的网页的 URL。
- 滚动：在下拉列表中选择当没有足够的空间来显示当前框架的内容时是否显示滚动条，共包括“是”、“否”、“自动”、“默认”4 项。
- 不能调整大小：选中该复选框，可防止改变框架的大小。
- 边框：在下拉列表中选择是否显示边框，包括“是”、“否”、“默认”3 项。该设置将覆盖“框架集”的边框设置。
- 边框颜色：设置框架边框颜色。该设置将覆盖“框架集”的边框颜色设置。
- 边界宽度：设置框架左边与右边的距离，以像素为单位。
- 边界高度：设置框架上边与下边的距离，以像素为单位。

5. 设置框架集的属性

选择框架集后在“属性”面板中可设置框架集属性，如下图所示。

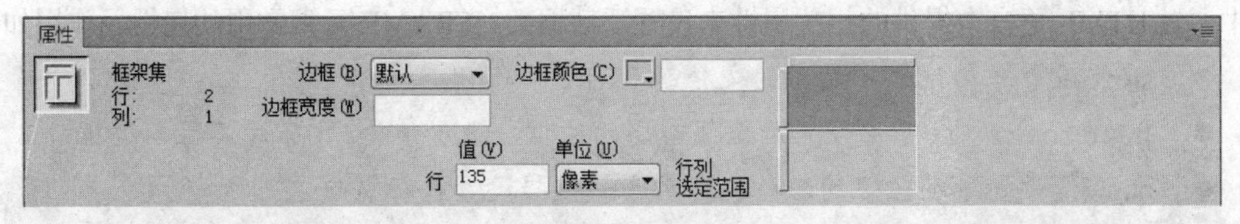

其中各属性的作用如下：

- 边框：设置当文档在浏览器中被浏览时是否显示框架边框，包括“是”、“否”、“默认”3 项。
- 边框宽度：在文本框中输入一个数值以指定当前框架的边框宽度。
- 边框颜色：设置框架集的边界线颜色。
- 值：指定所选择框架集的宽度，并在后面的下拉列表框中为其选择宽度单位，包括“像素”、“百分比”、“相对”3 项。在右侧的图示中可通过单击或双击选择要设置行高或列宽的行或列。

7.2　知识讲解——使用浮动框架

一个框架网页是一个框架集页面和若干作为框架内容的网页构成。在普通的网页中，如果需要在一个特定区域嵌入另一个网页的内容，则不能使用框架集和框架而使用浮动框架来完成。浮动框架用于在普通的网页内任意位置嵌入其他网页内容，相对于框架集使用更为方便灵活。

7.2.1　插入浮动框架

在普通的网页要插入浮动框架，可以使用标签“<iframe></iframe>”，在 Dreamweaver CS6 中执行“插入→HTML→框架→IFRAME”命令即可插入浮动框架。插入浮动框架后将自动切换到“代码”视图，如下图所示。

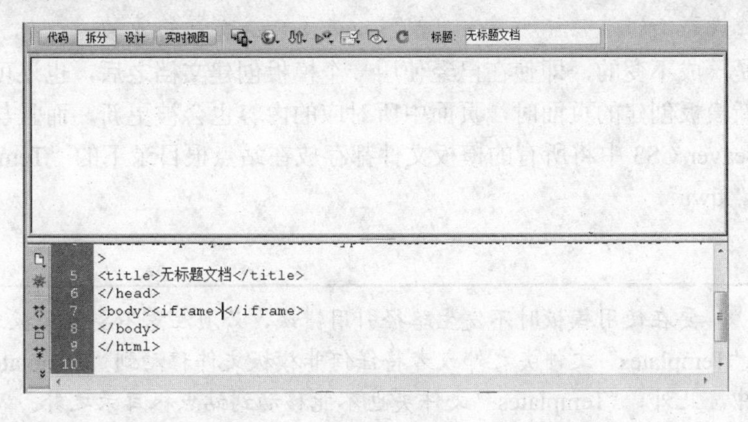

7.2.2 设置浮动框架的属性

在 Dreamweaver CS6 中并未提供可视化的浮动框架编辑和修改功能，只能在“代码”视图中通过 HTML 语言中提供的相关属性来设置浮动框架。IFRAME 元素常用的属性及作用如下：

- src：设置浮动框架中显示的文档的 URL。
- frameborder：设置是否显示框架四周的边框，设置值为“0”时不显示边框。
- name：设置浮动框架的名称，可用于超链接设置目标窗口。
- width：设置浮动框架的宽度（单位为像素，数值上不带单位）。
- height：设置浮动框架的高度（单位为像素，数值上不带单位）。
- scrolling：设置是否在框架中显示滚动条，可取值有“yes”（显示滚动条）、“no”（不显示滚动条）和“auto”（自动显示滚动条）。

7.3 知识讲解——使用模板统一网站风格

模板是制作多个网页文档时使用的基本文档，一般在制作统一风格的网页时会经常使用该功能。利用模板文件中的锁定区域可以控制网站内多个网页中有共性的内容，而个性化的内容，则可通过可编辑区域来完成，从而用最短的时间来完成繁重的维护工作。网站中相对固定的元素是网页背景、导航菜单、网站 Logo 等内容，可将这些元素设置为锁定区域。

7.3.1 模板的概念

在 Dreamweaver CS6 中，模板是所提供的一种机制，它能够帮助设计者快速制作出一系列具有相同风格的网页。制作模板与制作普通的网页相同，只是不把网页的所有部分都制作完成，而是只把导航条和标题栏等各个页面公有的部分制作出来，而把其他部分留给各个页面安排设置具体内容。

模板实质上就是作为创建其他文档的基础文档。模板具有下列的优点：

- 能使网站的风格保持一致。
- 有利于网站建成以后的维护，在修改共同的页面元素时不必每个页面都修改，只要修改应用的模板就可以了。
- 极大地提高了网站制作的效率，同时省去了许多重复的劳动。

模板也不是一成不变的，即使在已经使用一个模板创建文档之后，也还可以对该模板进行修改，在更新模板创建的页面时，页面中所对应的内容也会被更新，而且与模板的修改相匹配。Dreamweaver CS3 中将所有的模板文件都存放在站点根目录下的“Templates”子目录中，扩展名为“.dwt”。

新手注意

要在使用模板时不发生路径引用错误，必须注意不要将模板文件移动到“Templates”文件夹之外或者将任何非模板文件移动到“Templates”文件夹中。此外，“Templates”文件夹也不能移动到站点根目录之外。

7.3.2　使用模板创建网页

当 Dreamweaver 站点中存在网页模板时，可以利用模板页面快速创建新网页文件，在创建网页时，仅需要修改模板中可编辑区域的内容，然后保存网页文件即可。首先将包含模板页的站点文件夹创建为 Dreamweaver 站点，然后执行“文件→新建”命令，在打开的“新建文档”对话框中选择“模板中的页”选项，在“站点”列表中选择含有模板页的站点后，在右侧列表中选择要用于创建新网页的模板，如下图所示；单击“创建”按钮利用模板新建一个网页文件。

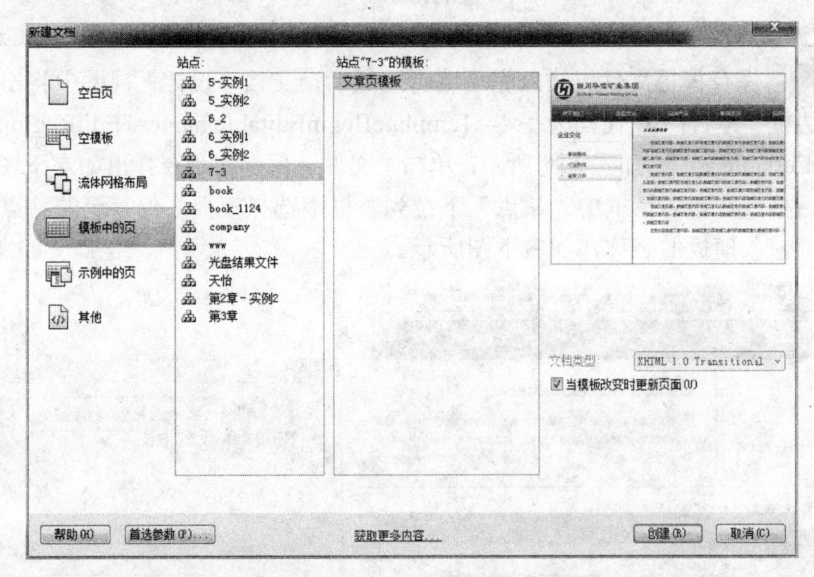

使用模板创建出新页面后，在页面中只能编辑“可编辑区域”的内容，其他区域的内容均不可编辑，编辑完成后保存文件即可通过模板创建出新网页。

7.3.3　创建模板网页

在一个站点中，如果多数网页布局结构相同或具有许多相同部分，此时可将各网页中相同的部分创建为一个网页模板，然后利用模板快速创建出各个不同的网页。在 Dreamweaver CS6 中可以通过以下方式创建模板网页。

方法一：从空白文档创建模板

STEP 01：**新建空模板文件**。执行“文件→新建”命令，在“新建文档”对话中选拔“空模板”选项，在“模板类型”列表中选择“HTML 模板”，单击“创建”按钮即可创建一个空模板页面，如左下图所示。

STEP 02：**制作模板内容及可编辑内容**。在新建的模板文件中制作中模板页中固定的布局和内容，预留出允许编辑修改的区域和内容位置；将光标定位于允许编辑的区域中，执行“插入→模板对象→可编辑区域”命令，弹出如右下图所示的对话框；设置可编辑区域的名称后单击“确定”按钮即可插入可编辑区域。在使用该模板创建新网页时，可编辑区域可被编辑，其他区域不可被编辑和修改。

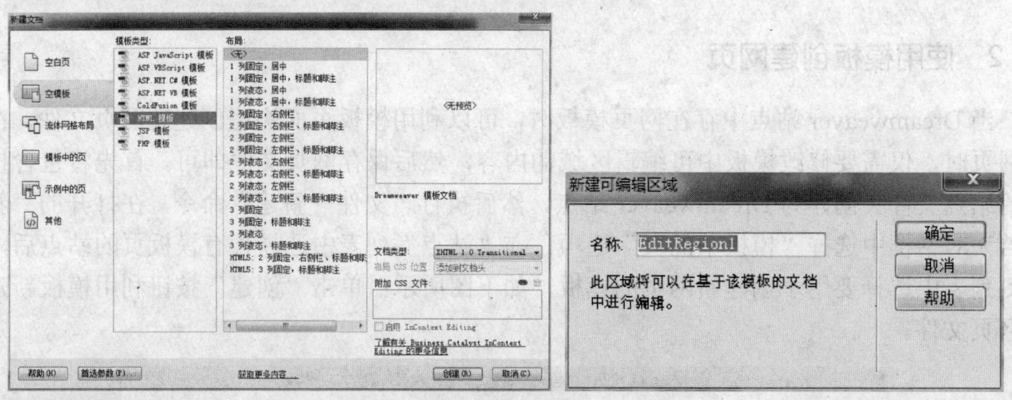

STEP 03：**保存模板文件**。插入完可编辑区域后，文档“设计”视图中将出现可编辑区域的标识和边框，其 HTML 代码为“<!-- TemplateBeginEditable name="EditRegion1" -->…<!-- TemplateEndEditable -->”，如左下图所示；单击“文件→保存”命令弹出如左下图所示的“另存模板”对话框，在该对话框中“站点”下拉列表框中选择模板要保存至的站点，在“另存为”文本框中输入模板的名称，如右下图所示。

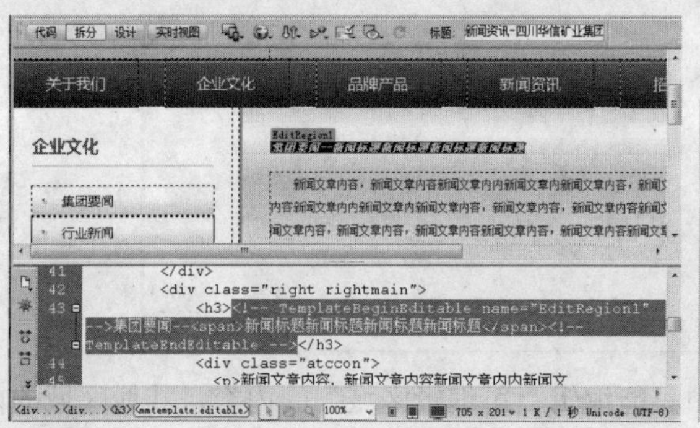

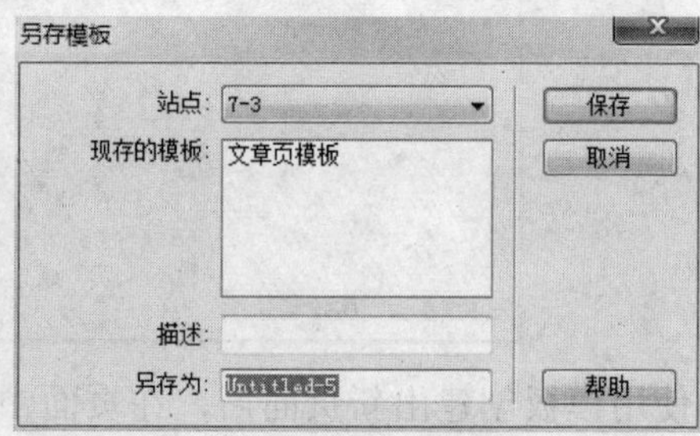

新手注意

在保存模板网页时，只能选择模板保存的站点，不能选择模板保存的路径；模板文件只能保存于站点根目录中的“Templates”文件夹中，若站点中不存在该文件夹，Dreamweaver 在保存模板文件时会自动新建“Templates”文件夹，并将模板文件保存于该文件夹中。

方法二：新建或打开普通的 HTML 网页文件，在网页中选择要作为可编辑区域的内容或区域后，执行“插入→模板对象→可编辑区域”命令将所选内容设置为模板中的可编辑区域，然后执行“文件→保存”命令，此时亦可将普通的网页文件保存为模板文件。

新手注意

在将原有文件保存为模板时，由于模板网页存放的路径与原有网页不同，网页中原有的超链接或图片的源路径都需要随之变化，所以在将普通文件保存为模板时，通常会弹出提示更新链接的对话框“要更新链接吗？”，在对话框中单击“是”按钮才能保存网页中原有的图片源路径和超链接地址。

7.3.4 模板中的区域类型

在 Dreamweaver 创建的模板网页中，可使用多种类型的模板区域，在“插入→模板对象”子菜单中提供了几种模板区域类型可选择，各类型区域的作用如下：

- 可编辑区域：是基于模板的文档中的未锁定区域，它是模板用户编辑的部分。用户可以将模板的任何区域定义为可编辑的。要让模板生效，它应该至少包括一个可编辑区域；否则，基于该模板的页面将无法编辑。
- 重复区域：是文档中设置为重复的部分。允许模板用户创建相同结构的扩展内容，同时使设计处于模板创作者的控制之下。在基于模板的文档中，使用重复区域控制选项添加或删除重复区域的拷贝。可以在模板中插入两种类型的重复区域，重复区域和重复表格。
- 可选区域：是设计得在模板中定义为可选的部分，用于保存有可能在基于模板的文档中出现的内容（如可选文本或图像）。在基于模板的页面上，通常由内容编辑器控制内容是否显示。

在模板中还可以设置“可编辑标签属性”区域，即设置模板中某些标签的指定属性可被修改和设置。具体方法为：选择允许编辑属性的标签，执行“修改→模板→令属性可编辑”命令，在打开的对话框中设置允许编辑的属性名称，选拔“令属性可编辑”选项，设置属性值类型和默认值等参数，单击“确定”按钮即可。

7.3.5 编辑模板

编辑模板即对站点中现有的模板页面内容进行修改，当对模板进行修改后，可将修改应用于当前站点中所有应用了该模板网页。要修改现有模板，可在“文件”选项卡中当前站点中的“templates”文件夹中双击要修改的模板文件，如左下图所示，或在“资源”面板中选择“模板”分类，在列表中双击要修改的模板，如右下图所示，编辑修改后直接保存即可。

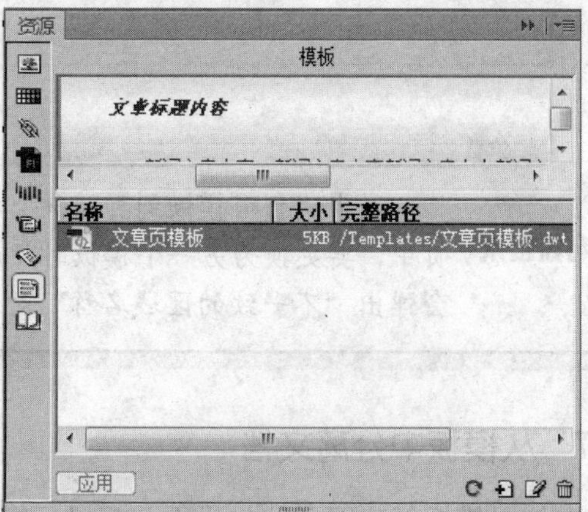

当模板的文件名称或者模板中的内容被修改后，将打开“更新文件”对话框，如左下图所示；单击“更新”按钮后，模板文件保存同时更新站点中所有应用于该模板的网页，完成后将弹出“更新页面”对话框 ，如右下图所示；若单击“不更新”按钮，模板内容保存，应用了模板的网页中的内容不会随之变化。

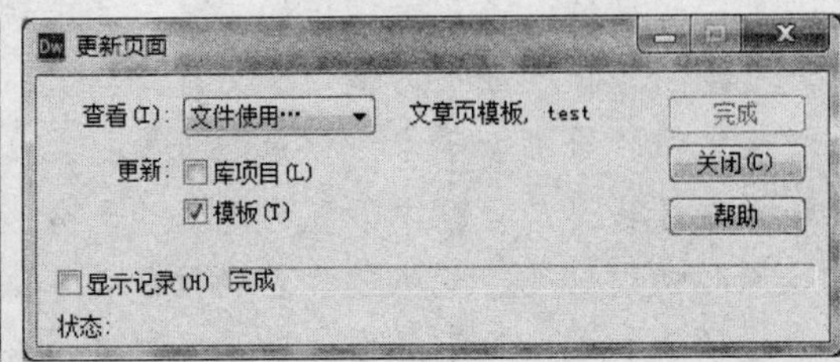

7.3.6 应用模板到页

在应用模板时，可以先在网页中创建好模板中需要的内容，然后使用“应用模板到页面”命令将该内容插入到模板中指定区域，然后生成新网页文件。具体操作步骤如下：

STEP 01：**执行“应用模板到页面”命令并选择模板页**。执行“修改→应用模板到页”命令，在打开的“选择模板”对话框上选择模板所有的站点及模板文件，选择后单击“选定”按钮，如左下图所示。

STEP 02：**设置见容移至的区域**。在打开的“不一致的区域名称”对话框中设置当前网页中的内容要放置于模板中的位置，即在列表中选择文档内容区域，在下方“将内容移到新区域”列表中选择模板中具体的区域名称，如右下图所示，完成后单击“确定”按钮即可将当前文档中内容使用模板文件生成新网页文件。

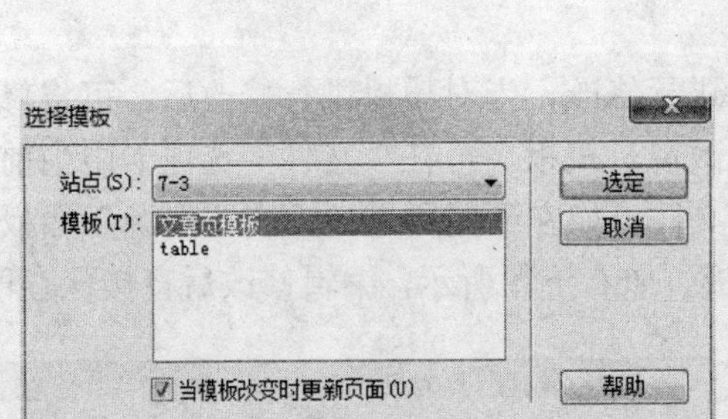

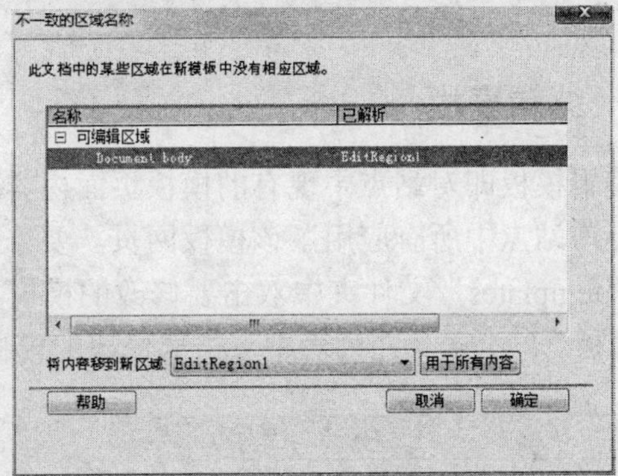

专家提示

通常“套用模板到页”命令应用于切换模板，即在一个应用了模板的网页中，要更换为另一个模板时使用，当模板中可编辑区域的名称相同时，不会弹出“不一致的区域名称”对话框。

7.3.7 从模板中分离文档

在使用模板创建网页，如果不希望以后模板修改后文档内容随模板更新，执行“修改→

模板→从模板中分离”命令即可将当前网页与模板网页分离，成为一个独立的网页文档。

7.4　知识讲解——创建与应用库资源

在 Dreamweaver 中，库是用来存储整个 Web 站点中经常重复使用或更新的页面元素，如图像、文本、声音、flash 或表格等。当页面需要时，可以把库项目插入到页面中。此时 Dreamweaver CS6 会在页面中插入该库项目的 HTML 代码的拷贝，并创建一个对外部库项目的引用（即对原始库项目的应用的 HTML 注释）。这样，如果对库项目进行修改并使用更新命令，即可以实现整个网站各页面上与库项目相关内容的更新。

Dreamweaver CS6 中将库项目存放在每个站点的本地根目录下的“Library”文件夹中，扩展名为“.lbi”。

7.4.1　使用资源面板

在“资源”面板中可以查看和引用当前站点中所有的素材图像、色彩、链接和其他媒体等可共用内容，使网页编辑过程更加便捷。

执行“窗口→资源”命令可显示出资源面板，如下图所示。在面板中左侧一列按钮用于选择资源类型，从上到下各按钮分别用于选择图片、颜色、链接、动画、Shockwave、视频、脚本、模板和库资源。

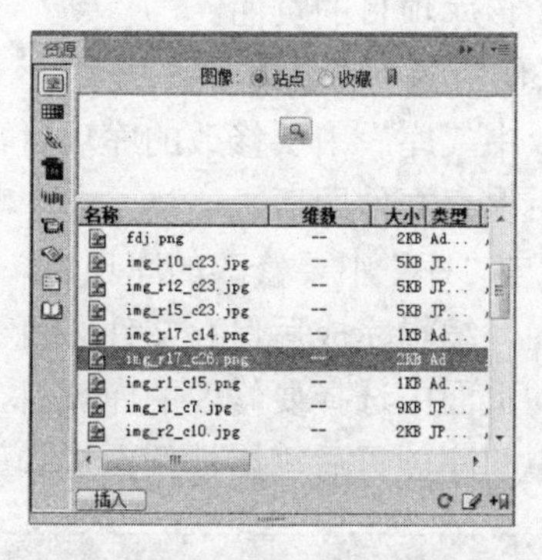

选择资源类型后，在右侧列表中将需要使用的资源拖动到网页中即可引用相关资源。

要将“资源”面板中的对象应用到当前网页中，可以在“资源”面板中的项目列表中选择要使用的项目后，拖动到网页中即可应用该元素。

7.4.2　新建库项目

在制作网页时，若网页中的部分可容可以用于站点中其他页面，些时可以将该部分网页内容创建为库项目同。文档中<body>中的任意元素都可以创建为库项目，如文本、表格、表单、Java applet、插件、ActiveX 元素、导航条和图像等。

将网页中现有的内容创建为库项目，以便于在站点中其他页面内使用相同的内容。要创建库项目，首先需要在当前网页中选择要创建为库项目的内容，然后使用以下方法即可将所选内容创建为库项目。

方法一：执行“修改→库→增加对象到库”命令，在“资源”面板中新建出的项目上输入创建的库项目的名称即可，如左下图所示。

方法二：展开面板区域（或将“资源”面板设置为展开状态），在“资源”面板中单击“库”按钮切换到“库”状态，将页面中所选内容拖动至“资源”面板中，输入库文件名即可，如右下图所示。

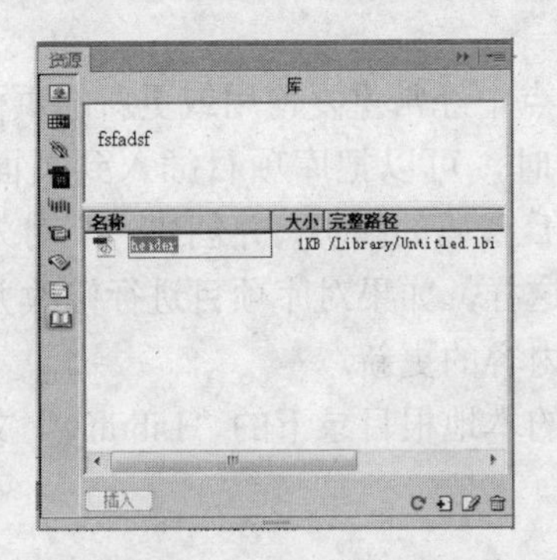

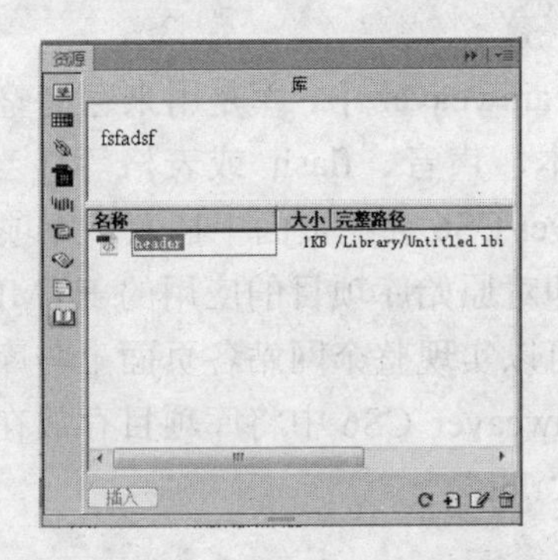

方法三：在“资源”面板中单击“库”按钮切换至“库”状态，单击“新建”按钮，输入新建库项目的名称，即可将当前所选内容创建为库项目。若创建库项目前未选择网页元素，将创建一个空白的库项目。

7.4.3 编辑和更新库项目

当页面中应用了库项目后，有时需要对库项目中的内容进行修改和编辑，当修改库项目后可自动更新站点中所有引用了该库项目的页面。

在 Deamweaver CS6 中可以使用以下方法编辑库项目。

方法一：双击“资源”面板中“库”中要修改的库项目，此时可打开库项目文件编辑页面，修改编辑该页面中的内容后保存文件即可。

方法二：选择“资源”面板中“库”中要修改的库项目，单击面板右下角的“编辑”按钮即可进行库项目文件编辑页面，编辑完成后保存文件即可。

方法三：在引用了库项目的页面中选择要修改的库项目，可在“属性”面板中通过相关的命令修改库项目。选择页面中的库项目后“属性”面板如下图所示。

“属性”面板中各参数和按钮的作用如下：

- 库项目：表明当前选择的对象是一个库项目。
- 源文件：显示库项目源文件的路径及文件名。
- 打开：单击该按钮打开库项目源文件进行编辑。
- 从源文件中分离：单击该按钮后断开所选库项目与其源文件的链接，使库项目内容可编辑。断开后，库项目内容被修改后不能更新。
- 重新创建：单击该按钮后，将使用当前内容覆盖初始库项目。若库项目丢失或被改名，单击此按钮可重建库项目。

7.5 同步训练——实战应用

实例 1：使用框架制作帮助文档

案例效果

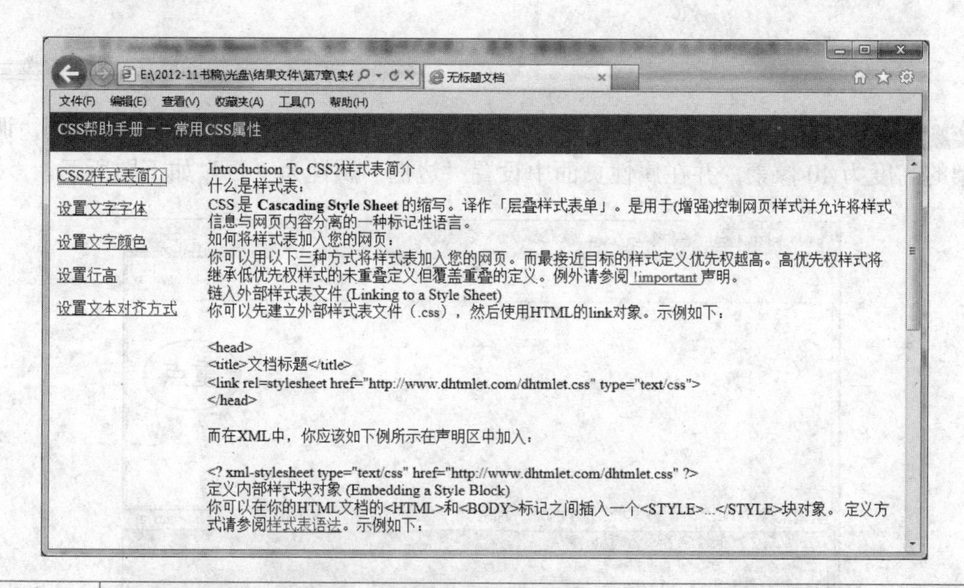

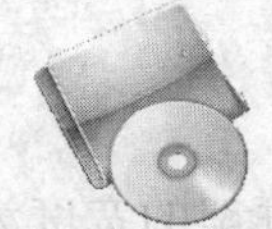	素材文件：光盘\素材文件\第 7 章\实例 1\
	结果文件：光盘\结果文件\第 7 章\实例 1\
	教学文件：光盘\教学文件\第 7 章\实例 1.avi

制作分析

本例难易度：★★★★☆

关键提示：

利用框架制作网页可以在多个页面中快速引用相同的页面内容。首先创建框架集页面，然后制作各框架中具体的网页内容，设置各框架中链接打开的页面，最后保存框架集及各框架中的网页文件即可。

知识要点：

- 新建框架网页
- 框架集的调整与修改
- 设置框架属性
- 制作各框架页面
- 设置链接打开的目标页面
- 保存框架集和各框架网页

具体步骤

STEP 01：**新建站点和框架网页。**将素材文件夹复制于新建文件夹并新建 Dreamweaver 站点；新建空白 HTML 文档，执行“插入→HTML→框架→上方及左侧嵌套”命令，在打开的“框架标签辅助功能属性”对话框中设置上各框架的标题，如左下图所示；单击“确定”按钮创建出框架页面，如右下图所示。

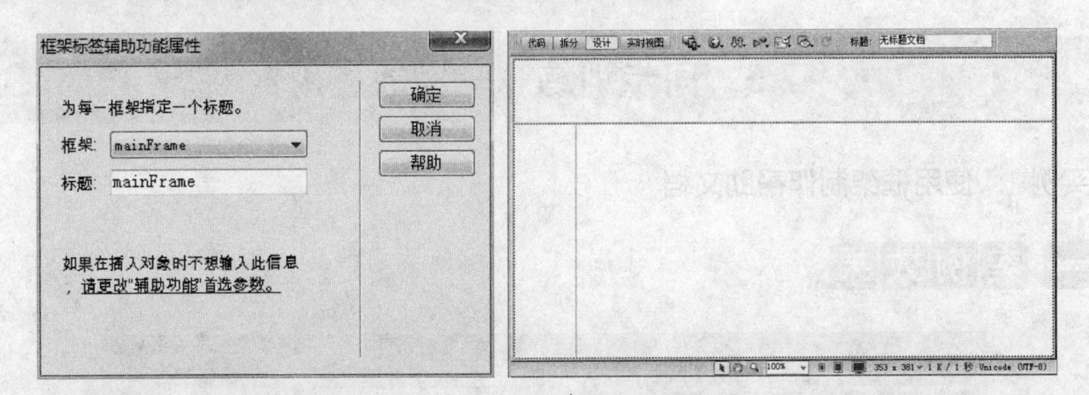

STEP 02：**调整顶部框架高度和属性**。在“设计”视图中拖动顶部框架的边框，调整顶部框架的高度为 40 像素，并在属性页面中设置“边框”属性为“否”如下图所示。

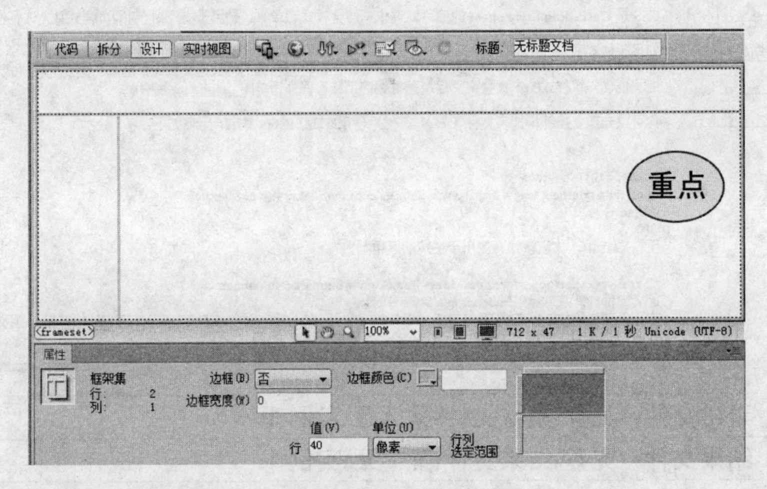

STEP 03：**设置左侧框架宽度及属性**。拖动左侧框架的边框，调整左侧框架的宽度为 160 像素，并在属性页面中设置“边框”属性为“否”如下图所示。

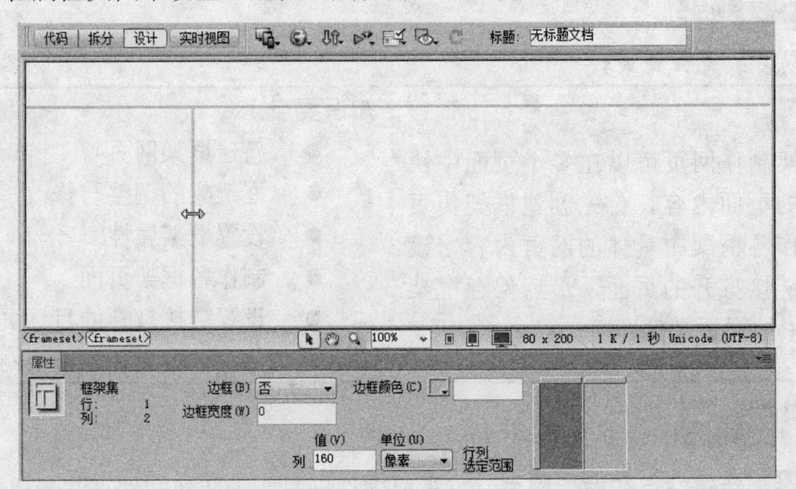

STEP 04：**设置顶部框架的页面属性**。将光标定位于顶部框架中，单击“属性”面板中的“页面属性”按钮，打开页面属性对话框，在对话框中设置文字颜色为白色“#FFF”，背景颜色为深蓝色“#069”，如左下图所示。

STEP 05：**编辑顶部框架内容**。在顶部框架中输入文字内容，如右下图所示。

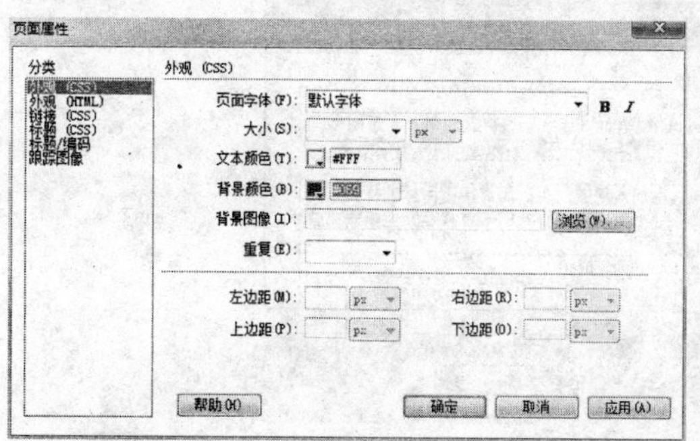

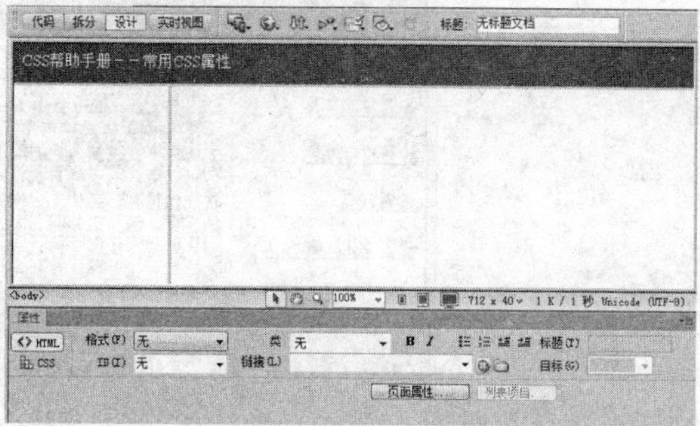

STEP 06：**设置左侧框架内容**。在左侧框架中输入如左下图所示的文本内容。

STEP 07：**设置超链接**。分别为左侧框架中的文本设置超链接，设置第一段文字上的超链接地址为当前站点中的“page1.html”文件，超链接的“目标”属性设置为“mainFrame”，如右下图所示；并依次设置其他段文字的链接地址为当前站点中的“page2.html”、“page3.html”、“page4.html”和“page5.html”，并设置各超链接的“目标”属性均为“mainFrame”。

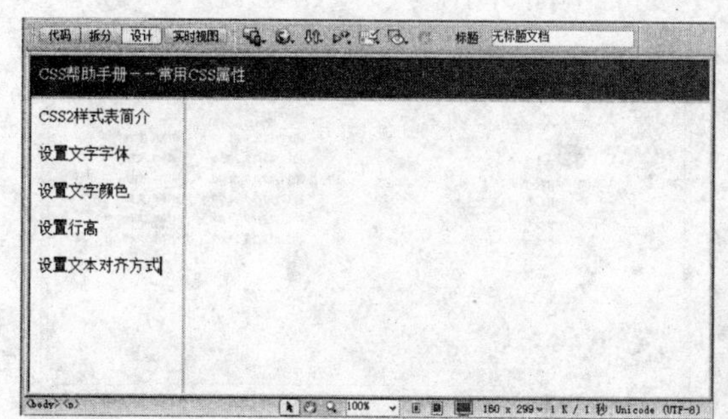

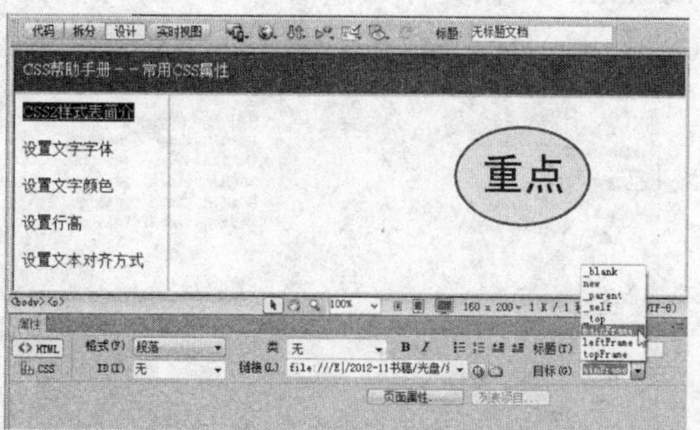

新手注意

在使用框架创建网页时，通常需要页面中各链接在指定的框架区域中打开，此时通过设置超链接的“目标”属性可以准确的控制链接打开的目标框架或窗口，即将“目标”属性值设置为目标框架的名称即可，在“框架”页面中可看到各部分框架的名称，选择框架后，在“属性”面板中亦可修改框架的名称。

STEP 08：**设置“mainFrame”框架的默认页面**。在“框架”面板中选择“mainFrame”框架，如右图所示；在“属性”面板中“源文件”属性中设置文件路径为当前站点中的“page1.html”文件，如下图所示

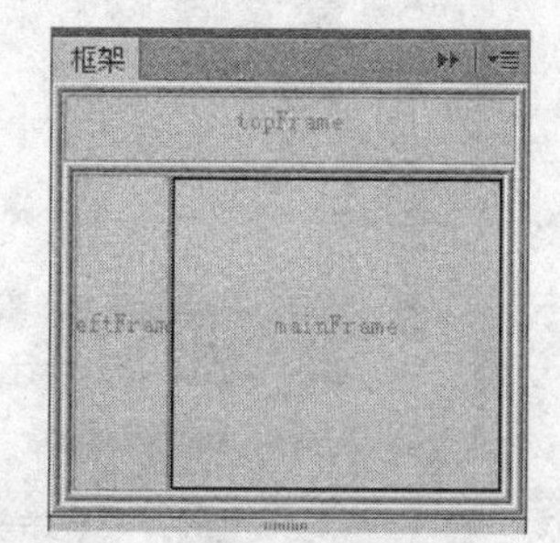

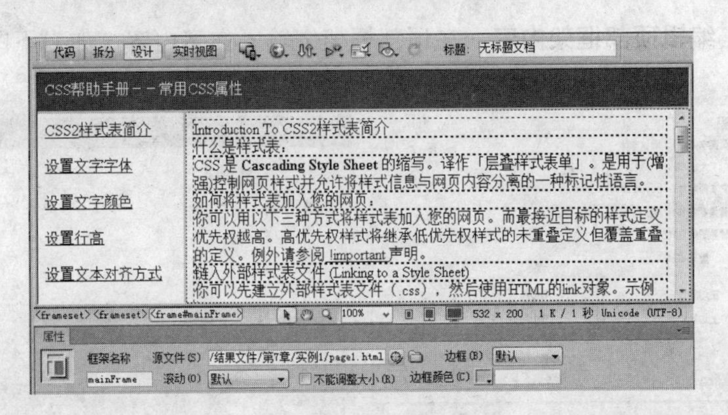

STEP 09：**执行保存全部命令**。执行“文件→保存全部”命令，保存框架集及其框架中未保存的网页文件。

STEP 10：**保存框架集页面**。在打开的第一个“另存为”对话框中设置文件名为“index.html”，即为网站首页，该文件是框架集文件，如左下图所示。

STEP 11：**保存顶部框架内容页面**。在打开的第二个“另存为”对话框中设置文件名称“left.html”，该文件为顶部框架中的网页文件，如右下图所示。

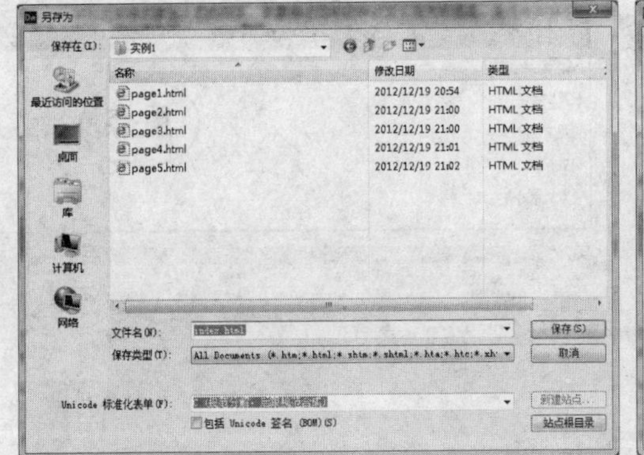

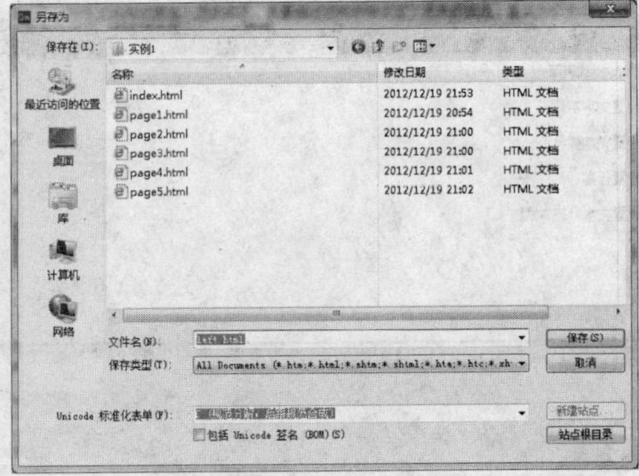

STEP 12：**保存左侧框架内容页面**。在打开的第三个“另存为”对话框中设置文件名称“top.html”，该文件为左侧框架中的网页文件，如左下图所示。

STEP 13：**补充绘制左边窗帘布形状**。按【F12】在默认浏览器中预览网页，效果如右下图所示。

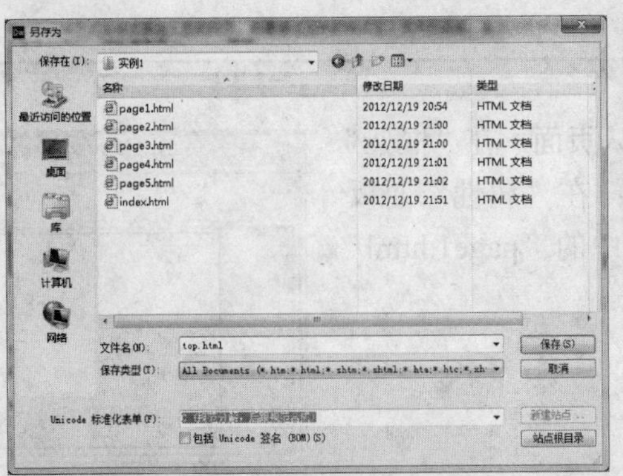

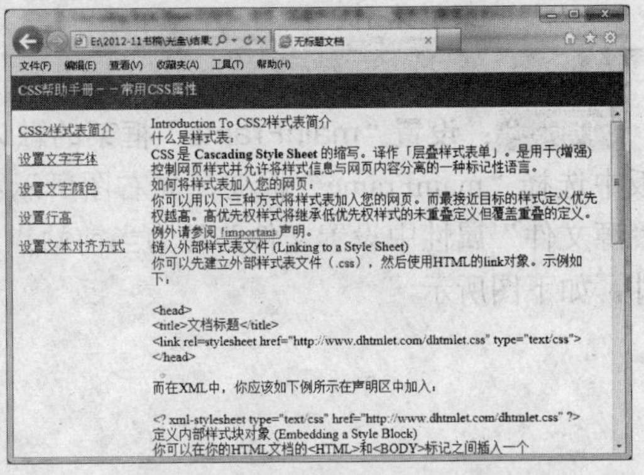

STEP 14：**测试链接效果**。在页面左侧框架中单击链接可切换链接，此时链接的页面将

在右侧框架中打开，顶部和左侧框架内容不会发生变化，如下图所示。

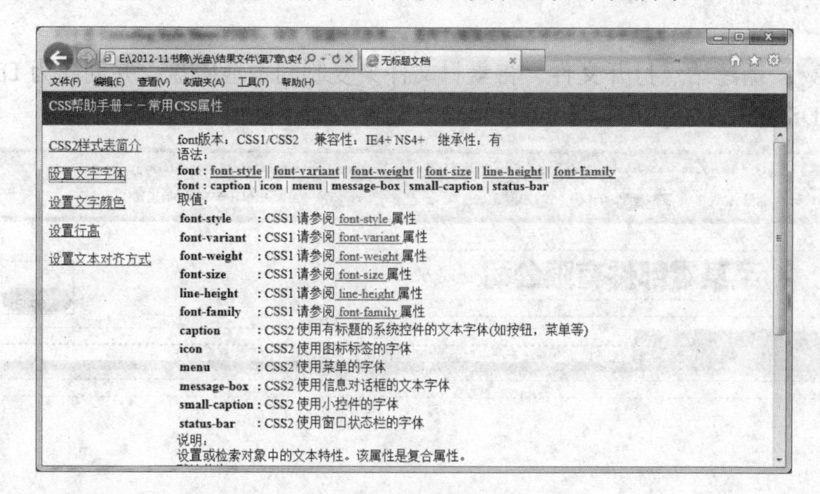

实例 2：制作文章详情页模板并应用模板新建页面

案例效果

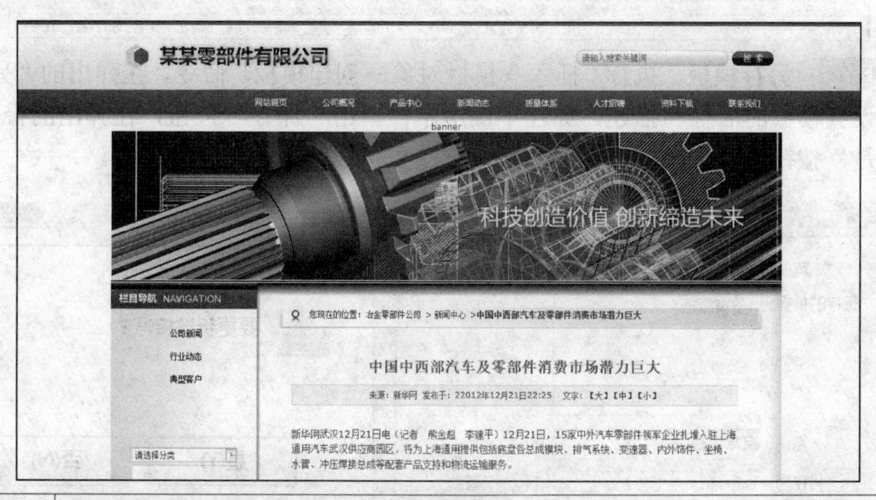

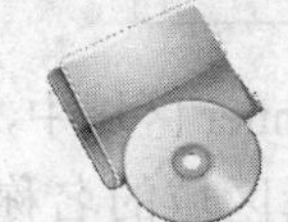

素材文件：光盘\素材文件\第 7 章\实例 2\
结果文件：光盘\结果文件\第 7 章\实例 2\
教学文件：光盘\教学文件\第 7 章\实例 2.avi

制作分析

本例难易度：★★★★☆

关键提示：

在制作站点中结构相同的多个网页时，可以先制作好一个页面，然后将该页面制作为模板，再利用模板创建其他页面。

知识要点：

- 设置可编辑区域
- 保存模板文件
- 创建模板新建文件

具体步骤

STEP 01：新建站点打开文件。将素材文件夹复制到本地磁盘，并创建为 Dreamweaver 站点；打开 Dreamweaver 中的“content.html”文件，如下图所示。

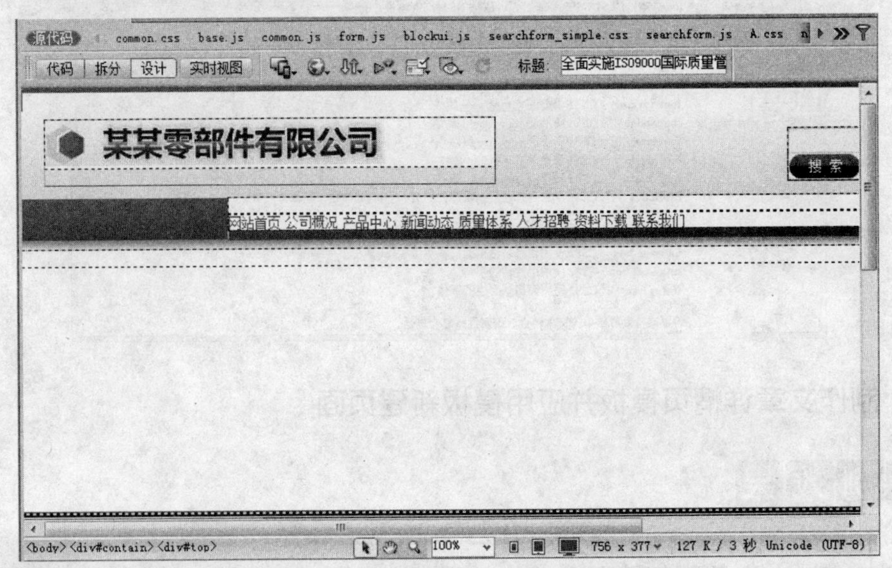

STEP 02：另存模板。执行“插入→模板对象→创建模板”命令，在弹出的“另存模板”对话框中设置模板的名称和描述，如左下图所示；单击“保存”按钮，在弹出的警告对话框中单击“是”按钮更新链接，如右下图所示，完成模板网页的转换和保存。

STEP 03：插入 Banner 部分可编辑区域。将光标定位于导航条下方的 Banner 区域中，执行“插入→模板对象→可编辑区域”命令，在打开的对话框中输入可编辑区域的名称“banner”，如左下图所示；单击“确定”按钮插入可编辑区域，如右下图所示。

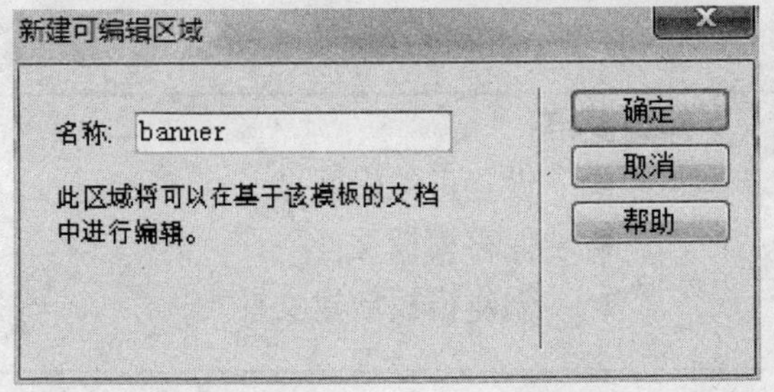

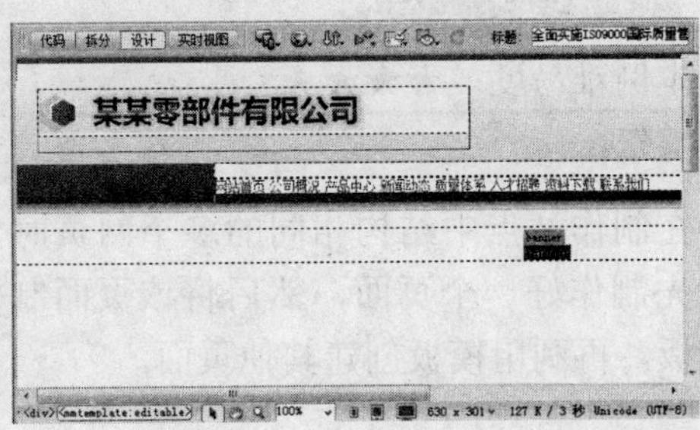

STEP 04：**插入内部部分可编辑区域**。用于上一步相同的方式，选择在正文中的“页包屑”部分，执行“插入→模板对象→可编辑区域”命令，插入名称为“nav”的可编辑区域；将正文字文字内容部分设置为可编辑区域“content”如下图所示。

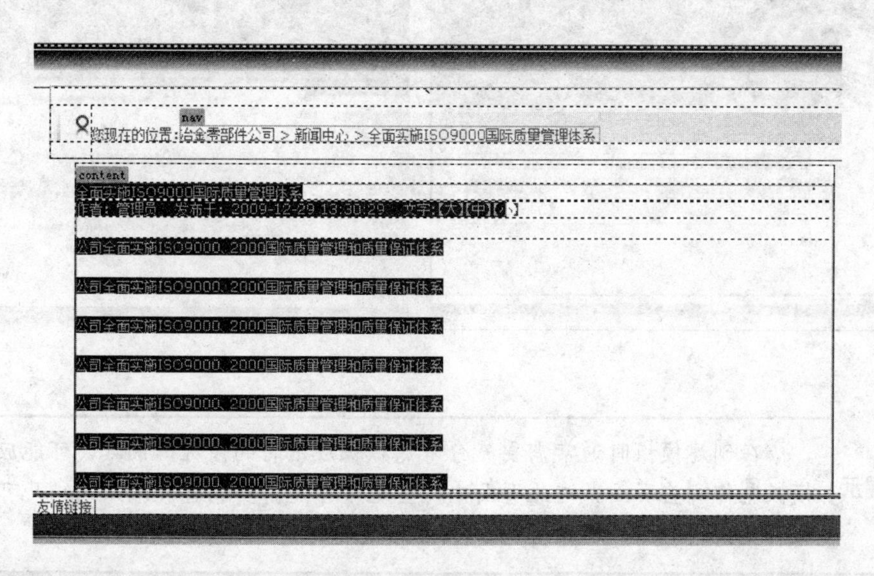

STEP 05：**保存模板并从模板新建文档**。按【Enter】键保存模板文档，执行“文件→新建”命令，在打开的对话框中选择“模板中的页”选项，在选择当前站点中创建的模板“content”，单击“创建”按钮新建一个文档，如左下图所示。

STEP 06：**保存新文档**。按快捷键【Ctrl+S】保存文档，将文档保存于当前站点根目录中，并命名文件名称为“content2”，如右下图所示。

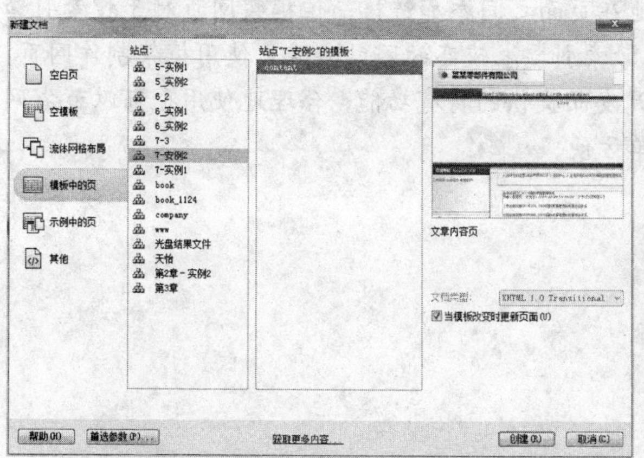

STEP 07：**编辑新文档内容**。在“banner”区域内插入“images”文件夹中的图像“banner.jpg”，修改网页正文内容，如左下图所示。

STEP 08：**保存并预览网页**。按快捷键【Ctrl+S】保存文档，按【F12】键在浏览器中查看网页效果，如右下图所示。

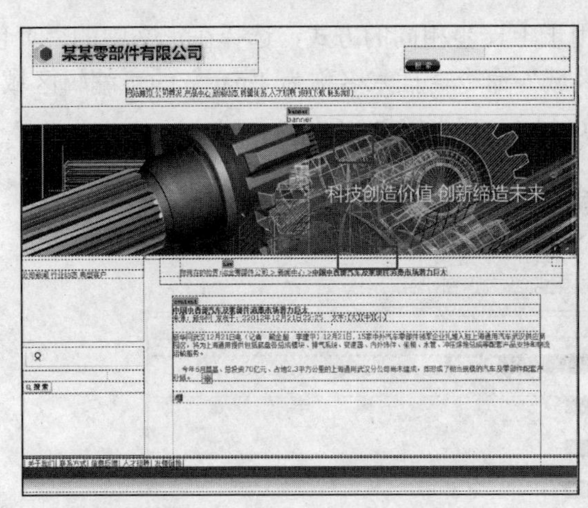

专家提示 在创建模板时通常需要充分考虑模板应用时的情况，例如，可能应用该模板制作哪些页面，这此页面中哪些地方可能需要调整和修改的，凡可能修改和变化的地方均可设置为可编辑区域。

本章小结

本章内容主要对快速制作网站中多个页面的方式进行了讲解，利用框架可以快速创建部分区域相同的多个页面，同时可以较方便地在页面之间添加链接，但框架网页对于搜索引擎并不友好，所以在实际应用中如果对搜索引擎索引要求较高的网站应避免使用框架制作网页。而模板和库均为 Dreamweaver 为方便网站开发而提供的特有功能，合理地使用也可以节省网站开发的时间，使网站开发的过程变得简单方便。

第 8 章

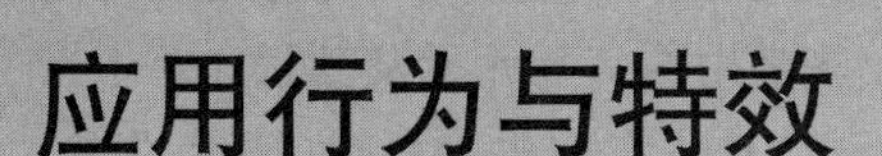

应用行为与特效

本章导读

在网页中常常需要实现一些用户交互效果，如对浏览者输入的信息进行简单的验证，实现一些交互动画效果，对用户的某些操作进行特殊的反馈等。本章将介绍在 Dreamweaver 中向网页中添加交互元素以及使用制作交互特效等操作。

知识要点

- ◆ 了解绘制点的方法和操作
- ◆ 熟练掌握绘制各种线的方法
- ◆ 熟练掌握绘制几何图形的方法
- ◆ 掌握绘制圆的方法
- ◆ 掌握绘制圆弧和圆环的方法
- ◆ 掌握绘制椭圆和椭圆弧的方法

案例展示

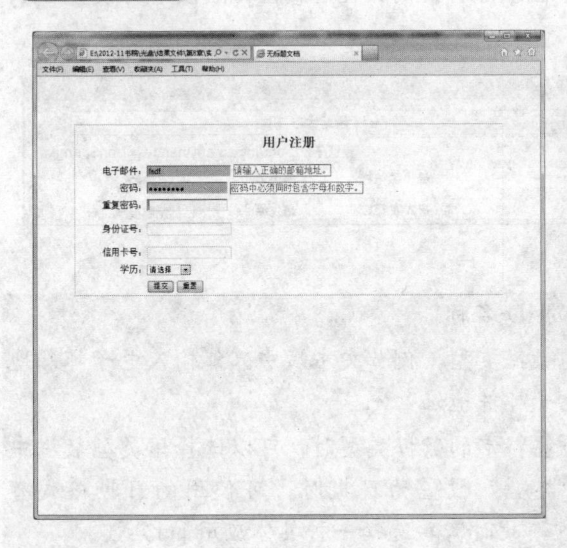

8.1 知识讲解——插入 Spry 构件

Spry 框架是 Dreamweaver CS6 中预置的一个 JavaScript 库，利用 Dreamweaver 可以快速向网页中添加 Spry 框架中一些常用的交互元素及其程序。

在 Dreamweaver CS6 中在“插入”面板中选择“Spry”选项，即可单击面板列表中需要使用的“Spry”元素向网页中插入 Spry 构件。如右图所示。

8.1.1 添加 Spry 验证表单元素

在制作表单时，通常在表单中需要对不同类型的表单元素允许输入的值或格式进行检测和限制，当用户输入的信息不符合要求时需求提示用户。使用 Spry 表单元素可以轻松实现表单元素的验证功能。

1. Spry 验证文本域

文本域是网页中制作表单时应用最多的元素，例如用户输入用户名、邮箱、电话号码等信息时通常都采用文本域，为对用户输入的不同信息进行验证，此时可以使用“Spry 验证文本域”构件。单击“插入”面板“Spry”中的“Spry 验证文本域”按钮，与插入普通的文本域相同，设置上标签相应的属性即可插入“Spry 验证文本域”。

插入“Spry 验证文本域”后，在页面中单击文本域控件可选择该构件中包含的普通文本域元素，在“属性”面板中可以设置该元素的 HTML 属性；单击文本域上的蓝色标签“Spry 文本域：……”即可选择该 Spry 构件，如左下图所示；此时，在“属性”面板中可设置 Spry 文本域相关的属性，如右下图所示。

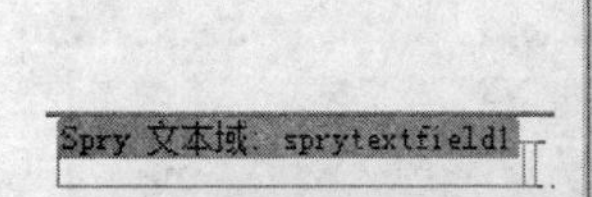

其中各属性的作用如下：

- Spry 文本域：用于设置该 Spry 元素的 ID 名称。
- 类型：用户设置文本域中允许输入的数据类型，例如文本域中只能输入电子邮箱地址，可在“类型”下拉列表框中“电子邮件地址”。
- 格式：在“类型”下拉列表中选择一些特定的数据类型时，可以选择该类型数据中可选的多种格式中的一种。例如“类型”设置为日期时，可使用的日期格式有“mm/dd/yy”、“yy/mm/dd”等多种，此时需要选择一种具体应用的格式。
- 预览状态：选择 Dreamweaver“设计”视图中预览到的 Spry 构件的状态，用于编辑状态下查看和修改提示效果。
- 验证于：即设置何时对文本域中的值进行验证。包含以下 3 个可选项：

  onBlur：失去焦点时验证，即当用户将光标从当前文本域切换到其他元素或控件中时即验证文本域中的数据格式；

onChange：当文本域中的值发生变化时即进行验证；

onSubmit：提交表单时进行验证，该选项默认选择并不可取消。

- 最小字符数：允许文本域中输入的最少的字符个数，当选择某些特定的格式类型后该值不能设置。
- 最大字符数：允许文本域中输入的最多的字符个数，当选择某些特定的格式类型后该值不能设置。
- 最小值：通常用于数值格式类型中，设置允许的最小的数值。
- 最大值：通常用于数值格式类型中，设置允许的最大的数值。
- 必需的：用于设置提交表单时该文本域是否可以为空，若选择该选项后，该文本域必须填写正确格式的内容后才可提交表单。
- 强制模式：当选择该项后，只有正确的字符才可输入到文本域中。默认未选择该项，当输入内容后在具体的验证事件触发的情况下才对文本域中的文本格式进行验证和提示。
- 提示：用于提示用户的一段文字，该文字在默认状态下将显示于文本域中，当用户将光标定位于文本域中时提示文字消失。

专家提示

若要对 Spry 验证文本域的提示内容进行修改，可在“属性”面板中“预览状态”下拉列表框中选择要修改的状态，然后在“设计”视图中直接修改相应的文本内容即可；如果要修改 Spry 验证文本域的外观样式，则可使用 CSS 样式修饰文本域及提示内容。

2．Spry 验证文本区域

在表单中需要输入较多文字时可使用文本域，使用“Spry 验证文本区域”可添加具有验证功能的文本区域，与使用“Spry 验证文本域”的方法相同，单击“插入”面板“Spry”中的“Spry 验证文本域”按钮，向表单中添加一个 Spry 验证文本区域元素，如左下图所示。选择该 Spry 元素后在在“属性”面板中可设置文本区域的验证选项，如右下图所示。

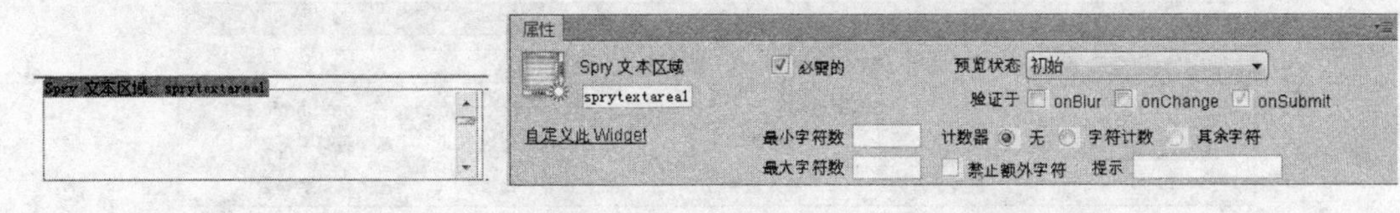

在“属性”面板中大部分设置与“Spry 验证文本域”的属性设置相同，其中“计数器”用于在页面中显示文本域中用户已输入的字符个数。

3．Spry 验证复选框

Spry 验证复选框用于为表单中上的多个复选框设置验证条件，主要用于限制多个复选框中最多和最少选择的数量。单击“插入”面板“Spry”中的“Spry 验证复选框”按钮可插入

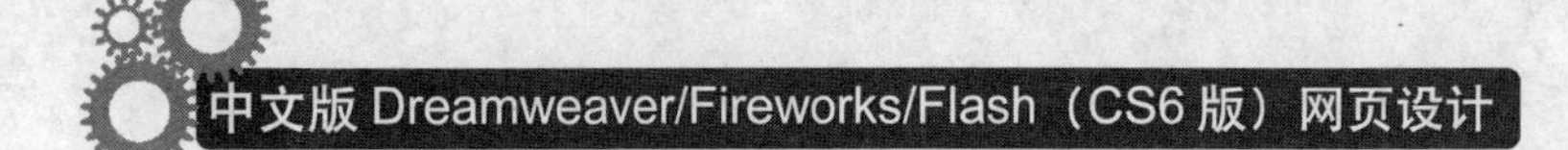

Spry 验证复选框，在插入的 Spry 验证复选框元素内部插入多个普通的复选框元素，并添加上相应的文字内容，如左下图所示；选择 Spry 元素后“属性”面板如右下图所示。

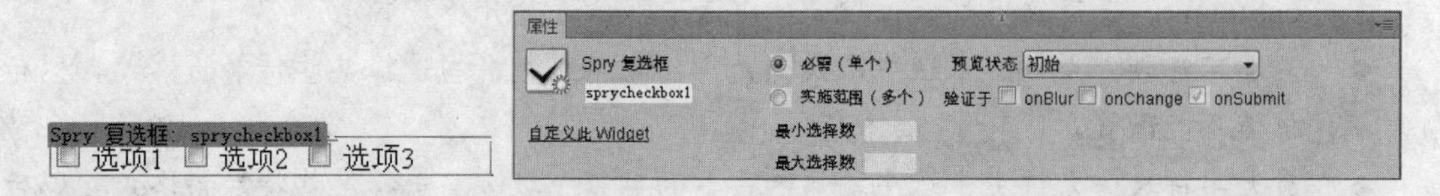

在“属性”面板中通过选择“必需”或“实施范围”选项可设置该组复选框中允许选择的选项范围，当选择“实施范围”选项后在“最小选择数”和“最大选择”数中可设置允许选择的复选框的最多和最少个数。

4．Spry 验证选择

要对表单中验证用户在“列表/菜单”中的选择，可使用“Spry 验证选择”构件，通过“插入”面板插入“Spry 验证选择”构件后，首先选择“Spry 验证选择”构件内部的“列表/菜单”元素，单击“属性”面板中的“列表值”设置上列表中允许选择的列表值，并为各项目标签设置具体的值，如左下图所示；选择“Spry 验证选择”构件后，在“属性”面板中可设置如右下图所示的属性。

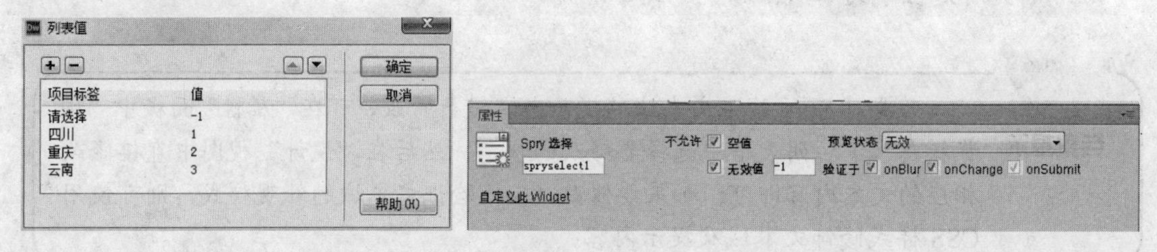

在“Spry 验证选择”构件的属性中可设置不允许“空格”或具体的值（“无效值”），若设置了“无效值”，则当用户选择的列表值与“无效值”中的值相同时将显示无效状态。

5．Spry 验证密码

要对表单中常常需要验证用户在密码框中输入的密码字符是否符合规则，可以使用“Spry 验证密码”构件，通过“插入”面板插入“Spry 验证密码”构件后，在“属性”面板中可设置密码字符的规则，如下图所示。

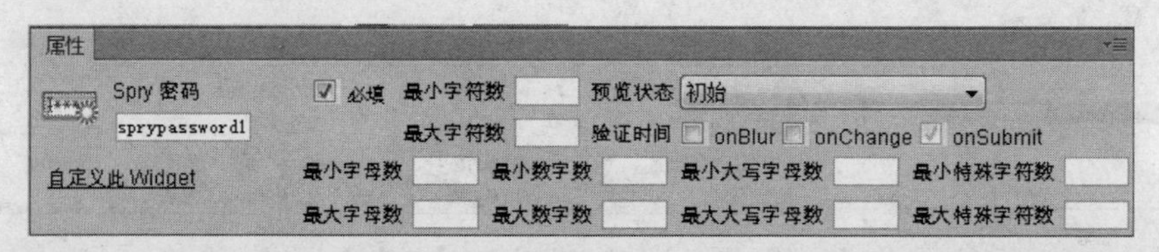

- 最小字符数和最大字符数：设置密码字符最少和最多字符数。
- 最小字母数和最大字母数：设置密码中允许输入的字母类型字符的最少和最多个数。
- 最小数字数和最大数字数：设置密码中允许输入的最少和最多的数字个数。
- 最小大写字母数和最大大写字母数：设置密码中允许最少和最多的大写字母个数。
- 最小特殊字符数和最大特殊字符数：设置密码中允许最少和最多的特殊字符个数。

6. Spry 验证确认

在表单中要求用户设置密码时通常需要用户再输入一次密码进行验证，此时可使用"Spry 验证确认"构件，自动匹配"Spry 验证密码"构件的设置。"Spry 验证确认"构件的"属性"如下图所示。

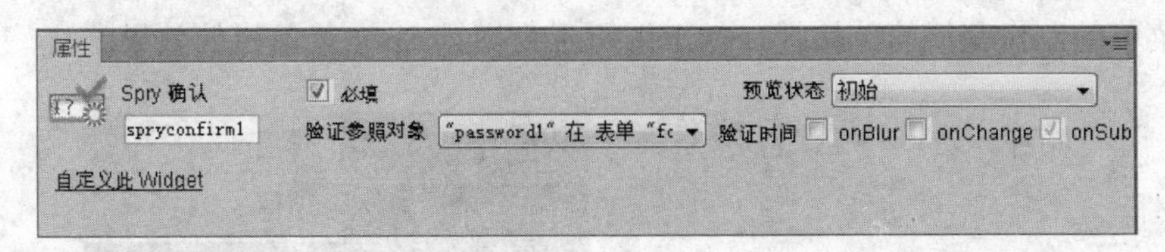

其中"验证参照对象"应设置为要重复的"Spry 验证密码"构件名称。

7. Spry 验证单选按钮组

使用"Spry 验证单选按钮组"可快速在表单中插入具有验证功能的单选按钮组元素，单击"插入"面板中的"Spry 验证单选按钮组"按钮后，在打开的对话框中设置多个单选项及各选项的取值，如左下图所示；插入"Spry 验证单选按钮组"构件后，"属性"面板如右下图所示。

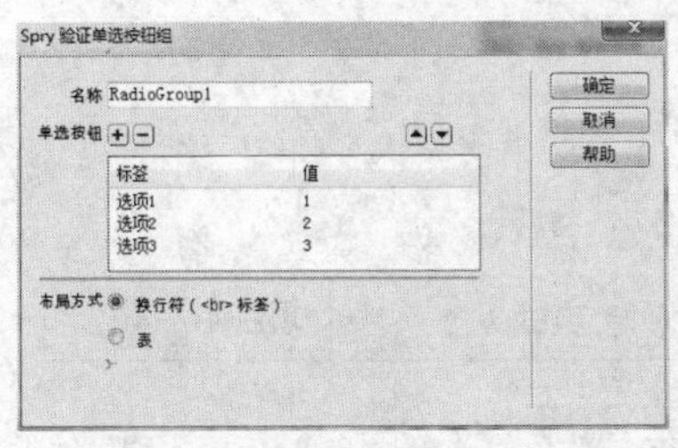

8.1.2 添加 Spry 工具提示

工具提示是在网页中当用户指向某一网页元素时出现的提示信息，效果如右图所示，使用"Spry 工具提示"构件，可以快速为各类元素添加工具提示。

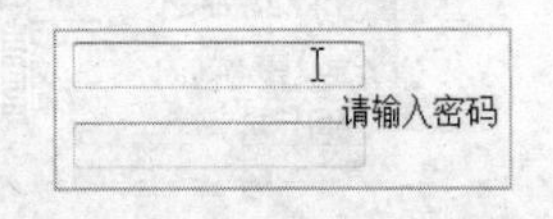

要为指定网页元素添加 Spry 工具提示，首先选择该元素，然后单击"插入"页面"Spry"中的"Spry 工具提示"按钮，在"设计"视图中出的"Spry 工具提示"区域中输入提示的文字内容，如左下图所示；单击"Spry 工具提示"标签选择该 Spry 构件，其"属性"如右下图所示。

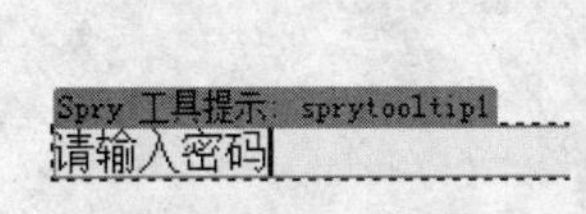

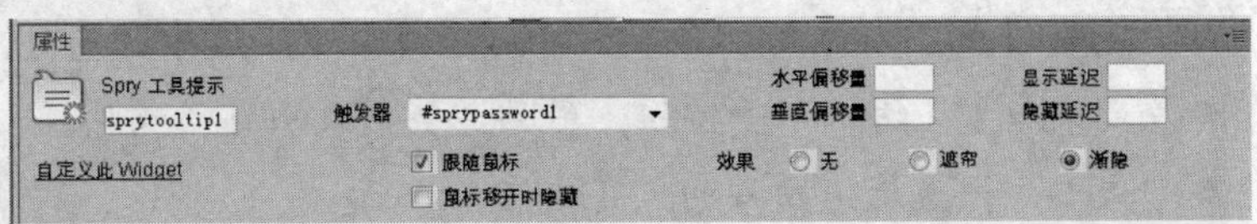

"属性"面板中各参数的作用如下：

- 触发器：用于设置该提示作用于的元素。
- 水平偏移量和垂直偏移量：用于设置提示显示的位置偏移量。
- 显示延迟和隐藏延迟：用于设置提示显示时和隐藏时的延迟时间。

- 跟随鼠标：选择该选项后，当提示文本显示出后将随鼠标移动。
- 效果：设置提示显示和隐藏时的动画效果，选择“无”时无动画效果。

8.1.3 添加 Spry 菜单栏

在网页中常常需要用到各类菜单效果，在Dreamweaver CS6中可以快速插入Spry菜单栏，使网页中菜单的制作变得简单快捷，如下图所示为横排 Spry 菜单栏的效果。

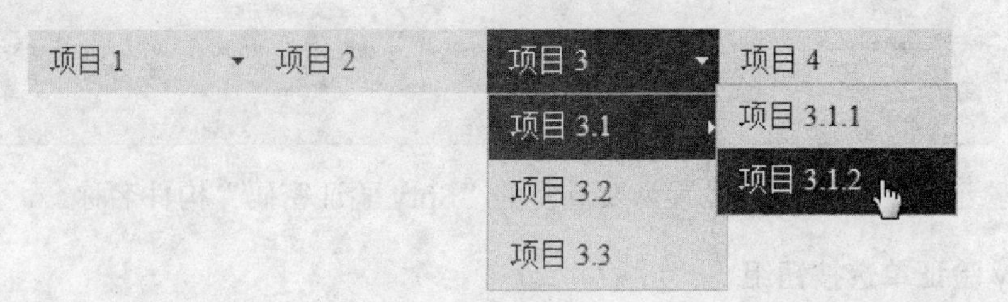

在“插入”面板中单击“Spry 菜单栏”按钮，在弹出的对话框中选择所需的布局，如左下图所示，选择“水平”选项后可插入横向排列的菜单栏，选择“垂直”选项可插入纵向排列的菜单栏；然后单击“确定”按钮即可插入 Spry 菜单栏，如右下图所示。

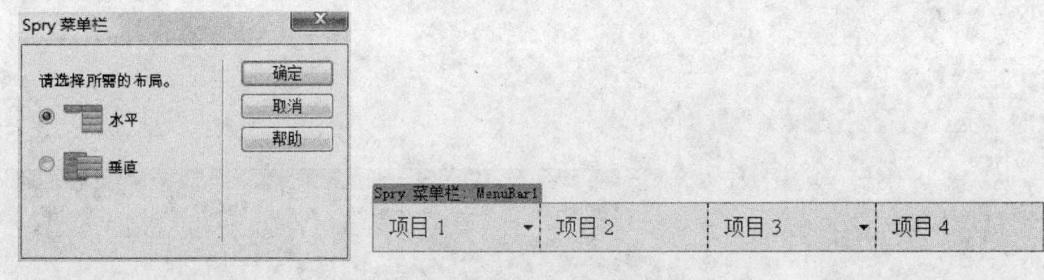

选择“Spry 菜单栏”构件后，“属性”面板如下图所示。

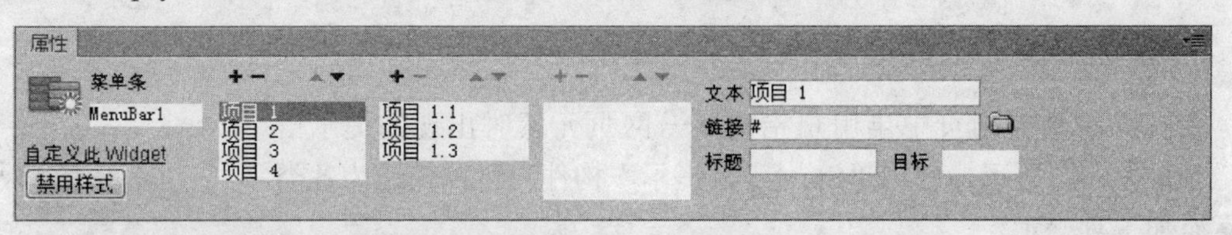

“属性”中各参数及按钮的功能如下：

- 菜单条：设置菜单栏的 ID 名称。
- 从左到右的 3 个列表框：设置 3 个不同级别的菜单内容，即选择第 1 个列表中的内容，在第 2 个列表中显示相对应的子项目。
- 列表框左上方的+/−按钮：添加项目或删除选中的项目。
- 列表框右上方的▲ ▼按钮：用于调整列表项目的顺序。
- 文本：设置选定项目的文字内容。
- 链接：设置选定项目的超级链接地址。
- 标题：设置当鼠标光标指向项目时的提示信息。
- 目标：设置超级链接打开的窗口，同超级链接属性中的【目标】。

若要修改 Spry 菜单栏的外观效果，可以直接在现有样式上修改或单击“属性”面板中的“禁用样式”按钮，取消 Spry 菜单栏自带的 CSS 样式，然后自行定义菜单中各元素的外观样式。

8.1.4　添加 Spry 选项卡式面板

单击“插入”面板中的“Spry 选项卡式面板”按钮可在网页中插入选项卡式面板，该面板可在一个区域内放置多种信息，通过选项卡标签进行切换，从而更充分地利用页面空间，如下图所示为插入到页面中的 Spry 选项卡式面板。

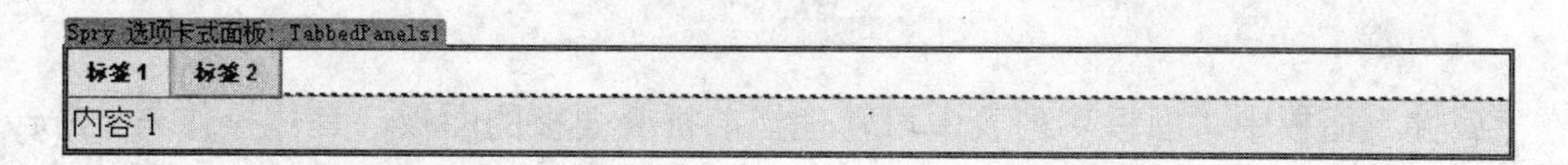

Spry 选项卡式面板的属性如下图所示。

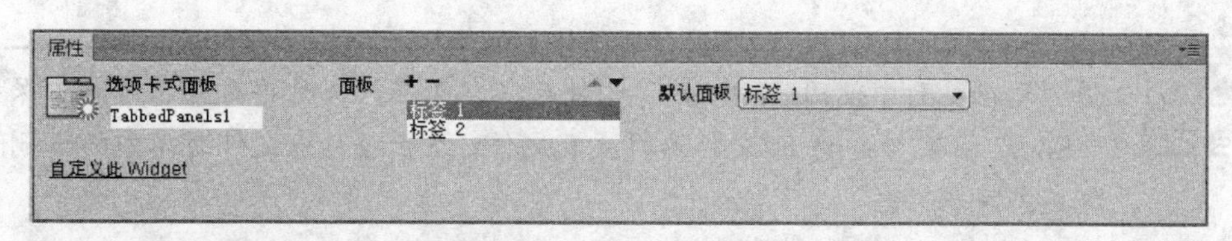

“属性”面板中各参数及按钮的作用如下：

- 选项卡式面板：设置选项卡式面板的 ID 名称。
- 【面板】列表框：列出选项卡项目，+/−按钮用于添加项目或删除选中的项目。
- 【默认面板】：设置在默认情况下显示的选项卡。

在“设计”视图中可直接修改和编辑 Spry 选项卡式面板中的标签内容及页面中的内容，若要编辑隐藏面板中的内容，可将鼠标指向选项卡标签，单击按钮，如下图所示，显示出该页面中的内容后再进行编辑即可

8.1.5　添加 Spry 折叠式面板

单击“插入”面板中的“Spry 折叠式”按钮可在网页中插入选项卡式面板，该构件与“Spry 选项卡式面板”类似，可在一个区域中放置多个不同内容，通过单击标签以区域页面的内容。折叠式页面以多个页面上下滑动展开的方式来展示具体内容，效果如下图所示。

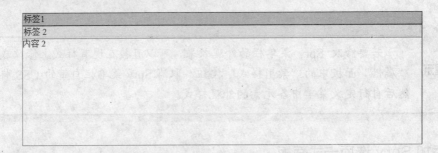

Spry 折叠面板可设置的属性如下图所示。

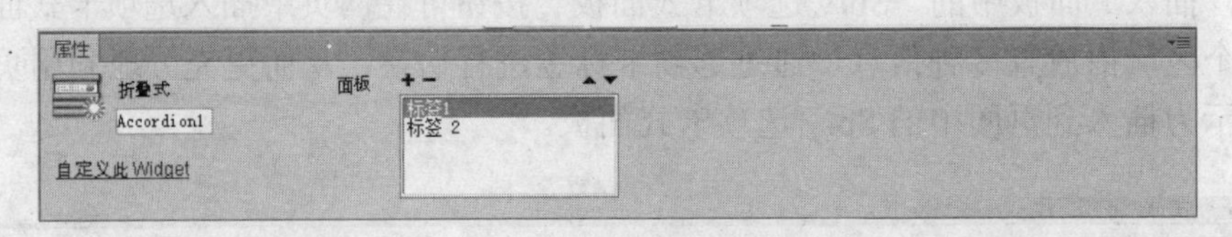

在“属性”面板中“面板”列表中可管理当前折叠面板的面板，具体操作与“Spry 选项卡式面板”的编辑管理操作相同。

新手注意

凡在页面中使用了“Spry”构件后，在保存网页时将自动在站点中保存“Spry”框架相关的 JS 文件和样式表文件，在管理站点文件时不能随意删除这类文件。

8.2 知识讲解——使用行为制作网页特效

在 Dreamweaver 中，行为是 Dreamweaver 中预置的用于特定情况的一些 JavaScript 代码。在网页中，通常需要编写 JavaScript 程序实现网页中的一些交互操作或特效，在 Dreamweaver 中可通过行为快速地实现一些动态效果，而无须编写复杂的 JavaScript 代码——使用行为。

8.2.1 行为应用基础

Dreamweaver 中的行为实质上是预置的一些 JavaScript 程序，在制作网页时可根据需要自动调用。要使用行为，首先应确定行为要用于什么对象上、什么时候开始、行为具体要做什么，即明确“对象”、“事件”和“动作”。

- 对象：即需要添加行为的对象，可以是页面中的某一元素，也可以是一些不可见元素。
- 事件：对象上因用户操作或程序引发的一些特定情况，如鼠标指向按钮将触发按钮的“onMouseOver”事件，当网页加载时，可触发文档的“onLoad”事件。
- 动作：即具体的程序过程，在 Dreamweaver 中预置了一些常用的动作过程，如打开浏览器窗口，显示/隐藏层等。

例如，要实现当鼠标指向一个按钮时弹出信息，需要在按钮上添加行为，事件则是鼠标指向（onMouseOver），而具体的动作则是弹出信息。

8.2.2　使用行为面板管理行为

按快捷键【Shift+F4】或执行“窗口→行为”命令打开“行为”面板，如下图所示。

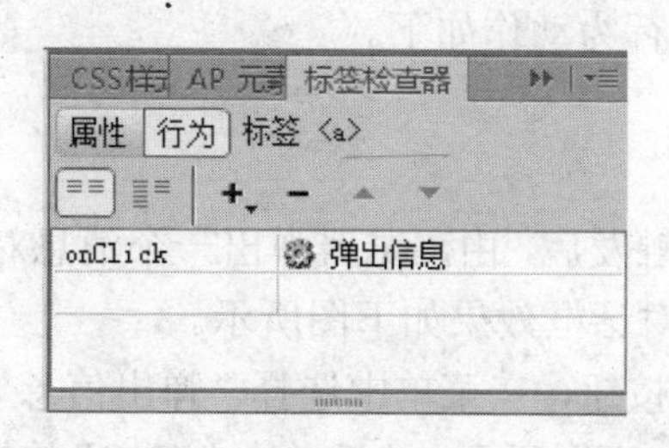

使用“行为”面板可为当前选择的页面对象添加行为，也可管理所选页面元素上的行为。在“行为”面板中各部分的功能和作用如下。

- 标签：显示当前选择的页面元素标签。
- 按钮：显示设置事件，即只显示当前元素上添加的事件。
- 按钮：显示所有事件，即显示出当前元素上允许添加的所有事件。
- 按钮：单击该按钮，在弹出的菜单中指定要添加的行为。
- 按钮：单击该按钮，删除列表中所选的事件和动作。

在“行为”面板的列表中将显示所先对象上已有的行为，左侧一列为当前选择对象上的事件名称，右侧则为事件对应的行为名称。

8.2.3　常用事件类型

在为对象添加行为时必须要选择合适的行为事件，才能实现最好的交互体验。在Dreameaver 中的“行为”中可以使用的事件类型与 JavaScript 语言中的事件类型一致，在网页元素上常用的事件名称及触发情况如下：

- onBlur：当前对象失去焦点时触发。
- onClick：鼠标单击当前对象时触发。
- onDblClick：鼠标双击当前对象时触发。
- onFocus：当前对象获得焦点时触发。
- onKeyDown：在当前对象获得焦点的情况下，按下键盘按键时触发。
- onKeyPress：在当前对象获得焦点的情况下，按下键盘按键然后弹起时触发。
- onKeyUp：在当前对象获得焦点的情况下，键盘按键弹起时触发。
- onMouseDown：在当前对象上按下鼠标键时触发。
- onMouseMove：鼠标在当前对象上移动时触发。
- onMouseOut：当鼠标离开当前对象时触发。
- onMouseOver：当鼠标移入当前对象所在区域时触发。
- onMouseUp：在当前对象上鼠标键弹起时触发。

8.2.4 常用行为动作

选择要添加行为的对象后，单击“行为”面板中的+按钮，在菜单中选择一个行为动作命令，然后在列表中设置行为触发的事件即可。在 Dreamweaver 中提供了多种行为动作供大家在不同情况下使用，常用的行为动作如下。

1. 弹出信息

弹出信息，即在指定事件触发后，由浏览器弹出一个消息对话框以提示浏览者一些信息。在 IE9.0 浏览器中弹出的消息对话框效果如下图所示。

在“行为”面板中单击+按钮，在菜单中选择“弹出信息”命令，在弹出的“弹出信息”对话框中输入对方框的信息，如下图所示；然后单击“确定”按钮即可添加一条弹出信息行为。

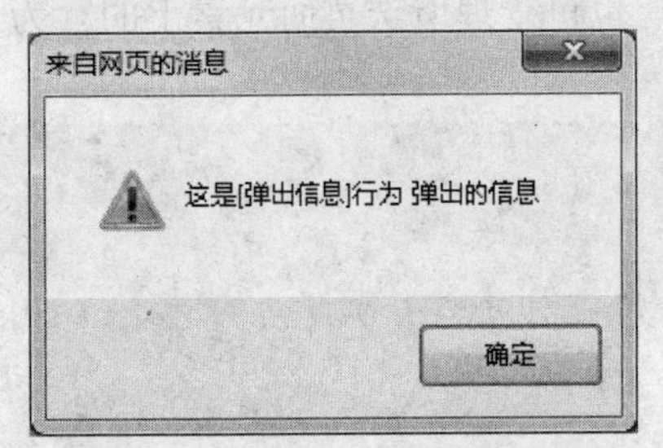

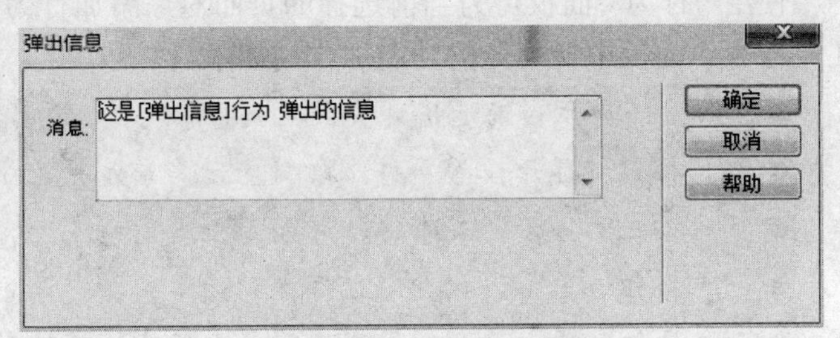

新手注意 在添加任何行为动作后，都需要在“行为”面板的列表中当前添加的行为前设置行为触发的事件。

2. 打开浏览器窗口

“打开浏览器”行为是在指定事件触发后打开一个新浏览器窗口，并且使该窗口打开一个指定 URL，同是可控制该窗口的大小及属性等。在“行为”面板中单击+按钮，在菜单中选择“打开浏览器窗口”命令，打开如下图所示的对话框；单击“确定”按钮并在“行为”面板中指定行为触发的事件即可。

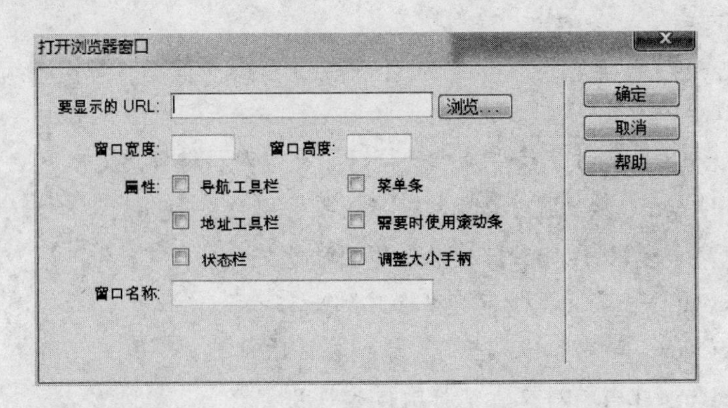

在“打开浏览器窗口”对话框中各参数的作用如下：

- 要显示的 URL：即新浏览器窗口中要打开的页面地址。
- 窗口宽度：设置新浏览器窗口的宽度。
- 窗口高度：设置新浏览器窗口的高度。
- 属性：设置新浏览器窗口可选的一系列属性，显示或不显示某些浏览器窗口部件，具体选项及其作用如下：
- 导航工具栏：设置新打开的浏览器窗口是否带有导航工具栏。
- 菜单条：设置新打开的浏览器窗口中是否显示菜单栏。
- 地址工具栏：设置新打开的浏览器窗口中是否显示地址工具栏。
- 需要时使用滚动条：设置新打开的浏览器窗口中是否显示滚动条。
- 状态栏：设置新打开的浏览器窗口中是否显示状态栏。
- 调整大小手柄：设置新打开的浏览器窗口是否可手动调整窗口大小。
- 窗口名称：设置窗口的名称，以便于其他超链接通过设置“目标”以在该窗口中打开链接文档。

3．拖动 AP 元素

使用该行为可使文档中的 AP 元素可被拖动。在添加该动作时应选择当前文档（body）或不选择任何网页元素，然后在“行为”面板中单击 +. 按钮，在菜单中选择“拖动 AP 元素”命令，打开“拖动 AP 元素”对话框如下图所示；单击“确定”按钮并在“行为”面板中指定行为触发的事件即可。

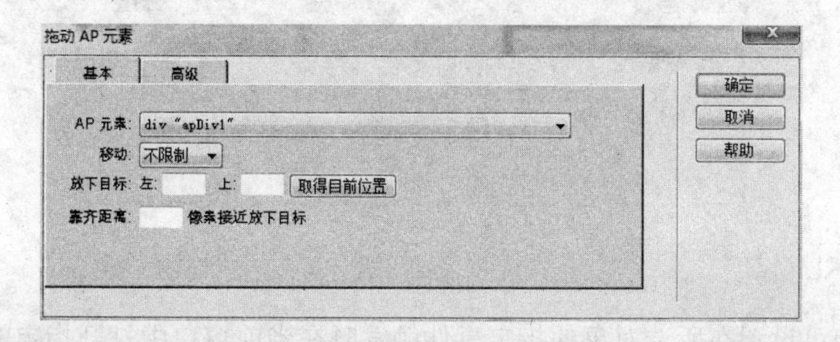

- AP 元素：即新浏览器窗口中要打开的页面地址。
- 移动：是否限制移动的区域。选择“限制”后可设置允许移动的范围区域。
- 放下目标：元素拖动到指定位置时自动对齐。
- 靠齐距离：当元素拖动至“放下目标”位置附近时，当距离小于该值时自动对齐至目标位置。

新手注意

被拖动的 AP 元素必须要有 ID 名称才能使用“拖动 AP 元素”动作。

4．显示/隐藏元素

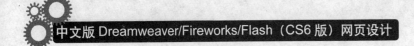

使用该行为可利用指定对象的指定事件来控制对象的显示与隐藏。选择事件触发对象后，在“行为”面板中单击+按钮，在菜单中选择“显示-隐藏元素”命令，打开“显示隐藏”对话框，在对话框中的“元素”列表中选择要显示或隐藏的元素，单击列表下方的“显示”、“隐藏”或“默认”按钮来设置所选元素的状态，如下图所示；单击“确定”按钮并在“行为”面板中指定行为触发的事件即可。

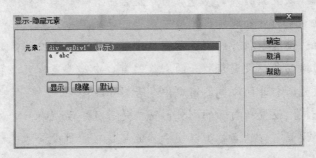

5．设置状态栏文本

使用该行为可设置浏览器状态栏上的文字内容，选择事件触发对象后，在“行为”面板中单击+按钮，在菜单中选择“设置文本→设置状态栏文本”命令，打开“设置状态栏文本”对话框，在对话框中设置状态栏中要显示的文本内容，如下图所示；单击“确定”按钮并在“行为”面板中指定行为触发的事件即可。

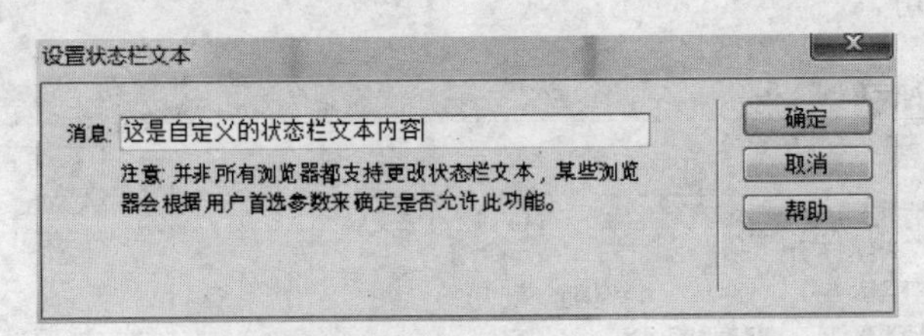

6．转到 URL

使用该行为可设置在所选对象的指定事件触发时在当前窗口中打开指定的 URL。在“行为”面板中单击+按钮，在菜单中选择“转到 URL”命令，打开“转到 URL”对话框，在对话框中选择要打开新页面的窗口并设置具体的 URL，如下图所示；单击“确定”按钮并在“行为”面板中指定行为触发的事件即可。

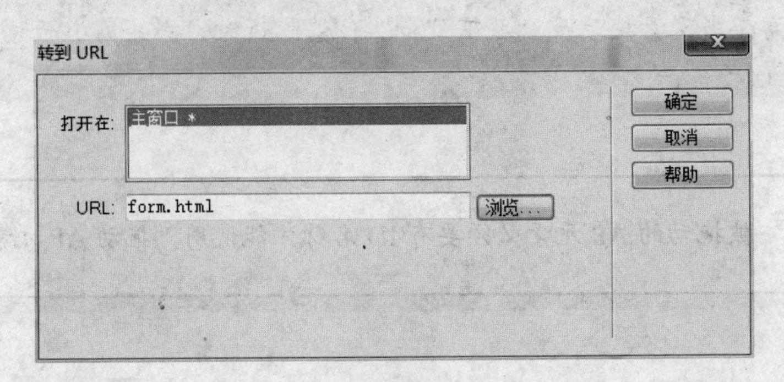

8.3　同步训练——实战应用

实例 1：制作具有验证功能的注册页面

案例效果

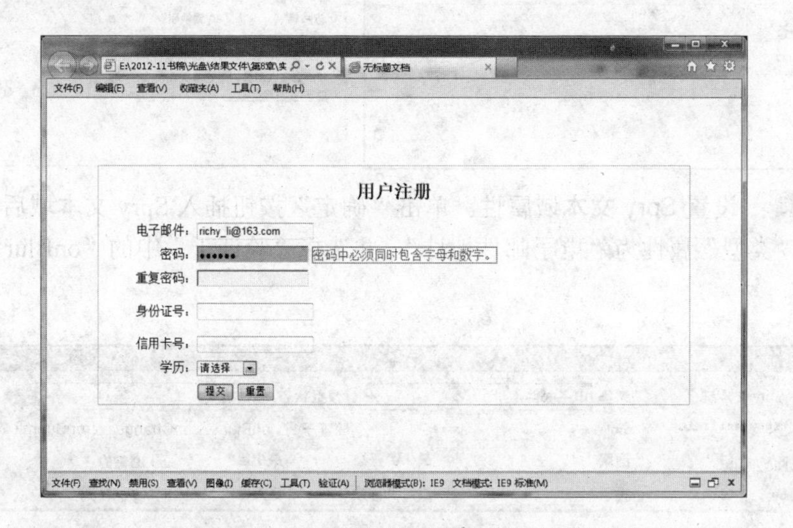

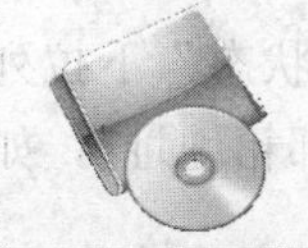	素材文件：光盘\素材文件\第 8 章\实例 1.html
	结果文件：光盘\结果文件\第 8 章\实例 1\
	教学文件：光盘\教学文件\第 3 章\实例 1.avi

制作分析

本例难易度：★★★★☆

关键提示：

在填写用户信息时，为保证注册信息的正确性，同时给用户更为友好的交互体验，在信息格式出错需要时给用户提示错误，本例将在注册表单中添加常用的表单验证。

知识要点：

- 验证邮箱地址格式
- 验证密码长度
- 验证重复密码
- 验证身份证号
- 验证信用卡号
- 验证下拉列表选项

具体步骤

STEP 01：**新建站点并打开表单页面。**新建 Dreamweaver 站点及站点文件夹，将素材文件复制于站点文件夹中，在 Dreamweaver 中打开该网页，如左下图所示。

STEP 02：**插入电子邮件文本域。**将光标定位于页面中“电子邮件：”右侧的空白单元格中，单击“插入”面板“Spry”中的“Spry 验证文本域”按钮，在弹出的对话框中设置标签的 ID 名称为“email”，其他设置如右下图所示。

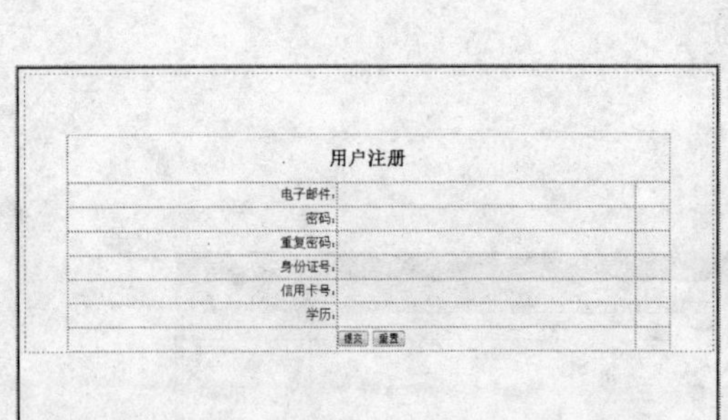

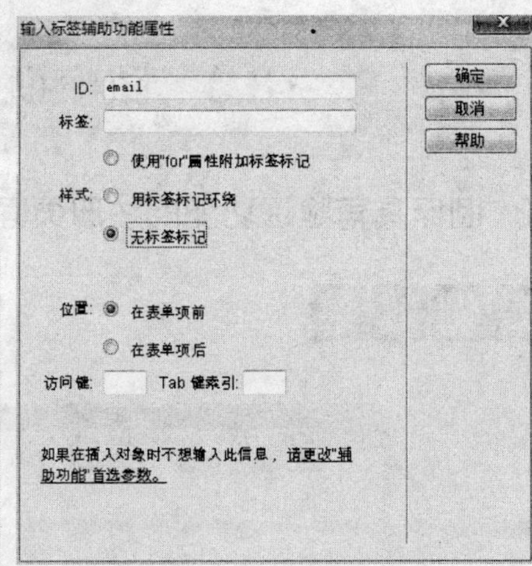

STEP 03：**设置 Spry 文本域属性**。单击“确定”按钮插入 Spry 文本域后，在“属性”面板中设置“类型”属性为“电子邮件地址”，并选择“验证于”中的“onBlur”选项，如下图所示。

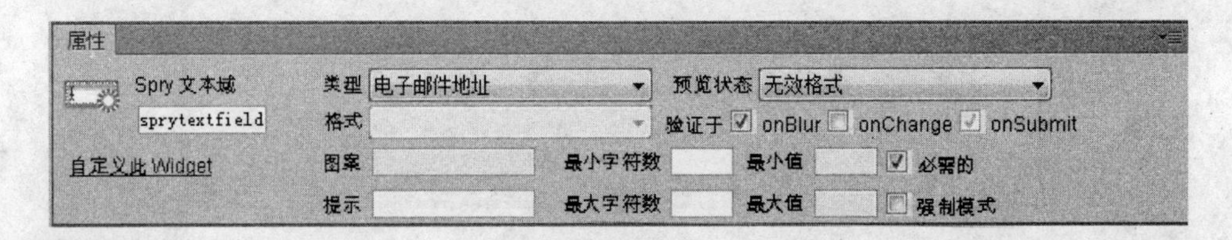

STEP 04：**设置“必填”状态时的提示文字**。在“属性”面板中的“预览状态”下拉列表中选择“必填”选项，在“设计”视图中修改提示文字内容为“请输入您的邮箱地址”，如左下图所示。

STEP 05：**设置“无效格式”状态时的提示文字**。在“属性”面板中的“预览状态”下拉列表中选择“无效格式”选项，在“设计”视图中修改提示文字内容为“请输入正确的邮箱地址”，如右下图所示。

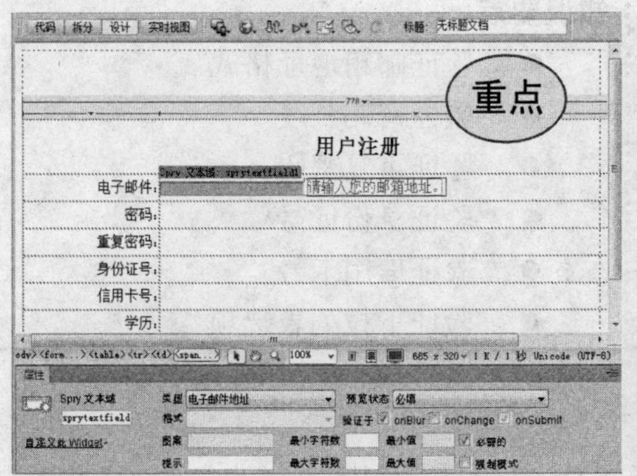

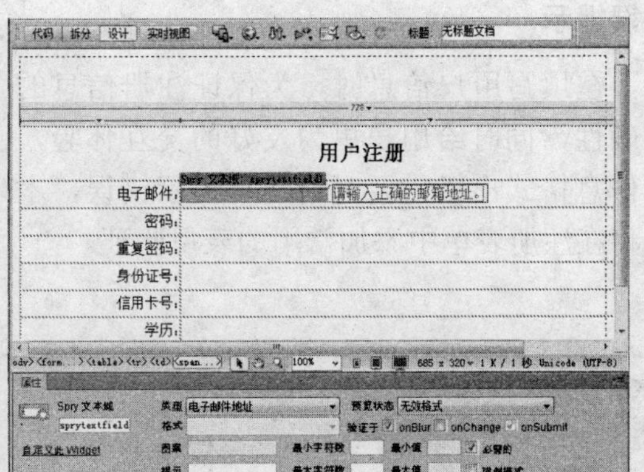

STEP 06：**插入密码域**。将光标定位于页面中“密码”右侧的空白单元格中，单击“插入”面板“Spry”中的“Spry 验证密码”按钮，在弹出的对话框中设置标签的 ID 名称为“password”，其他设置如左下图所示。

STEP 07：**设置 Spry 验证密码属性**。单击“确定”按钮插入“Spry 验证密码”构件后在“属性”面板中设置最小字符数为 6、最大字符数为 16，并设置最小字母数和最小数字数均为 1，即设置密码必须由字母和数字组合而成；选择“验证于”中的“onBlur”选项，如右下图所示。

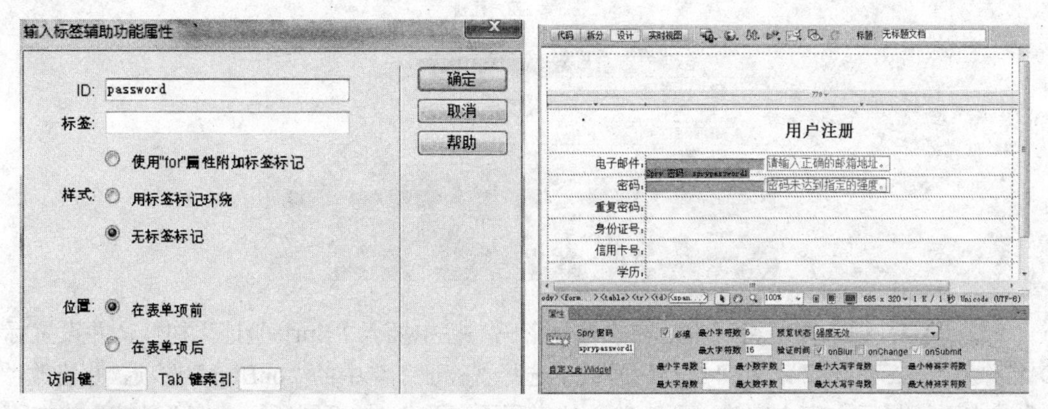

STEP 08：设置“必填”状态时的提示文字。在“属性”面板中的“预览状态”下拉列表中选择“必填”选项，在“设计”视图中“Spry 密码”构件中修改提示文字内容为“请设置密码”，如左下图所示。

STEP 09：设置“密码强度无效”状态时的提示文字。在“属性”面板中的“预览状态”下拉列表中选择“强度无效”选项，在“设计”视图中“Spry 密码”构件中的提示文字内容为“密码中必须同时包含字母和数字”，如右下图所示。

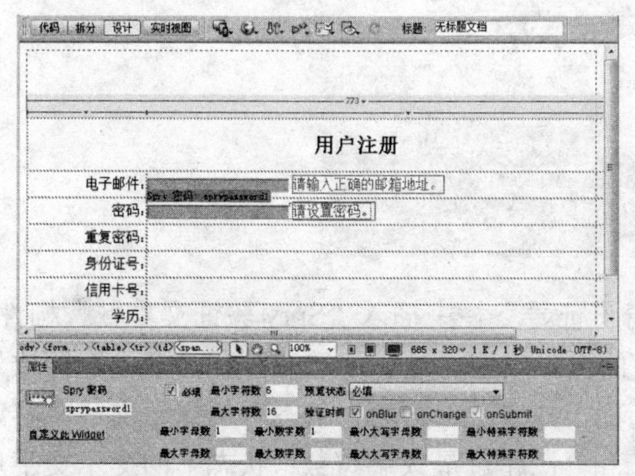

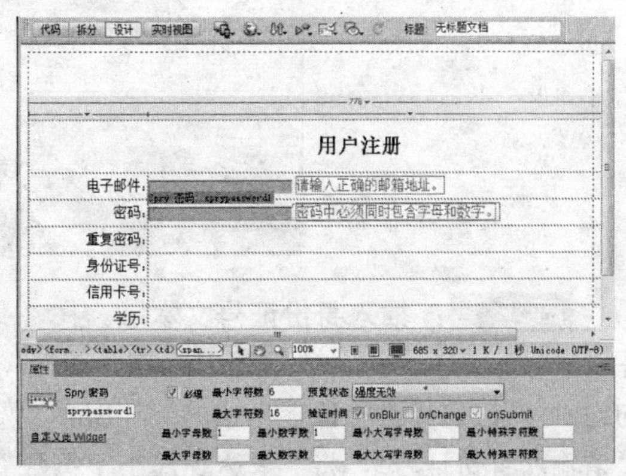

STEP 10：设置密码长度不正确时的提示文字。用于上一步相同的方式在“预览状态”下拉列表中选择“未达到最小字符数”选项，将提示文字修改为“请设置 6 位以上的密码”，如右图所示；在“预览状态”下拉列表中选择“已超过最大字符数”选项，将提示文字修改为“密码长度不能超过 16 位”，如下图所示。

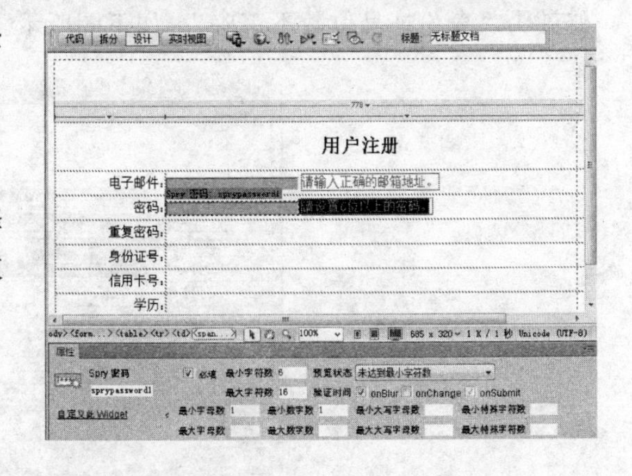

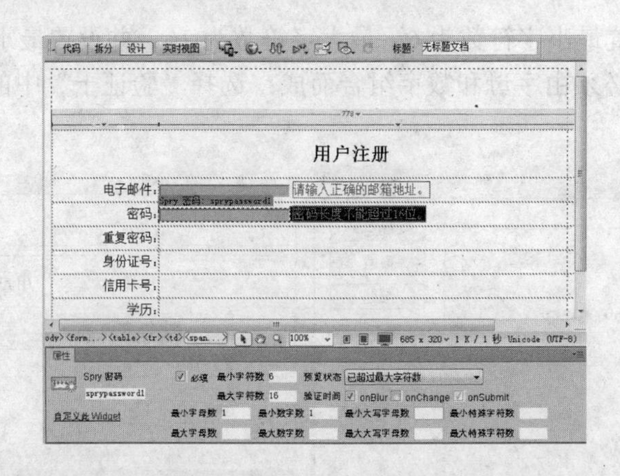

STEP 11：**插入重复密码框**。在“重复密码”栏中插入“Spry 验证”构件，并设置标签 ID 名称为“passwords2”，在“属性”面板中选择“验证于”中的“onBlur”选项，并修改“无效”状态下的提示文字内容为“两次输入的密码不一致”，如下图所示；将“必填”状态下的提示内容删除。

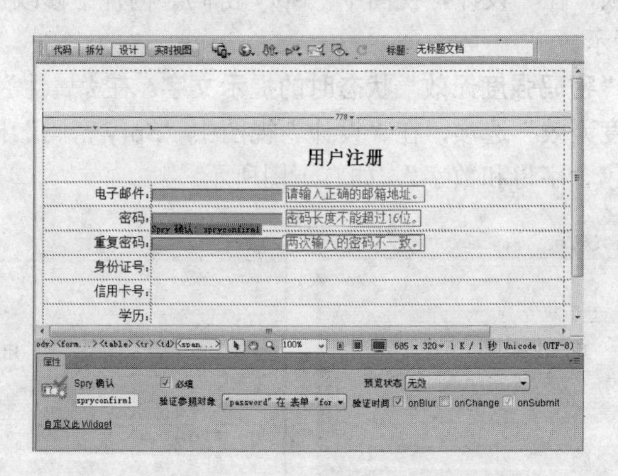

STEP 12：**插入身份证号文本域**。在“身份证号”栏中插入“Spry 验证文本域”构件，并设置标签 ID 名称为“idcard”，在“属性”面板中设置“最大字符数”和“最小字符数”均为“18”，选择“验证于”中的“onBlur”选项，并修改“必填”状态下的提示文字内容为“请输入身份证号”，将“未达到最小字符数”和“已超过最大字符数”状态下的提示文字均修改为“身份证号位数不正确”，如下图所示。

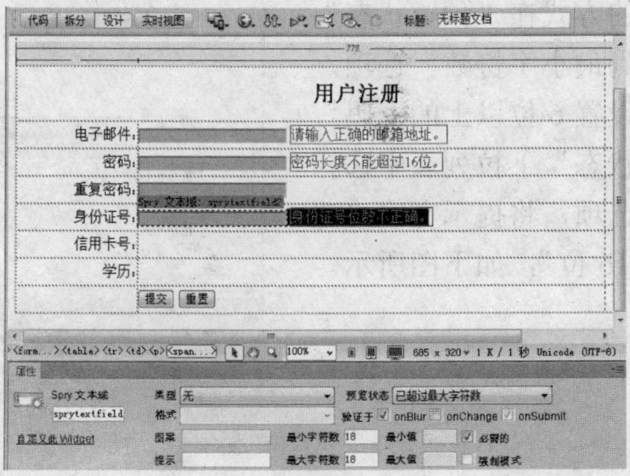

新手注意

本例中设置的身份证号码验证并不会对身份证号输入的字符类型和身份证号的真伪进行验证，要实现更高级的身份证号码验证功能，则需要使用其他 Javascript 框架或使用 Javascript 语言编写相应的脚本程序进行验证。

STEP 13：插入信用卡号文本域。在“信用卡号”栏中插入“Spry 验证文本域”构件，并设置标签 ID 名称为“creditcard”，在“属性”面板中设置“类型”为“信用卡”，选择“验证于”中的“onBlur”选项，并选择“强制模式”，如下图所示。

STEP 14：插入学历选择菜单。在“学历”栏中插入“Spry 验证选择”构件，并设置标签 ID 名称为“education”，在“属性”面板中选择“验证于”中的“onBlur”选项，同时选择“无效值”选项，如下图所示。

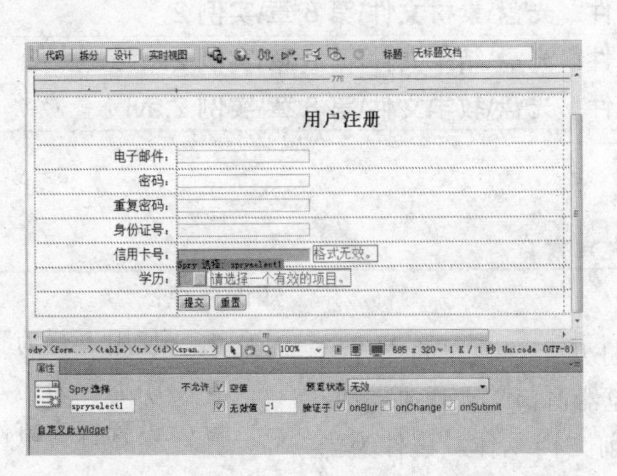

STEP 15：设置选择菜单列表值。在“设计”视图中单击选择“Spry 选择”内部的列表元素，在“属性”面板中单击“列表值”按钮，在打开的对话框中添加如左下图所示的列表值。

STEP 16：保存并测试验证效果。保存文件并在浏览器中预览页面，模拟用户输入注册信息进行注册，测试各表单元素是否能检测出填写信息的格式错误，如右下图所示。

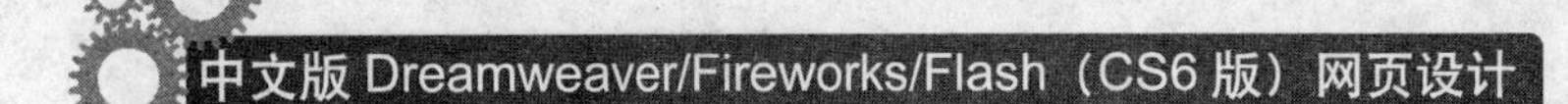

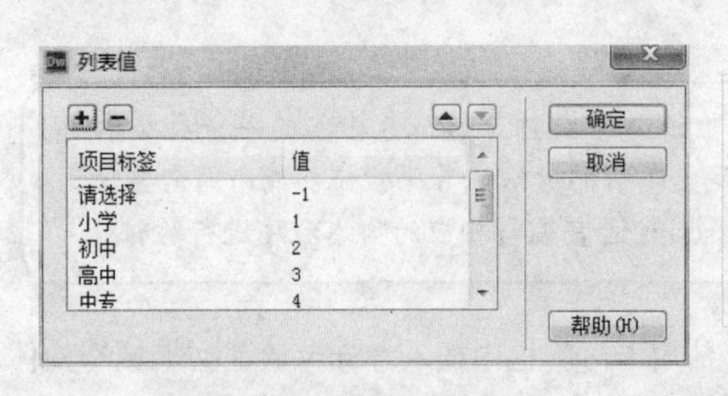

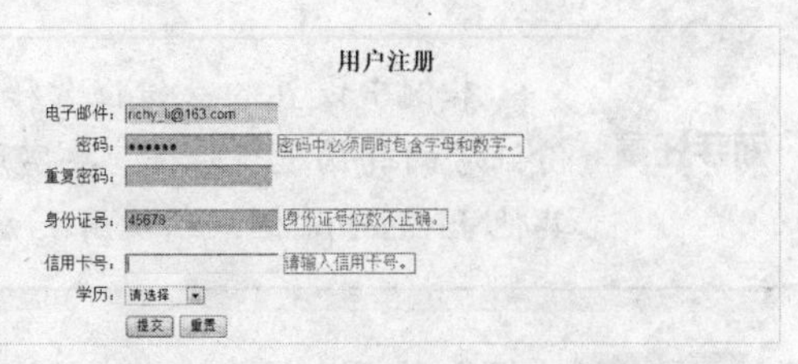

实例 2：制作广告弹窗

案例效果

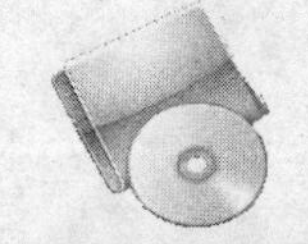	素材文件：光盘\素材文件\第 8 章\实例 2\
	结果文件：光盘\结果文件\第 8 章\实例 2\
	教学文件：光盘\教学文件\第 8 章\实例 2.avi

制作分析

本例难易度：★★★★☆

关键提示：

在打开网页同时打开一个独立的广告窗口，可使用“打开浏览器窗口”动作来完成，添加动作的对象为当前文档主体，事件为当前文档加载时。

知识要点：

- 使用“行为”面板
- 添加行为
- 设置行为事件

具体步骤

STEP 01：建立站点并打开素材页面。将素材文件夹复制到本地磁盘并建立为 Dreamweaver 站点，在 Dreamweaver 中打开首页文件“index.html”。

STEP 02：在“<body>”标签上添加行为。在“设计”视图下方的标签栏中选择要添加动作的标签“<body>”，单击“行为”面板中的 +. 按钮，在菜单中选择“打开浏览器窗口”命令，如下图所示。

STEP 03：设置新窗口属性。在打开的“打开浏览器窗口”对话框中设置“要显示的URL”为站点中的文件“ad.html”，设置“窗口宽度”为 600、“窗口高度”为 400，并设置“窗口名称”为“ad”，如左下图所示。

STEP 04：选择事件类型。在“行为”面板中添加的“打开浏览器窗口”动作前的下拉列表框中选择事件类型为“onLoad”，即当页面内容加载时触发，如右下图所示。

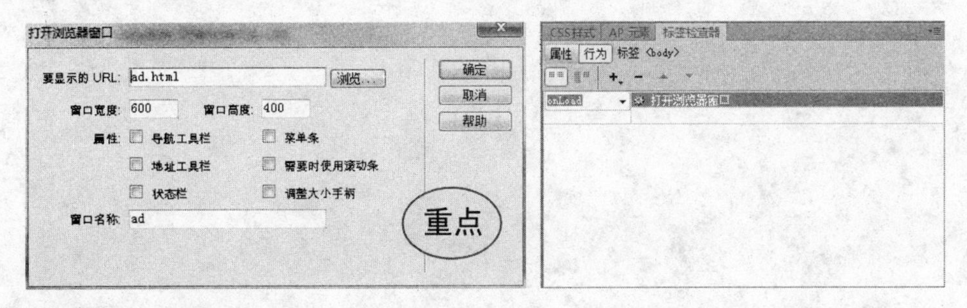

STEP 05：保存并预览效果。保存文档，按【Enter】键在浏览器中预览网页效果，在打开网页时将弹出一个新浏览器窗口，并显示“ad.html”文件中的内容，如下图所示。

新手注意

由于浏览器的安全设置，在本地测试带有 Javascript 程序的网页时，通常都会弹出提示，询问是否允许运行相关程序，甚至某些浏览器或其他系统安全软件可能会禁止弹出窗口。

本章小结

本章内容主要对 Dreamweaver 中用于添加网页动态效果的功能进行了讲解，无论是 Spry 构件还是 Dreamweaver 中的行为，实质上都是预置的 JavaScript 程序，如果熟悉 JavaScript 语言，还可以对这些动态效果进行更深入的扩展，从而实现更多更丰富的网页动态效果。

第 9 章 初识 Fireworks

本章导读

Fireworks 是专门为网页设计而开发的软件，它综合了矢量、位图及网页图像编辑功能，其编辑功能十分强大。本课主要介绍了网页的基础知识、Fireworks 的工作环境及画布的设置等知识。

知识要点

- 了解 Fireworks 软件的应用范围
- 熟悉 Fireworks 软件的工作环境
- 熟练掌握 Fireworks 中文件的相关操作
- 掌握 Fireworks 中常用辅助工具的使用
- 掌握 Fireworks 软件参数的设置

案例展示

9.1　知识讲解——Fireworks 简介

在网页设计工作中，借助 Fireworks 软件，可以加快网页设计和开发速度。本节将介绍 Fireworks 软件在网页设计中的应用以及软件的工作环境。

9.1.1　Fireworks 在网页设计中的应用

Fireworks 是 Adobe 推出的用于网页图像制作的软件，根据网页中图像的特点，Fireworks 中包含了各类图像制作的功能，使得网页开发过程变得更加轻松快捷。在整体网页设计和开发过程中，可以利用 Fireworks 完成以下工作：

1．绘制图形图像

Fireworks 中整合了矢量图形和位图图像的绘制、编辑和处理功能，在 Fireworks 中可完成各类图形和图像的创建和处理，例如设计网页图标、按钮、广告以及网页效果图等。

2．图像切片优化

由于网络中对图像质量的需求不同，网页中各部分所需要的图像大小也不相同，通常需要对网络中应用的图像进行优化，对网页效果图进行切片导出，在 Fireworks 中可采用多种图像优化方案，实时预览和比较，同时支持批量优化和导出图像和切片。

3．构建原型

在 Firework 中可添加动态的交互图像效果，可用于设计网站或其他应用程序的交互式布局原型，展示各类交互效果，可用于开发初期模拟网站或应用程序最终的交互效果，确定方案，同时也可用于最终交互元素的创建。

4．制作 GIF 动画

GIF 动画是网页中常用的一种动画元素。在 Fireworks 中提供了动画制作的相关功能，可快速制作简单 GIF 动画。

9.1.2　了解 Fireworks CS6 工作环境

启动 Fireworks 软件后可看到如下图所示的软件环境。

Fireworks CS6 的整体界面与 Dreamweaver CS6 极为相似，其中各部分的功能与作用如下。

1. 欢迎屏幕

在启动 Dreamwever 软件后，默认情况下将出现“欢迎”屏幕，通过该屏幕可快速地创建各种类型的网页文档及网页程序文件，也可通过该屏幕了解更多的与软件相关的信息，“欢迎”屏幕的效果如下图所示。

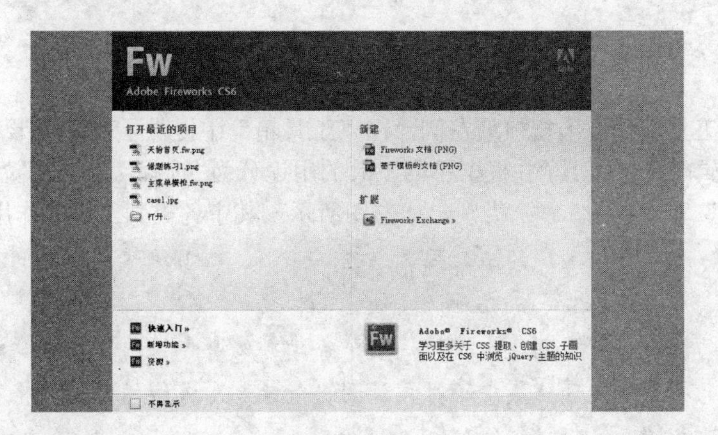

2. 应用程序栏

应用程序栏即窗口顶部区域，包括“工作区切换器”、“菜单栏”和“应用程序控件”，如下图所示。

其中各菜单的功能如下：

- 文件：用于管理页面文件，如新建、打开、保存、导入和导出等。

- 编辑：用于对文件常规编辑，如撤销、拷贝、剪切、粘贴、选择标签和定义快捷键等。
- 视图：此菜单中包含了文档的各种视图，通过它可以显示或隐藏不同类型的页面元素以及其他的辅助工具，如：标尺、网格等。
- 选择：用于选择画面中的各类元素。
- 修改：用于更改选定页面或图形图像对象的属性，对图像类型进行转换，组合或合并图像对象等。
- 文本：设置图像中文本元素的格式等。
- 命令：对各种命令的访问，包括一些图像批量处理命令及扩展的命令。
- 滤镜：用于为图形或图像对象添加特殊效果。
- 窗口：用于打开或隐藏 Fireworks CS6 所有面板、检查器和窗口。
- 帮助：提供对 Fireworks CS6 帮助文档的访问，包括对 Fireworks CS6 网站的访问以及 Fireworks CS6 的扩展帮助系统。

“工作区切换器”位于菜单栏右侧，用于更改窗口的布局环境，在 Fireworks CS6 中为不同类型的网页设计和开发人员提供了不同的软件布局，“工作区切换器”菜单展开的效果如右图所示。

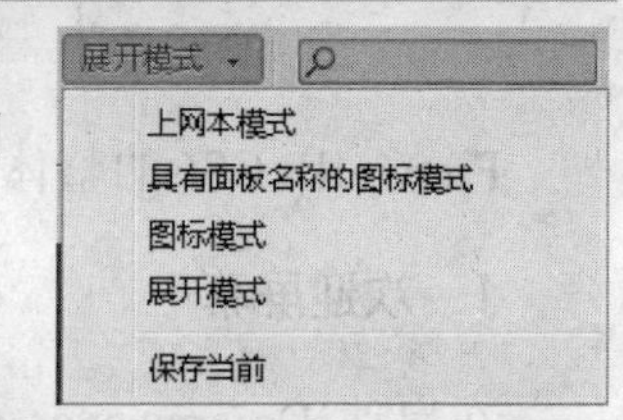

3．主要工具栏

“主要工具栏”中提供了常用的编辑操作功能按钮，如文档操作、常用的编辑操作和图形图像的编辑调整按钮等，如下图所示。

4．工具箱

“工具箱”位于窗口最左侧，在“工具箱”中提供了矢量图形与位图图像的绘制和编辑等各类工具，并根据不同工具的用途分为“选择”、“位图”、“矢量”、“Web”、“颜色”和“视图”6 个类别，如左图所示。其中各类别工具的作用如下：

- 选择：该区域的工具用于选择、变形、裁剪编辑窗口中的对象。其中各工具的作用如下。
- 位图：用于创建或编辑位图。各工具的具体使用将在第 9 课 9.1 节介绍。
- 矢量：该区域集中了对矢量图进行绘制和编辑的工具，将在第 9 课 9.2 节介绍。
- Web：网页编辑工具，即对效果图进行切片、创建热点等，将在第 11 课 11.3 节中介绍。
- 颜色：用于取色、填充颜色，以及笔触线和填充颜色的设置，与其他图像软件的功能相似。
- 视图：以不同的视图模式查看图像效果，也可通过手形图标移动观看，或用放大镜放大显示图像。

5. 文档窗口

“文档”窗口用于显示当前编辑和操作的文档，通过“文档工具栏”中相应的按钮可以切换文档窗口中内容的显示方式，如左下图所示为“原始”视图，如右下图所示为“2 幅”视图。

6. 状态栏

“文档窗口”底部则是状态栏，在状态栏中显示了当前图像文件的大小及在设定的网络环境下的下载时间，右侧提供了动画播放控制按钮，当图像中创建了动画后可用于控制动画播放或信息以及切换动画显示的帧，如下图所示。

7. 属性栏

属性栏用于查看和更改所选对象或文本的各种属性，不同对象的属性可能不相同，故选择不同类型的对象后，属性栏的内容会随之变化，如下图所示为选中一个矢量形状后的“属性”面板。

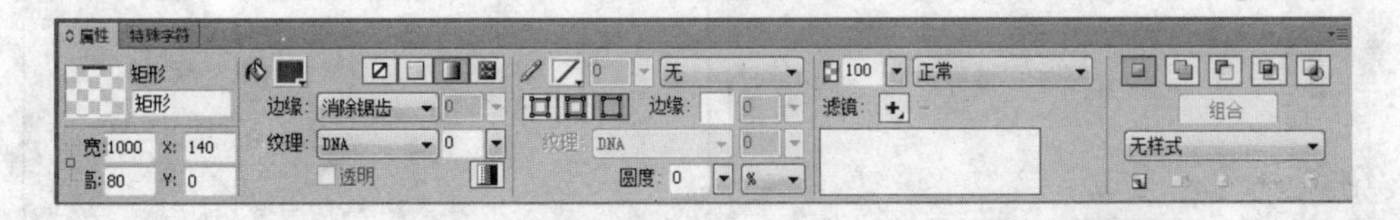

8. 面板

面板用于监控和修改相关对象或操作，面板相关操作与 Dreamweaver CS6 中相同。

9.2 知识讲解——Fireworks 文件操作

要使用 Fireworks 制作网页图像，首先需要创建图像文件并掌握 Fireworks 中图像文件的相关操作。

9.2.1 新建文件

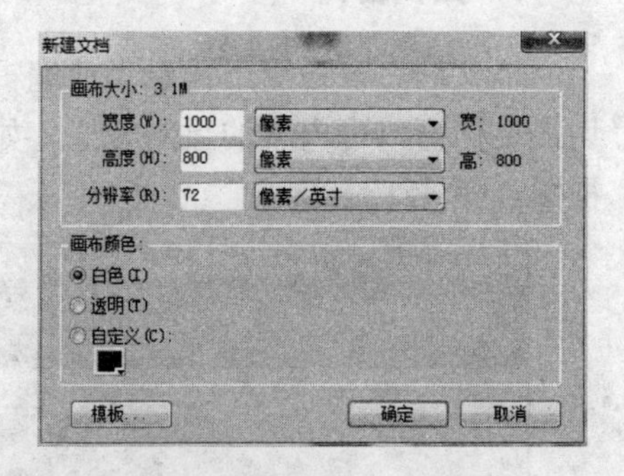

启动 Fireworks CS6 后，在“欢迎屏幕”中的“新建”栏中单击“Firework 文档”按钮或执行“文件→新建”命令均可创建新图像文件。执行“新建”命令后将打开如下图所示的“新建文档”对话框。

“新建文档”对话框用于设置新建的图像的大小、分辨率及画布颜色，设置完成后单击“确定”按钮即可新建出一个空白图像文档。

新手注意

“分辨率”是构成图像的点（像素）在单位面积内的数量。用于屏幕显示的图像分辨率通常都使用 72 像素/英寸。分辨率越高图像质量越好，文件越大。

9.2.2 导入文件

在制作图像时常常需要使用其他图像素材进行编辑处理，此时需要导入外部图像文件，常用的导入文件的方法有：

方法一：执行“文件→导入”命令，在打开的“导入”对话框中选择要导入的素材图像文件，如左下图所示；然后单击“打开”按钮后在舞台上单击或拖动即可导入图像文件，如右下图所示。

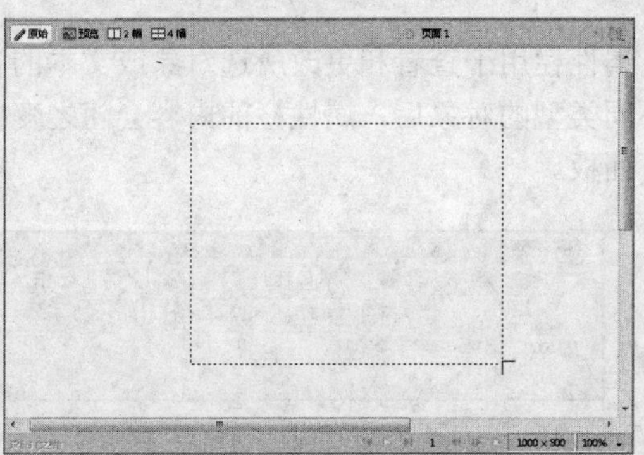

新手注意

在导入图像时如果使用拖动导入，则图像的大小将会与拖动的区域的大小一致，即可能会改变原图像的分辨率；若要保持导入图像的大小不变，可在导入图像时使用鼠标单击。

方法二：在 Windows 资源管理器中选择要导入的图像文件后，将文件拖动至 Fireworks 文档窗口内，即可导入。

9.2.3　修改文档属性

在 Fireworks 中编辑图像文档时，常常需要调整和修改文档的属性。使用“指针”工具单击工作区中空白处，即不选择画面中任何元素，此时“属性”面板将显示为当前画面的属性。通过“属性”面板可修改以下文档属性。

1. 修改画布颜色

单击“属性”面板中的□按钮，在打开的拾色器中选择需要用于画布背景的颜色即可，如下图所示。

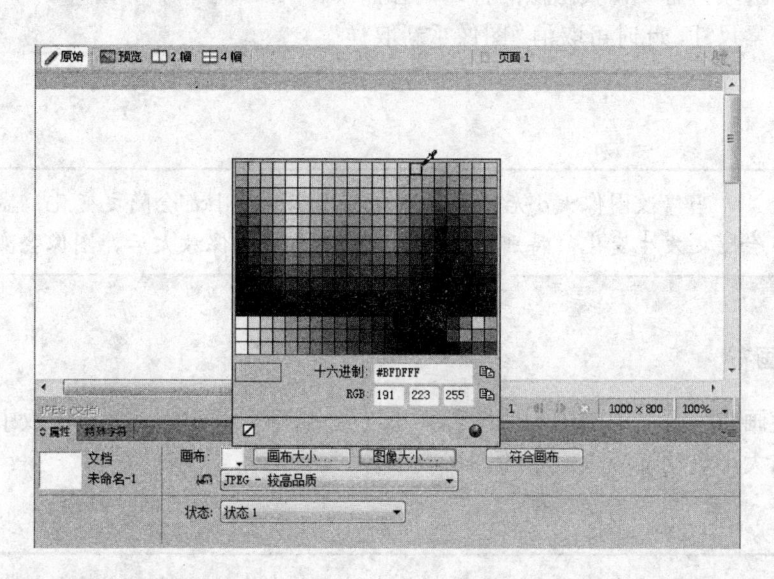

2. 修改画布大小

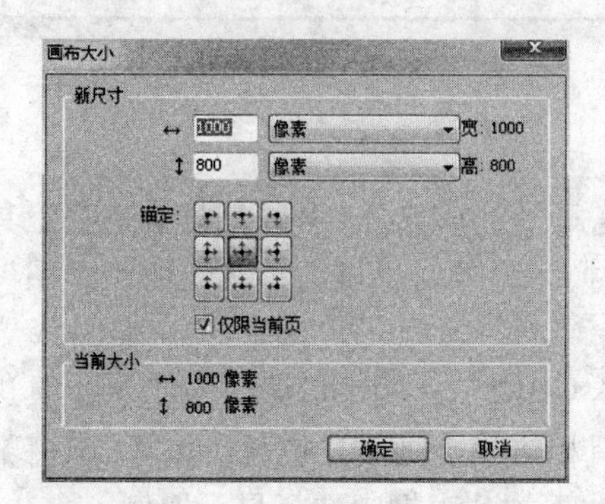

单击“属性”面板中的 画布大小... 按钮，打开“画布大小”对话框，如左图所示。

在“新尺寸”栏的↔和↕文本框中可设置画布的大小，单击“锚定”栏右侧的方框可指定画布的固定位置，即中心位置，例如需要向画布的下方和两侧扩大画布，则此时应在“锚定”栏选择第 1 行中间的按钮，以使当前画面中的内容固定于画布的顶端并左右居中。

> **新手注意**　修改画布大小后，画面中原有内容的比例不会发生变化，若修改后的画布大小小于原画布大小，此时将对原有图像进行裁剪。

3．修改图像大小

单击“属性”面板中的 图像大小... 按钮，在打开的“图像大小”中可设置图像大小，如右图所示。

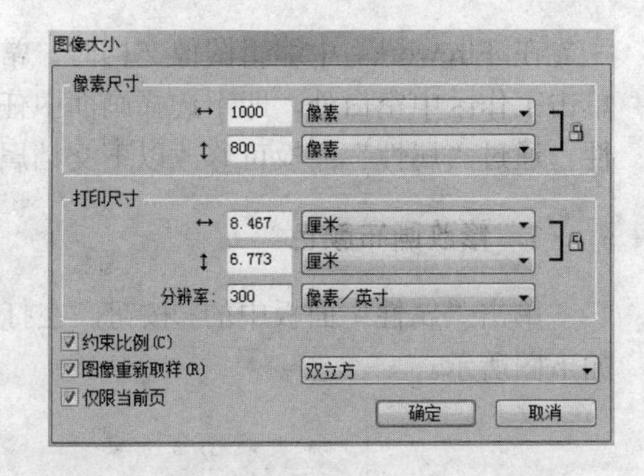

在“像素尺寸”栏中可设置当前图像以像素为单位的宽度和高度值，在“打印尺寸”栏中可设置图像用于打印时的尺寸和分辨率。

在修改图像大小时若需要改变图像比例可取消“约束比例”选项；若要调整图像的打印尺寸而不改变图像的像素尺寸，此时可取消“图像重新取样”选项。

新手注意 当修改图像大小后，画面中所有内容的大小都会随之变化，显示质量也会随之发生变化，特别是当原本像素不大的图像放大后，图像会变得模糊。

4．符合画布

当需要使画布与画面中的图形或图像大小一致时，可以单击“属性”面板中的 符合画布 按钮，使画布大小自动适应画面中的图形或图像。

专家提示 执行“修改→画布”子菜单中的相关命令亦可设置文档属性，此外还可对画布进行修剪和旋转等操作。

9.2.4 视图模式及显示比例

图像视图模式有标准视图模式、带菜单的全屏模式、全屏模式 3 种，切换到选择工具栏下的任意一个工具按【F】键可在不同视图模式间切换。另外，也可在工具箱的“视图”栏中单击需要的模式。

如果要放大或缩小图像，可以使用“工具箱”中“视图 ”栏中的“放大镜”工具进行查看，单击画面即可放大画面，按住【Alt】键单击鼠标可缩小画面，也可以按【Ctrl++】键放大，按【Ctrl+-】键缩小，或在窗口右下角的百分比下拉列表框中选择显示比例。

要移动工作区中画布的位置，可使用“工具箱”中的“手形”工具，拖动鼠标以移动画布的位置进行查看。

9.2.5 保存图像文件

执行“文件→保存”命令或按【Ctrl+S】组合键均可保存当前图像文件，在打开的保存文件对话框中设置文件名称并单击“保存”按钮即可保存文件；若要将已保存的文件以新文件名存放或存放于其他位置，可执行“文件→另存为”命令保存图像。

在 Fireworks 中保存的文件格式为“PNG”格式，即文件扩展名为“png”，该类型文件可包含图层等信息，同时也可以在网络中直接应用。在 Fireworks CS6 中，保存文件时通常会在文件名后添加“.fw”，以表明该文件为 Fireworks CS6 的源文件。

9.2.6　打开文件

执行“文件→打开”命令或按【Ctrl+O】均可打开打开文件，在“打开”对话框中选择要打开的图像文件即可。

9.3　知识讲解——Fireworks 工作环境设置

在使用 Fireworks 进行图像设计和制作时，开启一些辅助功能或工具可以更加方便快捷地完成一些操作或设置，本章将介绍 Fireworks 中可以使用的一些辅助工具和参数设置。

9.3.1　使用辅助工具

辅助工具是 Fireworks 中用于图像绘制和编辑时起参考和辅助作用的一些功能，常用的辅助功能有“网格”、“标尺”和“引导线”。

1. 网格

网格是画布上显示的一个由横线和竖线构成的线条体系，它并不属于画面内容，而是用作放置对象、调整大小等情况下进行参考和自动对齐。

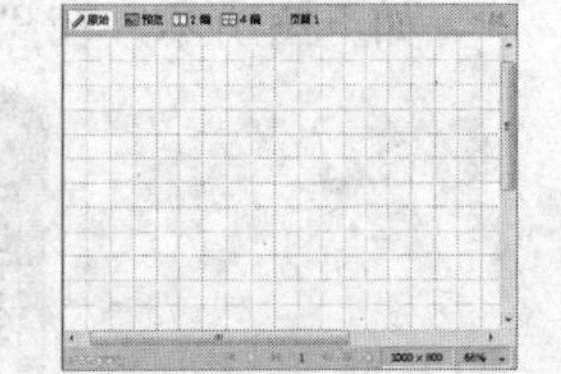

执行“视图→网格→显示网格”命令可显示出网格，如右图所示。再次执行该命令可取消网格的显示。

要调整画面中的图像或图形时，若要使对象自动贴齐网格，需要执行“视图→网格→对齐网格”命令开启对齐网格功能，当移动或调整对齐接近网格线时自动与网格对齐。

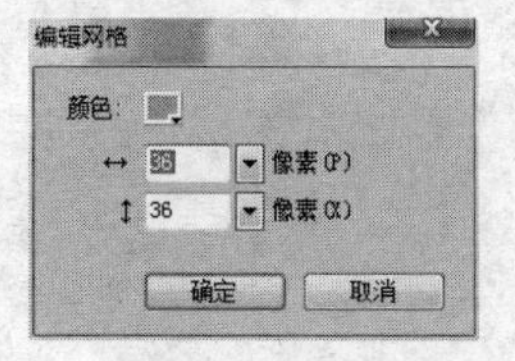

如果要调整网络线的颜色与大小，可执行“视图→网格→编辑网格”命令，打开如左图所示的“编辑网格”对话框。在该对话框中的“颜色”参数中可修改网格线线条的颜色，在↔和↕文本框中可设置最小单位的网格矩形的宽度和高度。

2. 标尺

标尺是用于辅助测量、组织和计划布局的辅助工具，它位置工具区的上方和左侧，并显示相应的单位刻度，执行“视图→标尺”命令可显示出标尺，再次执行该命令即可隐藏标尺。在显示出标尺的状态下，在画面中选择区域或绘制图形时，标尺上都将显示水平方向和垂直方向上的刻度范围，使得在绘制和编辑图形时可以更好地控制图形的尺寸大小和位置，如右图所示。

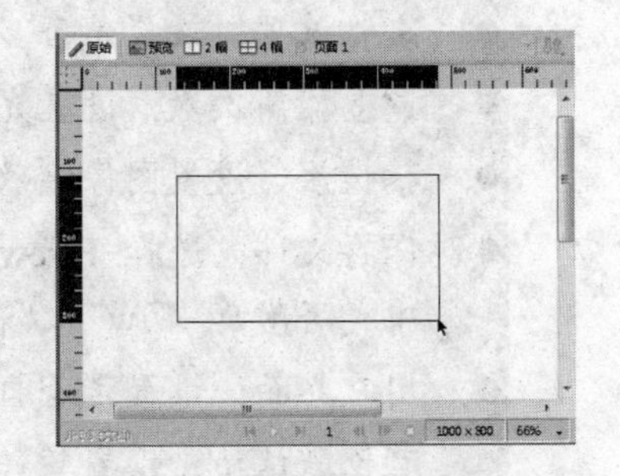

3．辅助线

辅助线是自行添加的一种用于对齐辅助的线条。从标尺上拖动可添加一条辅助线。执行“视图→辅助线→显示辅助线”命令可显示或隐藏辅助线；执行“视图→辅助线→清除辅助线”命令要删除页面中所有的辅助线。

若要调整已添加的辅助线的位置，直接拖动辅助线即可调整，若要精确设置辅助线的位置，可双击辅助线，然后在打开的“移动辅助线”对话框中设置辅助线具体的位置，如右图所示；若要防止不小心调整到辅助线，可执行“视图→辅助线→锁定辅助线”命令锁定辅助线。

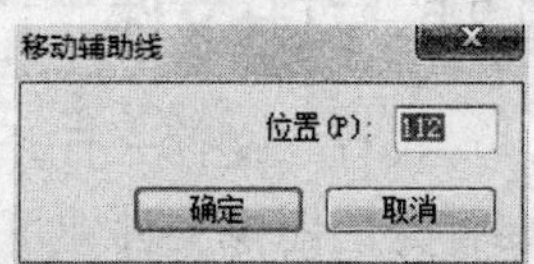

若在调整画面中的对象时不需要该对像贴齐辅助线，可以执行“视图→辅助线→对齐辅助线”命令取消自动对齐辅助线的功能，再次执行该命令可开起该功能。

9.3.2 设置工作参数

使用 Fireworks 时可以根据自己地习惯设置软件相关参数，以提高工作效率。执行“编辑→首选参数”命令或按【Ctrl+U】组合键打开“首选参数”对话框，在对话框中可“分类”列表中选择要设置的参数类型，然后在对话框右侧可设置各类软件参数，各类别工作参数的设置如下。

1．设置常规参数

如下图所示，在“首选参数”对话框中选择“常规”类别，可设置常规参数。

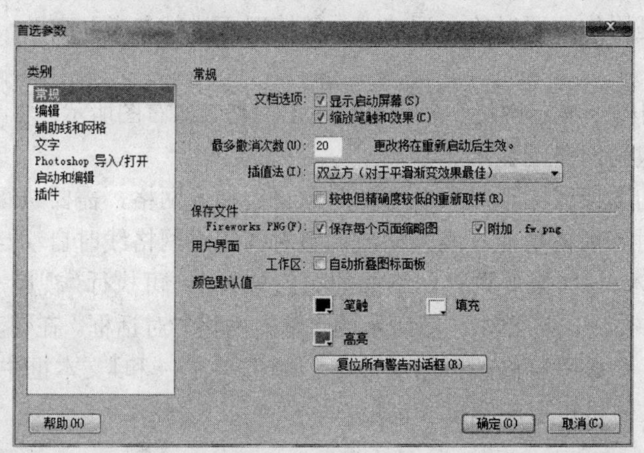

各参数的作用如下：

- 文档选项：设置是否显示启动屏幕和显示笔触和效果的缩放。
- 最多撤消次数：设置允许撤消的步骤数。
- 插值法：设置图像缩放时插入像素的方式。
- 保存文件：选择 Fireworks 源文件中是否需要保存每个页面的缩略图，以及文件名中是否附加“.fw”以表明文件为 Fireworks CS6 源文件。
- 用户界面：设置是否自动折叠面板。
- 颜色默认值：设置软件中默认的线条（笔触）、填充和选中后的线条（高亮）颜色。

2．设置编辑参数

在“首选参数”对话框中选择“编辑”类别，可设置编辑参数，即在编辑修改图形对象时以及使用钢笔工具、铅笔工具和指针工具时允许改变的选项，如下图所示。

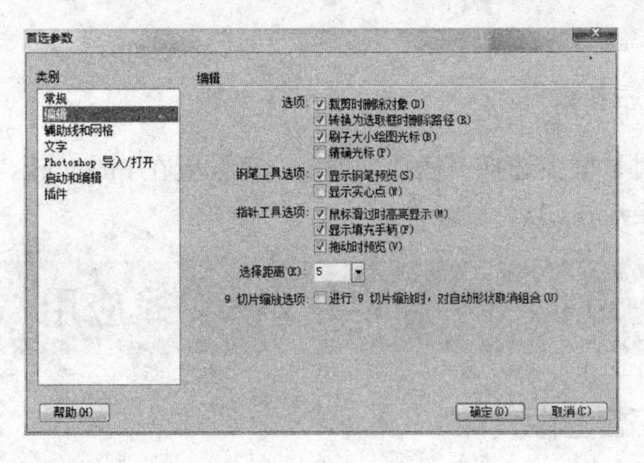

3．设置辅助线和网格参数

在“首选参数”对话框中选择“辅助线和网格”类别，可设置辅助线和网格参数，如各类辅助线和网格线的颜色，是否显示、是否对齐、是否锁定、对齐的距离以及网格线最小网格单位的宽度和高度等，如下图所示。

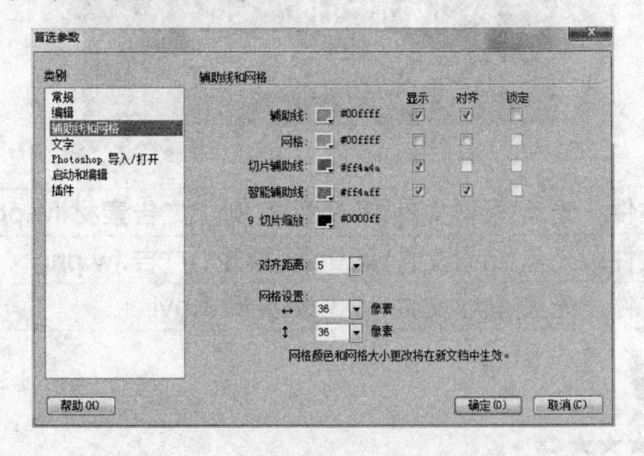

4．设置文字参数

在“首选参数”对话框中选择“文字”类别，可设置文档中文字元素的默认格式，如字顶距、基线位置等。

5．设置 Photoshop 导入/打开参数

在“首选参数”对话框中选择“Photoshop 导入/打开”类别，可设置在 Fireworks 中导入或打开 Photoshop 文件（psd）时的可选参数，如是否显示相关对话框、是否合并图层、导入后各类型的内容是否可编辑等。

6. 设置启动和编辑参数

在“首选参数”对话框中选择“启动和编辑”类别，可设置在 Fireworks 源文件在外部应用程序中进行编辑或优化时的处理方式，通常针对于 Dreamweaver 中对引用的图像文件进行编辑或优化功能。

7. 设置启动和编辑参数

在“首选参数”对话框中选择“插件”类别，可设置在 Fireworks 中引用一此外部插件、纹理或图案以扩展 Fireworks 软件的功能。

9.4 同步训练——实战应用

实例 1：新建网页广告图像文件

	素材文件：光盘\素材文件\第 9 章\实例 1\广告素材.fw.png
	结果文件：光盘\结果文件\第 9 章\实例 1\广告.fw.png
	教学文件：光盘\教学文件\第 3 章\实例 1.avi

制作分析

本例难易度：★★★★☆

关键提示：	知识要点：
首先打开 Fireworks 源文件，利用修改画布大小裁剪图像，然后修改图像大小，最后另存图像文件。	● 打开 Fireworks 文件 ● 修改画布大小 ● 修改图像大小 ● 另存 Fireworks 文件

具体步骤

STEP 01：**打开素材文件。**执行“文件→打开”命令，在“打开”对话框中选择素材文件夹中的“广告素材.fw.png”文件，然后单击“打开”命令，如左下图所示。

STEP 02：**调整画布大小。**执行“修改→画布→画布大小”命令，在打开的“画布大小”对话框中设置画布宽度为 700 像素，高度为 230 像素，在“锚定”选项中选择第 1 行中间的按钮，将画面内容固定于画布的上方居中位置，如右下图所示；单击“确定”按钮完成画布大小调整。

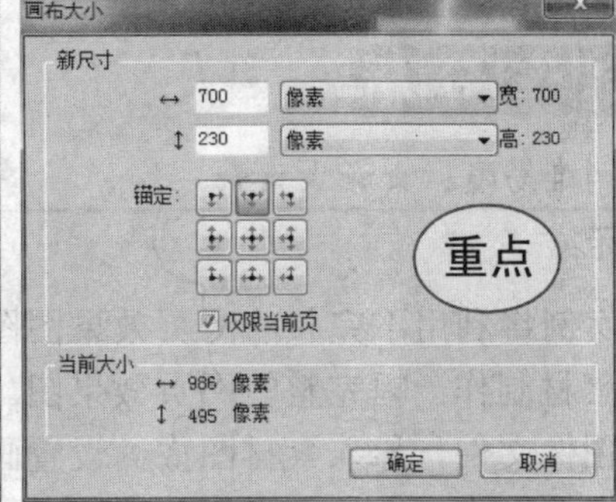

STEP 03：**调整图像大小**。执行“修改→画布→图像大小”命令，在打开的“图像大小”对话框中设置图像高度为“120”像素，如左下图所示，单击“确定”按钮后效果如右下图所示。

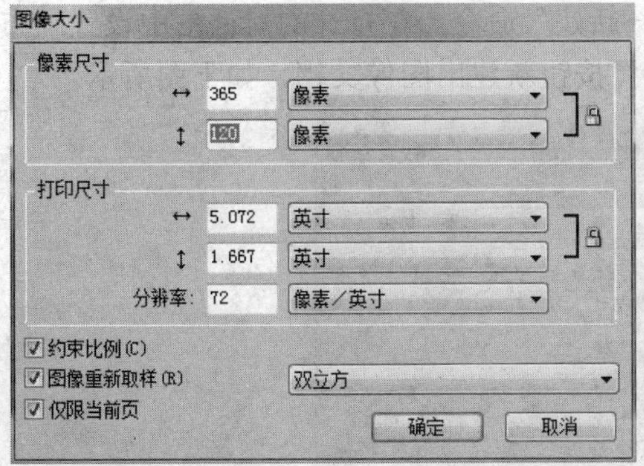

STEP 04：**另存文件**。执行“文件→另存为”命令，在打开的“另存为”对话框中选择文件存放的位置并设置文件名称后，单击“保存”按钮即可保存图像文件。

实例 2：完善网页效果图

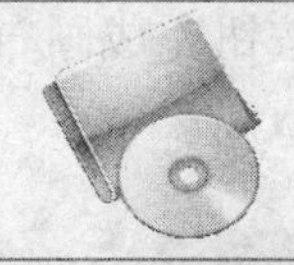

素材文件：光盘\素材文件\第 9 章\实例 2\
结果文件：光盘\结果文件\第 9 章\实例 2\效果图.fw.png
教学文件：光盘\教学文件\第 9 章\实例 2.avi

制作分析

本例难易度：★★★★☆

关键提示：

本案例将利用不完整的网页效果图图像和相关素材制作一幅完整的网页效果图。首先新建图像文件，导入素材图像，设置画布大小自动符合内容，然后再导入内容素材放置到相应的位置，保存效果图文件即可。

知识要点：

- 新建图像文件
- 导入图像
- 设置画布符合图像
- 导入并应用其他素材图像

具体步骤

STEP 01：**新建图像文档**。执行“文件→新建”命令，在打开的对话框中设置画布宽度为 1000 像素、高度为 900 像素，单击“确定”按钮新建出图像文档，如下图所示。

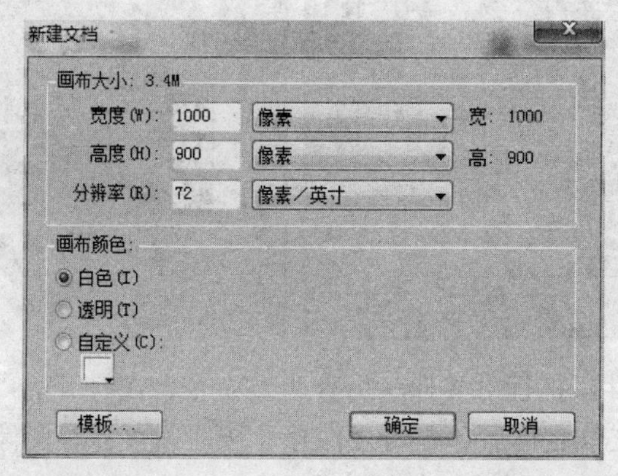

STEP 02：**导入图像**。执行“文件→导入”命令，在“导入”对话框中选择素材文件夹中的“main.jpg”文件，如下图所示。

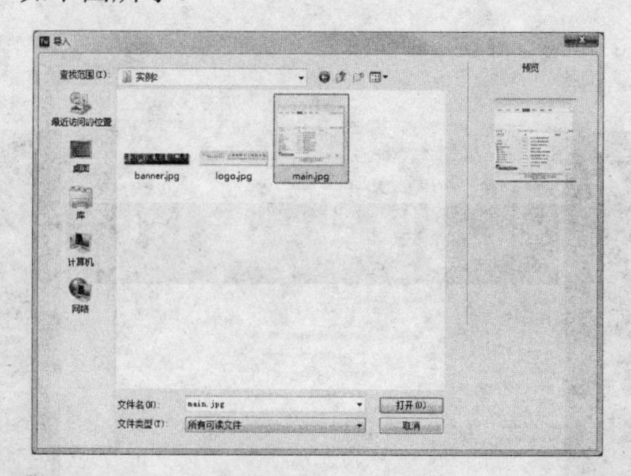

STEP 03：**调整画面符合图像**。单击“打开”按钮后在画面中任意位置单击鼠标，以原始大小导入素材图像；单击画布中空白片取消对象选择，在“属性”面板中单击“符合画面”

命令，如左下图所示，调整后的效果如右下图所示。

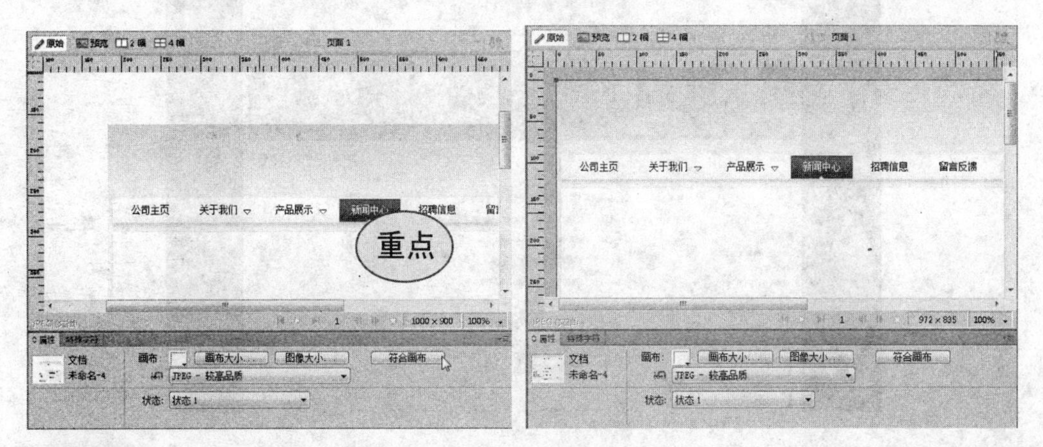

STEP 04：导入 Logo 图像。执行“文件→导入”命令，在“导入”对话框中选择素材文件夹中的“main.jpg”文件，单击“打开”按钮后在画面中左上角拖动，导入 Logo 图像，如左下图所示，导入后效果如右下图所示。

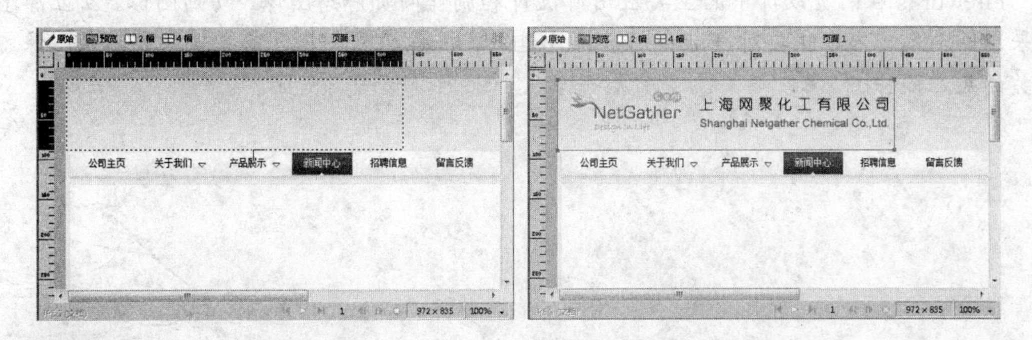

STEP 05：导入 Banner 图像。用上一步相同的方式导入素材图像“banner.jpg”到画面中空白的 banner 区域，如下图所示。

STEP 06：保存文件。保存文件，并按两次【F】键在全屏状态下查看图像，如下图所示。

本章小结

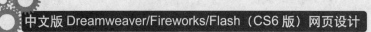

Fireworks 在网页设计中的主要应用有设计和制作网页静态图像、动画图像、交互原型和效果图等，本章内容主要对 Fireworks 软件进行了讲解，重点在于熟悉软件界面及图像文件相关的基本操作。

第 10 章

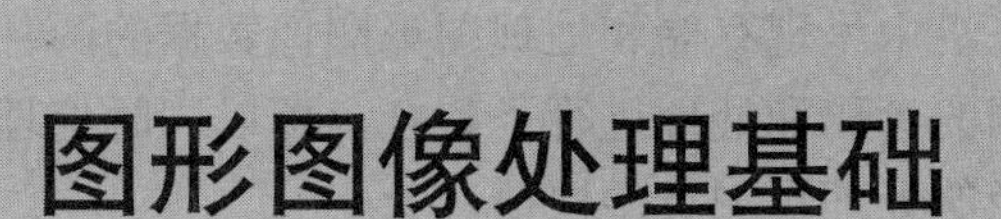

图形图像处理基础

本章导读

在 Fireworks 中不仅可以绘制和编辑矢量图像，同时可以编辑和处理位图图像，本章将介绍 Fireworks CS6 中矢量图和位图相关工具的使用，以及图形图像对象的基本操作。

知识要点

- 了解位图的特点及应用范围
- 了角矢量图的特点及应用范围
- 掌握 Fireworks 中基本工具的使用
- 掌握图形图像对象的基本操作
- 了解图层的概念及应用
- 掌握图层相关的操作

案例展示

10.1　知识讲解——位图与矢量图

位图和矢量图是计算机中呈现存储和处理图形图像数据的两种不同的方式，Fireworks 将两种类型的图形图像数据的存储和处理进行了整合，可以同时处理位图和矢量图形，使得矢量图形的绘制和位图图像的处理更加方便快捷。

10.1.1　位图

位图也可称为图像，是由排列成网格的点组成，每一个点被称作像素。计算机屏幕就是一个的像素网格，每一个像素就是屏幕中的最小单位。在图像中每一个像素都具有一个颜色值，通过许多不同颜色值的像素来拼合形成图像。如左下图所示为正常显示的图像，右下图为图像放大后的效果，每一个像素为一个方格，由这一个个方格拼合形成了图像。

位图图像的显示效果与分辨率有关，图像的大小通常以像素为单位，当图像放大时则可清晰地看到每一个像素，即马赛克似的方格子。编辑位图则是对图像中的像素点进行修改。在网页中能直接显示的图像都是位图图像。

10.1.2　矢量图

矢量图也可称为矢量图形，它是计算机程序通过几何特性生成的图形，也只能在支持适量图形绘制和查看的软件中才能显示和编辑。在矢量图形中，组成图形的对象可以是线条和几何形状，矢量图形文件占用的空间较小，适用于图形设计、文字设计、标志设计和版式设计等，并且矢量图形的显示效果与分辨率无关，在矢量图形软件中，矢量图形可随意放大和缩小。编辑矢量图形是对图形的线条和填充的属性进行修改。

新手注意

在计算机中存储的图像文件如 JPG、GIF、BMP 等均为位图文件，而矢量图形要在网页中直接呈现也需要转换为位图图像。由于数码照片是以像素呈现，而矢量图是根据几何形状来生成图像的，所以适量图不形不适合用于编辑真实效果的照片类图像，通常用于绘制具有一定规则的形状，或通过许多形状的叠加来绘制逼真的图形。

10.2 知识讲解——绘制矢量图与位图

在 Fireworks 中提供了绘制和处理矢量图和位图的工具，此外在绘制和编辑矢量图形和位图时，还可以使用相应的颜色工具，本节将介绍这些基本工具的使用。

10.2.1 绘制矢量图形

矢量图形是通过线和几何形状来描述的，因此绘制矢量图形主要是绘制一些线条和几何形状，通过对这些基本形状的叠加与修改来描绘出各种丰富的图形。在“工具箱”中“矢量”栏中的工具均为矢量工具，如右图所示。其中“直线”工具、“钢笔”工具组和“矩形”工具组均用于绘制矢量图形。

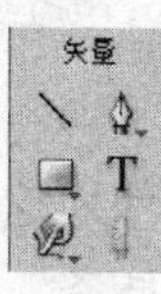

1. 直线工具

直线工具用于绘制一条独立的直线路径。单击“工具箱”中的“直线”工具，在画布中拖动即可绘制出一条直线。在绘制直线时按住【Shift】键拖动，可绘制出水平、垂直或 45 度倾斜的直线。

选择“直线”工具后，在“属性”面板中可以设置工具的各种属性，如下图所示。

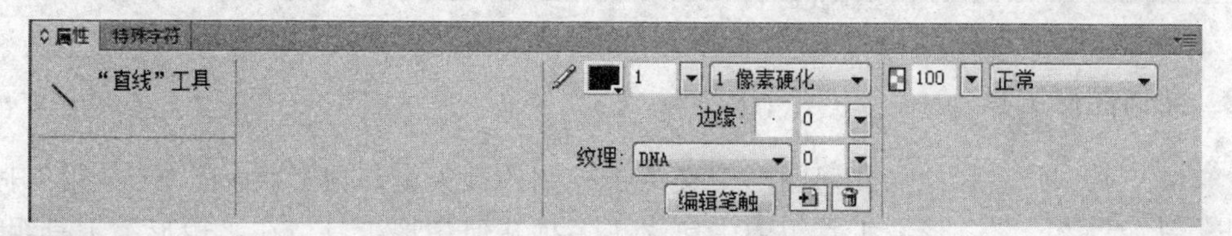

各参数的作用如下：

- ：单击该按钮后在弹出的拾色器面板中可选择线条的颜色。
- 1（笔尖大小）：调整数值设置线条的粗细。
- 1 像素硬化（描边种类）：单击该下拉列表后在菜单中可选择线条的样式及效果。
- 边缘：设置线条边缘的柔化程度。
- 纹理：设置线条上的纹理效果，单击下拉列表框在菜单中选择纹理效果，在其后的数值框中设置纹理效果的强度。
- 编辑笔触：单击“编辑笔触”按钮后可打开“编辑笔触”对话框，在对话框中可设置更多笔触相关的选项及线条形状参数等。
- （保存自定义笔触）：单击该按钮后可将设置好的笔触样式保存为新的描边样式并存储于“描边种类”菜单中，以便其他线条采用相同的笔触样式。
- （删除自定义笔触）：删除当前使用的自定义笔触样式。

2. 钢笔工具

钢笔工具用于绘制连续的直线或曲线路径，并且绘制出的路径封闭后可形成不规则的几何形状。单击“工具箱”中的“钢笔”工具，在画布中单击可确定直线或曲线的一个节点，拖动鼠标可生成曲线节点，通过拖动的方向和距离确定曲线的弯曲度及弯曲方向，如左下图所示；多次单击或拖动可绘制出连续的曲线形状，如右下图所示；在曲线结束的最后位置双击鼠标可完成曲线绘制，若需要闭合的几何形状可单击曲线的起点结束线条绘制。

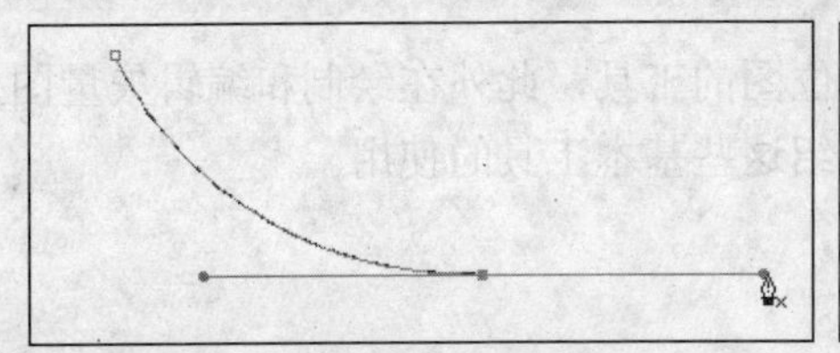
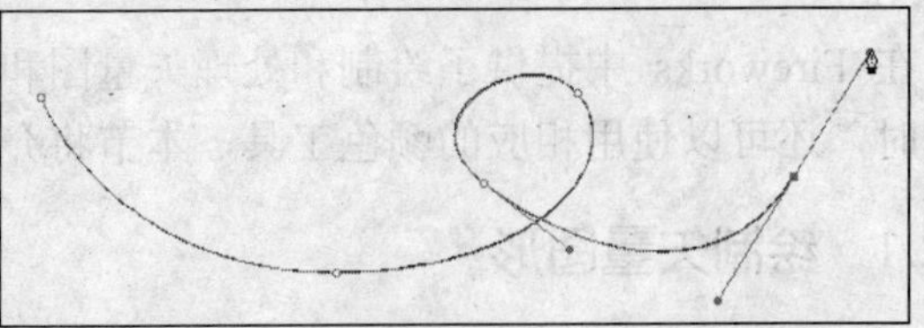

在钢笔工具上按住鼠标左键不放可选择该工具组中的“矢量路径”和“重绘路径”工具，使用这两个工具均可实现自由路径绘制，即在画面中拖动鼠标即可沿鼠标轨迹绘制出相应的线条。在使用这两个工具时，可在“属性”面板中设置“精度”属性调整生成的曲线的平滑度，“精度”值越高绘制的线条越平滑，节点越少。

在 Fireworks 中，矢量图中的线被称为笔触，凡是含有线条绘制功能的工具均可能在“属性”面板中设置线条相关的属性。故“钢笔”工具与“直线”工具设置线条样式的方式相同。

3．几何图形工具

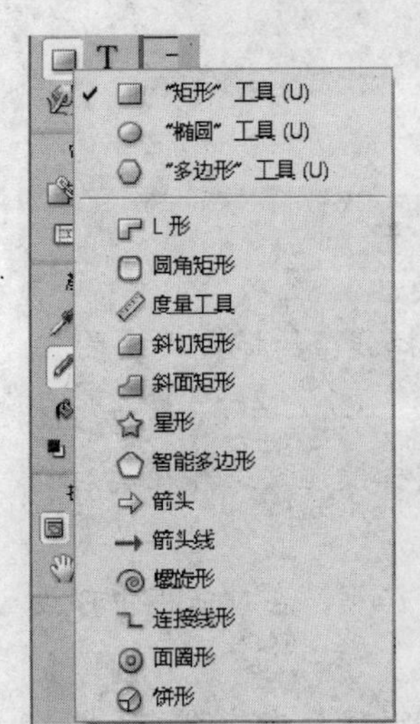

几何图形工具用于绘制各种矢量几何形状，在“工具箱”中“矩形”工具组中包含了多种几何图形工具。在“矩形”工具组按钮上按住鼠标左键不放将弹出如左图所示的几何形状菜单，单击需要绘制的形状即可切换至该形状工具。

选择矢量形状工具后，在画面上拖动鼠标即可绘制出相应的适量图形。

在绘制矢量形状时，按住【Shift】键拖动鼠标，可绘制出等边的形状。如按住【Shift】键绘制矩形可绘制出正方形，绘制椭圆可绘制出正圆形。

若在绘制矢量形状时按住【Alt】键拖动鼠标，将以鼠标拖动时的起点作为绘制形状的中心点，在方便在已固定图形中心位置时绘制图形。

在选择矢量工具后，同样可在“属性”面板中设置该矢量工具的相关属性，“属性”面板分为四栏：第一栏为形状的大小与位置属性，第二栏为形状的填充属性，第三栏为形状的笔触属性，第四栏为图层相关属性，如下图所示。

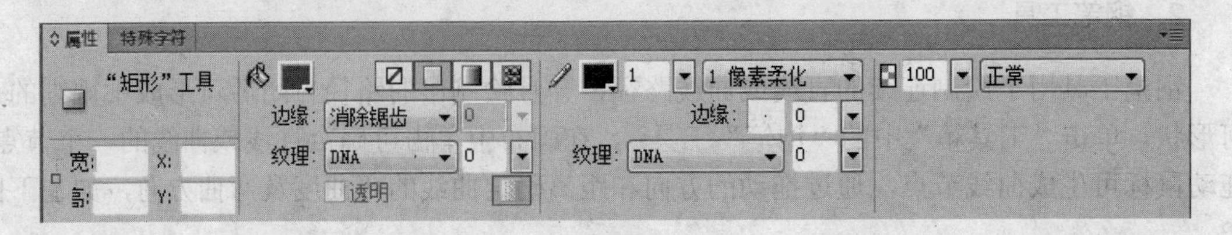

在绘制出不同的几何形状后，在图形节点上可能出现一些黄色的控制点，使用“指针”工具拖动这些控制点可调整不同几何形状的不同特性，绘制出更丰富的图形，如下图所示是由“星形”工具绘制出的形状，通过调整各控制点演变出的各种形状。

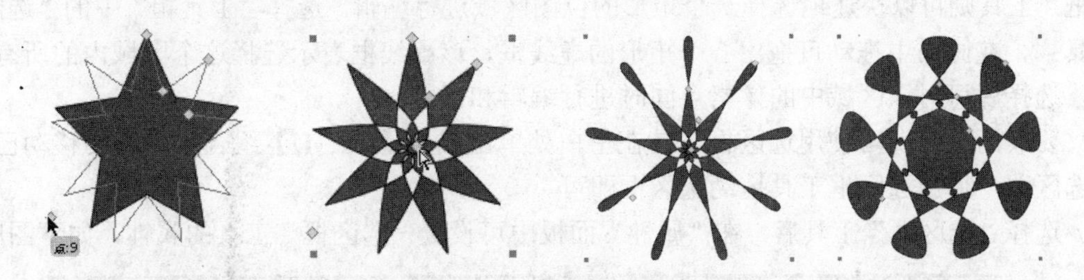

10.2.2　位图的绘制与选取

位图是由许多不同颜色值的像素拼合形成的图像，绘制和修改位图图像则是对像素进行修改和调整，在 Fireworks 中可以使用“工具箱”中“位图”栏中的工具对位图进行编辑，如右图所示。其中“刷子”工具和“铅笔”工具主要应用于绘制位图图像，“选区框”、“套索”等工具均为绘制和处理位图时用于选择像素的工具。选择不同形状的像素区域后可通过填充命令向选择区域内填充颜色来实现图像的绘制。

1. 刷子工具

刷子工具是基本的位图绘制工具，在“工具箱”中选择“刷子”工具，在画面中拖动即可绘制出鼠标拖动轨迹的位图线条。绘制前可在“属性”面板中设置刷子工具的属性，以绘制出各种不同的效果，“属性”面板如下图所示。

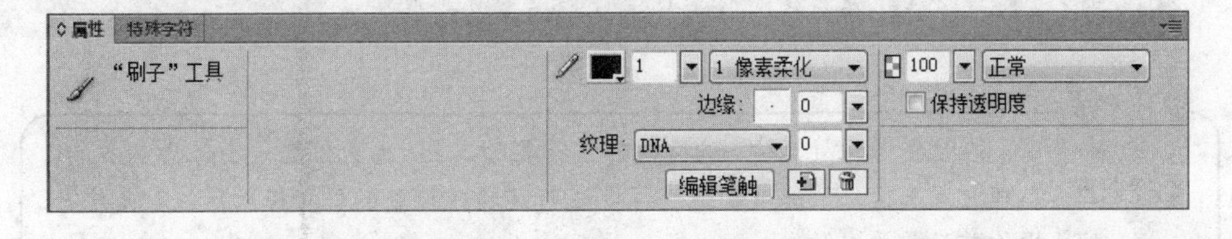

专家提示

“属性”面板中的设置与使用“直线”工具时的设置相同，可设置绘制线条的颜色、粗线、效果等，不同的是矢量线条工具（“直线”、“钢笔”工具等）绘制出的是矢量图形，而刷子绘制出的是位图图像。

2. 铅笔工具

铅笔工具是用于绘制位图线条的工具，与“刷子”工具相似，但“铅笔”工具绘制出的线条粗细仅为 1 像素，不可调整。选择“工具箱”中的“铅笔”工具，在画布上拖动即可绘制出位图线条。

3. 选区框工具

由于位图是由像素构成，在编辑位图时若一个像素一个像素地编辑会非常麻烦，而“选区框”工具则可以快速地选择一个矩形的位图区域进行编辑。选择“工具箱”中的“选区框”工具，在画布中拖动可拖出一个矩形的虚线框，该虚线框表示选择这个区域内的所有像素点，选择后可对该区域中的像素点同时进行编辑和调整。

要取消选区，可使用选区框工具在空白处单击或按【Ctrl+D】组合键，若要移动已选择的选区框，使用选区框工具拖动选区框即可。

选择“选区框”工具后，在“属性”面板中可设置“选区框”工具的属性，如下图所示。

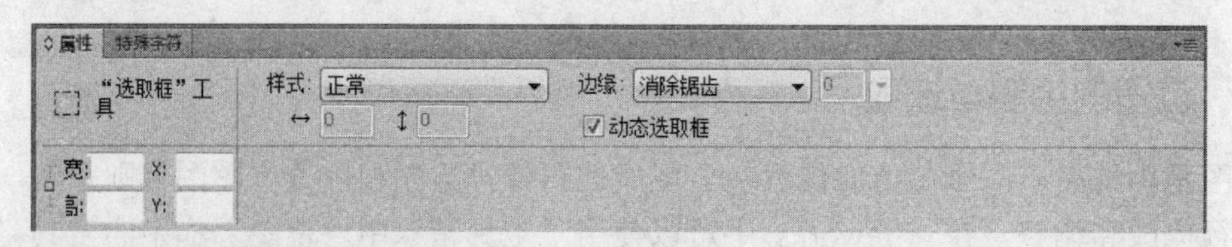

其中各参数的作用如下：

- 样式：选择选区框的样式，可选项有“正常”、“固定比例”和“固定大小”。当选择“固定比例”选项后，在下方可设置选区的宽度和高度比例，在绘制选区框时保持比例不变；若选择“固定大小”，在下方可设置选区框具体的高度和宽度值，在绘制选区框时大小固定不变。
- 边缘：选择选区框的边缘效果，有“实边”、“消除锯齿”和“羽化”选项，当选择“羽化”选项后，在其后可设置具体的羽化量。使用羽化后，选区框边缘将出现平滑过渡效果，但在选区框显示效果上不可见。
- 动态选取框：选择后允许实时调整选区框的工具设置。

专家提示 在位图图像处理中，选区是非常重要的工具。由于位图是由像素构成的，合理利用选区，快速准确地选择要进行编辑或调整的目标像素区域，是进行操作前的首要工作。

4. 椭圆选区框工具

在“工具箱”中的“选区框”工具组上按住鼠标左键，在弹出的菜单中可选择“椭圆选区框”工具。与“选区框”工具类似，该工具用于选择一个椭圆形区域内的所有像素点。其属性设置与“选区框”工具相同。

知识链接——位图填充

若要在画面中绘制位图图像，除使用“刷子”工具和“铅笔”工具外，还可以使用选区类工具，选择一个像素区域后利用“油漆桶”或“渐变”工具填充颜色，快速填充颜色可按【Alt+Del】组合键。

5. 套索工具

套索工具用于选取一个不规则区域内的像素，选择“工具箱”中的“套索框”工具，在画面上拖动鼠标，可沿鼠标拖动轨迹选取一个不规则的位图区域。

6. 多边形套索工具

多边形套索工具与“套索”工具相似，用于选择一个不规则多边形区域内的像素，在“工具箱”中的“多边形套索框”工具组上按住鼠标左键，在弹出的菜单中可选择“多边形套索”工具，在画面上通过单击鼠标确定多边形的每一个顶点位置，双击完成选取。

7. 魔术棒工具

魔术棒工具用于选择位图中颜色相近的一块区域，通常应用于对已有图像进行修改和调整。选择“工具箱”中的“魔术棒”工具，在位图上单击即可选择一块颜色相近的图像区域。

8. 选区的叠加

在使用选取工具选择位图区域时，若要选择一个不规则的形状区域，还可以使用选区的叠加操作来完成。在已选区域中去掉一部分选区，可按住【Alt】键选取要去掉的区域；在已选区域中增加一部分选区，可按住【Shift】键选取要增加的部分区域；取已选区域与新选择区域的交叉部分，可按住【Alt+Shift】组合键选取新区域。

10.2.3 添加文本内容

在画面中添加文本内容的方法如下：

STEP 01：**选择文本工具**。选择“工具箱”中“矢量”组的“文本”工具。

STEP 02：**设置工具属性**。在“属性”面板中设置文本属性，如字体、字形、文字大小、颜色等信息，如下图所示。

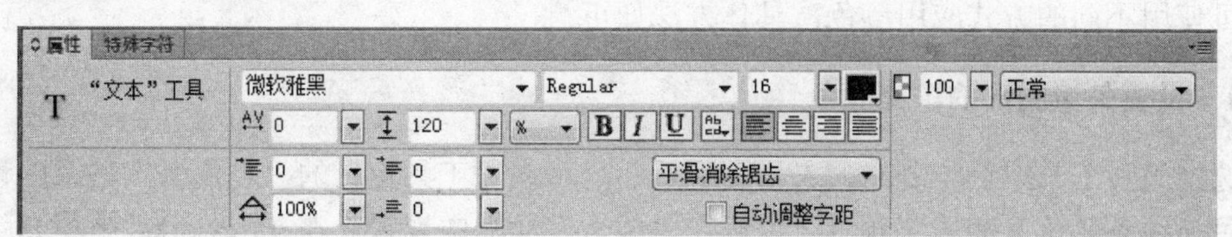

“属性”中第 1 行中的参数分别用于设置文字的字体、字形、字号和颜色，下方各参数的作用如下：

- AV：设置字间距。
- ：设置行间距，数字框后可选择行间距的度量方式，可设置以百分比（%）或像素为单位，当选择百分比（%）时，实际行高随文字大小变化，选择“像素”时，行高值固定，不随文字大小变化。
- ：设置段落首行缩进的距离。
- ：设置文本宽度。
- 与：分别设置段前与段后距离。

- ：设置文本方向。
- ：设置文本描边色。
- 平滑消除锯齿：设置文本消除锯齿的级别，即文字边缘的柔化的程度。

STEP 03：**创建文本区域**。在画布上单击输入文本内容或拖动创建文本区域后输入文本内容即可。

新手注意

在创建文本内容时，在画布中拖动则可创建一个文本区域，在输入文本内容时，区域的宽度固定，文字自动换行，而直接单击后输入的文本宽度不限定，要换行时需要手动换行，通常应用于简单的文字内容。

10.3 知识讲解——对象的基本操作

绘制出矢量图形或位图图像后，常常需要对绘制的对象进行调整和操作，例如选择对象、设置颜色、缩放等操作。

10.3.1 选择对象

在 Fireworks 中，使用“指针”工具单击画布中的元素即可选择一个图形对象，如果是位图图像，单击后可选择整个位图图层。如果要同时选择多个对象，可按住【Enter】键逐个单击要选择的对象，也可从空白处拖动框选对象。

10.3.2 设置颜色

颜色是图形图像中的重要元素，在 Fireworks 中无论是矢量图、位图还是文本都可以应用颜色，通常可通过颜色工具或“属性”面板中的设置来使用颜色，并且针对不同类型的元素也可使用不同的方式应用颜色，具体方法如下：

1. 设置矢量图形的填充颜色

选择矢量工具或已绘制出的矢量图形后，均可在“工具箱”的“颜色”工具组中设置笔触颜色（线条颜色）和填充颜色，也可在“属性”面板中设置。在 Fireworks 中填充颜色有“实色填充”、“渐变填充”和“图案填充”三种类型。

在“属性”面板中单击“实色填充”按钮，可设置“实色填充”颜色，在打开的“拾色器”中选择颜色样本，如左下图所示；要设置具体的颜色值，可在“拾色器”中的“十六进制”或“RGB”参数中输入具体的颜色值，也可单击右下角的按钮，打开“颜色”对话框，通过颜色对话框选择需要的颜色，如右下图所示。

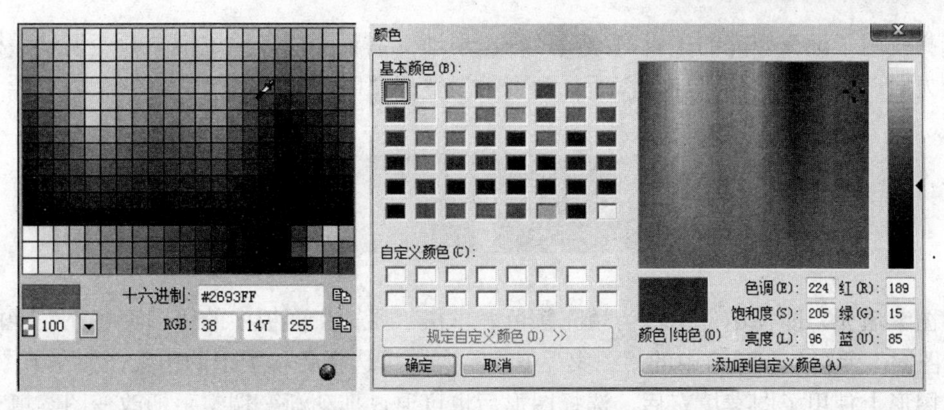

设置“渐变填充”，可单击“属性”页面中的“渐变填充”按钮，打开如右图所示的“编辑渐变”弹窗，在“渐变”下拉列表框中可选择渐变类型，如“线性”、“放射状”、“矩形”等，用于设置渐变的样式。各种渐变样式的效果如下图所示。

在下方的渐变色阶区域的下单击可在渐变过程中添加新颜色样本滑块，单击颜色样本滑块可选择具体的颜色，如左下图所示，拖动颜色样本滑块可调整颜色样本在渐变过程中的位置，如右下图所示，要删除颜色样本，可将颜色样本滑块拖至渐变色阶区域之外。

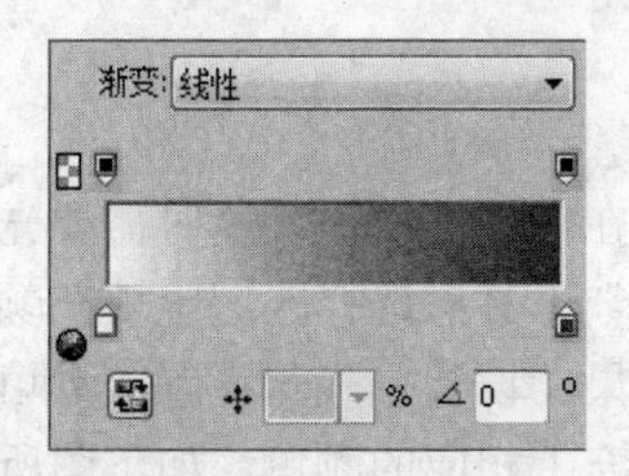

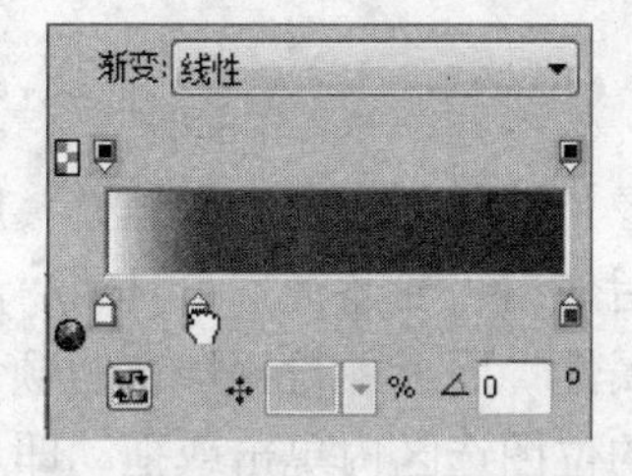

单击渐变色阶的上方可添加透明度滑块，单击透明度滑块可调整透明度滑块的不透明度值，颜色在渐变过程中透明，如左下图所示。如右下图所示为两个具有半透明渐变效果的图形叠加的效果。

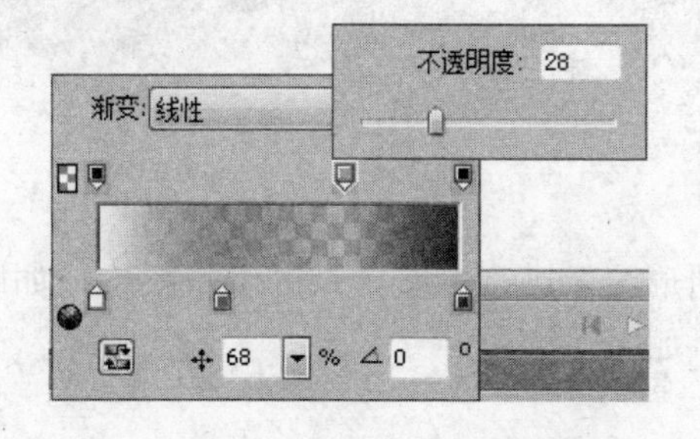

选择应用了渐变填充的矢量对象后，会出现渐变调整手柄，通过拖动渐变调整手柄可调整渐变方向以及变形扭曲，如下图所示为多种渐变调整时的效果。

“图案填充”即使用位图作为填充颜色。单击“属性”面板中的“图案填充”按钮，打开“图案”弹窗，在弹窗中的“图案”下拉列表中可选择各种类型的图案，如左下图所示。当矢量图形上使用了图案填充后，选择图形后也可通过拖动渐变调整手柄改变图案填充的方向以及变形扭曲，如右下图所示。

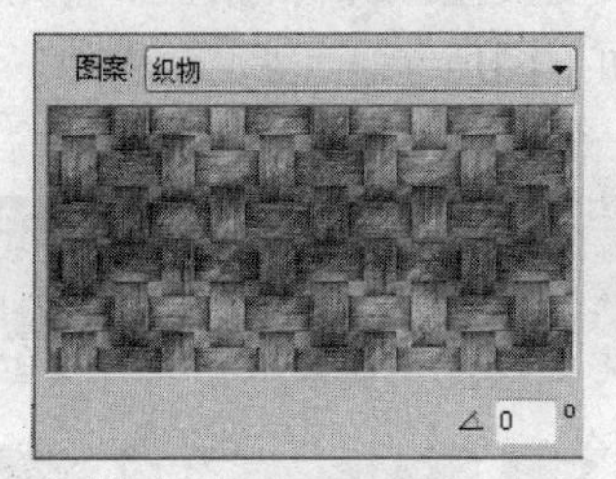

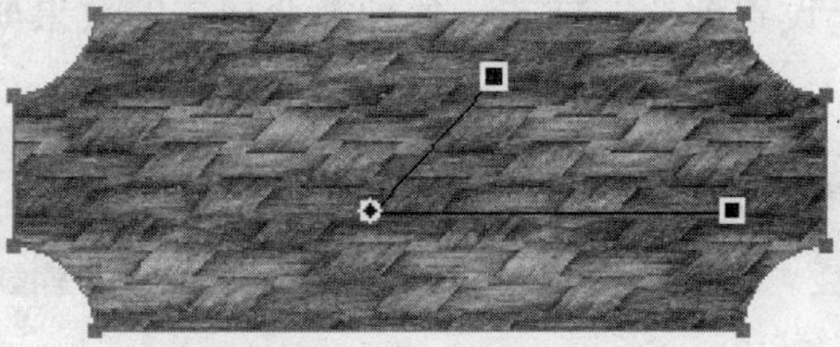

专家提示

在 Fireworks 中也可使用其他位图图像用于图案，在“图案”弹窗的“图案”下拉列表中选择“其他”选项，在打开的对话框中选择要作为图案填充的位图文件即可。

2．填充位图

由于位图图像是针对于像素进行填充，所以在位图上应用颜色时需要先选取位图区域，即创建选区，然后使用“油漆桶”工具或“渐变”工具向选择区域中填充颜色。选择“油漆桶”工具，在“属性”面板中设置填充的颜色效果，设置方式与设置矢量填充颜色的方式相同，然后在选择的位图选区内单击或拖动即可填充上相应的颜色，如下图所示。

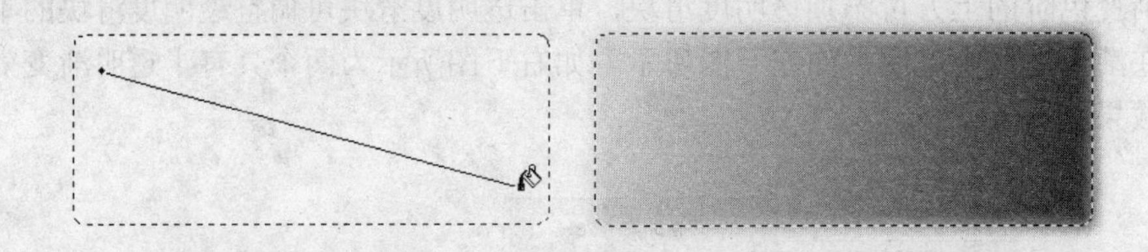

10.3.3 对象的基本编辑操作

在编辑图形图像时，常常需要对图形图像进行一些常规的编辑操作，如删除、移动、复制、缩放、旋转等操作，具体操作方法如下。

1．删除对象

无论是矢量图或位图对象，选择要删除的对象后，按【Del】键删除即可。如果要删除位图图像中的某一部分，可使用选区工具选择要删除的区域后，按【Del】键删除即可。

2．移动对象

要移动矢量图或位图对象，可使用以下方法有：

方法一：在画布中选择要移动的对象后直接拖动即可移动对象。

方法二：选择对象后按键盘上的方向键，亦可细微地移动对象。

方法三：通过“属性”面板中的“X”和“Y”属性设置改变对象在画布中的坐标值，可精确设置对象的坐标位置移动对象。

方法四：选择对象后按【Ctrl+X】组合键可剪切对象，在需要移动至的位置按【Ctrl+V】组合键粘贴对象即可。

3．复制对象

在 Fireworks 中常用的复制对象的方法有：

方法一：选择对象后，按【Ctrl+C】组合键可复制对象，按【Ctrl+V】组合键可粘贴出对象。

方法二：按住【Alt】键拖动要复制的对象即可复制对象。

4．使用缩放工具调整对象

要调整对象的宽度、高度和方向，可使用“工具箱”中的“缩放”工具。使用该工具后，在所选择的对象上会出现缩放控制点，拖动四角的控制点可等比例缩放对象，拖动上下方向的控制点可调整对象高度，拖动左右方向的控制点可调整对象的宽度，如左下图所示；将光标移动至对象外侧边缘，拖动鼠标可旋转对象，如右下图所示。

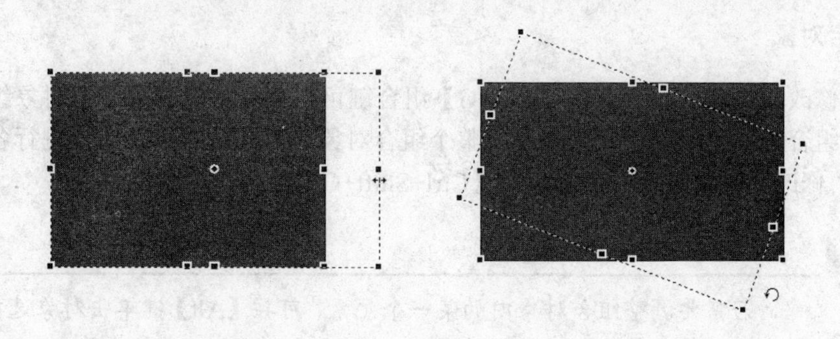

专家提示　拖动图形中心的控制点可调整中心点的位置，在进行各类调整时都将以该点作为中心位置，例如旋转对象时会围绕中心点旋转。

5．使用倾斜工具调整对象

使用“工具箱”中的“缩放”工具组中的“倾斜”工具可调整对象倾斜。使用“倾斜”工具选择对象后，拖动四角的控制点可调整对象向两侧倾斜变形，如左下图所示；拖动四条边上的控制点可调整对象向单侧倾斜变形，如右下图所示。

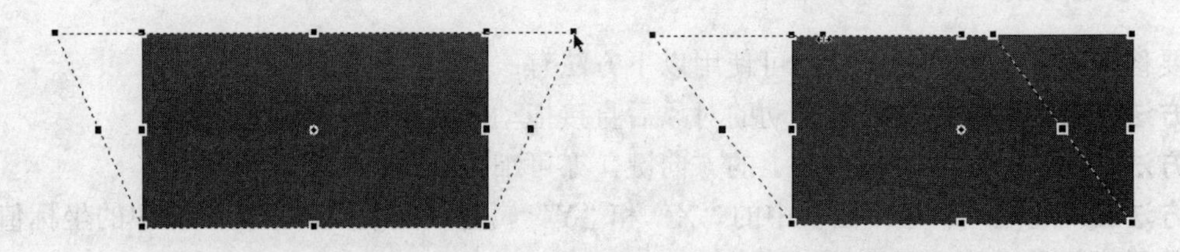

6．使用扭曲工具调整对象

使用“工具箱”中的“缩放”工具组中的“扭曲”工具可自由扭曲对象。使用“扭曲”工具选择对象后，拖动四角的控制点可改变图形四角的位置，如左下图所示；拖动四条边上的控制点可调整对象四边的位置，如右下图所示。

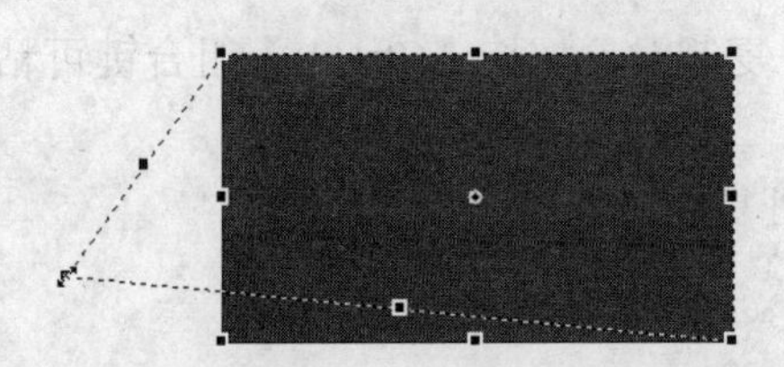

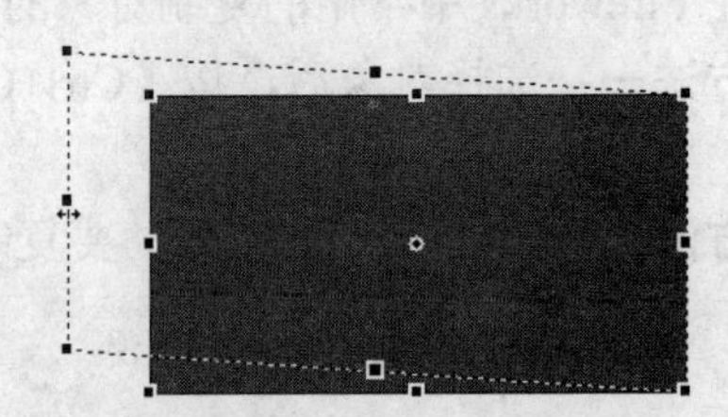

10.3.4 对象的组合与取消

一个较复杂的图形都是由许多简单的形状来构成的。为方便调整由多个图形组成的对象，可以将多个图形组合为一个整体。在 Fireworks CS6 中还提供了多种图形组合的方式和方法：

1．组合对象

执行“修改→组合”命令或按【Ctrl+G】组合键可组合可将选择的多个对象组合为一个整体。单击组合对象中的任一元素将选择整个组合对象，可同时对组合对象进行各种调整。

执行 “修改→取消组合”命令或按【Ctrl+Shift+G】组合键可取消组合。

专家提示

若需要调整组合对象内的某一个元素，可按【Alt】键单击对象选择该对象，然后进行相应的调整操作。

2．应用复合形状

复合形状是将多个形状按特定模式组合在一起的形状。通过形状的组合可得到更多的特殊形状，并且在复合形状中还可单独调整其中的子形状。选择多个图形对象后，可单击“属性”面板中相应的按钮来创建复合形状，具体方法如下：

单击“添加/联合”按钮可将所选对象创建为“添加/联合”状态的复合形状，如左下图所示为未创建复合形状的原始图形，右下图为创建为“添加/联合”状态的复合形状。

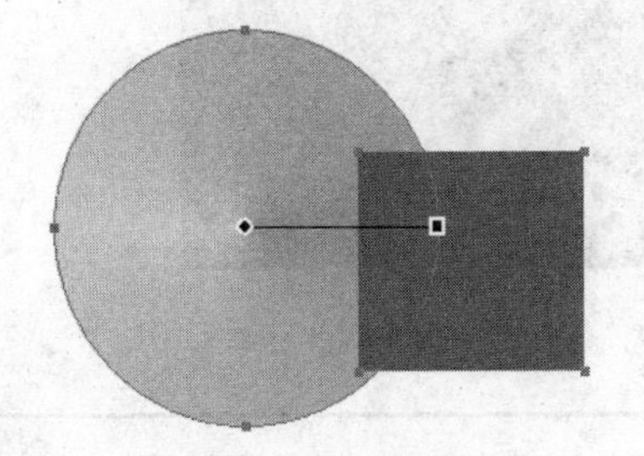
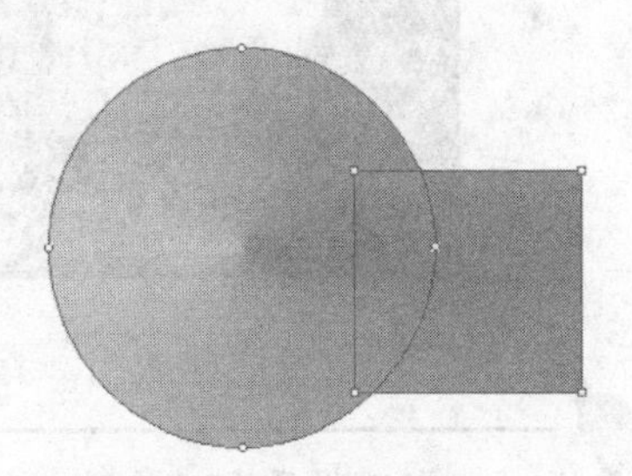

专家提示

将多个对象创建为一个联合状态的复合形状后，复合形状在外观上将成为一个整体形状，将应用相同的属性设置，并且具有组合对象的特性，使用“修改→取消组合”命令或按【Ctrl+Shift+G】组合键可取消组合。

单击“去除/打孔”按钮可将所选对象创建为“去除/打孔”状态的复合形状，如左下图所示为未创建复合形状的原始图形，右下图为创建为“去除/打孔”状态的复合形状。

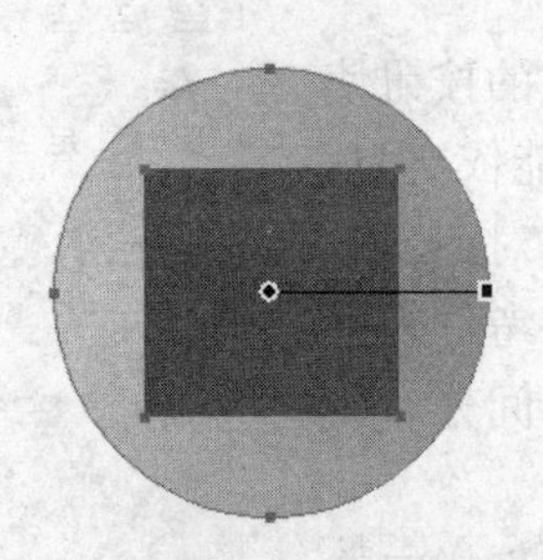
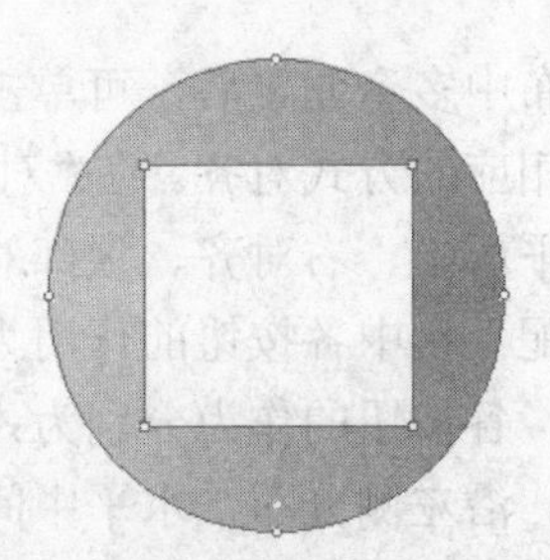

单击“交集”按钮可将所选对象创建为“交集”状态的复合形状，如左下图所示为未创建复合形状的原始图形，右下图为创建为“交集”状态的复合形状。

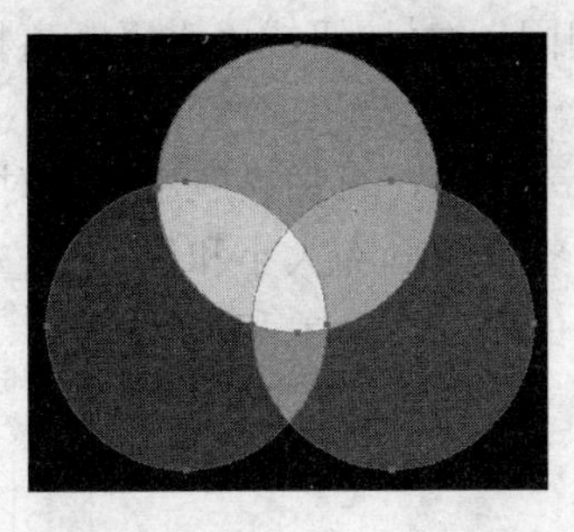
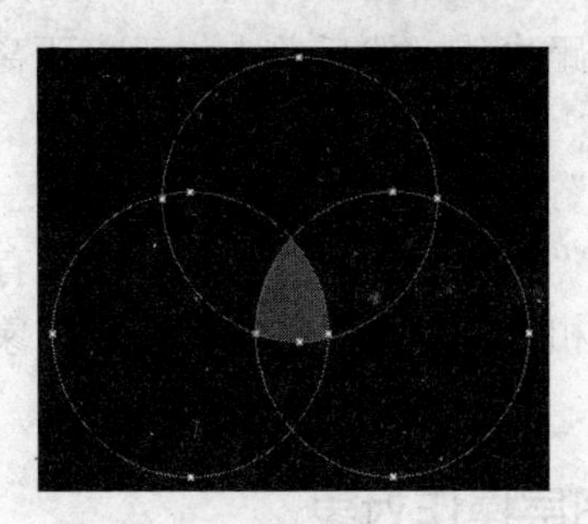

单击“裁切”按钮可将所选对象创建为“裁切”状态的复合形状，如左下图所示为未创建复合形状的原始图形，右下图为创建为“裁切”状态的复合形状。

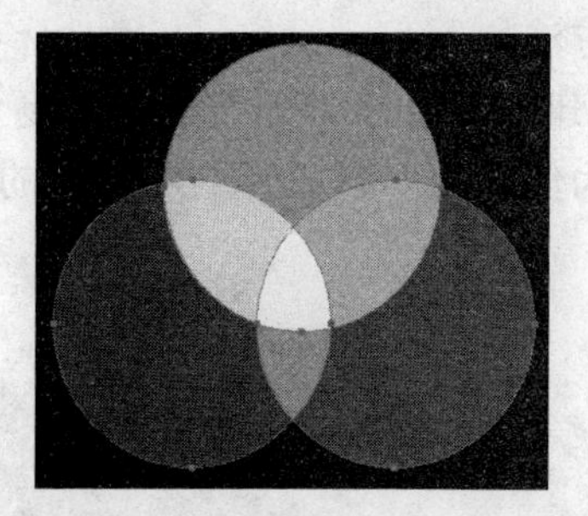
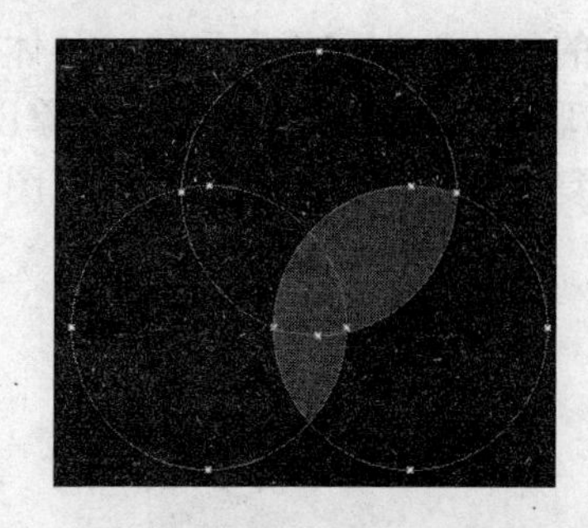

专家提示

当选择两个对象时，使用“交集”与“裁切”组合方式效果相同。实质上可这样理解：“裁切”组合方式将保留所有与最上层元素重叠的区域，而“交集”组合方式是只保留所有元素都重叠的区域。

10.3.5 对齐与分布

在图像中为了整齐地排列和分布多个图形，可以使用“对齐”面板中相应的功能。执行“窗口→对齐”命令打开“对齐”面板，如右图所示。

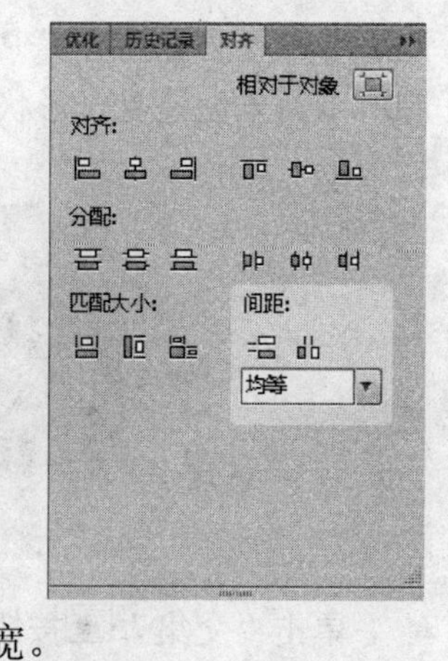

选择画布中多个元素后，可单击面板中“对齐”栏中的按钮使所选对象按相应的方式对齐。在“对齐”组中各按钮的功能依次为：左对齐、水平居中、右对齐、顶部对齐、垂直居中和底部对齐。

在“分配”栏中各按钮的作用为：根据指定的对象参考位置平均分布对象。各按钮的作为分别为：沿顶边分布、垂直中间分布、沿底边分布、沿左侧分布、水平中间分布和沿右侧分布。

要使所选对象的宽度或高度相同，可使用“匹配大小”栏中的按钮，三个按钮的作用分别为：匹配宽度、匹配高度以及匹配高和宽。

如果要设置对象的垂直间距或水平间距为指定的像素值，可在“间距”栏中的下拉列表框内输入具体的距离值，然后单击“垂直距离相同”按钮或“水平距离相同”按钮进行调整。

单击“对齐”面板的右上角的“相对于...”按钮，可切换应用以上对齐和分布命令时参照的对象。在“相对于画布”状态时，所有调整都以画布大小和位置为参照；在“相对于对象”时，以选择对象中的第一个对象和最后一个对象为参照。

10.3.6 应用图层操作对象

图层用于表现画面中所有图形和位图对象的层次关系。使用“图层”面板可查看和选择画面中的各个元素，调整层次关系以及删除和复制等操作。执行“窗口→图层”命令可打开“图层”面板，如右图所示。

在 Fireworks 文档中，一个文档可以包含多个图层，“图层”面板中默认以名称为“层 1”、“层 2”……。而在一个图层中可以包含许多的对象，如矢量图层或位图图像。单击画布中的对象可即可选择一个对象，在“图层”面板中单击图层中列出的对象图标也可选择一个对象；单击“图层”面板中的“层 1”、“层 2”等图标可选择一个图层；要选择连续的多个对象，可以在“图层”面板中先选择一个对象中图层后按住【Shift】键单击其他对象；按住【Ctrl】键单击图层可选择不连续的多个图层。

选择图层后单击“图层”面板右下角的“删除所选”按钮可删除图层；单击“新建位图图像”按钮可以在当前图层中创建一个位图图像，用于存储绘制的位图图像；单击“新建/重制层”按钮可创建一个图层；单击“新建子层”按钮可在当前图层内创建一个子图层组，在子图层中同样可放置多个位图和矢量对象。

如果图层中多个对象合并为一个位图对象，可以选择要合并的多个对象后执行“修改→平面化所选”命令或按【Ctrl+E】组合键。无论是矢量图还是位图，合并图层后即成为一个位图对象，不再具有矢量图形的特性。

在“图层”面板中双击图层或图层中的对象图标可修改图层的名称，拖动可调整图层或对象的层次关系。

在图层面板左上角的下拉列表框中可调整图层或图层中的对象的混合模式，如左下图所示。该选项设置所选对象与下方对象显示效果的混合方式，如右下图所示为使用不同混合模式的效果。

“图层”面板的右上角的“不透明度”用于设置所选图层或对象的不透明度值，当值为 100 时，所选图层或对象不透明，值为 0 时完全透明。

单击图层或图层中对象左侧的图标可隐藏图层或对象，再次单击可显示出该图层或对象；在该图标右侧的空白图标区域内单击可锁定图层或对象，锁定后显示图标，此时该图层或对象在画布中不能选择和编辑，再次单击该图标可取消锁定。

10.4　同步训练——实战应用

实例 1：设计首页线框图

案例效果

	素材文件：光盘\素材文件\无
	结果文件：光盘\结果文件\第 10 章\实例 1.fw.png
	教学文件：光盘\教学文件\第 3 章\实例 1.avi

制作分析

本例难易度：★★★★☆

关键提示：

线框图用于表现页面的大致结构及内容，是网页效果的草图。新建图像文件并设置画布大小及背景颜色，绘制页面主体区域，应用各矢量形状工具绘制各页面区域，使用文本工具添加文字内容。

知识要点：

- 新建图像文件并设置画布属性
- 绘制矩形、椭圆、圆角矩形等
- 设置矢量图形属性
- 调整图形颜色
- 应用对齐与分布排列图形

具体步骤

STEP 01：新建图像文件。新建图像文件，在“新建文档”对话框中设置画布宽度为 1200 像素、高度为 1000 像素、分辨率为 72、画面颜色为“#CCCCCC”，如下图所示。

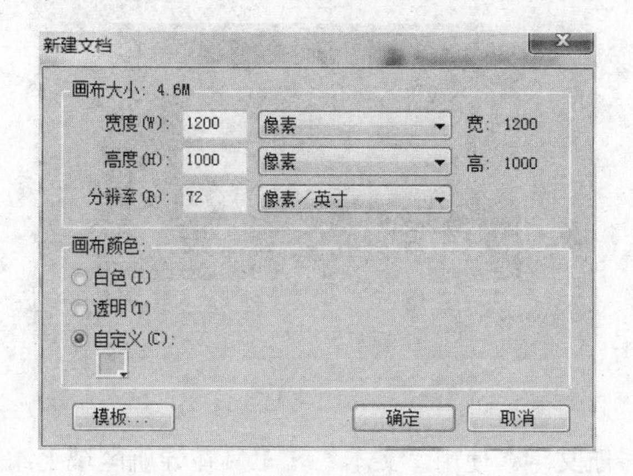

STEP 02：绘制矩形。选择“工具箱”中的“矩形”工具，在画布中绘制一个矩形，并设置矩形宽度为 990 像素、高度为 1000 像素，并设置矩形的填充颜色为“#333333”，边框为“无”，如下图所示；在“对齐”面板中切换至“相对于画布”状态，单击“水平居中”按钮和“顶对齐”按钮，将矩形调整到画部顶端居中位置。

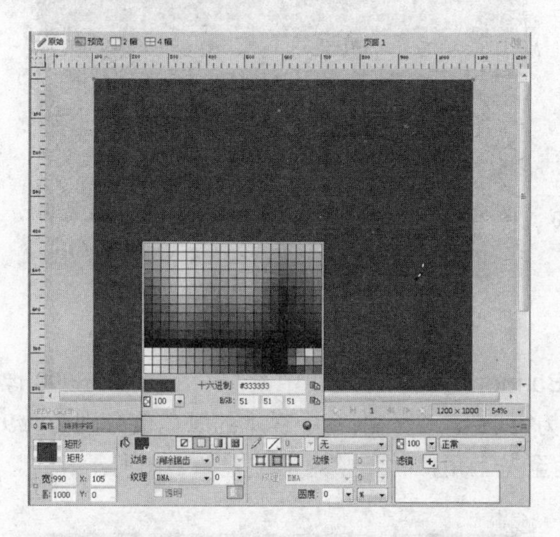

新手注意

在设计网页线框图或网页效果图时，为体现出较高分辨率屏幕下显示出的效果，在创建图像时可适当增加画面宽度，并设置或制作页面背景效果，然后绘制一个矩形区域用于布置完整的页面内容，如本例中在设计宽度为 990 像素的页面时，创建了 1200 像素的图像，然后绘制了一个宽度为 990 的矩形居中，用于布局实际的网页内容。

STEP 03：**绘制导航区域**。使用“圆角矩形”工具在画布中绘制一个圆角矩形，设置矩形的大小和位置，并调整圆角矩形的圆角度，设置矩形的填充颜色为“#666666”，如下图所示。

STEP 04：**添加导航文字**。使用“文本”T工具在导航区域上添加文本内容，并设置文本字体为“宋体”、大小为 16、颜色为白色，并在“消除锯齿级别”下拉列表中选择“不消除锯齿”，如下图所示。

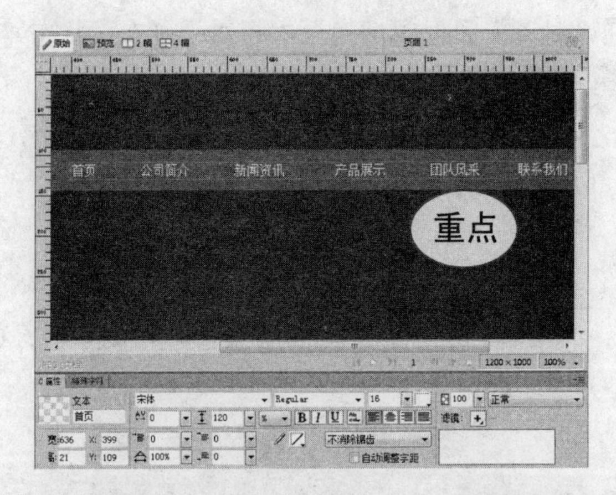

STEP 05：**绘制 Banner 区域**。在画布中绘制一个宽度为 990 像素高度为 335 像素的矩形，设置左右为难颜色为“线性渐变”，渐变中样本的颜色值分别为“#99CCFF”到“#00A3D9”，调整渐变方向为右下角至左上角，并调整矩形位置如下图所示。

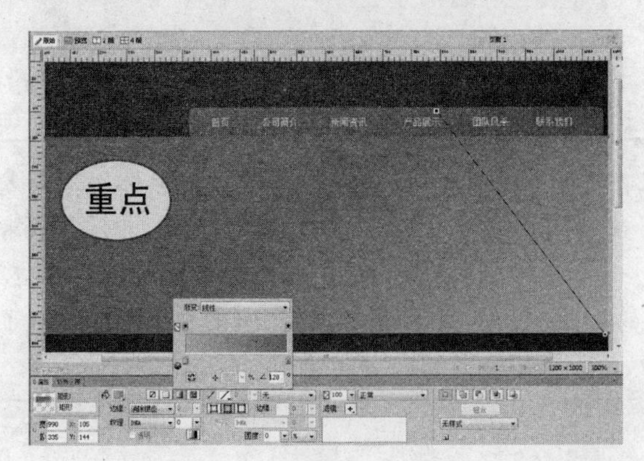

STEP 06：**绘制左侧栏目标题背景**。在 Banner 区域左下方绘制一个宽度为 200 像素，高度为 34 像素的矩形，并设置填充颜色为“线性渐变”，渐变中样本的颜色值分别为“#787878”、“#666666”和“#535353”如下图所示。

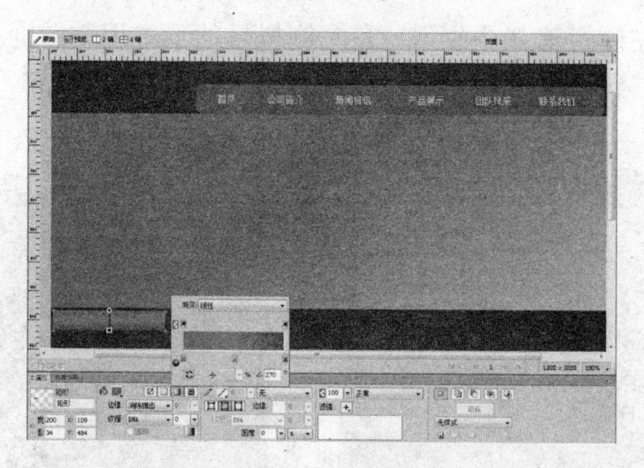

STEP 07：**绘制左侧栏目内容背景**。在下方再绘制一个宽度为 200 像素高度为 130 像素的矩形，并设置矩形渐变填充效果为“线性渐变”，并设置渐变中样本的颜色值分别为“#00A3D9”和“#00468C”，效果如左下图所示；

STEP 08：**添加栏目标题文本**。在栏目标题区域中添加文本内容“最新公告”，设置字体为“黑体”、大小为 16、文字颜色为白色，并设置“消除锯齿级别”为“强力消除锯齿”效果，如右下图所示。

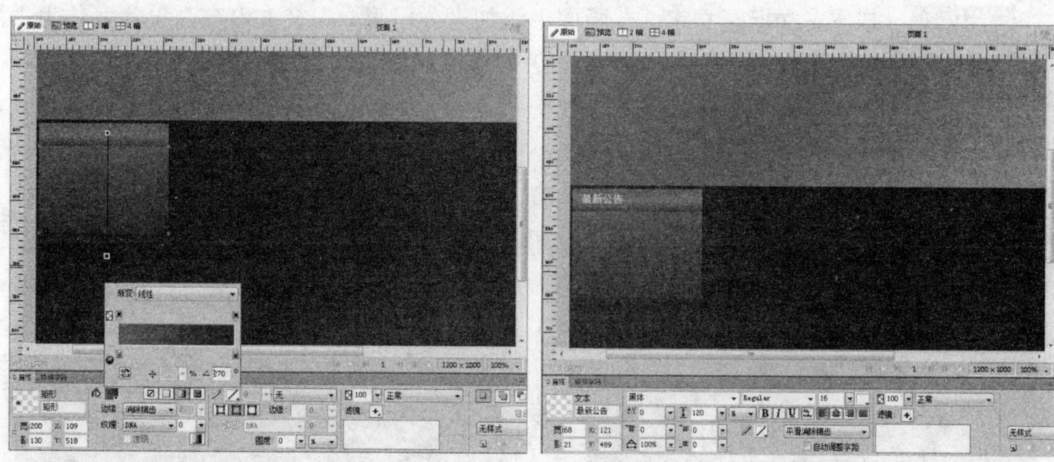

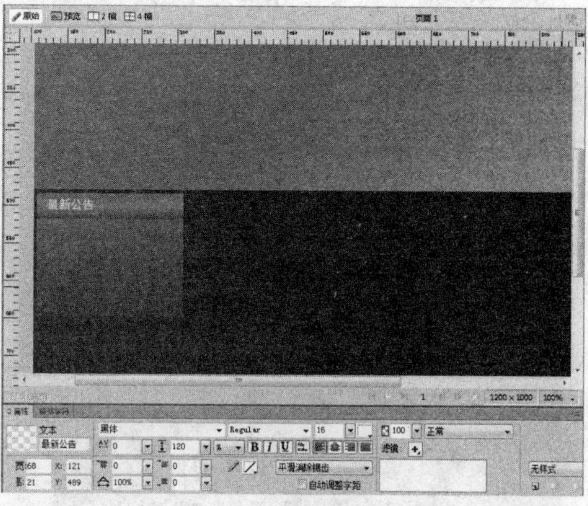

新手注意

在设计网页线框图或网页效果图用到文本内容时需要注意，为表现出网页中显示的真实效果，用于表现网页中正文内容的文字或可能随时更新的文字，在效果图中表现时应使用“不消除锯齿”的消除锯齿方式，且通常使用设备字体，即普遍计算机上通用的字体，如中文“宋体”、英文“Array”、“Tahoma”等；用于修饰或在网页中应用于图片中的文字，可使用其他消除锯齿方式和字体。

STEP 09：**添加栏目内容文本**。在栏目区域上添加文本内容，设置文本字体为“宋体”、大小为 12、行高为 200%、文字颜色为“#BFDFFF”，并设置“消除锯齿级别”为“不消除锯齿”，如左下图所示。

STEP 10：**设计左侧栏第 2 个栏目**。在左侧栏目的下方用与前面相同的方式制作一个栏目区域，栏目标题文字为“产品分类”，栏目内容文字及其格式如右下图所示。

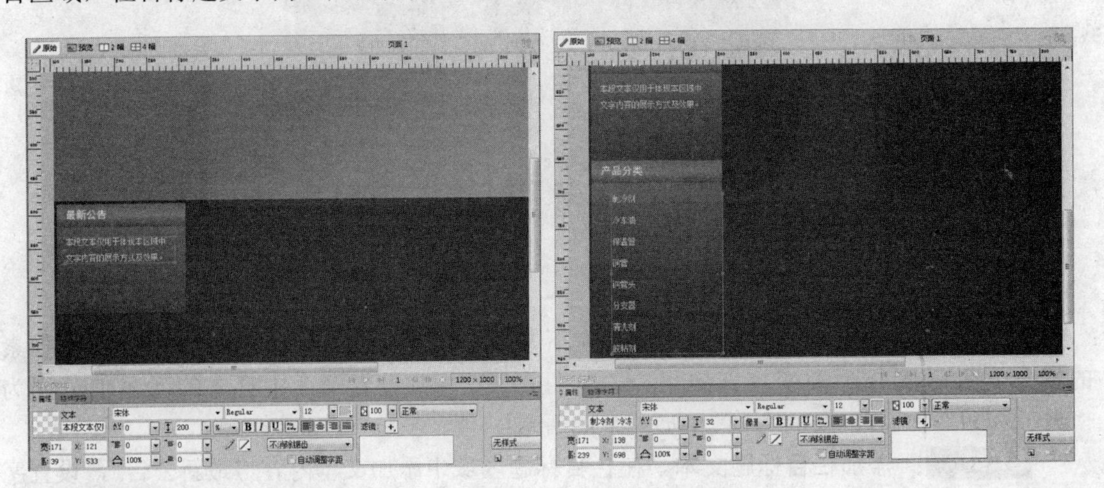

STEP 11：**绘制图像区域**。在画面中如左下图所示的位置绘制一个矩形，宽度为 220 像素，高度为 200 像素，并设置填充颜色为“#222222”，边框颜色为“#555555”。

STEP 12：**制作正文标题文字**。在画面中添加“公司简介”文本内容，设置字体为“黑体”、大小为 20、文字颜色为“#EEEEEE”，并设置“消除锯齿级别”为“强力消除锯齿”，具体位置、文字内容及最终效果如右下图所示。

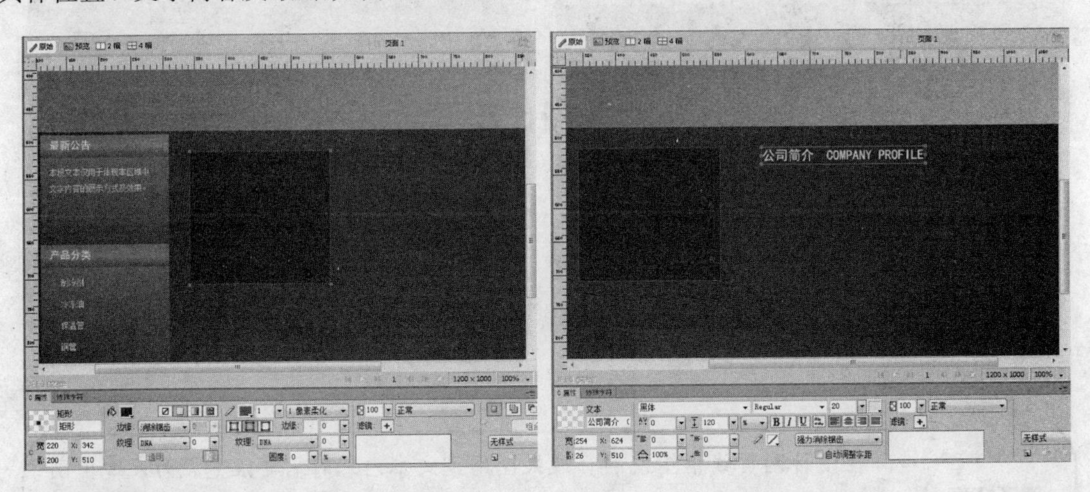

STEP 13：**设置正文内容格式**。添加正文内容文本，设置文字字体为“宋体”、大小为 12、颜色为“#999999”、行高为 190%、“段落缩进”为 24，并设置“消除锯齿级别”为“不消除锯齿”，如左下图所示。

STEP 14：**制作主要内容区域的其他内容**。用与前面相同的方式，在画面中制作“新闻动态”和“产品展示”区域的内容，如右下图所示。

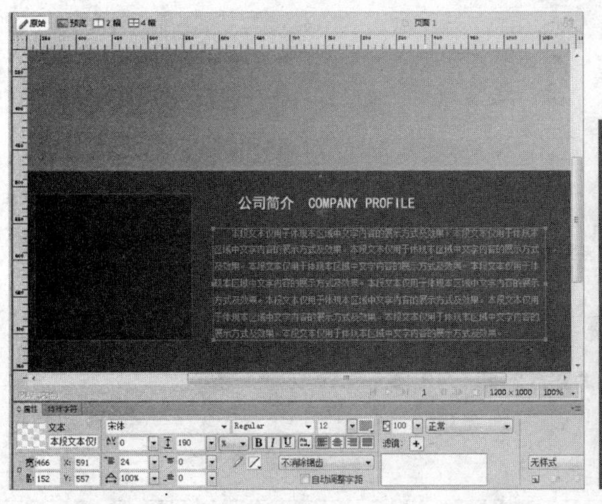

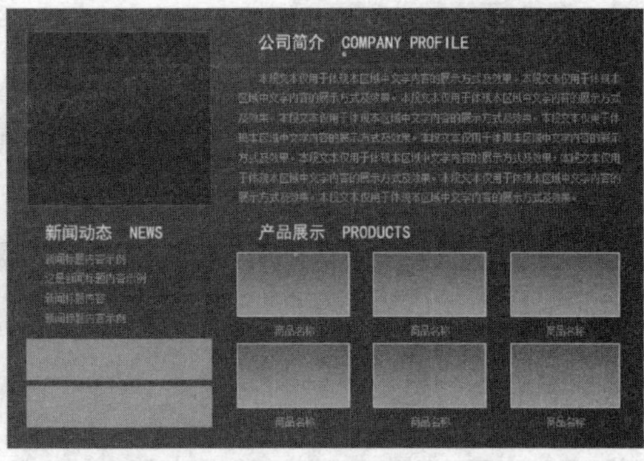

新手注意

在排列多个相同的形状或内容时，可应用“对齐”面板中的“匹配宽度”、“匹配高度”按钮快速调整大小相同，应用“对齐”和“分配”分类中的相关按钮快速对齐和排列形状。

STEP 15：**绘制其他内容完成框线图**。用与前面相同的方式绘制页面中其他内容，保存文件，最终效果如下图所示。

实例 2：制作 Banner 广告条

案例效果

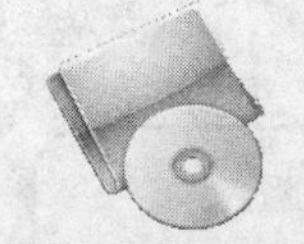	素材文件：光盘\素材文件\无
	结果文件：光盘\结果文件\第 10 章\实例 2.fw.png
	教学文件：光盘\教学文件\第 10 章\实例 2.avi

制作分析

本例难易度：★★★★☆

关键提示：

本例主要通过导入位图素材，合理布置和调整位图图像，适当地处理和修饰位图素材，最后添加上相应的文字内容完成一个 Banner 图像的制作。

知识要点：

- 导入素材图像
- 移动和复制位图
- 调整位图
- 扭曲位图
- 设置图层透明度
- 设置图层混合模式

具体步骤

STEP 01：**新建图像并绘制背景图形。**新建宽度为 990、高度为 335 像素的图像文档；在画布中绘制一个与画布大小相同的矩形，并设置矩形的填充颜色为“线性渐变”，渐变颜色值为“#679CEA”到“#D3E4FE”，并调整渐变方向和位置，如下图所示。

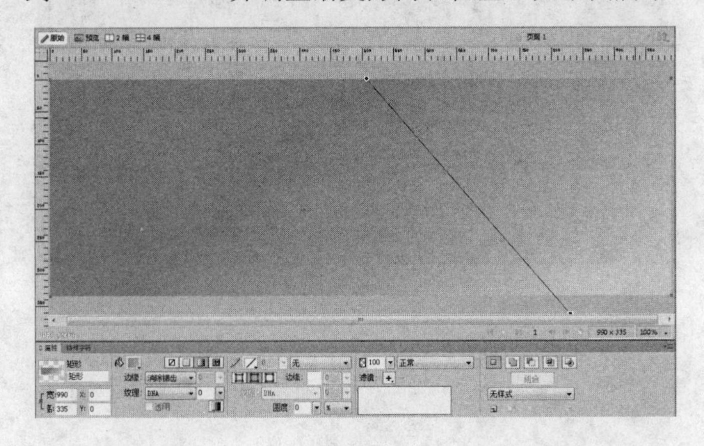

STEP 02：导入并调整位图素材。导入素材图像"楼.png"，单击"属性"面板中"宽"、"高"左侧的"限制比例"按钮，在输入"宽度"值为"990"，并调整素材图像的位置，如下图所示。

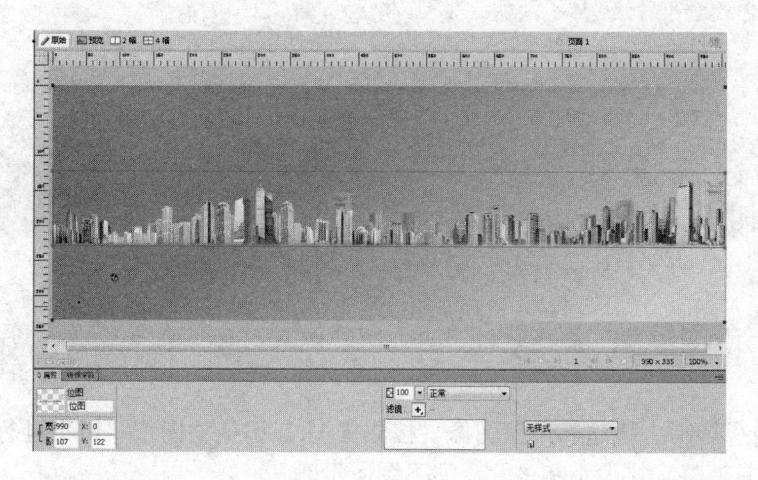

STEP 03：绘制矩形形状。使用矢量"矩形"工具绘制一个矩形，调整矩形的大小和位置，并设置矩形填充颜色为"线性渐变"，渐变颜色值为别为"#DDDDDD"和"#FFFFFF"，并调整渐变方向，如下图所示。

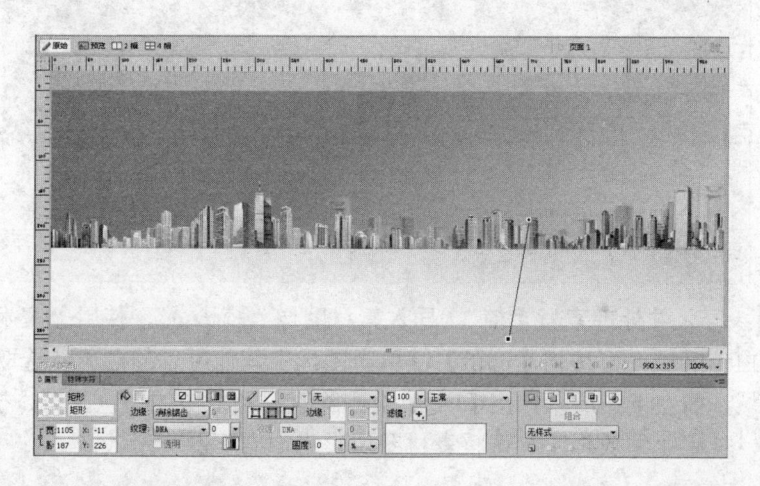

STEP 04：导入并调整素材云。导入素材图像"云.png"，使用"缩放"工具调整图像素材的大小和位置到如下图所示的。

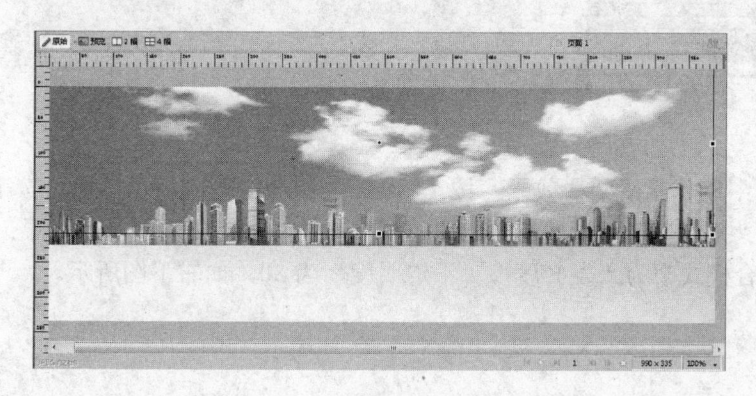

STEP 05：**导入并调整素材树**。导入素材“树 1.png”，并调整素材图像的大小和位置，如下图所示。

STEP 06：**复制、移动并调整图像**。按住【Alt】键拖动图像“树”进行复制，然后使用“缩放”工具调整素材大小和位置，如下图所示。

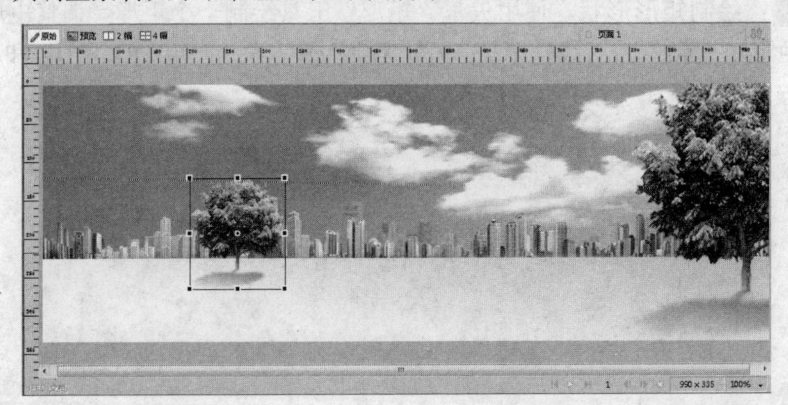

STEP 07：**导入并处理素材“椅”**。导入素材图像“椅.png”，使用“魔术棒”工具单击素材图像中的白色区域，再按住【Shift】键单击图像中其他位置的白色，选取该素材图像中所有的白色区域，如左下图所示；按【Del】键删除素材图像中的白色区域，按【Ctrl+D】组合键取消选区，使用“缩放”工具调整素材图像大小如右下图所示。

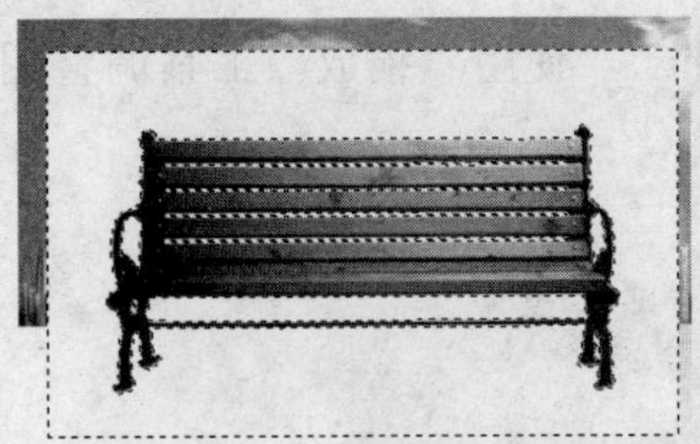

STEP 08：**制作椅子阴影效果**。按【Ctrl+C】组合键复制椅子图像，按【Ctrl+V】组合键粘贴；使用“扭曲”工具调整复制的椅子图像扭曲为如左下图所示的效果；在“图层”面板中设置“混合模式”为“发光度”，“不透明度”为 30，如右下图所示。

STEP 09：**添加其他树木素材**。导入素材“树 2.png”，调整位置及大小，并通过复制和调整等在画面中大量应用，如下图所示。

STEP 10：**添加文字并设置文字属性**。使用“文本”工具在画面中添加文字内容，设置文字填充颜色为“#0059B2”，设置文字轮廓颜色为白色，并设置其他文字属性及文字位置如下图所示。

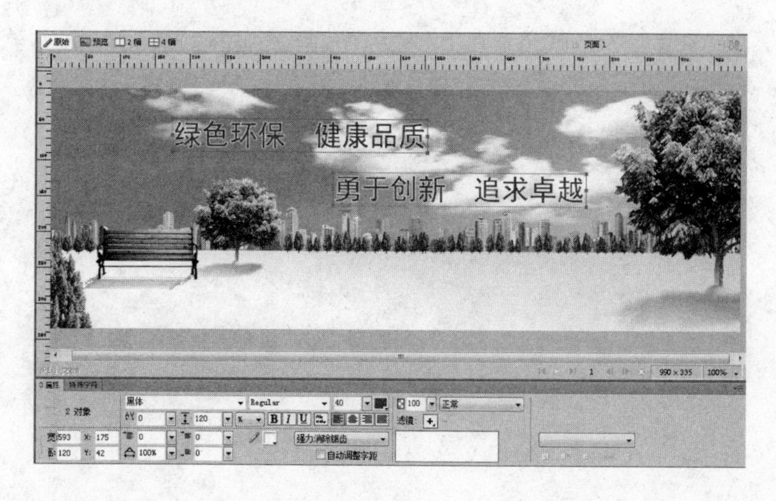

专家提示

在使用素材图像时，如果只需要素材图像中的某一部分，可使用各种选区工具选择不需要的区域，然后按【Del】键删除即可；如果可以快速选择需要保留的区域，也可先选择该区域后，按【Ctrl+Shift+I】键进行反选，然后按【Del】键删除。

本章小结

本章内容主要对 Fireworks CS6 的绘图工具及基本的编辑和调整方法做讲解，其中包含了矢量图形的绘制、属性设置、编辑和调整等，也包含了位图的选取方式、基本操作与编辑等，同时也包含了“图层”面板和“对齐”面板的使用等知识点。

第 11 章

矢量图形与文本的编辑

本章导读

在 Fireworks 中绘制矢量图形时，利用一些矢量工具及命令可制作出复杂的矢量形状；此外，Fireworks 中的文本内容与矢量图形之间可紧密配合，从而创建出各种特殊形态的文本效果。

知识要点

- 掌握路径调整工具的使用
- 掌握形状转换为路径的方法
- 掌握路径面板的使用
- 掌握文本附加到路径的方法
- 掌握文本形态调整的方法

案例展示

11.1 知识讲解——调整路径

调整路径即改变路径的形态，例如调整路径中节点的位置，调整线条的弯曲度等。在 Fireworks CS6 中提供了多种路径调整工具，可轻松改变路径的形态。

11.1.1 路径编辑调整工具的使用

在对 Fireworks 中的矢量形状或路径进行调整，可使用相关的路径调整工具。常用工具及使用方法如下。

1. 部分选定工具

"部分选定"工具用于选择路径中的一个或多个节点，并且可调整所选节点的位置及相关曲线的弯曲程度。单击"工具箱"中的"部分选定"工具可应用该工具，然后单击路径中的节点可选择这个节点，拖动即可改变节点的位置，如左下图所示；选择曲线中的节点后会出现曲线调整手柄，拖动手柄两侧的端点可调整曲线的弯曲程度及方向，如右下图所示。

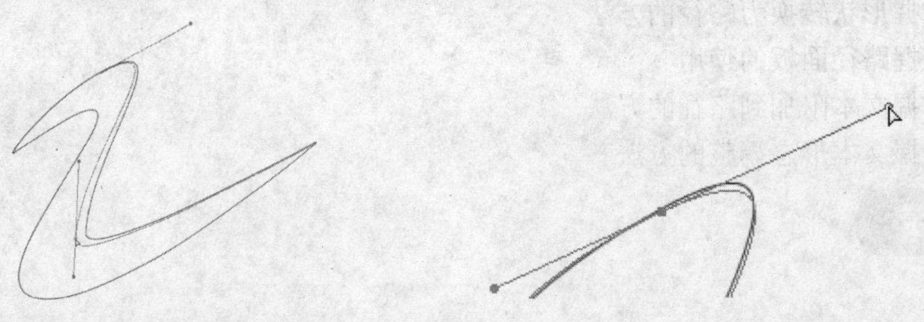

如果是选择的节点两侧均为直线，此时不会出线曲线调整手柄，如果要将两侧的直线调整为曲线，可按住【Alt】键拖动节点，可调整一侧一直线为曲线，如左下图所示；按住【Shift】键单击节点可同时选择多个节点，通常应用于同时调整多个节点位置时，如右下图所示。

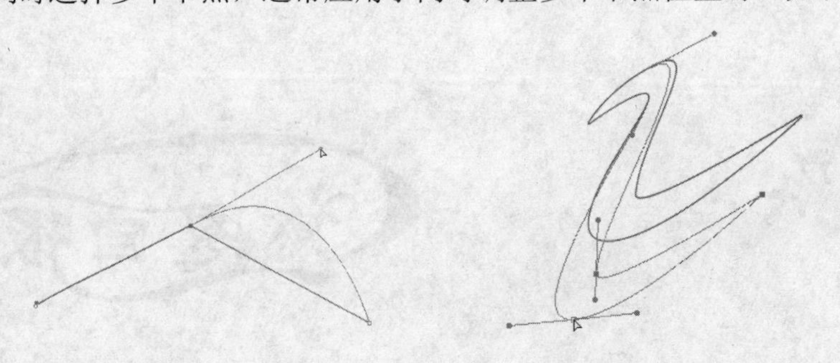

新手注意

在使用"部分选定"工具时，已选择的节点将显示为实心状态，未选择的节点为空心状态。

由于直接绘制出的几何形状并非为分散的路径，如果使用"部分选定"工具对其进行调整，将弹出"取消组合"对话框，同意取消组合后即可调整形状，也可以在调整形状前先按【Ctrl+Shift+G】键取消组合再进行调整。

2．使用钢笔工具添加节点

在矢量形状或路径中，如果需要增加路径节点来调整形状，此时可使用“钢笔”工具。选择“钢笔”工具后单击矢量形状或路径中要增加节点的位置，即可增加一个节点，如左下图所示为未加节点时的路径，右下图为使用钢笔工具增加节点后的效果。

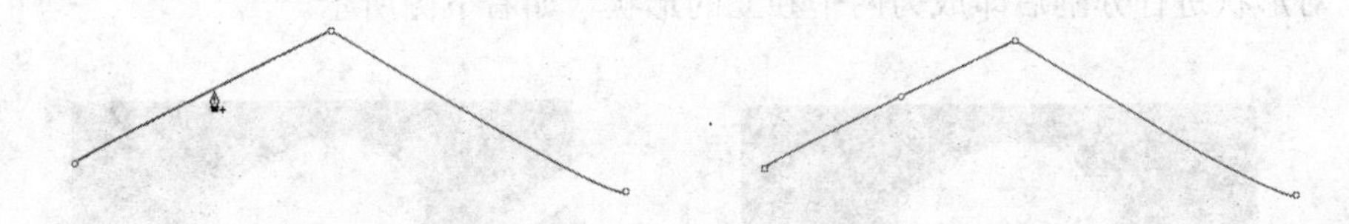

3．使用自由变形工具调整形状

在调整矢量形状时，还可使用“自由变形”工具，选择矢量形状或矢量路径后选择“自由变形”工具，在所选形状或路径上拖动即可调整形状，如左下图所示为调整前的效果，右下图为调整后的效果。

使用“自由变形”工具不能对直接绘制的几何形状或组合对象进行调整时，必须取消组合再使用。

选择“自由变形”工具后，在“属性”面板中可通过设置“大小”改变工具调整时对路径的影响范围。

4．使用更改区域形状工具调整形状

与“自由变形”工具相似的工具还有“更改区域形状”工具，其用法与“自由变形”工具相似，该工具存在于“自由变形”工具组内，如下图所示为开状调整前与调整后的效果。

 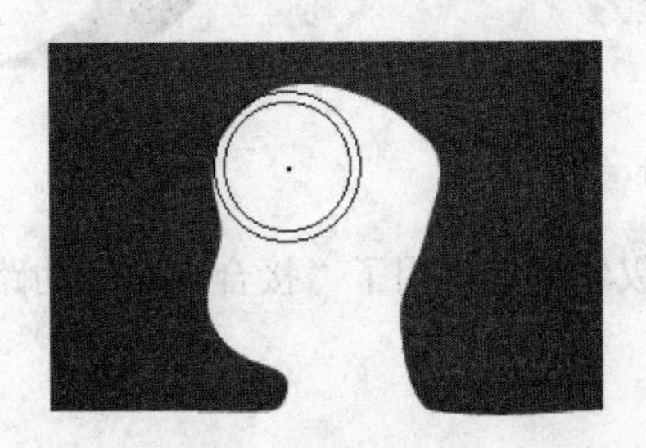

选择“更改区域形状”工具后，在“属性”面板中可通过设置“大小”改变工具调整时

对路径的影响范围，并且可设置“强调”值改变调整对路径的影响力度。

5. 使用刀子工具分割路径

如果要将一个形状或一条路径分割为多个形状或路径，此时可使用“刀子”工具。选择要切割的矢量形状，选择“工具箱”中的“刀子”工具，在形状上拖动即可分割，如左下图所示，对形状进行分割后即成为两个独立的形状，如右下图所示。

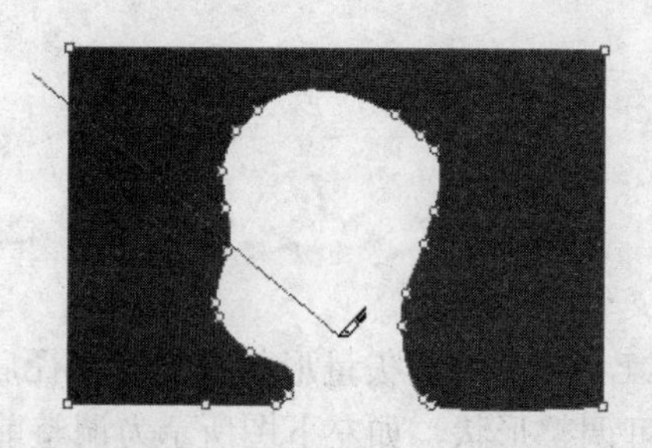
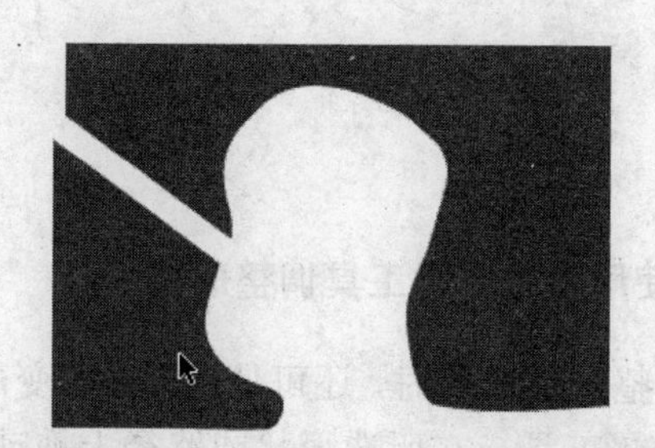

11.1.2 组合路径

如果需要使用两个或两个以上的矢量形状通过特殊的运算来得到一个新的路径时，可以使用“修改→组合路径”菜单中的命令。其中各命令的作用及用法如下。

1. 接合

该命令将把所选多个对象联合为一个路径，同时保留重叠部分的路径，如右下图所示，左下图为执行“接合”命令前的效果，右下图为执行命令后的效果。

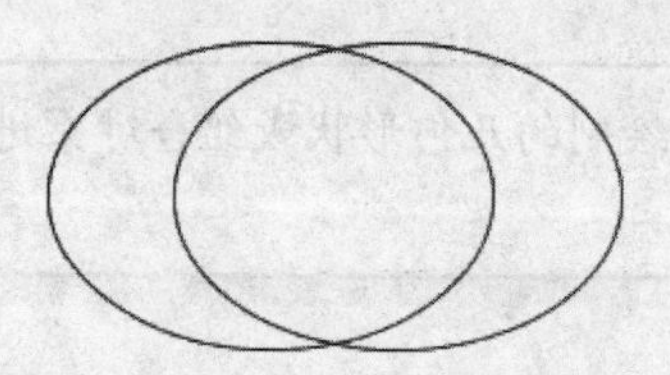
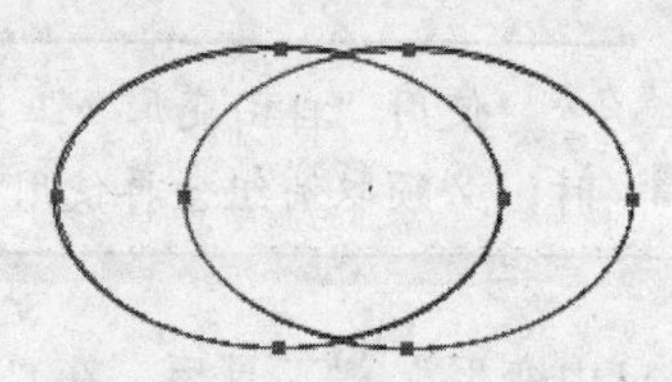

由于图形结合后保留了重叠部分图形的路径，所以其重叠部分实际上不属于该路径的内部区域了，将接合后的图形填充颜色后可看到如下图所示的效果。

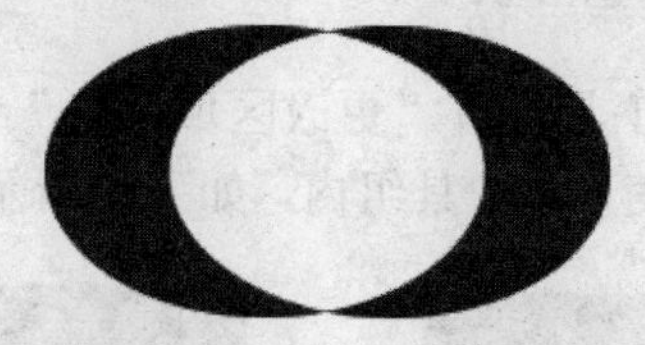

2. 拆分

该命令仅针对于使用了“接合”命令的路径使用，其使用为取消接合，恢复原始分散图形的状态。

3. 联合

该命令与“接合”命令类似，合并多个路径，如左下图所示，但简化重叠部分的路径，融为一个整体。如右下图所示。

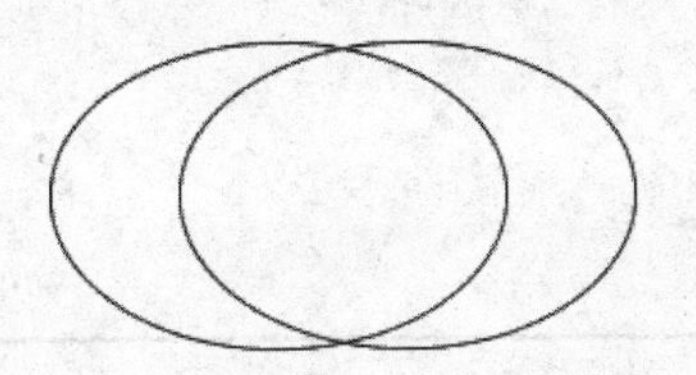

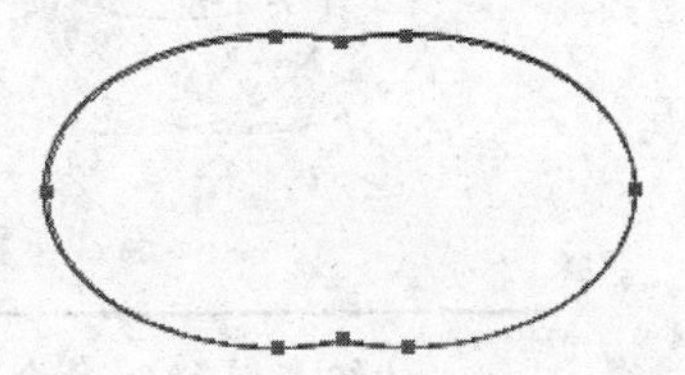

4. 交集

执行该命令后将保留多个路径完全重叠的区域，如左下图所示为三个椭圆路径叠加，右下图为选择这三个路径后执行“交集”命令后的效果。

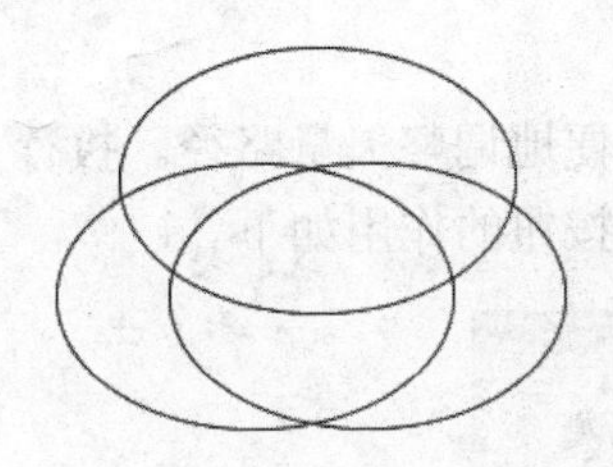

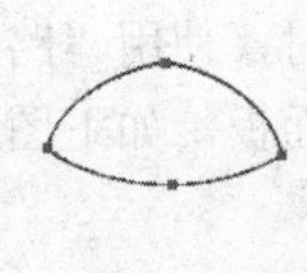

5. 打孔

执行该命令后将在下方形状中去掉上方形状中覆盖的区域，也可称为“路径相减”，如左下图所示为原始图形，右下图为执行打孔命令后的效果。

6. 裁切

该命令与“交集”命令类似，当对两个路径进行路径组合时，使用“裁切”命令和“交集”命令效果完全相同，当对多个图形进行裁切时，将保留最上层的图形与所有下方图形有重叠的区域，如左下图为原始图形，右下图为执行“裁切”命令后的效果。

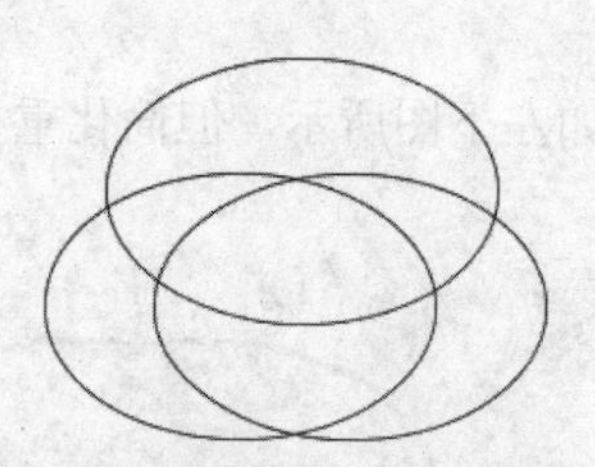

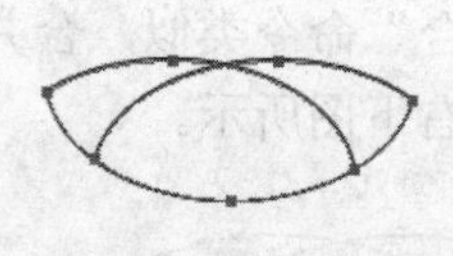

专家提示

“组合路径”命令的效果与“复合形状”的效果相同，不同的是：执行“组合路径”命令后，多个路径将合并为一个路径，可使用其他路径调整工具进行调整；而“复合形状”是将多个形状按特殊的显示方式进行的常规组合，并未合并为一个路径。

11.1.3 使用路径面板

在绘制矢量图形时，使用“路径”面板可更方便地调整矢量路径。执行“窗口→路径”命令可打开“路径”面板，如下图所示。其中各栏按钮的作用如下。

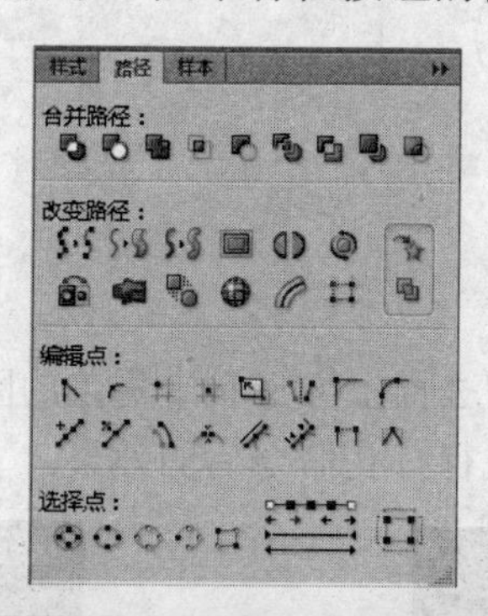

- 合并路径：该栏中的按钮用于并多个形状路径根据不同的组合方式合并为一个形状路径，如“结合路径”、“拆分路径”、“合并路径”等。
- 改变路径：该栏中的按钮用于对所选路径进行整体的调整改变，如减少路径中节点“简化路径”、“扩展笔触”、“将笔触转换为填充”等。
- 编辑点：该栏中的按钮用于调整选择的节点，即使用该栏中的按钮时需要选择一个或多个节点，常用的功能有“拉直点”、“平滑点”等。
- 选择点：该栏中的按钮用于快速选择一个形状中的节点，如快速选择全部节点、反向选择节点、快速选择某一侧的节点等。

11.1.4 将选区框转换为路径

在进行图形绘制时，可将位图选区转换为头矢量路径。选取位图选区后，执行“选择→将选区框转换为路径”命令即可将选区转换为矢量形状，如左下图所示为选区框，右下图为转换成的矢量形状。通常可用于将位图中的部分区域绘制为矢量图。

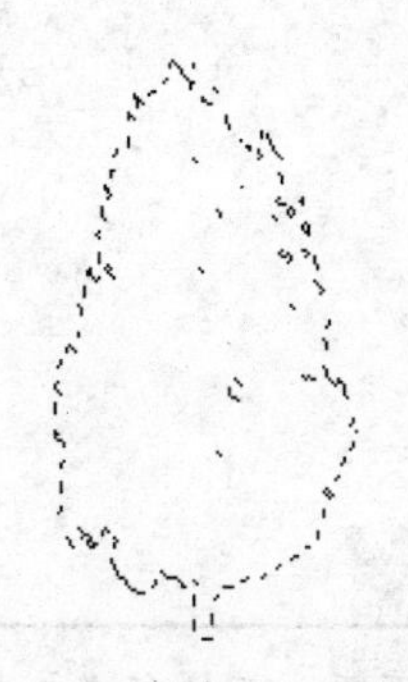

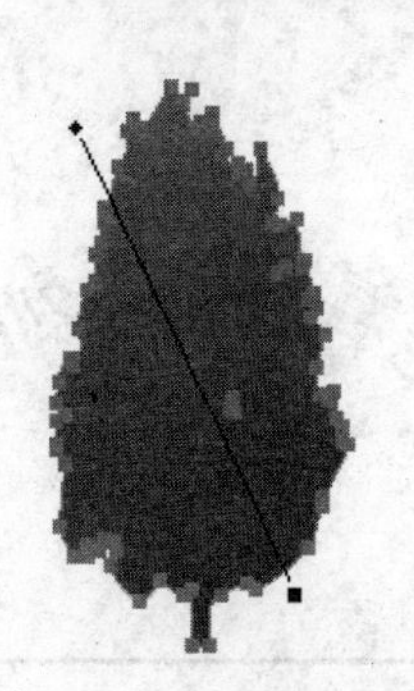

知识链接——“载入位图选区”

在 Fireworks 中应用位图图像后，如果位图图层本身为一个不规则区域形状，有时需要快速选择这个位图图层的轮廓，即载入位图选区。具体方法为：按住【Alt】键单击位图图层即可。

11.2　知识讲解——文本路径处理

文本内容实质上是一种特殊的路径，为了增加文本的效果，使文字内容更为艺术化，常常需要对文本的形状进行调整，本节重点讲解文本内容的路径调整的方法和技巧。

11.2.1　文本附加到路径

在图像中排列文本内容时，为增加文字排列的艺术感，可将一行文字按一个形状路径进行排列，此时可使用“文本→附加到路径”命令。具体方法如下：

STEP 01：**绘制路径**。使用“钢笔”工具或其他矢量工具绘制一条曲线路径，如下图所示。

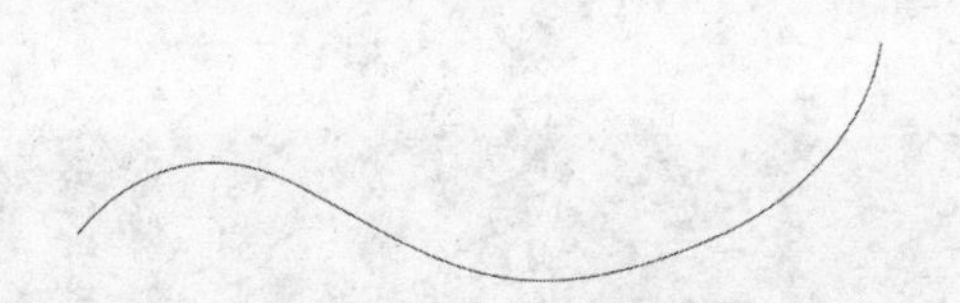

STEP 02：**输入文字内容**。使用“文本”工具在画布上添加文本内容，如下图所示。

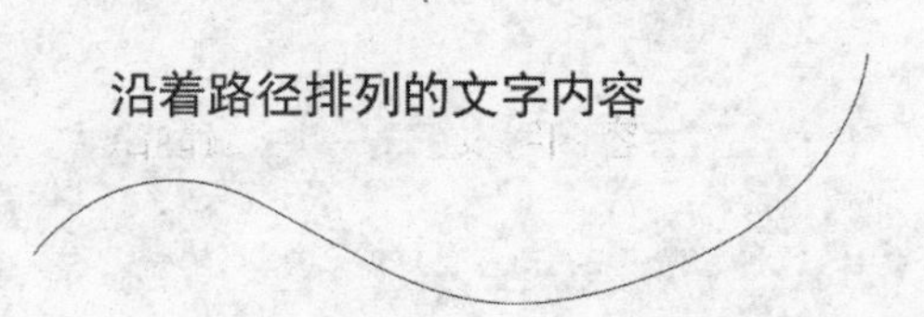

STEP 03：**执行附加到路径命令**。同时选择文本内容和路径，执行“文本→附加到路径”命令即可将文字排列于路径上，如下图所示。

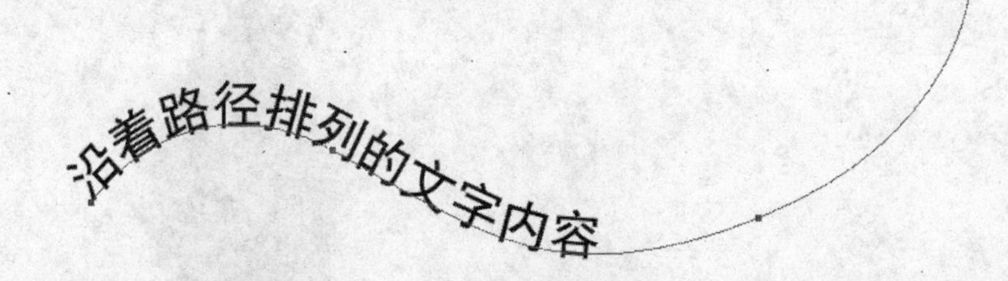

专家提示

如果要将附加到路径的文字与路径分离开，可执行“文本→从路径分离”命令。

执行“文本→附加到路径内”命令可将文本内容放置到一个矢量形状区域内部，与附加到路径效果完全不同。

11.2.2 文本转换为路径

要改变文字的形态，需要将文本转换为路径后再进行调整，选择文本内容后可通过以下方法将文本转换为路径：

方法一：执行“文本→转换为路径”命令。

方法二：单击鼠标右键，在菜单中选择“转换为路径”命令。

方法三：按快捷键【Ctrl+Shif+P】即可。

11.3 同步训练——实战应用

实例 1：制作按钮图标

案例效果

	素材文件：光盘\素材文件\无
	结果文件：光盘\结果文件\第 11 章\实例 1.fw.png
	教学文件：光盘\教学文件\第 11 章\实例 1.avi

制作分析

本例难易度：★★★★☆

关键提示：

首先绘制椭圆形和圆角矩形，使用“联合”命令组合路径，再绘制圆角矩形，使用“打孔”命令剪掉图形的一部分；再绘制一个椭圆形，使用“打孔”命令为进行打孔；再绘制一些修饰性的图形并使用路径调整工具调整路径即可完成图形绘制。

知识要点：

- 联合命令
- 打孔命令
- 调整路径

具体步骤

STEP 01：**绘制椭圆形**。新建图像文件，在画布中绘制一个宽度高度均为 90 像素的椭圆形，设置椭圆形的轮廓颜色为“#CCCCCC”、填充颜色为“#EEEEEE”，如下图所示。

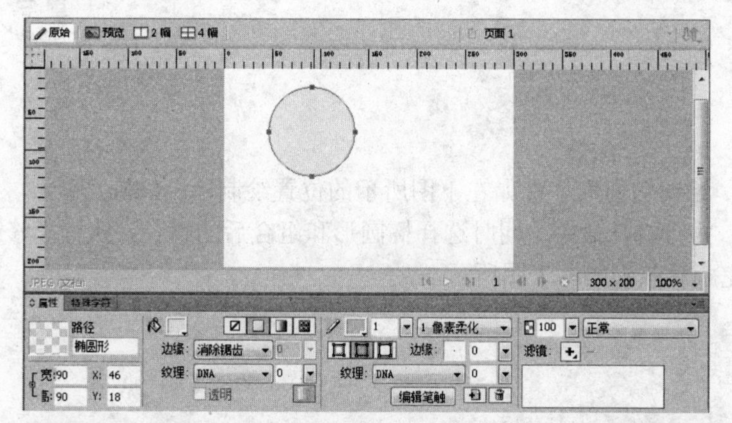

STEP 02：**绘制圆角矩形**。绘制一个宽度为 38 像素、高度为 182 像素的圆角矩形，填充颜色和轮廓颜色与椭圆形相同，并调整矩形的圆角效果如下图所示。

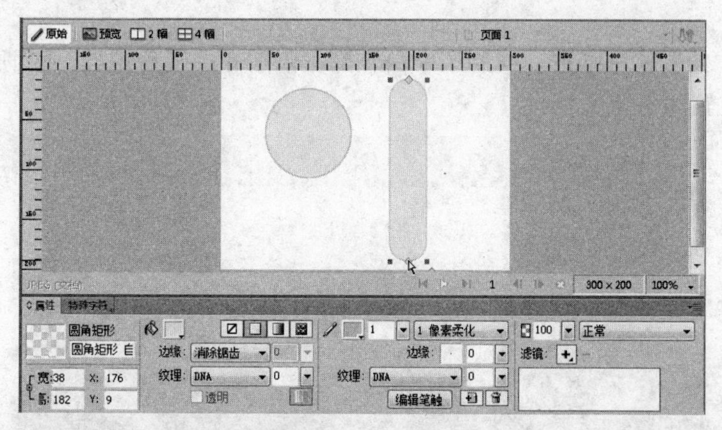

STEP 03：**调整圆角矩形方向与位置**。使用“缩放”工具旋转圆角矩形的方向，并将圆角矩形移动到椭圆形状上，如左下图所示。

STEP 04：**联合路径**。同时选择椭圆形和圆角矩形形状，执行“修改→组合路径→联合”

命令，并两个形状联合为一个路径，如右下图所示。

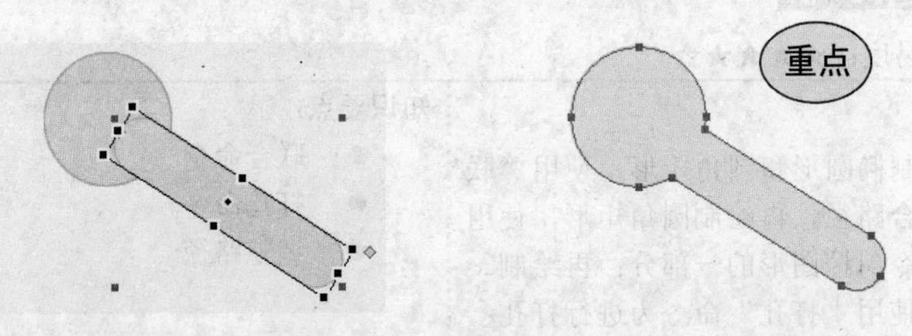

STEP 05：绘制圆角矩形。在绘制一个圆角矩形形状，调整形状的方向和位置到如左下图的效果。

STEP 06：执行打孔命令。同时选择组合后的路径和圆角矩形，执行“修改→组合路径→打孔”命令，完成后效果如右下图所示。

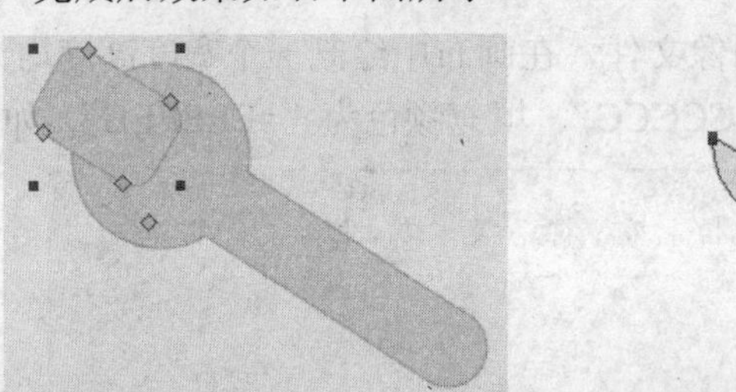

STEP 07：绘制椭圆形。在如左下图所示的位置绘制一个椭圆形；

STEP 08：执行打孔命令。同时选择椭圆形和组合后的路径，执行“修改→组合路径→打孔”命令，完成后效果如右下图所示。

STEP 09：绘制修饰矩形。绘制一个白色到灰色渐变的圆角矩形，取消轮廓线，调整该矩形的方向和位置如下图所示。

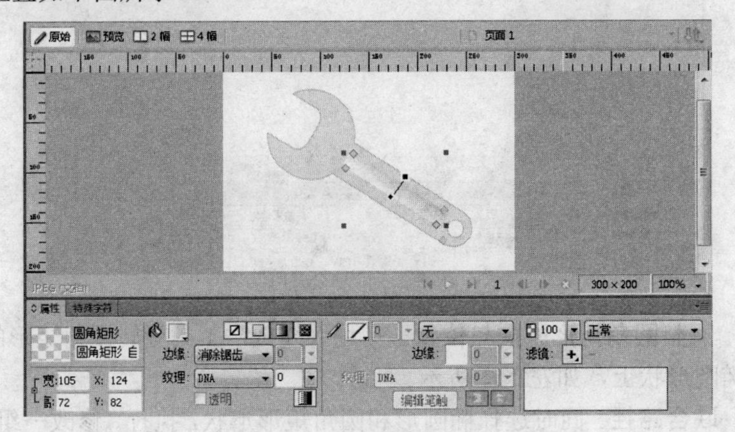

STEP 10：绘制修饰矩形。绘制一个白色到灰色渐变的圆角矩形，取消轮廓线，设置形状的填充纹理为“方格 01”，调整该矩形的方向和位置，如下图所示。

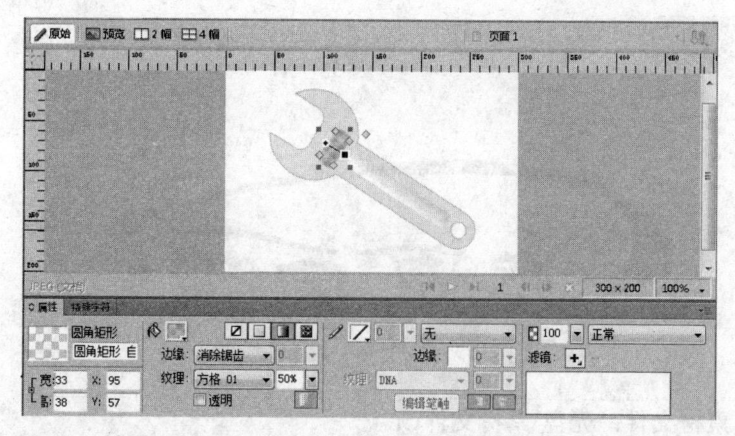

STEP 11：绘制高光形状。使用“钢笔”工具和“部分选定”工具绘制和调整出一个“月”形的路径，并设置其填充颜色为“白色”到“#EEEEEE”的线性渐变，无轮廓线，如下图所示。

STEP 12：绘制阴影形状。用与上一步相同的方式绘制一个“月”形路径，放置于如下图所示的位置，并设置填充颜色为“灰色”到“#EEEEEE”的线性渐变，无轮廓线。

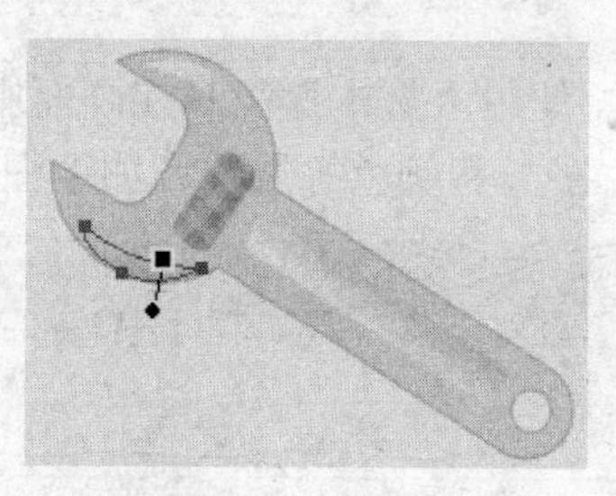

STEP 13：组合并保存文件。选择画面中所有的图形，按【Ctrl+G】组合键组合图形，如下图所示；保存文件，本例制作完成。

实例 2：制作广告文字

案例效果

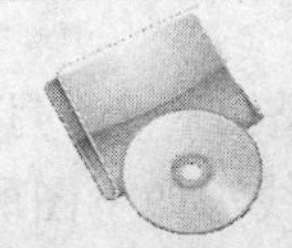	素材文件：光盘\素材文件\无
	结果文件：光盘\结果文件\第 11 章\实例 2.fw.png
	教学文件：光盘\教学文件\第 11 章\实例 2.avi

制作分析

本例难易度：★★★★☆

关键提示：

首先使用文字工具添加文本内容，然后将文本转换为路径，使用路径调整工具对文字路径进行调整，制作出艺术字效果。

知识要点：

- 文本转换为路径
- 使用“部分选定”工具调整路径
- 使用“钢笔”工具绘制和调整路径
- 使用“更改区域形状”工具

具体步骤

STEP 01：**添加文本内容**。使用“文本”工具在画面中输入文字内容“感恩回报”，在“属性”面板中设置文字字体、字号和颜色等属性，如下图所示。

STEP 02：**文本转换为路径**。选择文本对象后执行“文本→转换为路径”命令，将文本转换为路径，如左下图所示。

STEP 03：**调整首字大小**。使用“部分选定”工具框选住第 1 个字，选择“缩放”工具调整文字大小和位置，如右下图所示。

STEP 04：**调整首字形状**。使用“部分选定”工具拖动“感”字左上角的路径节点，调整出如左下图所示的效果；再按住【Enter】键拖动节点，使直线路径弯曲，调整各曲线的效果至右下图所示的效果。

STEP 05：**调整“回”字大小**。使用“部分选定”工具框选“回”字，使用“缩放”工具调整其大小和位置，如左下图所示。

STEP 06：**调整“恩”字路径**。使用“部分选定”工具调整“恩”字的路径，可使用“钢笔”工具在路径中增加节点，然后调整路径的弯曲效果，如右下图所示。

STEP 07：**调整“报”字路径**。使用与前面步骤中类似的操作调整“报”字的路径，调整完成后效果如左下图所示。

STEP 08：**绘制其他修饰路径**。运用“钢笔”工具绘制一些修饰路径，并运用“部分选定”工具和“更改区域形状”等路径调整工具调整路径效果，完成如右下图所示的文字效果。

本章小结

本章内容主要讲解了 Fireworks CS6 中矢量路径的调整的编辑方式，使用路径调整工具可以绘制出各种形状的矢量图形；此外，文本与路径可以结合使用，可以让文本内容沿着路径排列，也可将文本转换为路径，通过路径调整创建出更加丰富的字体样式。

第 12 章

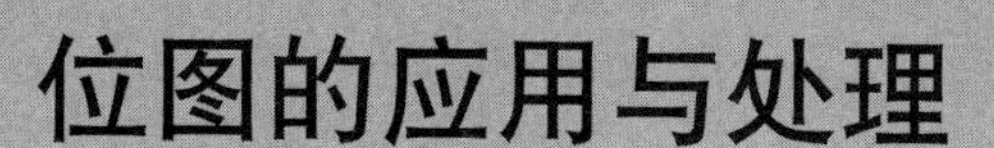

位图的应用与处理

本章导读

位图是图形图像制作中非常重要的元素，在 Fireworks 中不仅可以绘制和导入位图，还可以对位图进行各种编辑处理和调整，此外还可以应用一些位图滤镜，制作出更具艺术性的位图图像。

知识要点

- ◆ 熟练掌握矢量图转换为位图的方法
- ◆ 掌握模糊和锐化工具的使用
- ◆ 掌握减淡与加深工具的使用
- ◆ 掌握涂抹工具的使用
- ◆ 掌握橡皮图章工具的使用
- ◆ 掌握替换颜色和消除红眼工具的使用
- ◆ 熟练掌握位图滤镜的使用

案例展示

12.1 知识讲解——编辑位图图像

位图图像是以像素点构成的图像，在 Fireworks 中使用位图工具可以对位图图像中的像素点进行编辑和修改，而位图工具不能用于矢量图形。

12.1.1 平面化对象

当使用矢量工具绘制出矢量图形后，如果要应用位图工具对图形进行进一步的处理，此时可将矢量图形转换为位图。方法如下：

方法一：选择矢量图形后，执行“修改→平面化所选”命令即可将矢量图形转换为位图。

方法二：选择矢量图形后，单击鼠标右键，在菜单中单击“平面化所选”命令。

方法三：在“图层”面板中，在要转换为位图的矢量图形所在的层上单击鼠标右键，在菜单中单击“平面化所选”命令。

新手注意

将矢量图形转换为位图后，不能使用矢量工具对图形进行修改和调整。

12.1.2 模糊与锐化图像

“模糊”工具和“锐化”工具可以影响工具涂抹范围内的像素焦点。应用“模糊”工具可以使位图中局部区域变得模糊，应用“锐化”工具则可使局部区域内的像素点更加清晰。

选择“模糊”工具或“锐化”工具后，在“属性”面板中可设置工具的相关属性，如下图所示。

其中各参数的作用如下：

- 大小：设置笔刷的大小。
- 边缘：设置笔刷边缘的羽化程度，也可理解为刷子笔尖的柔度。
- 形状：设置刷子的形状，可选择圆形或方形。
- 强度：设置模糊或锐化的量。

设置好工具属性后，在位图图像上拖动即可进行模糊或锐化操作。在操作时，按住【Alt】键可临时切换“模糊”工具和“锐化”工具。如左下图所示是使用“模糊”和“锐化”工具处理前的图像效果，右下图为使用“模糊”工具和“锐化”工具突出画面主要内容的效果。

新手注意　在使用“锐化”工具时需要注意，如果对图像锐化过强，会导致图像出现严重的点状效果。

12.1.3　减淡与加深

“减淡”工具和“加深”工具可以影响工具涂抹范围内像素点的颜色深浅。选择“减淡”工具或“加深”工具后，在“属性”面板中可设置相关的工具属性，如下图所示。

其中各参数的作用如下：

- 大小：设置笔刷的大小。
- 边缘：设置笔刷边缘的羽化程度，也可理解为刷子笔尖的柔度。
- 形状：设置刷子的形状，可选择圆形或方形。
- 曝光：用于设置颜色减淡或加深的强度，值越大，颜色减淡或加深的效果越明显。
- 范围：用于设置颜色减淡和加深主要针对的颜色范围，可选择“阴影”、“中间色调”或“高亮”选项。

设置好工具属性后，在位图图像上拖动即可进行减淡或加深操作。在操作时，按住【Alt】键可临时切换“减淡”工具和“加深”工具。如左下图所示为原图效果，右下图所示为，画面左上角颜色减淡，右下角颜色加深后的效果。

12.1.4 涂抹工具

“涂抹”工具可用于模糊扭曲位图中的局部图像。选择“涂抹”工具后，在“属性”面板中设置相关的工具属性，如下图所示。

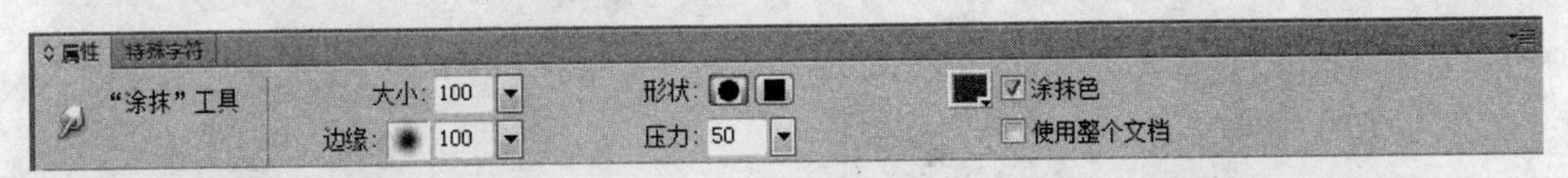

其中各参数的作用如下：

- 大小：设置笔刷的大小。
- 边缘：设置笔刷边缘的羽化程度，也可理解为刷子笔尖的柔度。
- 形状：设置刷子的形状，可选择圆形或方形。
- 压力：用于设置涂抹时对图像作用的强度
- 涂抹色：选择该项后在进行涂抹时将在开始处使用指定的颜色进行涂抹。
- 使用整个文档：选择该选项后，在涂抹时将使用当前图像文档中所有图层中的颜色数据来涂抹。

设置好工具属性后，在位图图像上拖动即可进行涂抹操作。如左下图所示为原图效果，右下图所示为使用涂抹工具涂抹出的白云效果。

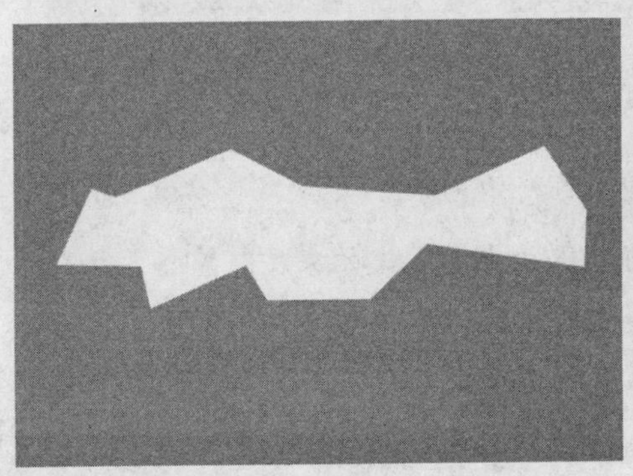

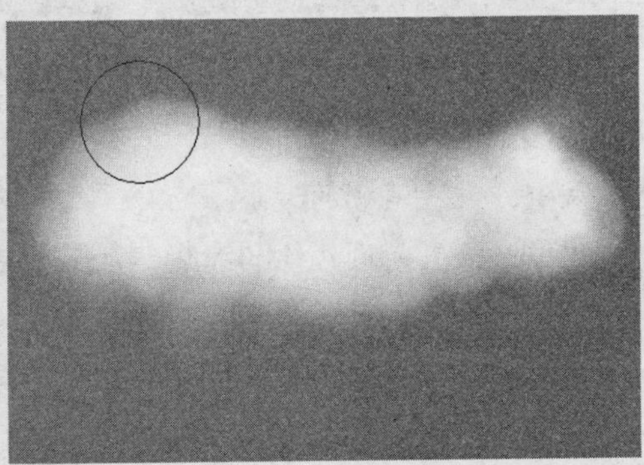

12.1.5 橡皮图章工具

“橡皮图章”工具可用于快速仿制画面中的局部内容。选择“橡皮图章”工具后，在“属性”面板中可设置工具属性，如下图所示。

其中各参数的作用如下：

- 大小：设置笔刷的大小。
- 边缘：设置笔刷边缘的羽化程度，也可理解为刷子笔尖的柔度。
- 按源对齐：设置参照点与画笔之间保持相对位置不变。

- 使用整个文档：设置参照点与整体文档对齐，即每次绘制结束后，参照点回到最初设置的位置。

在使用“橡皮图章”工具时，首先需要确定仿制内容的起始位置，即设置参照点，按住【Alt】键单击画面可确定参照点；然后其他位置拖动即可开始仿制图像内容。如下图所示。

12.1.6 替换颜色工具

“替换颜色”工具可用于快速替换画面中局部内容的颜色。选择“替换颜色”工具后，在“属性”面板中可设置工具属性，如下图所示。

其中各参数的作用如下：

- 大小：设置笔刷的大小。
- 形状：用于设置笔刷的形状，圆形或矩形。
- 从：可选择“样本”或“图像”两个选项，选择“样本”时需要在其后的颜色样本选择框中选择而要替换的颜色，在画面中涂抹时仅所选颜色会被替换；如果选择“图像”，则针对于整体图像中所有的色彩均可替换颜色。
- 终止：设置要替换成的颜色。
- 容差：设置被替换颜色的容差范围，值越大，被替换的颜色范围越大。
- 强度：设置替换颜色的强弱程度。

设置好工具属性后，在位图图像上拖动即可替换相应的颜色。如左下图所示为原图效果，右下图所示为使用“替换颜色”工具替换图像颜色的效果。

12.1.7 消除红眼工具

“消除红眼”工具用于消除照片中由于夜间拍照而引起的红眼问题，使用该工具框选中照片中的红眼部分，即可消除红眼，如右图所示。

在使用“消除红眼”工具时，可在“属性”面板中设置工具的容差值和强度值，使工具能达到最佳效果。

12.2 知识讲解——使用位图滤镜

在 Fireworks 中可以使用各类滤镜来为位图图像增加效果，使用“滤镜”菜单中的命令即可为图像添加各种滤镜。

12.2.1 杂点滤镜

杂点滤镜用于在画面中添加点状效果。在位图图像中使用选区工具选择一个区域后，执行“滤镜→杂点→新增杂点”命令，打开如左下图所示的“新增杂点”对话框，在对话框中设置上杂点数量后单击“确定”按钮即可为选区内的图像添加杂点，如右下图所示。

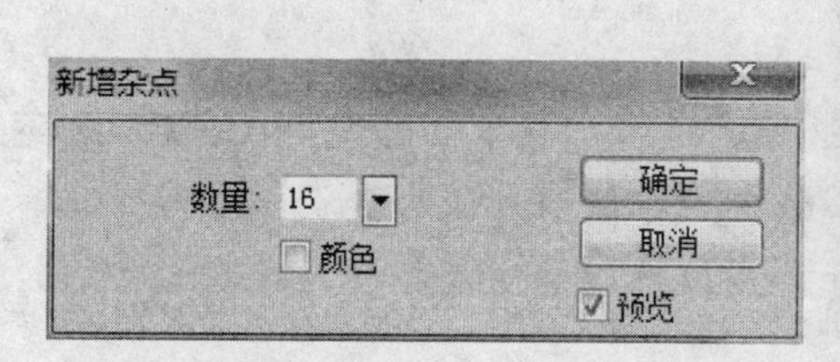

在“新增杂点”对话框中选择“颜色”选项后，所添加的杂点将为彩色的点状。

12.2.2 模糊滤镜

模糊滤镜有多种模式，选择位图选区后，执行“滤镜→模糊”子菜单中的命令，可应用各种模糊效果。

1. 放射状模糊

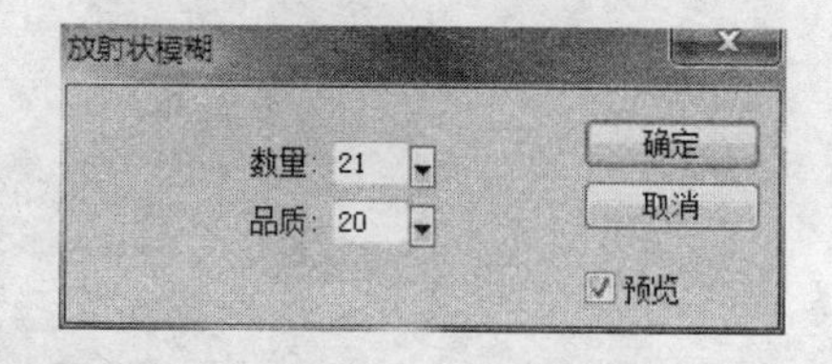

选择位图区域后，执行“滤镜→模糊→放射状模糊”命令，打开“放射状模糊”对话框，如右图所示，在对话框中设置模糊的数量和品质，单击“确定”按钮即可应用模糊效果，如下图所示为图像背景区域应用了放射状模糊的效果。

2. 模糊

执行“滤镜→模糊→模糊”命令可使选区内图像进行一次模糊，执行一次模糊的效果并不明显。如左下图所示，为选择图像背景区域后执行一次模糊命令后的效果，如右下图所示为执行多次模糊命令的效果。

专家提示　要重复执行上一次使用过的滤镜，可执行“滤镜”菜单中的第 1 条命令，可按快捷键【Ctrl+Shift+Alt+X】。

3. 缩放模糊

选择位图区域后，执行“滤镜→模糊→缩放模糊”命令，打开“缩放模糊”对话框，如右图所示，在对话框中设置模糊的数量和品质，单击“确定”按钮即可应用模糊效果，如下图所示为图像背景区域应用了缩放模糊的效果。

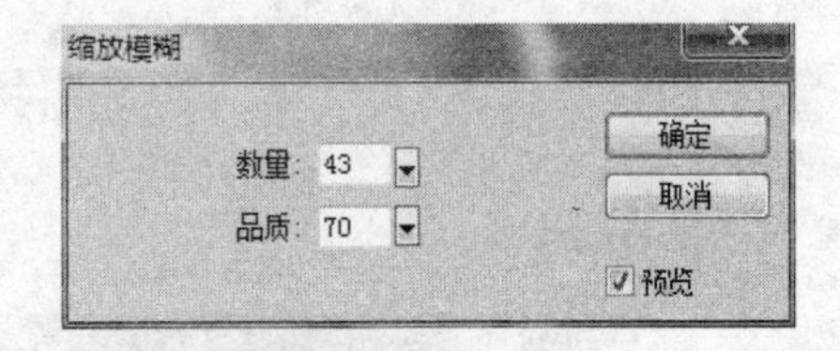

4．运动模糊

选择位图区域后，执行“滤镜→模糊→运动模糊”命令，打开“运动模糊”对话框，如左下图所示，在对话框中设置模糊的数量和品质，单击“确定”按钮即可应用模糊效果，如右下图所示为图像背景区域应用了运动模糊的效果。

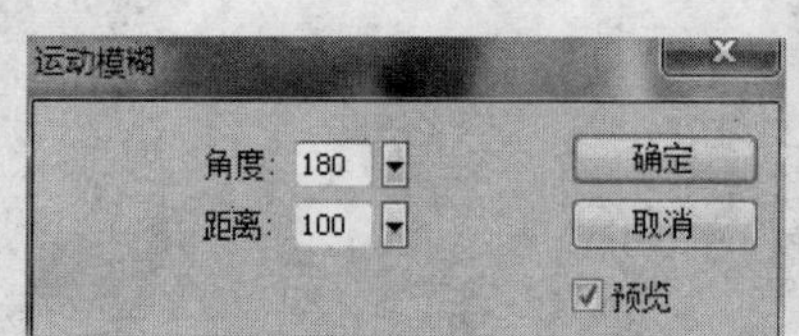

5．进一步模糊

“进一步模糊”命令与“模糊”命令相似，执行“滤镜→模糊→进一步模糊”命令可使选区内图像进行一次模糊。

6．高斯模糊

选择位图区域后，执行“滤镜→模糊→高斯模糊”命令，打开“高斯模糊”对话框，如左下图所示，在对话框中设置模糊的范围，单击“确定”按钮即可应用模糊效果，如右下图所示为图像背景区域应用了高斯模糊的效果。

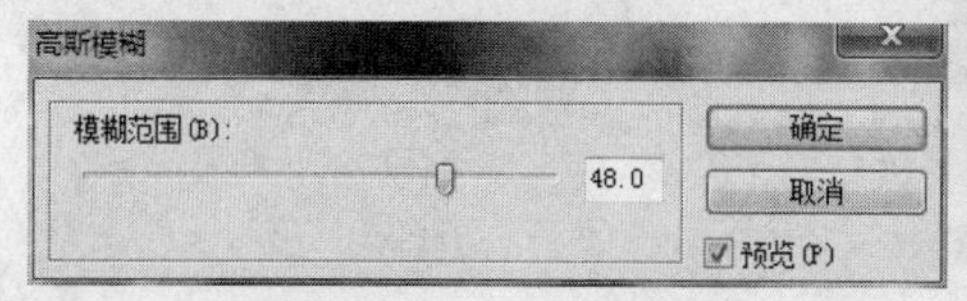

12.2.3　调整颜色滤镜

在 Fireworks 中提供了调整颜色的滤镜，如调整图像色彩、亮度、对比度等均可通过“滤镜→调整颜色”子菜单中的命令来完成，各滤镜的用法如下。

1．亮度/对比度

选择位图区域后，执行“滤镜→调整颜色→亮度/对比度”命令，打开“亮度/对比度”对话框，如左下图所示，在对话框中设置亮度的对比度值，单击“确定”按钮即可完成图像亮度和对比度调整，如右下图所示为图像背景区域亮度降低后的效果。

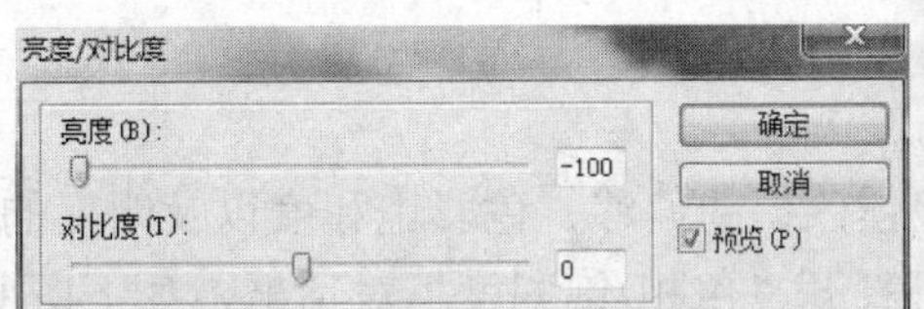

2．反转

使用“反转”滤镜可以将原有色彩转变为原有色彩的补色，如红色变为绿色、黄色变为紫色。选择位图区域后执行“滤镜→调整颜色→反转”即可，如下图所示为图像背景区域颜色反转后的效果。

3．曲线

选择位图区域后，执行“滤镜→调整颜色→曲线”命令，打开“曲线”对话框，如左下图所示。在对话框中通过拖动调整曲线的形状来调整画面中对比度和亮度的变化。在曲线线条上单击即可添加一个颜色节点，拖动节点至窗口外可删除节点。在调整曲线时，选择“通道”下拉列表中的选项，可分别调整“红色”、“绿色”和“蓝色”通道中的亮度和对比度，从而叠加出不同的图像色彩效果，如右下图所示。

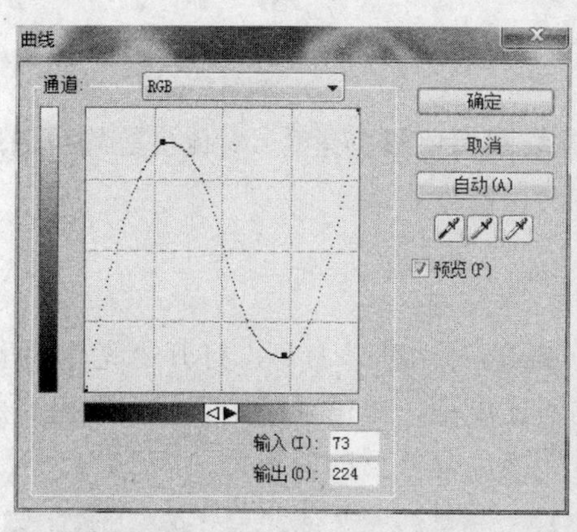

4. 自动色阶

选择位图区域后，执行“滤镜→调整颜色→自动色阶”命令，程序将可自动调整选区内图像的高光、阴影和中间色调的明暗程度。

5. 色相/饱和度

使用“色相/饱和度”滤镜可调整图像中整体色调的偏移、色彩饱和度以及明度的变化。执行“滤镜→调整颜色→色相/饱和度”命令可打开“色相/饱和度”对话框，如下图所示。

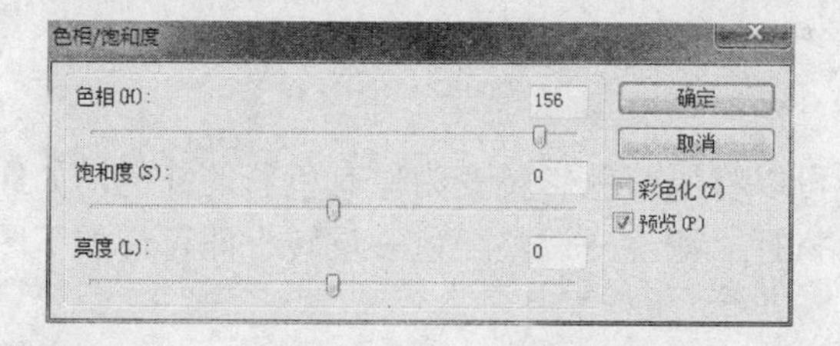

其中各参数的作用如下：

- 色相：也称为色调，即具体的一种彩色，由红、橙、黄、绿、青、蓝、紫渐变而成，调整色相即对画面中整体色彩进行统一的调整。
- 饱和度：即色彩的鲜艳程度，饱和度越高，画面中色彩越鲜艳，饱和度为 0 时，图像将成为灰度图像，没有色彩。
- 亮度：图像整体的明暗程度，亮度值最大时画面将变成白色，亮度值最小时画面将成为黑色。
- 色彩化：选择该选项后，画面将去除颜色后重新为图像着色，因此画面中仅存在一种色调。
- 预览：选择该选项后在调整参数时可在画面中预览到调整后的效果。

6. 色阶

使用“色阶”滤镜可调整图像中高光、阴影和中间色调的明暗程度及对比强度。执行“滤镜→调整颜色→色阶”命令可打开“色阶”对话框，如下图所示。

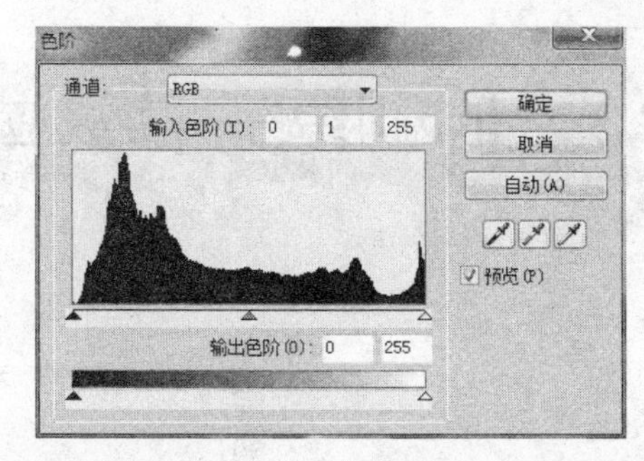

在“色阶”对话框中，通过拖动直方图下方的黑色、灰色和白色的三角形图标，可分别调整画面中阴影部分、中间色调和高光部分的对比强度；在“通道”下拉列表中选择具体的色彩通道后，可仅对该通道的色阶进行调整；单击“自动”按钮，可使用“自动色阶”功能。

12.2.4　锐化滤镜

与“模糊”滤镜相对应的还有“锐化”滤镜，在“滤镜→锐化”子菜单中可选择相应的锐化滤镜。其中“锐化”和“进一步锐化”命令相似，仅对画面进行一些细微的锐化调整；使用“钝化蒙版”命令可打开“钝化蒙版”对话框，如左下图所示，通过调整相应的参数，可调整画面锐化的强度及效果，如右下图所示为图像锐化前后的对比效果。

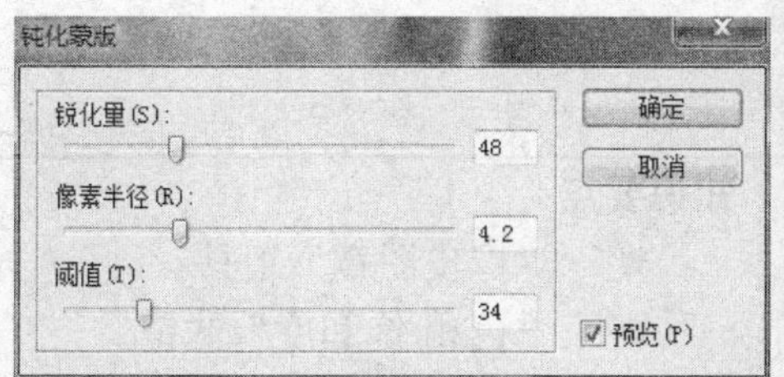

12.2.5　其他滤镜

在“滤镜→其他”子菜单中还可以使用“查找边缘”和“转换为 Alpha”两种滤镜效果。使用“查找边缘”滤镜可将图像转换为黑色背景的线条图，如左下图所示；使用“转换为 Alpha”滤镜可将图像转换为灰度模式图像，通过灰度等级来表现图像的半透明效果，如右下图所示。

12.3 同步训练——实战应用

实例 1：合成背景图像

案例效果

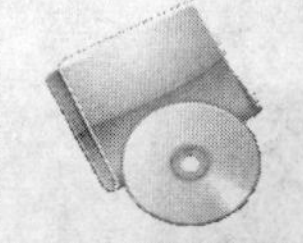	素材文件：光盘\素材文件\第 12 章\实例 1\
	结果文件：光盘\结果文件\第 12 章\实例 1.fw.png
	教学文件：光盘\教学文件\第 12 章\实例 1.avi

制作分析

本例难易度：★★★★☆

关键提示：	知识要点：
首先导入天空和海的背景，利用“橡皮图章”工具去除图像中不需要的部分，调整整体图像的颜色，然后导入高楼素材，调整大小并模糊，制作中水倒影。	● “橡皮图章”工具 ● “色相/饱和度”滤镜 ● “减淡”工具 ● “模糊”工具 ● “模糊”滤镜 ● 图层透明度的应用

具体步骤

STEP 01：**新建图像并导入素材。**新建宽度为 760 像素、高度为 300 像素的图像文档；导入素材图像“海.jpg”，并调整图像大小和位置如下图所示。

STEP 02：设置“橡皮图章”工具。选择“橡皮图章”工具，在“属性”面板中设置大小为 100、边缘为 100，选择“按源对齐”，如下图所示。

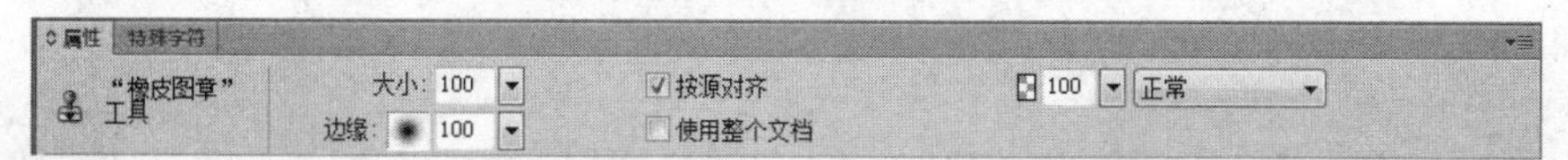

STEP 03：去除画面中不需要的图像。按住【Alt】键单击画面左下角，将左下角作为“橡皮图章”的参考点，从左下图所示的位置起拖动涂抹图像，涂抹至右下图所示的效果。

专家提示

在使用“橡皮图章”工具进行图像复制时，可多次按住【Alt】键单击画面重新设置参考点的位置，以达到更好的效果。

STEP 04：调整画面颜色。执行“滤镜→调整颜色→色相/饱和度”命令，在打开的对话框中选择“彩色化”选项，设置色相值为“212”、饱和度为 52、亮度值为 55，如下图所示。

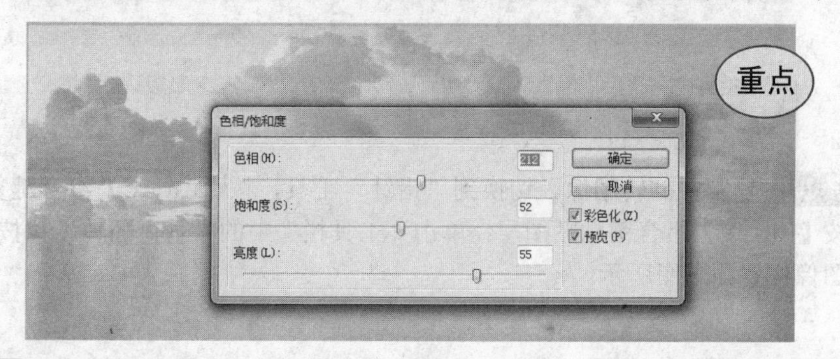

STEP 05：使用“减淡”工具调整颜色。选择“减淡”工具，在“属性”面板中设置大小和边缘值均为 100，设置曝光值为 20，在画面上半部分进行涂抹，如下图所示。

STEP 06：**导入素材“楼.png”**。导入素材图像“楼.png”，调整素材图像的大小和位置到如下图所示的效果。

STEP 07：**使用“模糊”工具**。选择“模糊”工具，在“属性”面板中设置大小和边缘均为 100，强度为 6，然后在“楼”素材上涂抹，如下图所示。

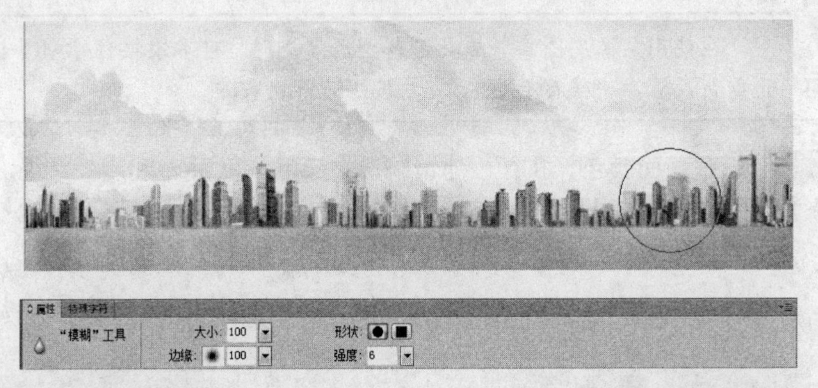

STEP 08：**复制并翻转图像**。切换到“指针”工具，按【Ctrl+C】组合键复制“楼”图像，然后按【Ctrl+V】组合键粘贴图层；单击“工具栏”中的“垂直翻转”按钮翻转图像，然后调整图像位置如下图所示。

STEP 09：**应用“运动模糊”滤镜**。执行“滤镜→模糊→运动模糊”命令，在打开的对话框中设置模糊的角度为 180，距离为 6，然后单击“确定”按钮，如下图所示。

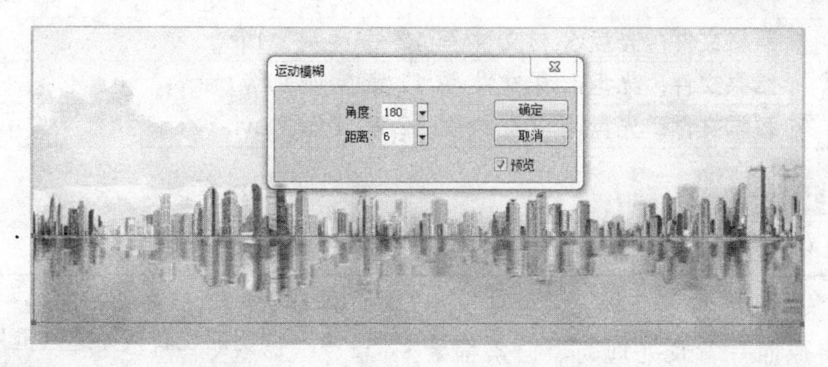

STEP 10：**设置图层不透明度**。设置图层不透明度值为 30，效果如下图所示；保存文件，本例制作完成。

实例 2：处理服装广告图片

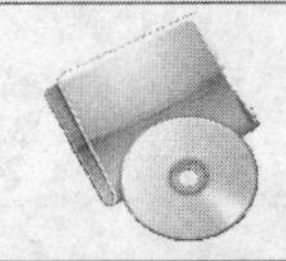

素材文件：光盘\素材文件\第 12 章\实例 2\1.jpg

结果文件：光盘\结果文件\第 12 章\实例 2.fw.png

教学文件：光盘\教学文件\第 12 章\实例 2.avi

制作分析

本例难易度：★★★★☆

关键提示：

本例将原照片背景处理为黑白素描效果，从而突出画面中的人物及服装色彩。首先用“钢笔”工具勾画出人物轮廓，然后将矢量形状转换为选区，通过选区变化后选择背景区域，应用多种滤镜叠加制作出黑白素描效果的背景。

知识要点：

- “将路径转换为选区框”命令
- “羽化”命令
- “高斯模糊”滤镜
- “色阶”滤镜
- “色相/饱和度”滤镜
- “新增杂色”滤镜
- “运动模糊”滤镜

具体步骤

STEP 01：**打开素材图像。**打开素材图像，单击“属性”面板中的“图像大小”按钮，在打开的“图像大小”对话框中设置图像宽度为 400 像素，高度为 530 像素，如左下图所示；单击“确定”按钮，选择图像图层后执行“滤镜→调整颜色→自动色阶”命令，如右下图所示。

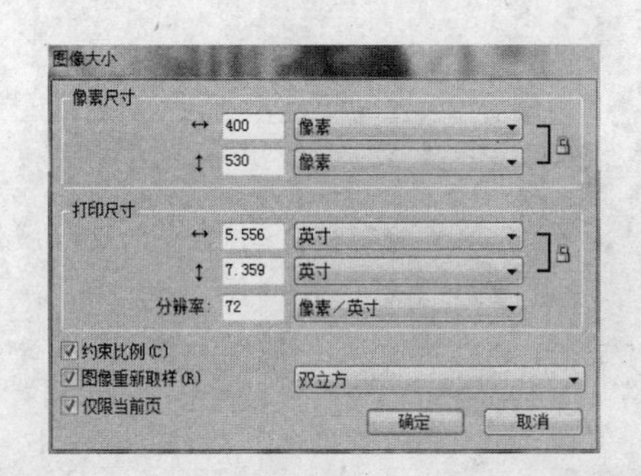

STEP 02：**绘制轮廓路径。**使用钢笔工具在画面中绘制出人物的轮廓线，如左下图所示。

STEP 03：**备份路径图层。**为便于以后可重复使用人物轮廓线路径，复制一个路径，然后在“图层”面板中隐藏该图层，如右下图所示。

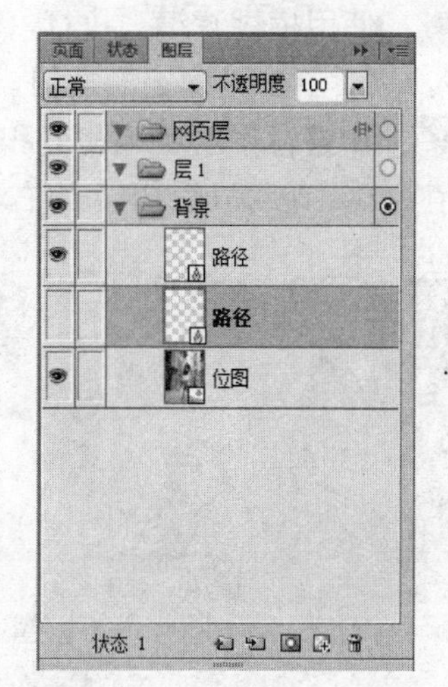

STEP 04：**将路径转换为选区**。选择显示的路径图层，执行“修改→将路径转换为选区框”命令，在对话框中选择“边缘”选项为“羽化”，设置值为 5，并单击“确定”按钮，如下图所示。

STEP 05：**反选后再羽化选区**。按【Ctrl+Shift+I】组合键反选；执行“选择→羽化”命令，在打开的对话框中设置羽化半径为 10 像素，然后单击“确定”按钮，如下图所示。

STEP 06：**使用模糊滤镜**。执行“滤镜→模糊→高斯模糊”命令，在打开的对话框中调整范围为 1.7，然后单击“确定”按钮，如左下图所示。

STEP 07：**调整背景区域饱和度和亮度**。执行“滤镜→调整颜色→色相/饱和度”命令，设置饱和度值为 0，亮度值为 20，如右下图所示。

STEP 08：**调整色阶**。执行“滤镜→调整颜色→色阶”命令，调整画面中“高光”和“中间色调颜色”色标的位置，如左下图所示，然后单击“确定”按钮。

STEP 09：**新建图层并填充白色**。单击“图层”面板中的“新建位图图像”按钮新建一个位图图层，使用“油漆桶”工具在图层上填充白色，如右下图所示。

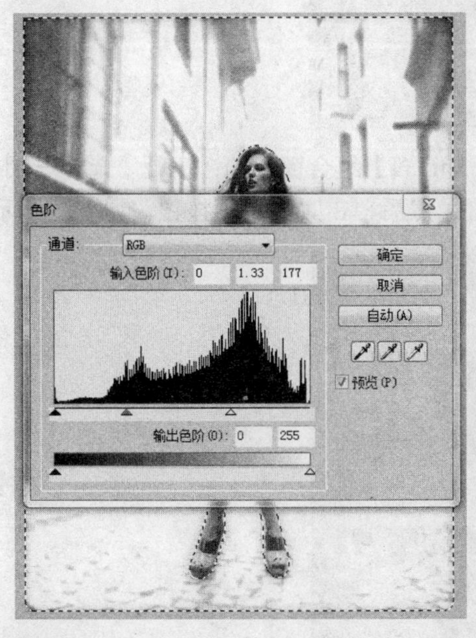

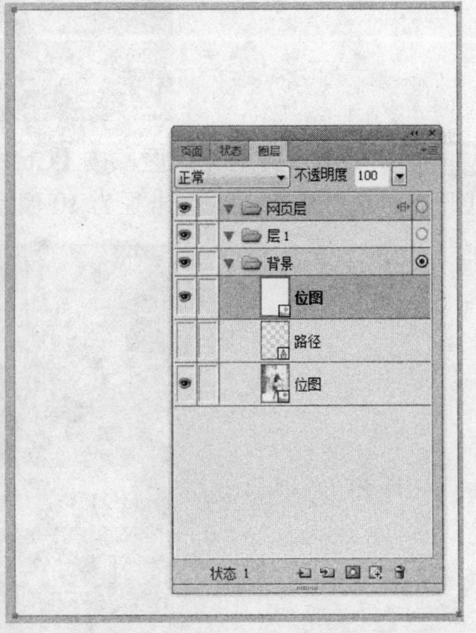

STEP 10：**新建杂点**。执行“滤镜→杂点→新增杂点”命令，在打开的对话框中设置杂

点数量为 30，如左下图所示，并单击“确定”按钮。

STEP 11：**应用模糊滤镜**。执行“滤镜→模糊→运动模糊”命令，在打开的对话框中设置角度为 45，距离为 100，如右下图所示，然后单击“确定”按钮。

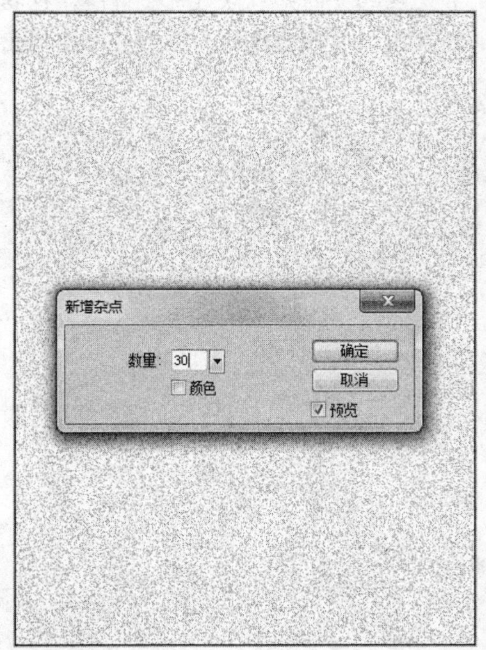

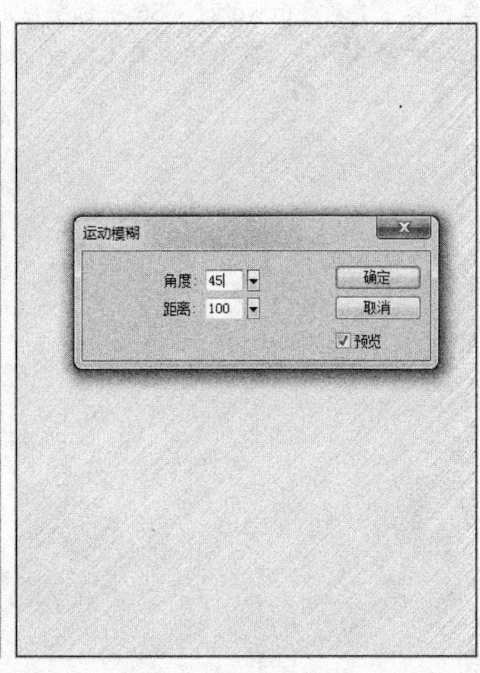

STEP 12：**设置图层混合模式**。在图层面板中“混合模式”下拉列表中选择“色彩增殖”选项，效果如左下图所示。

STEP 13：**调整色相**。执行“滤镜→调整颜色→色相/饱和度”命令，选择“彩色化”选项，设置色相值为 30，饱和度值为 50，亮度值为 0，如右下图所示；然后单击“确定”按钮，保存文件，完成本例制作。

本章小结

本章内容主要对 Fireworks CS6 中位图应用和处理相关的知识点进行了讲解，包括常用的位图处理和修改工具、常用的位图滤镜等。通过位图工具和滤镜的的应用可以处理出各种丰富的图像效果。

第 13 章

使用蒙版与滤镜

本章导读

在 Fireworks CS6 中无论矢量图形还是位图，均可以使用蒙版和滤镜。蒙版应用显示或隐藏图层中的某些部分，滤镜则是在图层上叠加一些特殊效果，与位图滤镜不同的是，本章中所用到的滤镜是叠加到图层上的样式，并且可存储和重复调用。

知识要点

- 了解蒙版的概念
- 熟练掌握位图蒙版的效果及创建方法
- 掌握矢量蒙版的创建与应用
- 熟练掌握各种滤镜的创建方法
- 掌握样式的存储方法
- 掌握样式的应用

案例展示

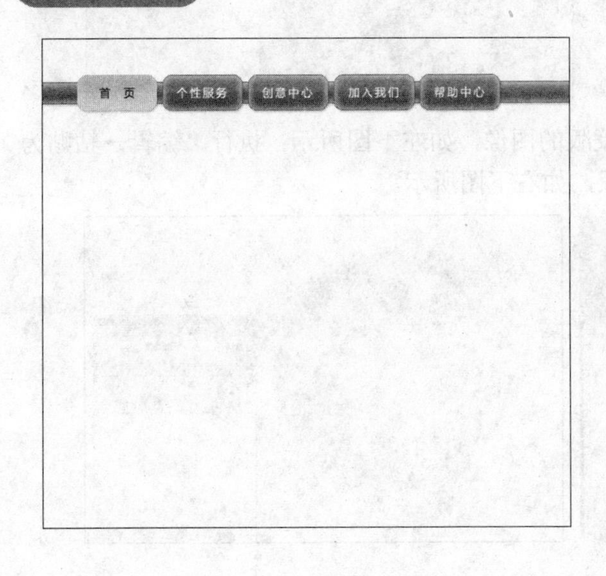

13.1 知识讲解——使用蒙版

“蒙版”是一种特殊图层，简而言之，就是用于确定图层中显示区域的一种特殊图层。在 Fireworks 中可以将矢量图或位图对象作为蒙版图层中的对象，在位图蒙版中可通过蒙版图层中的灰度等级来表现图像显示的透明度；在矢量蒙版中以矢量路径作为蒙版图层中的对象，仅显示区域范围内的内容，没有透明度等级。

13.1.1 创建蒙版

在 Fireworks 中可以有多种方式创建蒙版，具体方法如下。

1．粘贴为蒙版

使用“粘贴为蒙版”命令可以将剪切的位图或矢量图形粘贴为蒙版图层，方法如下：

STEP 01：剪切图形。选择要作为蒙版的图形或图像，如左下图所示，按【Ctrl+X】组合键剪切图形，剪切图像后如右下图所示。

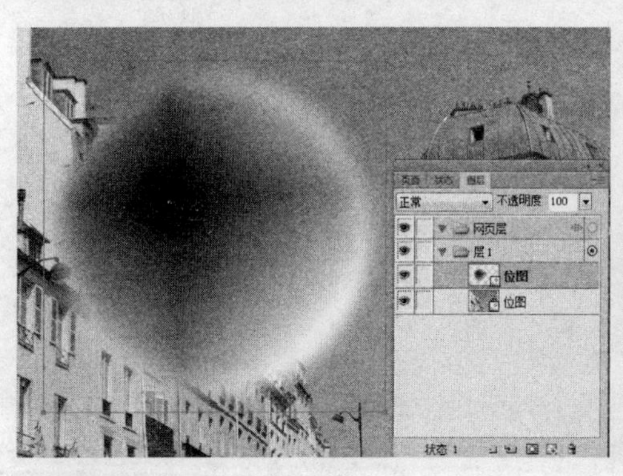

STEP 02：粘贴为蒙版。选择要应用蒙版的图像，如左下图所示；执行“编辑→粘贴为蒙版”命令，即可将剪切的图像粘贴为蒙版，如右下图所示。

专家提示

创建了蒙版后，在“图层”面板中原图层图标右侧将显示出蒙版图层的缩略图，在蒙版图层中以灰度颜色来表示图层中显示的区域，黑色为不显示区域，白色为显示区域，灰度等级表示不透明等级。

2．粘贴于内部

“粘贴于内部”即将一个图像放置于另一个图像或形状的区域内部，从而只显示该区域中的部分，成为蒙版，具体方法如下：

STEP 01：**剪切图形**。选择要放置到某一区域内显示的图形或图像，如左下图所示，按【Ctrl+X】组合键剪切图形，如右下图所示。

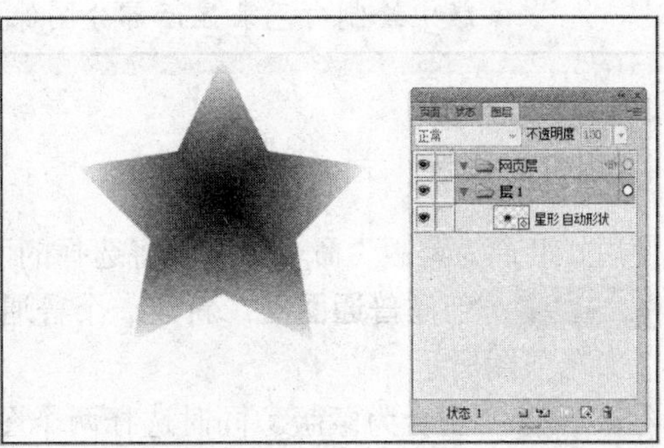

STEP 02：**粘贴于内部**。选择要将图像放置至的区域形状，如左下图所示；执行“编辑→粘贴于内部”命令，即可将剪切的图像粘贴为蒙版，如右下图所示。

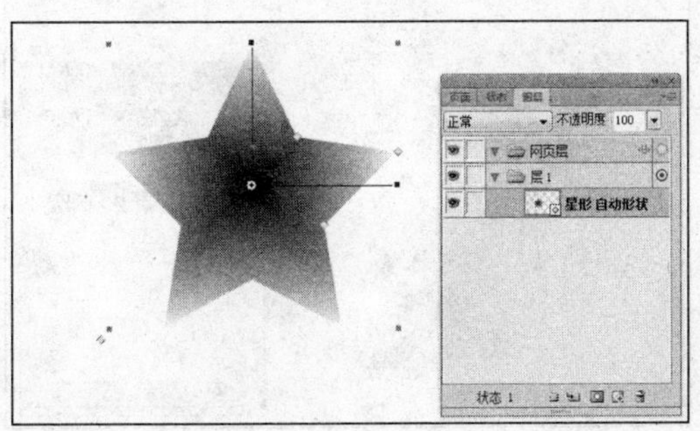
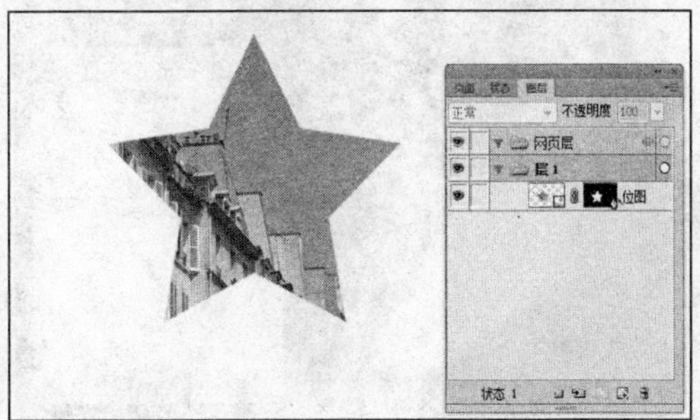

3．新建蒙版图层

在创建蒙版时，还可以通过“图层”面板新建一个空白的蒙版图层，然后在蒙版图层中利用不同灰度等级的颜色来绘制图像显示和不显示的区域，具体方法如下：

STEP 01：**添加蒙版**。选择要创建蒙版的图层，在“图层”面板中单击“添加蒙版”按钮，如左下图所示。

STEP 02：**绘制不显示区域**。使用刷子、选区和填充等位图工具，在画面中绘制黑色、灰色或白色的位图填充，即可控制图像中的透明、半透明及不透明效果，如右下图所示。

专家提示

使用“修改→蒙版→显示全部”命令也可快速创建一个空白蒙版图层，在空白蒙版图层中，蒙版图层为白色，所以会显示出图层中全部内容，通常在蒙版中使用刷子和位图填充等工具填充黑色以隐藏图层中的部分图像；使用“修改→蒙版→隐藏全部”命令，可以创建出黑色的蒙版图层，此时应在蒙版中绘制白色来显示部分图像。

4. 组合为蒙版

使用“组合为蒙版”命令，可以将选择的两个图层中最上层的图层作为蒙版，方法如下：

STEP 01：**创建普通图层**。新建一个普通图层，使用黑色、灰色和白色绘制出蒙版图层形状，如左下图所示。

STEP 02：**组合为蒙版**。同时选择两个图层，执行“修改→蒙版→组合为蒙版”命令，即可将两个图层组合为蒙版，如右下图所示。

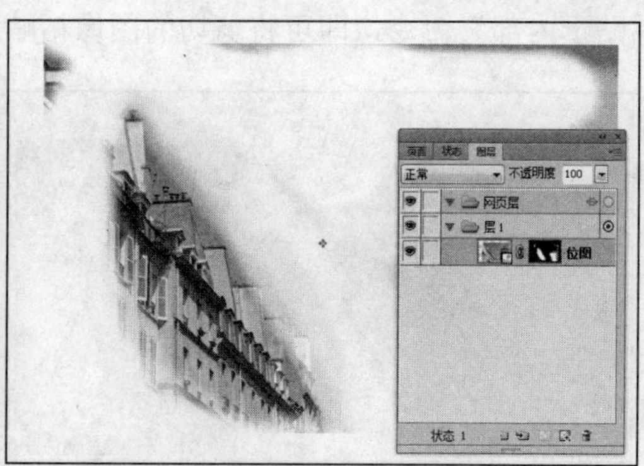

5. 将选区转换为蒙版

在创建了位图选区后，可以快速将选区转换为蒙版，使选区内的图像显示或隐藏。执行“修改→蒙版→显示所选” 命令应用蒙版，可隐藏当前图层，仅显示出所选区域的内容；执行“修改→蒙版→隐藏所选”命令应用蒙版，可隐藏选择区域的内容。如左下图所示选择位图选区，执行“修改→蒙版→隐藏所选”命令后，效果如右下图所示。

13.1.2 禁用、启用和删除蒙版

在位图图层中应用了蒙版后，可使用“禁用蒙版”命令临时取消蒙版效果。方法如下；

方法一：执行“修改→蒙版→禁用蒙版”命令。

方法二：右键单击“图层”面板中蒙版图层，选择“禁用蒙版”命令即可。

禁用蒙版后，画面中将不显示蒙版效果，图层面板中显示效果如下图所示。

执行“修改→蒙版→启用蒙版”命令或右键单击“图层”面板中蒙版图层，选择“禁用蒙版”命令均可启用蒙版。

如果要删除蒙版，可以使用以下方法：

方法一：执行“修改→蒙版→删除蒙版”命令。

方法二：右键单击“图层”面板中蒙版图层，选择“删除蒙版”命令。

方法三：在“图层”面板中拖动蒙版图层到“删除所选”按钮上，或选择蒙版图层后单击该删除按钮。

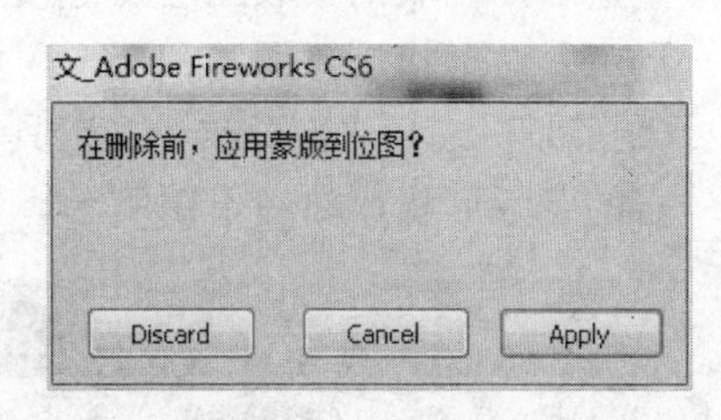

在删除蒙版图层时，将弹出如右图所示的对话框，单击“Discard”按钮即可删除蒙版，单击“Cancel”按钮可取消删除，单击“Apply”按钮将删除蒙版但保留蒙版效果到当前位图图层。

13.1.3 编辑蒙版

蒙版效果实际上是由两个部分组成：一个是用于显示具体内容的普通图层内容，可称为被蒙版对象；另一个是用于确定图层中内容显示区域及显示透明度的蒙版图层内容，可称为蒙版对象。应用蒙版后常常需要对这两种不同的对象进行编辑和修改，常用的操作如下。

1. 选择蒙版

在对蒙版效果进行修改和调整时，常常需要单独选择其中的某一部分，此时可以使用以下方法进行选择：

方法一：在“图层”面板中单击图层缩略图。

方法二：使用“部分选定”工具在画面中选择对象。

2. 移动蒙版对象

在 Fireworks 中创建蒙版后，蒙版对象与被蒙版对象自动链接，使用“指针”工具在画面中拖动蒙版时将整体移动，如果需要分别调整蒙版对象或被蒙版对象，可使用以下方法：

方法一：选择被蒙版对象，拖动画面中心的 ✥ 控制点，可调整被蒙版对象的位置，如左下图所示。

方法二：单击图层面板中被蒙版与蒙版图层缩略图之间的“链接”图标，取消图层的

链接后，在画面中可分别拖动蒙版和被蒙版对象，如右下图所示。

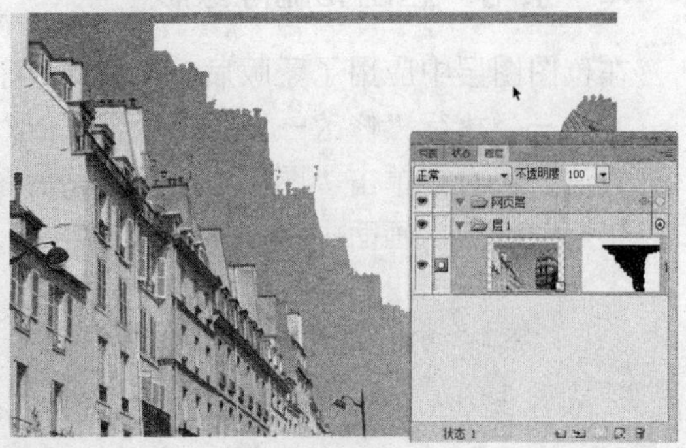

3. 修改蒙版形状

在创建好蒙版后，可调整蒙版中的形状来改变蒙版显示的效果。无论是位图蒙版还是矢量蒙版，在取消蒙版图层的链接后，选择蒙版对象或被蒙版对象均可使用“缩放”工具等变形工具对形状进行调整和变形，如左下图所示。针对矢量蒙版中的矢量图形或路径，可通过“指针”工具、“部分选定”工具和其他路径调整工具来修改矢量图形的形状，调整出更加丰富的蒙版形状，如右下图所示。

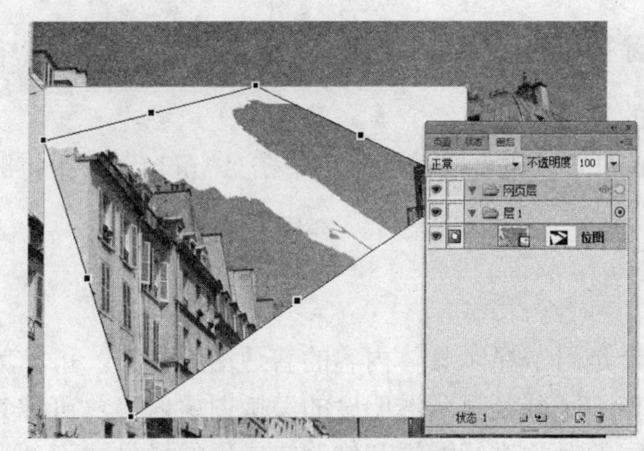

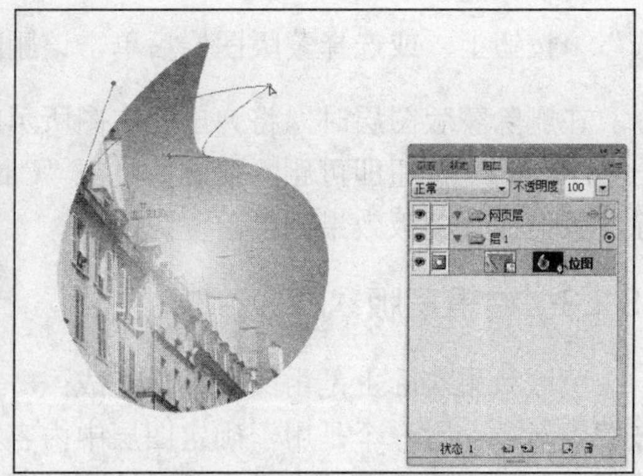

4. 修改矢量蒙版属性

在使用矢量蒙版时，选择蒙版对象后，在“属性”面板中可设置“蒙版”选项，如下图所示。

选择“路径轮廓”选项后，在蒙版显示效果中仅以矢量图形状区域为蒙版，不能使用黑、灰、白色来表现蒙版中图像显示的透明度，如左下图所示。

选择“灰度外观”选项后，在适量图形中可使用黑、灰、白色来表现蒙版中图像显示的透明度，如右下图所示。

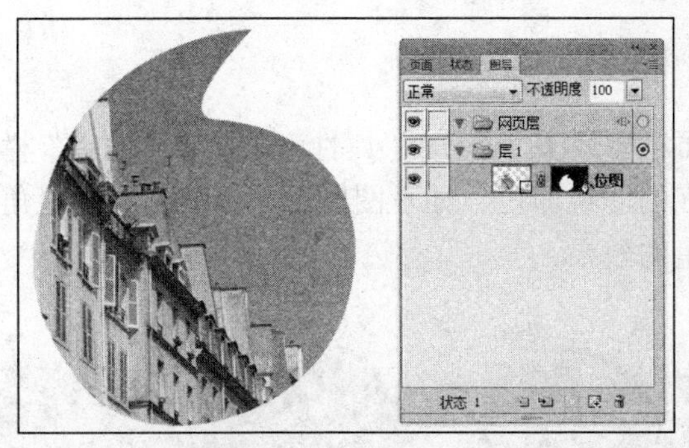

13.2　知识讲解——使用动态滤镜和样式

在 Fireworks 中可以储存矢量图形的外观效果和动态滤镜，便于多次重复使用，被存储的效果被称为“样式”。在 Fireworks CS6 中“样式”包含了矢量图形和文本上的外观属性，如填充效果、笔触效果、字体样式等，同时也可包含了各类动态滤镜效果。

13.2.1　添加动态滤镜

“滤镜”菜单中的滤镜仅针对于位图图像且不能保存于样式中。使用动态滤镜则可存储于样式中。选择画布中的对象，单击“属性”面板中“滤镜”栏中的+按钮，在弹出的“动态滤镜和预设”菜单中选择需要的滤镜，即可在对象上添加动态滤镜，如左下图所示。如右下图所示是在图形上添加了“内斜角”滤镜后的效果。

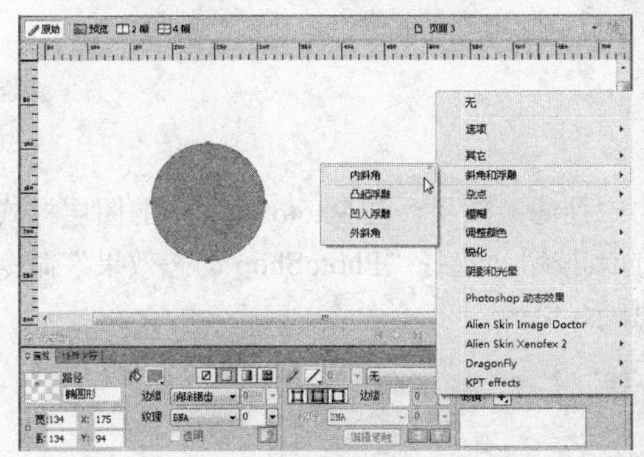

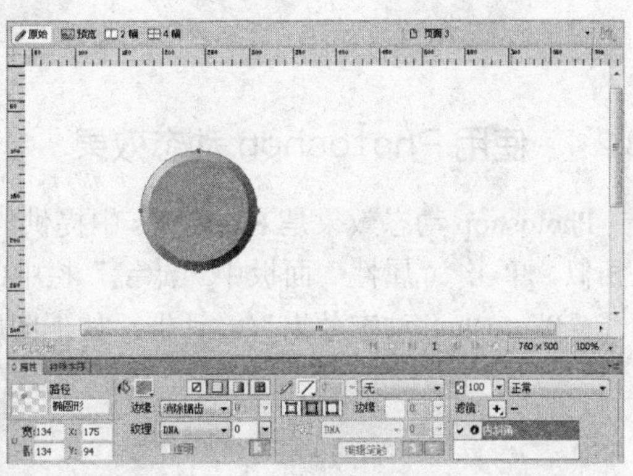

在“动态滤镜和预设”菜单中大部分滤镜的效果与“滤镜”菜单中的效果相同，其中增加了“斜角和浮雕”、“阴影和光晕”和“PhotoShop 动态滤镜”滤镜。

新手注意

使用与“滤镜”菜单中相同的动态滤镜时，如果需要设置参数的滤镜，均会弹出对话框进行设置，且设置方法及滤镜效果相同；使用其他需要设置参数的动态滤镜时，需要在“属性”面板“滤镜”栏中弹出的浮动窗口中进行设置。

13.2.2 使用斜角和浮雕滤镜

“斜角和浮雕”滤镜用于为对象添加斜面浮雕效果，单击 “属性”面板中“滤镜”栏中的⊞按钮，选择“斜角和浮雕”子菜单中相应的滤镜即可。如下图所示，依次是“内斜角”、“凸起浮雕”、“凹入浮雕”和“外斜角”滤镜的效果。

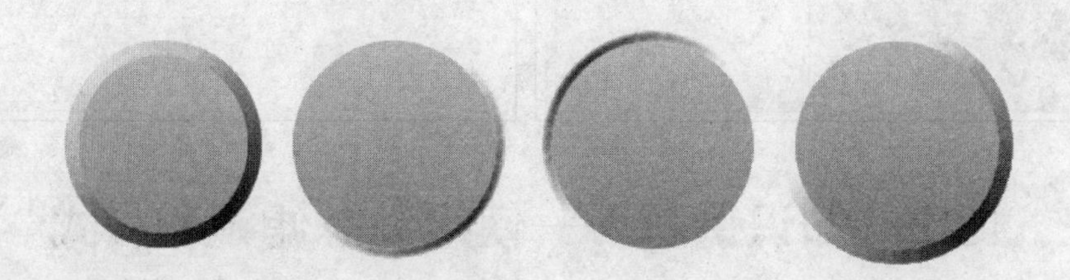

13.2.3 使用阴影和光晕滤镜

“阴影和光晕”滤镜用于为对象添加内外发光和投影等效果，单击 “属性”面板中“滤镜”栏中的⊞按钮，选择“阴影和光晕”子菜单中相应的滤镜即可。如下图所示，依次是应用“光晕”、“内侧发光”、“内侧阴影”、“阴影”和“纯色阴影”滤镜的效果。

13.2.4 使用 Photoshop 动态效果

Photoshop 动态效果是 Fireworks 中提供的一种滤镜效果，与 PhotoShop 中的图层样式极为相似。单击 “属性”面板中“滤镜”栏中的⊞按钮，选择“PhotoShop 动态效果”命令可打开“Photoshop 动态效果”对话框，如下图所示。

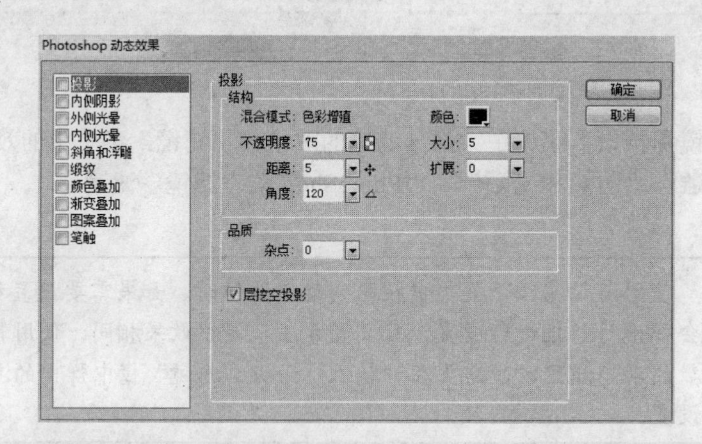

在对话框中，左侧列表中可勾选要应用的动态效果，在右侧可设置选定效果的具体参数，设置完成后单击“确定”按钮即可应用滤镜。

13.2.5　编辑和调整动态滤镜

在同一对象上可叠加多个动态滤镜，滤镜的叠加顺序不同，效果也不相同，并且动态滤镜的效果可随时进行调整的修改，常用的编辑和调整动态滤镜的方法如下。

1．修改滤镜参数

如果要修改滤镜的参数设置，可单击“属性”面板的“滤镜”列表中滤镜名称前的图标，在弹出的浮动窗口或对话框中修改滤镜参数。

2．停用、启用和删除滤镜

如果需要临时取消某一滤镜效果，可单击“滤镜”列表中滤镜前的✔按钮。单击后图标将显示为✕，再次单击即可启用滤镜。

在“属性”面板中“滤镜”列表中选择要删除的滤镜，单击“滤镜”栏中的“删除”按钮即可。

3．调整滤镜顺序

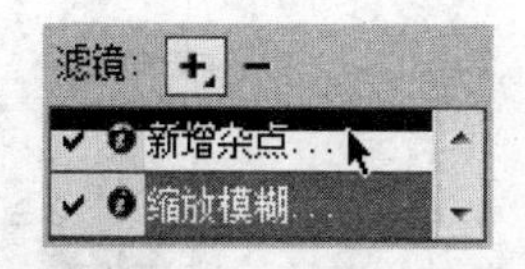

多个滤镜叠加时，顺序不同效果也不相同，在“属性”面板的“滤镜”列表中拖动滤镜可以改变多个滤镜叠加的先后顺序，如右图所示。

新手注意　“滤镜”列表中滤镜，以从上到下的顺序依次在对像上进行叠加，相同类型的滤镜也可重复应用多次。

13.2.6　新建与应用样式

在调整了对象的填充和笔触样式、颜色或应用了一些滤镜效果后，如果要快速在其他对象上应用相同的效果，可以新建样式，然后在需要使用相同效果的对象上应用样式。常用的相关操作如下。

1．新建样式

选择包含有需要重复应用的属性或滤镜效果的对象后，可通过以下方法新建样式。

方法一：单击“属性”面板中“样式”栏中的“新建样式”按钮，如下图所示。

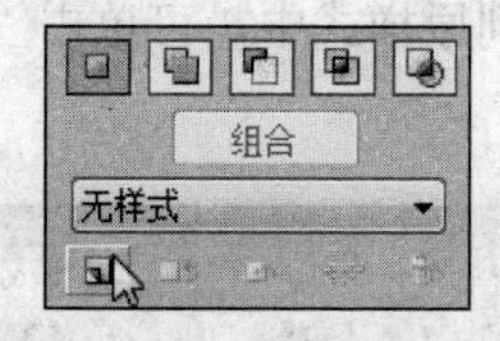

方法二：按【Ctrl+F11】组合键或执行“窗口→样式”命令打开“样式”面板，在“样式”面板中单击“新建样式”按钮，如下图所示。

此时将打开“新建新式”对话框，在对话框中设置上样式的名称，选择样式中需要包含的属性或效果，如左下图所示，然后单击“确定”按钮即可新建样式。新建了样式后，在“样式”面板中即可看到创建出的样式缩略图，如右下图所示。

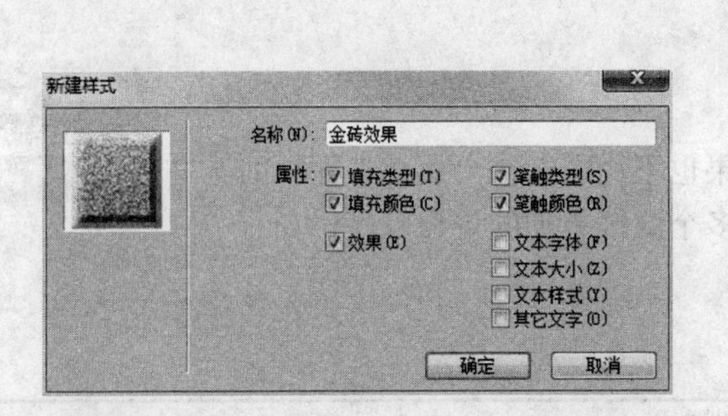

2．应用样式

选择要应用样式的对象后，使用以下方法可以应用样式。

方法一：单击“样式”面板中的样式缩略图即可应用样式。

方法二：在“属性”面板“样式”下拉列表框中选择要应用的样式名称，如下图所示。

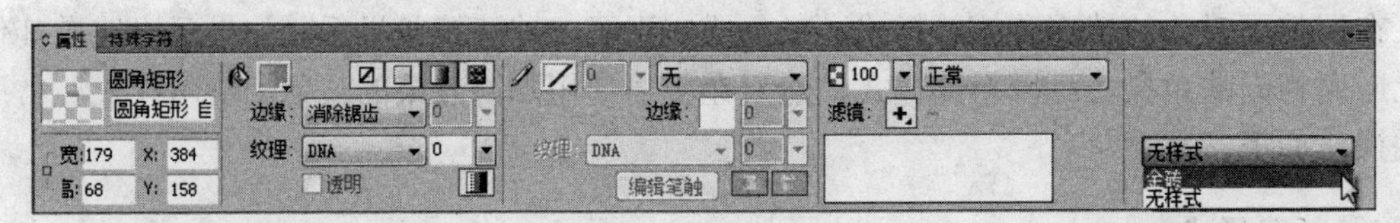

3．重新定义样式

如果要对定义好的样式进行修改，可选择应用了该样式的对象后修改对象的属性或滤镜效果，如果要将对样式的调整存储到原样式中，可单击“属性”面板中的“重新定义样式”按钮，如下图所示。

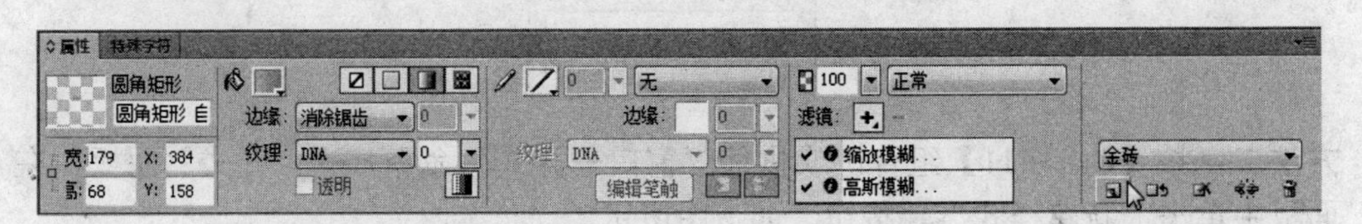

重新定义样式后，原样式将被替换，且页面中所有应用了该样式的对象都会应用重新定义后的效果。

4．删除样式

删除样式的方法有：

方法一：在“样式”面板中选择要删除的样式缩略图，单击“删除”按钮。

方法二：选择应用了要删除的样式的对象，单击“属性”面板“样式”栏中的按钮。

样式删除后，应用了该样式的对象上的效果不会随样式删除而清除。

5．应用其他外部样式

在 Fireworks 中可以使用一些外部样式来快速进行图形美化，在“样式”面板中“当前文档”下拉列表框中可选择已安装的外部样式，如右图所示。

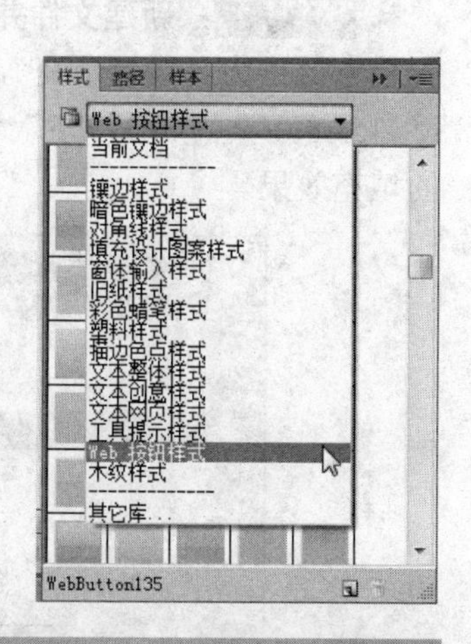

应用了的样式将存储于当前文档中，便于在当前文档中重复应用相同的样式。如果对样式进行了重新定义，不会改变外部样式中的效果，仅影响当前文档中的样式。

如果要使用其他的文档中的样式，可以在“样式”面板中“当前文档”下拉列表框中选择“其他库”命令，在打开的对话框中选择存有样式的文件，单击“确定”按钮后，在“当前文档”下拉列表框中将出现该文件名称，选择后即可引用该文档中的样式。

13.3　同步训练——实战应用

实例 1：制作导航按钮

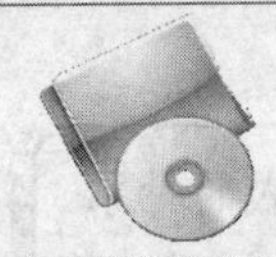

素材文件：光盘\素材文件\无
结果文件：光盘\结果文件\第 13 章\实例 1.fw.png
教学文件：光盘\教学文件\第 13 章\实例 1.avi

制作分析

本例难易度：★★★★☆

关键提示：

首先导航条背景，设置形状的填充颜色等属性，添加滤镜效果，新建为样式。绘制导航按钮形状，并应用样式。最后在需要应用不同效果的对象上叠加滤镜效果。

知识要点：

- “内侧光晕”滤镜
- “Photoshop 动态效果”滤镜
- “色相/饱和度”滤镜
- 新建样式
- 应用样式

具体步骤

STEP 01：**新建文件并绘制导航条背景**。新建图像文件，在画面中绘制一个矩形条，设置填充效果为“线性渐变”，在渐变过程中添加四个颜色样式，颜色值为别为“#26C9FF”、“#15A8FF”、“#0D99FF”和“#0080FF”，并将中间两个色块尽量靠近，制作出如下图所示的填充效果。

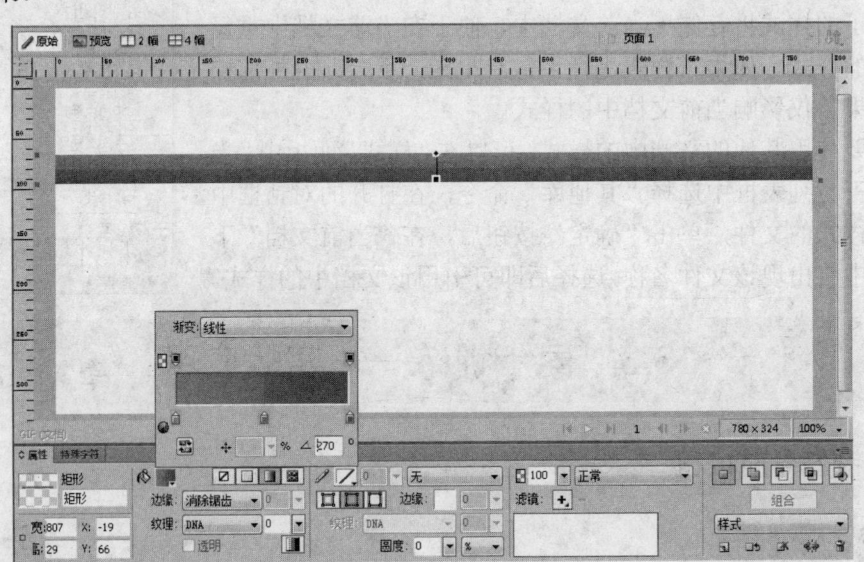

STEP 02：**添加内侧光晕滤镜**。单击“属性”面板中“滤镜”栏中的+按钮，在弹出的菜单中选择“阴影和光晕→内侧光晕”命令，设置滤镜颜色为“#BFFFFF”，其他参数及效果参见下图。

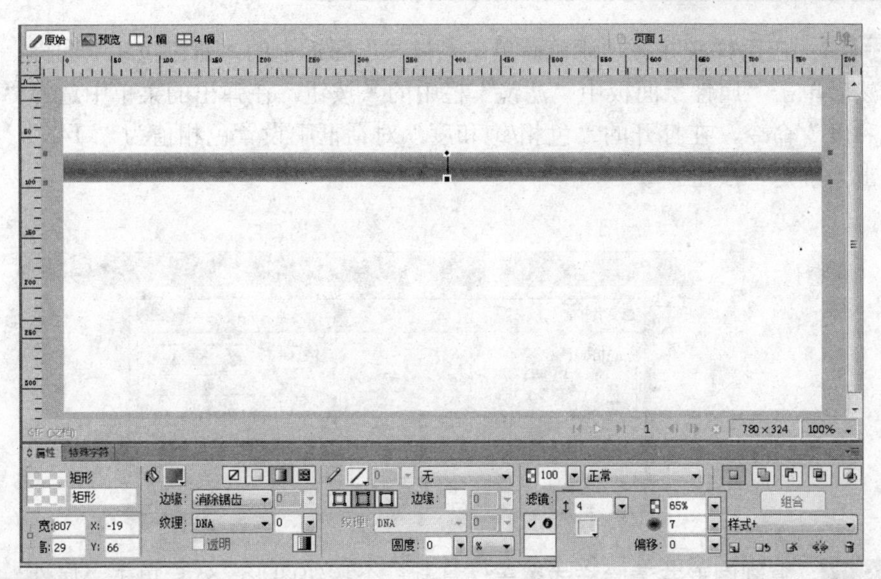

STEP 03：添加 Photoshop 动态效果。单击“属性”面板中“滤镜”栏中的+按钮，在弹出的菜单中选择“Photoshop 动态效果”命令，在打开的对话框中选择“投影”效果，设置不透明度为 20、大小为 4、距离为 2、扩展为 0，其他参数默认，如左下图所示；然后选择“笔触”选项，设置笔触大小为 1，位置为“外部”、不透明度为 100，颜色为“#12A3FF”，如右下图所示，单击“确定”按钮。

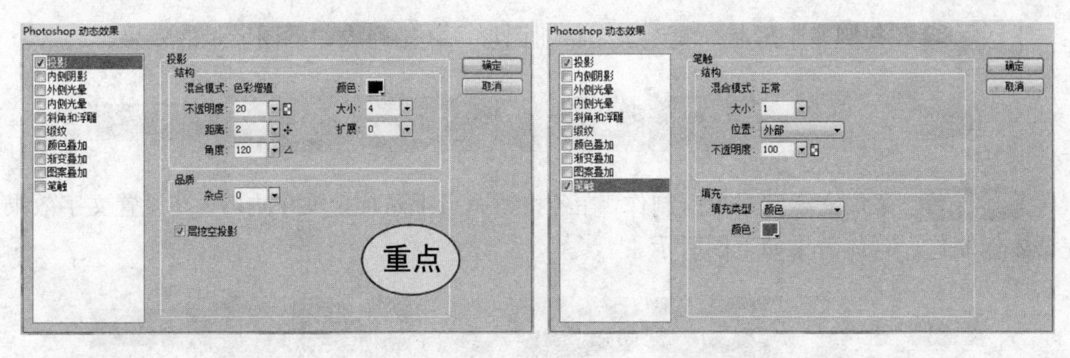

STEP 04：新建样式。单击“样式”面板中的“新建样式”按钮，在“新建样式”对话框中设置样式名称为“蓝色按钮”，并选择所有属性和效果选项，如左下图所示，单击“确定”按钮。

STEP 05：绘制导航按钮。在导航背景图形上绘制一个圆角矩形，调整矩形的大小、位置和圆角度，效果如右下图所示。

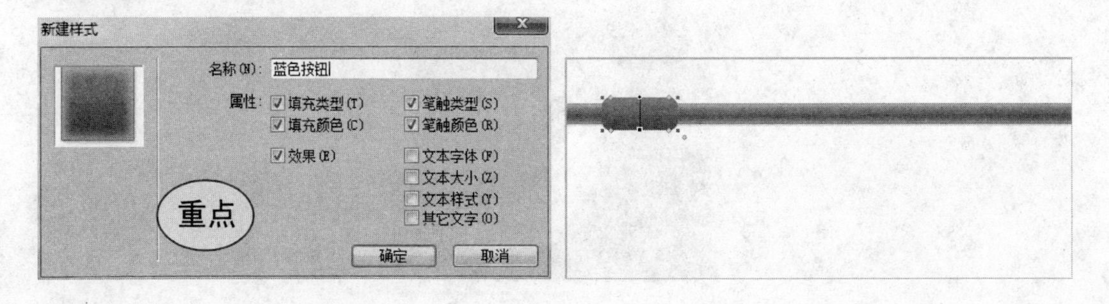

STEP 06：**应用样式并叠加滤镜**。单击“样式”面板中的“蓝色按钮”图标，为矩形应用样式；然后单击“属性”面板中“滤镜”栏中的按钮，在弹出的菜单中选择“调整颜色→色相饱和度”命令，在打开的“色相/饱和度”对话框中设置色相值为“-148”，如下图所示，并单击“确定”按钮。

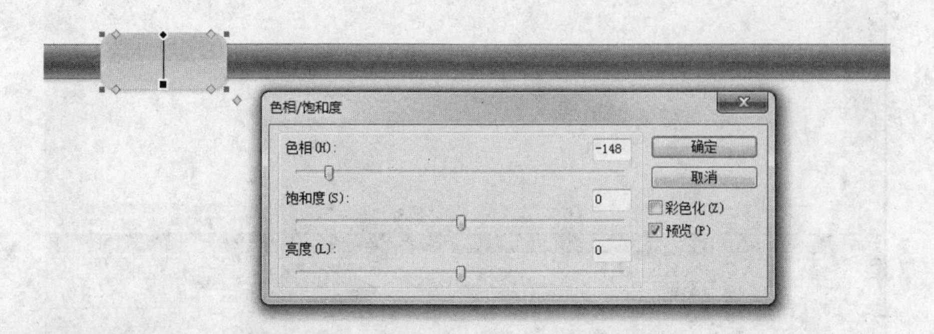

STEP 07：**复制图形并清除样式覆盖**。复制一个按钮图形，然后单击“属性”面板“样式”栏中的“删除覆盖”按钮，删除未包含于样式中的效果，即使用样式原本的效果；调整图形的位置后效果如下图所示。

STEP 08：**复制多个形状**。复制多个按钮图形，并排列成如下图所示的效果。

STEP 09：**添加文字完成导航制作**。在各按钮图形上添加上文字内容，并设置文字效果，完成本例制作，具体效果如下图所示。

实例 2：制作 UI 图标

案例效果

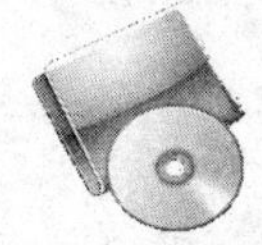

素材文件：光盘\素材文件\无
结果文件：光盘\结果文件\第 3 章\实例 2.dwg
教学文件：光盘\教学文件\第 3 章\实例 2.avi

制作分析

本例难易度：★★★★☆

关键提示：

UI 图标通常需要应用滤镜和样式为图形进行修饰。本例将为简单的形状添加上滤镜使其达到 UI 图标的外观效果。

知识要点：

- “内侧光晕”滤镜
- “内斜角”滤镜
- “Photoshop 动态效果”滤镜
- “内侧阴影”滤镜
- “投影”滤镜
- 滤镜效果的叠加应用

具体步骤

STEP 01：**绘制圆角矩形并设置属性**。新建图像文档，在图像中绘制一个圆角矩形，设置矩形宽度为 240 像素、高度为 210 像素，设置笔触颜色为“#059100”的 1 像素柔化线条，设置边缘效果为“消除锯齿”，填充颜色为“#B9FF73”到“#008C00”的线性渐变，调整渐变方向为从上至下，效果如下图所示。

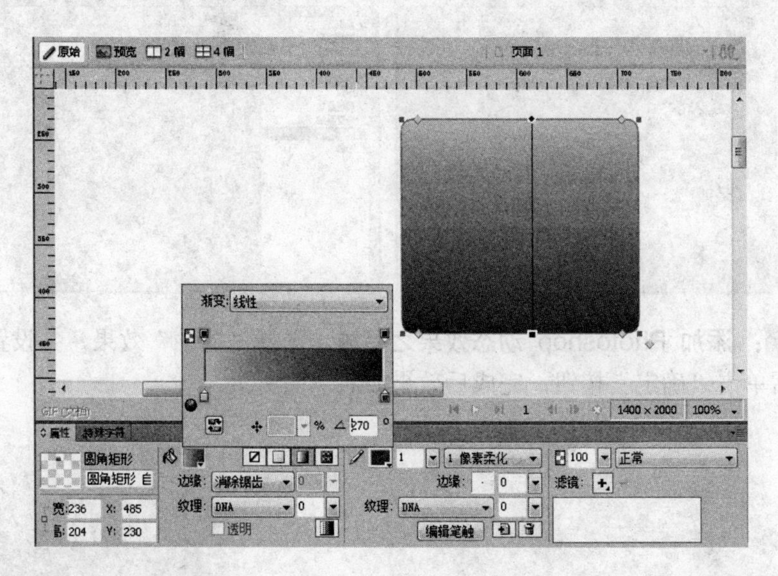

STEP 02：**添加内侧光晕滤镜**。选择圆角矩形后单击“属性”面板中“滤镜”栏中的按钮，在弹出的菜单中选择“阴影和光晕→内侧光晕”命令，设置滤镜颜色为“#FFFFBF”，其他参数为左下图所示，设置完成后图形效果如右下图所示。

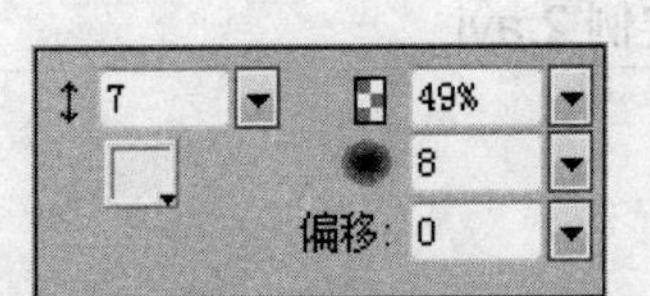

STEP 03：**添加内斜角滤镜。**单击“属性”面板中“滤镜”栏中的按钮，在弹出的菜单中选择“斜角和浮雕→内斜角”命令，设置滤镜参数如左下图所示，完成后效果如右下图所示。

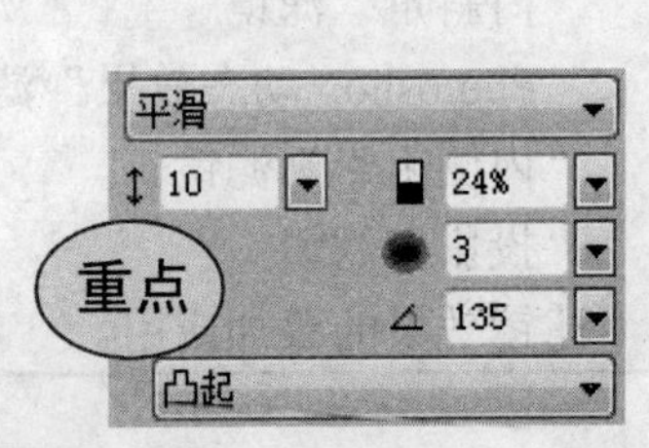

STEP 04：**添加 Photoshop 动态效果之投影。**单击“属性”面板中“滤镜”栏中的按钮，在弹出的菜单中选择“Photoshop 动态效果”命令，在打开的对话框中选择“投影”效果，并设置投影参数如左下图所示。

STEP 05：**添加 Photoshop 动态效果之图案叠加。**选择“图案叠加”效果，并设置参数如右下图所示。

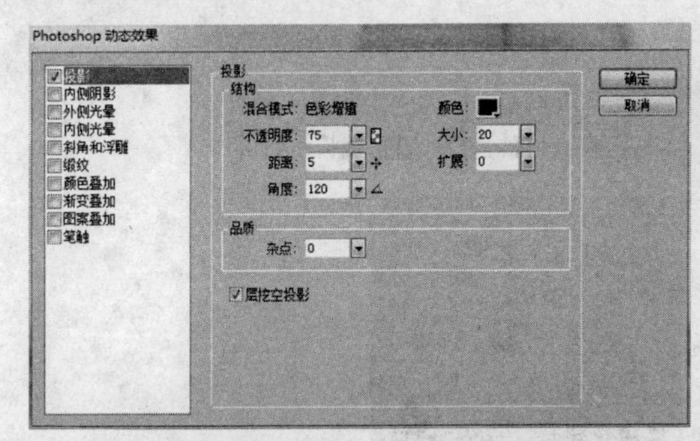

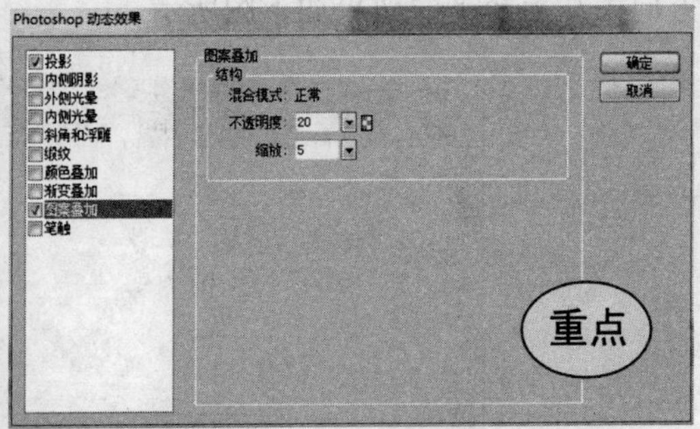

STEP 06：**添加 Photoshop 动态效果之笔触。**选择“笔触”效果，并设置参数如左下图所示，然后单击“确定”按钮，完成后效果如右下图所示。

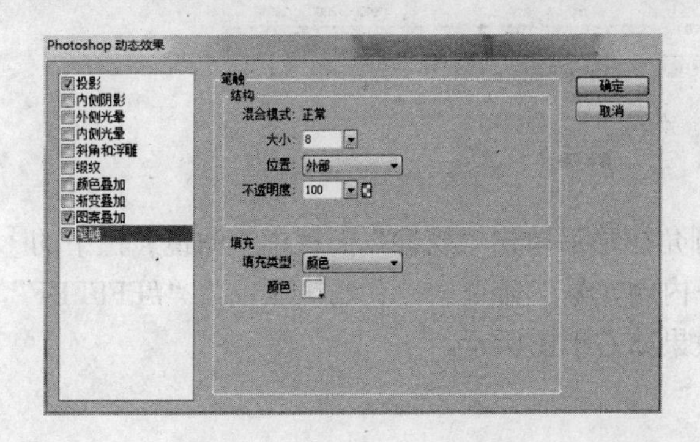

STEP 07：绘制形状。使用“铅笔”工具、“部分选定”工具或其他矢量图形工具绘制并调整出电话图标形状，并设置图形的填充颜色为灰色“#EEEEEE”，无轮廓线，如下图所示。

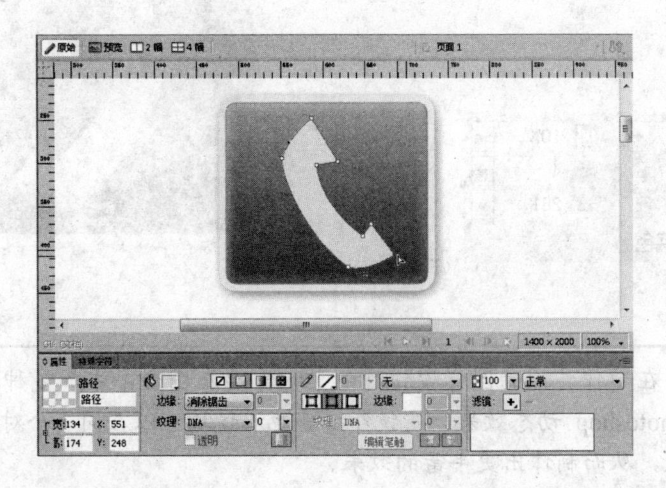

STEP 08：添加内侧阴影滤镜。单击“属性”面板中“滤镜”栏中的+按钮，在弹出的菜单中选择“阴影和光晕→内侧阴影”命令，设置滤镜参数如左下图所示，完成后效果如右下图所示。

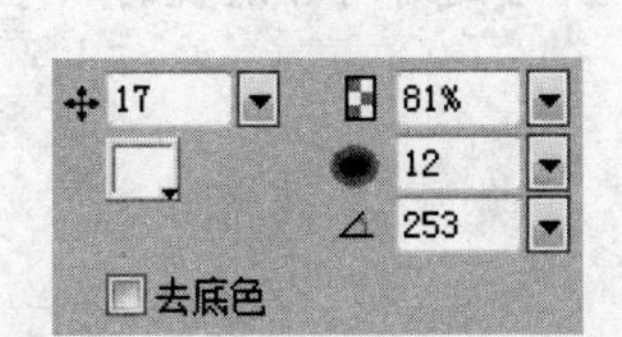

STEP 09：再添加内侧阴影滤镜。单击“属性”面板中“滤镜”栏中的+按钮，在弹出的菜单中选择“阴影和光晕→内侧阴影”命令，设置滤镜参数如左下图所示，完成后效果如右下图所示。

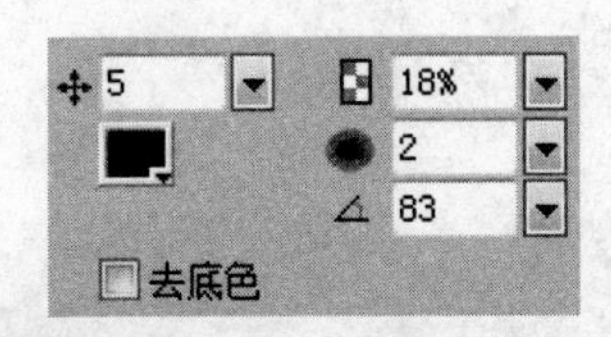

STEP 10：添加投影滤镜。单击“属性”面板中“滤镜”栏中的+按钮，在弹出的菜单中选择“阴影和光晕→投影”命令，设置滤镜参数如左下图所示，完成后效果如右下图所示，

保存文件，本例制作完成。

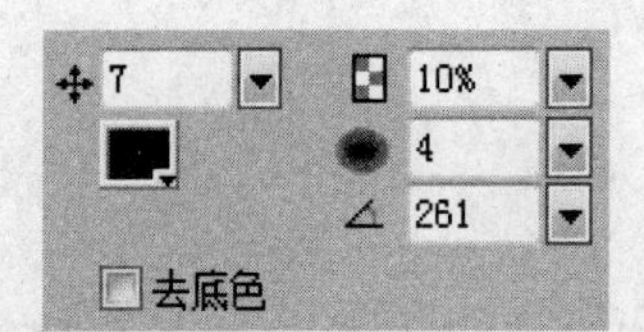

在制作类似的图标按钮时，常常需要在图形上添加多种滤镜效果，除“Photoshop 动态效果”滤镜外，其他滤镜均可以在同一个对象上重复应用多次，从而制作出更丰富的效果。

本章小结

本章主要介绍了 Fireworks 中蒙版和滤镜的使用，使图形图像处理的过程更加灵活。在图形图像处理时使用模板可以更快速和更灵活地控制图像中部分内容的显示与隐藏。应用动态滤镜也可以在同一个对象上叠加多种不同的滤镜效果，并可随时对各滤镜的顺序、参数值等进行调整，从而制作出更合适的效果。

第 14 章

制作 GIF 动画

本章导读

在网页中常常可以运用一些动画效果来引起浏览者的注意，除使用 Flash 创建出动画并嵌入到网页中外，还可以使用 Fireworks 制作出动画 GIF 图像，在网页中可以直接引用 GIF 图像文件，通常适用于简单和短小的动画效果。

知识要点

- 掌握 Fireworks 中创建动画的基本方法和原理
- 熟练掌握状态的概念及作用
- 熟练掌握状态面板的使用及状态的相关操作
- 熟练掌握状态动画的创建方法
- 掌握元件及元件动画的创建
- 掌握补间动画的创建
- 掌握 GIF 动画的导入和导出方法

案例展示

14.1　知识讲解——状态的相关操作

状态是 Fireworks 动画制作中非常重要的概念。在 GIF 动画图像中，动画是由许多张不同的图像切换而形成，每一张不相同的图像即为一个状态。使用“状态”面板可以设置每一个状态中图像的内容。

14.1.1　状态面板

“状态”面板是 Fireworks 中用于管理动画中不同画面内容的面板，一个 GIF 动画中需要有多个状态，在状态面板中可看到动画中的每一个状态，如右图所示，通过以下方法可以打开动画面板：

方法一：执行“窗口→状态”命令即可打开“状态”面板。

方法二：按【Shift+F2】组合键亦可打开“状态”面板。

在“状态”面板中单击可选择一个状态，选择后在画布中可查看到该状态中显示的图像内容，单击工作区右下方的“播放/停止”▷按钮可播放或停止动画。

14.1.2　新建/添加/重制状态

新建的图像文档默认只有一个状态，要制作 GIF 动画，则需要创建多个状态，可通过创建新状态或复制现有状态的方式来创建状态，方法如下：

方法一：单击“状态”面板中的“新建/重制状态”按钮，即可新建一个空白的状态。

方法二：在“状态”面板中将要复制的状态拖至新建/重制状态”按钮上，可复制一个状态。

方法三：单击“状态”面板右上角的按钮或在状态上单击鼠标右键，在弹出菜单中选择“添加状态”命令，在打开的“添加状态”对话框中设置要新建的状态数量，并选择新状态插入的位置，如左下图所示，然后单击“确定”按钮即可创建出多个空白状态。

方法四：单击“状态”面板右上角的按钮，在弹出菜单中选择“重制状态”命令，如左下图所示；在打开的“重制状态”对话框中设置要重制的状态数量，并选择重制的状态插入的位置，如右下图所示，然后单击“确定”按钮可重制出多个状态。

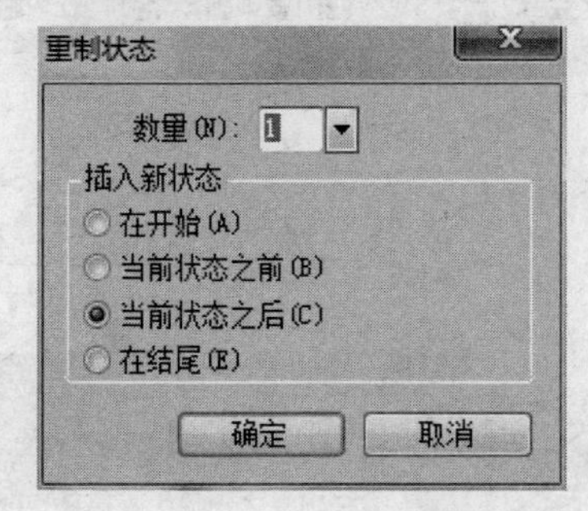

在多个状态中创建不同的画面内容即可形成动画。

14.1.3　选择多个状态

在编辑动画时，如果需要同时对多个状态进行操作，可以同时选择多个状态。如果要选择多个连续的状态，可以在“状态”面板中选择 1 个状态后，按住【Shift】键选择结束的状态即可；如果要选择多个不连续的状态，可选择 1 个状态后，按住【Ctrl】键选择其他状态。

14.1.4　调整状态顺序

在 GIF 动画中，画面从第 1 个状态逐个向下切换，所以状态的顺序代表了动画中画面显示的顺序，如果要改变动画中各状态的顺序，可以在“状态”面板中拖动状态，将状态移动到要放置的位置即可。

14.1.5　删除

选择要删除的一个或多个状态后，可以使用以下方式进行删除：

方法一：单击“状态”面板中的“删除”按钮。

方法二：将所选状态拖动到“删除”按钮上。

方法三：在所选状态上单击鼠标右键，在弹出菜单中选择“删除状态”命令。

方法四：单击“状态”面板右上角的按钮，在弹出菜单中选择“删除状态”命令。

14.1.6　分散到状态

在制作动画时，为快速创建动画中的各状态，可以先不新建状态，而是将所有状态的内容放置到不同的图层中，然后使用“分散到状态”命令将所有图层内容依次放置到不同的状态中，具体方法如下：

STEP 01：**创建多个图层**。在文档中创建多个图层内容，如左下图所示。

STEP 02：**执行分散到图层命令**。在“状态”面板中状态上单击鼠标右键，可单击“状态”面板右上角的按钮，在菜单中选择“分散到状态”命令，即可将各图层中的内容放置到多个新状态中，如右下图所示。

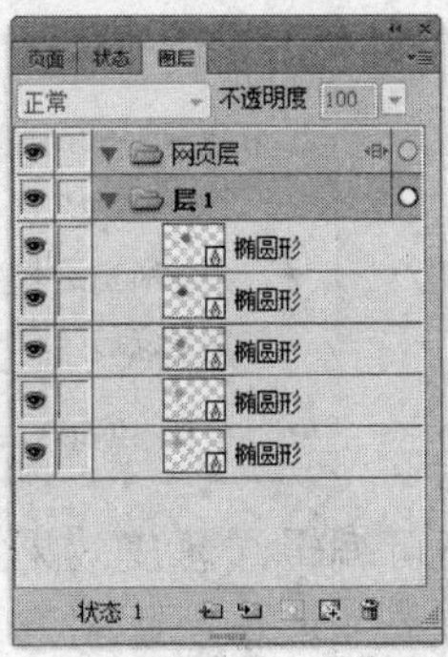

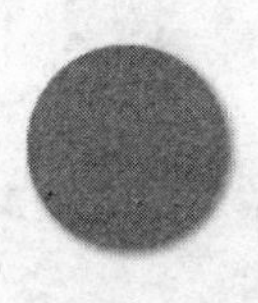

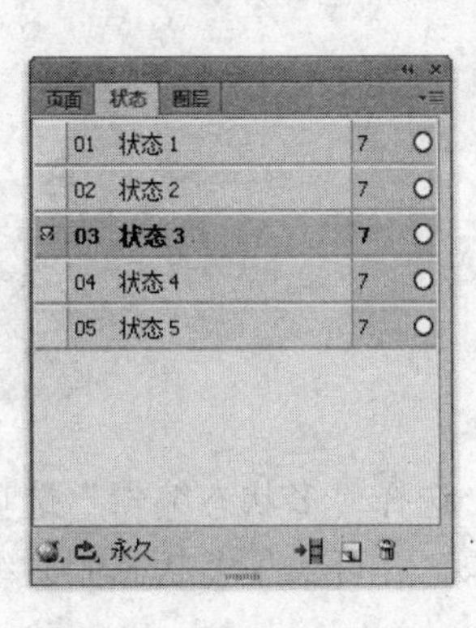

专家提示

使用“分散到状态”命令会将所有图层中的对象按从下到上的顺序添加为新的状态，如果要将多个图层内容放置到一个状态时，可将这些图形组合或合并为一个图层，然后再执行“分散到状态”命令。

14.1.7　设置状态名称和延迟

在“状态”面板中各状态的名称可以根据需要自行命名，双击状态名称后输入状态名称即可，如左下图所示。

默认情况下各状态在动画过程中的显示时间为 0.07 秒，要修改状态的显示延迟，可以双击状态名称右侧的数字，或在状态上单击鼠标右键，选择“属性”命令，然后在打开的浮动窗口中设置具体的延迟时间即可，如右下图所示。

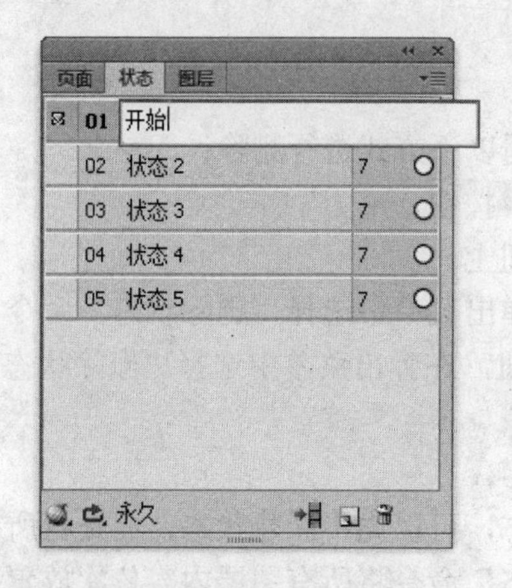

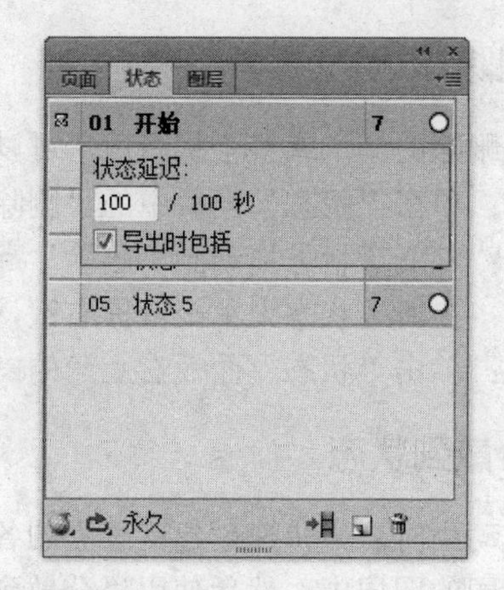

14.1.8　使用洋葱皮显示多个状态

在编辑动画时，常常需要查看当前状态前后的效果，此时可应用洋葱皮工具，启用洋葱皮效果后，在不同的状态中可同时查看甚至编辑前后状态中的内容，如左下图所示。

单击“状态”面板中的“洋葱皮”按钮，然后在菜单中选择洋葱皮效果显示的状态范围，如右下图所示。

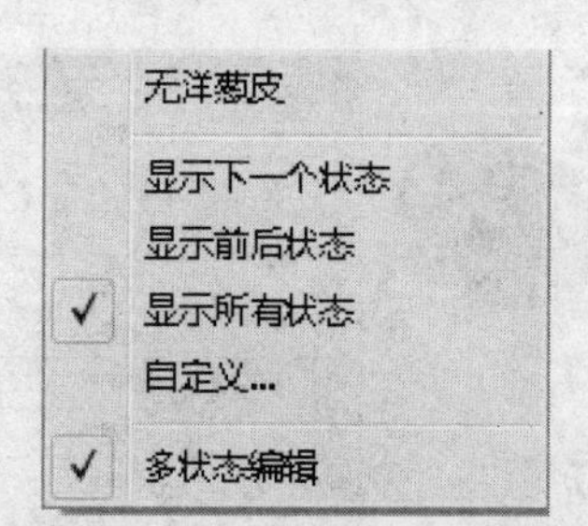

选择“多状态编辑”选项后，则在当前状态下可编辑洋葱皮效果显示出的其他状态中的对象，并可实现多状态同时编辑。

14.2　知识讲解——使用共享层、元件和补间动画

在 Fireworks CS6 中提供了一些加速动画制作的功能和命令，合理地利用这些功能可以使 GIF 动画制作过程更加简便。

14.2.1 在动画中使用共享层

在动画中如果有些对象一直保持静止，不发生变化，即这些对象需要同时出现在所有状态中，此时可以使用共享层。在 Fireworks 中共享层中的对象将始终显示于动画中每一个状态。对共享层中的对象进行修改或调整后，所有状态中相应的图层也会发生相同的变化。

要创建共享层，可以在要共享的图层上单击鼠标右键，然后在快捷菜单中选择“在状态中共享层”命令，如左下图所示；如果当前文档中已存在多个状态时，将弹出如右下图所示的对话框，单击“确定”按钮即可将所选层共享到所有状态中。

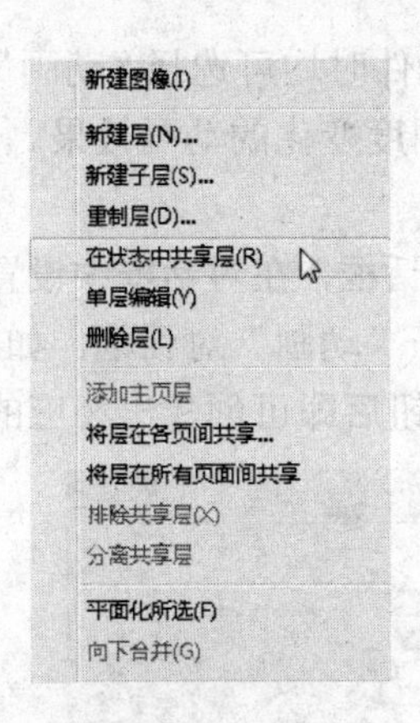

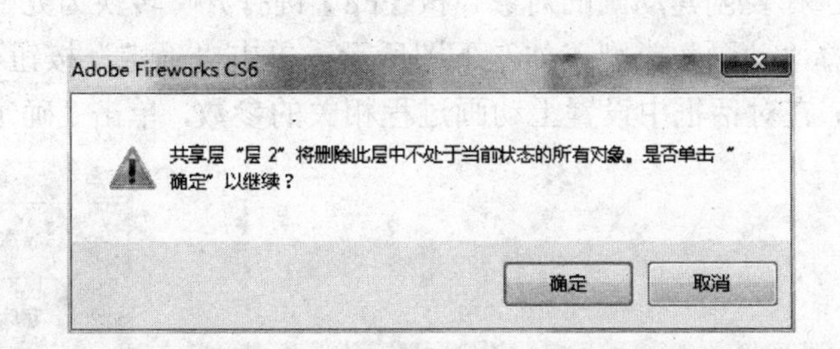

14.2.2 创建图形元件

在 Fireworks 中可以将需要多次重复使用的对象转换成元件，便于多次重复应用，文档中所有的元件均可直接从“库”面板中引用。

其中，图形元件通常用于存储静态的图形对象。选择要转换成元件的对象后按【F8】键或执行“修改→元件→转换为元件”命令，弹出如左下图所示的对话框，在对话框中设置元件的名称，并选择“图形”类型，单击“确定”按钮即可将所选对象转换为图形元件。创建为元件后在“文档库”面板中可查看到创建出的元件，如右下图所示。

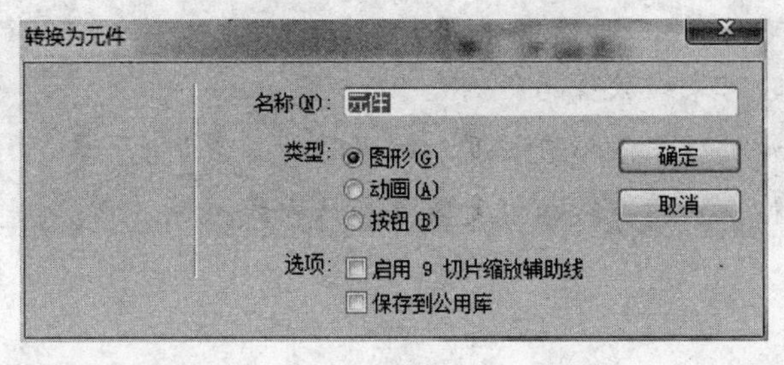

按【F11】键即可打开“文档库”面板，如果需要在图像中使用该元件时，将元件从文档库”面板中拖至画布，如果需要修改元件中的内容，可双击“文档库”中的元件，进入元件的编辑状态，对元件内容进行修改，完成后回到页面即可。当对元件内容进行修改后，文档中所有应用了该元件地方均会发生相同的变化。

专家提示 按【Ctrl+F8】键可打开“新建元件”对话框，在对话框中设置新元件的名称及类型后单击“确定”按钮即可新建一个元件，同时自动进入元件编辑状态。

14.2.3 创建动画元件

动画元件是元件的一种类型，在将对象转换为元件或新建元件时均可选择“动画”类型。使用动画元件可以快速创建出对象动画、旋转、大小变化及透明度变化的动画效果。具体操作如下：

选择要创建动画的对象，按【F8】键打开“转换为元件”对话框，在对话框中设置名称，并选择“动画”类型，如左下图所示；单击“确定”按钮，打开“动画”对话框，如右下图所示，在对话框中设置上动画过程相关的参数，单击“确定”按钮后即可创建出相应的动画。

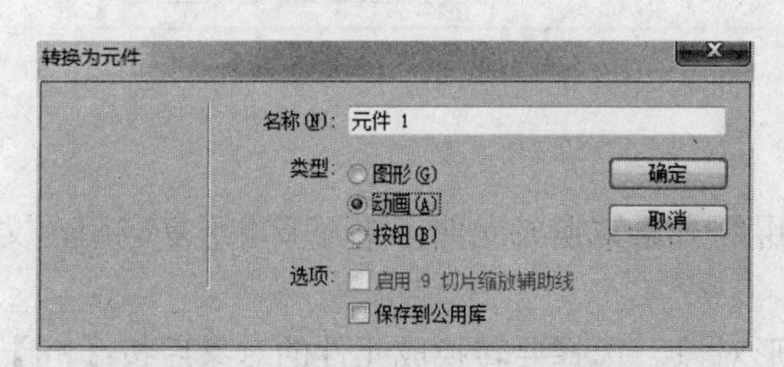

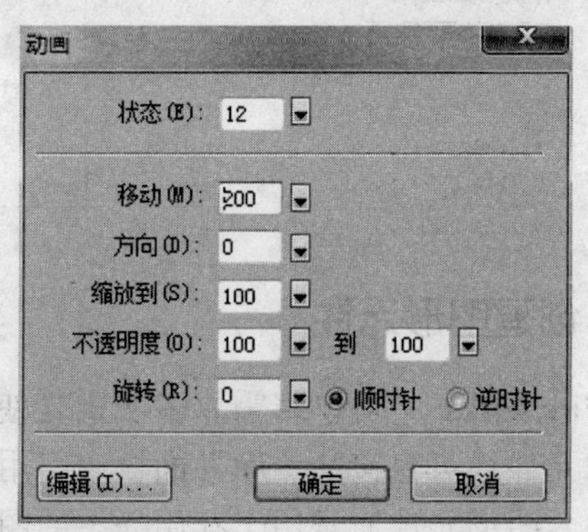

在“动画”对话框中各参数的作用如下：

- 状态：设置创建出的动画所需要的状态数量。
- 移动：设置动画过程中从开始到结束对象移动的距离。
- 方向：指定移动动画运动的方向。
- 缩放到：设置动画过程结束时对象缩放至的比例大小。
- 不透明度：分别设置动画开始时对象的不透明度和结束时的不透明度。
- 旋转：设置整个动画过程中对象总共旋转的角度数及旋转方式。

14.2.4 创建补间动画

补间用于在同一个元件的多个实例中创建中间实例，创建动画过程或多个图层。创建补间动画的步骤如下：

STEP 01：创建多个实例。使用同一元件在画布创建多个实例，然后同时选择这多个实例，如下图所示。

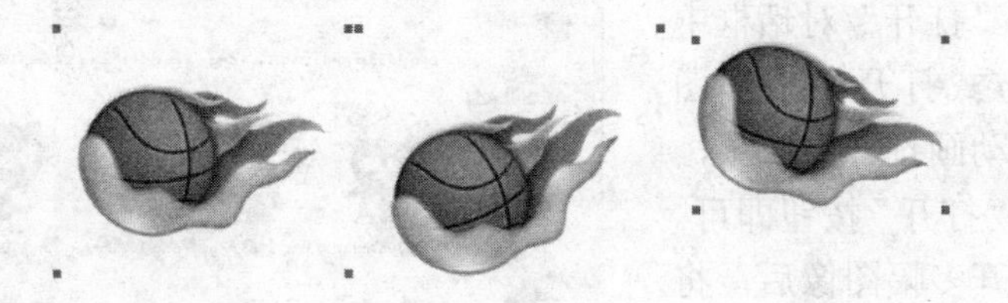

新手注意　在应用补间实例前需要使用同一元件在舞台上放置多个实例，实例放置的顺序应该与动画顺序相同，仅需表现出动画中关键的属性变化过程。

STEP 02：**执行补间实例命令**。执行“修改→元件→补间实例”命令，在打开的“补间实例”对话框中设置步骤数为 5，并选择“分散到状态”选项，如左下图所示；单击“确定”按钮即可创建出相应的动画；如右下图所示为“洋葱皮”状态下显示的各状态的效果。

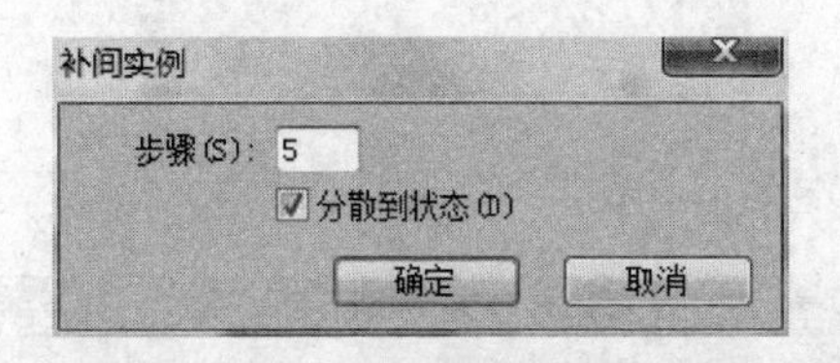

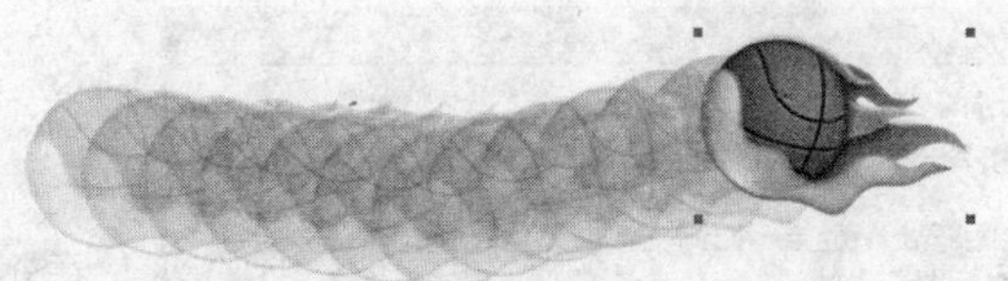

14.3　知识讲解——导入及导出动画

在 Fireworks 中可以导入现有的 GIF 动画图像进行简单的修改和调整。而在 Fireworks 中制作出动画后，也必须要导出为 GIF 动画格式能应用于互联网，并显示出相应的动画。

14.3.1　导入 GIF 动画

执行“文件→打开”命令，在“打开”对话框中选择要打开的 GIF 动画文件后可直接打开该 GIF 文件，在 GIF 动画中存在多个状态，每一个状态为一个独立的位图图像。

如果要将一个 GIF 动画导入到别一个文档中时，执行“文件→导入”命令，选择导入的文件后在画布中单击或拖动即可导入。

新手注意　如果直接将 GIF 动画拖入到画布，只能导入 GIF 动画中的每一个状态中的图像。

14.3.2　以动画方式打开一组图像

如果需要使用一组现有的图像来创建动画，此时可以使用“以动画打开”方式来打开这一组图像。具体方法为：执行“文件→打开”命令，在“打开”对话框中选择要作为动画方式打开的多幅图像，然后选择“以动画打开”选项，如右图所示，单击“打开”按钮即可。

以动画方式打开多幅图像后，将新建一个 Fireworks 文档，导入的每一幅图像将分别存在于不同的状态中，即形成一个动画。

14.3.3 导出动画

在 Fireworks 中编辑制作完成动画后，需要将动画导出为 GIF 图像。具体操作如下：

STEP 01：**执行导出向导命令**。执行“文件→导出向导”命令，打开“导出向导”对话框，如左下图所示，单击“继续”按钮。

STEP 02：**选择状态导出方式**。在弹出的对话框中选择“GIF 动画”选项，设置将文档中的状态导出到 GIF 动画中，如右下图所示，单击“继续”按钮。

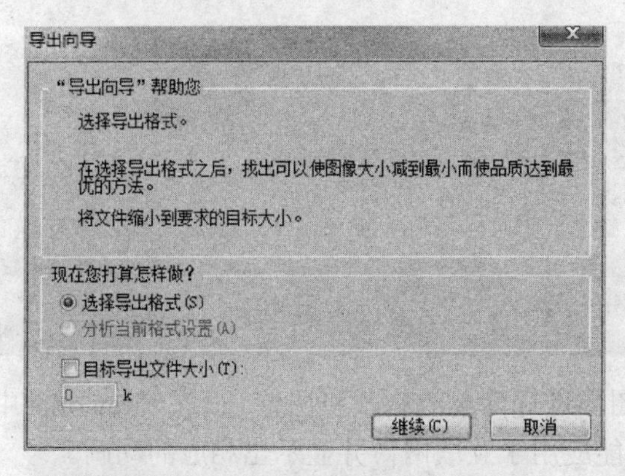

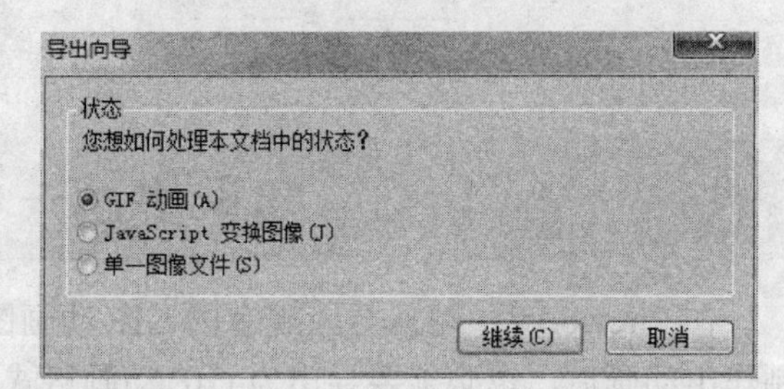

STEP 03：**设置导出图像相关参数**。在打开的“图像预览”对话框中设置导出图像相关参数，如右图所示，在“选项”选项卡中可设置导出图像的类型、调色板和失真度等参数，在“文件”选项卡中可设置图像文件的缩放比例或具体尺寸大小，在“动画”选项卡中可设置各状态的显示时间和整体动画的循环方式。

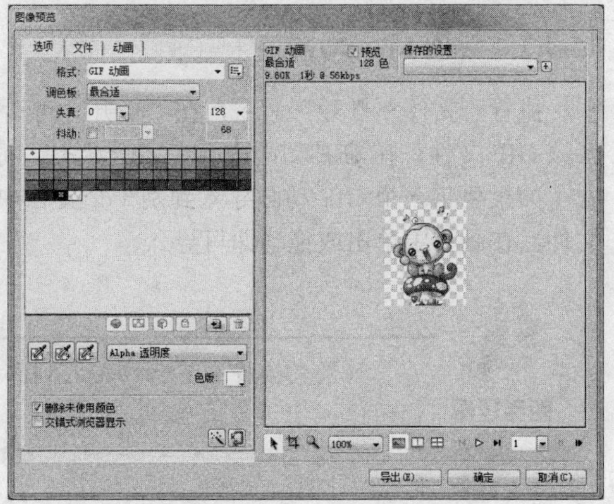

STEP 04：**导出文件**。单击“导出”按钮，选择文件存储的位置并设置上文件名称，单击“确定”按钮即可导出 GIF 动画文件。

14.4 同步训练——实战应用

实例 1：制作动态按钮图标

案例效果

在线咨询 在线咨询

在线咨询

	素材文件：光盘\素材文件\无
	结果文件：光盘\结果文件\第 14 章\实例 1.fw.png
	教学文件：光盘\教学文件\第 14 章\实例 1.avi

制作分析

本例难易度：★★★☆☆

关键提示：

绘制按钮图形，新建多个状态，设置每个状态中不同的按钮效果，将图像导出为 GIF 动画，可用于网页中作为具有动画效果的动态按钮。

知识要点：

- 使用状态面板
- 重制状态
- 设置状态属性
- 导出 GIF 动画

具体步骤

STEP 01：**绘制按钮形状**。新建图像文档，在文档中绘制一个圆角矩形，并设置矩形的外观效果如左下图所示。

STEP 02：**添加按钮文字**。在图形上添加按钮文字，并设置文字颜色为白色，设置文字字体样式及效果如右下图所示。

在线咨询

STEP 03：**重制状态**。在“状态”面板中单击鼠标右键，选择“重制状态”命令，在打开的“重制状态”对话框中设置“数量”为 6，选择“当前状态之后”选项，如左下图所示，然后单击“确定”按钮，复制出 6 个状态。

STEP 04：**修改状态 2**。在“状态”面板中选择“状态 2”，在画布中修改按钮中文本的颜色为“#8C0000”，如右下图所示。

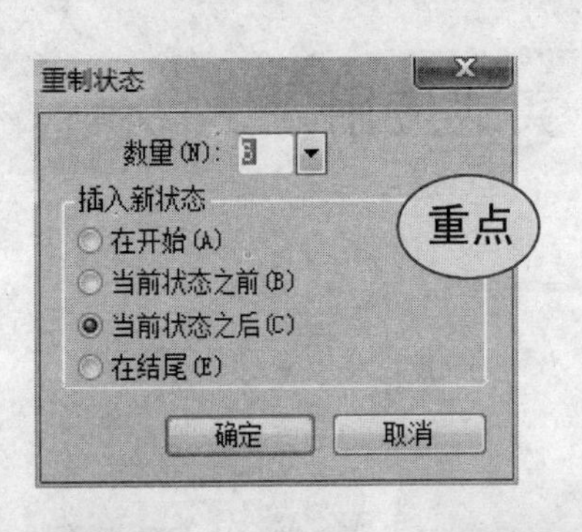

STEP 05：修改状态 3。在“状态”面板中选择“状态 3”，在画布中删除按钮中的文字对象，如左下图所示。

STEP 06：修改状态 5。选择“状态”面板中的“状态 5”，在画面中选择圆角矩形，添加动态滤镜“色相/饱和度”，设置矩形色彩变化，调整后的效果如右下图所示。

STEP 07：修改状态 6。选择“状态”面板中的“状态 6”，在画面中选择圆角矩形，添加动态滤镜“色相/饱和度”，设置矩形色彩变化，效果如左下图所示。

STEP 08：修改状态 5。选择“状态”面板中的“状态 7”，在画面中选择圆角矩形，添加动态滤镜“色相/饱和度”，设置矩形色彩变化，效果如右下图所示。

STEP 09：设置状态属性。在“状态 1”上单击鼠标右键，选择“属性”命令，设置“状态延迟”为 100，并用相同的方式设置“状态 4”、“状态 5”和“状态 6”的“状态延迟”为 100，如左下图所示。

STEP 10：导出 GIF 动画。执行“文件→导出向导”命令，在打开的对话框中选择“选择导出格式”选项，并单击“继续”按钮，在新打开的对话框中选择“GIF”动画，再单击“继续”按钮，在打开的“图像预览”对话框中设置“最大颜色数目”为 256，如右下图所示，单击“导出”按钮导出 GIF 图像，完成本例制作。

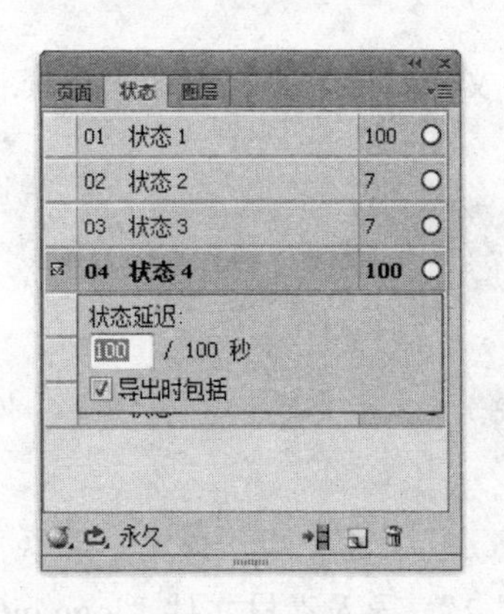

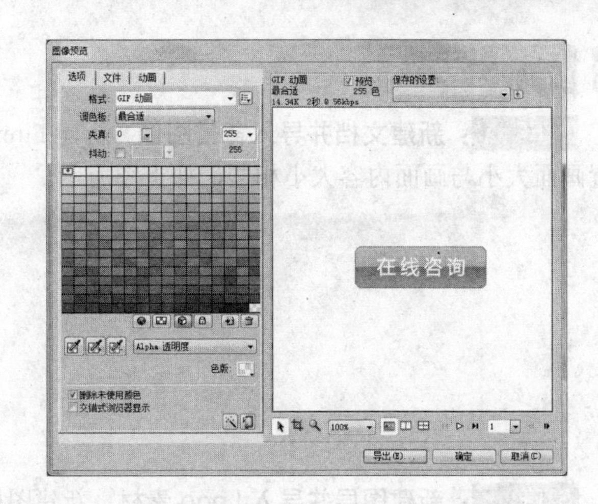

实例 2：制作 GIF 动画广告

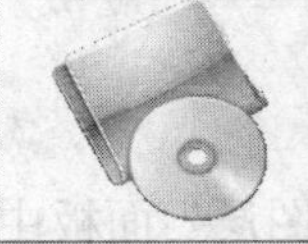	素材文件：光盘\素材文件\第 14 章\实例 2\
	结果文件：光盘\结果文件\第 14 章\实例 2.fw.png
	教学文件：光盘\教学文件\第 14 章\实例 2.avi

制作分析

本例难易度：★★★★☆

关键提示：

新建图像文档，导入背景素材并将背景图层设置为共享层；新建图层并导入 Logo 素材，应用补间制作 Logo 动画；在动画结束状态中新建图层，添加电话号码文字，再应用补间创建动画；设置结束状态的延迟时间，导出 GIF 动画。

知识要点：

- 应用“共享层”
- 转换为元件
- 使用“补间实例”命令
- 创建多段连续的动画
- 设置帧属性

具体步骤

STEP 01：**新建文档并导入背景图像**。新建 Fireworks 文档，导入素材图像“背景.jpg”，设置画面大小与画面内容大小相同，如下图所示。

STEP 02：**新建图层并导入 Logo 素材**。新建图层“层 2”，导入素材文件“logo.gif”到“层 2”中，并添加动态滤镜“发光”，设置滤镜颜色为白色、宽度为 2、柔化为 4，如左下图所示。

STEP 03：**转换为元件**。选择 Logo 图像后按【F8】键将对象转换为元件，在打开的“转换为元件”对话框中设置元件名称为“Logo”，选择“图形”类型，然后单击“确定”按钮，如右下图所示。

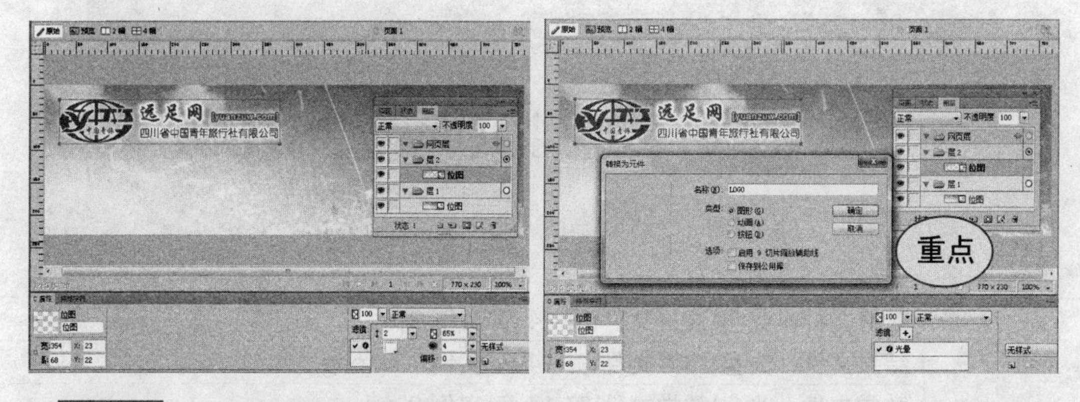

STEP 04：**复制图层并设置不透明度**。复制一个“Logo”元件图层，在“图层”面板中选择下方的“Logo”元件图层，设置不透明度为 0，如下图所示。

STEP 05：**创建补间实例**。同时选择两个“Logo”元件图层，在对象上单击鼠标右键，选择“元件→补间实例”命令，在打开的“补间实例”对话框中设置步骤数为 12，并选择“分散到状态”选项，如下图所示，单击“确定”按钮即可创建出 Logo 图像从透明到显示的动画。

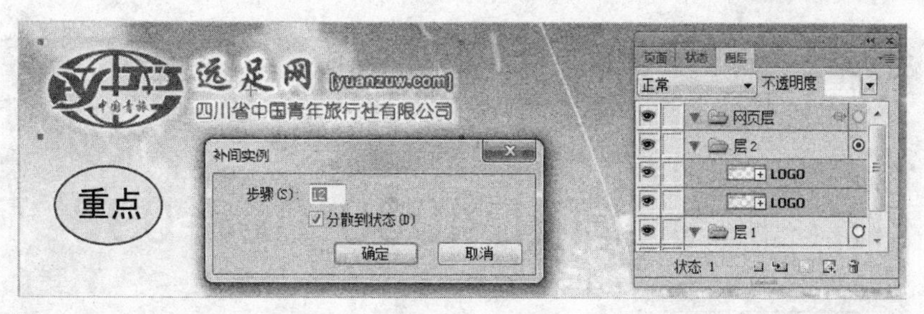

STEP 06：**共享层 1**。在“图层”面板中“层 1”上单击鼠标右键，选择“在状态中共享层”命令，在弹出的对话框中单击“确定”按钮，共享“层 1”，如下图所示。

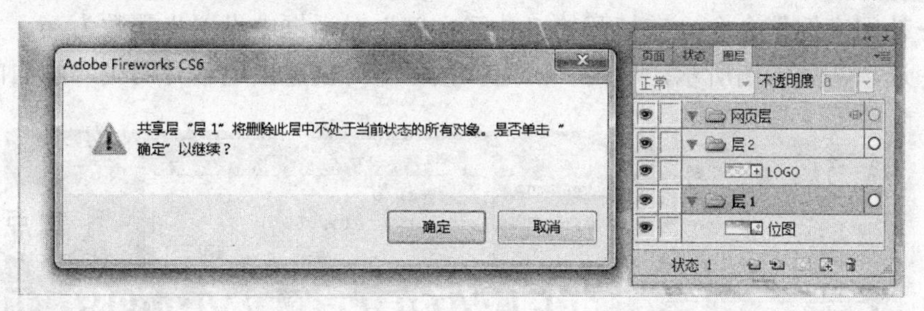

STEP 07：**重制结束状态**。在“状态”面板中选择最后一个状态“状态 14”，如左下图所示，单击鼠标右键，选择“重制状态”命令，在打开的对话框中设置重制数量为 1，选择“当前状态之后”选项，如右下图所示，然后单击“确定”按钮。

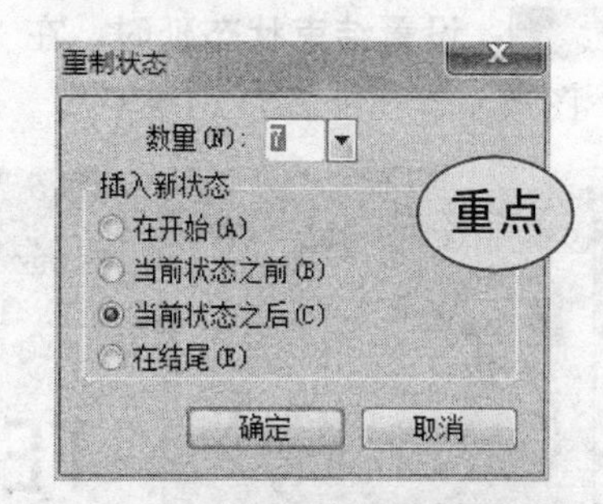

STEP 08：**创建电话号码元件**。选择“状态 14”，在“层 2”中添加电话号码文本内容，并将文本对象转换为图形元件“tel”，如下图所示。

STEP 09：**复制并调整对象**。在“层 2”中添加电话号码文本内容，并将文本对象转换为图形元件“tel”，如下图所示复制一个“tel”元件实例，将下一层中的元件实例移到右侧画布区域以外。

STEP 10：创建补间实例。同时选择两个“tel”元件实例，在对象上单击鼠标右键，执行“元件→补间实例”命令，在打开的“补间实例”对话框中设置步骤数为 6，并选择“分散到状态”选项，如下图所示，单击“确定”按钮即可创建出电话号码飞入画面的动画。

STEP 11：设置结束状态延时。在“状态”面板中选择最后一个状态，设置状态延迟为 500，如下图所示。

STEP 12：导出 GIF 动画图像。执行“文件→导出向导”命令，设置导出图像类型为“GIF 动画”，设置图像质量后导出文件，完成本例制作。

本章小结

本章内容主要对 Fireworks CS6 中创建动画的功能进行了讲解，应用“状态”面板可以管理动画中每一个画面，通过对不同状态中画面的内容进行调整和修改，即可制作出动画。在 Fireworks CS6 中还可以使用元件和补间实例等功能，使动画创建的过程更加简单快捷。

第 15 章 制作交互原型

本章导读

利用 Fireworks 可以制作网页或软件的交互原型，模拟网页或软件中的交互效果，如按钮、菜单、选项卡等交互元素的动态效果，甚至可直接将某些导出的交互效果应用于网页中，加快网页的开发速度。

知识要点

- ◆ 掌握切片工具的使用
- ◆ 掌握图像热点的使用
- ◆ 常用交互效果添加方法
- ◆ 按钮元件的创建方法
- ◆ 按钮状态的修改
- ◆ 交互效果的导出

案例展示

15.1 知识讲解——使用切片和热点

在 Fireworks 中切片和热点均可用于添加交互效果。其中“切片”主要应用于图像区域的导出及交互效果设置，导出图像文件后，切片区域将以独立的文件方式进行存储；而热点则仅应用于交互效果的设置，与 Dreamweaver 中图片上应用热点的方式相同，不会对原图像进行分割。

15.1.1 绘制切片

在网页或软件中应用图像时，常常需要的是所设计的效果图中的部分图像，如一个按钮、一个区域背景、一个图标等，此时，可应用“切片”工具在效果图中绘制出需要使用的图像区域，然后导出这些图像。 在 Fireworks 中可绘制矩形切片区域和多边形切片区域，绘制方法如下。

1. 绘制矩形切片

单击选择“工具箱”中“WEB”栏中的“切片”工具，然后在画面中拖动绘制一个矩形区域即可。

2. 绘制多边形切片

在“切片”工具上按住鼠标左键不放，在工具组菜单中选择“多边形切片”工具，然后在画面中通过单击确定多边形的顶点，绘制出多边形切片。

绘制切片后可使用“指针”工具选择切片，其编辑和调整方式与其他图形编辑和调整的方式相同。选择切片后在“属性”面板中可设置切片相关的属性，如下图所示。

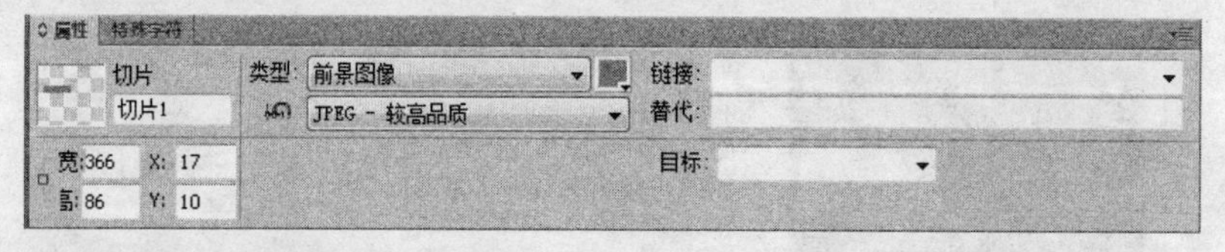

其中各参数的作用如下：

- 切片：用于设置该切片区域的名称，并且作为切片导出为独立图像的文件名称。
- 类型：用于设置导出 HTML 页面时图像在 HTML 中的呈现方式。
- ：“导出切片设置”，用于设置切片图像导出后的文件格式和优化方式。
- 链接：设置导出的网页中切片区域点击后的链接地址。
- 替代：设置导出的网页中鼠标指向该切片时显示的提示信息和该部分图像无法显示时的文字信息。
- 目标：设置切片区域上打开链接时的目标窗口，与 HTML 中超链接的“target”属性相同。

15.1.2 绘制图像热点

与 Dreamweaver 中的图像热点相同，在图像上绘制出可以响应用户操作的区域，导出图像可生成与 HTML 中热点相同的 HTML 代码。在 Fireworks 中绘制图像热点的方法如下。

1．绘制矩形热点

单击选择“工具箱”中“WEB”栏中的“矩形热点”工具，然后在画面中拖动绘制一个矩形区域即可。

2．绘制圆形热点

在“矩形热点”工具上按住鼠标左键不放，在工具组菜单中选择“圆形热点”工具，然后在画面中拖动绘制一个椭圆形区域即可。

3．多边形热点

在“矩形热点”工具上按住鼠标左键不放，在工具组菜单中选择“多边形热点”工具，然后在画面中通过单击确定多边形的顶点，绘制出多边形热点即可。

绘制热点后，在“属性”面板中可设置热点相关的属性，如下图所示。

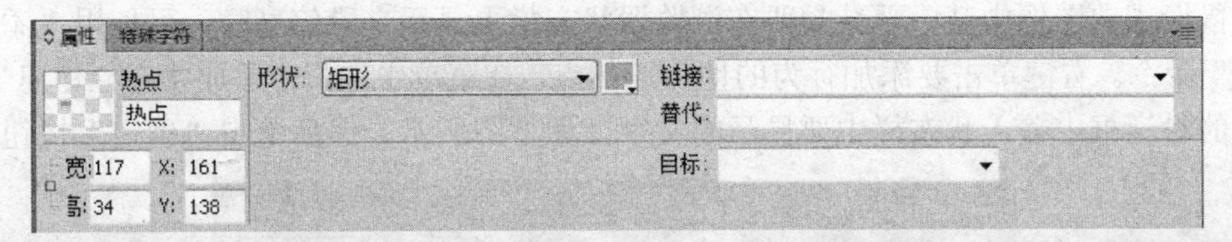

- 热点：用于设置该热点区域的名称。
- 链接：设置导出的网页中热点区域点击后的链接地址。
- 替代：设置导出的网页中鼠标指向该热点区域时显示的提示信息和该部分图像无法显示时的文字信息。
- 目标：设置热点区域上链接打开时的目标窗口，与 HTML 中超链接的“target”属性相同。

15.1.3 添加简单变换图像行为

如果需要鼠标指向图像后图像发生变化，可以使用“简单变换图像行为”。在切片区域上添加该行为后，当鼠标指向该切片区域时，切片区域的内容将变换为下一个状态中相应的图像内容。

在要添加该行为的切片区域上单击鼠标右键，选择“添加简单变换图像行为”命令，即可为切片区域添加上简单变换图像行为。

新手注意

在为图像创建交互效果时，通常都需要创建多个状态，并且在多个状态中图像效果不相同。“简单变换图像行为”只能应用于切片区域，不能用于热点区域。

15.1.4 添加交换图像行为

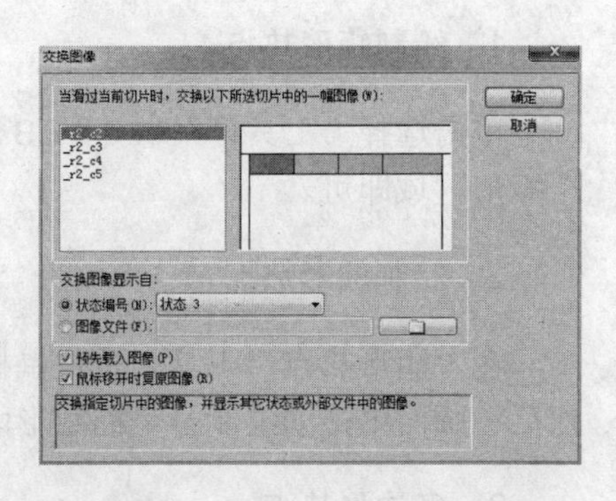

与“简单变换图像行为”相似，在切片区域或热点区域上均可添加“交换图像行为”，当鼠标指向该区域时，该区域或其他切片区域内的图像可切换为其他状态中相应区域的图像内容。

在要添加该行为的切片或热点区域上单击鼠标右键，选择“添加交换图像行为”命令，打开如右图所示的对话框，在左侧列表中选择要应用交换图像的切片名称或在右侧图例中选择要应用交换图像的切片位置，然后在下方的“交换图像显示自”选项中选择鼠标指向后该区域图像的来源，可来自于当前文档中不同的状态，也可选择来自于其他的图像文件。设置完成后单击“确定”按钮即可。

15.1.5 添加状态栏信息

当鼠标指向图像中某一区域需要在浏览器状态栏上显示一段信息时，可使用“添加状态栏信息”命令。右键单击要添加行为的切片或热点，在菜单中选择“添加状态栏信息”命令，在打开的对话框中输入状态栏中要显示的文字，如下图所示，然后单击“确定”按钮即可。

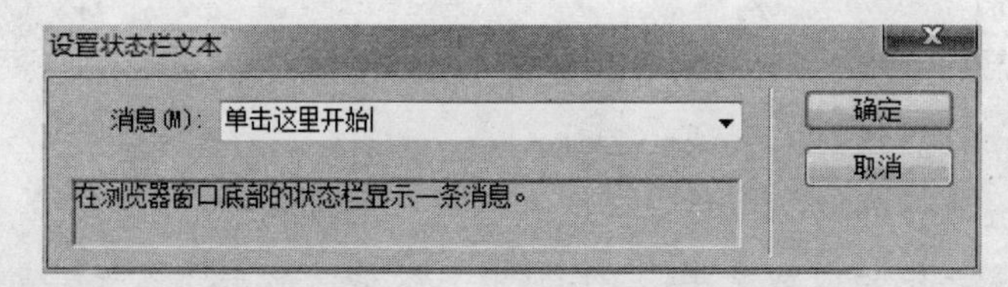

15.1.6 添加导航栏

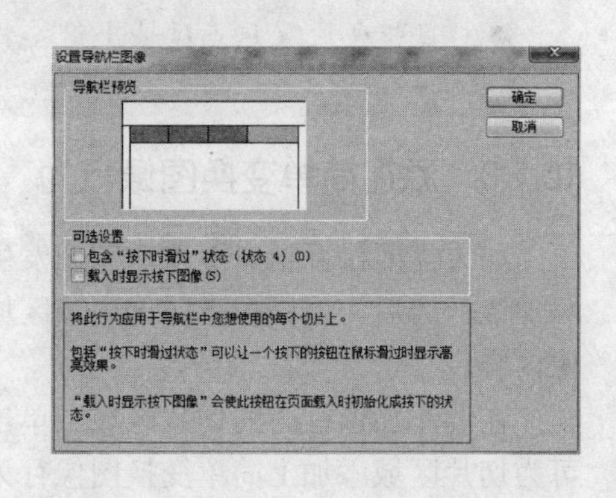

如果需要使图像中切片区域在鼠标滑过、单击以及鼠标按下时滑过时显示不同的图像，可以使用“添加导航栏”命令。在要添加该行为的切片上单击鼠标右键，在菜单中选择“添加导航栏”命令，打开如右图所示的对话框。如果需要添加鼠标按下时滑过的效果，可在对话框中选择“包含按下时滑过状态”选项。设置完成后单击“确定”按钮即可。

15.1.7 添加弹出菜单

在 Fireworks 中可以为切片或热点区域添加弹出菜单，使用“弹出菜单编辑器”可以比较方便地制作出网页中的弹出菜单效果。具体步骤如下。

STEP 01：**执行添加弹出菜单命令**。在要添加弹出菜单的切片或热点区域上单击鼠标右键，选择“添加弹出菜单”命令。

STEP 02：**添加菜单内容**。在打开的“弹出菜单编辑器”对话框中添加菜单中的文字内容、链接地址及链接打开的目标窗口，如左下图所示。

STEP 03：**设置菜单外观**。单击“外观”选项卡，设置菜单中单元格采用的背景、文字等外观效果等，如右下图所示。

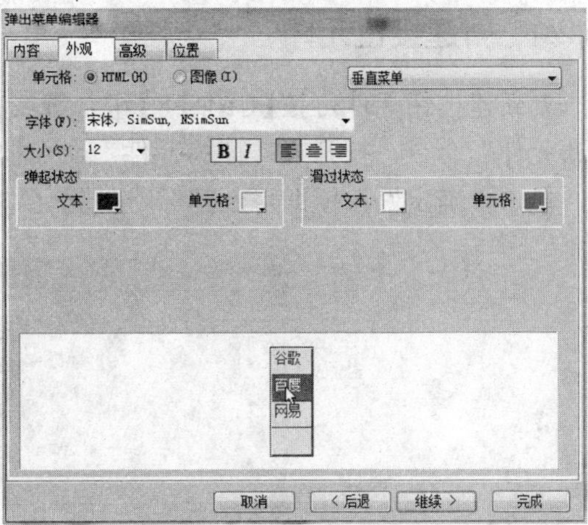

STEP 04：**设置菜单位置**。单击“位置”选项卡，设置菜单显示的位置，如下图所示。

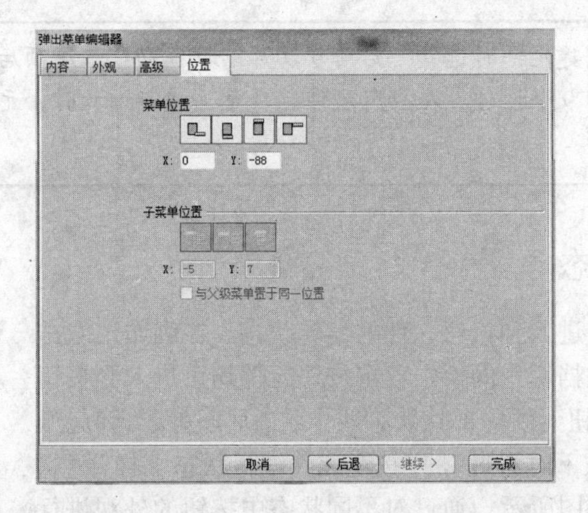

新手注意

对话框中菜单位置中的图标表示菜单相对于当前所选切片的位置，4 个图标分别代表菜单位置位于当前所选切片的左上方、上方、下方及左下方。通过图标下方的“X”和“Y”属性可以设置菜单显示的具体座标值。

15.1.8 删除行为

要删除切片或热点上添加的行为，可以在切片或热点上单击鼠标右键，选择菜单中的“删除所有行为”。

15.2 知识讲解——创建按钮元件

在 Fireworks 中元件可用于多次重复应用，使用按钮元件还可以为按钮添加鼠标滑过和鼠标按下时的交互效果。

15.2.1 新建按钮元件

要新建按钮元件可按【Ctrl+F8】组合键或在画布空白处单击鼠标右键，选择菜单中的“插入新元件”命令，打开“转换为元件”命令框；在对话框中设置元件名称并选择“按钮”类型，单击“确定”按钮即可新建一个按钮元件，如下图所示。

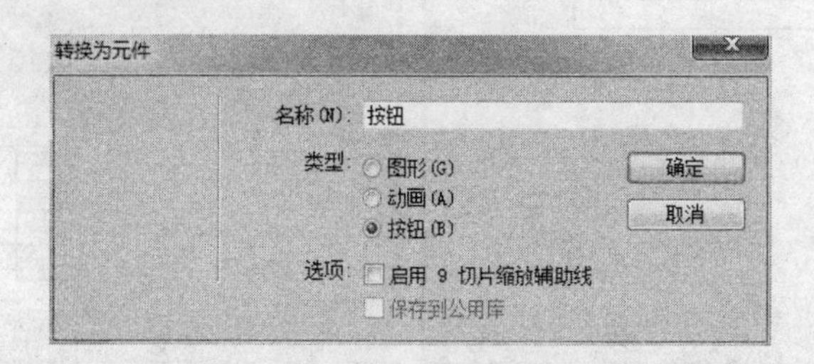

专家提示 在创建元件时选择“启用 9 切片缩放辅助线”选项后，在元件编辑状态会划分为 9 个区域，在应用元件时对元件时行缩放时，元件四周的效果不会发生变形。

15.2.2 编辑按钮状态

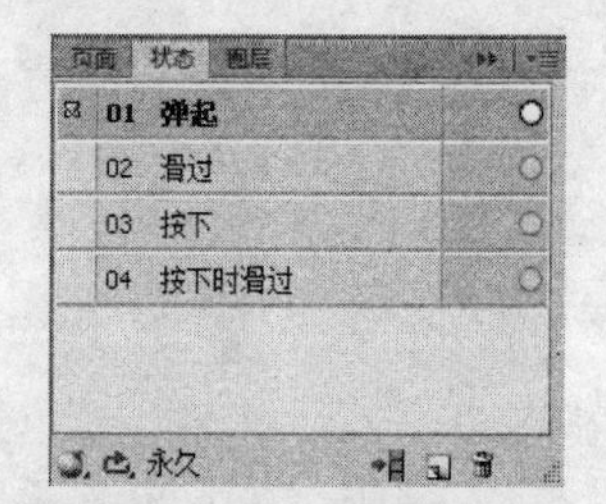

新建按钮元件后将进入到按钮元件的编辑状态。在画布上双击按钮元件实例或在“文档库”面板中双击按钮元件均可进入到按钮元件的编辑状态。在按钮元件内部默认有四个状态，分别是“弹起”、“滑过”、“按下”和“按下时滑过”，在按钮元件编辑状态下打开“状态”面板可看到，如右图所示。通过对不同状态中按钮的外观进行修改，可实现按钮的交互效果，按钮中各状态的作用如下：

- 弹起：鼠标未指向按钮时的状态，即按钮的默认效果。
- 滑过：当鼠标指针经过按钮时，按钮显示的效果。
- 按下：在按钮被按下时显示的效果。
- 按下时滑过：当按钮被按下后鼠标再次经过按钮时显示的效果。

15.3 知识讲解——预览和导出交互原型

在 Fireworks 中创建了交互效果后，可在“预览”视图下预览交互效果，也可将交互效果导出为 HTML 文件，导出的 HTML 文件可用于演示交互原型或应用于网页中。

15.3.1 预览交互动画

要预览创建好的交互动画，可单击“工作区”上方的“预览”按钮切换到“预览”视图，如下图所示。在“预览”视图中，画面中含有交互行为的切片或热点区域可响应鼠标的操作。

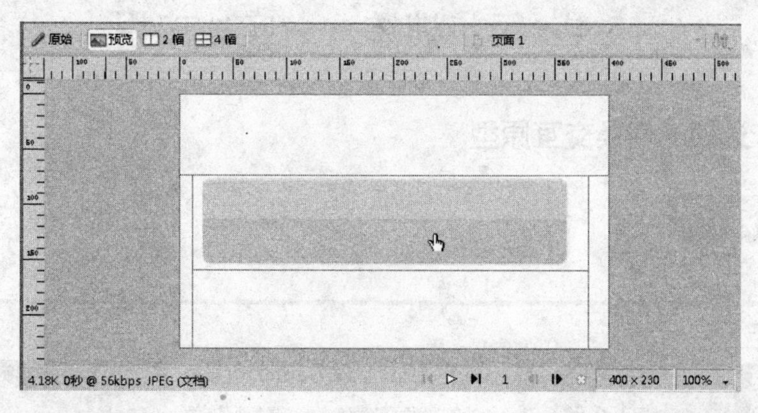

15.3.2　导出交互原型

要导出创建好的交互原型，可执行“文件→导出”命令，打开如下图所示的“导出”对话框，在对话框中“文件名”中输入导出的文件名称，在“导出”下拉列表框中选择“HTML和图像”选项，在“HTML”下拉列表框中选择“导出 HTML 文件”选项，在“切片”下拉列表框中选择“导出切片”选项，然后单击“确定”按钮即可导出相应的交互原型文件，如下图所示。

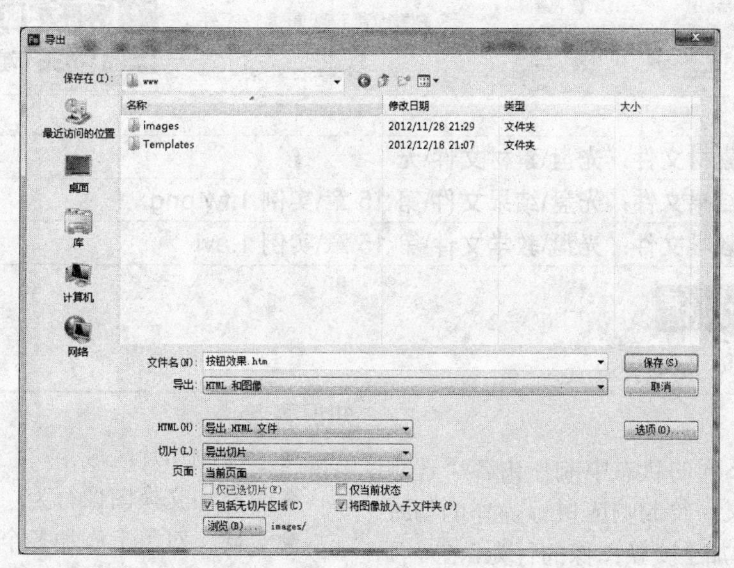

专家提示

导出的交互原型实际上就是网页文件，并且含有相关的切片图像等，所以导出的交互原型将由许多文件构成，类似于一个静态网站。在导出文件时，如果需要将所有图像放入到子文件夹中，在“导出”对话框中就选择“将图像放入子文件夹”选项，如果不需要导出没有绘制切片区域的图像，则需要取消“包括无切片区域”选项。

15.4　同步训练——实战应用

实例 1：制作选项卡切换交互原型

案例效果

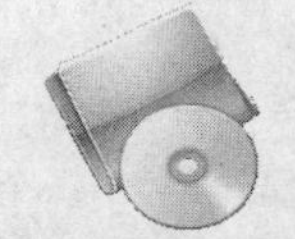	素材文件：光盘\素材文件\无
	结果文件：光盘\结果文件\第 15 章\实例 1.fw.png
	教学文件：光盘\教学文件\第 15 章\实例 1.avi

制作分析

本例难易度：★★★★☆

关键提示：

在文档中不同的状态中制作出各个选项卡选择后的效果，绘制响应鼠标操作的切片区域，为切片添加上交换图像的行为，在"预览"视图下预览交互效果。

知识要点：

- 绘制切片区域
- 添加交换图像行为
- 同一对象上添加多个行为

具体步骤

STEP 01：**新建文档并制作状态 1 中的图像。**新建文档，在文档中制作如左下图所示的图像效果。

STEP 02：**制作状态 2 中的图像。**在"状态"面板中新建"状态 2"，在画布中制作如右下图所示的图像内容。

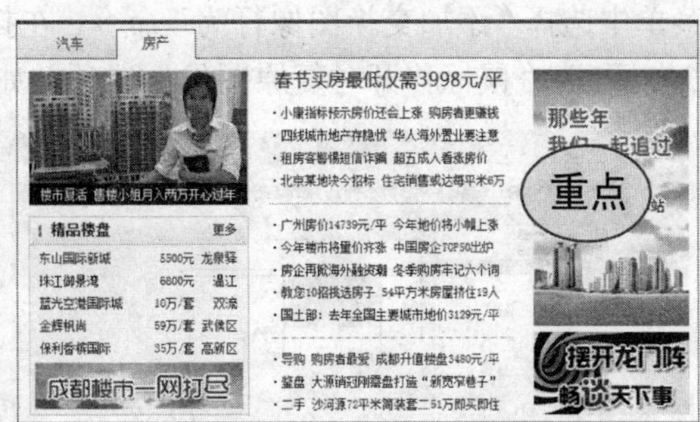

STEP 03：**绘制内容区域切片**。选择"切片"工具，在画布中选项卡内容区域绘制一个切片区域，如左下图所示

STEP 04：**绘制第 1 个选项卡按钮的切片区域**。在画布中第 1 个选项卡按钮形状上绘制一个切片区域，如右下图所示。

STEP 05：**绘制第 2 个选项卡按钮的切片区域**。在画布中第 2 个选项卡按钮形状上绘制一个切片区域，如左下图所示。

STEP 06：**在第 1 个选项卡按钮上添加行为**。在第 1 个选项卡按钮上单击鼠标右键，在菜单中选择"添加交换图像行为"命令，在打开的对话框中设置"交换图像显示自"为"状态 1"，取消"鼠标移开时复原图像"选项，如右下图所示，然后单击"确定"按钮。

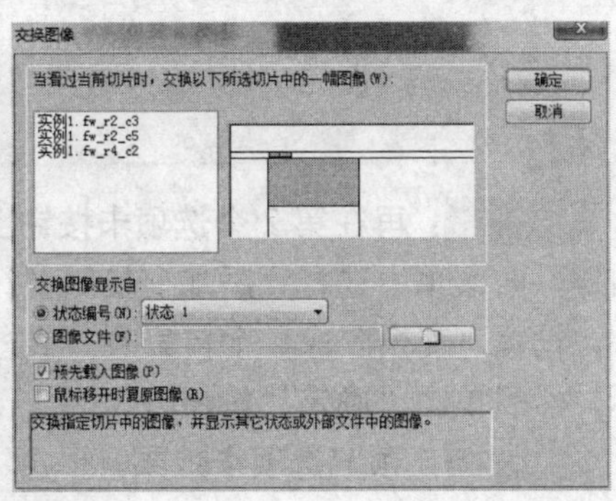

STEP 07：**再在第 1 个选项卡按钮上添加行为**。再在第 1 个选项卡按钮上单击鼠标右键，在菜单中选择"添加交换图像行为"命令，在打开的对话框中选择内容区域的切片，设置"交换图像显示自"为"状态 1"，取消"鼠标移开时复原图像"选项，如左下图所示，然后单击"确定"按钮。

STEP 08：**在第 2 个选项卡按钮上添加行为**。再在第 2 个选项卡按钮上单击鼠标右键，

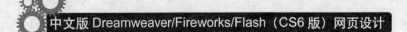

在菜单中选择“添加交换图像行为”命令，在打开的对话框中设置“交换图像显示自”为“状态 2”，取消“鼠标移开时复原图像”选项，如右下图所示，然后单击“确定”按钮。

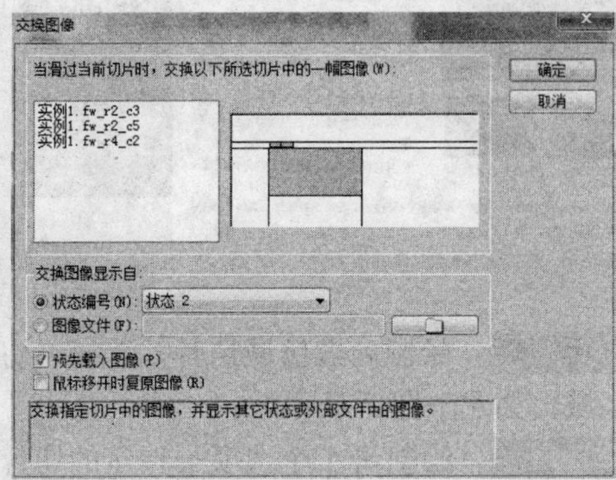

STEP 09：再在第 2 个选项卡按钮上添加行为。再在第 2 个选项卡按钮上单击鼠标右键，在菜单中选择“添加交换图像行为”命令，在打开的对话框中选择内容区域的切片，设置“交换图像显示自”为“状态 2”，取消“鼠标移开时复原图像”选项，如左下图所示，然后单击“确定”按钮。

STEP 10：再在第 1 个选项卡按钮上添加第 3 个行为。再在第 1 个选项卡按钮上单击鼠标右键，在菜单中选择“添加交换图像行为”命令，在打开的对话框中选择第 2 个选项卡的切片，设置“交换图像显示自”为“状态 1”，取消“鼠标移开时复原图像”选项，如右下图所示，然后单击“确定”按钮。

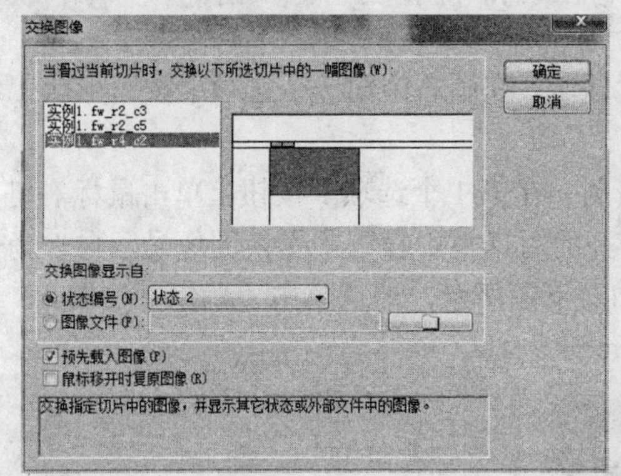

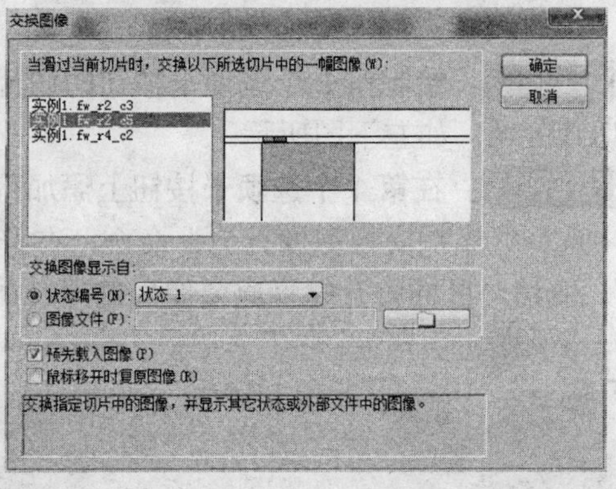

STEP 11：再在第 2 个选项卡按钮上添加第 3 个行为。再在第 2 个选项卡按钮上单击鼠标右键，在菜单中选择“添加交换图像行为”命令，在打开的对话框中选择第 1 个选项卡的切片，设置“交换图像显示自”为“状态 2”，取消“鼠标移开时复原图像”选项，如左下图所示，然后单击“确定”按钮。

STEP 12：预览选项卡效果。单击“预览”按钮切换到“预览”视图，将鼠标移动至画布中选项卡图形上便可预览交互效果，如右下图所示，保存文件，本例制作完成。

专家提示

在预览图像时，执行“视图→切片辅助线”命令和“视图→切片叠层”命令可取消切片辅助线和切片叠层的显示，从而可查看到更加真实的效果。

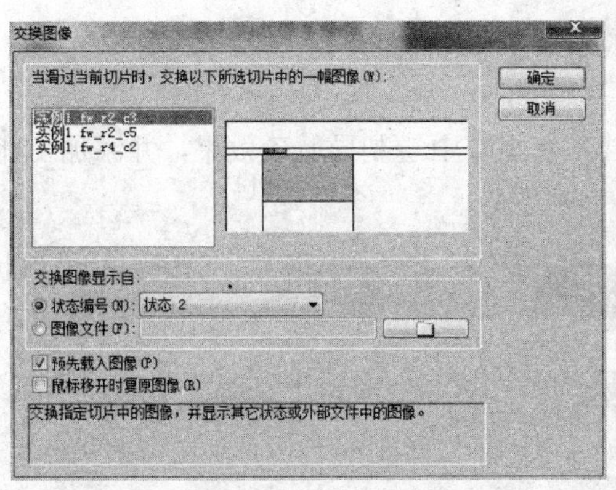

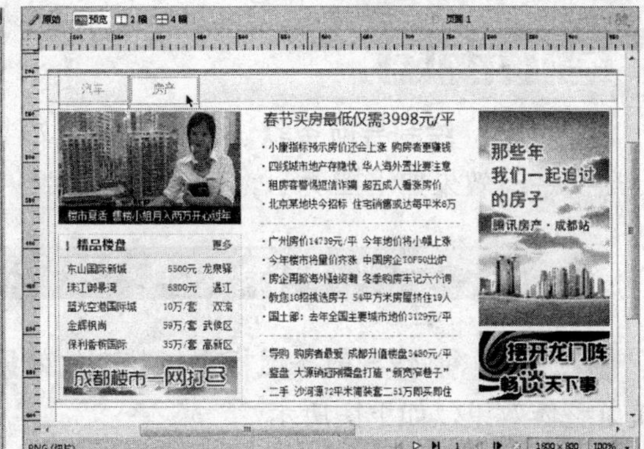

实例 2：制作导航菜单交互原型

案例效果

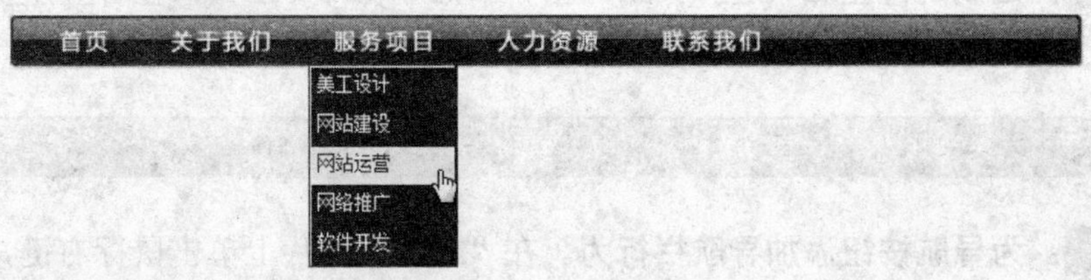

	素材文件：光盘\素材文件\无
	结果文件：光盘\结果文件\第 15 章\实例 2.fw.png
	教学文件：光盘\教学文件\第 15 章\实例 2.avi

制作分析

本例难易度：★★★★☆

关键提示：

制作导航条效果，创建导航条不同状态的效果，绘制导航按钮切片，为各切片添加导航栏行为，为各切片添加不同的弹出菜单，并设置菜单内容及菜单效果，预览导航交互效果，完成本例制作。

知识要点：

- 绘制切片区域
- 使用“添加导航栏”命令
- 添加弹出菜单
- 设置菜单内容
- 设置菜单效果

具体步骤

STEP 01：**绘制导航条默认效果**。新建文档，在画布中绘制导航条效果，并添加上相应的导航文字，效果如下图所示。

首页　关于我们　服务项目　人力资源　联系我们

STEP 02：**制作导航条鼠标滑过状态的效果**。在“状态”面板中复制“状态 1”，修改导航条整体效果，如下图所示。

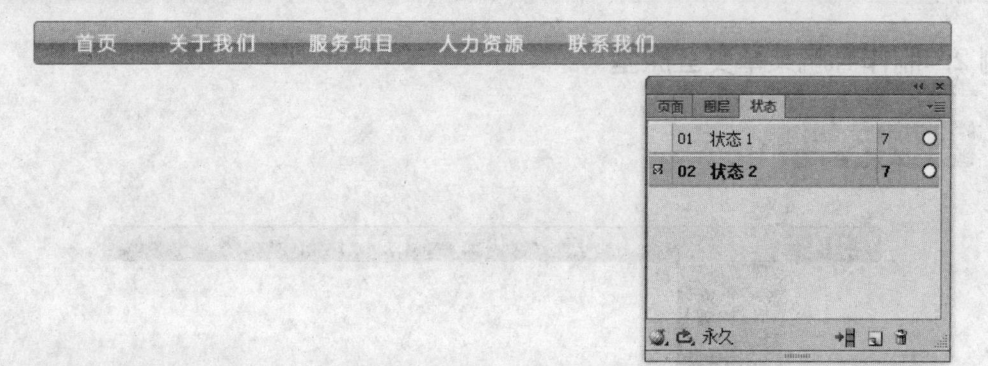

STEP 03：**绘制切片区域**。选择“工具箱”中的“切片”工具，在各导航按钮上绘制矩形切片区域，如下图所示。

STEP 04：**为导航按钮添加导航栏行为**。在“首页”切片上单击鼠标右键，在菜单中选择“添加导航栏”命令，如左下图所示；在打开的对话框中单击“确定”按钮，如右下图所示；用相同的方式设置各导航按钮上的切片行为。

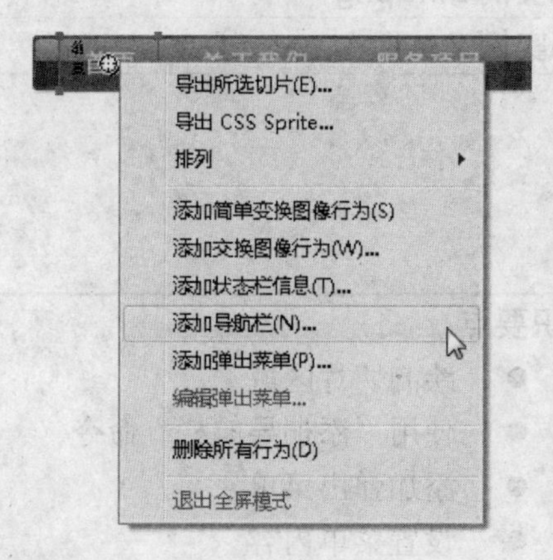

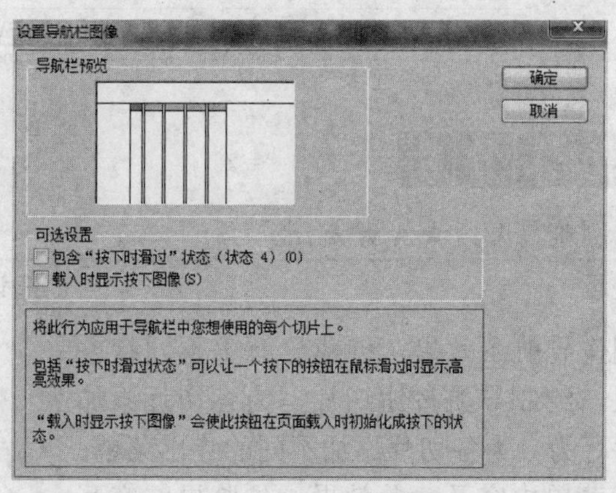

STEP 05：**为“关于我们”按钮添加菜单内容**。在“关于我们”切片上单击鼠标右键，在菜单中选择“添加弹出菜单”命令，如左下图所示；在打开的对话框中编辑菜单中的文字内容，如右下图所示。

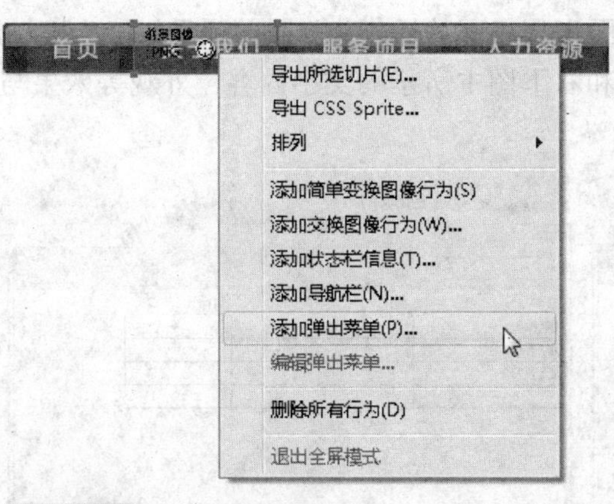

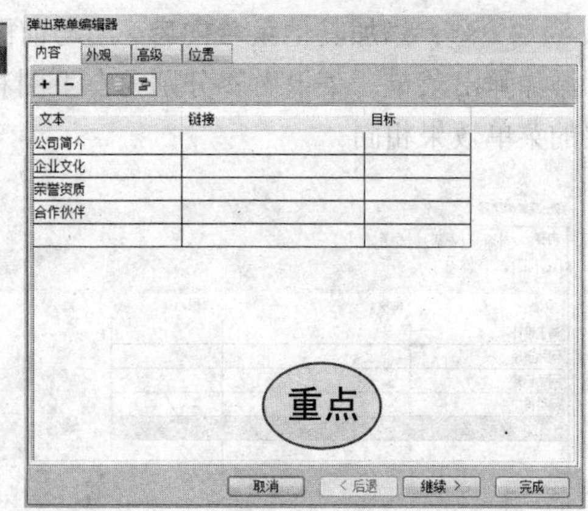

STEP 06：**设置菜单外观**。选择"外观"选项卡，在对话框中设置文字大小为 12，弹起状态下文本单色为白色，单元格颜色为"#D90000"，滑过状态下文字颜色为"#D90000"，单元格颜色为"#FFFFBF"，如左下图所示。

STEP 07：**菜单高级设置**。选择"高级"选项卡，设置单元格宽度为 95 像素、单元格边框为 4、文字缩进为 10、菜单延迟为 1000，设置边框宽度为 1、阴影颜色为"#B20000"、边框颜色为"#FF0000"，高亮颜色为"#FFFFBF"，如右下图所示。

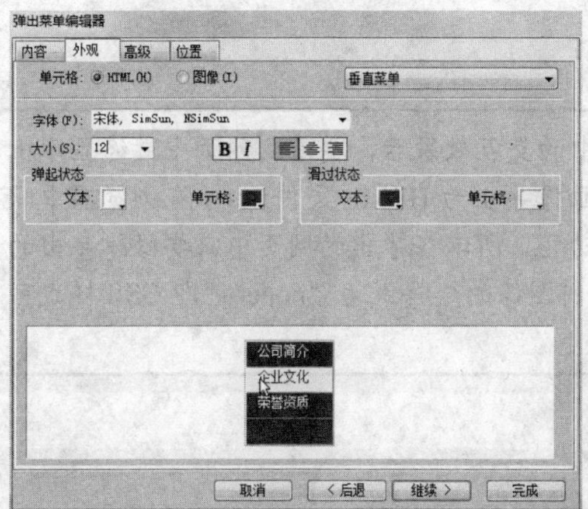

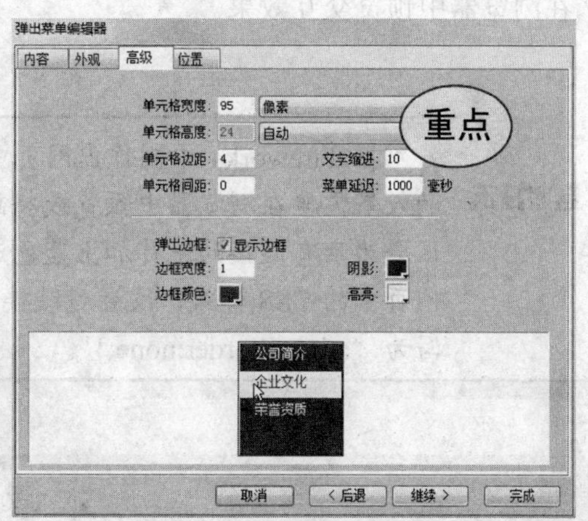

STEP 08：**设置菜单位置**。单击"位置"选项卡，在"菜单位置"选项中单击第 2 个按钮"将菜单设置到切片底部"，如左下图所示；单击"确定"按钮，该切片的菜单效果添加完成，如右下图所示。

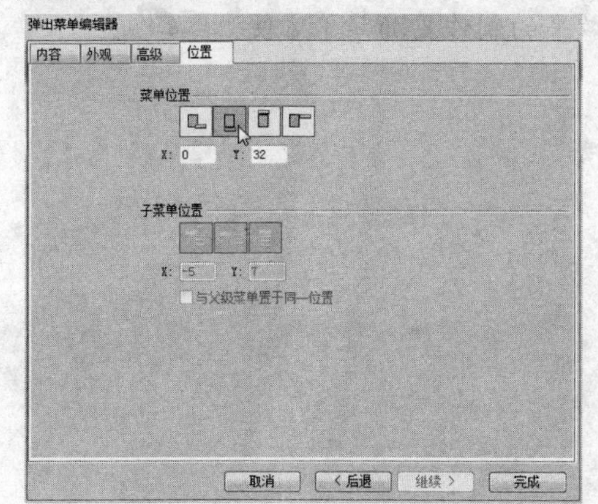

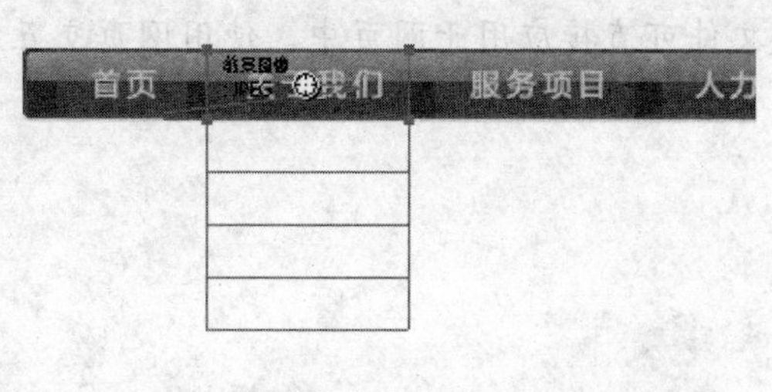

STEP 09：添加其他菜单内容。用与前面步骤相同的操作为“服务项目”和“人力资源”切片添加弹出菜单，菜单内容分别为左下图和右下图中所示的文字内容，外观等效果与前面设置的菜单效果相同。

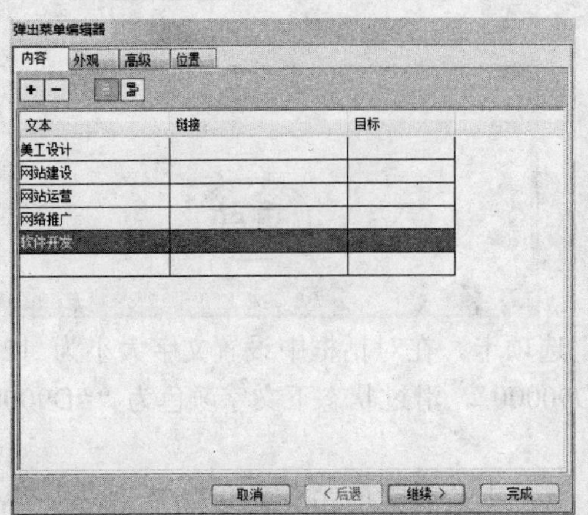

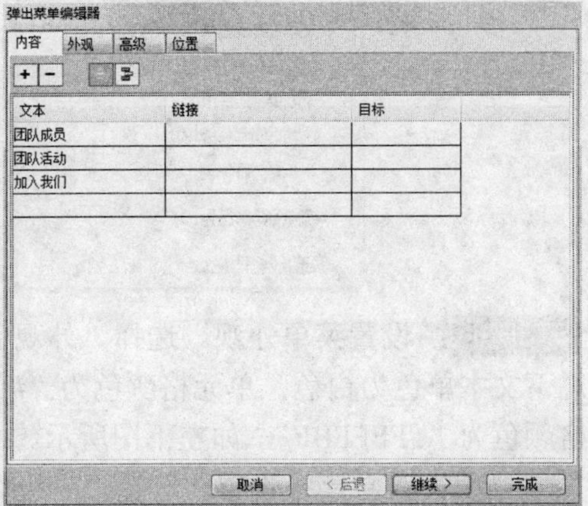

STEP 10：保存并预览效果。保存文件，执行“文件→在浏览器中预览”子菜单中的命令，在浏览器中预览交互效果。

专家提示

在 Fireworks 中制作出网页中的交互效果后，要看到网页中最终显示出的效果需要在浏览器中预览或将画像导出为 HTML 文件。由于在浏览器中默认会为带有链接的图片加上蓝色边框，所以在导出的网页中需要修改导出的网页中的 CSS 样式，设置超链接内图像的边样式为“none”，即 CSS 样式可写为“a img{border:none;}”。

本章小结

本章主要针对于 Fireworks 在交互设计中的应用进行了讲解，利用 Fireworks 可以创建多种人机交互效果，可以快速制作并生成具有交互效果的 HTML 文件及相关的图像切片，并且该类文件可直接应用于网页中，使用网页交互效果的制作更加简单方便。

第 16 章

图像的优化与导出及效率工具

本章导读

在 Fireworks 中设置出网页或软件中应用的图像后，常常需要将图像进行优化并导出为一些特定格式的图像，以便于在不同情况下应用。此外，在 Fireworks 中还有一些提高工作效率的功能，合理应用这些功能可以大大提高工作效率。

知识要点

- ◆ 掌握常用图像格式的特点及应用范围
- ◆ 掌握图像优化设置的方法
- ◆ 掌握切片图像的导出方法
- ◆ 掌握查找和替换功能的应用
- ◆ 掌握图像处理的方法和技巧
- ◆ 掌握历史记录的管理及应用

案例展示

16.1 知识讲解——图像的优化与导出

由于网络中的图像受下载速度的影响，为使浏览者能快速看到网页中的图像，图像文件的大小应尽可能小，同时也需要最大限度地保持图像的品质。对图像进行优化就是在图像文件大小和图像品质的需求之间寻找平衡点。此外，不同图像文件存储图像的方式不同，其压缩方式及图像质量上也会存在区域，所以在导出图像时应该根据具体的需求选择正确的图像格式，以达到最大限度的图像优化。

16.1.1 常用图像文件格式

在计算机中可以识别的图像文件格式有多种，不同图像文件格式对图像文件信息的压缩方式不同，应用范围也不相同，而网络中流行的图像格式通常有以下三种：

1．JPEG 图像

JPEG 是一种有损图像压缩格式，它可以将图像文件大小压缩至很小，但图像中也会相应地减少一些信息。在压缩比例不高的情况下，图像具有非常高的显示质量，并且图像文件中可包含非常丰富的色彩信息，所以，JPEG 格式通常用于存储照片之类的质量要求较高的图像，在网络中也得到了非常广泛的应用。

JPGE 图像文件的扩展名为“.jpg”或“.jpeg”。

2．GIF 图像

GIF 图像格式也是网络中广泛应用的图像格式，其文件扩展名为“.gif”，GIF 格式的图像文件非常小，可以实现背景透明效果，并且在一个 GIF 图像文件中可以存储多幅图像，在浏览器中查看且有多幅图像的 GIF 图像时，这些图像会自动切换，从而可以形成动画。但 GIF 图像中最多为 256 色，并且不支持具有透明度等级的 Alpha 通道，所以 GIF 格式通常应用于网页中的小图标或色彩较少的修饰性图像。

3．PNG 图像

PNG 图像格式原名为“可移植性网络图像”，也是 Fireworks 中默认的图像文件格式。使用 Fireworks 存储的 PNG 图像格式保留了图像中的图层、矢量图形属性、样式、动态滤镜等编辑信息，可更方便地编辑修改，同时该类型的文件也可被网络中大部分浏览器识别和显示，通过优化导出的 PNG 图像格式可达到比 GIF 图像更小的无损压缩图像文件。PNG 格式中支持 Alpha 透明度等级，可实现图像的半透明过渡显示，目前在网络中也得到了较为广泛的应用。

新手注意

由于 PNG 格式是一种比较新的图像格式，在 IE 浏览器 6.0 版本中，PNG 图像的 Alpha 通道信息不能被识别，不能显示出半透明效果。

16.1.2　图像的优化设置

要设置导出的文档图像或切片图像所使用的格式及相关的优化参数，可选择要设置的切片，然后执行“窗口→优化”命令打开“优化”面板，在“优化”面板中设置相关的参数即可。如果没有选择任何切片对象，“优化”面板中的设置将应用于当前文档。

不同格式的图像，优化的参数并不相同，在“优化”面板的第一个下拉列表框“保存设置”中，可选择预设的图像优化设置，如“PNG32”、“JPEG 较高品质”、“JPEG 较小文件”等，如果需要自行设置图像格式及其优化参数，可在“导出文件格式”下拉列表框选择相应的文件格式后在“优化”面板设置相应的参数，不同的图像格式可设置的优化参数不相同，常用图像格式的参数作用如下：

1．优化 JPEG 图像

如左下图所示，在“优化”面板中“导出文件格式”下拉列表框中选择“JPEG”选项，即可设置图像或切片导出为 JPG 格式，同时的可设置相关参数。

其中“品质”设置图像导出为 JPEG 图像后的图像质量，值越高，压缩比例越小，图像质量越好；值越小，图像文件越小，但图像的失真度越大。

单击“编辑选择性品质”按钮，将打开如右下图所示的对话框，在对话框中选择“启动选择性品质”选项后，可设置画面中部分元素的优化质量。例如在对话框中设置“品质”数值，选择“保持文本品质”选项后，文本内容的质量将以该对话框中设置的品质为准。

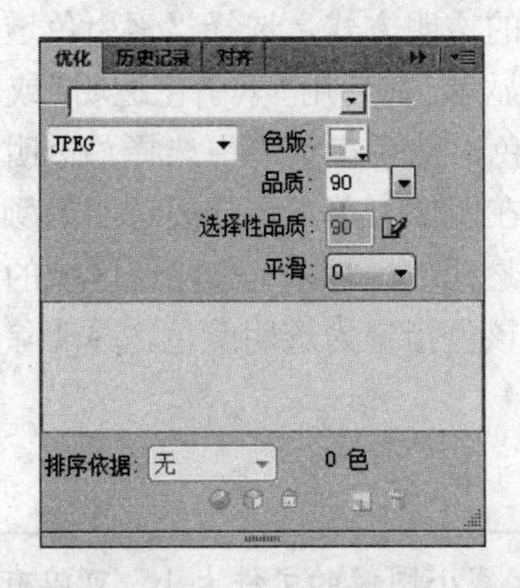

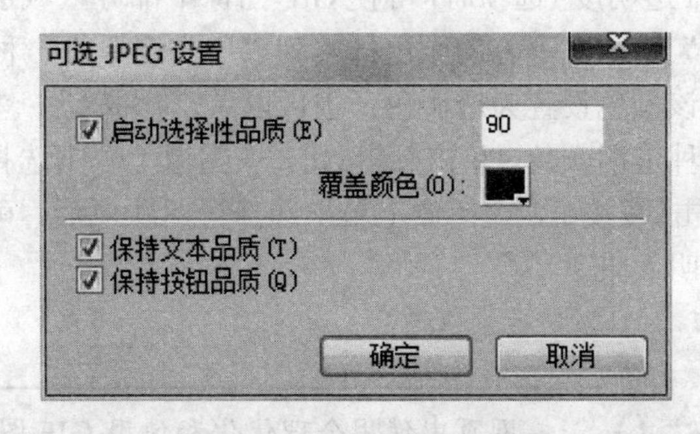

“优化”面板中的“平滑”参数可设置图像中对硬边进行模糊处理。值越高图像文件越小，模糊部分越多；值越低图像文件越小，模糊部分越少，越接近于原图效果。

2．优化 GIF 图像

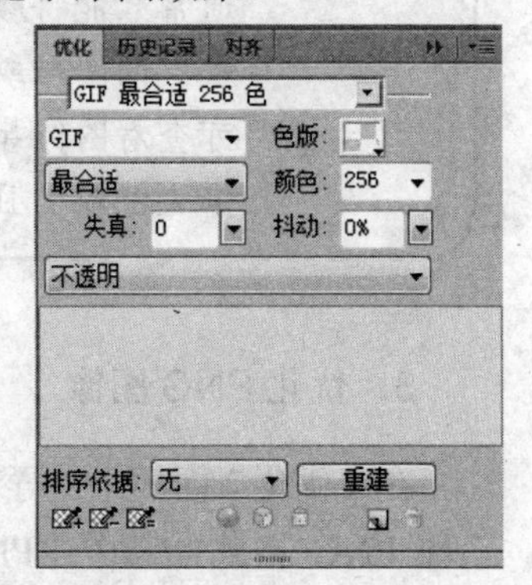

在“优化”面板中“导出文件格式”下拉列表框中选择“GIF”选项，即可设置图像或切片导出为 GIF 格式，设置相关参数可优化 GIF 图像，如右图所示。

在“索引调色板”下拉列表框中可选择 GIF 图像所使用的调色板类型，只有调色板中定义的颜色才会出现的 GIF 图像中。可选择的调色板有以下几种：

- 最合适：是派生自当前文档中的实际颜色的自定义调色板，通常能使文档中的图像达到最佳的 GIF 图像效果。
- WEB 最适色：该调色板将文档中接近网页安全色的颜色进行转换，使图像在网络中不同品质的显示器上能看到最接近的效果。
- WEB216 色：该调色板中包含了 Windows 系统和 Macintosh 系统中共有的 216 种颜色，使图像在不同系统环境下均能显示出一致的色彩效果。
- 精确：包含图像中实际使用的色彩，最多不超过 256 种，当色彩数量超过 256 种时将自动切换至“最合适”调色板。
- Macintosh：包含 Macintosh 系统中标准定义的 256 种颜色。
- Windows：包含 Windows 系统中标准定义的 256 种颜色。
- 灰度等级：包含 256 种或更少颜色的灰度等级色彩，即图像将显示为灰度图像。
- 黑白：调色板中只包含黑色和白色。
- 一致：基于 RGB 像素值的数学调色板。
- 自定义：使用外部调色板或 GIF 文件作为图像的调色板。

在“颜色”下拉列表框中可选择或输入导出图像中最大的颜色数量。

“失真”选项用于设置图像有损压缩的量，值越高，图像失真度越大。

“抖动”选择用于设置 GIF 图像通过抖动像素的颜色值来模拟调色板中没有的色彩，抖动值越大，模拟出的颜色越多。

在“透明效果类型”下拉列表框中可选择 GIF 图像的透明方式，选择“索引色透明”或“Alpha 透明度”选项时，可使 GIF 图像中部分区域透明显示。在使用“索引色透明”或“Alpha 透明度”时，在下方的颜色样本列表中右键单击一种颜色，然后在菜单中选择“透明”选项即可将该颜色设置为透明色；也可以单击按钮，然后在图像上单击选择要透明的颜色，可增加一种透明颜色；单击按钮，在图像上单击选择不透明的区域，可去除该区域的透明效果；单击按钮，在图像上单击选择透明颜色后，可将该色指定为透明颜色，并清除其他颜色的透明效果。

专家提示

网页中使用合理优化和使用 GIF 图像，减小图像的文件大小，可以有效加快网页图像的下载和显示速度，但由于 GIF 图像调色板的颜色数量有限，通常只能将颜色较少的图像导出为 GIF 格式的图像，例如一些小图标、色彩较少的图形或背景等。通过选择调色板或设置颜色数量，在“预览”视图下可查看图像导出后的效果，在状态栏上查看文件导出后的文件大小，选择图像文件较小且效果较好的设置。

3．优化 PNG 图像

在“优化”面板中“导出文件格式”下拉列表中可选择“PNG8”、“PNG24”和“PNG32”三种 PNG 格式，其中“PNG8”格式的效果及优化方式与“GIF”格式相同，而“PNG24”

和“PNG32”为全色图像，没有可设置的优化参数。

专家提示 在使用高质量图像时，使用“PNG24”或“PNG32”格式可达到最佳效果，与品质为“100%”的 JPEG 图像相比，通常显示效果更佳，文件更小。

16.1.3 导出图像或网页

当设置好切片或图像的优化参数后，可以将指定图片或切片导出为所设置的图像格式，也可以将整体图像根据切片导出为网页。

1. 使用导出向导导出图像

执行“文件→导出向导”命令打开如左下图所示的“导出向导”对话框。在该对话框中选择“目标导出文件大小”后可设置导出文件的大小，导出向导会自动选择适合的优化方案。

单击“继续”按钮，进入向导的第 2 个步骤，在对话框中选择图像应用的目标，如果图像要应用于网页中可选择“网站”选项，如右下图所示。

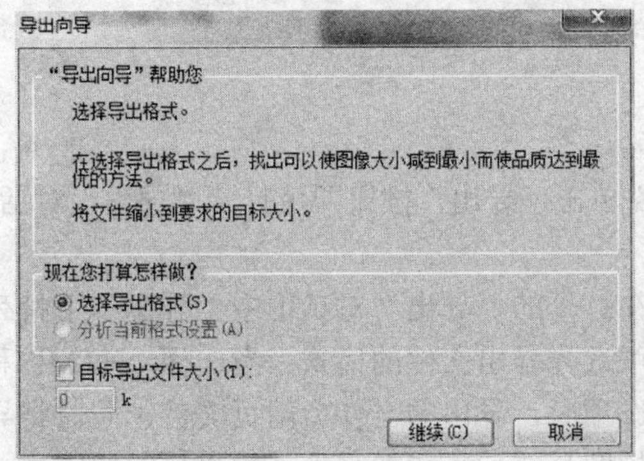

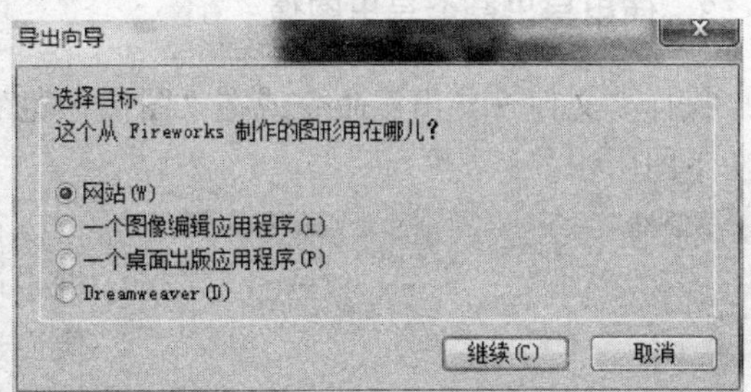

然后单击“继续”按钮，向导会对 Fireworks 文件进行分析并得到较为合适的结果，如左下图所示；单击“退出”按钮后即可进入到“图像预览”窗口，如右下图所示。

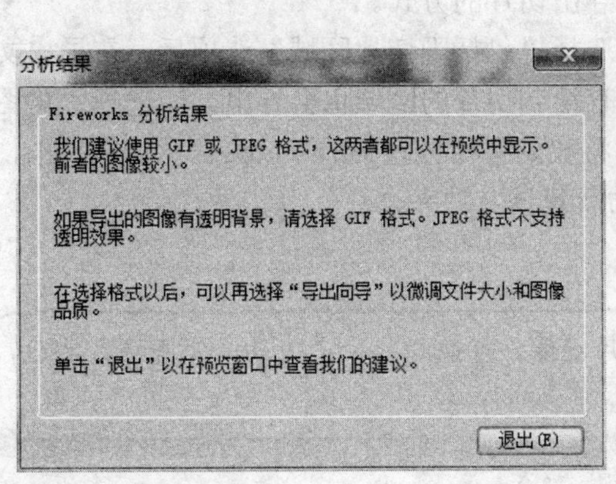

2．使用图像预览导出图像

执行“文件→图像预览”命令或完成“导出向导”中的步骤后可打开“图像预览”对话框，如左下图所示。在“选项”选项卡中可设置图像导出的格式及相关优化参数，在右侧窗口中可查看所设置的格式及参数相应的图像效果；选择“文件”选项卡后，可设置图像缩放比例或导出的区域位置，如右下图所示。

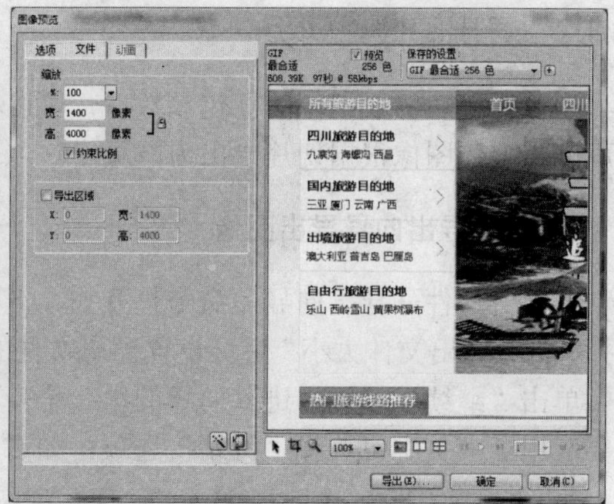

3．使用导出命令导出图像

执行“文件→导出”命令或在“图像预览”单击“导出”按钮即可打开“导出”对话框，如左下图所示。

在打开的“导出”对话框中“导出”下拉列表框中可选择导出文件的格式。当选择“HTML 和图像”选项时，导出的文件为网页文件，同时将导出相关的图片或切片图像文件；如果只需要图像，可选择“仅图像”选项。

在“切片”下拉列表框中可选择是否导出切片以及导出切片的方式。

选择“包括无切片区域”选项后，在导出文件后没有绘制切片的区域也会导出，当选择“将图像放入子文件夹”选项后，导出的所有图像文件将放到目标位置中的“images”文件夹中，如果目标位置不存在该文件夹，Fireworks 会自动新建该文件夹。

新手注意

如果只需要导出所选择的切片图像，可选择“仅已选切片”选项，并取消“包括无切片区域”选项。

16.2　知识讲解——使用效率工具

在 Fireworks 中提供了一些提高工作效率的工具，例如快速替换图像中的文字内容、颜色和链接，对大量图像自动进行相同的编辑处理等。

16.2.1　查找和替换

如果要在一个文档或多个文档中对特定的文字内容、链接、字体或颜色进行查找或替换，可以使用 Fireworks 中的查找和替换工具。执行“窗口→查找和替换”命令或按快捷键【Ctrl+F】可打开“查找和替换”窗口，如下图所示。

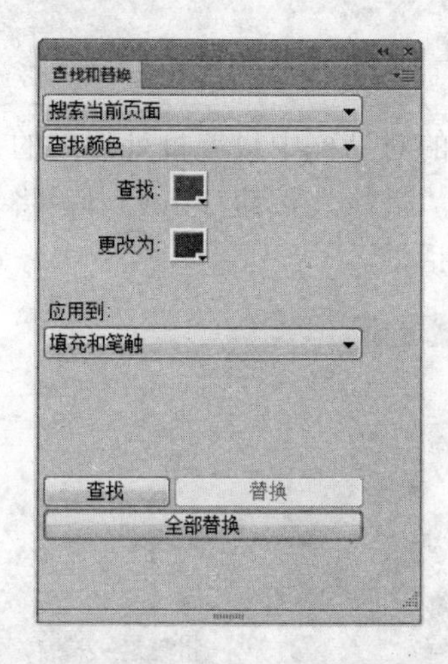

在第 1 个下拉列表框中可选择查找和替换命令搜索的范围，可以是当前页面，也可以是整个文档或其他文件。

在第 2 个下拉列表框中可选择要查找或替换的对象类型，如文本、字体、颜色、URL 等。当选择不同的选项类型后，在下方可设置要查找的内容和要替换的内容，设置完成后单击下方的“查找”按钮可逐个查找到符合查找条件的对象，单击“替换”按钮可对当前查找到的对象的相关属性或内容进行替换，单击“全部替换”按钮可替换所有满足条件的对象内容或属性。

16.2.2　批处理

批处理即批量对一组图像进行相同的编辑处理。在 Fireworks 中提供了简单方便的批处理命令，当需要对大量图像进行相同处理和调整时，可使用批处理命令以提高工作效率，例如将多幅图像缩小到指定大小、重命名、调整颜色、旋转等。

执行“文件→批处理”命令，在打开的“批次”对话框中选择多幅要处理的图像，然后单击“继续”按钮，打开“批处理”对话框，如左下图所示；在对话框中左侧列表中选择需要对图像进行的操作，然后单击“添加”按钮将其添加至右侧列表中，在右侧列表中选择命令后在对话框下方设置该命令要执行的相关参数，例如“缩放”命令要将图像缩放到的大小，如右下图所示。

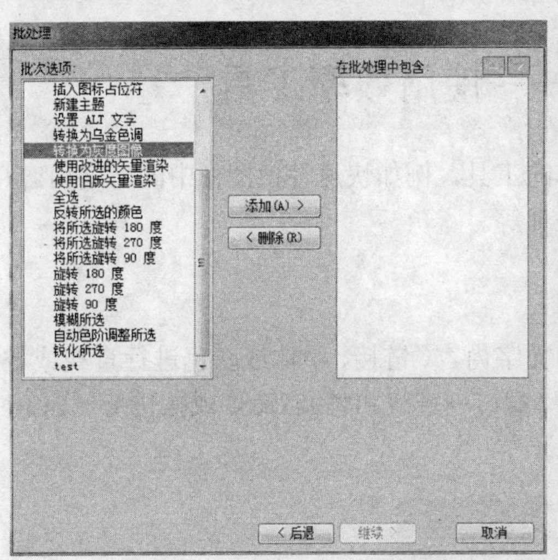

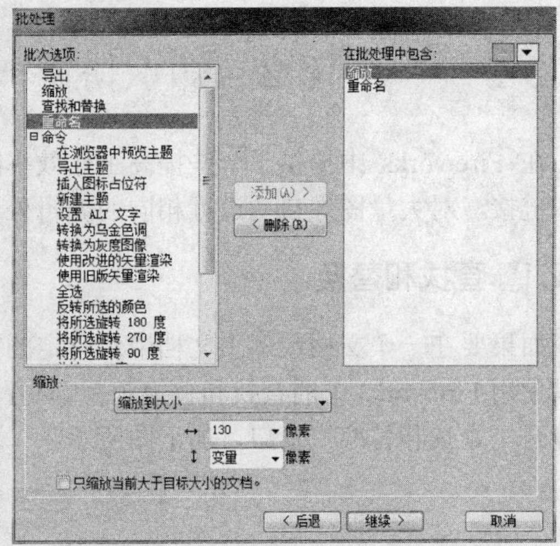

单击“继续”按钮，在打开的对话框中设置批处理后的文件保存的位置以及原始图像备份的方式，如左下图所示。单击“批次”按钮 Fireworks 将自动对所选文件进行处理，批处理完成后弹出如右下图所示的对话框。

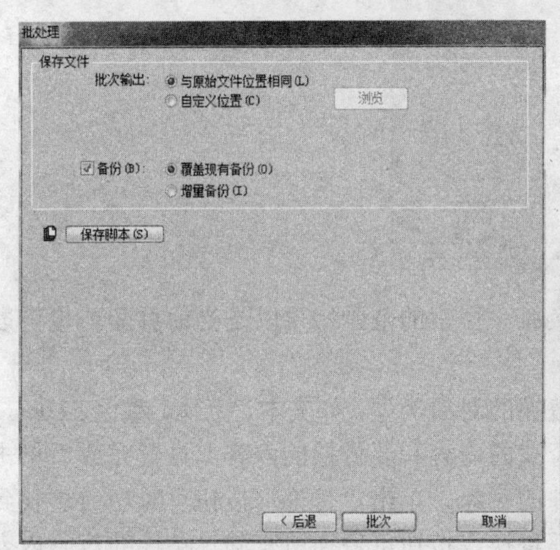

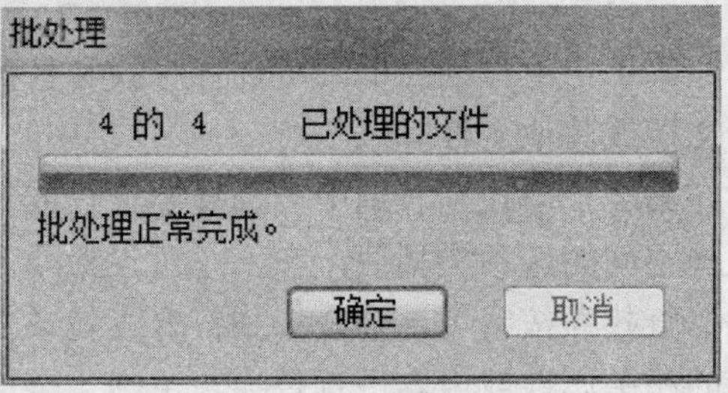

16.2.3 历史记录与脚本命令

使用历史记录可以快速撤消或返回最近的操作步骤。在“命令”菜单中可使用一些第三方或自定义的脚本命令，以快速完成一些操作，通过对历史记录进行保存，可创建脚本命令。

执行“窗口→历史记录”命令可打开“历史记录”面板，如右图所示。在“历史记录”面板中列出了当前文档中最近的操作，拖动列表右侧的滑块或在记录的左侧单击即可快速返回到该步骤操作后的状态。

按住【Ctrl】键单击历史记录，可同时选择多条历史记录，选择 1 条记录后按住【Shift】键单击其他记录可选择一段连续的记录。选择记录后单击“将步骤保存为命令” 按钮，在打开的对话框中设置一个命令名称后，可将所选择的历史记录保存为命令。保存后的命令将存在于“命令”命令中，可在编辑其他文档中使用，也可在进行批处理操作时选择使用。

16.3　同步训练——实战应用

实例 1：切片并导出首页效果图

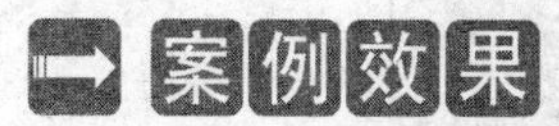

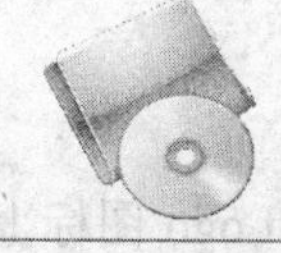	素材文件：光盘\素材文件\第 16 章\实例 1.fw.png
	结果文件：光盘\结果文件\第 16 章\实例 1.fw.png
	教学文件：光盘\教学文件\第 16 章\实例 1.avi

制作分析

本例难易度：★★★★☆

关键提示：

在设计好网页效果图后，需要从中提取出网页中需要用到的图像，图像文件越小越好。因此，在效果图中绘制切片区域，并设置不同切片的图像格式及优化参数，最后导出所有切片图像。

知识要点：

- 使用“切片”工具
- GIF 图像优化设置
- JPG 图像优化设置
- PNG 图像优化设置
- 导出所有用户切片

具体步骤

STEP 01：**绘制 Logo 切片**。打开素材文件，在如下图所示的 Logo 图像上绘制一个矩形切片区域，并在“属性”面板中“切片”文本框中设置该切片的名称为“logo1”。

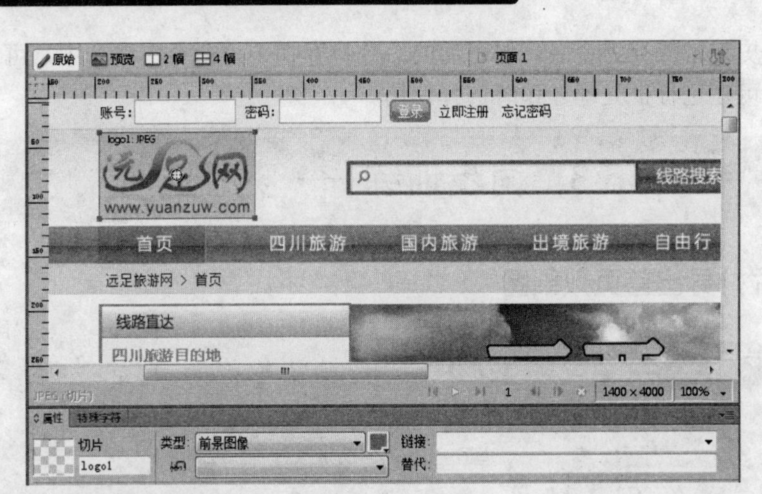

STEP 02：设置 Logo 图像格式及优化参数。选择切片后切换到“预览”视图，打开“优化”面板调整图像导出的格式及相关的优化参数，并关注状态栏上不同格式和优化设置时图像文件的大小，选择图像文件最小且图像质量较好的设置，如下图所示，选择“GIF”文件格式，并选择索引调色板为“最合适”。

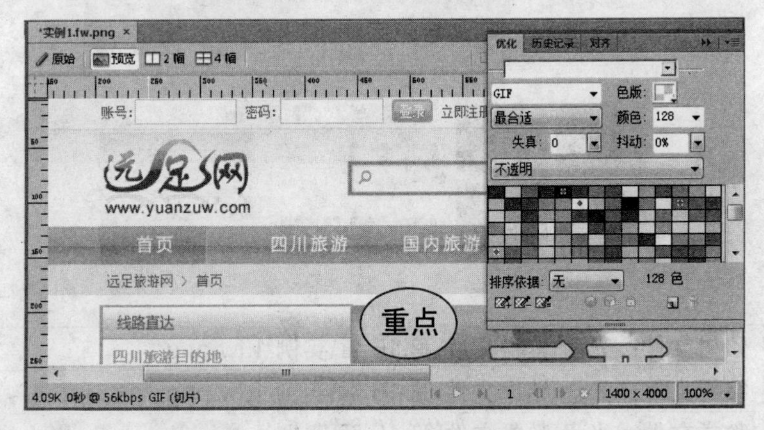

STEP 03：绘制并设置第 2 个 Logo 切片。返回原始视图，在页面右侧的 Logo 图标上绘制一个矩形切片区域，并命名切片名称为“logo2”，用与前面相同的方式选择图像格式及优化参数，选择图像格式为“PNG24”，如下图所示。

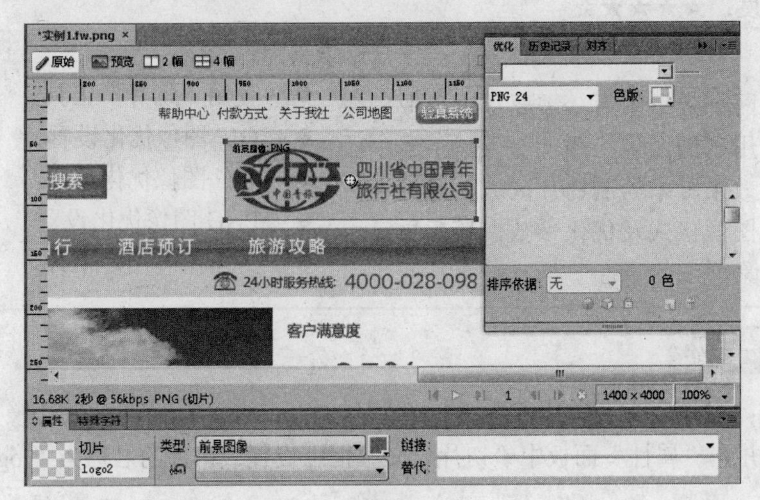

STEP 04：绘制并设置登录按钮切片。返回原始视图，在顶部“登录”按钮图形上切片区域，并命名切片名称为“login_bt”，用与前面相同的方式选择图像格式及优化参数，选择图像格式为“GIF”，选择索引调色板为“最合适”，如下图所示。

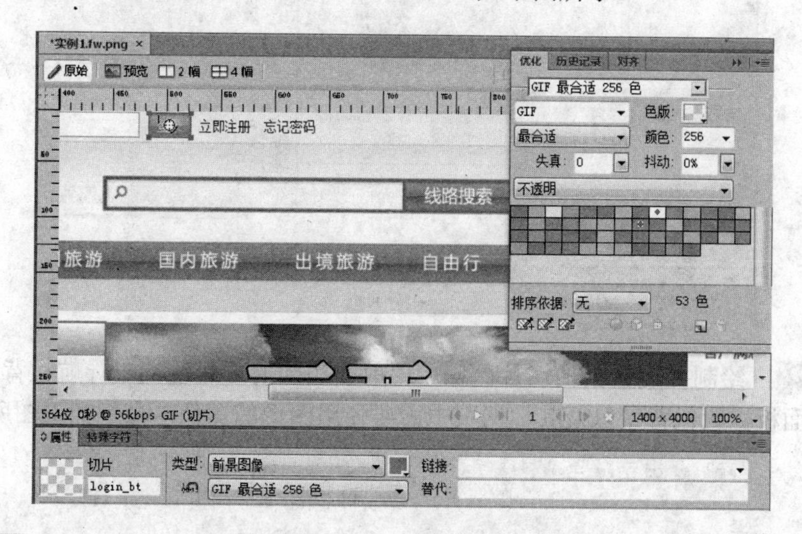

STEP 05：复制切片。复制“登录”按钮上的切片到右侧“验真系统”按钮上，保留切片的优化设置，设置切片名称为“tts_bt”，如下图所示。

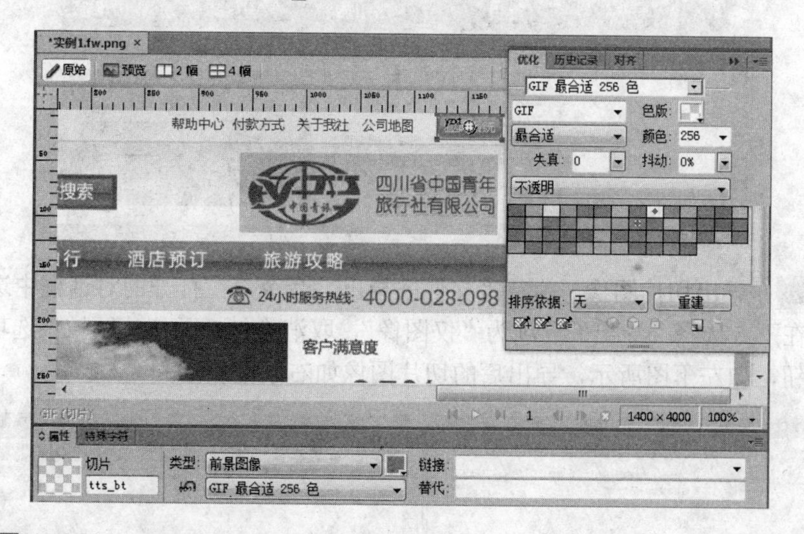

STEP 06：绘制并设置顶部背景切片。返回原始视图，在顶部“背景”区域上绘制一个竖条切片区域，并命名切片名称为“top_bg”，用与前面相同的方式选择图像格式及优化参数，选择图像格式为“png24”，如下图所示。

专家提示

在制作网页时，重直方向的渐变图片在区域内作为背景水平方向平铺，即可达到一整行的渐变效果。

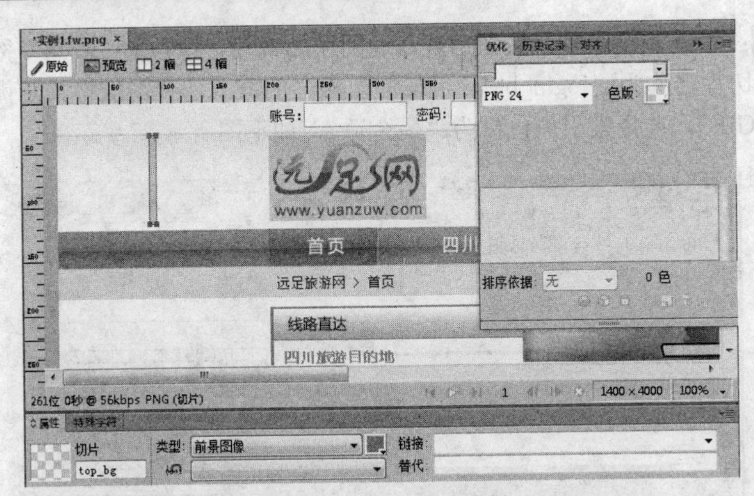

STEP 07：**绘制并设置其他切片区域**。用前面相同的方式绘制出导航栏背景、“首页”按钮背景、面板标题栏背景以及其他网页中需要使用图像的图像区域，如下图所示。

STEP 08：**导出切片图像**。执行“文件→导出”命令，在打开的对话框中选择文件导出的路径后，在下方选择“导出”选项为“仅图像”，取消“包括无切片区域”选项，然后单击“保存”按钮，如左下图所示，导出后的切片图像如右下图所示。

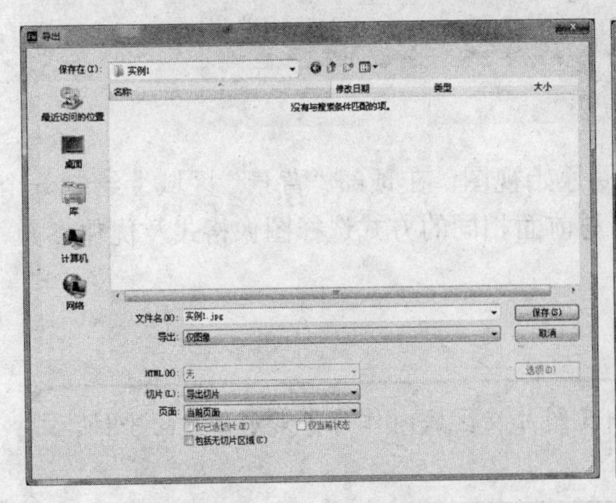

实例 2：快速为多幅图像添加水印

案例效果

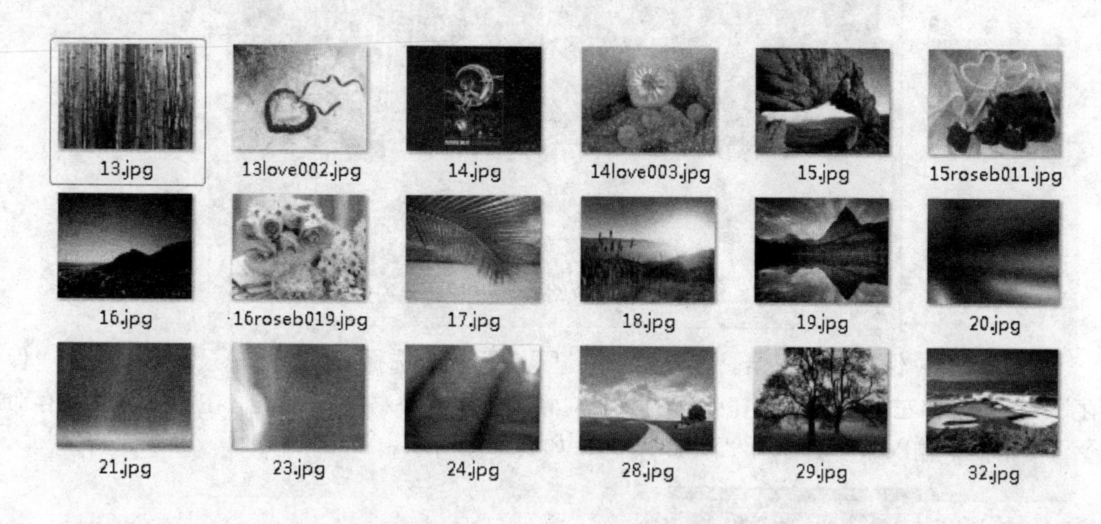

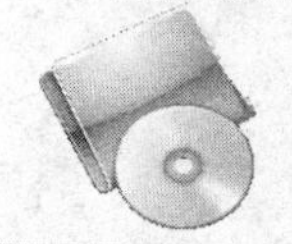

素材文件：光盘\素材文件\第 16 章\实例 2\
结果文件：光盘\结果文件\第 16 章\实例 2\
教学文件：光盘\教学文件\第 16 章\实例 2.avi

制作分析

本例难易度：★★★★☆

关键提示：

首先打开一幅图像，为图像添加水印文字，然后将添加水印文字的历史记录保存为命令。使用批处理命令，选择其他图像进行批处理，使用"缩放"命令和保存的命令进行批处理操作。

知识要点：

- 保存历史记录
- 使用批处理命令
- 使用"缩放"命令进行批处理
- 使用自定义的命令进行批处理

具体步骤

STEP 01：**为一幅图像添加水印**。打开任意 1 幅素材图像，在图像中添加文本内容，设置文本大小、颜色、字体和透明度等属性，添加投影效果，并调整文本位置到画面右下方，如下图所示。

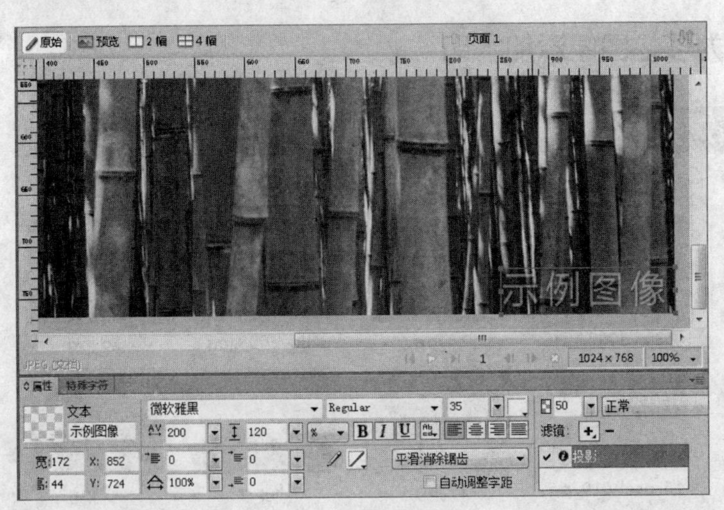

STEP 02：保存历史记录。打开“历史记录”面板，选择所有历史记录，然后单击“保存”按钮，如左下图所示；在弹出的警告对话框中单击“确定”按钮，在打开的“保存命令”对话框中输入命令名称为“添加水印”，如右下图所示。

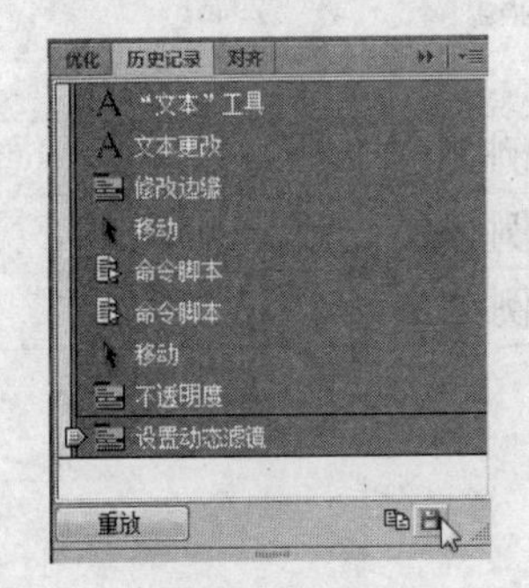

STEP 03：执行批处理命令。关闭打开的文件（无需保存），执行“文件→批处理”命令，在打开的“批次”对话框中进入素材图像文件夹，单击“添加全部”按钮将文件夹中所有图像添加到批处理列表中，如下图所示。

STEP 04：**添加批次选项**。单击“继续”按钮后，在“批次选项”列表中将 “命令”中的“添加水印”选项添加至右侧列表，然后将“缩放”选项添加到右侧列表，并在下方“缩放”选项中选择“缩放到大小”命令，设置缩放后图像的宽度为 800 像素，高度为 600 像素，如下图所示。

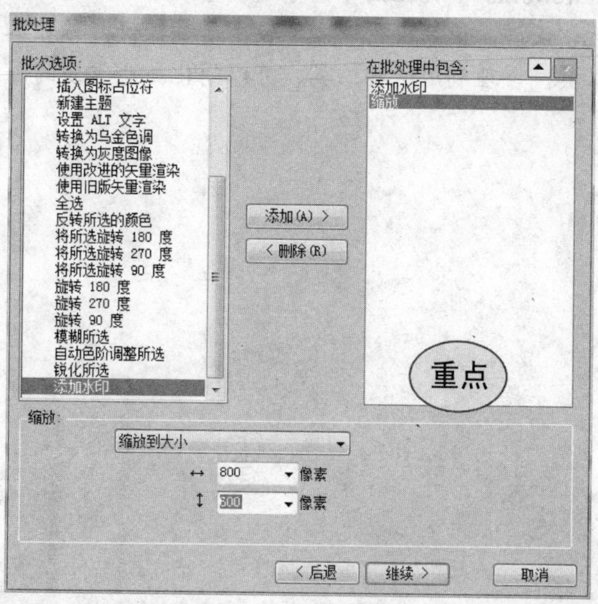

STEP 05：**选择批次输出位置**。单击“继续”按钮后，在“保存文件”选项中选择“自定义位置”选项，单击“浏览”按钮后选择批处理输出的文件保存的路径，如左下图所示；单击“批次”按钮即可开始执行批处理命令，完成后打开文件存储路径查看图像，所有图像均调整到指定大小，并添加上水印文字，如右下图所示。

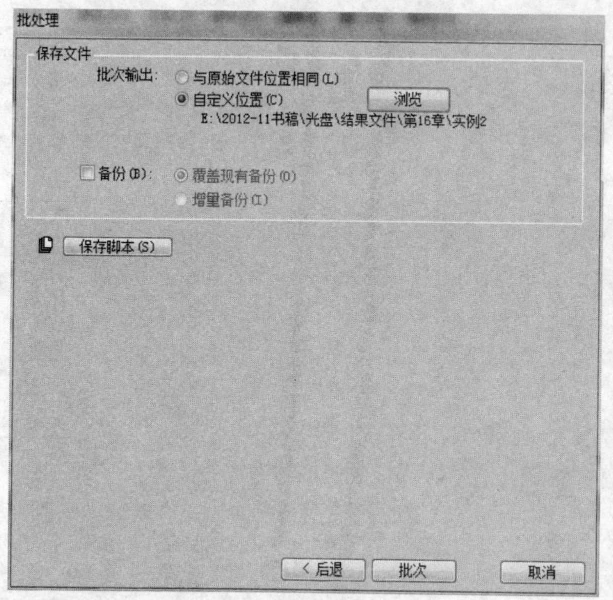

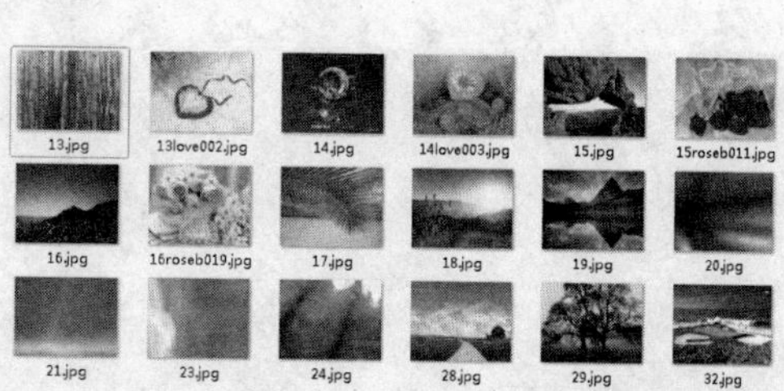

本章小结

本章内容主要对 Fireworks 中优化图像、导出图像的方法进行了讲解，在导出图像时选择适合的图像格式及优化设置，使导出图像文件较小质量较好。另外本例中讲解了一些提高图像处理工作效率的工具，合理利用这些工具，可以简化一些重复的图像处理过程。

第 17 章 初识 Flash

本章导读

Flash 是一款专门用于网络动画制作的软件，它集矢量图形绘制、动画制作及交互程序开发等功能于一体，利用 Flash 可以创建出网页中的广告动画、交互动画、Flash 整站甚至应用程序。

知识要点

- 了解 Flash 的应用范围
- 掌握 Fash 软件的工作环境
- 掌握 Flash 中文件的基本操作
- 熟练掌握 Flash 中矢量图形的绘制方法
- 掌握 Flash 中图形的编辑和修改方法
- 掌握 Flash 动画的测试与发布方法

案例展示

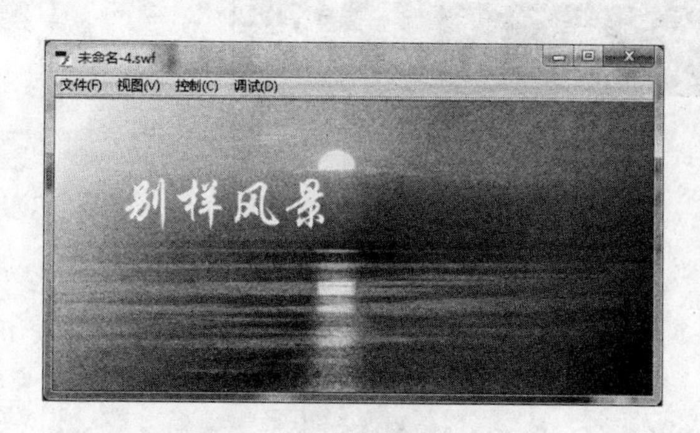

17.1 知识讲解——Flash 概述

Flash 是 Adobe 公司推出的交互式矢量图和 WEB 动画制作软件，Adobe Flash Professional CS6 为创建数字动画、交互式 Web 站点、桌面应用程序以及手机应用程序开发提供了功能全面的创作和编辑环境。

17.1.1 Flash 简介

在网页中所看到的 Flash 动画是基于浏览器中的 Flash Player 插件进行播放的，而这种动画是由 Flash 软件制作并发布出的动画文件（SWF）。在 Flash 动画中可以包含各类信息，如文本、图像、音频、视频等，并且可添加复杂的交互应用，而且 SWF 文件很小，非常适合网络传输，所以在网络中 Flash 的应用非常广泛。

17.1.2 Flash 的应用范围

由于 Flash 中集成了矢量图形绘制与编辑功能、动画制作及复杂的交互程序编写功能，所以 Flash 软件拥有了非常广泛的应用范围，无论是矢量图形绘制、动画制作、WEB 应用、演示文稿、交互式课件、光盘或多媒体界面甚至各平台的应用程序，都可以应用 Flash 进行制作或开发。并且，使用 Flash 软件除开发基于浏览器中 Flash Player 插件的应用外，还可以生成各类系统上基于 AIR 环境的应用程序，如 AIR for Android、AIR for iOS 以及诸基亚 Symbian 系统的 Flash Lite 等。

在 WEB 应用中，Flash 主要用于网页动画及交互效果的制作。

17.1.3 Flash 的工作环境

启动 Flash CS6 后会显示出“欢迎屏幕”，在“欢迎屏幕”中可以选择新建项目、模板及最近打开的项目。如下图所示。

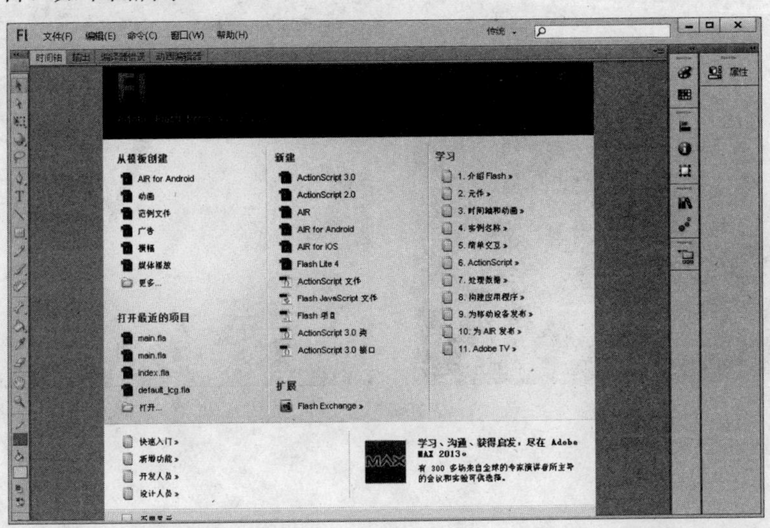

Flash CS6 与 Fireworks CS6 和 Dreamweaver CS6 的工作环境相似，在顶部菜单栏右侧的“工作区切换器”中可切换界面的布局效果，本书将以“传统”布局为读者讲解 Flash 软件

的应用，读者也可根据自己的习惯选择不同的工作区布局。

Flash 中主要界面组成部分的作用如下：

1. 菜单栏

与其他软件相似，在菜单栏中提供软件主要的功能命令，可根据命令作用的类型选择主菜单。

2. 工具箱

与 Fireworks 相同，在窗口左侧提供了进行图像编辑和编辑处理相关的工具，由于 FLASH 中只能进行矢量图像的绘制和编辑，所以 Flash 中只提供了矢量工具，如左下图所示，其中各工具的作用如下：

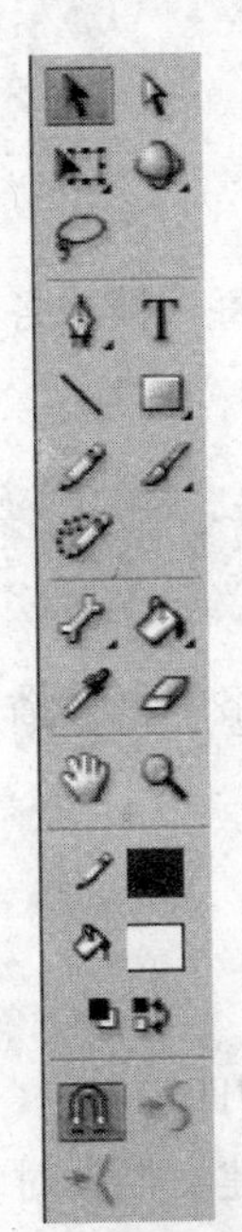

- 选择工具：用于选定对象、拖动和调整对象等操作。
- 部分选取工具：选取或调整矢量对象的单个或多个路径节点。
- 任意变形工具：对选取的对象进行形状变形，该工具组中还包含“渐变变形”工具，用于对渐变颜色的效果进行调整。
- 3D 旋转工具：对影片剪辑对象进行 3D 方式的旋转调整，在该工具组中还包含了“3D 平移工具”，用于对影片剪辑对象进行 3D 方式平移调整。
- 套索工具：选择一个不规则的矢量图形区域。
- 钢笔工具：可以使用此工具绘制曲线，该工具组中还包含了线条调整相关工具。
- 文本工具T：在舞台上添加文本，编辑现有的文本。
- 线条工具：使用此工具可以绘制各种形式的线条。
- 矩形工具：用于绘制矩形，也可以绘制正方形，在该工具组中还包含“椭圆”工具和“多角星形”工具等用于基本形状绘制的工具。
- 铅笔工具：用于绘制折线、直线等。
- 刷子工具：用于绘制填充图形。
- 墨水瓶工具：用于编辑线条的属性。
- 颜料桶工具：用于编辑填充区域的颜色。
- 滴管工具：用于将图形的填充颜色或线条属性复制到别的图形线条上，还可以采集位图作为填充内容。
- 橡皮擦工具：用于擦除舞台上的内容。
- 手形工具：当舞台上的内容较多时，可以用该工具平移舞台以及各个部分的内容。
- 缩放工具：用于缩放舞台中的图形。
- 笔触颜色工具：用于设置线条的颜色。
- 填充颜色工具：用于设置图形的填充区域。
- 骨骼工具，可以像 3D 软件一样，为动画角色添加上骨骼，可以很轻松的制作各种动作的动画了。

3. 浮动面板

浮动面板由各种不同功能的面板组成，用于监控与修改当前或操作，面板的操作方式与 Fireworks 中相同。Flash 中常用的有“属性”、“库”、“颜色”和“对齐”等面板。

4. 时间轴

时间轴是 Flash 动画编辑的基础，用以创建不同类型的动画效果和控制动画的播放预览。时间轴上的每一个小格称为帧，是 Flash 动画的最小时间单位，连续的帧中包含保持相似变化的图像内容，帧的切换便形成了动画。如下图所示是 Flash CS6 中的“时间轴”面板。

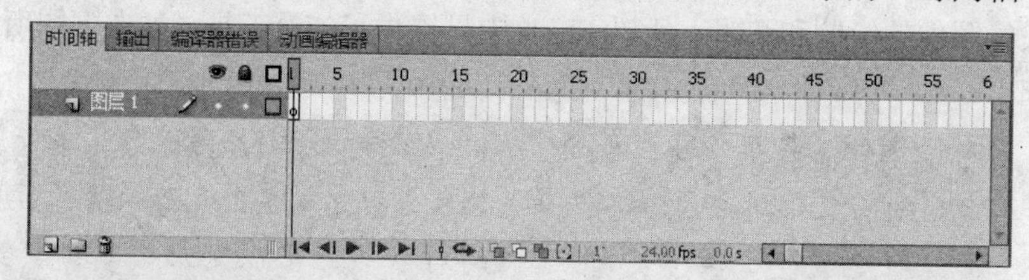

在 Flash 中“时间轴”面板由“图层”和“时间轴”两部分组成，在动画中每一帧中各图层上可以有不同的内容。

17.2 知识讲解——Flash 文件操作

在 Flash 中创建和编辑的文件的格式为 fla，是 Flash 的源文件，不能用于网络中直接播放。本节将讲解 fla 文件的创建、保存、打开和发布在不同环境播放的动画文件。

17.2.1 新建 Flash 文件

新建 Flash 文件的方法有：

方法一：启动 Flash 后在“欢迎屏幕”中“新建”列中选择要新建的文件类型即可。

方法二：执行“文件→新建”命令或按快捷键【Ctrl+N】，然后在打开的“新建文档”对话框中选择要创建的文件类型，然后在右侧的参数中设置动画的尺寸、帧频、背景颜色等，然后单击“确定”按钮即可，如下图所示。

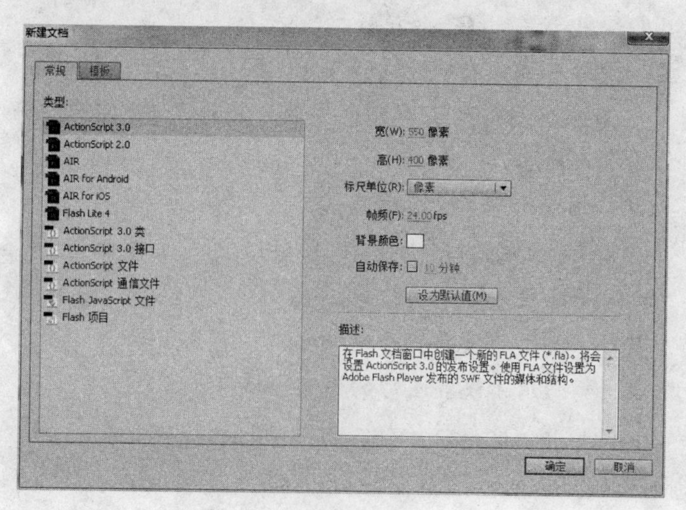

专家提示　Flash 可以创建不同环境下应用的动画或程序，要创建网络中应用的动画，可以选择“ActionScript3.0”或“ActionScript2.0”类型来创建动画。选择不同的类型后，动画中应用脚本程序时所使用的标准和格式不同，本书将讲解“ActionScript3.0”程序基础，所以创建文件时应选择“ActionScript3.0”。

17.2.2　保存 Flash 文件

Flash 中保存文件的方法与大部份软件的方法相同，执行“文件→保存”或按【Ctrl+S】组合键即可保存文件，在首次保存文件时将打开“另存为”对话框，如下图所示。在对话框中选择文件保存的路径、设置文件名及选择保存类型后单击“保存”按钮即可。

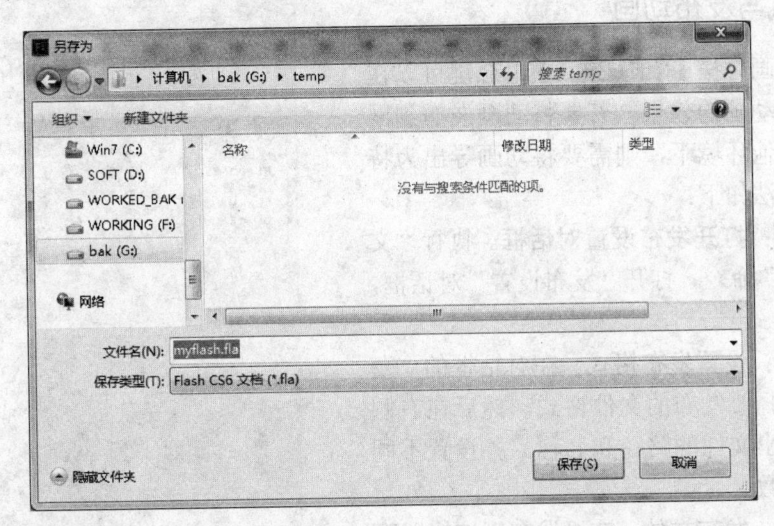

专家提示　Flash CS6 在保存文件时可以在“保存类型”中选择文档保存的版本，保存的高版本文件不能在低版本的程序中打开编辑，在 Flash CS6 中最低可以保存 CS5 版本的文件。

17.2.3　打开 Flash 文件

要打开现有的“fla”文件，可以执行“文件→打开”命令，然后在打开的对话框中选择要打开的文件即可。在 Flash CS6 中可以打开旧版本软件保存的 Flash 文件。

17.2.4　导入各类文件

在 Flash 中常常需要使用其他类型的素材文件，如图像、音乐、视频或动画等。要导入文件可以使用以下方法：

方法一：执行“文件→导入→导入到舞台”命令。

方法二：执行“文件→导入→导入到库”命令。

执行以上命令后，在打开的对话框中选择要导入的一个或多个文件，然后单击“打开”按钮即可将文件导入到动画中。

如使用的“导入到舞台”命令，文件导入后将自动添加到舞台上；如使用的“导入到库”命令，导入后的文件将存入于“库”中。要使用导入的对象，可在“库”面板中将需要使用的对象拖动到舞台。

专家提示　导入视频时也可以使用“文件→导入→导入视频”命令，然后根据“导入视频”向导逐步完成视频导入操作。

17.2.5　测试与发布动画

在制作动画时按【Ctrl+Enter】组合键可以在播放器中预览动画的效果。若要将动画发布到网络或应用于其他环境下，则需要将动画导出为特定的格式，方法如下：

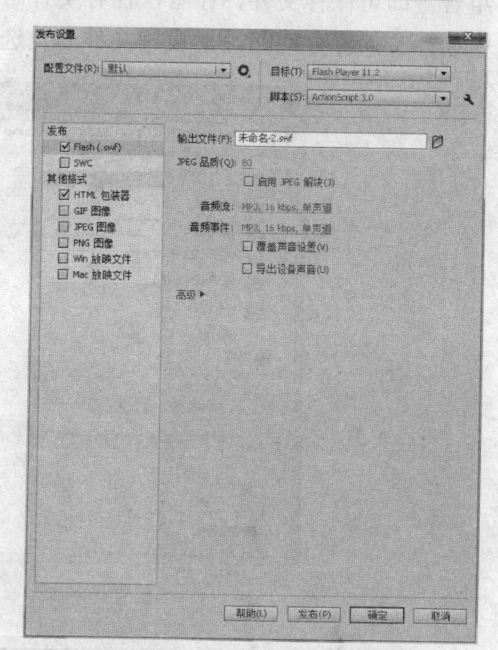

STEP 01：**打开发布设置对话框**。执行“文件→发布设置”命令，打开“发布设置”对话框，如右图所示。

STEP 02：**设置发布格式**。在对话框的“发布”列表中选择要发布的文件格式，然后在右侧区域中设置输出文件的路径和名称，并设置不同格式相关的参数。

STEP 03：**发布文件**。在“发布”按钮即可发布出相关的动画文件。

针对动画不同的应用，单击 Flash CS6 中可以将动画发布为以下几种格式：

- Flash(swf)：应用最为广泛的 Flash 播放文件格式，该格式将动画进行压缩，生成的动画文件非常小，适用于网络传播。
- SWC：压缩打包文档，用于发布组件。
- HTML 包装器：在发布 SWF 文件时同时生成一个 HTML 文件，在 HTML 中嵌入该 SWF 文件。
- GIF 图像：发布为 GIF 静态或动画图像。
- JPEG：发布为 JPG 格式的图像。
- PNG：发布为 PNG 格式的图像。
- Win 放映文件：发布为 Windows 环境下直接运行的动画文件，文件格式为 EXE。
- Mac 放映文件：发布文件格式为 APP 的应用程序，可在 Mac 系统中直接放映的动画。

专家提示　测试动画会自动发布一个 SWF 文件，文件默认保存路径与 Flash 文件路径一致，且主文件名相同。

17.3　知识讲解——绘制与编辑图形

在制作 Flash 动画时常常需要绘制和编辑矢量形状，Flash 中也提供了较为强大的矢量图像绘制与编辑功能。

17.3.1　绘制和调整矢量图形

使用工具箱中的绘图工具可以绘制常见的矢量形状，各工具的使用方法与 Fireworks 中相似，选择形状工具后，在“属性”面板中设置笔触颜色、填充颜色、笔触粗细、样式等参数，然后右舞台上拖动即可绘制出相应的形状，如下图所示，绘制出圆角矩形。

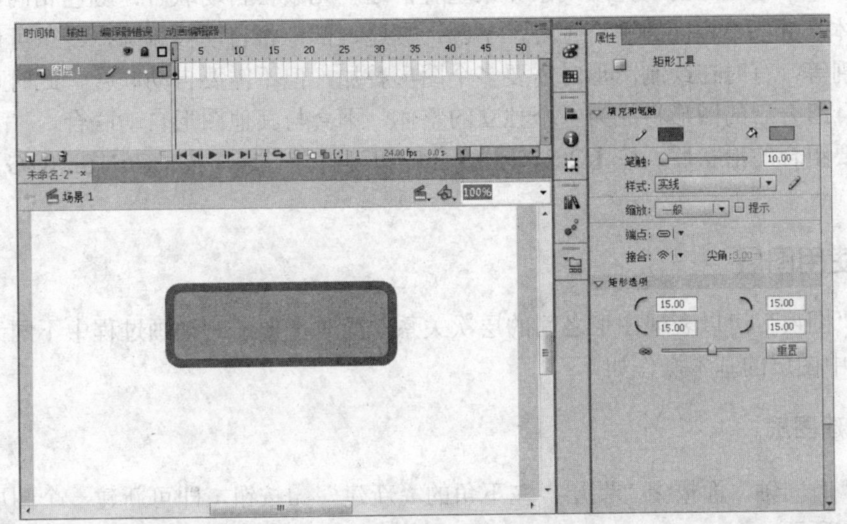

专家提示　除在“属性”面板中设置形状的属性外，还可以在“颜色”面板中设置形状的笔触或填充颜色及渐变样式。

要对绘制出的形状进行调整，可以使用以下方法：

方法一：选择“选择工具”，鼠标指向形状边缘或路径节点拖动可调整曲线弯曲度或节点位置，如左下图所示。

方法二：选择“部分选取工具”，然后选择图形边缘的节点，拖动节点可调整节点的位置，拖动节点上出现的曲线调整手柄可调整节点两侧的曲线弯曲方向及弯曲度，如右下图所示。

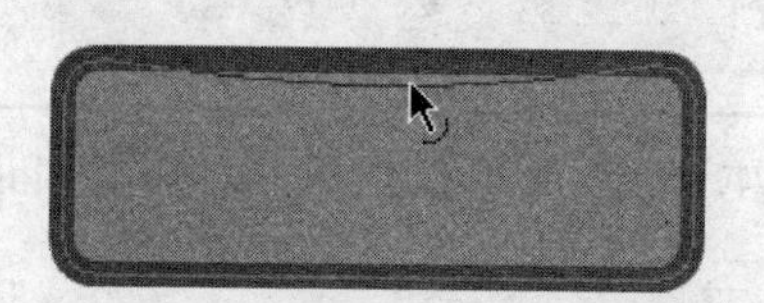

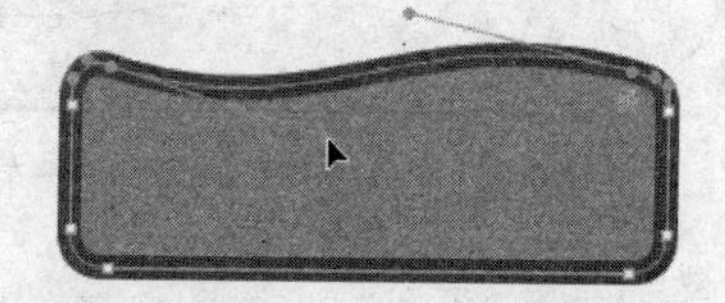

新手注意

在 Flash 中矢量图形有线条（笔触）和填充两种独立的形状类型，在绘制出具有填充和线条的形状后，实质上线条与填充并非是一个整体，使用选择工具单击选择对象时，仅能选择一个填充区域或一段线条。使用“基本矩形工具”或“基本椭圆工具”可绘制一个包含线条和填充的整体图元，绘制出的图元可在“属性”面板中修改整体的属性。

17.3.2　组合对象

在 Flash 中绘制出的填充或线条如果重叠，这些元素会自动联合：颜色相同的填充将融为一个整体，颜色不相同的填充重叠，下图形被遮挡部分将自动被删除，线条可以对填充区域进行分割等。有时在绘制图形时需要多个图形叠加，但不需要自动联合，此时可以将图形进行组合，组合后的图形将成为一个独立的整体，不会与其他图形自动联合。

选择要组合的形状后，按【Ctrl+G】组合键即可组合对象。按【Ctrl+Shift+G】组合键可取消组合。

17.3.3　使用图层

使用“图层”可以表现图形之间的层次关系，同时也便于对动画过程中不同元素进行调整，Flash 中图层的基本操作如下：

1．新建图层

单击“时间轴”面板中“图层”左下角的“新建”按钮，即可新建一个图层，新建图层后如下图所示。

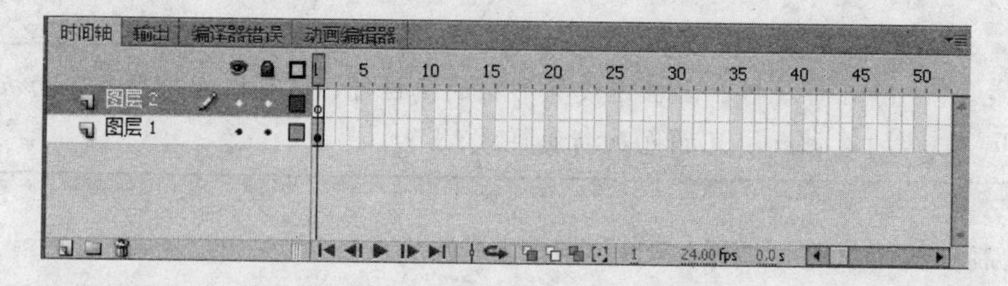

2．新建图层文件夹

图层文件夹用于整理 Flash 中的图层，可将多个图层存放于一个图层文件夹中，图层文件夹中还可以存在图层文件夹。合理地分组图层，便于动画制作或修改时快速找到动画过程中需要操作的图层。

单击“新建文件夹”按钮即可新建一个图层文件夹，拖动图层到图层文件夹，可以将图层移动到图层文件夹中，如右图所示。

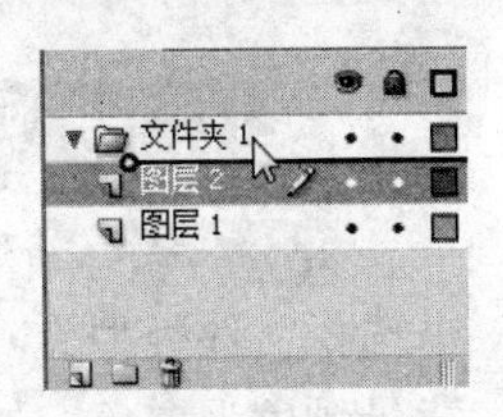

3．重命名图层或图层文件夹

为更好地管理图层，可以对图层或图层文件夹进行重命名，双击图层或图层文件夹名后输入新图层名称即可。

4．删除图层

要删除图层，可将图层拖至“删除”按钮或选择图层后单击“删除”按钮即可。

17.4 同步训练——实战应用

实例 1：制作广告画面

案例效果

	素材文件：光盘\素材文件\第 17 章\1.jpg
	结果文件：光盘\结果文件\第 17 章\实例 1.fla
	教学文件：光盘\教学文件\第 17 章\实例 1.avi

制作分析

本例难易度：★★★☆☆

关键提示：	知识要点：
首先新建 Flash 文档，设置舞台大小，导入素材图像到舞台，调整图像大小，新建图层，绘制半透明矩形，添加文字内容并设置文字格式，保存文档。	● 新建 Flash 文档 ● 设置动画属性 ● 导入并使用图像 ● 新建图层 ● 绘制形状 ● 设置并调整渐变填充颜色 ● 添加并文字格式

具体步骤

STEP 01：新建 Flash 文档。执行“文件→新建”命令，在打开的“新建文档”对话框中选择文件类型为“ActionScript 3.0”，在右侧设置影片宽度为 550 像素，高度为 260 像素，背景颜色为白色，如左下图所示；单击“确定”按钮新建 Flash 文档。

STEP 02：导入素材图像。执行“文件→导入→导入到舞台”命令，选择素材图像“1.jpg”，导入图像至舞台，如右下图所示。

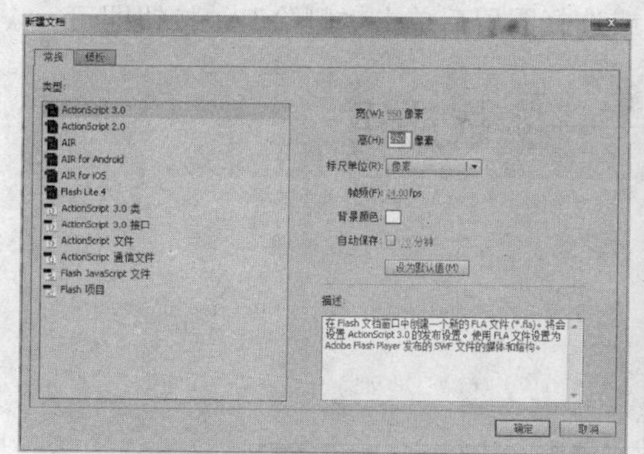

STEP 03：设置图像宽度。选择导入的图像后在“属性”面板中单击按钮切换至状态，锁定对象的宽高比，然后设置宽度值为 550 像素，如左下图所示。

STEP 04：对齐图像。打开“对齐”面板，选择“与舞台对齐”选项，单击“左对齐”和“重直居中”按钮，如右下图所示。

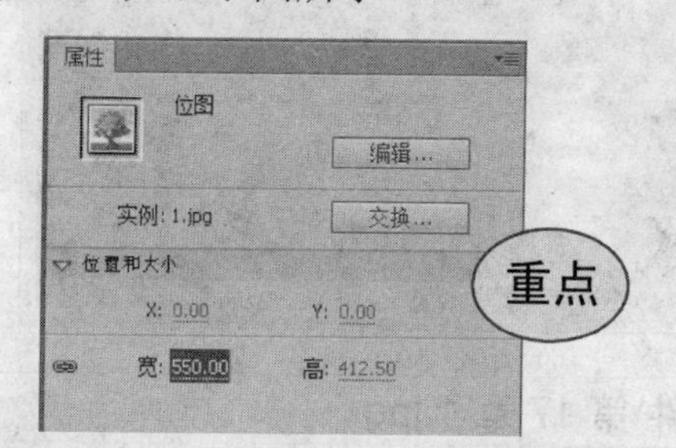

重点

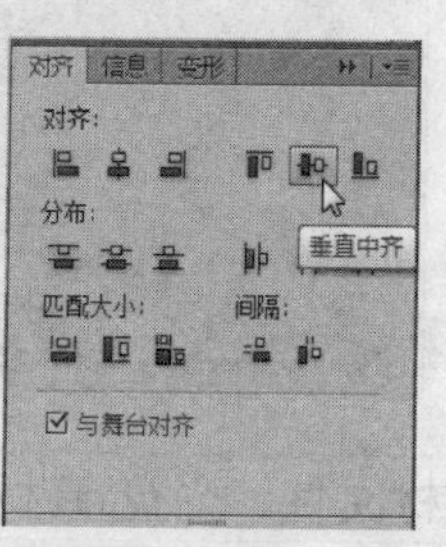

STEP 05：绘制矩形。新建图层，选择“矩形”工具，在“属性”面板中设置笔触颜色为“无”，填充颜色为白色，在舞台上绘制一个矩形形状，如下图所示。

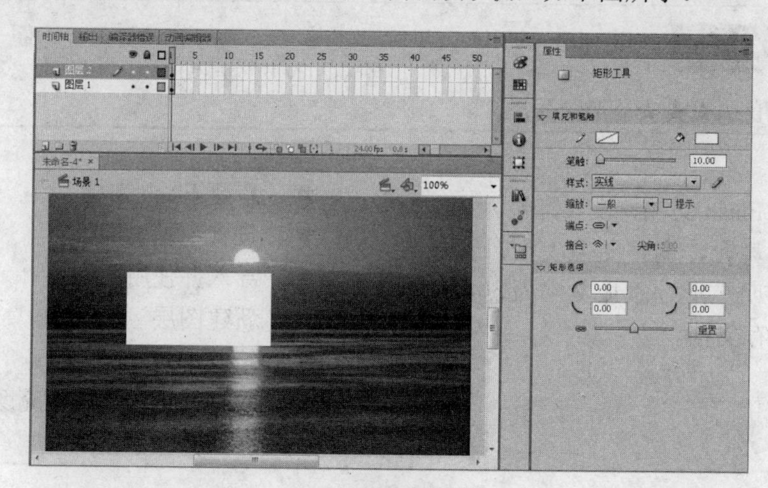

STEP 06：**设置矩形大小位置**。选择“选择工具”，单击选择矩形形状，在“对齐”面板中单击“匹配大小”中的“匹配宽和高”按钮，单击“水平居中”和“重直居中”按钮，调整后效果如左下图所示。

STEP 07：**设置渐变填充颜色**。打开“颜色”面板，选择填充颜色类型为“线性渐变”，在渐变色阶区中设置三个颜色样本值分别为白色、白色透明和“#470069”，如右下图所示。

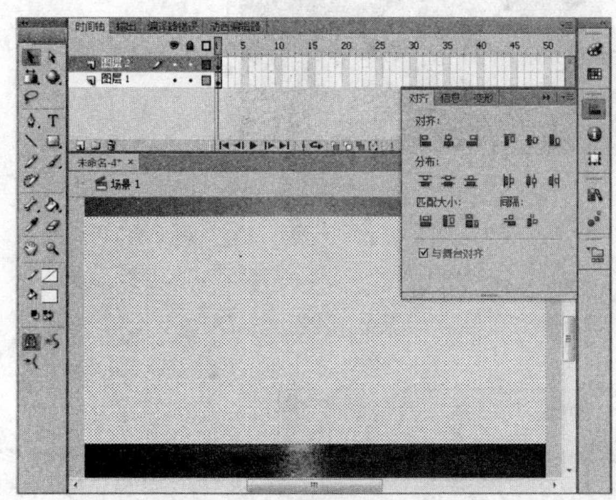

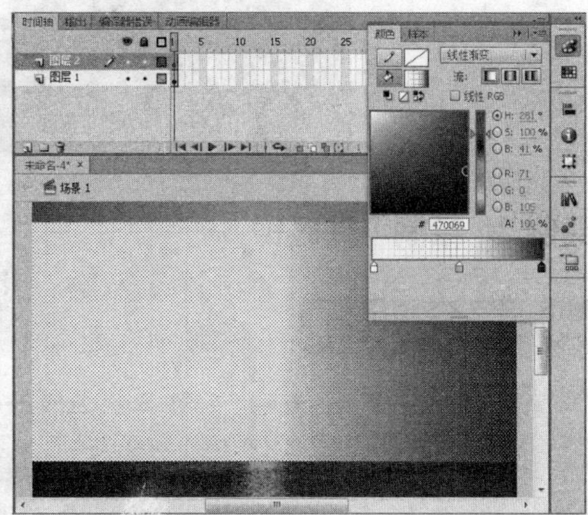

STEP 08：**调整渐变方向**。按【F】键切换至“渐变变形”工具，调整渐变方向为从左上到右下，如左下图所示。

STEP 09：**添加文字内容**。新建图层，选择“文字工具”，在舞台上添加文字内容，在“属性”面板中设置文字系列为“华文行楷”，大小为 50 点，效果如右下图所示。

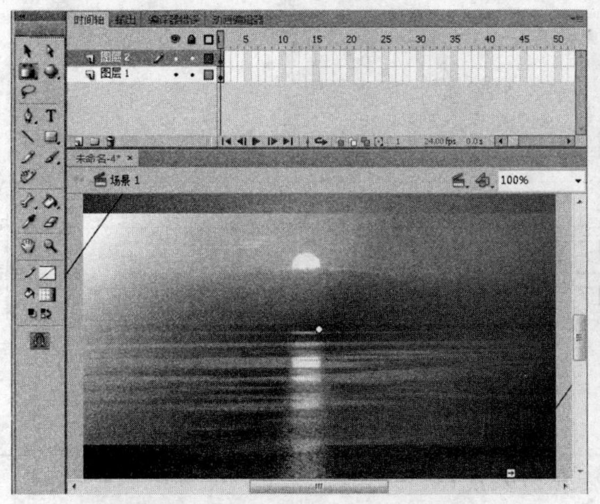

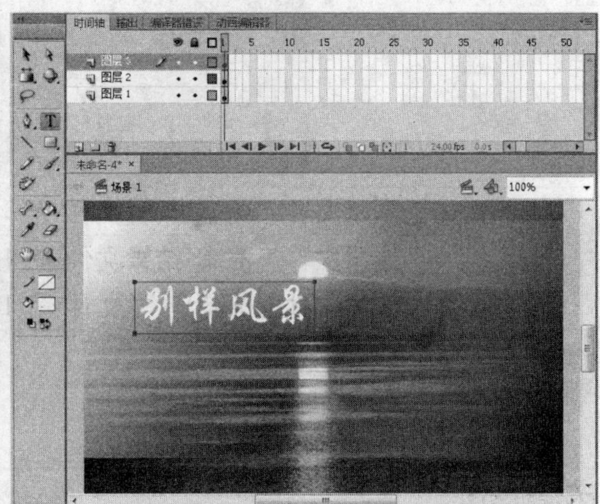

STEP 10：**保存并在播放器中查看效果**。按【Ctrl+S】组合键保存文档，然后按【Ctrl+Enter】组合键测试动画，在播放器中查看广告画面，效果如下图所示。

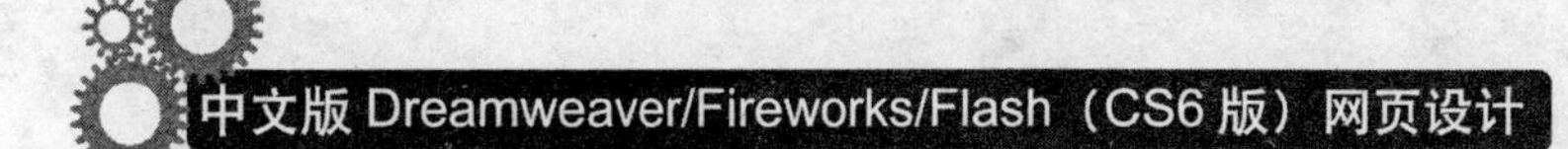

实例 2：绘制个性时钟

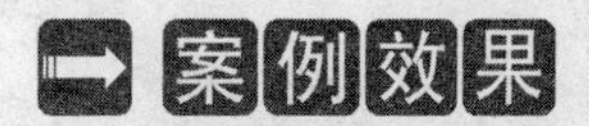

	素材文件：光盘\素材文件\无
	结果文件：光盘\结果文件\第 17 章\实例 2.fla
	教学文件：光盘\教学文件\第 17 章\实例 2.avi

制作分析

本例难易度：★★★★☆

关键提示：

设置舞台大小及背景颜色，添加辅助线，绘制正圆形状，利用“变形”面板快速绘制时钟刻度，绘制不规则形状指针。

知识要点：

- 设置舞台属性
- 显示标尺
- 绘制正圆形
- 添加辅助线
- 使用变形面板快速复制图形
- 绘制不规则形状

➡ 具体步骤

STEP 01：**新建文档并设置舞台属性**。新建“ActionScript 3.0”文档，设置舞台宽度为 600 像素、高度为 400 像素、舞台背景颜色为“FFCC00”，如下图所示。

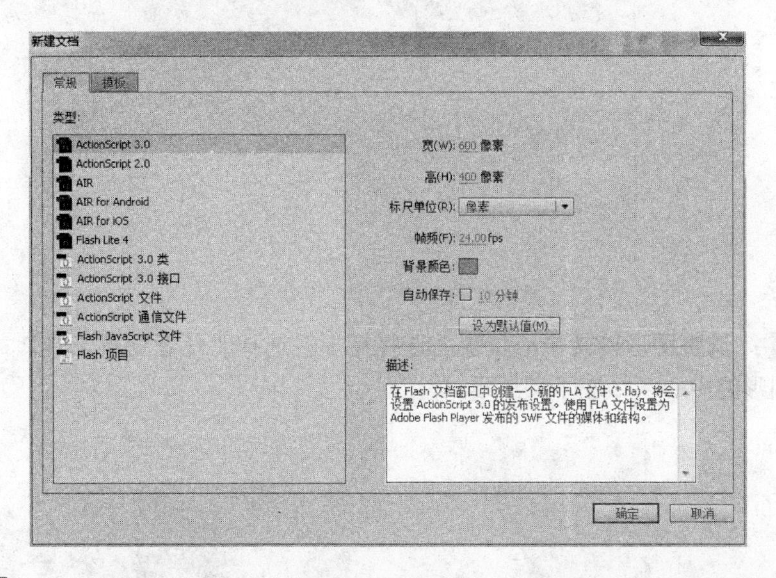

STEP 02：**添加辅助线**。执行“视图→标尺”命令显示出“标尺”，从标尺上拖动添加辅助线，水平辅助线位置在 200 像素，垂直辅助线位置为 300 像素，如下图所示。

STEP 03：**绘制正圆形**。选择“椭圆工具”，在辅助线的交叉处拖动鼠标，同进按住【Alt】键和【Shift】键从中心开始绘制一个正圆形，如左下图所示。

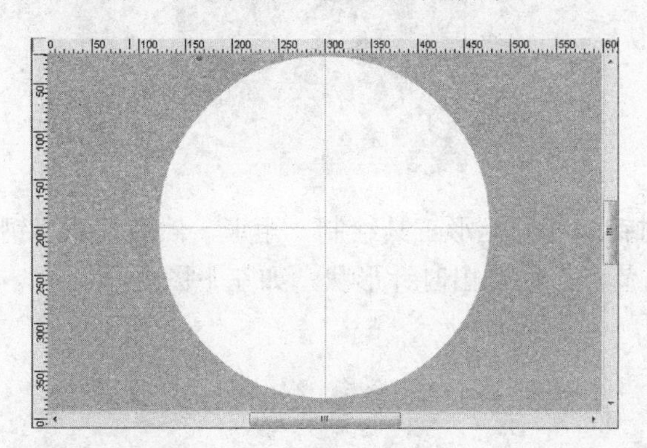

STEP 04：**绘制刻度**。使用“缩放工具”放大查看圆形上方部分，新建图层，绘制一个黑色矩形填充，宽度为 4 像素，高度为 20 像素，将放置于如右下图所示的位置。

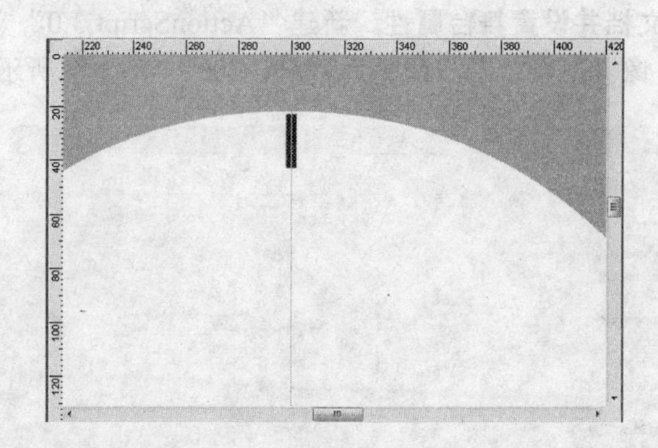

STEP 05：**调整图形旋转中心位置**。选择矩形后选择“任意变形工具”，拖动矩形的中心位置到正圆形的中心，如左下图所示。

重点

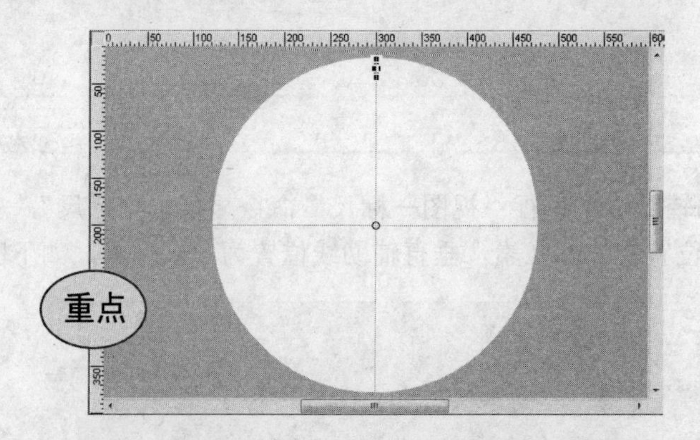

STEP 06：**旋转并复制对象**。打开“变形”面板，在“旋转”参数中设置数值为 30，然后单击“重制选区和变形” 按钮，如右下图所示；单击 11 次复制出 11 个刻度。

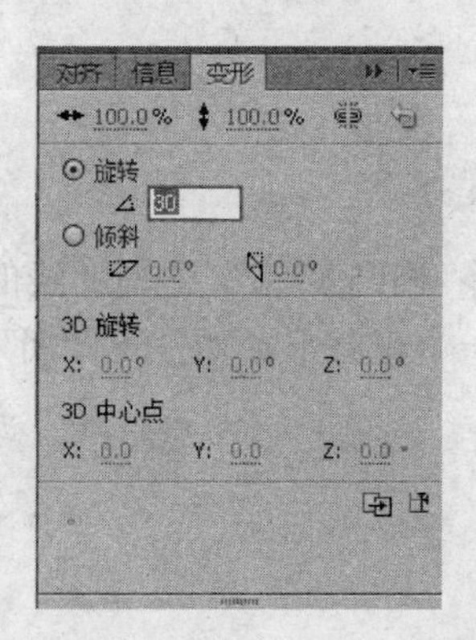

STEP 07：**绘制时针**。使用矩形工具绘制一矩形，然后使用“钢笔工具”及“部分选取工具”添加和调整路径节点，绘制出时针形状，如左下图所示。

STEP 08：绘制分针。使用与上一步相似的方式绘制出个性造型的分针形状，如右下图所示。

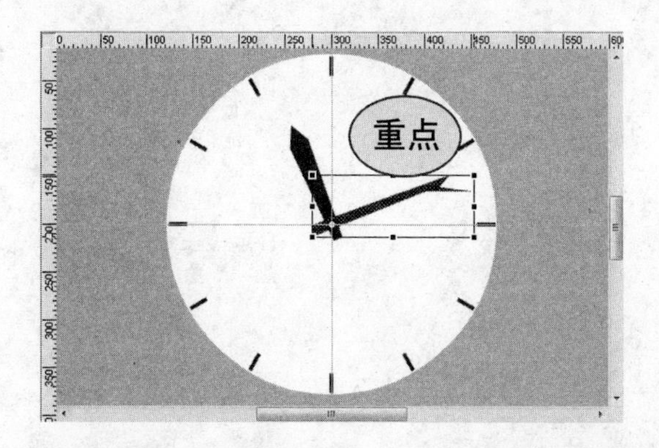

STEP 09：保存并在播放器中查看效果。按【Ctrl+S】组合键保存文档，然后按【Ctrl+Enter】组合键测试动画，在播放器中查看广告画面，效果如下图所示。

专家提示 在绘制和修改图层中的图形时，为不影响其他图层中的图形，防止误操作修改到其他图层中的形状，可以将不编辑的图层锁定。

本章小结

本章内容主要对 Flash 中的文件操作和图形绘制的方法进行了讲解。在 Flash 中创建和保存的“fla”格式的源文件，不可应用于 Flash 软件环境以外播放，要应用于不同的环境，需要将动画发布为相应的格式；而 Flash 中的绘图功能与 Fireworks 中非常相似，巧妙应用 Flash 中的绘图工具及功能可以使绘图过程更加简单快捷。

第 18 章

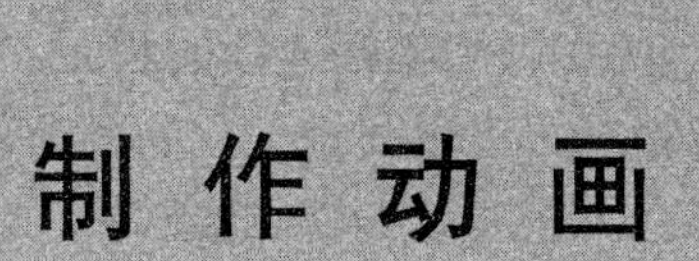

制作动画

本章导读

Flash 中提供了多种动画制作的功能及方法，本章将讲解常见的动画创建的方法，如逐帧动画、运动动画、形变动画、色彩动画、遮罩动画等各类动画效果。此外，相间还将介绍 Flash 中元件的应用，使用元件可以简化动画制作过程，优化动画文件。

知识要点

- ◆ 掌握时间轴的基本操作
- ◆ 掌握帧的作用及相关操作
- ◆ 熟练掌握逐帧动画的创建方法
- ◆ 熟练掌握各类补间动画的创建方法
- ◆ 掌握各类元件作用及使用方法
- ◆ 掌握引导层动画的创建方法
- ◆ 掌握遮罩动画的创建方法

案例展示

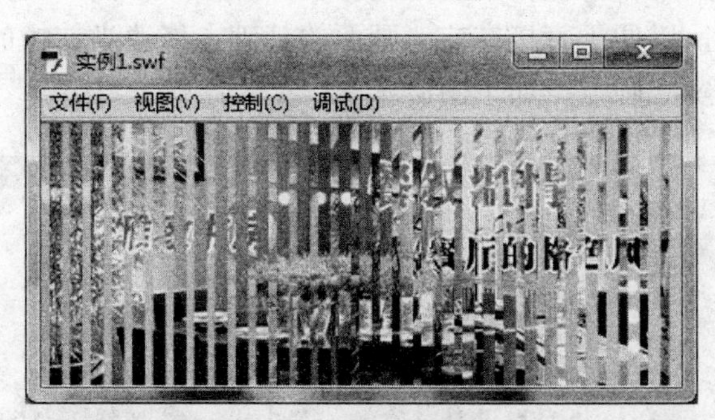

18.1 知识讲解——帧的基本操作

Flash 动画的原理是按一定频率切换一幅幅连续的画面，使视觉上产生动画。在 Flash 中的“时间轴”面板中，每一个方格子可表现一个独立的画面，而每一个方格子被称为一帧，每一帧中独立的画面内容可在舞台上查看或编辑。要制作动画，在“时间轴”中需要创建许多帧，使多个帧中的画面不相同，在播放时按 Flash 中设定的帧切换频率自动切换各帧中的画面，从而形成动画。

18.1.1 设置动画帧频

帧频即动画播放时，帧切换的速度，其单位为“帧/秒”。在 Flash CS6 中默认的帧频为 24 帧/秒，要修改帧频可以使用以下方法：

方法一：执行“修改→文档”命令，在打开的对话框中设置“帧频”值即可。

方法二：不选择舞台中任何元素，在“属性”面板中设置“FPS”值即可。

18.1.2 插入关键帧

关键帧是与前一帧相对独立的一种帧，即在关键帧中的画面内容可与前一帧中的内容不同，在制作各种类型的动画时，都会使用到关键帧。创建关键帧的方法如下：

方法一：在时间轴中单击选择要创建关键帧的位置，按【F6】键即可插入关键帧。

方法二：在时间轴中要创建关键帧的位置单击鼠标右键，然后在菜单中选择“插入关键帧”命令。

方法三：在时间轴中、选择要创建关键帧的位置，执行“插入→时间轴→关键帧”命令。

在插入关键帧后，如果在该帧位置的左侧存在关键帧，在插入的关键帧中将直接引用前一关键帧中的画面内容，以便于直接在前一画面的基础上修改当前帧的画面内容。在时间轴上，关键帧显示为黑色实心圆点，如下图所示。

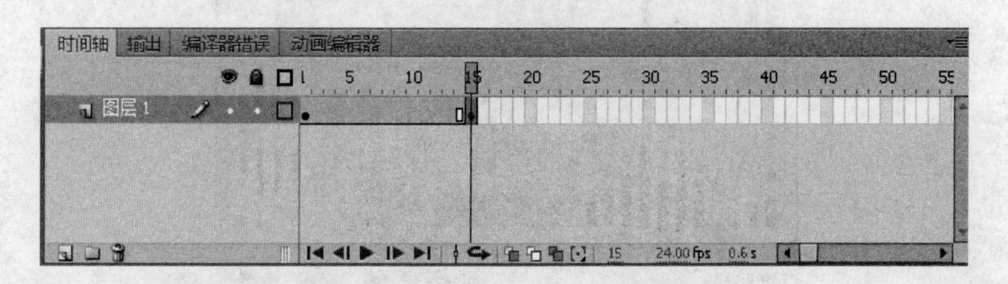

知识链接——逐帧动画的制作

逐帧动画即使用许多关键帧，每一关键帧中画面内容发生细微的变化而形成的动画。故制作逐帧动画时只需要在动画中插入大量的关键帧，然后调整各帧中画面的内容即可。

18.1.3 插入空白关键帧

空白关键帧与关键帧的作用相同，不同的是空白关键帧不会引用前一帧中的画面内容，创建的关键帧中的画面为空白，常常在动画过程中画面内容变化较大时使用，插入空白关键帧的方法如下：

方法一：在时间轴中单击选择要插入空白关键帧的位置，按【F7】键即可插入关键帧。

方法二：在时间轴中要插入空白关键帧的位置单击鼠标右键，然后在菜单中选择“插入空白关键帧”命令。

在 Flash 的“时间轴”中，插入的空白关键帧将显示为空心的圆圈，如下图所示。

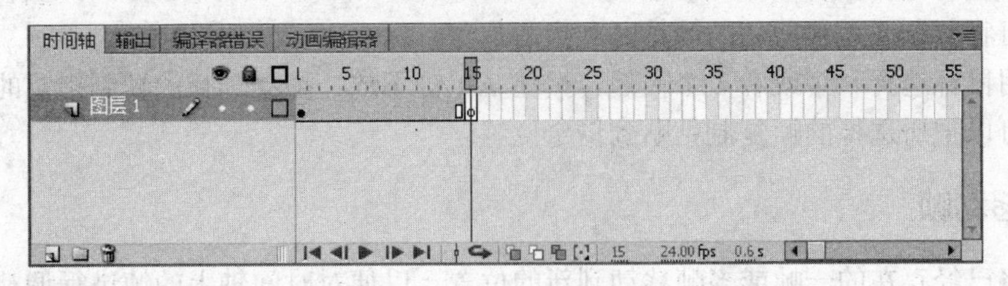

18.1.4　插入帧

插入帧即完全引用前一关键帧中的画面内容，可理解为对前一关键帧进行延时显示。插入帧的方法如下：

方法一：在时间轴中单击选择要插入帧的位置，按【F5】键即可。

方法二：在时间轴中要插入帧的位置单击鼠标右键，然后在菜单中选择“插入帧”命令。如下图所示为在第 15 帧处插入帧后的效果。

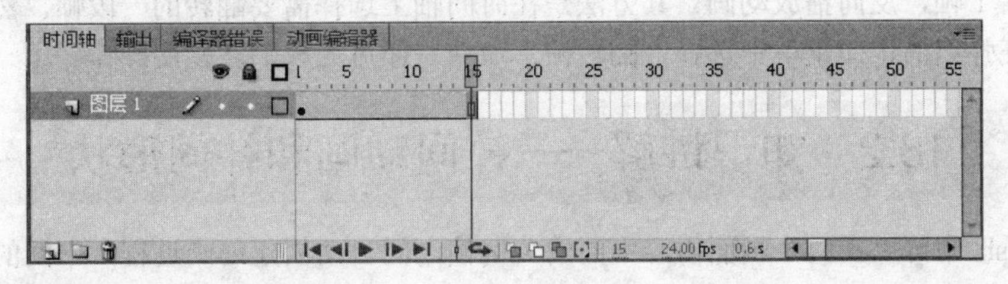

18.1.5　选择帧

在时间轴的帧上单击可选择一帧，拖动可选择连续的多帧，要选择不连续的帧，可以选择一帧或一段连续的帧后按住【Ctrl】键选择其他帧即可。

18.1.6　删除帧

在时间轴上选择需要删除的一个或多个帧，然后单击鼠标右键，在弹出的快捷菜单中选择“删除帧”命令，即可删除被选择的帧。若删除的是连续帧中间的某一个或几个帧，后面的帧会自动提前填补空位。Flash 的时间轴上，两个帧之间是不能有空缺的。如果要使两帧间不出现任何内容，可以使用空白关键帧。

18.1.7　剪切帧

在时间轴上选择需要剪切的一个或多个帧，然后单击鼠标右键，在弹出的快捷菜单中选择“剪切帧”命令，即可剪切掉所选择的帧，被剪切后的帧保存在 Flash 的剪切板中，可以在需要时将其进行粘贴使用。

18.1.8　复制与粘贴帧

用鼠标选择需要复制的一个或多个帧，然后单击鼠标右键，在弹出的快捷菜单中选择“复制帧”命令，即可复制所选择的帧。

在时间轴上选择需要粘贴帧的位置，单击鼠标右键，在弹出的快捷菜单中选择“粘贴帧”命令，即可将复制或者被剪切的帧粘贴到当前位置。

可以用鼠标选择一个或者多个帧后，按住 Alt 键不放，拖动选择的帧到指定的位置，这种方法也可以把所选择的帧复制粘贴到指定位置。

18.1.9　移动帧

可以将已经存在的一帧或多帧移动到新的位置，以便对时间轴上的帧进行调整和重新分配。如果要移动单个帧，可以先选中此帧，然后拖动此帧，将帧移动到其他时间轴上的任意位置。如果需要移动多个帧，同样在选中要移动的所有帧后，使用鼠标对其拖动，移动到新的位置释放鼠标即可。

18.1.10　翻转帧

翻转帧的功能可以使所选定的一组帧按照顺序翻转过来，使最后 1 帧变为第 1 帧，第 1 帧变为最后 1 帧，反向播放动画。其方法是在时间轴上选择需要翻转的一段帧，然后单击鼠标右键，在弹出的快捷菜单中选择“翻转帧”命令，即可完成翻转帧的操作。

18.2　知识讲解——补间动画和补间形状

在 Flash 中可以在两个画面内容不同的关键帧之间自动创建动画过程，中间的动画过程被称为补间。在 Flash CS6 中，可使用补间动画、补间形状和传统补间来创建不同类型的补间。

18.2.1　创建补间动画

补间动画通常用于创建同一对象大小、位置、方向或其他属性发生变化的动画过程。在 Flash 中创建补间动画以及对补间动画的修改调整方法如下：

1. 创建补间动画

STEP 01：**将动画元素转换为元件**。选择用于创建动画的对象，按【F8】键，在打开的对话框中选择一种元件类型，将对象转换为元件。

STEP 02：**创建补间动画**。在关键帧上单击鼠标右键，在快捷菜单中选择“创建补间动画”命令，如左下图所示。

STEP 03：**插入关键帧创建动画**。在创建了补间动画的关键帧后插入关键帧，然后调整画面中对象的位置、大小、方向或属性即可创建出补间动画。创建出运动动画后在舞台中可使用“选择工具”调整运动路径，如右下图所示。

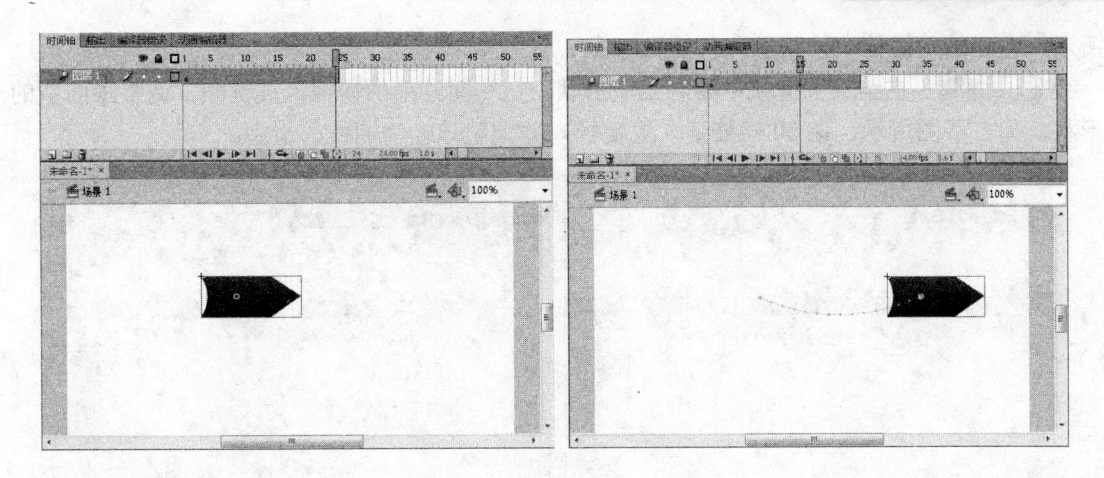

2．设置补间属性

要调整补间动画的效果，可以选择时间轴中补间中的任意一帧，然后在“属性”面板中进行设置，如下图所示。

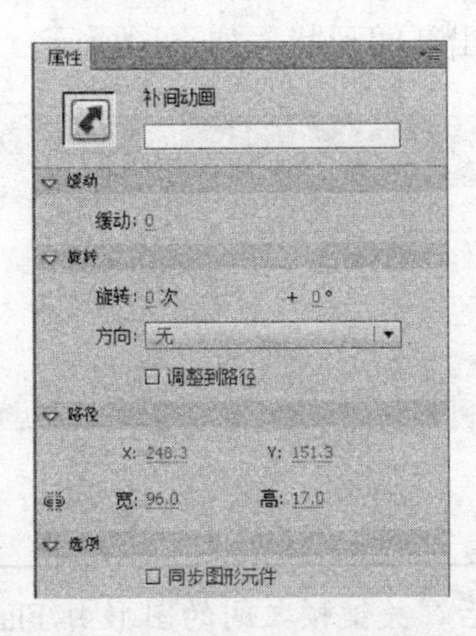

其中各参数的作用如下：

- 缓动：用于设置动画的速度变化方式，如设置为正数，动画将呈现为由快变慢的动画效果，如设置为负数，则动画呈现为由慢变快的动画效果。
- 旋转：用于设置动画过程中对象是否出现旋转的动画以及旋转的次数和方向等。
- 路径：用于设置当前补间动画整体的位置、宽度和高度。

3．删除补间动画

在时间轴补间动画中任意一帧上单击鼠标右键，在菜单中选择“删除补间”命令即可删除补间。

18.2.2　创建补间形状

补间形状用于创建图形形状发生变化的动画过程，在创建补间形状时，关键帧中的图形应是普通的图形形状，不能使用元件。创建补间形状的方法如下：

STEP 01：**在开始关键帧中绘制初始形状。**在补间开始的关键帧中绘制形状，如左下图所示，在开始关键帧中绘制了一条曲线。

STEP 02：**在结束关键帧中绘制结束形状**。在补间结束的帧插入关键帧，调整画面中的形状，如右下图所示，在 20 帧处插入关键帧，并调整该帧中曲线的造型。

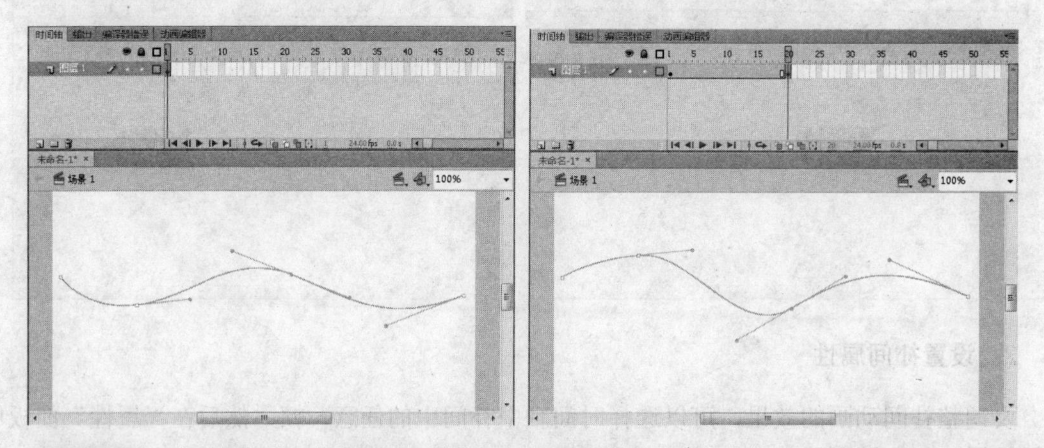

STEP 03：**在关键帧之间创建补间形状**。在关键帧之间单击鼠标右键，选择弹出菜单中的“创建补间形状”命令，创建出补间形状，如下图所示。

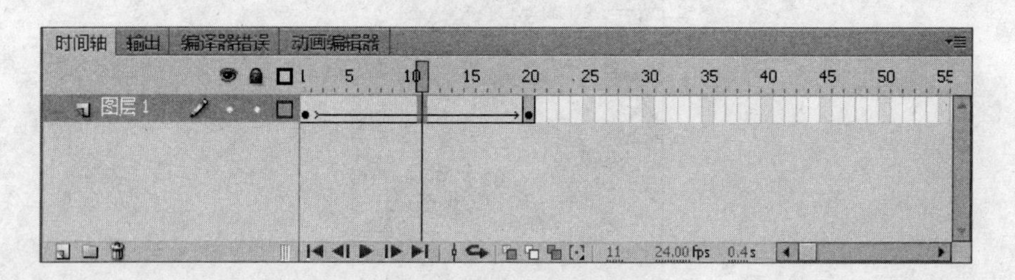

专家提示

创建补间形状后，关键帧之间的图形由 Flash 自动运算产生，因此创建出的补间形状动画并不一定和预期的效果相同，通常复杂的形状变化的动画可能需要创建许多关键帧来制作需要的动画效果。

18.2.3 创建传统补间

“传统补间”是老版本 Flash 中的“补间动画”，主要用于创建对象运动、旋转、大小变化等动画效果。创建方法如下：

STEP 01：**将动画元素转换为元件**。选择用于创建动画的对象，按【F8】键，在打开的对话框中选择一种元件类型，将对象转换为元件。

STEP 02：**创建结束关键帧**。在补间结束的帧插入关键帧，调整画面中对象的属性，如位置、方向、大小、色彩颜色等。

STEP 03：**创建传统补间**。在关键帧之间单击鼠标右键，在菜单中选择“创建传统补间”命令即可，创建传统补间后的效果如下图所示。

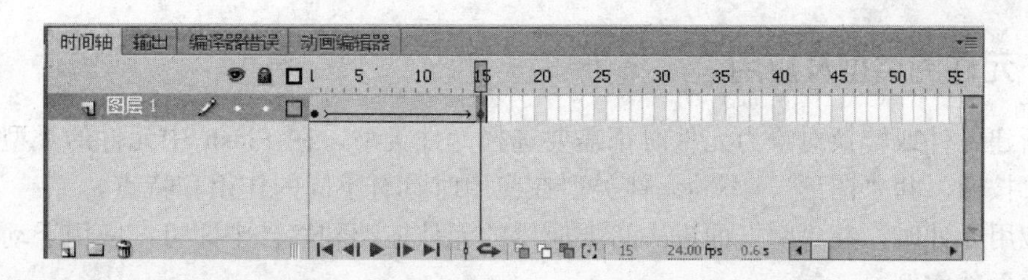

18.3　知识讲解——元件的应用

元件是整个 Flash 动画中可以多次重复使用的一种对象，它可以是一个形状，也可以是一段动画或按钮。元件存放于“库”面板中，可以在动画中不同的位置重复的应用，如果对元件内容进行了修改和调整，所有应该到该元件的地方也会发生相同的变化。要提高 Flash 动画制作的工作效率，优化动画或者要制作高级的 Flash 动画效果，都会应用到元件。

18.3.1　新建元件

要创建新元件，可以使用以下方法：

STEP 01：**执行新建元件命令**。按【Ctrl+F8】组合键或执行“插入→新建元件”命令，打开的“创建新元件”对话框。

STEP 02：**设置元件名称及类型**。在对话框中设置元件名称及元件类型，如左下图所示，。

STEP 03：**设置元件名称及类型**。单击“确定”按钮，进入到元件编辑状态，在元件编辑状态中创建元件中的图形或动画，如右下图所示。

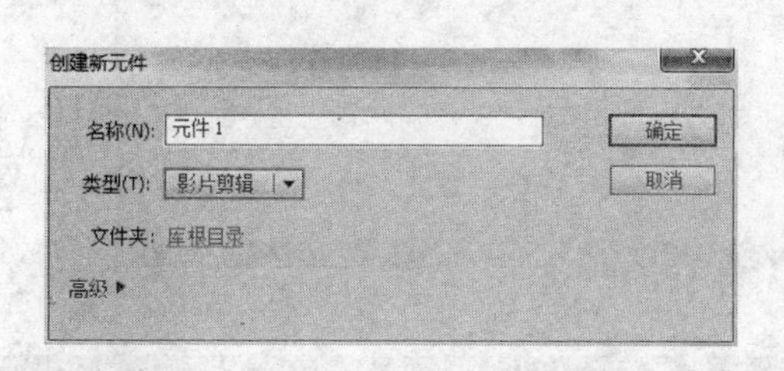

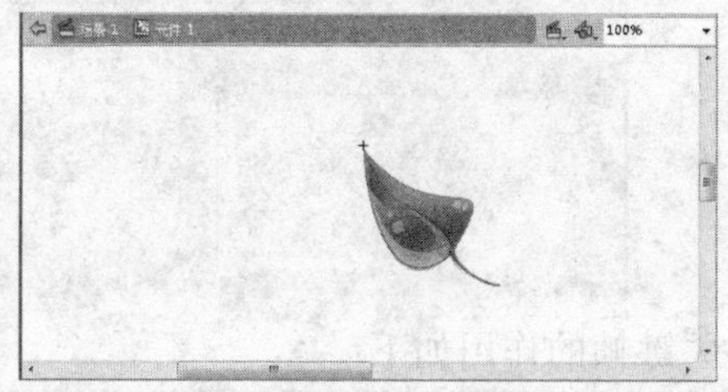

STEP 04：**完成元件编辑**。完成元件内容的编辑后，单击工作区上方的“场景 1”按钮退出元件的编辑状态，元件创建完成。

18.3.2　转换为元件

如果要利用画面中已经存在的对象创建新的元件，可以选择这些对象后按【F8】键或执行“修改→转换为元件”命令，打开如右图所示的“转换为元件”对话框，在对话框中输入元件名称、设置元件类型并选择“对齐”位置后单击“确定”按钮即可。

其中“对齐”参数用于设置元件内容与元件中心位置的对齐方式，默认为左上角对齐，即元件内容的左上角位于元件的中心位置。

18.3.3 元件的类型及应用

在新建元件或转换对象为元件时都需要选择元件类型，在 Flash 中元件的类型有“影片剪辑”、“按钮”和“图形”，不同元件类型在应用时具有不同的作用和特点。

要应用元件时，在“库”面板中将要应用的元件拖动到舞台中即可，应用于动画中的元件被称为元件实例。

1. 应用影片剪辑元件

影片剪辑元件在 Flash 中通常用于存储动画片段，也可以存储静态图形等，元件内部的动画播放不受元件实例所在的时间轴限制，即使所在时间轴只有一帧，元件内部动画者会自动播放完整，且播放完后会自动重复播放。

将影片剪辑元件放置到舞台后，在“属性”面板中可设置元件的“实例名称”，该名称可应用于 ActionScript 程序中对元件实例进行控制。在影片剪辑元件实例上还可以应用滤镜效果，而直接绘制的图形和图形元件均不能使用滤镜，当影片剪辑元件应用于舞台后，在“属性”面板中即可对元件实例添加各种滤镜效果。

2. 应用按钮元件

按钮元件是一种特殊的动画元件，它能对鼠标指向和鼠标左键按钮状态作出响应，通常按钮的实际功能需要通过 ActionScript 程序进行编程实现。

在按钮元件中，时间轴上提供了四个不同作用的关键帧，如下图所示。

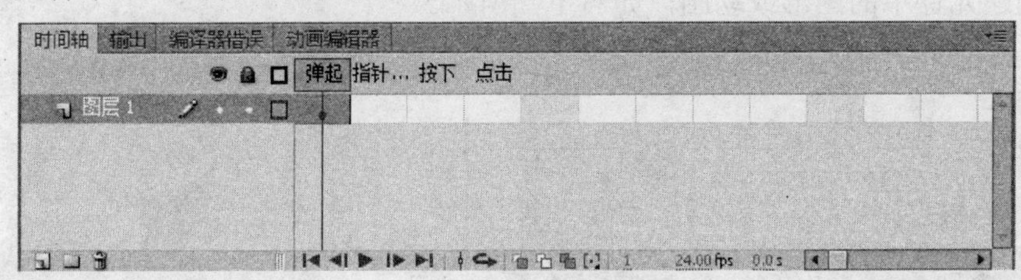

各关键帧的作用如下：

- 弹起：绘制于该帧位置中的图形将作为按钮的默认状态，即当鼠标未指向该按钮时的显示效果。
- 指针经过：该帧用于创建按钮在鼠标指向时的效果。
- 按下：该帧用于创建鼠标在按钮上按下左键时的效果。
- 点击：用于绘制按钮响应鼠标的区域，通常用于响应鼠标的位置或区域与按钮实际形状不相同的情况。在实际应用中，常常用于创建透明按钮，即在该帧中绘制按钮形状，其他帧中无任何内容，此时按钮则为透明按钮。

将按钮元件放置到舞台后，在“属性”面板中可设置元件的“实例名称”，该名称可应用于 ActionScript 程序中对元件实例进行控制。

3. 应用图形元件

通常在 Flash 中可以使用图形元件来保存静态的图形对象，以方便在不同动画过程中重复应用。图形元件中亦可保存动画片段，可以在图形元件内部创建动画，当图形元件被应用于舞台上时，其动画可与舞台时间轴上的帧数保持同步，亦可在“属性”面板设置该图形元件实例当前显示的帧数。

4. 更改元件实例类型

将元件应用于舞台后，在“属性”面板中也可更改元件实例的元件类型，使元件实例具有相应类型元件的特点，如右图所示，在“实例类型”下拉列表中选择类型即可。

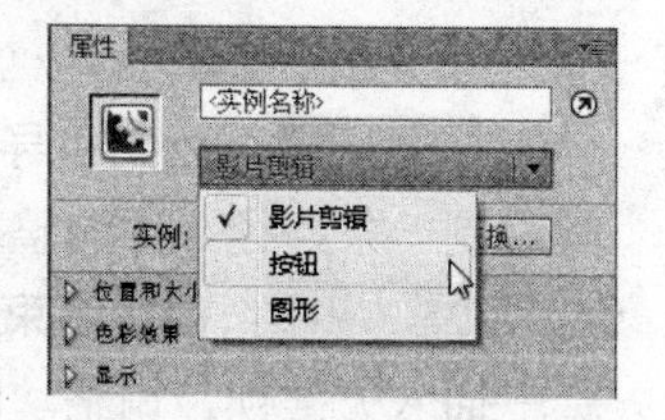

修改元件实例的实例类型后，“库”面板中相应元件的类型并不会发生变化。

5. 交换元件

如果要将舞台上应用的元件实例更改为另一个元件的实例，可以选择该实例后单击“属性”面板中的交换按钮，如左下图所示；在打开的“交换元件”对话框中选择要交换成的元件，如右下图所示，单击“确定”按钮即可。

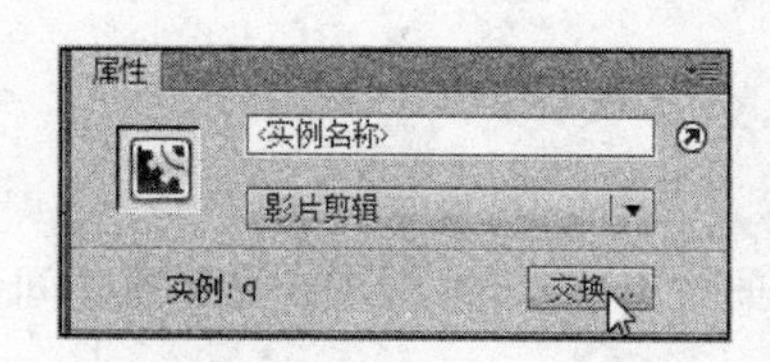

18.3.4 编辑元件

如果要对元件内容进行编辑和修改，可在“库”面板中双击要编辑的元件进入元件编辑状态，也可以在舞台中双击元件实例进入元件编辑状态。对元件进行编辑和修改后，所有元件实例的效果也会随修改同步变化。

18.4 知识讲解——引导层和遮罩层动画

引导层和遮罩层是 Flash 中具有特殊作用的图层，使用引导层或遮罩层可以创建出特殊的动画效果。

18.4.1 创建传统引导层动画

使用引导层可以实现对象沿着特定的路径运动的动画效果，在 Flash CS6 中可以使用“创建传统引导层”命令创建引导层后制作引导层动画，具体操作如下：

STEP 01：**创建动画对象**。在关键帧中创建动画对象，并将对象转换为元件。

STEP 02：**添加传统引导层**。在动画对象所在的图层上单击鼠标右键，在菜单中选择“添加传统引导层”命令，添加引导层后的时间轴如下图所示。

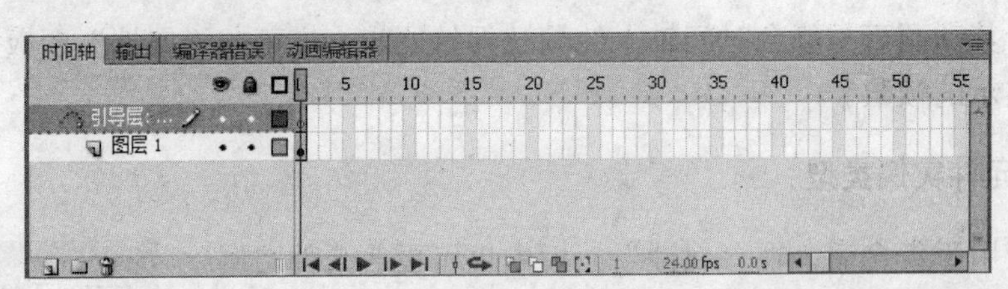

STEP 03：**绘制引导路径**。选择引导层中的关键帧后，在舞台中使用“钢笔工具”等工具绘制一条路径，并调整动画对象对齐于路径，如左下图所示。

STEP 04：**创建结束关键帧**。在动画结束位置的引导层中插入帧，在动画对象所在的图层中插入关键帧，调整动画对象的位置到引导线上不同的位置，如右下图所示。

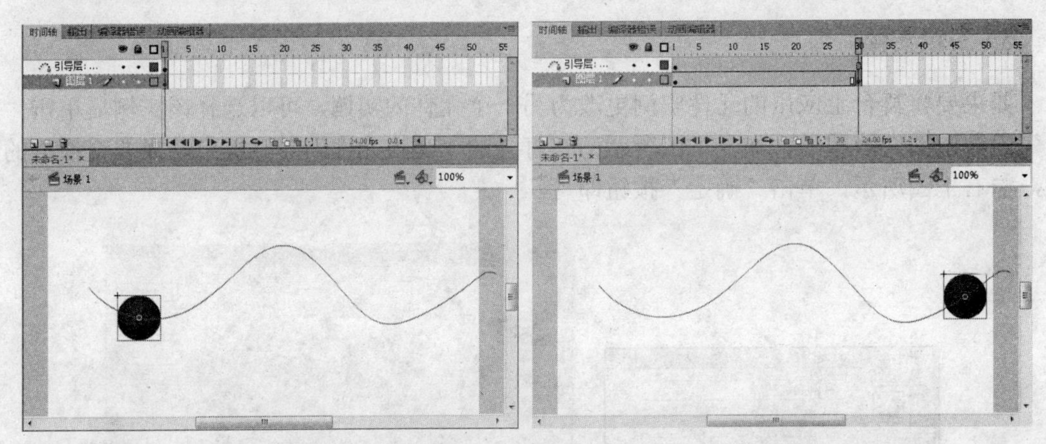

STEP 05：**在被引导层中创建传统补间**。在动画对象所在的图层中关键帧之间创建传统补间，即可创建出引导层动画，如下图所示。

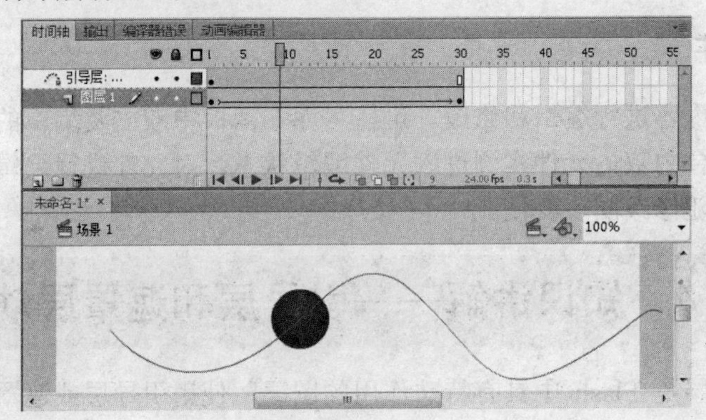

专家提示

在创建了引导层动画后，如果要让被引导层中运动对象的方向跟随路径方向变化，可以选择补间帧后在属性面板中选择“调整到路径”选项。

在动画发布后以及在播放器中播放时，引导层中的路径或图形不会显示。

18.4.2 创建遮罩层动画

遮罩层是 Flash 中一种特殊的图层，用于隐藏或显示图层中的部分图像。在遮罩层中创建的对象具有透明效果，如果遮罩层中的某一位置有对象，那么被遮罩层中相同位置的内容将显露出来，被遮罩层的其他部分则不被显示并且完全透明。

要创建遮罩层，可以使用以下方法：

STEP 01：**创建图层内容**。要创建遮罩层，首先需要在舞台中创建至少两个图层，一个作为被遮罩层的图层，在该图层上方创建一个作为遮罩层的图层，在被遮罩层的图层中放置要显示的具体图像，在遮罩层中使用形状或文字创建要显示的区域，如左下图所示。

STEP 02：**创建遮罩层**。在要作为遮罩层的图层上单击鼠标右键，在菜单中选择“遮罩层”命令，创建遮罩层后效果如右下图所示。

创建遮罩层后，遮罩层和被遮罩层将自动被锁定，并显示出遮罩层作用的效果。如果要修改遮罩层或被遮罩层中的对象，需要单击图层中的🔒按钮取消图层的锁定，取消遮罩层或被遮罩层的锁定后，画面将取消遮罩层作用的效果，当再次锁定图层或在发布动画或测试动画时均可显示出遮罩层的效果。

在遮罩层或被遮罩层中均可创建各类动画，从而创建出遮罩层动画效果。

18.5　同步训练——实战应用

实例 1：制作百叶窗广告切换动画

案例效果

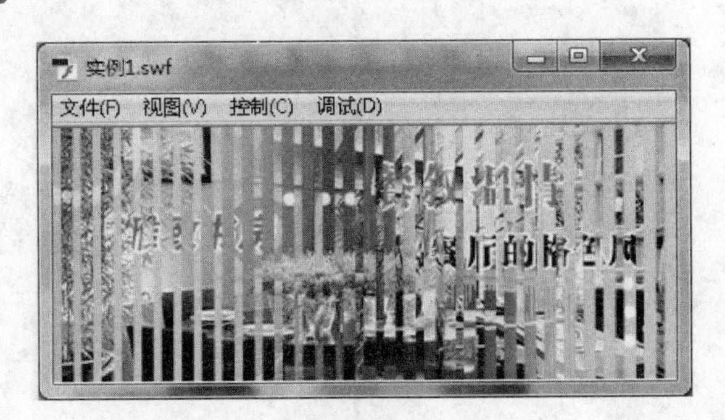

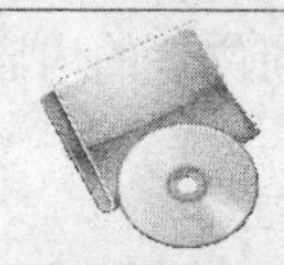

素材文件：光盘\素材文件\第 18 章\实例 1\
结果文件：光盘\结果文件\第 18 章\实例 1.fla
教学文件：光盘\教学文件\第 18 章\实例 1.avi

制作分析

本例难易度：★★★★★

关键提示：

首先导入素材图像到库，然后创建多个图层，制作百叶窗动画中叶片翻转的动画元件，再将多个元件实例创建为百叶窗元件，将百叶窗元件实例作为遮罩层元素，根据百叶窗叶片翻转动画中的时间关系，在场景中添加多帧，并在相应帧位置放置不同的图像，完成多幅广告图像切换的动画。

知识要点：

- 帧的相关操作
- 将所选对象转换为元件
- 编辑及应用元件
- 创建传统补间动画
- 创建遮罩层动画
- 元件的多层嵌套

具体步骤

STEP 01：**新建 Flash 文档**。新建 Flash 文档，设置舞台宽度为 389 像素、高度为 154 像素，如下图所示。

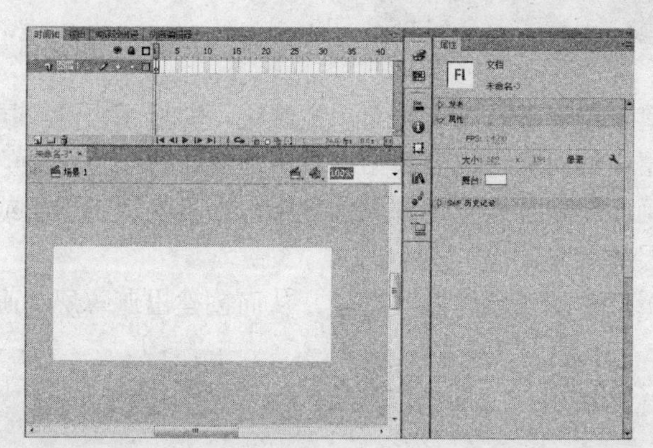

STEP 02：**导入素材到库**。执行“文件→导入→导入到库”命令，在打开的对话框中选择素材图像“ad (1).jpg”到“ad(4).jpg”，然后单击“打开”按钮，如下图所示。

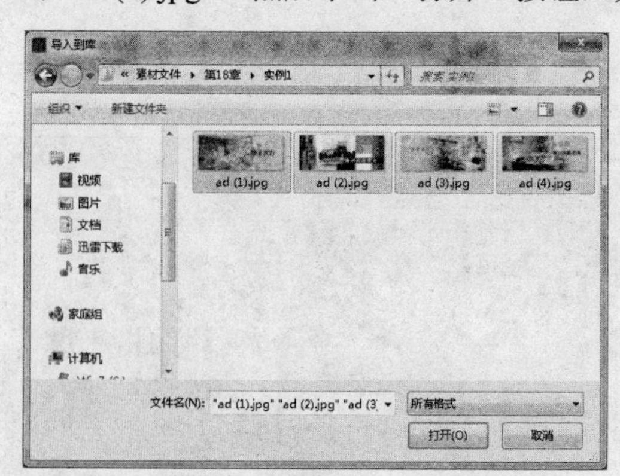

STEP 03：**添加第一幅图像**。在“库”面板中将图像“ad(1).jpg”拖动至舞台，并设置图像与舞台对齐，如左下图所示。

STEP 04：**添加第二幅图像**。新建“图层 2”，将“库”中的图像“ad(2).jpg”拖动至舞台，并设置图像与舞台对齐，如右下图所示。

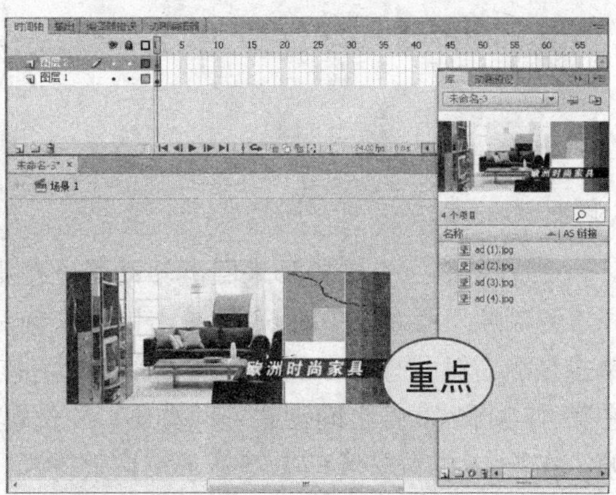

STEP 05：**制作百叶窗动画中的矩形元件**。新建“图层 3”，在舞台中绘制一个宽度为 13 像素高度为 154 像素的矩形填充，选择矩形后按【F8】键将矩形转换为影片剪辑类型的元件，设置元件名称为“矩形”，如左下图所示；单击“确定”按钮。

STEP 06：**创建矩形翻转动画元件**。选择“矩形”元件实例，再次按【F8】键将对象转换为新元件，设置元件名称为“矩形翻转动画”，元件类型为“影片剪辑”，如右下图所示；单击“确定”按钮。

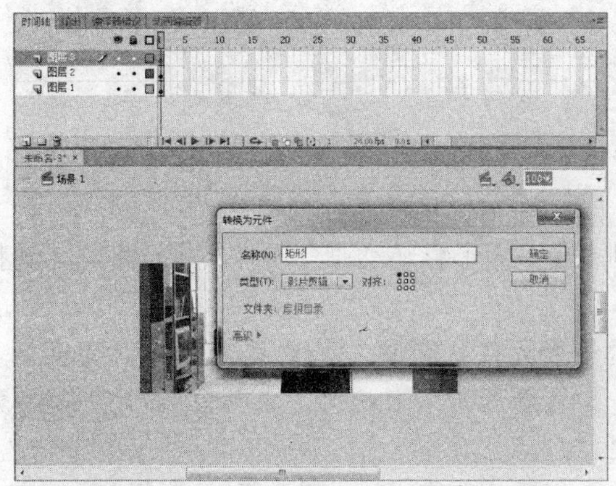

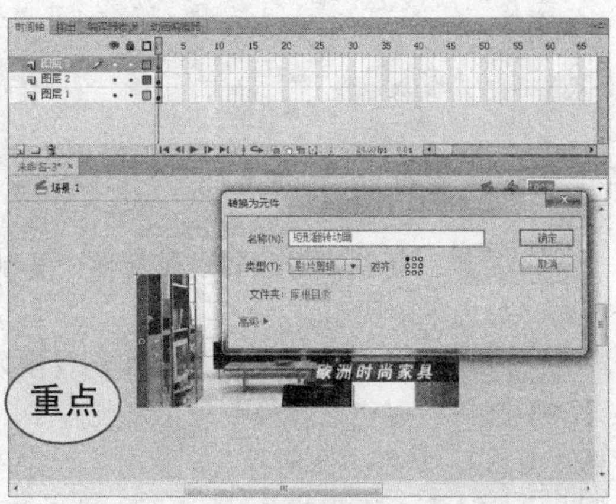

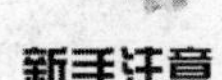

新手注意

按【F8】键将所选对象转换为元件，并不会改变选择对象原本的元件类型，而是将选择对象在原地创建到一个新的元件中，快速使元件形成嵌套关系，相当于将选择对象进行剪切，然后新建一个元件，在新元件中粘贴剪切的对象，然后再将这个新元件应于舞台上剪切对象的原始位置。

STEP 07：**制作矩形翻转动画**。双击舞台上的“矩形翻转动画”元件实例进入元件编辑状态，在第 15 帧插入关键帧，修改该帧中对象的宽度为 1 像素，如左下图所示；然后在关键帧之间创建传统补间动画，设置补间动画缓动值为 100，如右下图所示。

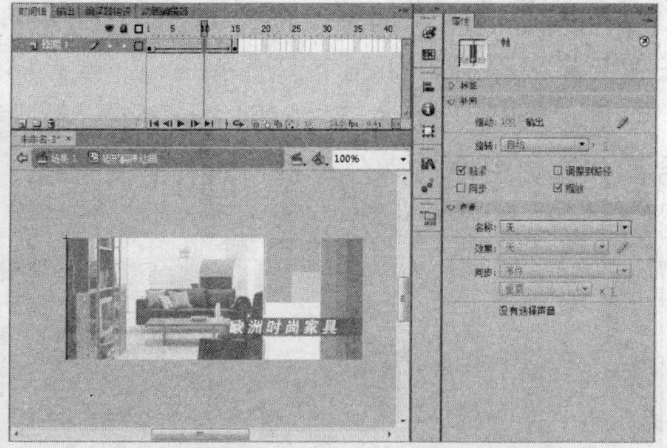

STEP 08：**完成矩形来回翻转动画。**在第 45 帧插入关键帧，第 1 帧单击鼠标右键，选择“复制帧”命令，在第 60 帧单击鼠标右键，在菜单中选择“粘贴帧”命令，再在关键帧上单击鼠标右键，选择“删除补间”命令取消该关键帧上的补间，完成后效果如左下图所示；在第 45 帧和 60 帧之间创建补间动画，并设置补间动画缓动值为 100，然后在第 90 帧处插入帧，在第 16 帧处按【F7】键插入空白关键帧，如右下图所示；然后单击“场景 1”退出元件编辑状态。

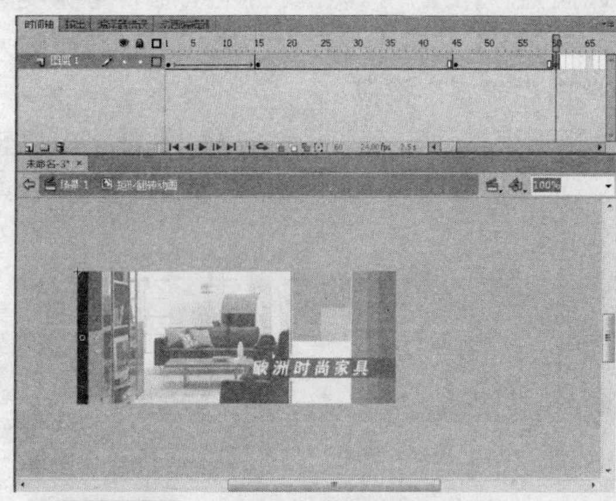
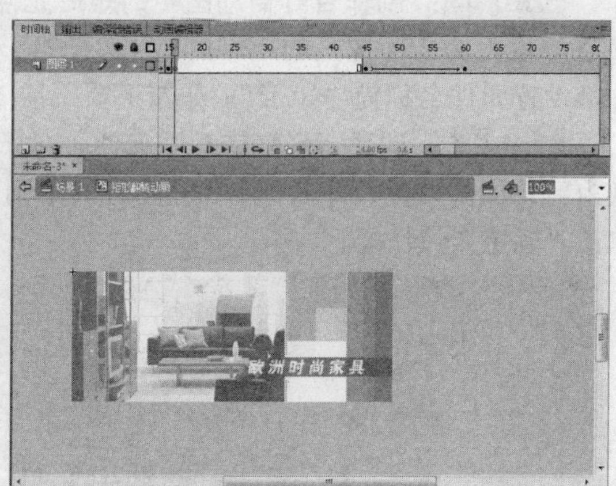

STEP 09：**复制矩形翻转动画元件。**复制多个“矩形翻转动画”元件实例，将其铺满整个画布，如左下图所示。

STEP 10：**将图层 3 中的所有实例转换为一个元件。**选择“图层 3”中所有元件实例，按【F8】键将所有实例转换到一个新元件中，设置新元件的名称为“百叶窗”，元件类型为“影片剪辑”，如右下图所示。

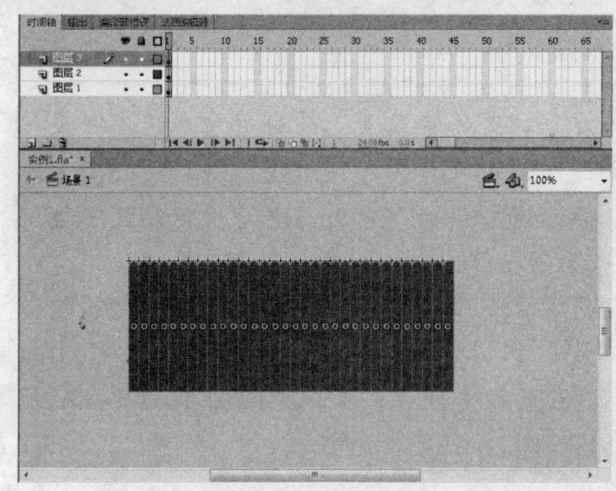
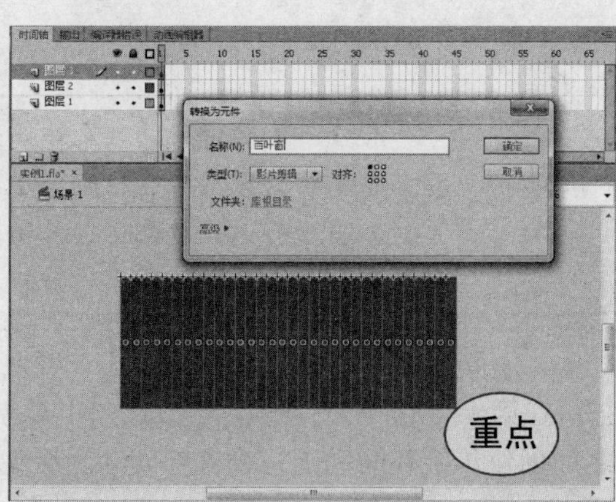

STEP 11：**创建遮罩层**。在“图层 3”上单击鼠标右键，选择“遮罩层”命令，将“图层 3”创建为遮罩层，“图层 2”作为被遮罩层，效果如左下图所示。

STEP 12：**测试动画效果**。按【Ctrl+Enter】组合键在播放器中测试动画效果，完成两幅图像百叶窗切换的动画，如右下图所示。

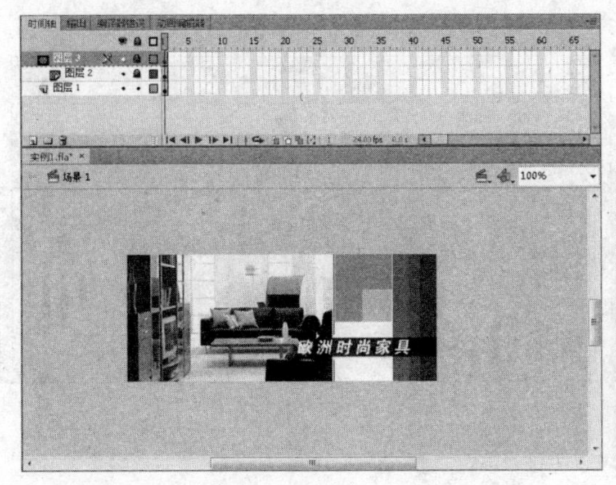

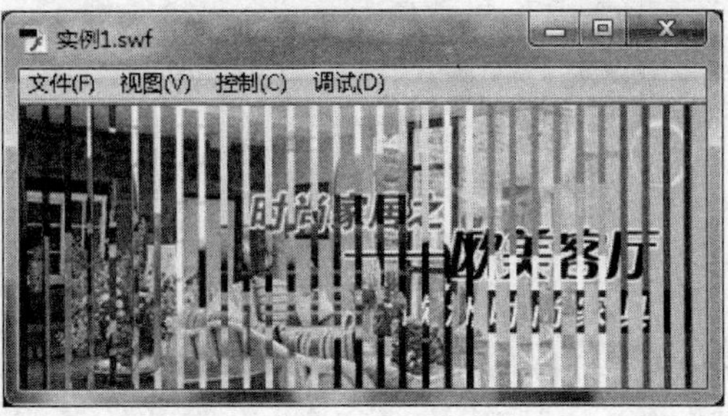

新手注意

在遮罩层中只能应用一个元件实例，如果存在多个元件实例时，只有第一个元件实例上才会出现遮罩效果，如果需要在遮罩层中使用多个元件实例，可以将多个元件实例放置到一个元件中。

STEP 13：**添加第三幅图像**。在各图层的第 180 帧处按【F5】键插入帧，取消“图层 2”的锁定并隐藏“图层 1”，在“图层 2”的第 44 帧按【F7】键插入空白关键帧，将“库”中的图像“ad(3).jpg”拖入舞台，并使图像对齐于舞台，如左下图所示。

STEP 14：**添加第四幅图像**。隐藏“图层 2”，在“图层 1”的第 89 帧处插入空白关键帧，将“库”中的图像“ad(4).jpg”拖入舞台，并使图像对齐于舞台，如右下图所示。

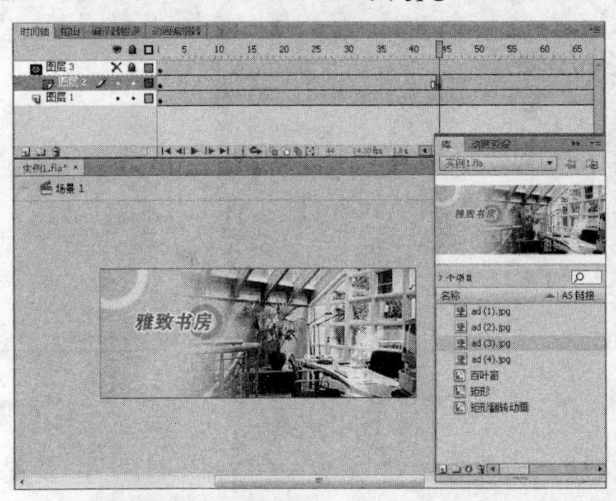

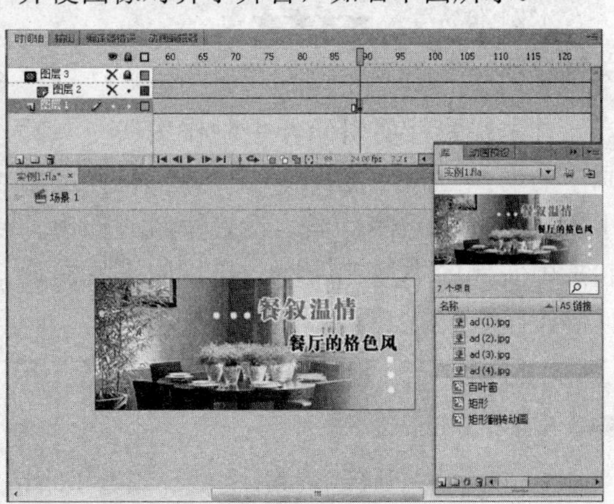

STEP 15：**使动画过程首尾画面相同**。取消“图层 2”的隐藏，在“图层 2”的第 1 帧单击鼠标右键，选择“复制帧”命令，在第 134 帧单击鼠标右键，在菜单中选择“粘贴帧”命令，完成后效果如左下图所示。

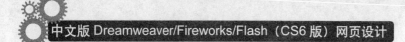

STEP 16：保存并测试动画。保存文件，按【Ctrl+Enter】组合键测试动画，如右下图所示。

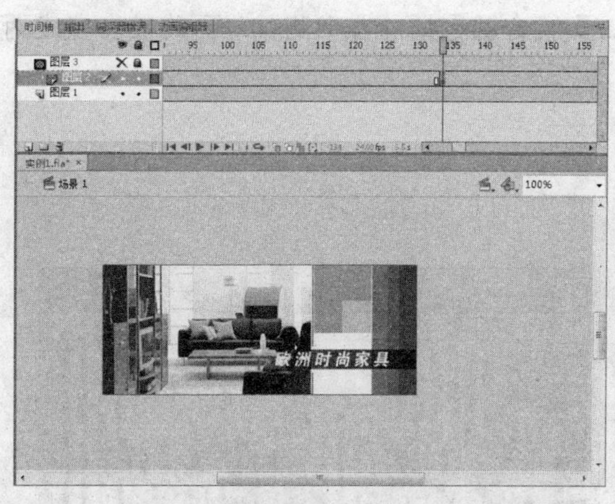

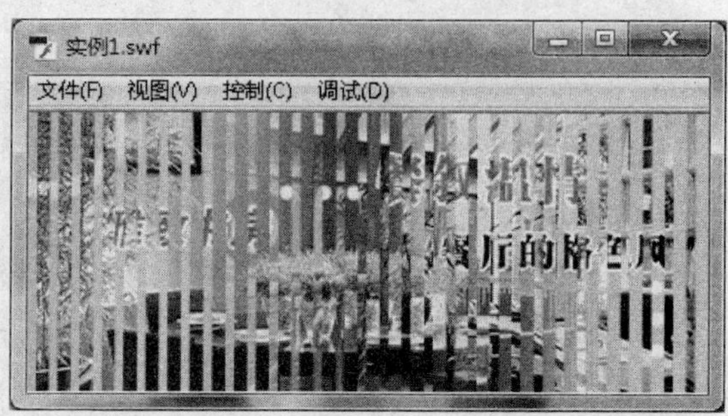

实例 2：制作网站导航条交互动画

案例效果

首 页　活动详情　在线报名　在线资讯　关于我们

	素材文件：光盘\素材文件\无
	结果文件：光盘\结果文件\第 18 章\实例 2.fla
	教学文件：光盘\教学文件\第 18 章\实例 2.avi

制作分析

本例难易度：★★★★☆

关键提示：

首先在影片剪辑元件中制作按钮交互动画中的动画过程，然后将影片剪辑元件应用于新建的按钮元件内部，设置按钮元件中各状态中实例的类型等属性，最后应用按钮元件制作导航效果。

知识要点：

- 新建元件
- 应用补间形状动画
- 使用按钮元件
- 设置元件实例类型及属性

具体步骤

STEP 01：新建 Flash 文档。新建 Flash 文档，设置舞台背景颜色为“#E6F1F9”，设置舞台宽度为 680 像素，高度为 400 像素，如左下图所示。

STEP 02：新建按钮动画元件。按【Ctrl+F8】组合键新建元件，设置元件名称为“按钮动画”、元件类型为“影片剪辑”，如右下图所示。

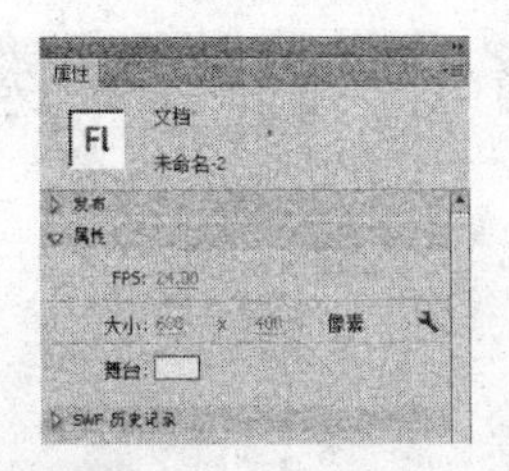

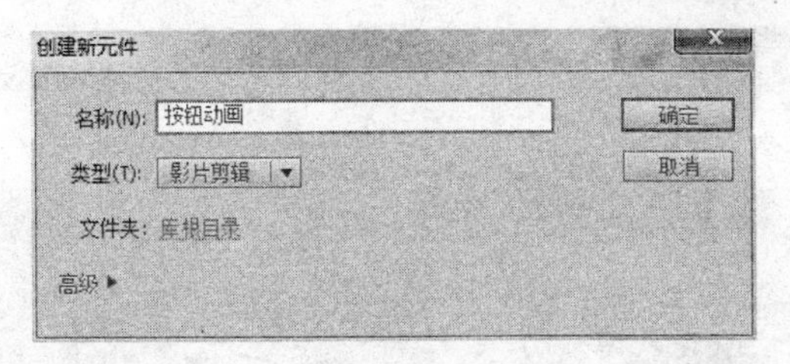

STEP 03：制作按钮动画。在元件内部绘制一个圆角矩形填充，设置填充颜色为“#006699”，使用“选择工具”框选形状下半部分，设置填充颜色为“#0066CC”，在第 10、20 和 30 帧插入关键帧，并在关键帧之间创建补间形状动画，如左下图所示；应用“钢笔工具”和“部分选取”工具调整第 10 帧和第 20 帧中图形的形状如右下图所示。

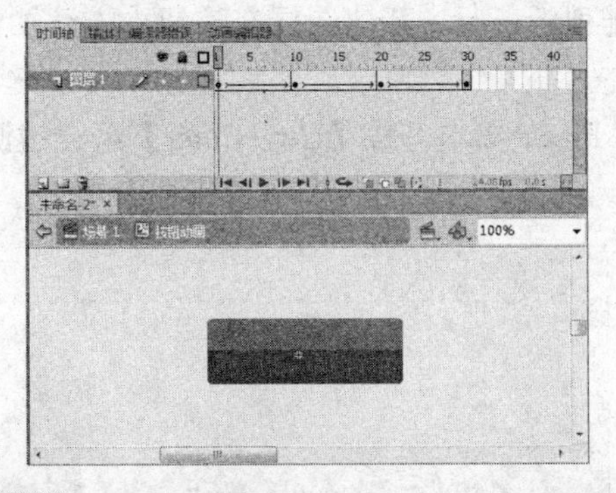

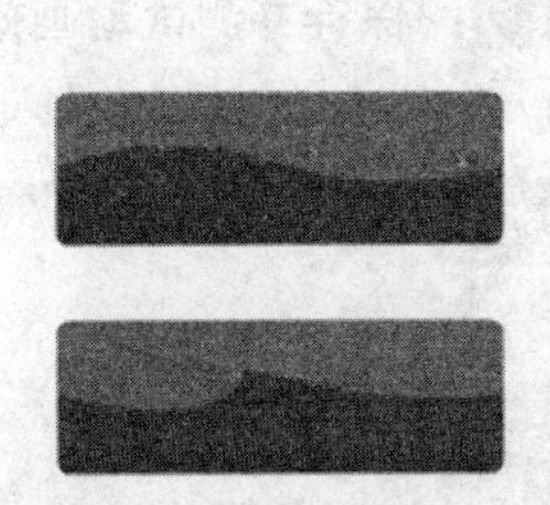

STEP 04：新建按钮元件。按【Ctrl+F8】组合键新建元件，设置元件名称为“导航按钮”，设置元件类型为“按钮”，并单击“确定”按钮。

STEP 05：制作按钮弹起状态。将“库”中的“按钮动画”元件拖放到按钮元件“弹起”帧的画面中，如左下图所示；选择元件实例后在“属性”面板中设置实例类型为“图形”，并在“循环”选项中选择“单帧”选项，并设置“第一帧”为 10，如右下图所示。

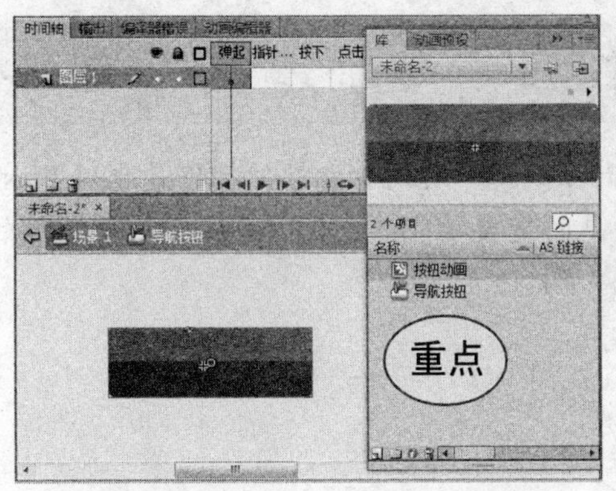

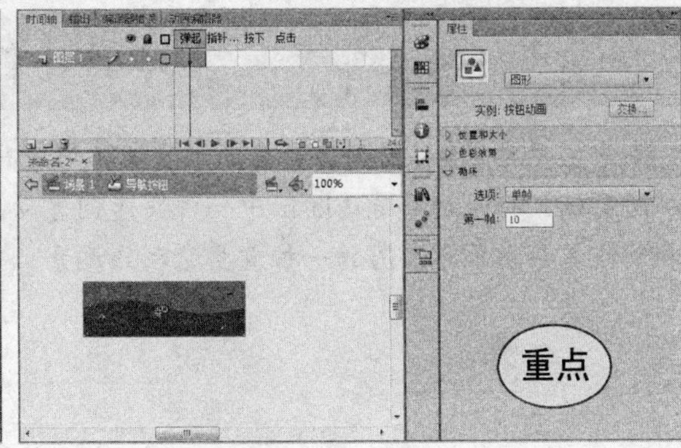

STEP 06：制作按钮指针经过状态。在“指针经过”帧按【F6】键插入关键帧，选择该帧中的实例后在“属性”面板中设置实例类型为“影片剪辑”，在“色彩效果”中设置样式为“亮度”、值为“30%”，如左下图所示。

STEP 07：制作按钮按下状态。在“按下”帧中插入关键帧，选择元件实例后在“属性”面板中设置“循环”选项为“单帧”，“第一帧”为 20，如右下图所示。

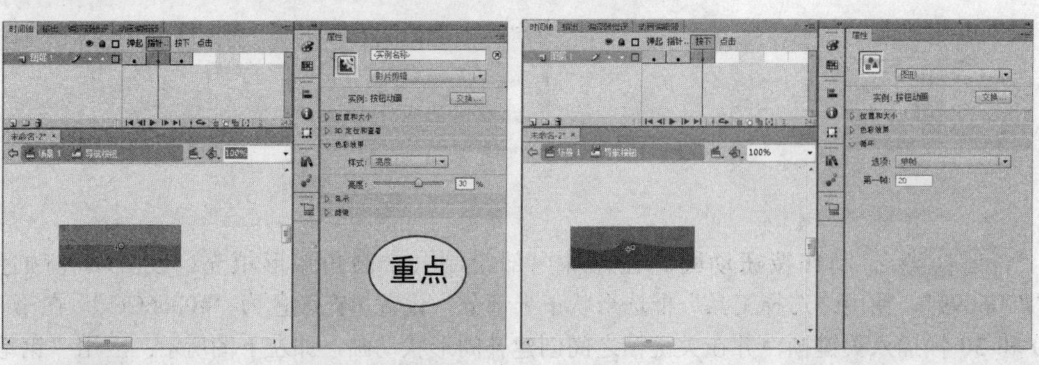

STEP 08：**应用按钮元件制作导航条**。单击“场景 1”退出元件编辑状态，将“库”中的“导航按钮”元件拖至舞台，并复制多个排列于一行，新建图层在按钮上方添加静态文本，效果如左下图所示。

STEP 09：**保存并测试动画效果**。保存 Flash 文本，按【Ctrl+Enter】组合键测试动画，如右下图所示。

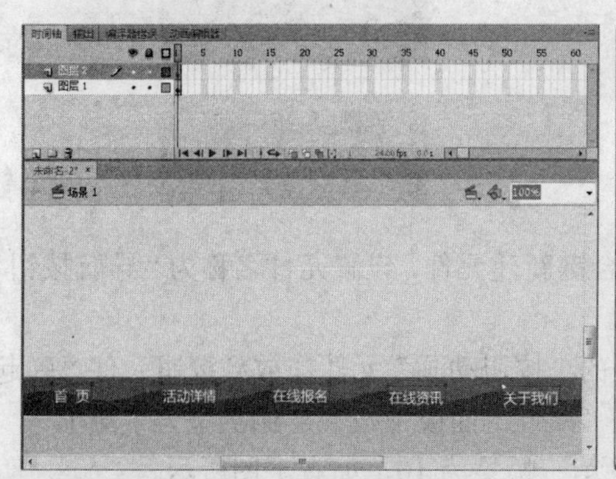

本章小结

本章主要对 Flash 中创建动画的方法及技巧进行了讲解，时间轴和帧的操作是创建 Flash 动画的基础，补间动画是 Flash 中一种快速创建动画的重要功能，元件则是提高动画制作效率和制作复杂动画时应用的一种重要的动画元素。

第 19 章

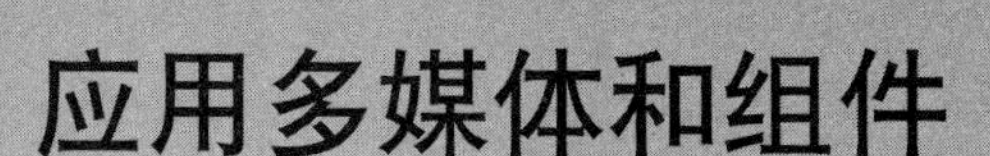

应用多媒体和组件

本章导读

在动画中配以适当的声音或音效甚至视频，可以使动画更具感染力。此外，在使用 Flash 进行网络应用开发时，使用 Flash 中内置的组件，可以快速创建应用中的元素并实现一些特定的功能。

知识要点

- ◆ 了解 Flash 中导入音频文件的方法
- ◆ 熟练掌握声音在 Flash 动画中的应用
- ◆ 熟练掌握声音的属性设置和压缩设置
- ◆ 掌握导入视频的方法
- ◆ 掌握组件的基本使用方法
- ◆ 掌握常用组件的使用及属性设置

案例展示

19.1 知识讲解——应用声音和视频

声音和视频是多媒体应用中重要的元素，在 Flash 中可以应用声音和视频来丰富动画、扩展 Flash 的应用范围。

19.1.1 导入声音

在 Flash 中导入声音的方法与导入图片的方法相同，方法如下：

方法一：执行“文件→导入→导入到舞台”命令。

方法二：执行“文件→导入→导入到库”命令。

执行以上命令后，在打开的对话框中选择要导入的一个或多个文件，然后单击“打开”按钮即可将文件导入到动画中。如使用的“导入到舞台”命令，声音文件将应用于当前所在的关键帧上；如使用的“导入到库”命令，导入后的声音文件将存入于“库”中。

专家提示

Flash 中可以导入常用的音频文件格式，如 MP3、WAV、asnd 等。由于 MP3 格式的编码方式有多种，少数 MP3 文件的压缩格式 Flash 并不支持，此时可应用其他音频处理软件重新保存 MP3 文件即可使用。

19.1.2 添加声音

要在动画中应用声音，需要将导入的声音应用于动画中的关键帧上，具体方法如下：

方法一：选择要添加声音的关键帧，执行“文件→导入→导入到舞台”命令直接将音频文件导入并应用于所选关键帧。

方法二：选择要添加声音的关键帧后，将“库”面板中要应用的声音拖动到舞台即可。

方法三：选择要添加声音的关键帧后，在“属性”面板中设置“声音”选项。

在关键帧上添加声音后，在“属性”面板中可以对声音的效果及同步方式时行设置，如右图所示，其中各属性的作用如下：

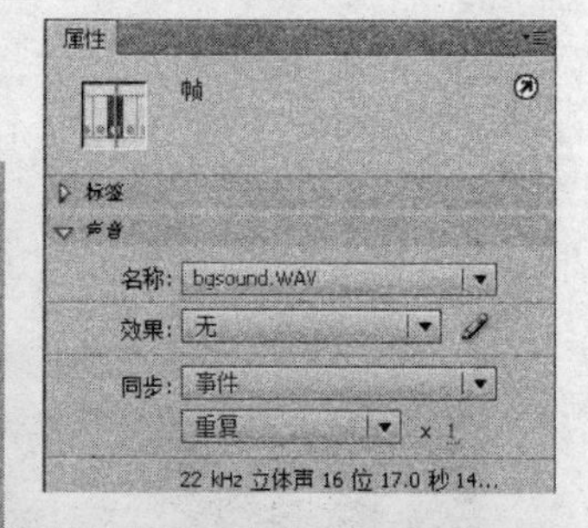

- 名称：用于选择该关键帧中要应用的声音
- 效果：用于设置声音上应用的特殊效果，如“左声道”、“向右淡出”等，此外，单击右侧的“编辑声音封套”按钮可以对左右声道各时间段的音量大小进行调整，从而设置出更丰富的声音效果。
- 同步：用于设置声音与时间轴动画之间的同步方式，默认为“事件”。当选择“事件”类型时，动画播放到当前关键帧频时开始播放声音，此后该声音的播放与动画的播放无关联；当选择“数据流”选项时，音频将与时间轴动画同步，动画停止时音频也将停止。

19.1.3 使用视频剪辑

在Flash中允许嵌入视频文件，可将视频文件导入到Flash中作为动画元素进行动画制作，也可将 Flash 作为网络视频播放器。要导入视频，可执行“文件→导入→导入视频”命令，然后根据不同的目的选择使用不同的导入视频方式。

1. 使用播放组件加载外部视频

STEP 01：选择导入文件及导入方式。在“导入视频”对话框中单击“浏览”按钮，选择要导入的视频文件，选择“使用播放组件加载外部视频”选项，如左下图所示，单击“下一步”按钮。

STEP 02：选择播放器外观。在“设定外观”步骤中“外观”下拉列表框中选择要应用的视频播放器组件的外观样式及颜色，如右下图所示。

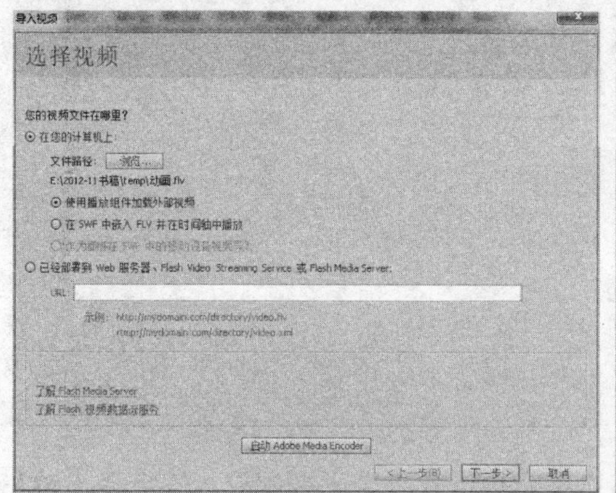

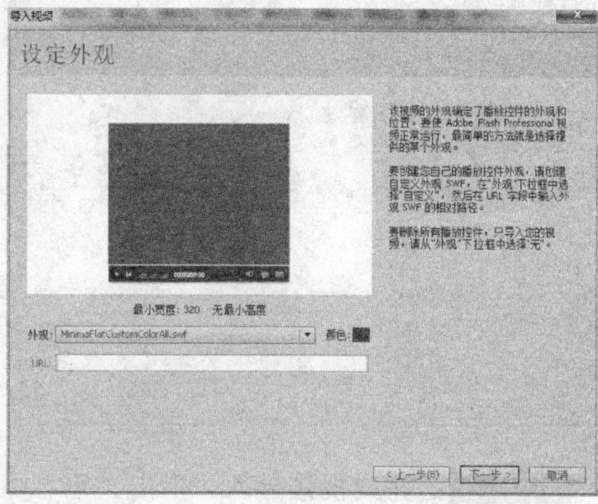

STEP 03：完成视频导入。单击“下一步”按钮后进入“完成视频导入”步骤，如左下图所示，单击“完成”按钮即可导入视频到舞台，如右下图所示。

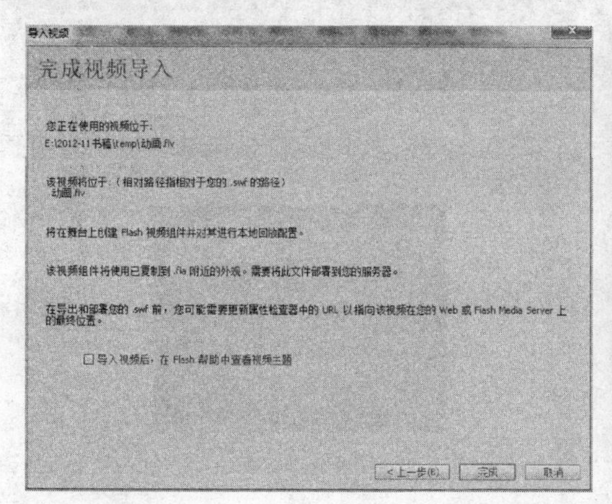

专家提示

用于 Flash 中加载或嵌入的视频格式为 Flv，使用“使用播放组件加载外部视频”方式加载的视频并未真正嵌入到 Flash 动画中，而是通过播放组件进行动态加载，当视频文件的文件名、相对路径等发生了变化，动画中则无法正常加载该视频。

2. 在动画中嵌入视频

STEP 01：**选择导入文件及导入方式**。在“导入视频”对话框中单击“浏览”按钮，选择要导入的视频文件，选择“在 SWF 中嵌入 FLV 并在时间轴中播放”选项，如左下图所示；单击“下一步”按钮。

STEP 02：**设置嵌入选项**。在“购入”步骤中“符号类型”选项中选择嵌入的视频的元件格式，然后根据需要选择相关的选项，如右下图所示。

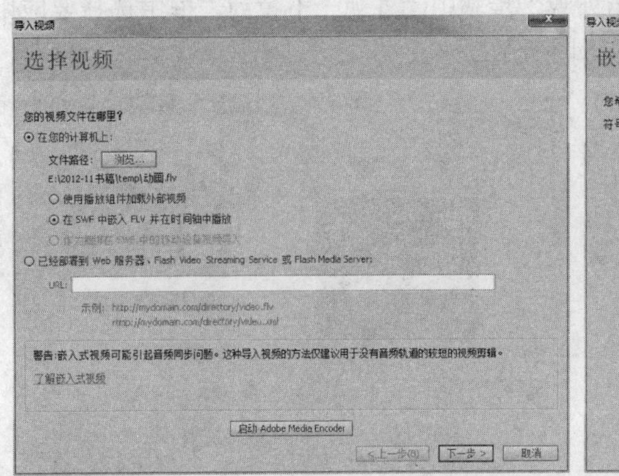

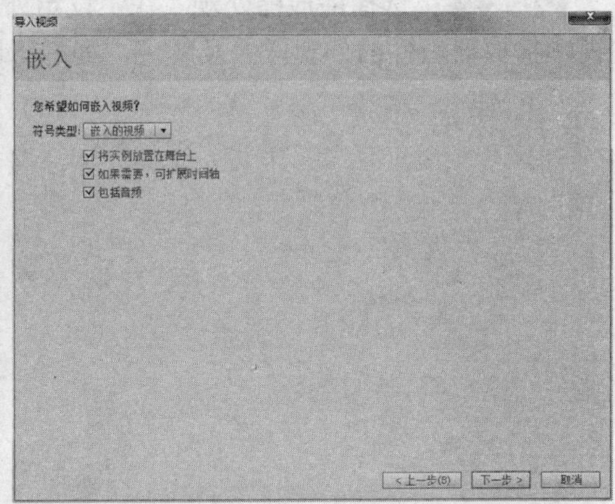

STEP 03：**完成视频导入**。单击“下一步”按钮后进入“完成视频导入”步骤，如左下图所示，单击“完成”按钮即可导入视频到舞台，如右下图所示。

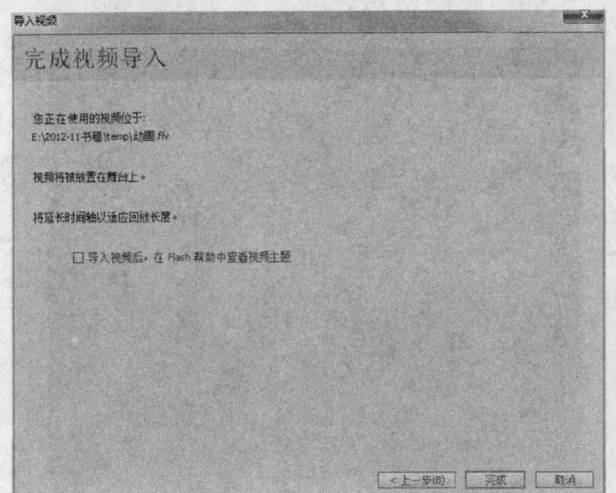

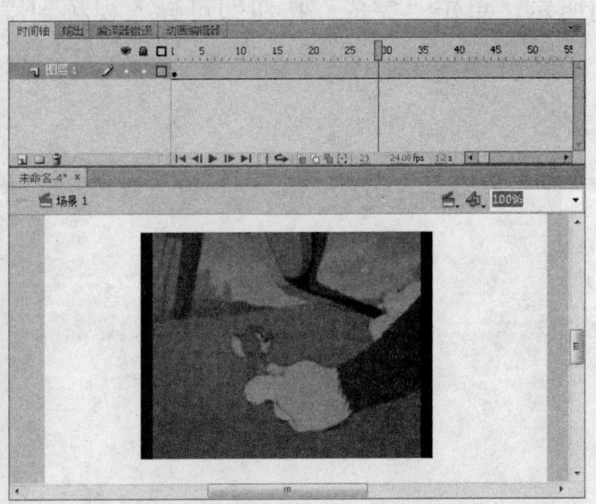

专家提示

使用嵌入方式嵌入到 Flash 中的视频，在 Flash 中将以类似于图形元件的实例存在于舞台上，并且时间轴上会自动添加与视频播放时间相同的帧数，另外，可以将视频实例转换为元件进行进一步的动画制作。

19.2　知识讲解——组件的基本应用

组件可以理解为一种特殊的影片剪辑元件，它是 Flash 中自带的，是网络应用程序中的常用元素，主要用于创建各类型的交互应用，通常需要配合 ActionScript 编程来实现具体的一些功能，本节重点讲解组件的基本用法及常用的组件。

19.2.1　组件的使用

要使用组件，首先需要按【Ctrl+F7】组合键或执行“窗口→组件”命令打开“组件”面板，如左下图所示，然后从“组件”面板中将需要使用的组件拖至舞台中，与影片剪辑元件实例相同，通过“属性”面板可设置组件实例的基本属性，此外，在“属性”面板中的“组件”参数中可对当前组件的特定属性进行设置，不同组件具有不同的组件参数，如右下图所示为“button”（按钮）组件的组件参数。

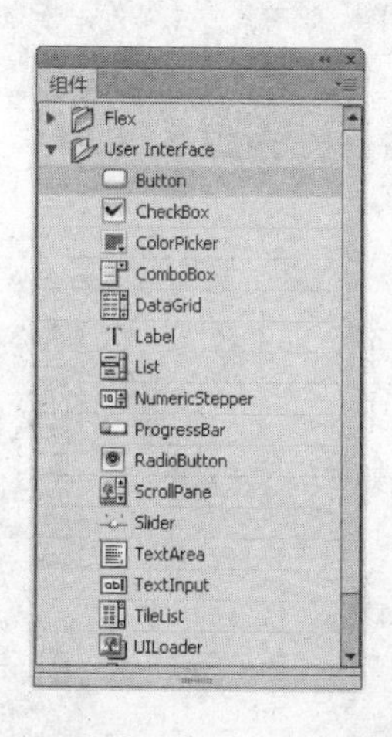

专家提示

在动画中应用了组件后，在“库”中将存在该组件的元件及其内部引用的元件，对元件内容进行编辑和修改可以改变当前动画中引用的该组件的外观样式。

19.2.2　常用组件

在 Flash 的“组件”面板中提供了许多组件，在“User Interface”文件夹中是应用程序组件，其中常用的组件及其参数设置如下：

1. Button 组件

“Button”组件即按钮组件，其功能即实现按钮的各种状态及效果，将组件放置于舞台后，在“属性”面板中可设置该组件的参数，如下图所示，其中常用参数的作用如下：

- enabled：设置该按钮组件是否有效，如果取消该参数的选择，按钮为失效状态。
- label：设置按钮上显示的文字内容。
- toggle：按钮是否为复选状态，选择该参数后，按钮将成为复选效果，即单击一次选择，再单击一次取消选择。
- selected：当按钮为复选状态时，默认是否选中。
- visible：设置按钮组件是否可见。

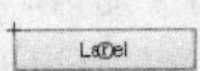

2. CheckBox 组件

“CheckBox”组件即复选框组件，通常用于在多个选项中选取多个选项，每一个复选框具有选中和未选中两种状态。在“属性”面板中可设置该组件的参数，如右图所示，其中常用参数的作用如下：

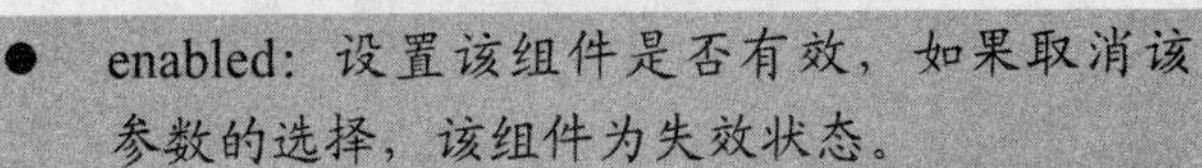

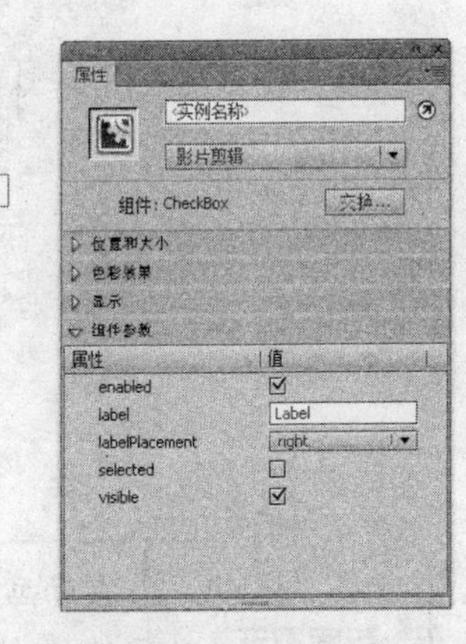

- enabled：设置该组件是否有效，如果取消该参数的选择，该组件为失效状态。
- label：设置复选框上显示的文字内容。
- selected：设置复选框默认是否选中。
- visible：设置组件是否可见。

知识链接——RadioButton 组件

RadioButton 组件即单选按钮组件，与 CheckBox 组件相似，不同的是 RadioButton 组件主要用于实现在一组选项中只选择一项，在组件参数中通过“groupName”设置单选按钮组件所在的组，其他参数设置与 CheckBox 组件相同。

3. ColorPicker 组件

“ColorPicker”组件即拾色器组件，用于在动画中动态选择颜色，运行时该组件的效果如左下图所示。在“属性”面板中可设置该组件的参数，如右下图所示。

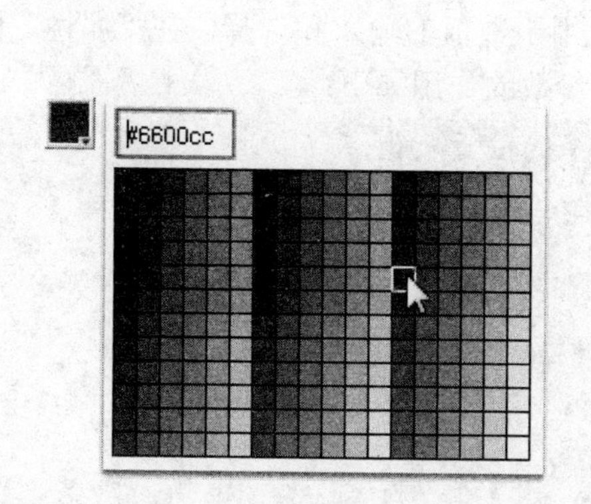

其中“selectedColor”参数用于设置该组件默认选中的颜色，“showTextField”参数用于设置在选择颜色时是否显示颜色值文本框。

4. ComboBox 组件

“ComboBox”组件即组合框组件，也可称为下拉列表框组合，用于在多个选项中选择一个，运行时该组件的效果如左下图所示。在“属性”面板中可设置该组件的参数，如右下图。

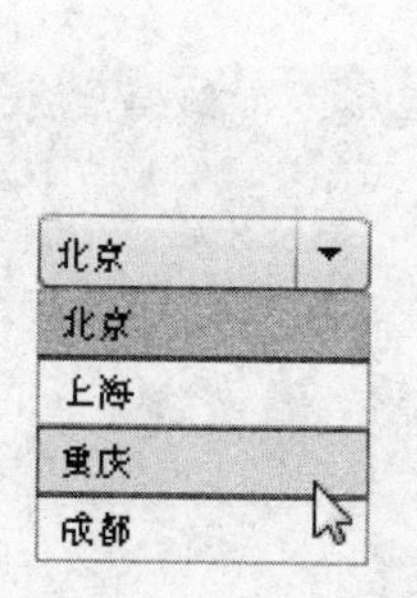

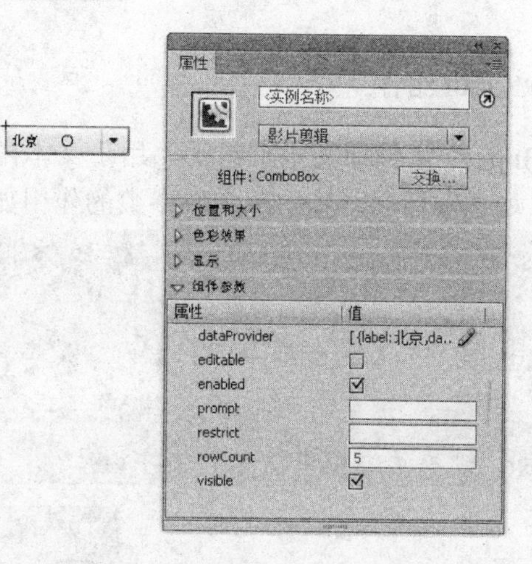

要设置下拉列表框中的选项，可以在“组件参数”中单击“dataProvider”参数值，然后打开“值”对话框，添加各选项显示的文字内容“label”和具体的值“data”。

此外，使用“rowCount”参数可以设置下拉列表框中显示的选项个数，当选项总数超出该数值时，将显示滚动条。

知识链接——List 组件

与 ComboBox 组件类似的组件还有 List 组件（列表框组件），在 List 组件中直接显示下拉列表框中的列表部分，其主要参数的设置与 ComboBox 组件相同。

5．NumberStepper 组件

“NumberStepper”组件即数字步进器组件，用于数值的输入和选择。在“属性”面板中可设置该组件的参数，如下图所示，其中各主要参数的作用如下：

- maximum：设置该组件中允许输入或选择的最大数值。
- minimum：设置该组件中允许输入或选择的最小数值。
- stapSize：设置单击组件中的增加或减少按钮时数值的增减量。

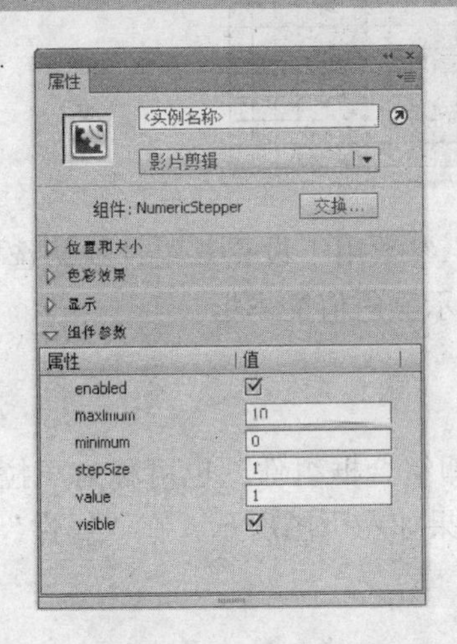

6．TextInput 组件

“TextInput”组件即文本框组件，用于文本内容的输入。在“属性”面板中可设置该组件的参数，如下图所示，其中各主要参数的作用如下：

- displayAsPassword：选择该参数后文本框将显示为密码框，即隐藏文本框中输入的字符。
- editable：设置文本框中的文本内容是否可被用户编辑。
- maxChars：设置文本框中允许的最多字符个数。
- text：设置文本框中默认的文字内容。

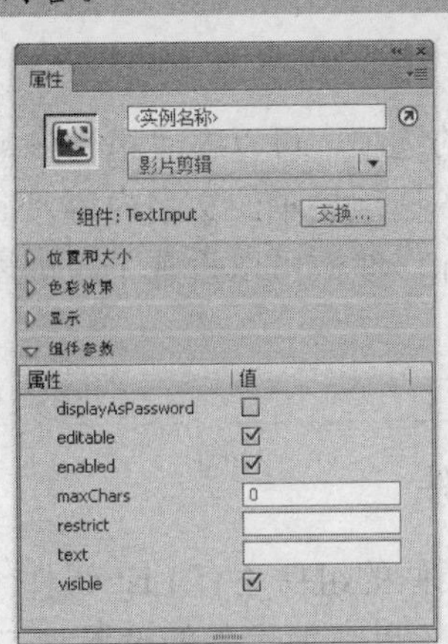

知识链接——TextArea 组件

TextArea 组件即文本区域组件，它与 TextInput 组件相似，均用于文本内容的输入，不同的是，TextArea 组件中可输入多行文本，并且支持部分 HTML 标记，所以通常用于需要用户输入或显示大量文本内容时使用。

19.3　同步训练——实战应用

实例 1：为游戏开始画面添加音效

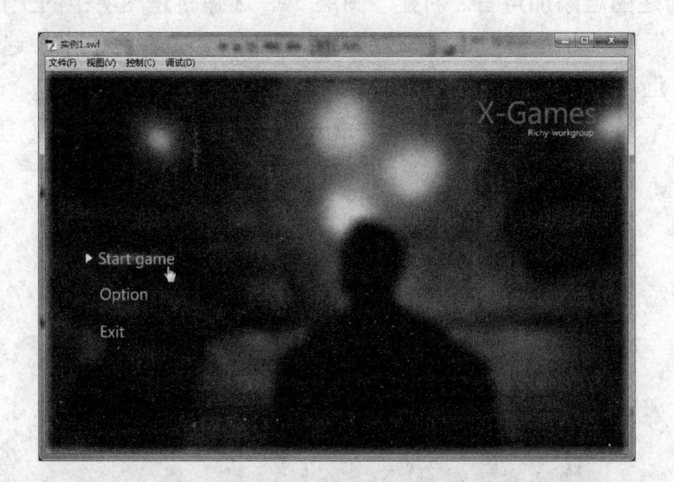

	素材文件：光盘\素材文件\第 10 章\
	结果文件：光盘\结果文件\第 10 章\实例 1.fla
	教学文件：光盘\教学文件\第 10 章\实例 1.avi

制作分析

本例难易度：★★☆☆☆

关键提示：

首先打开素材动画，然后导入 3 个声音素材文件，在场景中添加背景音乐，在按钮元件内部“指针指向”帧中添加鼠标指向音效，在“单击”帧中添加单击音效。

知识要点：

- 导入音频
- 添加声音
- 设置声音属性

具体步骤

STEP 01：导入音频文件。打开素材文件“xgame.fla”，执行“文件→导入→导入到库”命令，在打开的“导入”对话框中选择素材文件夹中的三个音频文件，如下图所示，然后单击“打开”按钮将音频文件导入到库中。

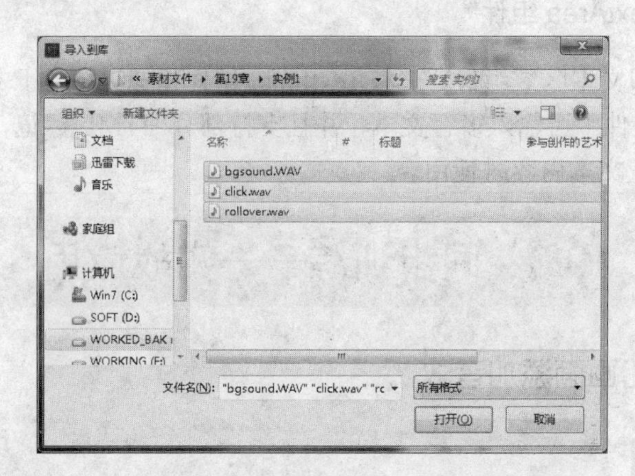

STEP 02：**新建图层添加声音**。新建“图层 5”，选择新建图层中的空白关键帧，在“属性”面板中“声音”选项中设置“名称”为“bgsound.wav”，在“效果”选项中设置“淡入”选项，在“同步”选项中设置声音循环为“循环”，如下图所示。

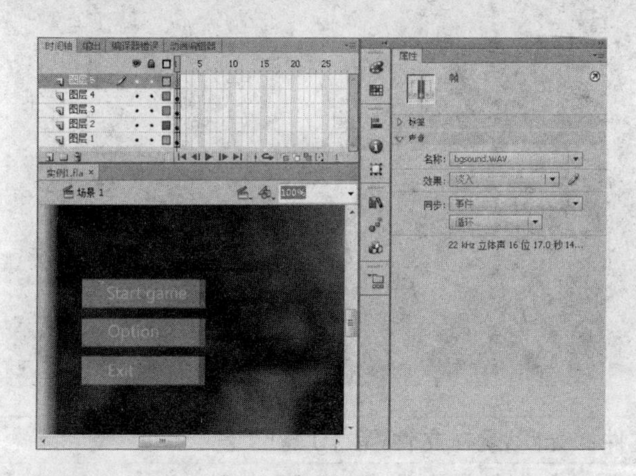

STEP 03：**设置按钮指向音效**。双击舞台中的按钮元件实例进入元件编辑状态，新建“图层 3”，在“指针指向”帧插入关键帧，选择关键帧后在“属性”面板中设置“声音”选项中的“名称”为“rollover.wav”，如左下图所示。

STEP 04：**设置按钮单击时的音效**。在“按下”帧中插入关键帧，在“属性”面板中“声音”选项中设置“名称”为“click.wav”，如右下图所示。

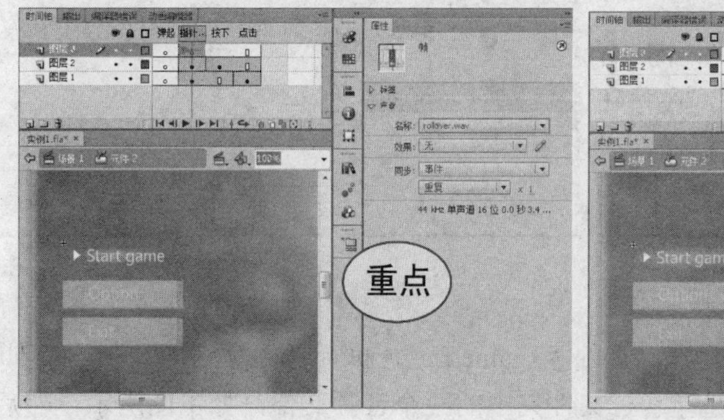

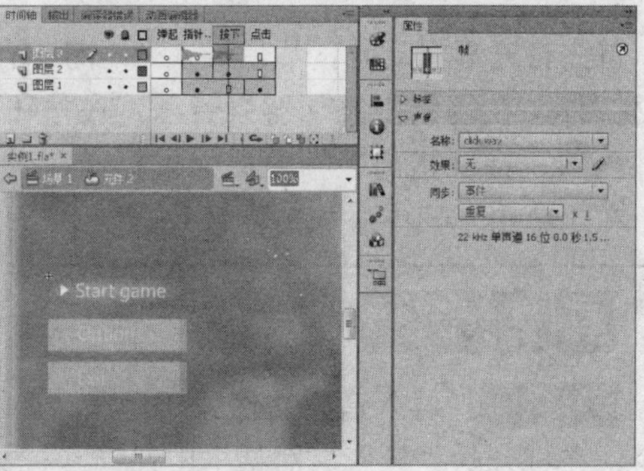

STEP 05：**保存并测试动画**。保存动画，按【Ctrl+Enter】组合键测试动画，当动画播放后逐渐出现背景音乐，鼠标指向各按钮或单击按钮时均会出现相应的音效。

实例 2：制作用户注册表单

案例效果

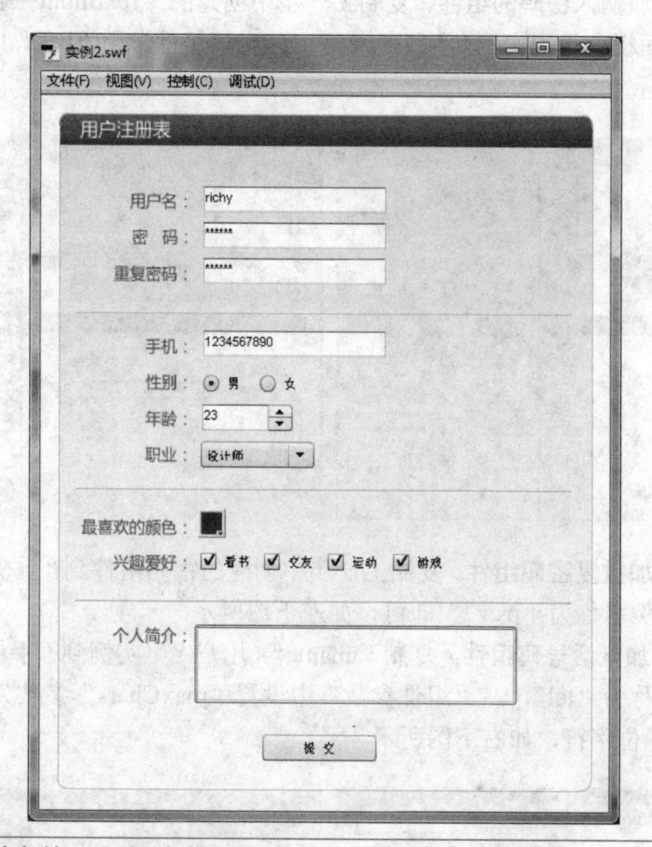

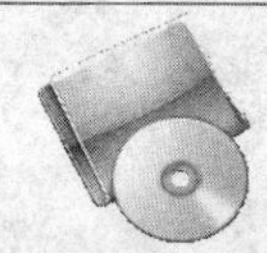

	素材文件：光盘\素材文件\无
	结果文件：光盘\结果文件\第 19 章\实例 2.fla
	教学文件：光盘\教学文件\第 19 章\实例 2.avi

制作分析

本例难易度：★★★★☆

关键提示：

打开素材文件，新建图层，根据表单中不同项目的需求，添加各类组件应用于用户注册表单。

知识要点：

- 组件的基本应用
- 文本框、密码框和文本域
- 单选按钮和复制按钮
- 拾色器组件
- 按钮组件及其他常用组件

具体步骤

STEP 01：**添加输入用户名的组件。**打开素材文件，新建“图层 5”，拖动“组件”面板中的“TextInput”组件到舞台上“用户名”后，并使用“任意变形”工具调整组件实例宽度，在“属性”面板中设置实例名称为“uname”，如左下图所示。

STEP 02：**添加输入密码的组件。**复制上一步中创建的“TextInput”组件放置于“密码”后，然后在“属性”面板上设置实例名称为“psw”，并选择“组件参数”中的“displayAsPassword”参数，如右下图所示。

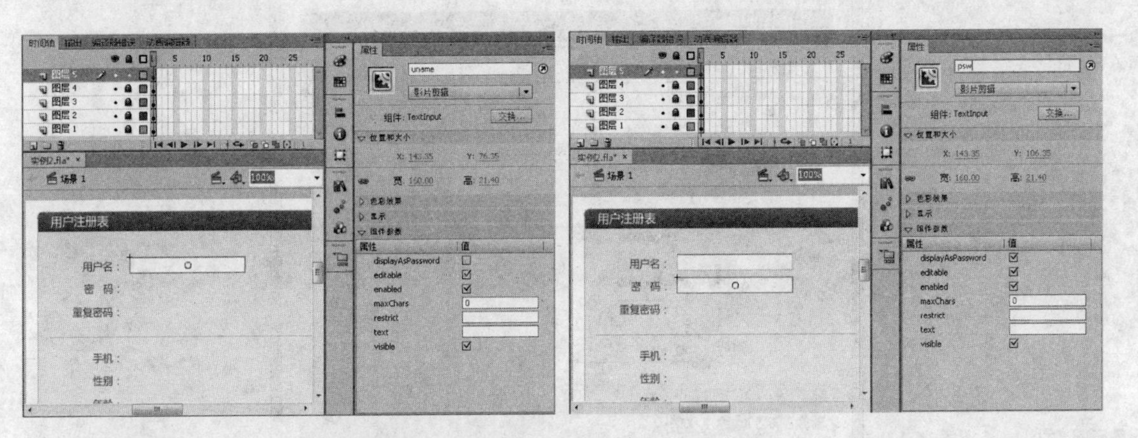

STEP 03：**添加重复密码组件。**复制上一步中创建的密码组件到“重复密码”后，在“属性”面板中修改实例名称为“psw2”即可，如左下图所示。

STEP 04：**添加电话号码组件。**复制“uname”（用户名）实例到“手机”后，在“属性”面板中设置实例名称为“tel”，在“组件参数”中设置“maxChars”参数为 11，即设置该文本框中最多输入 11 位字符，如右下图所示。

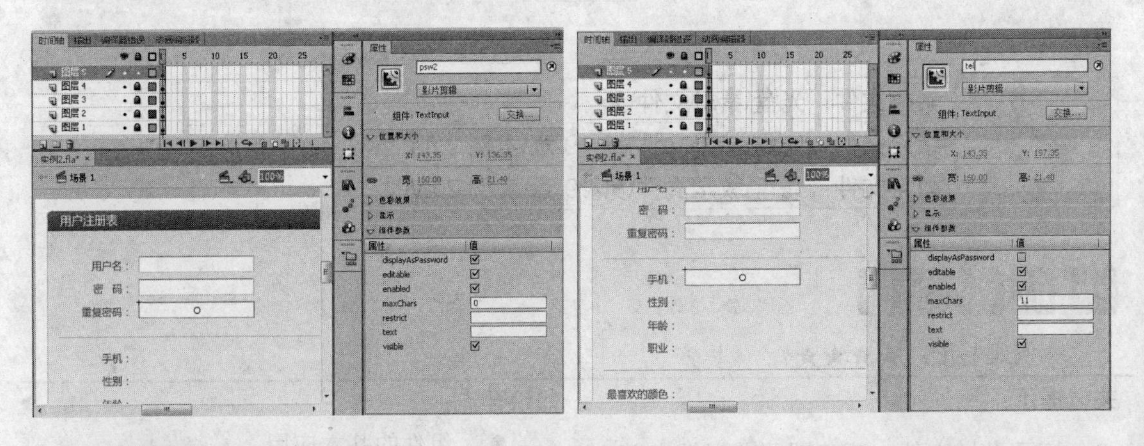

STEP 05：**添加性别选项。**添加一个“RadioButton”组件到“性别”后，然后在“属性”面板中设置“组件参数”，设置“groupName”属性为“sex”，设置“label”属性为“男”，如左下图所示；复制该组件实例到右侧，修改“label”属性为“女”，如右下图所示。

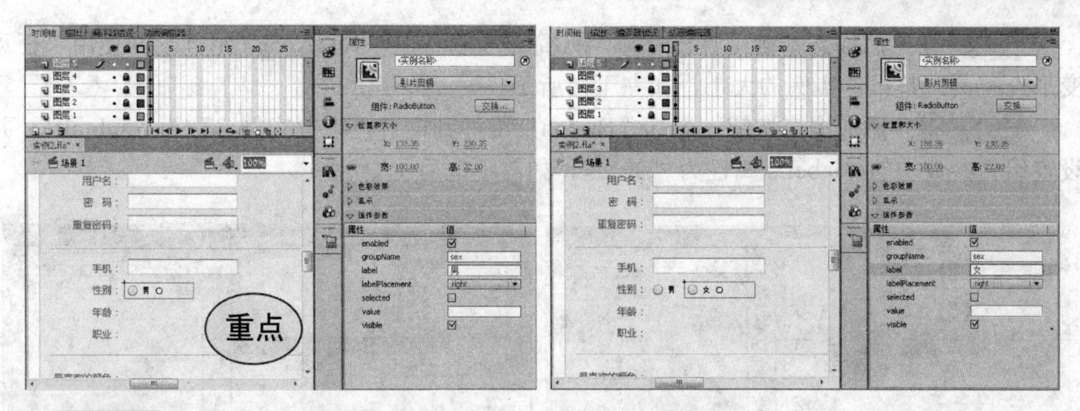

STEP 06：**添加年龄组件。**将“NumericStepper”组件添加到舞台中“年龄”后，设置组件参数中“maximun”参数值为 120、“minimum”参数值为 1、value 参数值为 20，如左下图所示。

STEP 07：**添加职业组件。**将“ComboBox”组件添加至舞台“职业”后，在“属性”面板中设置实例名称为“job”，在组件参数 “dtaProvider”参数中设置该组件中可选的多个选项，如“学生”、“教师”、“工程师”、“设计师”等，如右下图所示。

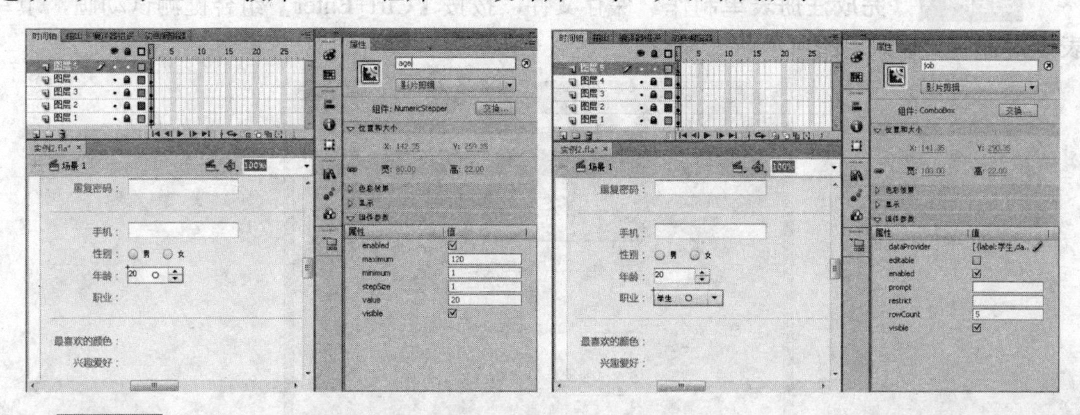

STEP 08：**添加颜色组件。**将“ColorPicker”组件添加到“最喜欢的颜色”后，然后在“属性”面板中设置实例名称为“color”，在组件参数中设置“selectedColor”参数为白色，如左下图所示。

STEP 09：**添加多个复选框组件。**添加多个“CheckBox”组件到“兴趣爱好”后，分别修改组件的“label”参数为相应的文字内容，如右下图所示。

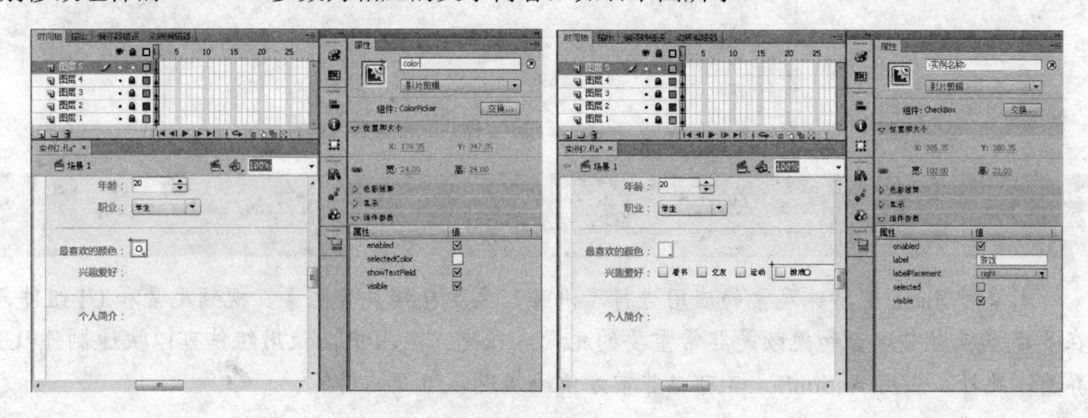

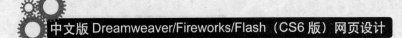

STEP 10：添加文本域组件。在“个人简介”后添加“TextArea”组件，并使用“任意变形”工具调整组件实例的大小，如左下图所示。

STEP 11：添加提交按钮。添加“Button”组件到舞台，设置实例名称为“submit”，并设置组件参数中的“label”属性为“提交”，如右下图所示。

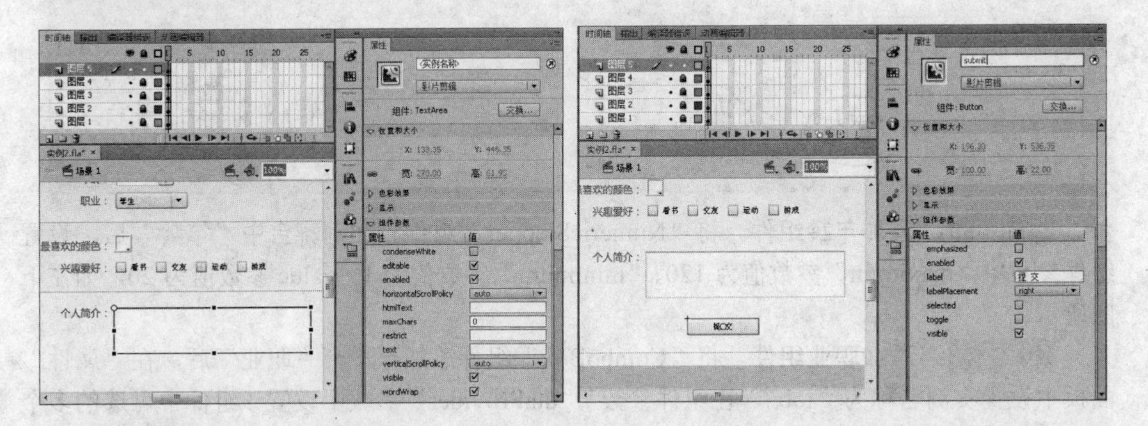

STEP 12：完成注册表单制作。保存文件，按按【Ctrl+Enter】组合键测试动画，填写表单内容，效果如下图所示。

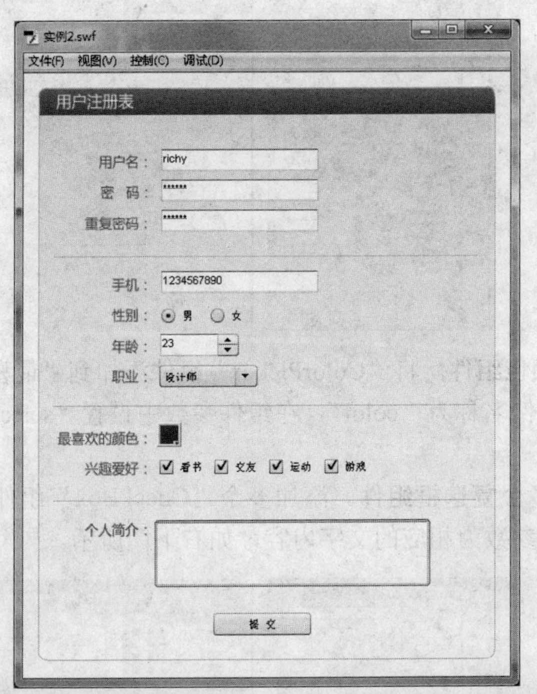

本章小结

本章对 Flash 中特殊元素的应用进行了讲解，主要包括声音元素、视频元素和 UI 组件，在多媒体应用中声音和视频是非常重要的元素；在交互应用中，使用组件可以快速制作 UI 界面，此外，应用 ActionScript 可以非常方便地实现各组件的功能。

第 20 章
应用 ActionScript 创建交互动画

本章导读

交互式动画是指作品播放时支持事件响应和交互功能，也就是说，动画播放时能够受到某种控制，而不是像普通动画那样从头到尾进行播放。这种控制可以是动画播放者的操作（如触发某个事件），也可以是在制作动画时预先设置的某种变化。

知识要点

- ◆ 了解 ActionScript 的作用及应用范围
- ◆ 熟练掌握 ActionScript 3.0 的基本语法
- ◆ 掌握 ActionScript 中常用语句
- ◆ 了解面对对象编辑的基本模式
- ◆ 了解常见的类
- ◆ 掌握常用类的属性和方法
- ◆ 掌握常见事件的侦听

案例展示

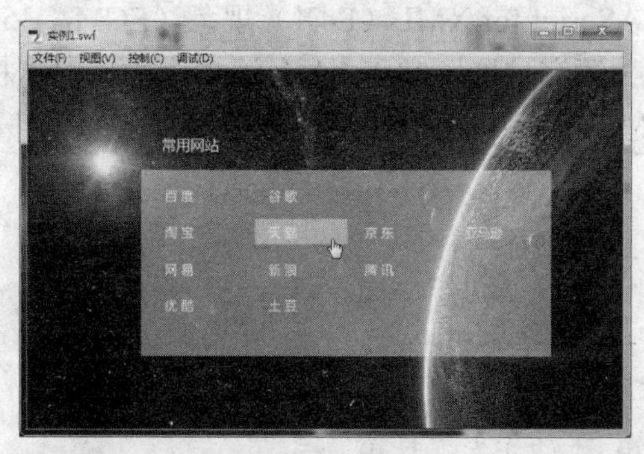

20.1 知识讲解——ActionScript 简介

ActionScript 是 Flash 中的脚本程序语言，使用它可以向影片中添加交互性程序或特殊功能和效果。ActionScript 提供了一些元素，如动作、运算符以及对象等，可将这些元素组织到脚本中，指示影片要执行什么操作；可以对影片进行设置，从而使单击按钮和按下键盘键之类的事件可触发这些脚本。

20.1.1 关于 ActionScript

ActionScript 是 Adobe Flash Player 和 Adobe AIR 运行时环境的编程语言。它在 Flash、Flex 和 AIR 内容和应用程序中实现交互性、数据处理以及其他许多功能。

ActionScript 是由 Flash Player 和 AIR 中的 ActionScript 虚拟机（AVM）执行的。ActionScript 代码通常由编译器（如 Adobe Flash CS4 Professional 或 Adobe Flex Builder 的内置编译器或 Adobe Flex SDK 中提供的编辑器）编译为“字节代码格式”（一种由计算机编写并且计算机能够理解的编程语言）。字节码嵌入在 SWF 文件中，SWF 文件由 Flash Player 和 AIR 执行。

ActionScript 3.0 提供了可靠的编程模型，具备面向对象编程的基本知识的开发人员对此模型会感到似曾相识。ActionScript 3.0 相对于早期 ActionScript 版本改进的一些重要功能包括：

（1）一个新增的 ActionScript 虚拟机，称为 AVM2，它使用全新的字节代码指令集，可使性能显著提高。

（2）一个更为先进的编译器代码库，可执行比早期编译器版本更深入的优化。

（3）一个扩展并改进的应用程序编程接口（API），拥有对对象的低级控制和真正意义上的面向对象的模型。

（4）一个基于 ECMAScript for XML（E4X）规范（ECMA-357 第 2 版）的 XML API。E4X 是 ECMAScript 的一种语言扩展，它将 XML 添加为语言的本机数据类型。

（5）一个基于文档对象模型（DOM）第 3 级事件规范的事件模型。

20.1.2 动作面板

在 Flash CS6 中，可以通过“动作”面板编写脚本。执行“窗口→动作”命令或按 F9 键，打开 “动作”面板，如右图所示。窗口左侧为“动作”工具箱，“动作”工具箱把项目分为许多类别，在其中列举出了 Flash CS6 中可以使用的各种对象类型、方法、事件、属性等。当单击项目时，它的说明显示在面板的右上角。当双击项目时，它出现在面板右侧的脚本窗格中。

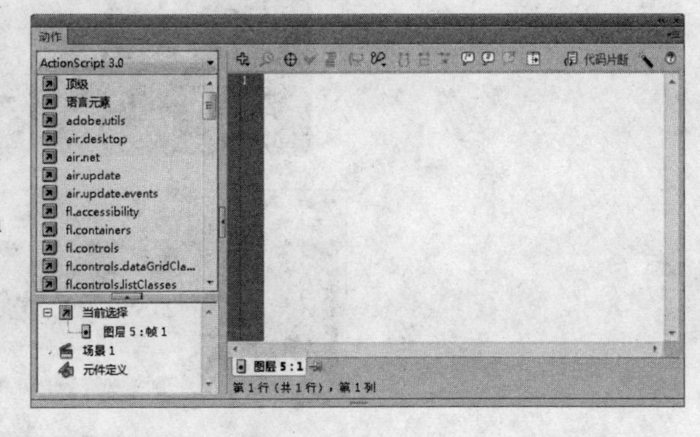

ActionScript 3.0 在 Flash 中使用时，只可以应用于关键帧上，即当动画播放到该关键帧时执行该帧上的脚本动作。要在某一帧上添加动作，可以选择该关键帧后打开“动作”面板，将 ActionScript 程序输入到面板中即可，当关键帧上添加了代码后，在关键帧上将出现一个

“a”标识，如下图所示。

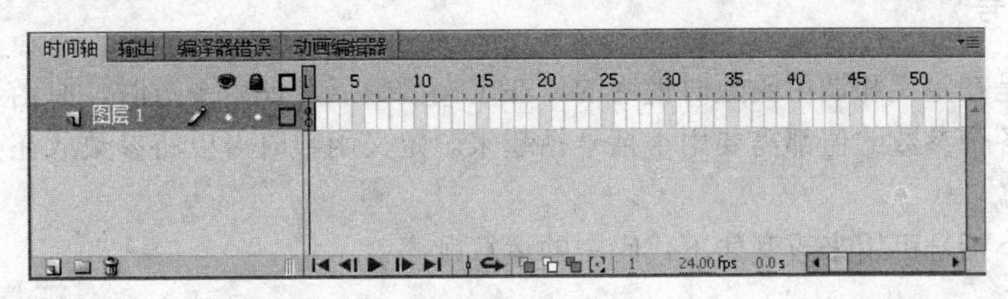

20.1.3 ActionScript 3.0 基本语法

在编写 ActionScript 脚本的过程中，要熟悉其编写时的语法规则，其中主要和常用的有点、括号与分号、斜杠和注释等。

1. 点

点运算符（.）提供对对象的属性和方法的访问。使用点语法，可以使用点运算符和属性名或方法名的实例名来引用类的属性或方法。

在使用点语法后可以将程序语句简化为。如：

```
ypjj.gotoAndstop(15);
```

这样一来，就大大简化了语句的编写步骤。

在 ActionScript 中，“.”不但用于指出与一个对象或影片剪辑相关的属性或方法，还用于标识指向一个影片剪辑或变量的目标路径。点语法的表达式是由一个带有点的对象或者影片剪辑的名字作为起始，以对象的属性、方法或者想要指定的变量作为表达式的结束。如前边所提到的例子中，ypjj 就是影片剪辑的名字，而“.”的作用就是要告诉影片剪辑执行后面的动作。

点语法使用两个比较特殊的别名-root 和-parent，如果使用的是-root，那采用的将是绝对路径，如果使用的是-parent，那采用的将是相对路径。

2. 斜杠

斜杠（/）语法应用于早期的 Flash 3 和 Flash 4 中，在 ActionScript 中的作用与点语法较为相似，也是用来指向一个影片剪辑或变量的目标路径，在最新的 ActionScript 2.0 和 Flash Player 7/Flash Player 8 中，已经不支持，所以在编写 ActionScript 时，还是推荐使用点语法。除非要为 Flash Player 4 或更低的版本创建内容，这时必须使用斜杠语法。

3. 大括号

在 ActionScript 中，很多语法规则都沿用了 C 语言的规范，很典型的就是“{ }”语法。在 ActionScript 和 C 语言中，都是用“{ }”把程序分成一块一块的模块，可以把括号中的代码看做一句完整的表达如下语句。

```
on (release) {
   stop();
}
```

4．小括号

小括号是在定义和调用函数时使用的。在定义函数以及调用函数时，原函数的参数和传递给函数的各个参数的值都需要用小括号括起来。定义函数时可以将参数放在小括号标点符号里面。

例如，小括号可用来改变如下代码中的运算顺序：

```
trace(2 + 3 * 4); // 14
trace((2 + 3) * 4); // 20
```

5．分号

可以使用分号字符 (;) 来终止语句。如果省略分号字符，则编译器将假设每一行代码代表一条语句。由于很多程序员都习惯使用分号来表示语句结束，因此，使用分号来终止语句，则代码会更易于阅读。

使用分号终止语句可以在一行中放置多个语句，但是这样会使代码变得难以阅读。如以下语句中带有分号。

```
curveTo(p, p, 0, radius);
curveTo(-p, p, -radius, 0);
curveTo(-p, -p, 0, -radius);
endFill();
```

6．注释

ActionScript 3.0 代码支持两种类型的注释：单行注释和多行注释。这些注释机制与 C++ 和 Java 中的注释机制类似。编译器将忽略标记为注释的文本。

在动作面板中，将字符“//”插入到程序的脚本中，可以在字符“//”后向脚本中添加说明性语句，使用注释有助于其他人理解某个语句内容。在动作编辑区，注释在窗口中以灰色显示。

单行注释以两个正斜杠字符 (//) 开头并持续到该行的末尾。例如，下面的代码包含一个单行注释：

```
var someNumber:Number = 3; // a single line comment
```

多行注释以一个正斜杠和一个星号（/*）开头，以一个星号和一个正斜杠（*/）结尾。

```
/* This is multiline comment that can span
more than one line of code. */
```

7．常数

ActionScript 3.0 支持 const 语句，该语句可用来创建常量。常量是指具有无法改变的固定值的属性。只能为常量赋值一次，而且必须在最接近常量声明的位置赋值。例如，如果将常量声明为类的成员，则只能在声明过程中或者在类构造函数中为常量赋值。

下面的代码声明两个常量。第一个常量 MINIMUM 是在声明语句中赋值的，第二个常量 MAXIMUM 是在构造函数中赋值的。示例仅在标准模式下进行编译，因为严格模式只允许在初始化时对常量进行赋值。

```
class A
{
    public const MINIMUM:int = 0;
    public const MAXIMUM:int;
     public function A()
    {
        MAXIMUM = 10;
    }
}
var a:A = new A();
trace(a.MINIMUM); // 0
trace(a.MAXIMUM); // 10
```

如果尝试以其他任何方法向常量赋予初始值，则会出现错误。例如，如果尝试在类的外部设置 MAXIMUM 的初始值，将会出现运行时错误。

```
class A
{
public const MINIMUM:int = 0;
public const MAXIMUM:int;
}
var a:A = new A();
a["MAXIMUM"] = 10; // run-time error
```

ActionScript 3.0 定义了各种各样的常量供您使用。按照惯例，ActionScript 中的常量全部使用大写字母，各个单词之间用下划线字符（_）分隔。例如，MouseEvent 类定义将此命名惯例用于其常量，其中每个常量都表示一个与鼠标输入有关的事件：

```
package flash.events
{
    public class MouseEvent extends Event
    {
    public static const CLICK:String = "click";
    public static const DOUBLE_CLICK:String = "doubleClick";
    public static const MOUSE_DOWN:String = "mouseDown";
    public static const MOUSE_MOVE:String = "mouseMove";
    ...
    }
}
```

8. 关键字和保留字

保留字是一些单词，因为这些单词是保留给 ActionScript 使用的，所以不能在代码中将它们用作标识符。保留字包括词汇关键字，编译器将词汇关键字从程序的命名空间中移除。如果您将词汇关键字用作标识符，则编译器会报告一个错误。

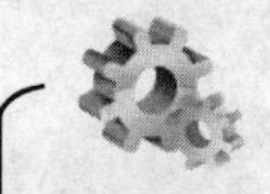

新手注意 在 ActionScript 中严格区分大小写，如“Abc”与“abc”是不同的两个元素。

20.2 知识讲解——ActionScript 3.0 语言基础

在 ActionScript 中常常需要对一些数据进行运算、判断、处理或应用特定的语句来控制程序运行的过程，如对数值大小进行比较、动态设置动画元素的属性、根据特定情况选择执行一段程序、根据情况重复运行一段程序等。

20.2.1 变量

变量是程序中用于临时存储数据的“容器”，在程序过程中可用于临时存储一些数据，并且变量中存储的值可通过程序动态改变。在 ActionScript 3.0 中，一个变量由一个变量名称及其存储的值构成，根据变量中存储的值的类型不同，变量可以分为多种类型，在 ActionScript3.0 中，大部份的对象或元素均可以保存于变量中。根据变量中可保存的数据类型，变量可具有不同的数据类型，常用的类型有 Number（数值）、String（字符串）、Boolean（逻辑）、Object（对象）等。

任何一个变量都需要有一个名称，变量的名称必须以字母或下划线开头，可由数字、字母和下划线组成，此外变量名称不能是程序中的关键字或常量，且在同一作用范围内，变量名称应该是唯一的。

要使用变量，必须在程序中先定义变量。确定变量的名称、类型和初始值后，可通过以下格式定义变量：

```
var 变量名 : 类型 = 值;
```

如定义一个名称“myname”的字符串变量，并设置初始值为“richy”，方法如下：

```
var myname:String="richy";
```

其中，“var”为定义变量的关键字，“myname”这为自定义的变量名称，“String”为变量的类型，“=”右侧为变量的初始值。

20.2.2 运算符

运算符节是对一个或多个数据进行操作，产生运算结果的符号。在 Action Script 3.0 中常用的有算术运算符、比较运算符、逻辑运算符、赋值运算符和混杂运算符 5 大类。

1. 算术运算符

即进行算术运算的符号，常用的有加、减、乘、除和取模等，分别使用符号“+”、“-”、“*”、“/”和“%”。其中“取模”运算即求一个数除以另一个数的余数。

2．比较运算符

即对字符串或数值进行比较的符号，如比较两个字符串是否相同，两个数值之间的大小等，常用的符号有：等于（= =）、不等于（!=）、小于（<）、大于（>）、小于等于（<=）和大于等于（>=）等。

3．逻辑运算符

逻辑运算符即对逻辑值（true 和 false）进行操作的运算符。通过比较运算得到的结果为逻辑值。逻辑运算可以使用“&&”表示逻辑与关系、使用“||”表示逻辑或关系、使用“!”表示逻辑非关系。

4．赋值运算符

赋值即将一个值或计算结果保存到一个变量或对象属性中。最基本的赋值运算符是“=”，其作用为将右侧的值或计算结果保存到左侧的变量中，如“a=1+2”、“b=3+2-5>0”等。

此外，常用的运算符还有算术复合运算符，如“+=”、“-=”、“*=”、“/=”等，其作用为将该运算符左右两侧的数据进行相应的运算后再赋值，如“a+=10”可改写为“a=a+10”，将“a+10”的运算结果重新保存到变量“a”中，如果变量“a”初始值为 0，进行一次运算后，变量“a”的值将变为 10。

5．混杂运算符

此类运算符与常规运算符的用法差异较大，常用的混杂运算符及其使用方法如下：

?:（条件选择）：根据条件选择具体的值，其格式为“（比较运算表达式）？真值：假值”，例如“x=(a>b)?a:b”，变量“x”的值将根据变量“a”和“b”的大小来确定，如果变量“a”大于“b”，则将“a”的值赋予“x”，否则将“b”的值赋予“x”。

++（递加运算）：在变量原始值基础上加 1，通常用于重复执行的程序过程中用于计算，如“i++”或“++i”，运算一次后变量“i”的值即增加 1。

--（递减运算）：运算后在变量原始值基础上减 1。

新手注意

不同类型的运算符可以混合使用，此时程序将根据不同类型运算符的优先等级来进行运算，具体顺序为：先乘除后加减，然后再进行比较运算，再次进行比较运算，最后进行赋值运算。如果要改变运算顺序，可以使用“( )”来提升优化级别。

20.2.3　表达式

表达式是由变量、常量、函数或对象属性等结合运算符按照运算规则组合构成的。通常表达式会等到一个具体的运算结果，如“a>b”、“3+2-5/2”等。

20.2.4 结构控制语句

在程序中常常需要对程序执行过程进行控制，在程序中通常有条件判断结构和循环结构两种结构，使用相关的语句可以进行相应的结构控制：

1．条件判断结构

即根据条件选择执行相应的程序，常用的语句有：

“if...else...”语句：根据条件选择执行一段代码，基本语法格式如下：

```
if (测试表达式)
{
 条件为“真”时的代码块;
}
else
{
条件为“假”时的代码块;
}
```

如果不需要在条件不满足进执行代码，可以省略“else”及其后的代码，如果需要在条件不满足时对其他条件进行判断，可使用“else if”继续进行条件判断。

如果多个执行路径依赖于同一个条件表达式，可以使用“switch...case...”语句，根据变量或表达式值在多个代码块中选择执行，语法格式如下：

```
switch(表达式)
{
    case 值1:
        代码块1;
        break;
    case 值2:
       代码块2;
        break;
    case 值3:
        代码块3;
        break;
    default:
        代码块4;
        break;
}
```

2．循环控制语句

循环语句允许使用一系列值或变量来反复执行一个特定的代码块。尽管可以在代码块中只包含一条语句时省略大括号，但是就像在介绍条件语言时所提到的那样，不建议这样做，因为这会增加后添加的语句从代码块中排除的可能性。如果以后添加一条语句，并希望将它包括在代码块中，但是忘了加必要的大括号，则该语句将不会在循环过程中执行。常用的循环控制语句有：

for 语句：根据计数器设置的循环次数重复执行一段代码，具体格式如下图所示。

```
for(初始化计数器; 条件表达式; 计算方式表达式){
    代码块;
}
```

while 语句：当条件表达式为 true 时，就会反复执行循环体中的代码块，格式如下：

```
while (条件表达式){
    代码块;
}
```

do...while 语句：do..while 循环是一种 while 循环，保证至少执行一次代码块，这是因为在执行代码块后才会检查条件。基本格式如下：

```
do {
    代码块;
} while (条件表达式)
```

20.2.5　函数的定义与调用

“函数”是执行特定任务并可以在程序中重用的代码块。 ActionScript 3.0 中有两类函数：

“方法”和 “函数闭包”。将函数称为方法还是函数闭包取决于定义函数的上下文。如果您将函数定义为类定义的一部分或者将它附加到对象的实例，则该函数称为方法。如果您以其它任何方式定义函数，则该函数称为函数闭包。

1．定义函数

定义函数使用 function 关键字开头，具体格式如下：

```
function 函数名(参数列表){
    语句块;
}
```

2．调用函数

可通过使用后跟小括号运算符的函数标识符来调用函数。要发送给函数的任何函数参数都括在小括号中。

如果要在调用函数时传递参数，在定义函数的参数列表中需要定义相应的变量来接收参数值，并在函数过程中使用参数值。

如果要使函数执行后可得到一返回结果，则在定义函数时，在函数过程中使用“return”关键字返回函数处理结果。

20.2.6　对象的属性及方法

在 Flash 中，对象可以是动画中可被 ActionScript 控制的元素，如具有实例名称的元件实例，也可以是程序中使用“new”关键字创建的对象。

不同类型的对象具有不同的属性，通过 ActionScript 可以获取或动态控制对象的某些属性，从而可实现某些交互动作。调用对象属性的基本格式为“对象.属性”。如要输出影片剪辑对象“abc”的 x 属性，可使用代码“trace(abc.x)”；要修改 “abc”的 x 属性值为 100，可使用“abc.x=100”为属性赋值。

不同类型的对象也具有不同的方法可被调用，如影片剪辑类型的对象上可以使用“stop( )”方法停止播放影片剪辑内的动画。要调用对象的方法，可以使用格式“对象.方法（参数）”，如果方法调用不需要参数时可省略参数，但需要保留扩号。

20.2.7 事件处理

事件是确定计算机执行哪些指令以及何时执行的机制。本质上，“事件”就是所发生的、ActionScript 能够识别并可响应的事情。许多事件与用户交互有关，例如，用户单击按钮，或按键盘上的键，但也有其他类型的事件。

指定为响应特定事件而应执行的某些动作的技术称为“事件处理”，在编写执行事件处理的 ActionScript 代码时，您需要识别三个重要元素：

- 事件源：发生该事件的是哪个对象？例如，哪个按钮会被单击或哪个 Loader 对象正在加载图像？事件源也称为“事件目标”，因为 Flash Player 将此对象(实际在其中发生事件）作为事件的目标。
- 事件：将要发生什么事情，以及您希望响应什么事情？识别事件是非常重要的，因为许多对象都会触发多个事件。常用的有鼠标事件，如“click”（单击）、“mouseOver”（鼠标指向）、“mouseOut”（鼠标离开）、“mouseMove”（鼠标移动）等。
- 响应：当事件发生时，您希望执行哪些步骤？

无论何时编写处理事件的 ActionScript 代码， 都会包括这三个元素， 并且代码将遵循以下基本结构：

```
function 事件处理函数(eventObject:EventType):void
{
响应事件而执行的动作。
}
事件源.addEventListener(事件, 事件处理函数);
```

首先，定义一个函数，这是指定为响应事件而要执行的动作的方法。接下来，调用源对象的 addEventListener() 方法，实际上就是为指定事件 “订阅”该函数，以便当该事件发生时，执行该函数的动作。

如果要取消对象上的事件处理，可使用“removeEventListener()”方法：

事件源. removeEventListener (事件, 事件处理函数);

20.3 知识讲解——ActionScript 3.0 常用类

由于不同类型的对象具有不同的属性和方法，使用的目的也不相同，本节将重点介绍常用的对象类型及其属性和方法。

20.3.1　MovieClip 类

MovieClip 类为影片剪辑类型，舞台中放置的具有实例名称的影片剪辑实例均属性该类型。MovieClip 类常用的属性有：

- alpha：实例的不透明度值，取值范围为 0～1。
- buttonMode：是否具有按钮模式，取值范围 true 或 false，默认为 false。
- currentFrame：获取或指定播放头在 MovieClip 实例的时间轴中所处的帧的编号。
- width：实例的宽度。
- heigh：实例的高度。
- x：实例在父对象中的 X 坐标值。
- y：实例在父对象中的 Y 坐标值。
- mouseX：鼠标在实例中的 X 坐标值。
- mouseY：鼠标在实例中的 Y 坐标值。
- rotation：实例距其原始方向旋转的角度值，以度为单位。
- visible：对象是否可见，取值范围为 true 或 false。

在影片剪辑类型的对象上常用的方法有：

- stop( )：停止影片剪辑中的动画播放。
- play( )：播放影片剪辑中的动画。
- gotoAndPlay(帧数)：使影片剪辑中的动画跳转至指定帧播放。
- gotoAndStop(帧数)：使影片剪辑中的动画跳转至指定帧停止。
- prevFrame( )：使影片剪辑中的动画转到上一帧停止。
- nexFrame( )：使影片剪辑中的动画转到下一帧停止。
- addChild(显示对象)：在显示对象内部添加另一个显示对象实例。
- removeChild(显示对象)可删除添加的实例。

新手注意　整个动画也是一个 MovieClip 类对象。使用“this”关键字可表示当前场景对象。如控制当前场景的动画停止，可使用“this.stop( )”，也可省略对象，直接使用方法“stop( )”。

20.3.2　SimpleButton 类

使用 SimpleButton 类，可以控制动画中的按钮元件实例。SimpleButton 类常用的属性有：

- enabled：按钮实例是否处于启用状态，为 false 时按钮呈失效状态，不可使用。
- alpha：实例的不透明度值，取值范围为 0～1。
- buttonMode：是否具有按钮模式，取值范围 true 或 false，默认为 false;
- width：实例的宽度。

- heigh：实例的高度。
- x：实例在父对象中的 X 坐标值。
- y：实例在父对象中的 Y 坐标值。
- rotation：实例距其原始方向旋转的角度值，以度为单位。
- visible：对象是否可见，取值范围为 true 或 false。

20.3.3 TextField 类

使用 TextField 类，可以控制动画中动态文本或输入文本对象。在舞台中创建了动态文本或输入文本，并在“属性”面板中为其添加了实例名称，在代码中即可使用 TextField 的属性和方法对文本字段进行控制。

TextField 类常用的属性有：

- text：文本字段中的文字内容。
- htmltext：文本字段中文字内容的 HTML 格式。
- length：文本字段中字符的个数。

TextField 类常用的方法有：

- appendText(文本内容)：将参数中的文本内容添加到文本字段末尾。
- replaceSelectedText(文本内容)：将用户选中的文本内容替换为参数中的文本内容。

20.3.4 URLRequest 类

URLRequest 类用于捕获单个 HTTP 请求中的所有信息，在使用 Flash 与网络中的服务器进行通信时，则需要使用该类实例。该类实例在 Flash 为不可见元素，故在使用时需要定义该类的实例对象，具体代码如下：

```
var 实例名:URLRequest=new URLRequet(“URL 地址字符串”);
```

URLRequest 类实例常用的属性有：

- url：用于获取或设置 URL 地址字符串；
- method：控制 HTTP 式提交方法，如 GET 或 POST 方式。
- data：随 URL 地址传输的数据对象，其类型为 Objcet，并在使用 POST HTTP 方法时传递；

20.3.5 Loader 类

Loader 类用于加载外部图片（JPG、PNG 或 GIF）或 SWF 文件，使用该对象的 load( ) 方法来启动加载，然后可使用影片剪辑对象的 addChild( )方法添加 Loader 类对象使其可见，并且具有与 MovieClip 类相同的属性和方法。

Loader 类常用的属性：

- content：加载完成的 SWF 文件或图像（JPG、PNG 或 GIF）文件的根显示对象。
- contentLoaderInfo：返回与正在加载的对象相对应的 LoaderInfo 对象，通常用于加载过程中事件的处理。

Loader 类常用的方法有：

- load(URLRequest 类实例)：加载 URLRequest 类实例中 url 属性指向的文件。
- unload()：删除此对象中加载的内容。

20.3.6　URLLoader 类

URLLoader 类以文本、二进制数据或 URL 编码变量的形式从 URL 下载数据，通常可用于加载动态程序的返回数据、文本文件或 XML 文件。

常用的属性有：

- bytesLoaded：已加载的字节数。
- bytesTotal：要加载的数据总的字节数。
- data：从加载操作接收的数据。

常用的方法有：

- load(URLRequest 类实例)：加载 URLRequest 类实例中 url 属性指向的文件。

20.3.7　XML 类

XML 类包含用于处理 XML 对象的方法和属性。通常用于解析外部加载的 XML 数据，常用的方法如下：

- attribute(属性名称)：返回 XML 标签中对应属性的值。
- child(标签名称)：返回 XML 子项中指定标签名称的 XML 集合。
- copy( )：返回一个 XML 对象的副本。
- text( )：返回 XML 对象文本节点中的文本内容。

20.4　同步训练——实战应用

实例 1：制作弹出式网址导航菜单

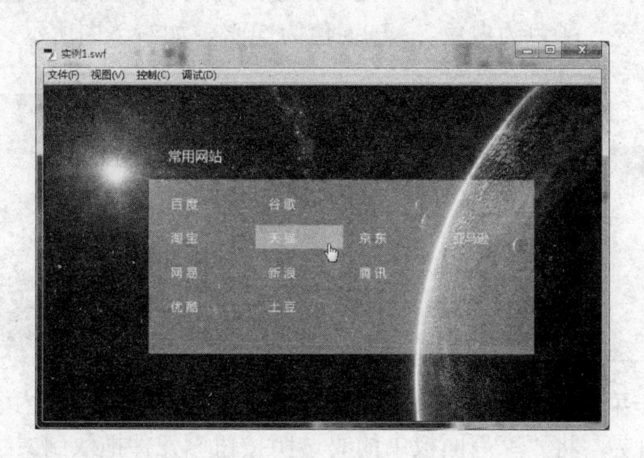

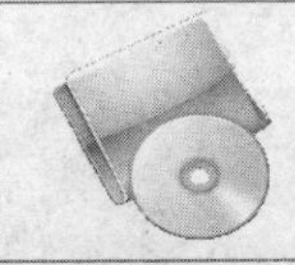

	素材文件：光盘\素材文件\第 20 章\实例 1.fla
	结果文件：光盘\结果文件\第 20 章\实例 1.fla
	教学文件：光盘\教学文件\第 20 章\实例 1.avi

制作分析

本例难易度：★★★★☆

关键提示：

首先制作透明按钮元件，然后制作菜单内容元件，在菜单内容元件中添加按钮和脚本代码实现按钮的功能，将菜单内容元件实例应用于舞台并创建菜单出现和隐藏的动画，添加菜单按钮及相应的事件处理代码，完成菜单制作。

知识要点：

- 按钮事件处理
- 定义函数
- URLRequest 类
- MovieClip 类
- 条件判断语句的应用

具体步骤

STEP 01：制作透明按钮。打开素材文件"实例 1.fla"，设置背景颜色为黑色，按【Ctrl+F8】组合键新建按钮元件"透明按钮"，如左下图所示；单击"确定"按钮后在按钮的"指针经过"帧中插入关键帧，绘制一个矩形形状，并设置矩形的填充颜色为白色，Alpha 值为 50%，如右下图。

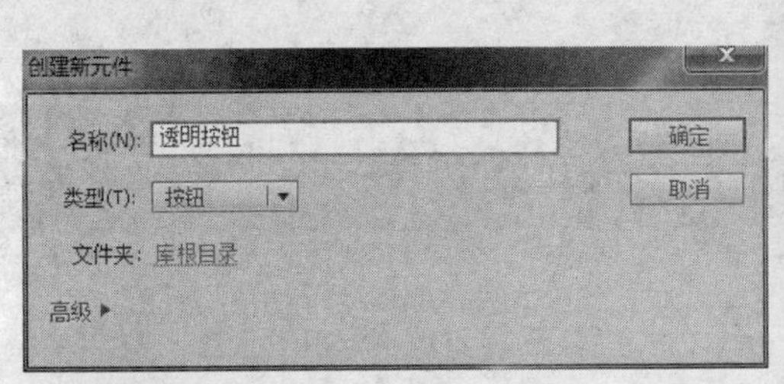

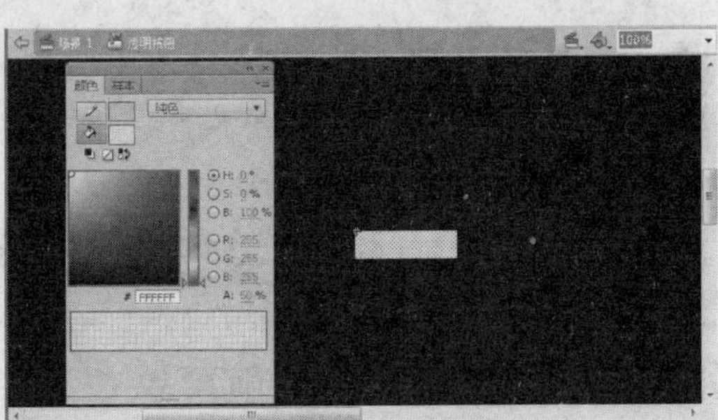

STEP 02：新建菜单内容元件。按【Ctrl+F8】组合键新建影片剪辑元件，设置元件名称为"菜单内容"，如左下图所示；单击"确定"按钮后在元件中绘制一宽度为 440 像素、高度为 385 像素的矩形填充，颜色为白色，Alpha 值为 50%，如右下图所示。

STEP 03：制作菜单内容。新建图层，使用文本工具在矩形区域内添加文字内容，如左下图所示；再新建图层，将"库"面板中的"透明按钮"元件拖放到文字上，并依次命名为

“bt1”、“bt2”……“bt11”，如右下图所示。

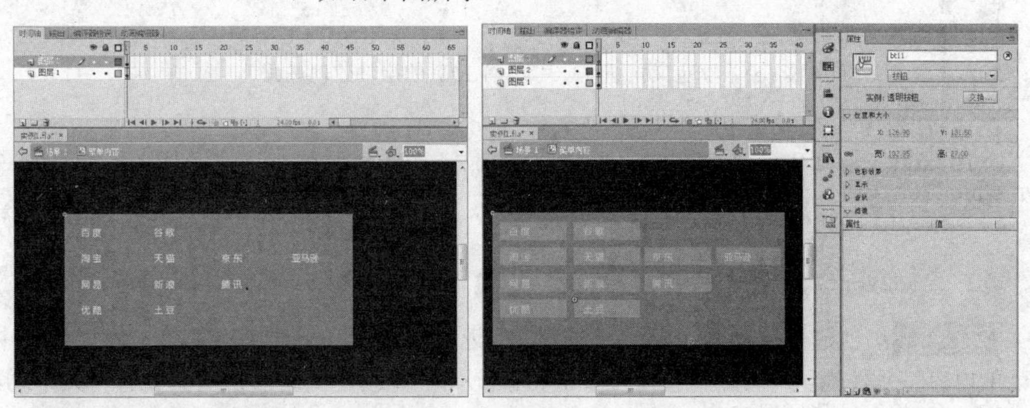

STEP 04：**处理菜单内容按钮事件。**再新建图层，选择关键帧后按【F9】键打开动作面板，输入如下代码：

重点

```
var urlr:URLRequest=new URLRequest();//实例化 URLRequest 对象
function openurl(str:String){//定义打开链接函数
    urlr.url=str;
    navigateToURL(urlr);
}
function bt1clk(e){//定义按钮“bt1”单击后的事件处理过程
    openurl("http://www.baidu.com");
}
bt1.addEventListener("click",bt1clk);//为按钮“bt1”添加事件侦听
function bt2clk(e){//定义按钮“bt2”单击后的事件处理过程
    openurl("http://www.google.com.hk");
}
bt2.addEventListener("click",bt2clk);//为按钮“bt2”添加事件侦听
function bt3clk(e){//定义按钮“bt3”单击后的事件处理过程
    openurl("http://www.taobao.com");
}
bt3.addEventListener("click",bt3clk);//为按钮“bt3”添加事件侦听
function bt4clk(e){//定义按钮“bt4”单击后的事件处理过程
    openurl("http://www.tmall.com");
}
bt4.addEventListener("click",bt4clk);//为按钮“bt4”添加事件侦听
function bt5clk(e){//定义按钮“bt5”单击后的事件处理过程
    openurl("http://www.360buy.com");
}
bt5.addEventListener("click",bt5clk);//为按钮“bt5”添加事件侦听
function bt6clk(e){//定义按钮“bt6”单击后的事件处理过程
    openurl("http://z.cn");
}
bt6.addEventListener("click",bt6clk);//为按钮“bt6”添加事件侦听
function bt7clk(e){//定义按钮“bt7”单击后的事件处理过程
    openurl("http://www.163.com");
}
bt7.addEventListener("click",bt7clk);//为按钮“bt7”添加事件侦听
function bt8clk(e){//定义按钮“bt8”单击后的事件处理过程
    openurl("http://www.sina.com");
}
bt8.addEventListener("click",bt8clk);//为按钮“bt8”添加事件侦听
function bt9clk(e){//定义按钮“bt9”单击后的事件处理过程
```

```
        openurl("http://www.qq.com");
    }
    bt9.addEventListener("click",bt9clk);//为按钮“bt9”添加事件侦听
    function bt10clk(e){//定义按钮“bt10”单击后的事件处理过程
        openurl("http://www.youku.com");
    }
    bt10.addEventListener("click",bt10clk);//为按钮“bt10”添加事件侦听
    function bt11clk(e){//定义按钮“bt11”单击后的事件处理过程
        openurl("http://www.tudou.com");
    }
    bt11.addEventListener("click",bt11clk);//为按钮“bt11”添加事件侦听
```

STEP 05：**创建菜单动画**。单击“场景 1”返回主场景，新建图层，将“库”面板中的“菜单内容”元件拖至舞台，再按【F8】键将该元件实例创建到新影片剪辑元件“菜单动画”中，如下图所示。

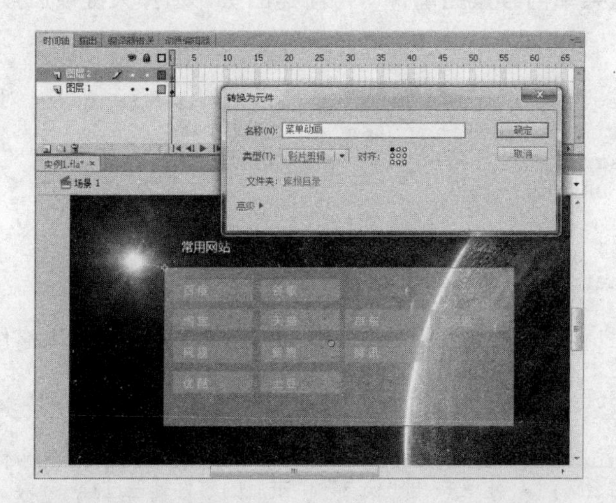

STEP 06：**制作菜单显示和隐藏动画**。单击“确定”按钮后双击舞台上的“菜单动画”实例进入元件编辑状态，在第 15 帧和 30 帧插入关键帧，分别设置第 1 帧后第 30 帧中元件实例的“色彩效果”为“Alpha”、0%，并在关键帧之间创建补间动画，即制作出菜单内容从透明到显示再到透明的动画效果，如下图所示。

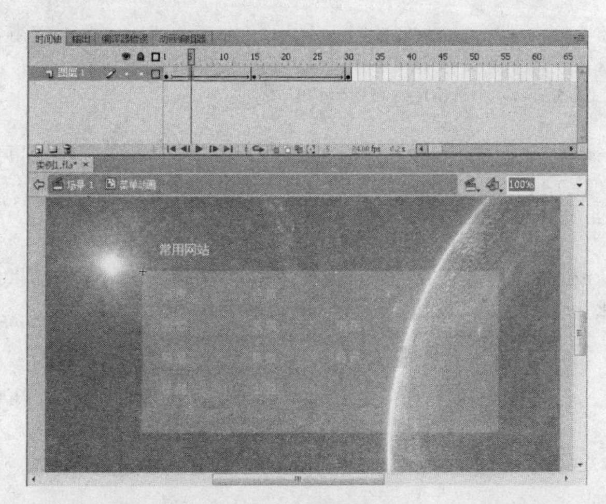

STEP 07：**为菜单动画添加动作脚本**。新建图层，选择第 1 帧后在“动作”面板中输入

代码“stop( );”在第 15 帧插入关键帧，再在“动作”面板中输入代码“stop( );”，如左下图所示，使动画在第 1 帧和播放到第 15 帧时均自动停止。

STEP 08：**命名菜单动画实例**。单击“场景 1”返回主场景，选择已透明的“菜单动画”元件实例，在“属性”面板中命名实例名称为“mymenu”，如右下图所示。

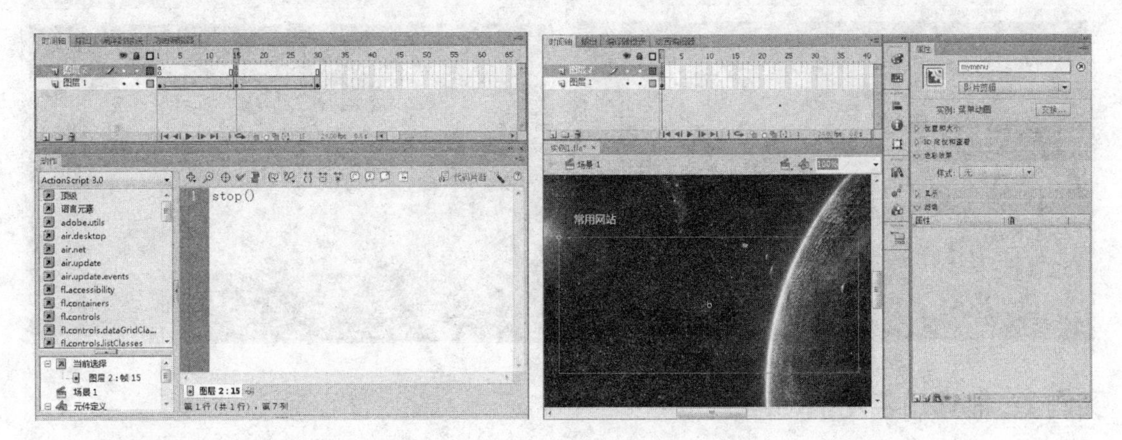

STEP 09：**绘制窗帘布上端细节**。在命令栏输入圆弧“ARC”，按【Enter】键；在左端窗帘杆头处单击，在中部单击，如左下图。

STEP 10：**添加菜单控制按钮**。新建图层，将“库”面板中的“透明按钮”元件拖至舞台上“常用网站”文字上方，在“属性”面板中命名实例名称为“menubt”，如下图所示。

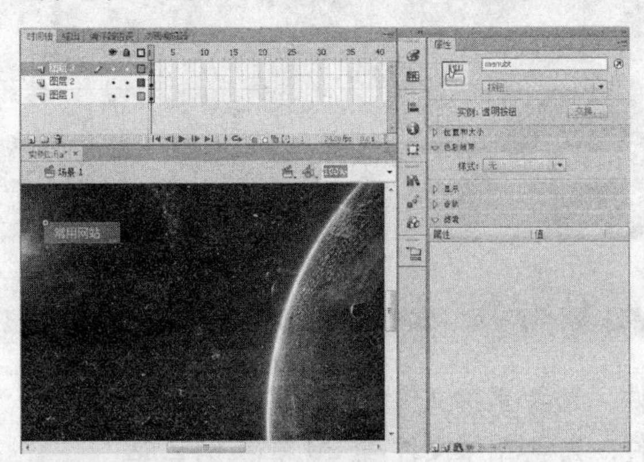

STEP 11：**添加菜单控制按钮事件**。新建图层，选择空白关键帧后在“动作”面板中输入如下图所示的代码。

```
function menuctrl(e)
{
    if (mymenu.currentFrame == 1)
    {
        mymenu.gotoAndPlay(2);
    }
    else if (mymenu.currentFrame==15)
    {
        mymenu.gotoAndPlay(16);
    }
}
menubt.addEventListener("click",menuctrl);
```

STEP 12：**保存并测试动画。**保存文件，按【Ctrl+Enter】组合键在播放器中测试动画，默认效果如左下图所示，单击“常用网站”按钮后出现导航菜单，如右下图所示，单击菜单中的网站名称即可在浏览器中打开网站。

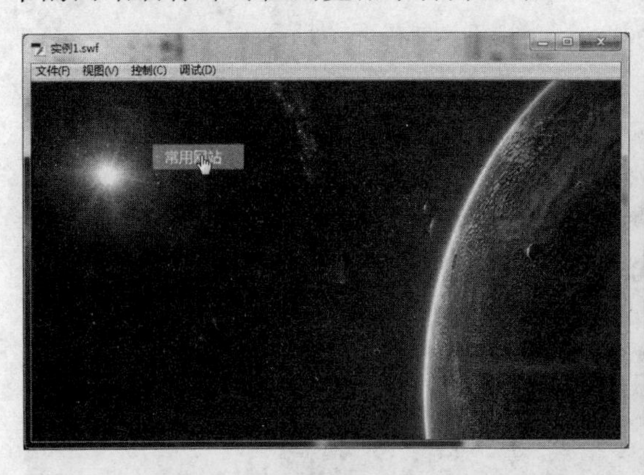

实例 2：制作广告轮播动画

案例效果

	素材文件：光盘\素材文件\第 20 章\实例 2\images\
	结果文件：光盘\结果文件\第 20 章\实例 2.fla
	教学文件：光盘\教学文件\第 20 章\实例 2.avi

制作分析

本例难易度：★★★★☆

关键提示：

新建 Flash 文档，导入素材图像并制作动画元素，制作并添加按钮元件，然后利用 ActionScript 实现动画过程，并应用按钮事件控制动画过程，从而实现交互动画。

知识要点：

- Timer 类的使用
- 影片剪辑元件实例坐标控制
- 自定义函数
- 按钮鼠标指向事件侦听

具体步骤

STEP 01：**新建文档并设置舞台属性**。新建文件，设置舞台宽度为 640 像素，高度为 320 像素，如下图所示。

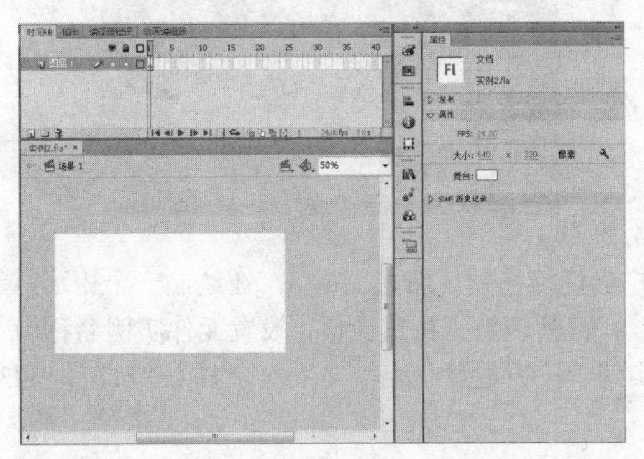

STEP 02：**导入素材图像**。依次导入四幅素材图像，设置所有图像的 x 坐标值为 0，y 坐标值依次为 0、320、640、960，如下图所示。

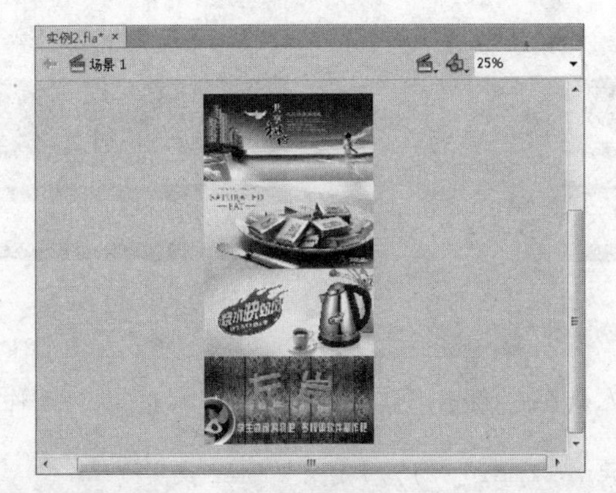

STEP 03：**绘制酒柜柜体辅助线**。选择该帧中所有图像元素后，按【F8】键将元件转换为影片剪辑元件，在“转换为元件”对话框中设置元件对齐位置为左上角对齐，并在“属性”面板中设置该元件实例的名称为“ads_mc”如下图所示。

STEP 04：**绘制按钮背景栏**。新建“图层 2”，在舞台下方绘制如下图所示的按钮栏背景图形，并设置颜色为黑色，透明度为“70%”。

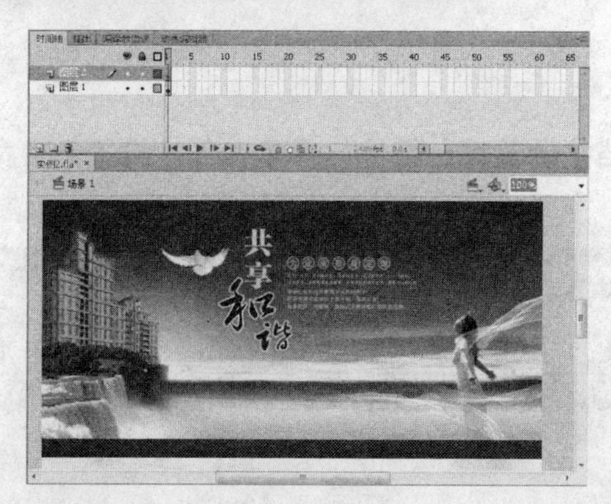

STEP 05：**制作广告切换按钮**。新建图层 3，在绘制一个矩形，设置矩形填充颜色为白色，透明度为“70%”，并将其转换为按钮元件，设置元件实例名称为“bt1”，如左下图所示；再复制 3 个按钮元件实例于按钮栏背景上，并依次命名为“bt2”、“bt3”和“bt4”，如右下图所示。

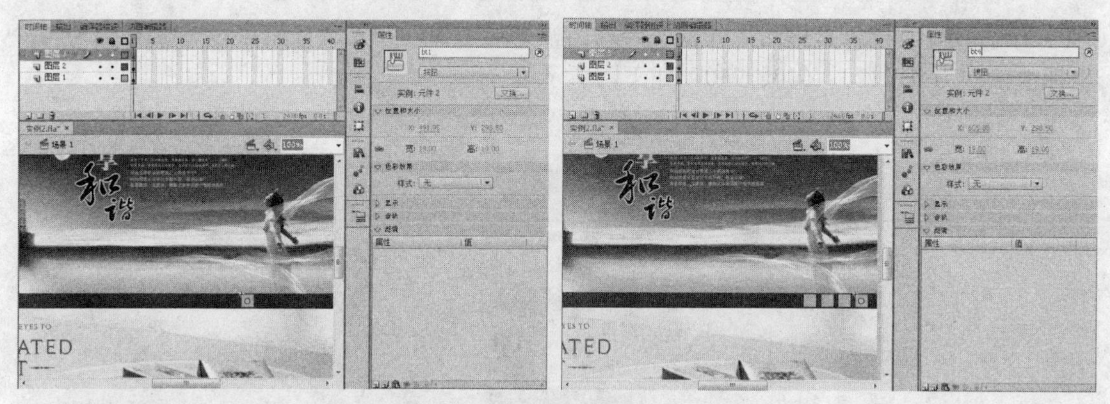

STEP 06：**添加脚本代码**。新建图层，选择关键帧后在“动作”面板中输入以下代码：

重点

```
var timer:Timer=new Timer(30);//定义 Timer 类实例
var topos=0;//定义变量 topos，用于设置显示的某广告图像时的坐标值
function setbtstate(e){//自定义函数，设置鼠标当前指向的按钮效果
    bt1.alpha=1;
    bt2.alpha=1;
    bt3.alpha=1;
    bt4.alpha=1;
    e.target.alpha=0.3;//改变当前对象的透明度
}
function moviead(e) //自定义函数，用于计时器定时调用
{
    ads_mc.y+=(topos-ads_mc.y)/10;
    //每执行一次，ads_mc 实例的 y 坐标向目标位置 topos 靠近 1/10
}
function gotoad1(e)//定义用于 bt1 按钮单击事件调用的函数
{
    setbtstate(e)
    topos=0;//设置目标 y 坐标位置为 0
```

```
}
function gotoad2(e)//定义用于 bt2 按钮单击事件调用的函数
{
    setbtstate(e)
    topos=-320;//设置目标 y 坐标位置为-180
}
function gotoad3(e)//定义用于 bt3 按钮单击事件调用的函数
{
    setbtstate(e)
    topos=-640;//设置目标 y 坐标位置为-360
}
function gotoad4(e)//定义用于 bt4 按钮单击事件调用的函数
{
    setbtstate(e)
    topos=-960;//设置目标 y 坐标位置为-540
}
timer.start();//运行计时器
timer.addEventListener("timer",moviead);
//为计时器添加事件侦听器
bt1.addEventListener("mouseOver",gotoad1);
bt2.addEventListener("mouseOver",gotoad2);
bt3.addEventListener("mouseOver",gotoad3);
bt4.addEventListener("mouseOver",gotoad4);
//为四个按钮添加鼠标单击事件侦听器
```

STEP 07：**保存并测试动画**。保存文档，按【Ctrl+Enter】组合键在播放器中测试动画，当鼠标指向不同按钮时，动画中图像滚动至相应的图像位置，如左下图所示为第 1 幅广告显示状态，当鼠标指向第 3 个按钮时，画面切换过程如右下图所示。

专家提示

Timer 类是 ActionScript 3.0 中为用户提供的计时器的接口，它能按指定的时间序列运行代码以实现动画。常用的方法有“start()”和“stop()”，分别用于开始和停止计时器。该类实例对应的事件则为“timer”，即让计时器按指定的延迟时间执行时触发该事件。

本章小结

Flash 动画之所以能受到广大用户的肯定，除了速度快、操作简单等特点之外，还有一个重要的因素是它能够帮助用户创建交互式的动画，这些以前需要用高级语言进行大量编程工作才能实现的内容，现在只需添加几句代码即可。本章内容主要介绍了 Flash CS6 中应用的脚本程序 ActionScript 3.0 进行，重点在于 ActionScript 3.0 语言的语法格式、常用语句的用法以及制作交互动画时常用的类。

第 21 章

设计并制作公司网站

本章导读

公司网站相当于网络中的名片，不但起到提升公司形像的作用，还可以辅助企业销售。随着网络的发展，各行各业的公司和企业都开始建设和完善自己公司的网站，在建设网站前首先需要规划好网站功能，设计出网站页面的效果图，然后制作出网站中各级页面，根据需要添加相应的网站后台程序以便于后期对网站管理。

知识要点

- 公司企业类网站的特点
- 公司企业类网站的规划及设计思路
- 使用 Fireworks 设计网页效果图
- 使用 Fireworks 进行效果图切片
- 使用 Dreamweaver 规划和建立站点
- 使用 Dreamweaver 进行页面制作

案例展示

21.1 规划网站

在设计和制作网站前，首先需要对整体网站进行规划，根据建设网站的主要目的、网站所属的行业和其他特定要求来规划网站的功能和设计思路。本章将制作水产公司的网站，首先对网站的功能及设计思路进行分析和规划。

21.1.1 网站功能规划

公司网站是以企业宣传为主题而构建的网站，域名后缀一般为.com。与一般门户型网站不同，该类网站相对来说信息量比较少。该类型网站页面结构的设计主要是从公司简介、产品展示、服务范围等几个方面来进行的。

一般公司网站主要由以下功能：

- 公司简介：包括公司背景、发展历史、主要业绩、经营理念、经营目标及组织结构等，让浏览者对公司的情况有一个概括的了解。
- 公司动态：通过公司动态可以让浏览者了解公司的发展动向，加深对公司的印象，从而达到展示企业实力和形象的目的。
- 产品展示：如果企业提供多种产品服务，利用产品展示系统对产品进行系统的管理，包括产品的添加与删除、产品类别的添加与删除、特价产品、最新产品和推荐产品的管理、产品的快速搜索等。
- 产品价格表：有的浏览者浏览网站的目的是希望了解产品的价格信息，对于一些通用产品及可以定价的产品，应该留下产品价格；对于一些不方便报价或价格波动较大的产品，也应尽可能地为浏览者了解相关信息提供方便，如设计一个标准格式的询问表单，浏览者只要填写简单的联系信息，“提交”就可以了。
- 产品搜索：如果公司产品比较多，无法在简单的目录中全部列出，而且经常有产品升级换代，为了让用户能够方便地找到所需要的产品，除了设计详细的分级目录之外，增加产品搜索功能不失为有效的措施。
- 人力资源：介绍公司的人力资源，主要部门的员工特别是与用户有直接或间接联系的员工都应有自己的页面。
- 销售网络：目前浏览者直接在网站订货的并不多，尤其是价格比较贵重或销售渠道比较少的商品，浏览者通常喜欢通过网络获取足够信息后在本地的实体商场购买。因此尽可能详尽地告诉浏览者在什么地方可以买到所需要的产品。
- 售后服务：有关质量保证条款、售后服务措施、以及各地售后服务的联系方式等都是浏览者比较关心的信息，而且，是否可以在本地获得售后服务往往是影响浏览者购买决策的重要因素，对于这些信息应该尽可能详细地提供。
- 技术支持：这一点对于生产或销售高科技产品的公司尤为重要，网站上除了产品说明书之外，企业还应该将浏览者关心的技术问题及其答案公布在网上，如一些常见故障处理、产品的驱动程序、软件工具的版本等信息资料，可以以在线提问和常见问题回答的方式体现。
- 联系信息：网站上应该提供足够详尽的联系信息，除了公司的地址、电话、传真、邮政编码、E-mail 地址等基本信息之外，最好能详细地列出客户或者业务伙伴可能需要联系的具体部门的联系方式。对于有分支机构的企业，同时还应当有各地分支机构的联系方式，在为用户提供方便的同时，也起到了对各地业务的支持作用。

- 辅助信息：有时由于一个企业产品品种比较少，网页内容显得有些单调，可以通过增加一些辅助信息来弥补这种不足。辅助信息的内容比较广泛，可以是本公司、合作伙伴、经销商或用户的一些相关新闻、趣事，或产品保养/维修常识、产品发展趋势等。
- 其他内容信息：如反馈表、公司人才招聘信息、到其他相关站点的链接，还可以提供一些娱乐信息、有关专家或权威部门对产品和服务的证明等。

根据公司的规模、性质和建设网站的主要目的，本章要设计的网站为小型企业网站，建站的主要目的是对公司及公司产品进行宣传、提高知名度、提供企业形象，所以在功能规划上力求简洁明了，使浏览者可以快速了解公司，故规划出主要功能有："公司简介"、"产品展示"和"联系方式"。

21.1.2　设计思路

企业网站主要功能是向消费者传递信息，因此在页面结构设计上无须太过花哨，标新立异的设计和布局未必适合企业网站，企业网站更应该注重商务性与实用性。

在设计企业网站时，要采用统一的风格和结构来把各页面组织在一起。所选择的颜色、字体、图形即页面布局应能传达给用户一个形象化的主题，并引导他们去关注站点的内容。

风格是指站点的整体形象给浏览者的综合感受。包括站点的 CI 标志、色彩、字体、标语、版面布局、浏览方式、内容价值、存在意义、站点荣誉等诸多因素。

用以下步骤可以树立网站风格：

（1）首先必须保证内容的质量和真实性。

（2）其次需要搞清楚自己希望网站给人的印象是什么。

（3）在明确自己的网站印象后，建立和加强这种印象。需要进一步找出其中最有特点的东西，就是最能体现网站风格的东西。并作为网站的特色加以重点强化宣传。具体方法有：

- 将标志 Logo 尽可能放在每个页面上。
- 突出标准色彩。文字的链接色彩、图片的主色彩、背景色、边框等尽量使用与标准色彩一致的色彩。其他色彩在网站中只能作为点缀和衬托，决不能喧宾夺主，一般来说，一个网站的标准色彩不应超过 3 种。
- 突出标准字体。在关键的标题、菜单、图片里使用统一的标准字体。
- 想好宣传标语，加入 Banner 里，或者放在醒目的位置，突出网站的特色。
- 使用统一的语气和人称。
- 使用统一的图片处理效果。
- 创造网站特有的符号或图标。

根据本例制作的网站所属行业及行业特点，使用蓝色为主色调，以体现行业与海洋的关联。同时，蓝色给人以沉稳的感觉，且具有深远、永恒、沉静、博大、理智、诚实、寒冷的意象，同时蓝色还能够表现出和平、淡雅、洁净、可靠等。在商业设计中强调科技、商务的企业形象，大多也会选用蓝色当标准色。

21.2　利用 Fireworks 设计网站效果图

在制作网页前，使用图像制作和处理软件绘制出网站主要页面的效果，不仅可以从整体上把握网站的风格，同时也方便对设计进行多次推敲、分析、修改和调整。

21.2.1　设计首页效果图

首页设计历来是网站建设的重要一环，不仅因为“第一印象”至关重要，而且直接关系到网站二级页面及三级页面的风格和框架布局的协调统一等问题，是整个网站建设的“龙头工程”。具体设计步骤如下：

	素材文件：光盘\素材文件\第 21 章\素材\
	结果文件：光盘\结果文件\第 21 章\21-2-1.fw.png
	教学文件：光盘\教学文件\第 21 章\21-2-1.avi

STEP 01：**新建图像文件**。启动 Fireworks CS6，按【Ctrl+N】组合键新建文档，设置画布宽度为 1280 像素、高度为 1000 像素、分辨率为 72、画布颜色为蓝色（#034D9E），如左下图所示。

STEP 02：**绘制背景矩形**。使用“矩形工具”绘制一个宽度和高度均为 1000 像素的矩形，水平居中并顶端对齐于画布，设置填充颜色为线性渐变（#006DA2 到#004055），如右下图所示。

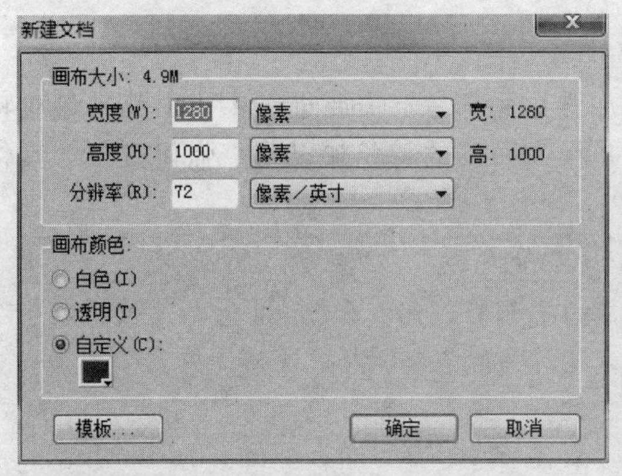

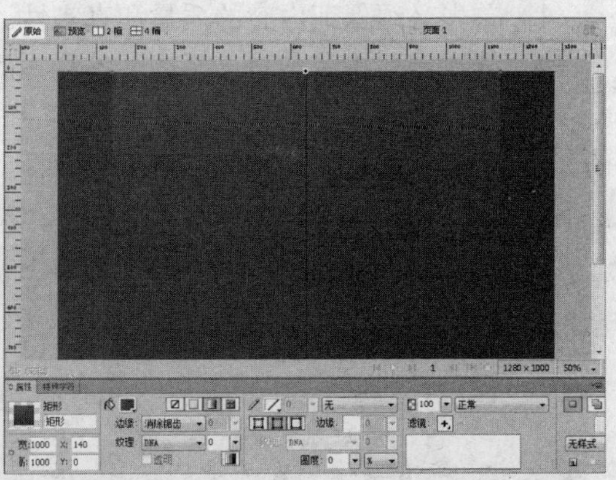

STEP 03：**绘制导航条及内容背景**。绘制一宽度为 1000 像素、高度为 47 像素的矩形，设置填充颜色为线性渐变（#055F8C 到#168ACE）；添加“内侧阴影”滤镜，设置阴影颜色为#73DCFF，其他参数及位置如左下图所示；绘制一宽度为 900 高度为 800 的矩形，填充颜色为#F3F3F3，不透明度为 95%，效果及放置位置如右下图所示。

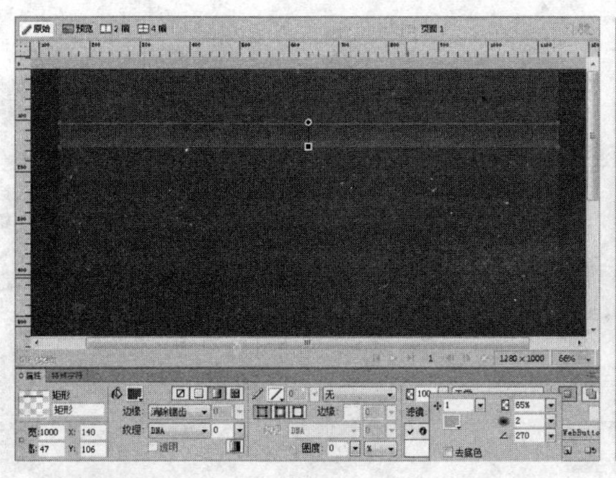

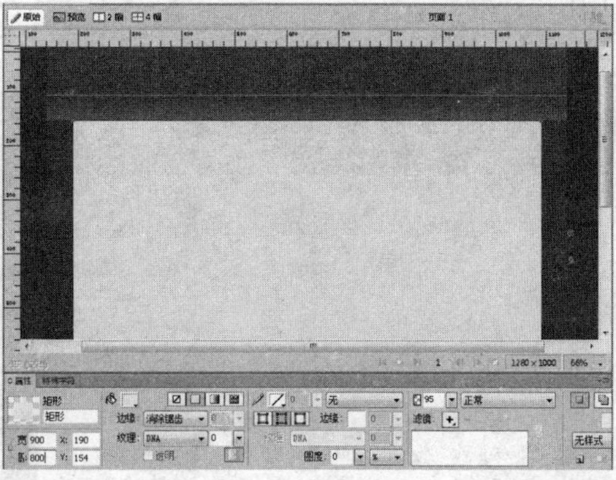

STEP 04：**绘制导航按钮选中状态背景**。在导航背景上方绘制一深红色（#B20000）宽度为 116 像素高度为 46 像素的矩形，如左下图所示。

STEP 05：**添加导航文字内容**。在导航条位置添加文本内容，设置文本颜色为白色、字体为"微软雅黑"、字号为 16，如右下图所示。

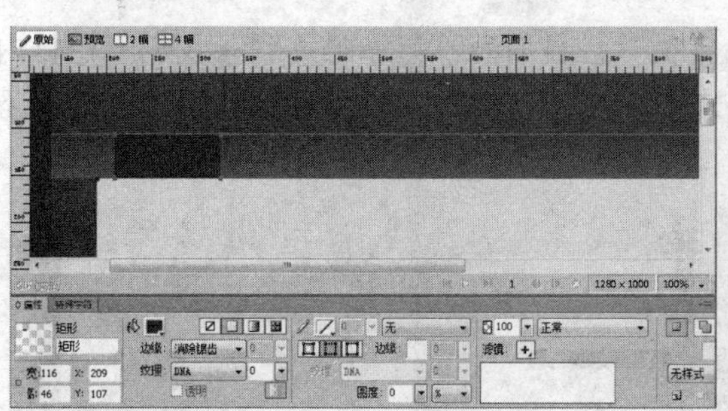

STEP 06：**添加公司名称文字**。在导航上方左侧位置添加公司名称文字内容，效果如左下图所示。

STEP 07：**导入素材图像**。导入素材图像"topbg.jpg"，使用"缩放工具"调整图片大小和位置，如右下图所示。

STEP 08：**为素材图像添加蒙板效果**。在"图层"面板中选择图像图层后，单击"添加蒙版"按钮添加位图蒙版，在蒙版图层中填充渐变颜色，制作出如左下图所示的效果。

STEP 09：**设计左侧栏背景及公告栏**。在画面内容区域左侧绘制一白色矩形，并绘制灰色（#999999）的栏目标题背景矩形，添加"站内公告"标题文字和内容文字，设置标题文字颜色为白色、微软雅黑、14 像素，内容文字格式为为灰色（#666666）、宋体、12 像素，如右下图所示。

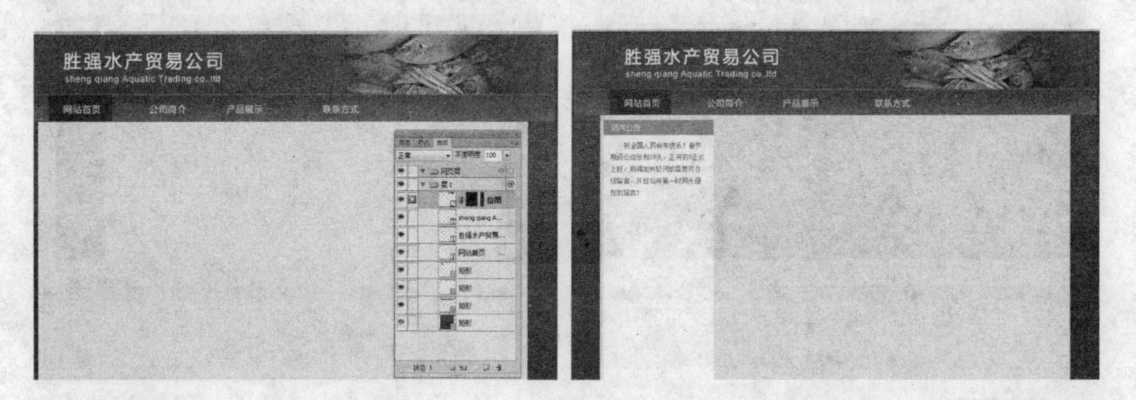

STEP 10：**设计产品分类栏目**。在“站内公告”栏目内容下方添加“产品分类”栏目标题矩形，设置颜色为蓝色（#034D9E），添加白色的标题文字内容，在下方添加产品分类文字，设置文字颜色为灰色（#666666）、宋体、12 像素，并绘制 1 像素浅灰色（#EEEEEE）线条作为分类之间的分隔线，如左下图所示。

STEP 11：**设计联系我们栏目**。在“产品分类”栏目内容下方添加“联系我们”栏目内容，标题栏背景矩形、标题字体和内容字体格式与“产品分类”栏目内容中的相同，如右下图所示。

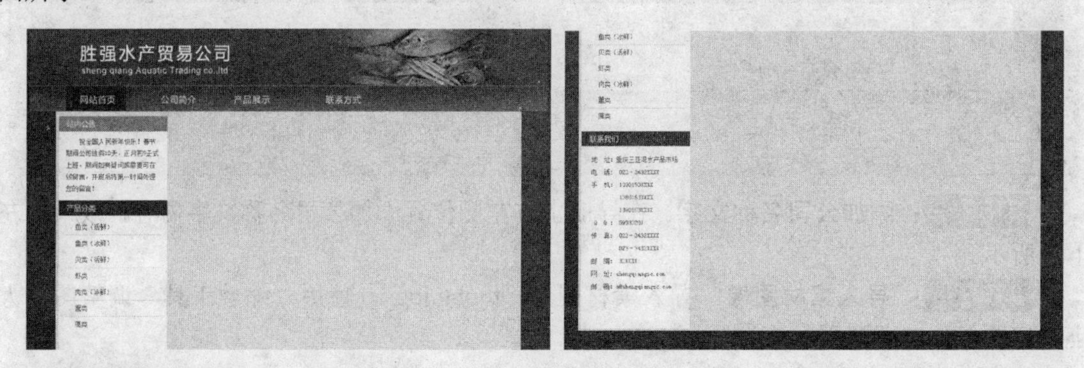

STEP 12：**添加 banner 图像**。导入素材图像“banner.jpg”，将图像放置到如左下图所示的位置。

STEP 13：**制作公司简介栏目内容**。在 banner 图像区域下方绘制一白色矩形，添加“公司简介”栏目标题文字、分隔线和正文内容，设置栏目标题文字的颜色为蓝色（#034D9E）、微软雅黑、14 像素，栏目制作完成后效果如右下图所示。

STEP 14：制作产品展示栏目内容。在“公司简介”栏目内容下方绘制一白色矩形，利用素材文件夹中的素材图像，制作如左下图所示的“产品展示”栏目。

STEP 15：添加页脚内容保存并预览页面。在页面底部添加页脚文字内容，保存文件，按两次【F】键切换到全屏状态，在全屏下查看页面效果，如右下图所示。

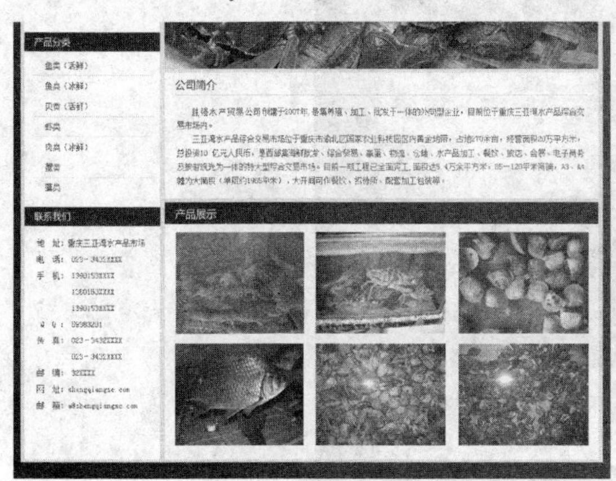

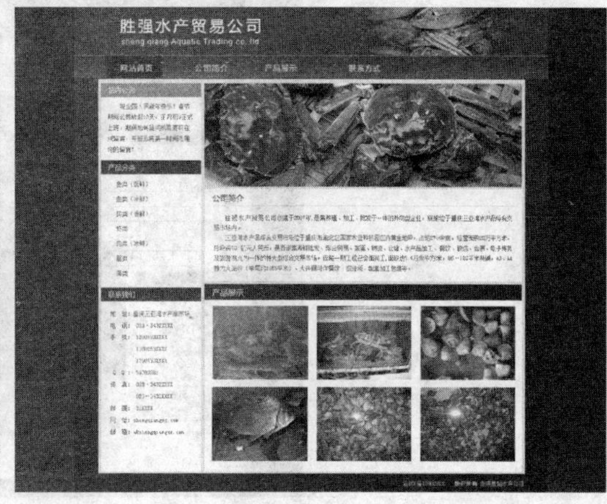

21.2.2　设计栏目页效果图

栏目页即网站中通过导航点击进入的页面，也可称之为二级页面。为保持同一站点中各页面的风格统一，通常这些页面的设计可在首页设计的基础上进行，本例的二级页面制作步骤如下：

	素材文件：光盘\素材文件\第 21 章\素材\
	结果文件：光盘\结果文件\第 21 章\21-2-2.fw.png
	教学文件：光盘\教学文件\第 21 章\21-2-2.avi

STEP 01：另存文件并复制页面。将文件首页效果图文件另存为新文件，按【F5】键打开“页面”面板，复制两个页面，并分别将三个页面命名为“公司简介”、“商品展示”和“联系方式”，如下图所示。

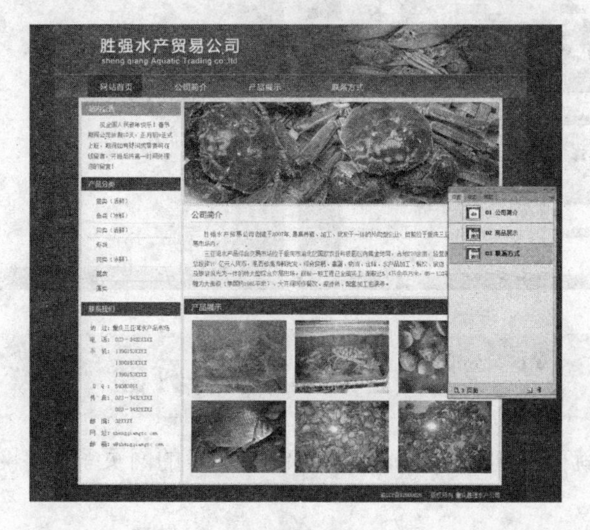

STEP 02：**制作公司简介页面**。选择“页面”面板中的“公司简介”页面，调整导航中红色矩形的位置到“公司简介”文字下方，删除页面中的banner和“产品展示”栏目内容，调整“公司简介”栏目内容，并插入素材图像“conpic.jpg”，完成后效果如下图所示。

STEP 03：**制作产品展示页面**。选择“页面”面板中的“产品展示”页面，调整导航中红色矩形的位置到“产品展示”文字下方，删除页面中的banner和“公司简介”栏目内容，调整“产品展示”内容，添加相应的文字及形状，制作产品展示列表，完成后效果如左下图所示。

STEP 04：**制作联系方式页面**。选择“页面”面板中的“联系方式”页面，调整导航中红色矩形的位置到“联系方式”文字下方，删除页面中的banner、“公司简介”和“产品展示”栏目内容，制作联系方式页面内容如右下图所示，保存文件，完成二级页面效果图制作。

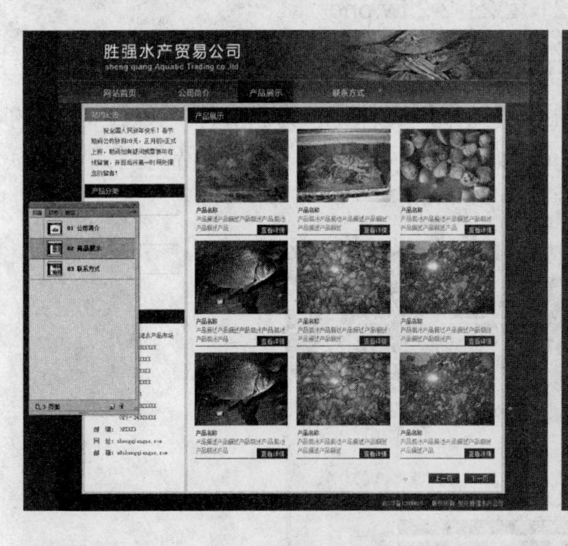

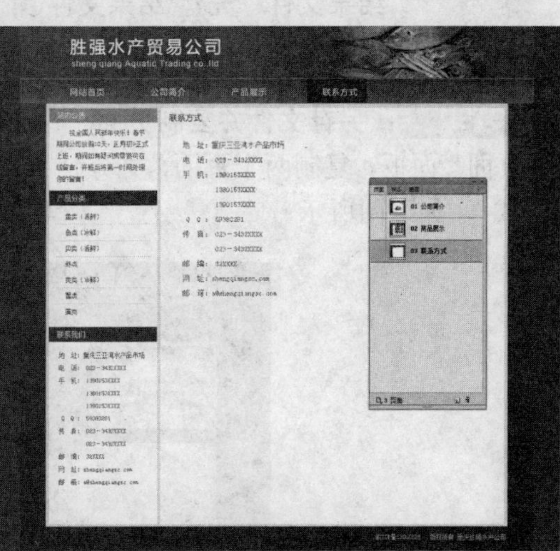

21.3　制作网站页面

有了效果图之后就可以利用Dreamweaver制作真正的网页了，将网页中需要用到的图像从效果图中提取出来，然后使用 DIV+CSS 布局制作出相应的 HTML 页面。

21.3.1　切片并导出素材图像

在制作 HTML 页面前，首先需要从效果图中切片并导出网页中需要使用的图像，具体操作如下：

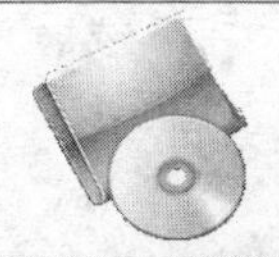	素材文件：光盘\素材文件\无
	结果文件：光盘\结果文件\第 21 章\21-3-1.fw.png
	教学文件：光盘\教学文件\第 21 章\21-3-1.avi

STEP 01：**打开效果图文件绘制切片**。打开第二节制作的网页效果图，使用“切片工具”在画面中绘制切片，如左下图所示。

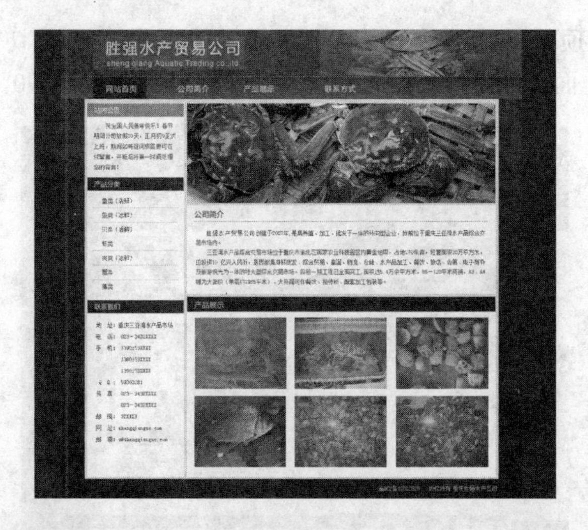

STEP 02：**优化背景切片**。选择页面背景切片，命名切片名称为“bg”，切换到“预览”视图，在“优化”面板中设置图像格式为“PNG24”，如右下图所示。

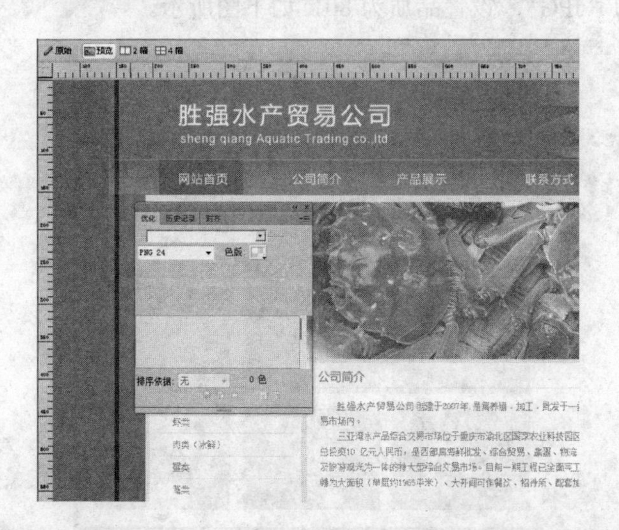

STEP 03：**优化标题文字切片**。选择标题文字切片，命名切片名称为“logo”，在“优

化”面板中设置图像格式为“GIF”，选择索引调色板为“精确”，如左下图所示。

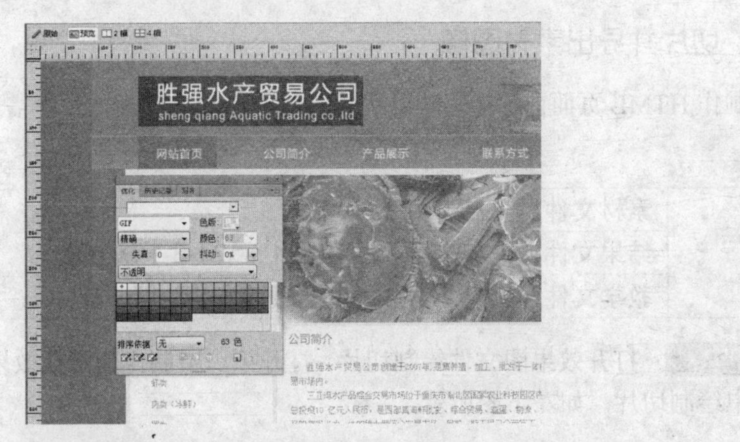

STEP 04：**优化顶部修饰图片切片**。选择右上角的修饰图片切片，命名切片名称为“topbg”，在“优化”面板中设置图像格式为“JPG”，设置品质为 90，如右下图所示。

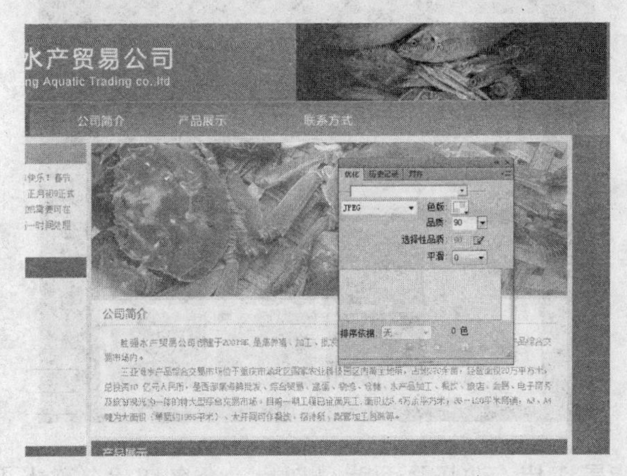

STEP 05：**优化产品图切片**。选择“产品展示”区域中的产品图片切片，在“优化”面板中设置图像格式为“JPG”，设置品质为 80，如下图所示。

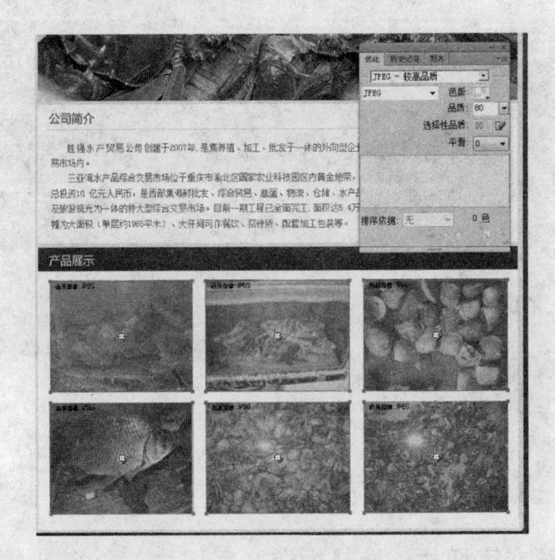

STEP 06：**导出切片**。执行“文件→导出”命令，在打开的“导出”对话框中选择切片

导出的路径后设置导出选项为“仅图像”、并选择“导出切片”选项，不选择“仅已选切片”和“包括无切片区域”选项，如下图所示，单击“保存”按钮即可导出切片。

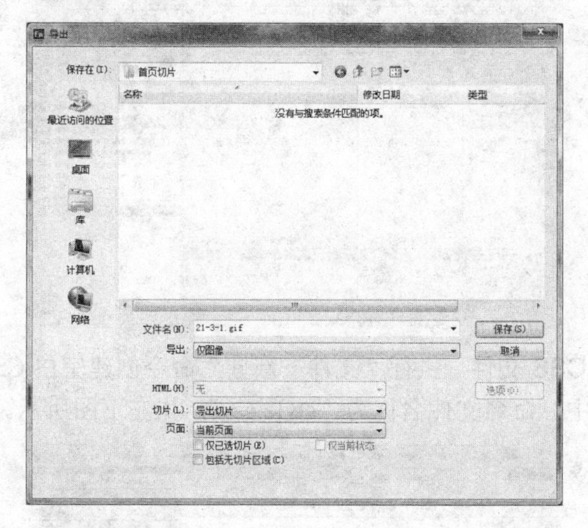

21.3.2　创建站点并制作网站首页

在制作 HTML 页面前，首先需要建立站点文件夹，并利用 Dreamweaver 创建站点，建立站点内的文件夹并添加相应的文件，然后新建网页文件，应用 DIV+CSS 布局制作页面，具体操作如下：

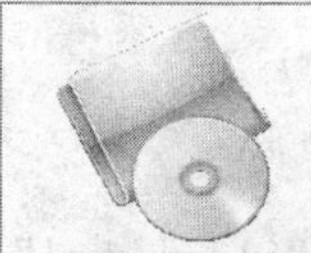	**素材文件：光盘\素材文件\无**
	结果文件：光盘\结果文件\第 21 章\web
	教学文件：光盘\教学文件\第 21 章\21-3-2.avi

STEP 01：**建立站点**。在“我的电脑”中任意路径新建站点文件夹“web”，在文件夹中再新建文件夹“images”和“css”，将上一小节中的导出的切片图像全部复制到“images”文件夹中，然后启动 Dreamweaver CS6，执行“站点→新建”命令，设置站点名称为“水产公司”，将“web”文件夹选择为本地站点文件夹，建立站点后如左下图所示。

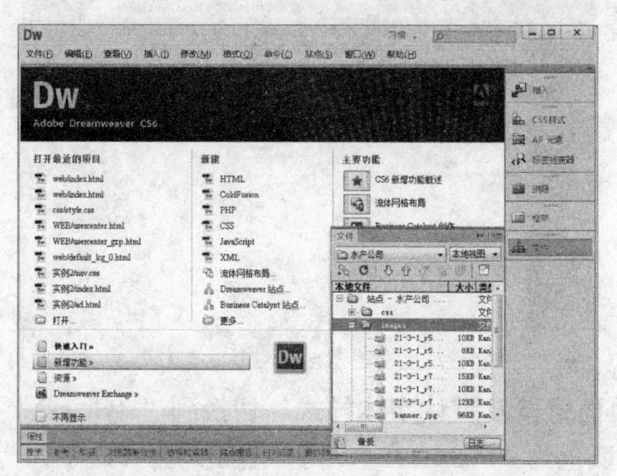

STEP 02：**新建 HTML 文件**。新建 HTML 文件，并将文件保存于站点根目录中，命名文件名称为“index.html”，如右下图所示。

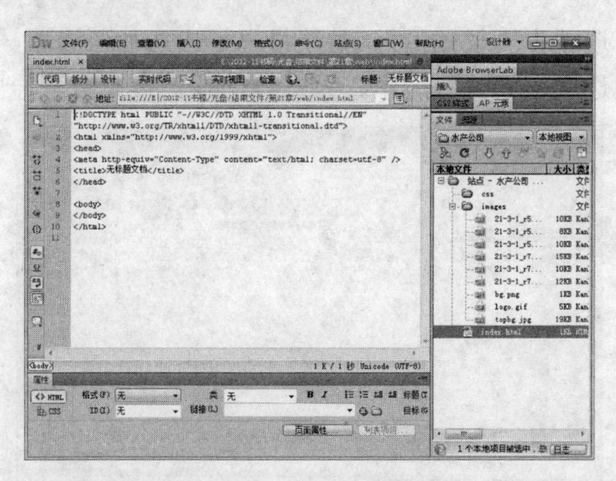

STEP 03：新建 CSS 文件。执行“文件→新建”命令创建空白 CSS 文件，将 CSS 文件保存于“css”文件夹中，命名文件名称为“style.css”，如左下图所示。

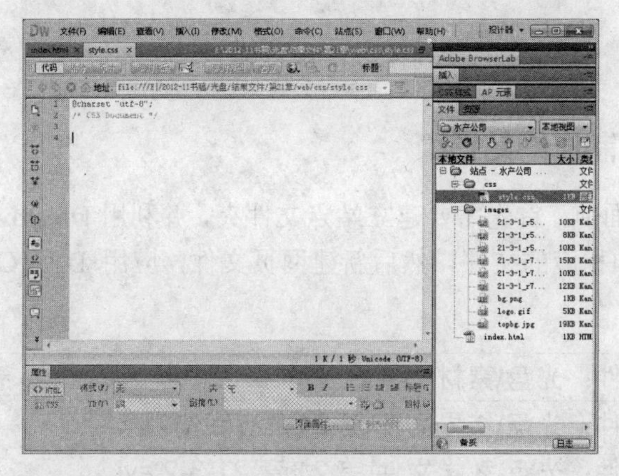

STEP 04：在 HTML 文件中关联样式表文件。关闭“style.css”文件，在“index.html”文件中“head”标签内添加“link”标签将“style.css”文件关联到当前页面中，如右下图所示。

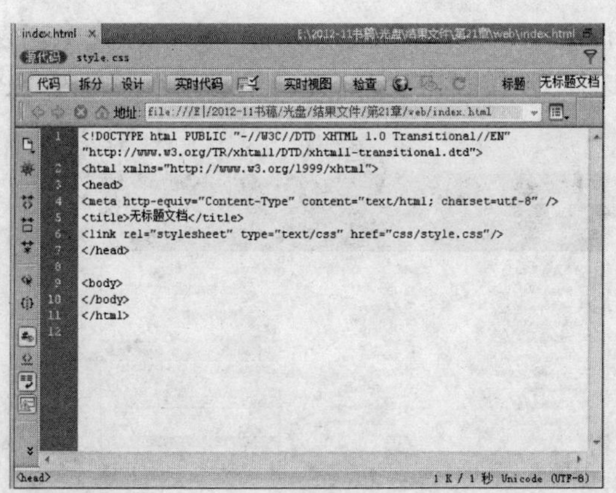

STEP 05：定义页面背景及默认字体样式。切换到“style.css”文件，定义“body”标签样式，设置页面背景颜色为“#034D9E”，内外边距均为 0，字体为 12 号宋体，颜色为灰色（#666），如左下图所示。

STEP 06：添加页面标题及内容背景。切换到“源文件”窗口，设置页面标题文件，然后在“body”区域内插入一个 DIV，并引用样式“page”，如右下图所示。

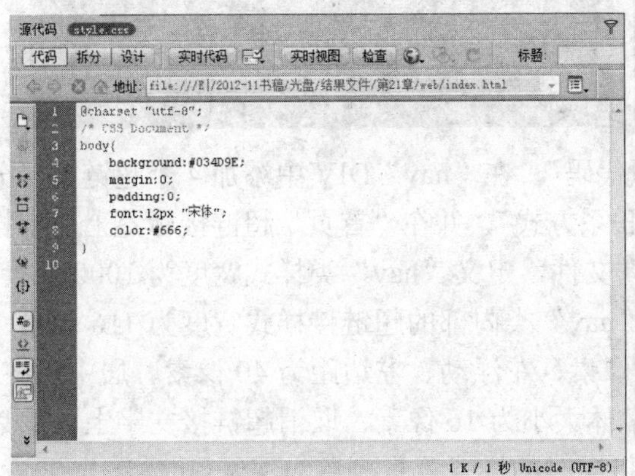

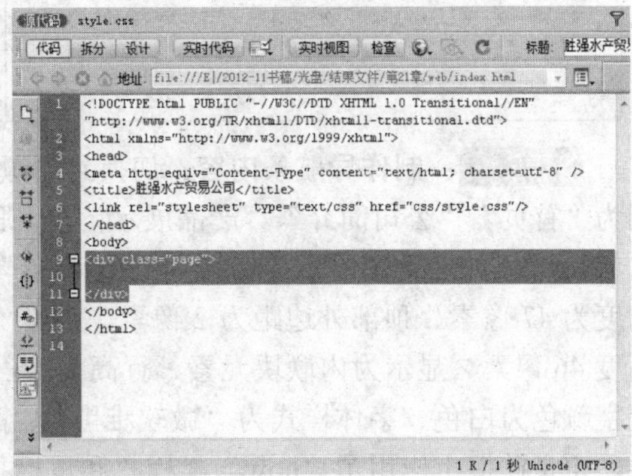

在进行 DIV+CSS 布局时，由于 Dreamweaver 中的设计视图并不能完全真实的显示出浏览器中的效果，所以通常在页面制作过程中，当设置完成一部分样式后，按【F12】键在浏览器中查看页面效果，并及时更正错误。

STEP 07：定义 page 样式。切换到“style.css”文件，定义“page”类样式，设置宽度为 1000 像素，高度为 999 像素，设置背景图像为“images”文件夹中的“bg.png”，并设置外边距“margin”属性为“0 auto”，即设置该元素在上下边距为 0，左右边距为自动适应，从而实现整体居中的效果，样式定义代码如左下图所示。

STEP 08：添加页面主要区域 DIV 及 Logo 图像。在“page”DIV 内部依次添加 4 个 DIV，分别设置 DIV 的“class”属性为“top”、“nav”、“content”和“footer”；然后在“top”DIV 中插入图像文件“images/logo.gif”，并设置图像的“id”属性为“logo”，如右下图所示。

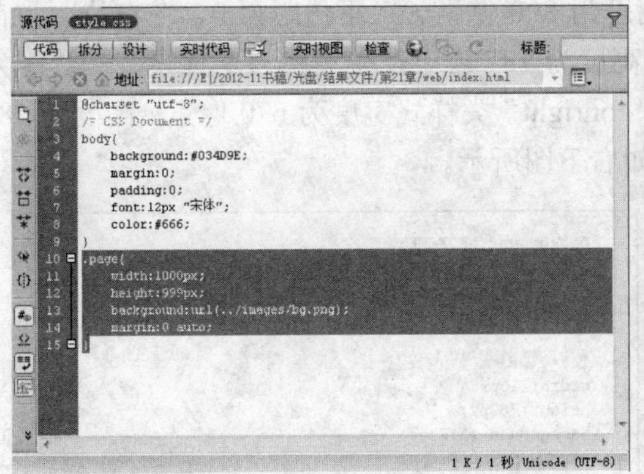

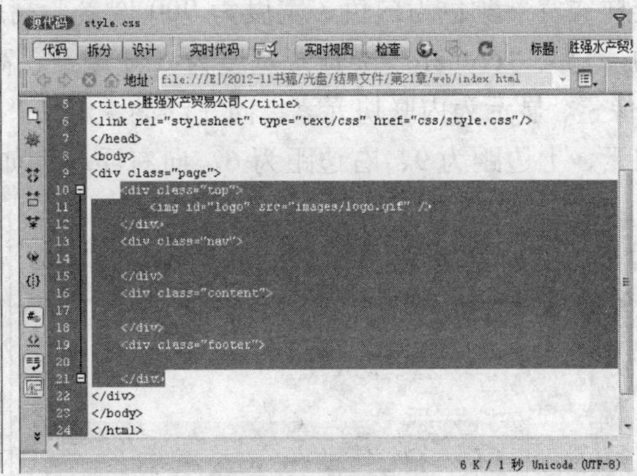

STEP 09：定义 Logo 类及 top 图像样式。切换到“style.css”文件，定义“top”类样式，设置宽度为 1000 像素，高度为 105 像素，设置背景图像为“images”文件夹中的“topbg.jpg”，背景图像不重复、右对齐并垂直居中；定义“logo”图片的样式，设置外边距上方为 20 像素，左侧为 40 像素，如左下图所示，保存文件并在浏览器中预览该部分的效果如右下图所示。

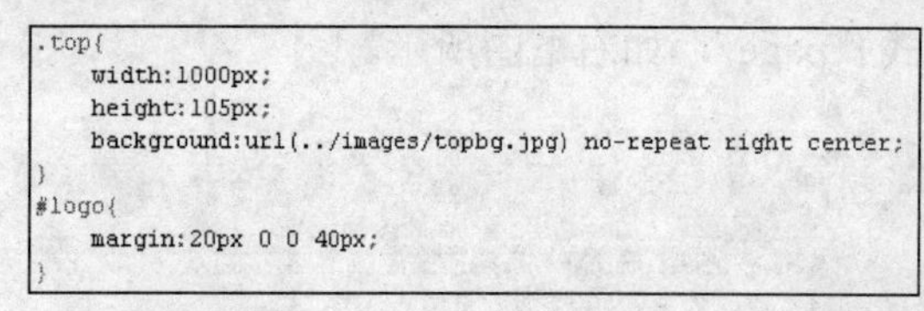

```
.top{
    width:1000px;
    height:105px;
    background:url(../images/topbg.jpg) no-repeat right center;
}
#logo{
    margin:20px 0 0 40px;
}
```

STEP 10：制作导航条内容。切换到“源代码”，在“nav”DIV 中添加 4 个超链接，分别为“首页”、“公司简介”、“产品展示”和“联系方式”，并在“首页”超链接标签上引用样式“now”，如左下图所示；切换到“style.css”文件，定义“nav”类样式宽度为 1000 像素、高度为 47 像素、顶部外边距为 2 像素，定义“nav”类内部的超链接样式宽度为 116 像素、高度 46 像素、显示为内联块元素、行高为 46 像素、左浮动、左边距为 40 像素、居中对齐、文字颜色为白色、字体样式为“微软雅黑”、字体大小为 16 像素、取消超链接文字上的下划线，定义链接上应用了“now”类样式和鼠标指向时的样式背景颜色为深红色（#B20000），如右下图所示。

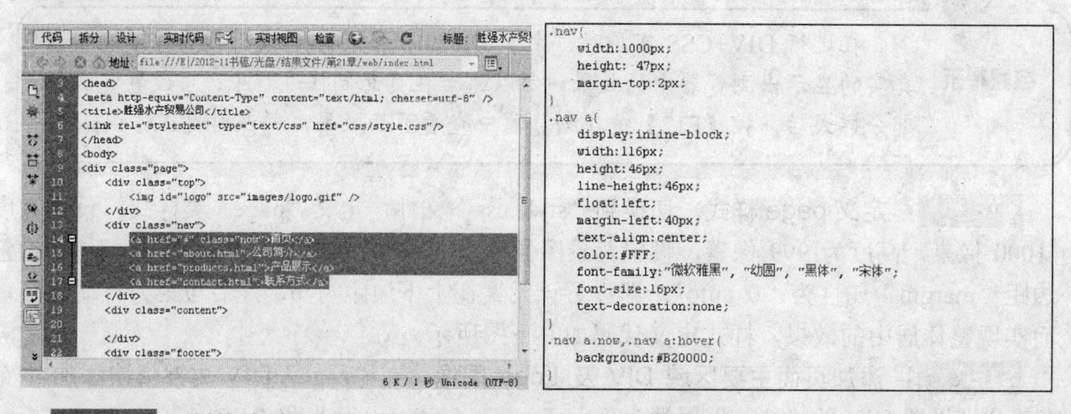

```
.nav{
    width:1000px;
    height: 47px;
    margin-top:2px;
}
.nav a{
    display:inline-block;
    width:116px;
    height:46px;
    line-height:46px;
    float:left;
    margin-left:40px;
    text-align:center;
    color:#FFF;
    font-family:"微软雅黑", "幼圆", "黑体", "宋体";
    font-size:16px;
    text-decoration:none;
}
.nav a.now,.nav a:hover{
    background:#B20000;
}
```

STEP 11：制作内容区域。切换到“源代码”，在“content”DIV 中添加两个 DIV，分别引用样式类“conleft”和“conright”，如左下图所示；切换到“style.css”文件，定义“content”类样式背景颜色为白色、宽度为 900 像素、高度为 800 像素、上下边距为 0、左右边距为自动，定义“conleft”类样式宽度为 670 像素、高度为 787 像素、上边距为 9 像素、右边距为 6 像素、显示为内联块元素、向左浮动，定义“conright”类样式宽度为 670 像素、高度为 787 像素、上边距为 9、右边距为 6、向右浮动，如右下图所示。

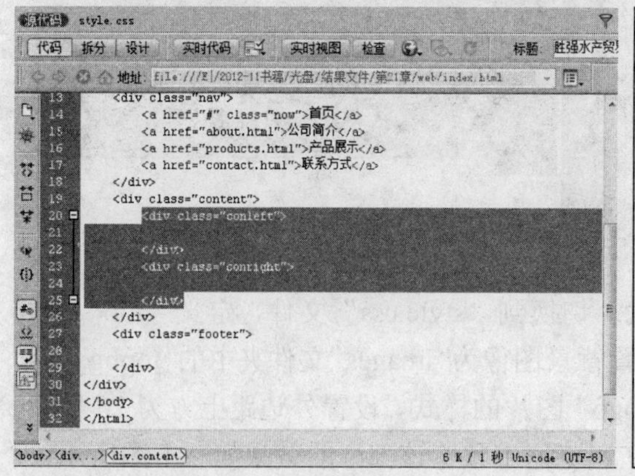

```
.content{
    background:#E7ECEE;
    width:900px;
    height:800px;
    margin:0 auto;
}
.conleft{
    width:210px;
    height:787px;
    background:#FFF;
    margin:9px 0 0 6px;
    display:inline-block;
    float:left
}
.conright{
    width:670px;
    height:787px;
    margin:9px 6px 0 0;
    float:right;
}
```

STEP 12：**制作站内公告栏目**。切换到“源代码”，在“conleft” DIV 中添加带有“h2”标签“站内公告”栏目标题，并在“h2”标签上应用样式“gray”，添加公告内容并置于 DIV 中，在 DIV 上应用样式“notice”，如左下图所示；切换到“style.css”文件，定义“conleft”类样式内部“h2”标签的样式行高为 28 像素、背景颜色为蓝色（#034D9E）、文字颜色为白色、字体样式为“微软雅黑”、文字大小为 14 像素、字体不加粗、首行缩进 20 像素，定义“conleft”类样式内部“.gray”类样式背景颜色为灰色（#999），定义“conleft”类样式中“notice”类样式，设置段落首行缩进为 24 像素、左右边距为 20 像素、行高为 20 像素，如右下图所示。

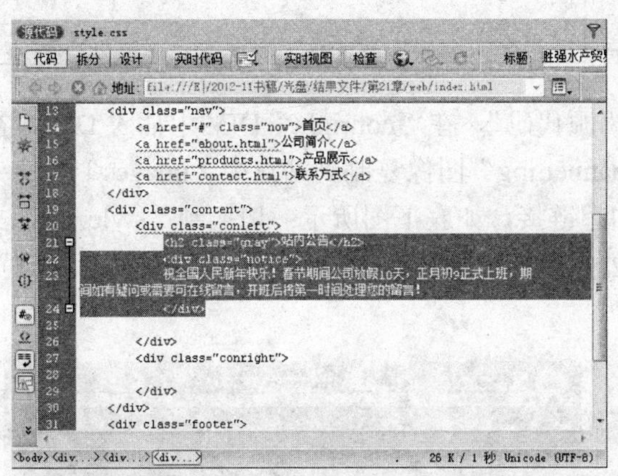


```
.conleft h2{
    line-height:28px;
    background:#034D9E;
    color:#FFF;
    font-family:"微软雅黑", "幼圆", "黑体", "宋体";
    font-size:14px;
    font-weight:normal;
    text-indent:20px;
}
.conleft .gray{
    background:#999;
}
.conleft .notice{
    text-indent:24px;
    margin:0 20px;
    line-height:20px;
}
```

STEP 13：**制作产品分类栏目**。切换到“源代码”，在上一步添加的内容后添加“产品分类”的标题文字及内容，如左下图所示；切换到“style.css”文件，定义“conleft”类样式内部列表标签“ul”、“ul”内部的列表项“li”及其内容的超链接样式，如右下图所示。

```
<a href="contact.html">联系方式</a>
</div>
<div class="content">
    <div class="conleft">
        <h2 class="gray">站内公告</h2>
        <div class="notice">
        祝全国人民新年快乐！春节期间公司放假10天，正月初9正式上班，期间如有疑问或需要可在线留言，开班后将第一时间处理您的留言！
        </div>
        <h2>产品分类</h2>
        <ul>
            <li><a href="#">鱼类（活鲜）</a></li>
            <li><a href="#">类（冰鲜）</a></li>
            <li><a href="#">贝类（活鲜）</a></li>
            <li><a href="#">虾类</a></li>
            <li><a href="#">冈类（冰鲜</a>）</li>
            <li><a href="#">蟹类</a></li>
            <li><a href="#">藻类</a></li>
        </ul>
```

```
.conleft ul{
    padding:0;
    margin:0 20px;
    list-style:none;
}
.conleft ul li{
    border-bottom:1px solid #eee;
    line-height:26px;
    text-indent:12px;
}
.conleft ul li a{
    text-decoration:none;
}
```

STEP 14：**制作联系我们栏目**。切换到“源代码”，在上一步添加的内容后添加“联系我们”的标题文字及内容，其中内容部分使用 DIV 作为窗口，并在 DIV 引用“contact”样式，内容中每一段使用一个段落标签“p”，如左下图所示；切换到“style.css”文件，定义“conleft”类样式内部使用了“conleft”类的样式及其内部的段落样式，如右下图所示。

```
.conleft .contact{
    margin:0 20px;
}
.conleft .contact p{
    margin-left:48px;
    text-indent:-48px;
}
```

STEP 15：**添加 Banner 图像**。切换到“源代码”，在“conright” DIV 中插入 DIV，在 DIV 上引用样式类“banner”，将素材中的“banner.jpg”图像复制到站点中“images”文件夹中并插入到“banner” DIV 中，并为图片添加超链接，如左下图所示；切换到“style.css”文件，定义超链接标签内的图片标签样式为无边框：“a img{border:none}”，保存文件后在浏览器中查看页面效果，如右下图所示。

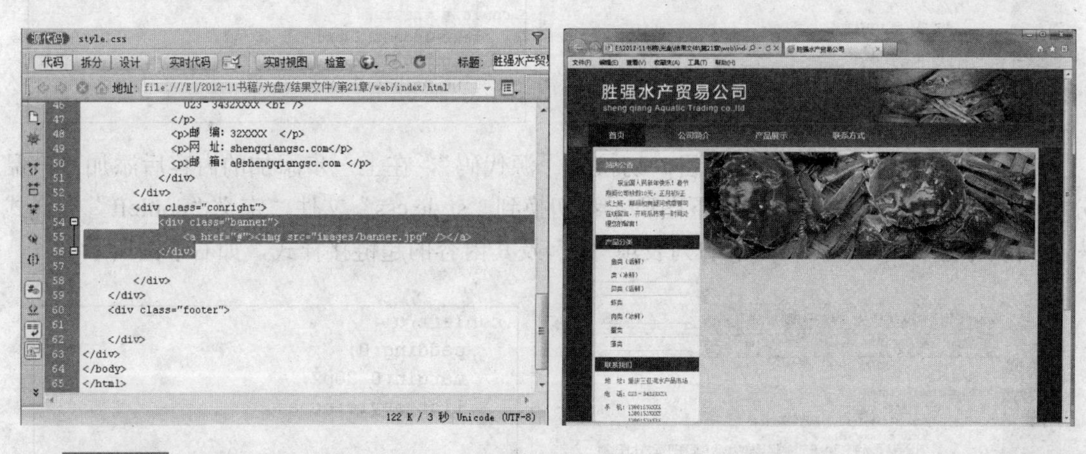

STEP 16：**制作公司简介栏目**。切换到“源代码”，在“banner” DIV 后插入 DIV，在 DIV 上引用样式类“intro”，在 DIV 中添加“h2”标题文字“公司简介”和文章内容，如左下图所示；切换到“style.css”文件，定义样式类“intro”和其内部的标题“h2”和段落“p”标签的样式，如右下图所示。

```
.intro{
    background:#FFF;
    height:166px;
    margin:8px 0;
}
.intro h2{
    margin:0 20px;
    padding:0;
    font-family:"微软雅黑","幼圆","黑体","宋体";
    font-size:16px;
    font-weight:normal;
    color:#034D9E;
    line-height:32px;
    border-bottom:1px solid #eee;
}
.intro p{
    margin:10px 20px;
    line-height:18px;
    text-indent:24px;
}
```

STEP 17：**制作产品展示栏目**。切换到“源代码”，在“intro”DIV 后插入 DIV，在 DIV 上引用样式类“prdlist”，在 DIV 中添加“h2”标题文字“产品展示”和无序列表内容，列表中为产品图像，并为产品图像添加超链接，如左下图所示；切换到“style.css”文件，定义样式类“prdlist”、其内部的标题“h2”和段落“ul”标签样式、“ul”内部的“li”标签样式，如右下图所示。

```
            <p>网  址：shengqiangsc.com</p>
            <p>邮  箱：a@shengqiangsc.com </p>
          </div>
      </div>
      <div class="conright">
          <div class="banner">
              <a href="#"><img src="images/banner.jpg" /></a>
          </div>
          <div class="intro">
              <h2>公司简介</h2>
              <p>胜强水产贸易公司创建于2007年,是集养殖、加工、批发于一体的外向型企业，目前位于重庆三亚湾水产品综合交易市场内。</p>
              <p>三亚湾水产品综合交易市场位于重庆市渝北区国家农业科技园区内黄金地带，占地270余亩，经营面积20万平方米，总投资10 亿元人民币，是西部集海鲜批发、综合贸易、禽蛋、物流、仓储、水产品加工、餐饮、旅店、会展、电子商务及旅游观光为一体的特大型综合交易市场。目前一期工程已全面完工,面积达5.4万余平方米，85—120平米商铺，A3、A4幢为大面积（单层约1965平米）、大开间可作餐饮、招待所、配套加工包装等。</p>
          </div>
          <div class="prdlist">
              <h2>产品展示</h2>
              <ul>
                  <li><a href="#"><img src="images/21-3-1_r5_c5.jpg" /></a></li>
                  <li><a href="#"><img src="images/21-3-1_r5_c8.jpg" /></a></li>
                  <li><a href="#"><img src="images/21-3-1_r5_c11.jpg" /></a></li>
                  <li><a href="#"><img src="images/21-3-1_r7_c5.jpg" /></a></li>
                  <li><a href="#"><img src="images/21-3-1_r7_c8.jpg" /></a></li>
                  <li><a href="#"><img src="images/21-3-1_r7_c11.jpg" /></a></li>
              </ul>
          </div>
      </div>
  </div>
  <div class="footer">

  </div>
```

```
.prdlist{
    padding:0;
    margin:0;
    background:#FFF;
    height:395px;
}
.prdlist h2{
    margin:0;
    padding:0;
    background:#b20000;
    color:#FFF;
    font-family:"微软雅黑", "幼圆", "黑体", "宋体";
    font-size:16px;
    font-weight:normal;
    text-indent:20px;
    line-height:32px;
}
.prdlist ul{
    margin:0;
    padding:0;
}
.prdlist ul li{
    list-style:none;
    float:left;
    margin-left:18px;
    margin-top:20px;
    display:inline-block;
}
```

STEP 18：**制作页脚部分**。定义样式类“footer”，设置该元素内部的文字对齐方式及文字格式，如左下图所示；在“源代码”中“footer”DIV 内添加文字内容，保存文件并在浏览器中查看页面效果，如右下图所示，本例制作完成。

```
.intro p{
    margin:10px 20px;
    line-height:18px;
    text-indent:24px;
}
.prdlist{
    padding:0;
    margin:0;
    background:#FFF;
    height:395px;
}
.prdlist h2{
    margin:0;
    padding:0;
    background:#b20000;
    color:#FFF;
    font-family:"微软雅黑", "幼圆", "黑体", "宋体";
    font-size:16px;
    font-weight:normal;
    text-indent:20px;
    line-height:32px;
}
.prdlist ul{
    margin:0;
    padding:0;
}
.prdlist ul li{
    list-style:none;
    float:left;
    margin-left:18px;
    margin-top:20px;
    display:inline-block;
}
.footer{
    text-align:right;
    color:#CCC;
    line-height:42px;
    margin-right:48px;
}
```

本章小结

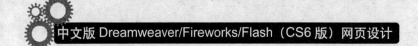

本章以水产公司网站设计制作为例，重点讲解了公司网站的规划、设计和制作方法及设计和制作步骤，同时讲解了 Fireworks 在网页设计中的应用以及在效果图设计时常用的工具和命令，也对 Dreamweaver 建立站点，重点对 DIV+CSS 布局过程进行了讲解。

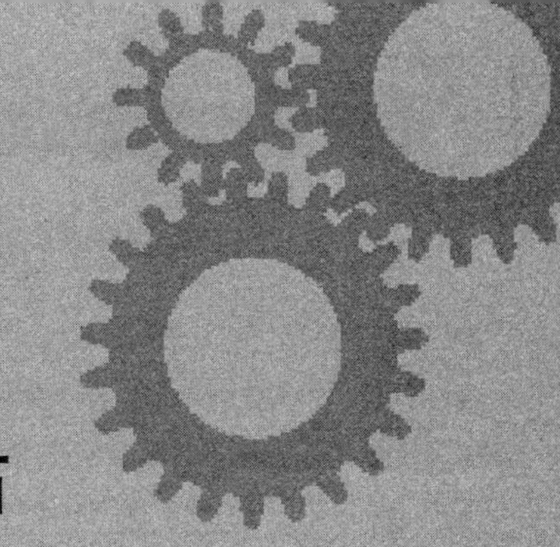

第 22 章

设计并制作团购网站

本章导读

团购网是一种新兴的电子商务模式，是电子商务网站的一种类型。本章将以团购网站设计及页面制作为例，从电子商务平台的规划、设计入手，介绍电子商务类网站建设相关的基础知识，重点在于 Dreamweaver 和 Fireworks 在网站设计制作中的应用。

知识要点

- 电子商务网站的特点
- 电子商务类网站的规划及设计思路
- 使用 Fireworks 设计网页效果图
- 使用 Fireworks 进行效果图切片
- 使用 Dreamweaver 规划和建立站点
- 使用 Dreamweaver 进行页面制作

案例展示

22.1 规划网站

要规划和设计团购网站，首先需要了解电子商务平台的基础知识，团购网站是一种新兴的电子商务网站，是在传统电子商务平台上发展起来的。根据电子商务平台的建站目的和创建的平台特色，需要对网站功能及设计目标进行规划。

22.1.1 电子商务平台基础知识

电子商务平台是一个为企业或个人提供网上交易洽谈的平台。企业、商家可充分利用电子商务平台提供的网络基础设施、支付平台、安全平台、管理平台等共享资源有效地、低成本地开展自己的商业活动。

一般电子商务平台具有如下一些主要功能：

- 广告宣传：凭借企业的 Web 服务器和客户的浏览，在 Internet 上发布播各类商业信息。客户可借助网上的检索工具（Search）迅速地找到所需商品信息，而商家可利用网上主页（HomePage）和电子邮件(E-mail）在全球范围内作广告宣传。与以往的各类广告相比，网上的广告成本最为低廉，而给顾客的信息量却最为丰富。
- 咨询洽谈：电子商务可借助非实时的电子邮件（E-mail），新闻组（NewsGroup）和实时的讨论组(Chat）来了解市场和商品信息、洽谈交易事务，网上的咨询和洽谈能超越人们面对面洽谈的限制、提供多种方便的异地交谈形式。
- 网上订购：网上的订购是电子商务平台中最突出的功能，通常都是在产品介绍的页面上提供十分友好的订购提示信息和订购交互格式框。当客户填完订购单后，通常系统会回复确认信息单来保证订购信息的收悉。订购信息也可采用加密的方式使客户和商家的商业信息不会泄漏。
- 网上支付：电子商务要成为一个完整的过程，网上支付是重要的环节，客户和商家之间可采用信用卡帐号进行支付，在网上直接采用电子支付手段可省去交易中很多人员的开销。网上支付将需要更为可靠的信息传输安全性控制以防止欺骗、窃听、冒用等非法行为。
- 服务传递：对于已付款的客户应将其订购的货物尽快地传递到他们的手中。而有些货物在本地，有些货物在异地，电子邮件将能在网络中进行物流的调配，而最适合在网上直接传递的货物是信息产品。
- 意见征询：电子商务能十分方便地采用网页上的“选择”、“填空”等格式文件来收集用户对销售服务的反馈意见。这样使企业的市场运营能形成一个封闭的回路。客户的反馈意见不仅能提高售后服务的水平，更使企业获得改进产品、发现市场的商业机会。
- 交易管理：整个交易的管理将涉及到人、财、物多个方面，企业和企业、企业和客户及企业内部等各方面的协调和管理。因此，交易管理涉及商务活动全过程。

根据电子商务平台中主要受众的类型，电子商务平常见的类型有以下几种：

- B2C 平台：英文 Business-to-Customer（商家对顾客）的缩写，中文简称为“商对客”。也就是通常说的商业零售，直接面向消费者销售产品和服务。这种形式的电子商务一般以网络零售业为主，主要借助于互联网开展在线销售活动。B2C 即企业通过互联网为消费者提供一个新型的购物环境——网上商店，消费者通过网络在网上购物、在网上支付。

- C2C：即 Consumer to Consumer，是个人与个人之间的电子商务。
- B2B：即 Business To Business，是企业对企业之间的营销关系。它将企业内部网，通过 B2B 网站与客户紧密结合起来，通过网络的快速反应，为客户提供更好的服务，从而促进企业的业务发展。
- O2O：即 Online To Offline，它将线下商务的机会与互联网结合在了一起，让互联网成为线下交易的前台。这样线下服务就可以用线上来揽客，消费者可以用线上来筛选服务，还有成交可以在线结算，很快达到规模。该模式最重要的特点是：推广效果可查，每笔交易可跟踪。

22.1.2　网站功能规划

本章将以团购网站为例，为读者介绍电子商务平台网站的规划与设计方法。

团购（Group purchase）就是团体购物，指认识或不认识的消费者联合起来，加大与商家的谈判能力，以求得最优价格的一种购物方式。根据薄利多销的原理，商家可以给出低于零售价格的团购折扣和单独购买得不到的优质服务。团购作为一种新兴的电子商务模式，通过消费者自行组团、专业团购网站、商家组织团购等形式，提升用户与商家的议价能力，并极大程度地获得商品让利，引起消费者及业内厂商、甚至是资本市场关注。

通常团购网站中主要包含了 O2O 和 B2C 的电子商务模式，如线上下单然后到实体店消费，也包括直接团购指定商品等。

本例要设计的团购网站定位为本地商家组织团购的形式，即由商家在网站上发起团购，消费者在网站上查看团购信息、下单，然后到实体店消费或商家邮寄实物商品等。故网站功能规划如下：

- 首页：根据网站特点，将“首页”更名为“今日团购”，以体现团购的时效性，并在首页中直接列举出所有正在进行的团购活动。
- 往期团购：已经结束的团购项目的价格、参与人数及评论均会影响新老客户，将往期团购的情况展示给客户可增加客户对网站和商家的信任度。
- 帮助中心：为不了解团购和本站功能的用户提供帮助。
- 搜索：可快速搜索参与团购活动的商品或商家。
- 用户中心：访问者可注册成为网站用户参与团购活动，可管理个人信息、管理和查看自己的订单。
- 订购：查看团购详情、订购。
- 网上支付：借助第三方支付平台，如支付宝、财付通、百付宝、快钱等。
- 交易管理：用户登录后可查看、管理自己的订单。
- 商家平台：合作商家可登录到商家平台发布团购信息，在客户支付和消费后对订单进行查看、确认等操作。

22.1.3 设计思路

电子商务网站与企业网站的主要功能相似，是向消费者传递信息，并且吸引消费者在线购买相应的产品或服务，因此在页面结构设计上无须太过花哨，而应该注重商务性和实用性，更重要的在于功能的可操作性、简便性及用户体验的方方面面。

22.2 利用 Fireworks 设计网站效果图

团购网与网上商城网站类似，都是为了在网站中宣传商品并激起访问者的购买欲望，达到销售商品的目的，在整体设计中以商品为主体，因此在本例主要讲解团购网站的首页和商品展示页面设计过程。

22.2.1 设计首页效果图

由于团购网站中商品数量较少，且具有时效性，为让访问者进入网站后即可看到最新的团购信息，所以，本站的首页直接使用名称“今日团购”，并列出今日最新的团购信息，具体设计过程如下：

	素材文件：光盘\素材文件\第 22 章\素材\
	结果文件：光盘\结果文件\第 22 章\22-2-1.fw.png
	教学文件：光盘\教学文件\第 22 章\22-2-1.avi

STEP 01：**新建图像文件**。启动 Fireworks CS6，按【Ctrl+N】组合键新建文档，设置画布宽度为 1280 像素、高度为 2050 像素、分辨率为 72、画布颜色为#FFFCE6，如左下图所示。

STEP 02：**制作 Logo 主题文字**。使用“文本工具”在舞台中添加网站 Logo 文字内容“乐山团”，设置字体为“隶书”、大小为 43，然后在“样式”面板中选择“Web 按钮样式”中的“WebButton217”样式，如右下图所示。

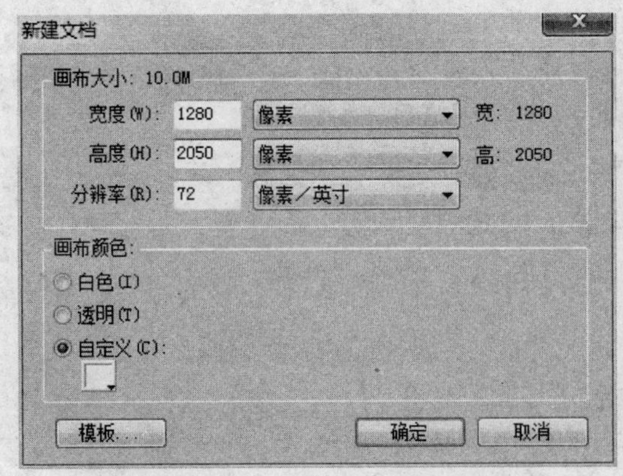

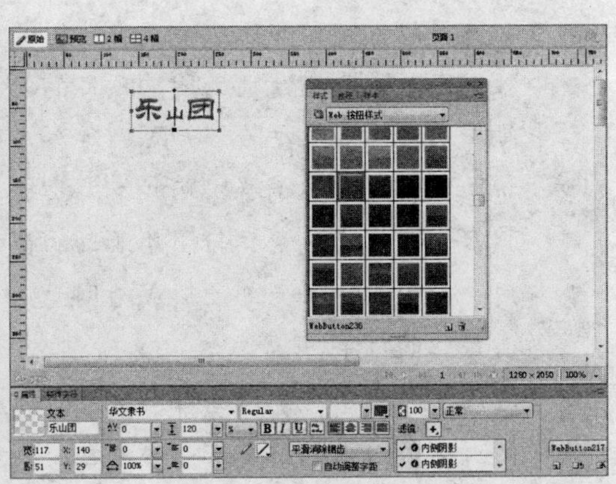

STEP 03：**添加 Logo 辅助文字**。右 Logo 主题文字下方添加网站网站域名，设置文字字体为“微软雅黑”、大小为 15、颜色为#AC4A1B，效果如左下图所示；再在下方绘制黑色矩形和白色广告文字，如右下图所示。

STEP 04：**绘制导航条**。绘制一个宽度为 1280、高度为 36 的矩形，设置 x 坐标为 0、y 坐标为 120，并应用样式“WebButton217”，如下图所示。

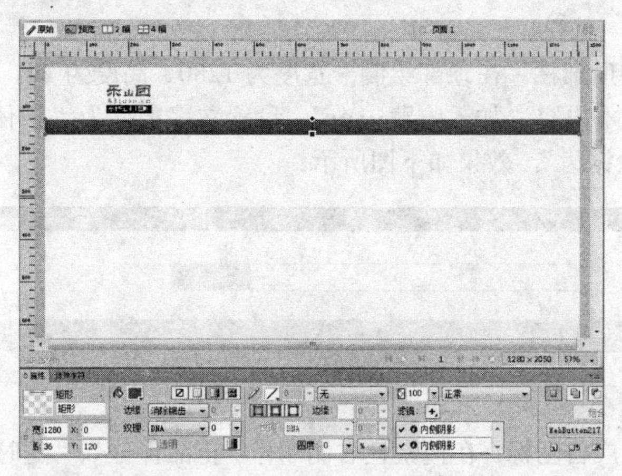

STEP 05：**添加导航文字内容**。在导航条位置添加文本内容，设置文本颜色为白色、字体为“宋体”、字号为 16，如下图所示。

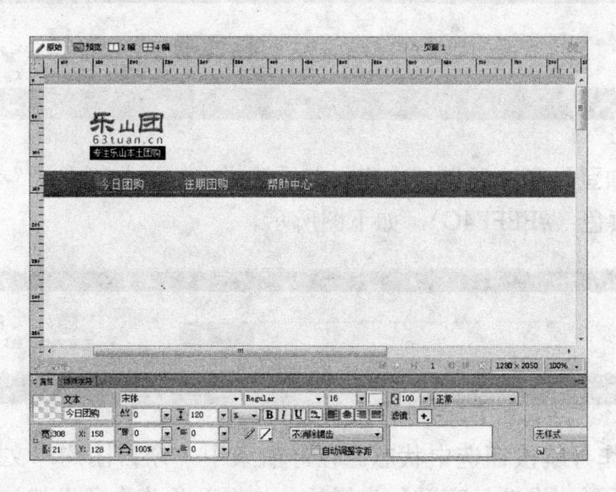

STEP 06：**制作搜索栏**。在 Logo 文字右侧绘制一白色矩形，设置宽度为 376、高度为 28、边框颜色为#9F4519，在其右侧绘制绘一个宽度为 90、高度为 30 的矩形，并应用样式“WebButton217”，然后在该矩形上添加文字“搜索”，制作出搜索栏效果，如左下图所示。

STEP 07：**导入素材图像**。导入素材图像“topbg.jpg”，使用“缩放工具”调整图片大小和位置，如右下图所示。

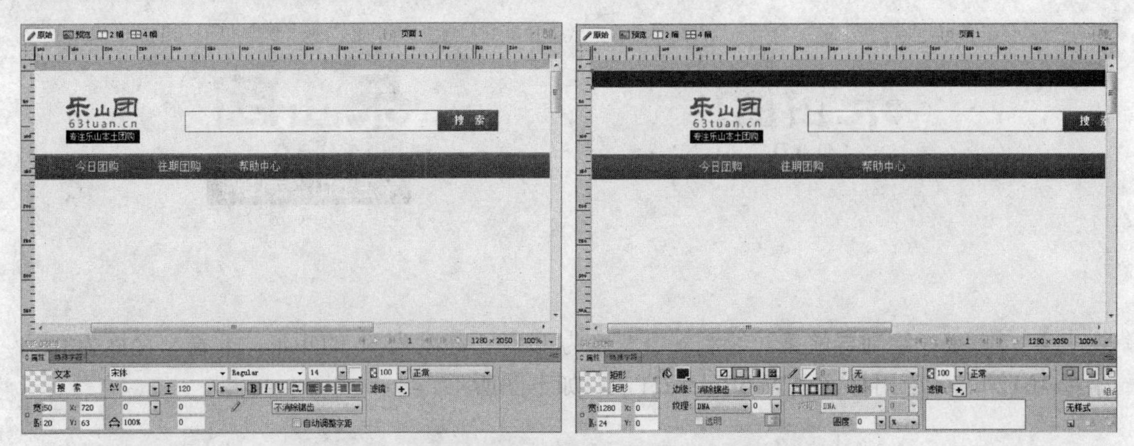

STEP 08：**制作顶部栏**。在顶部绘制一宽度为 1280、高度为 24、深灰色（#333333）的矩形，在右侧添加文本内容“加入收藏……”，设置文字字体为“宋体”、12 像素、颜色为#DDDDDD、“不消除锯齿”，效果如下图所示。

STEP 09：**制作广告图标**。在搜索栏右侧制作“正品保证”、“随时退换”和“先行赔付”的图标及文字内容，效果如下图所示。

STEP 10：**添加登录和注册链接文字**。在导航栏右侧添加“登录”和“注册”文字内容，并设置文字颜色为黄色（#FFFF4C），如下图所示。

STEP 11：**制作导航按钮选中状态**。在导航条中“今日团购”文字上层绘制一宽度为 100、高度为 36 的矩形，设置填充颜色为黑色、边框颜色为白色、描边内部对齐，并设置图层不透明度为 20%，如左下图所示。

STEP 12：**制作分类筛选栏**。绘制一宽度为 1000、高度为 85、白色填充、灰色边框（#CCCCCC）的矩形，设置 x 坐标值为 140、y 坐标值为 170，添加相应的分类筛选文字内容，制作出如右下图所示。

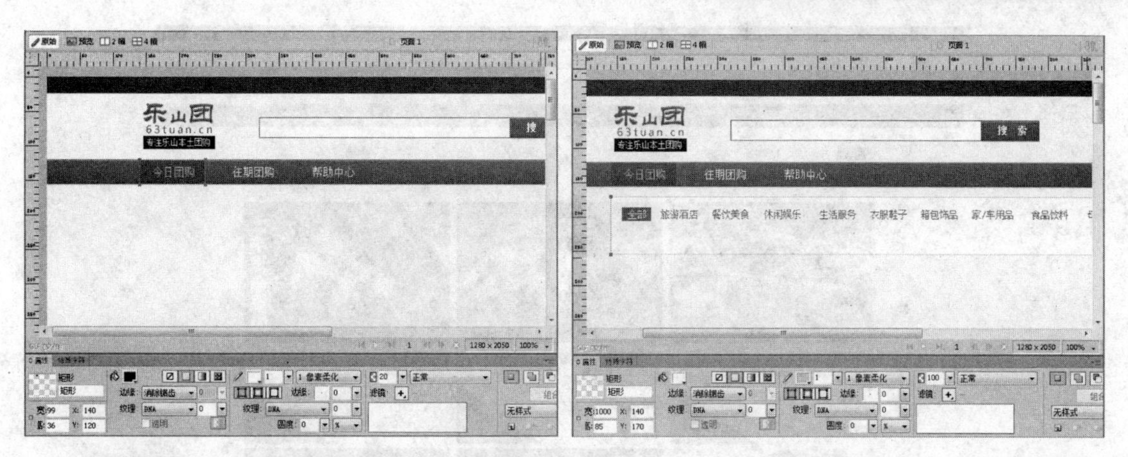

STEP 13：**制作排序按钮栏。**利用“矩形工具”、“文本工具”和“箭头工具”制作分类筛选栏下方的排序按钮栏，完成后效果如下图所示。

STEP 14：**制作单个产品展示栏。**在页面内容区域中绘制一宽度为 325、高度为 370、白色填充、灰色边框的矩形，在矩形中添加素材图像，效果如左下图所示；在图像下方添加相关文字信息，在右下角绘制三角形并应用样式“WebButton217”，制作出如右下图所示的效果。

STEP 15：**导入素材制作更真实效果。**复制上一步制作出的商品展示栏，粘贴出多个并排列于画面中，导入多幅素材图像替换各商品展示栏中的图像，制作出较逼真的效果，如下图所示。

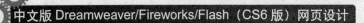

STEP 16：**制作页脚内容**。在页面底部添加文字内容并导航素材图像制作出如下图所示的页脚内容，保存文件，完成首页设计。

用户帮助	售后服务	商务合作
常见问题	投诉商家	商家合作方式
购物知识	商品退换	商家入口
消费者保障	不满意退款	友情链接交换
反诈骗公告		

支付宝-特约商家　网上交易保障中心 www.315online.com.cn　可信网站　网信认证 Web Trust　经营性网站备案信息

© 2013-2015 63tuan.cn (richy_li@163.com).蜀ICP证1XXXXX号

22.2.2　设计栏目页效果图

通常在电子商务类的网站中，详情页显得尤为重要，访问者进入到详情页则表名访问者对该商品比较感兴趣，在详情页中则需要更详细地描述商品，体现出商品的特点，吸引访问者购买商品，所以详情页的设计必须突出商品本身，即商品详情的内容，页面设计如下：

	素材文件：光盘\素材文件\第 22 章\素材\
	结果文件：光盘\结果文件\第 22 章\22-2-2.fw.png
	教学文件：光盘\教学文件\第 22 章\22-2-2.avi

STEP 01：**另存文件并删除主要内容区域**。将文件首页效果图文件另存为新文件，删除页面中导航条以下页脚部分以上的内容，如左下图所示。

STEP 02：**添加面包屑导航**。在导航栏下方添加面包屑导航文字，用于指示访问者当前浏览在页面所在路径，并能快速返回到上级相关页面，效果如右下图所示。

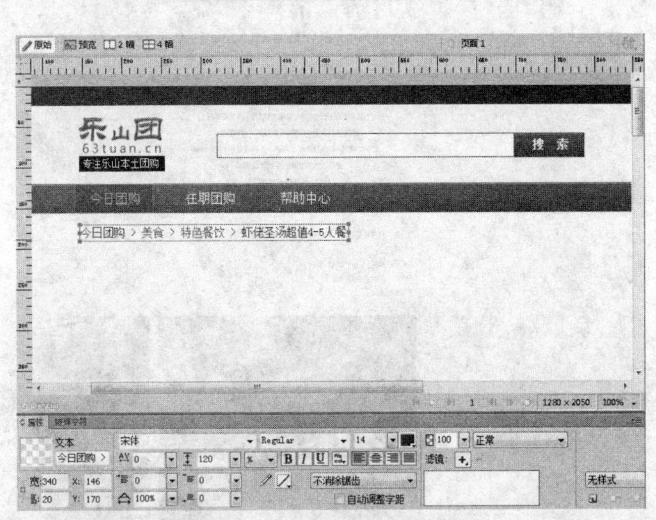

STEP 03：**制作商品主要内容展示栏**。在面包屑导航下方绘制一宽度为 758、高度为 516、填充颜色为白色、边框颜色为灰色的矩形，在矩形中添加产品主要描述信息、图片、价格等信息，并添加相应的修饰效果，如左下图所示。

STEP 04：**制作店铺信息栏**。在右侧绘制一个宽度为 232、高度为 305、填充颜色为白色、边框颜色为灰色的矩形，添加店铺相关的文字及素材图像，效果如右下图所示。

STEP 05：**制作商品详情栏**。在“商品主要内容展示栏”下方制作商品详情栏，宽度为与上方矩形一至，完成后保存文件，商品详情页制作完成，效果如下图所示。

22.3 制作网站首页

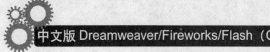

电子商务类网站中的内容较普通的企业网站更丰富，且更新频率更频繁，通常页面中大部分内容都是在网站运营过程中通过后台程序发布和更新，所以在开发阶段，需要考虑到内容变化的各种情况，定义出适合的 CSS 规则，而在制作页面时，可变内容则添加一些较为随意的测试内容即可。本例将制作团购网站首页，主要包含效果图切片的整合以及 WEB 页面的制作两部分。

22.3.1 切片并导出素材图像

制作 WEB 页面前，首先需要将效果图中用于 WEB 页中作为修饰成份的图片导出，具体操作如下：

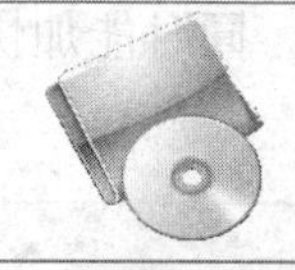	素材文件：光盘\素材文件\无
	结果文件：光盘\结果文件\第 22 章\22-3-1.fw.png
	教学文件：光盘\教学文件\第 22 章\22-3-1.avi

STEP 01：绘制顶部切片区域。在 Fireworks 中打开上一节中制作的首页效果图文件，使用“切片”工具绘制出页面顶部和导航部分的切片，如下图所示。

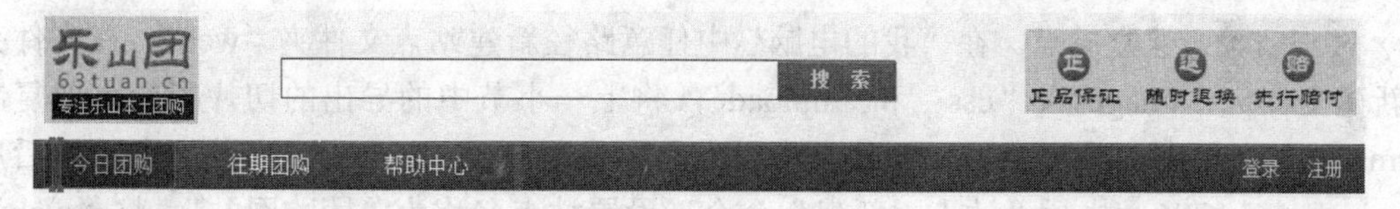

STEP 02：优化顶部切片。选择所有上一步操作绘制出的切片区域，在“优化”面板中设置“导出文件格式”为“GIF”，在“索引调色板”中选择“精确”，如下图所示。

STEP 03：绘制并优化查看详情按钮背景切片。取消商品列表区域中单个商品部分的形状组合，然后隐藏图层“查看详情”，如左下图所示；绘制一矩形切片区域覆盖三角开区域，然后切换到“预览”视图，在“优化”面板中设置图像导出格式为“GIF”，索引调色板为“最合适”，选择“索引色透明色”选项，设置白色为透明颜色，效果如右下图所示。

STEP 04：导出切片。执行“文件→导出”命令，在打开的“导出”对话框中选择切片导出的路径后设置导出选项为“仅图像”、并选择“导出切片”选项，不选择“仅已选切片”和“包括无切片区域”选项，单击“保存”按钮即可导出切片。

22.3.2 制作首页 Web 页面

首页是整个网页最主要的部分，通常制作好网站首页 Web 页面后，其他页面中大部分的样式均可调用或复制首页的样式或内容，这样不但能保证网站整体统一的风格，同时能加快网站开发的速度。本例首页制作的过程如下：

	素材文件：光盘\素材文件\无
	结果文件：光盘\结果文件\第 22 章\web\
	教学文件：光盘\教学文件\第 22 章\22-3-2.avi

STEP 01：**建立站点**。在“我的电脑”中任意路径新建站点文件夹“web”，在文件夹中再新建文件夹“images”、“css”和“upload”，将上一小节中的导出的切片图像全部复制到“images”文件夹、将“素材”文件夹中的商品图像复制到“upload”文件夹中，然后启动 Dreamweaver CS6，执行“站点→新建”命令，设置站点名称为“团购网站”，将“web”文件夹选择为本地站点文件夹，建立站点后如左下图所示。

STEP 02：**新建 HTML 文件**。新建 HTML 文件，并将文件保存于站点根目录中，命名文件名称为“index.html”，并设置页面标题文字，如右下图所示。

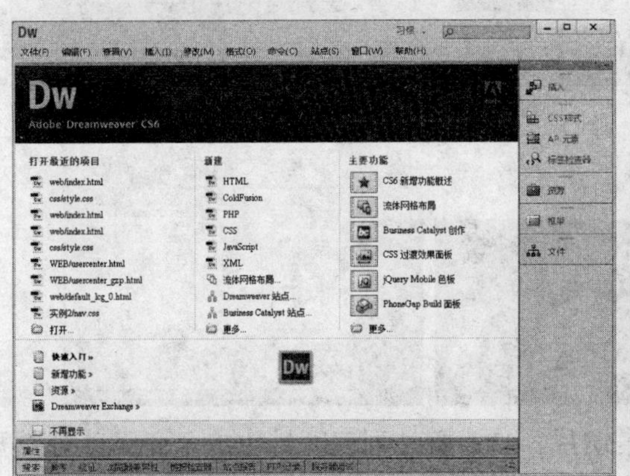

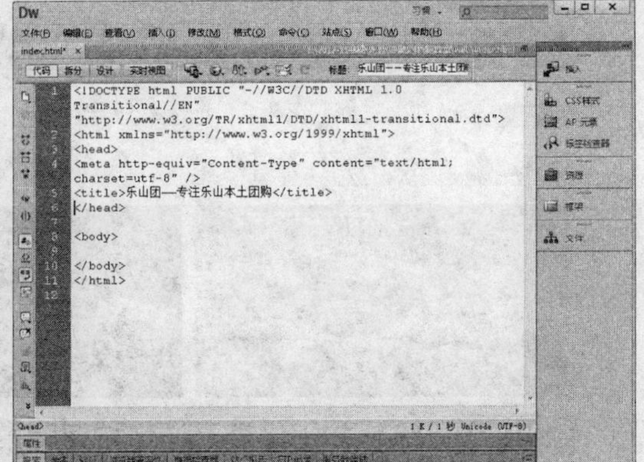

STEP 03：**新建 CSS 文件**。执行“文件→新建”命令创建空白 CSS 文件，将 CSS 文件保存于“css”文件夹中，命名文件名称为“style.css”，如左下图所示。

STEP 04：**在 HTML 文件中关联样式表文件**。关闭“style.css”文件，在“index.html”文件中“head”标签内添加“link”标签将“style.css”文件关联到当前页面中，如右下图所示。

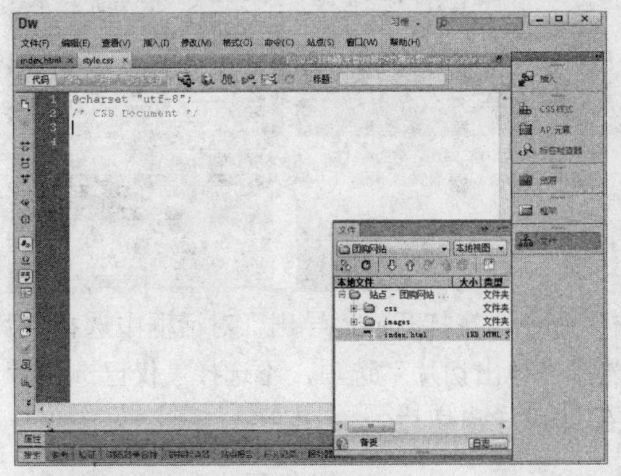

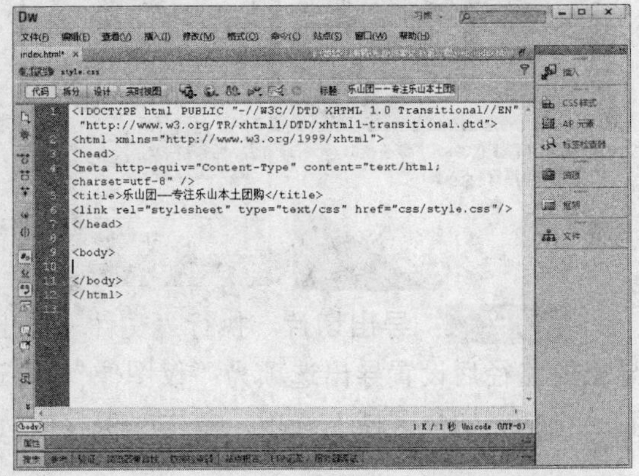

STEP 05：**制作页面顶部**。在“<body>”标签内添加页面顶部内容，包含顶部黑色栏、Logo、搜索栏和导航条等内容，并在“style.css”文件中定义页面中的默认样式和页面顶部相

关元件的样式，效果如左下图所示：

STEP 06：**添加商品列表中的单个商品**。在顶部内容后添加商品列表区域 DIV，在其内部添加一个商品内容，并在“style.css”文件中定义该部分元素的样式，效果如右下图所示。

STEP 07：**复制多个商品内容**。选择上一步制作的商品内容 HTML 代码，复制后在列表区域的 DIV 内部粘贴多个，制作出多个商品排列的效果，如左下图所示，粘贴代码如右下图所示。

STEP 08：**制作页脚内容**。参照效果图，制作页脚内容，页脚中多个列表并列可以使用“dl”标签，效果如下图所示。

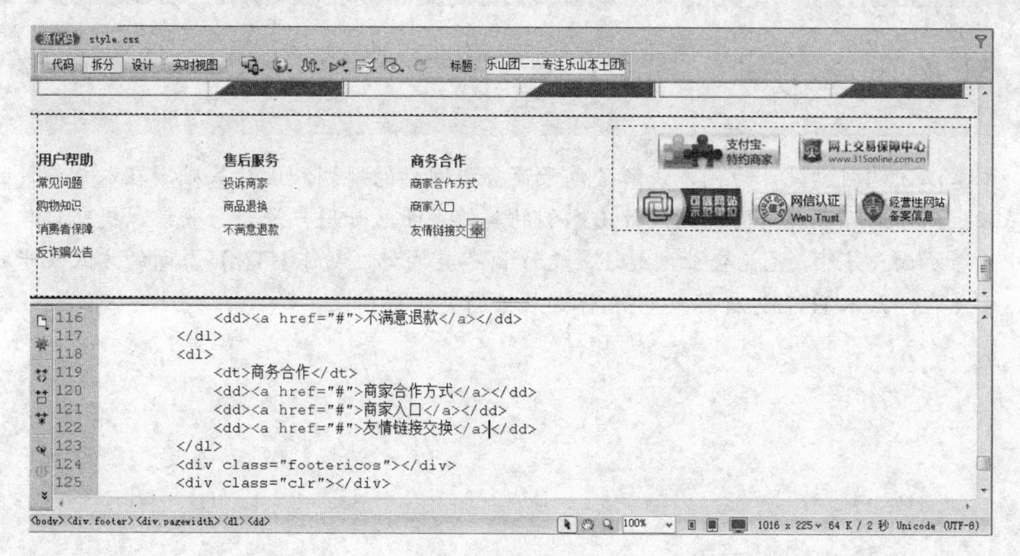

STEP 09：**保存并预览网页**。保存 HTML 文件和 CSS 文件，按【F12】键在默认浏览器中查看页面效果，如下图所示。

专家提示　在编写本例的 HTML 代码和 CSS 代码时，可参考上一章中公司网页中应用的样式。并且可为页面中的超链接添加鼠标指向等效果。

本章小结

本章以团购网站设计为例，讲解了电子商务类网站的规划和设计基础，在本章设计的页面基础上，读者可参考同类网站设计出本例的其他页面，如用户注册、登录、提交订单、帮助中心等页面。另外，无论企业网站还是电子商务类网站，制作 HTML 页面的方式几乎都相同，重点在于基本 HTML 标签及 CSS 样式属性的灵活应用。

第 23 章

制作动态 Flash 相册

本章导读

在网络中使用 Flash 时，常常需要不定期地更换动画中的文字或图像信息，为便于通过网站后台程序直接修改 Flash 中的信息，此时可让 Flash 动态加载外部文件或服务器端程序的返回结果，从而实现动态 Flash 内容。本章以动态 Flash 相册为例，讲解动态 Flash 的原理及制作方法。

知识要点

◆ Flash 加载动态数据的原理
◆ XML 基础知识
◆ Flash 中加载 XML 文件
◆ Flash 中加载外部图像
◆ 自定义影片剪辑元件类
◆ Flash 中动态添加影片剪辑元件实例
◆ Flash 中动态添加子对象

案例展示

23.1 规划 Flash 相册

在制作网站或 Flash 动画之前，必须做好规划，以确定网站或动画中需要的功能、效果以及实现方式等，为网站开发或 Flash 程序开发做好充分准备。

23.1.1 Flash 加载动态数据的原理

在 Flash 整站、Flash 相册等网络 Flash 中常常需要动态加载一些数据，如 Flash 网站中的新闻文字、图像等，这些数据并非存在于 Flash 中，而是在 Flash 中动态加载进行，从而使网站数据更易更新和管理。通常可以通过以下几种方式来实现 Flash 中加载动态数据：

- 加载外部 XML：通过 Flash 加载外部的 XML 文件，对文件中的信息进行解析来展示动画及内容，当 XML 文件内容变化后，动画内容随之变化。
- 加载网站后台程序：通过Flash直接加载服务器端的Web服务程序，如ASP、JSP、PHP、ASPX 等，向服务程序发送不同的请求，获取到不同的数据信息，然后对数据信息进行解析，根据不同的信息展示不同的动画或内容。从服务端程序获取的数据也常常使用 XML 格式，也可以使用参数传递的方式。
- 通过容器传递参数：将 Flash 嵌入到网页或其他应用程序内，通过外部程序可向 Flash 传递不同的参数，从而实现 Flash 中的数据动态更新。

23.1.2 XML 基础知识

在 Flash 中加载动态数据通常都会使用 XML 格式数据，XML 被称为可扩展标记语言 (Extensible Markup Language) ，用于标记电子文件使其具有结构性的标记语言，可以用来标记数据、定义数据类型，是一种允许用户对自己的标记语言进行定义的源语言。XML 与 HTML 类似，不同的是：XML 的核心是数据，其重点是数据的内容。而 HTML 被设计用来显示数据，其重点是数据的显示。

XML 的语法非常简单，与 HTML 语法相同，基本格式都是“<标记>元素内容</标记>”，不同的是 XML 语言中标签的名称、标签属性均可自行定义。例如，要表示一个图像，在 XML 言语中可以使用标签“<img>”、“<images>”、“<pic>”甚至其他任意的中英文字符串，而该标记的具体作用则需要在具体的程序中进行解析和处理，使标签具有真正的作用。

23.1.3 规划 Flash 相册功能

要制作动态 Flash 相册，首先应该规划好该相册的具体功能及实现方式，本例以一个简单的 Flash 相册制作为例，相册的具体功能如下：

从服务器端或 XML 文件中动态获取一个 XML 格式数据，在 XML 格式数据中包含 9 幅图像路径，在动画中依次将 9 幅图像加载并显示于舞台，初始状态下第 1 幅图像显示为大图，其他图像依次显示为缩略图；当用户单击任意一幅缩略图时，大图显示区域中显示该图像，同时，原来的大图图像移到鼠标点击的缩略图区域中显示为缩略图，从而使得用户可在这 9 幅图之间随意切换显示的大图图像，且大图与缩略图不会重复。

要实现上述功能，相册制作的大致思路如下：

首先制作出相册的界面，确定出大图和缩略图显示的区域和位置，然后编写相应的脚本程序；在程序中，首先加载服务器端程序获取 XML 数据（也可直接加载 XML 文件），然后对加载的 XML 数据进行解析，从第一幅图像的路径属性中加载图像，并将加载的图像添加到大图显示区域，然后逐一加载其他图像，为实现加载的图像能响应鼠标单击操作，可将加载的图像分别添加到预先定义好的具有事件处理过程的影片剪辑元件中，然后将这些影片剪辑元件按一定规律排列到显示区域中。

23.1.4 制作 XML 文件

以读取 XML 文件为例，让 Flash 从 XML 文件中读取相应的数据实现相册内容的显示，此后要实现数据的更新，可通过网站后台程序更新 XML 文件即可，亦可设置好网站后台程序后，将 Flash 中的 XML 文件地址修改为具体的 WEB 服务程序地址，由 WEB 服务服务返回相应的 XML 数据，从而实现 Flash 中加载动态数据的功能。

本例中 XML 数据需要 9 幅图像地址，现将 XML 文件中的表示图片的标签定义为“img”标签，图像路径定义为标签属性“src”，具体操作如下。

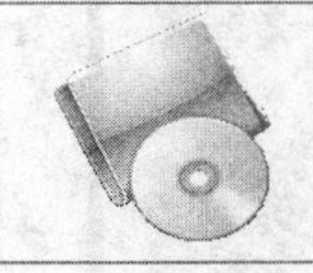	素材文件：光盘\素材文件\无
	结果文件：光盘\结果文件\第 23 章\2images.xml
	教学文件：光盘\教学文件\无

打开记事本，在文本文件中输入 XML 数据内容，然后将文件保存为“images.xml”，如下图所示。

images.xml - 记事本

文件(F) 编辑(E) 格式(O) 查看(V) 帮助(H)

```
<root>
        <img src="images/1.jpg"></img>
        <img src="images/2.jpg"></img>
        <img src="images/3.jpg"></img>
        <img src="images/4.jpg"></img>
        <img src="images/5.jpg"></img>
        <img src="images/6.jpg"></img>
        <img src="images/7.jpg"></img>
        <img src="images/8.jpg"></img>
        <img src="images/9.jpg"></img>
</root>
```

23.2 制作 Flash 相册程序

要制作 Flash 相册程序，首先需要在 Flash 中制作中相册程序的界面及程序中需要应用到的动画元件，然后在程序中添加相应的程序代码，实现相册的具体功能。

23.2.1 制作相册界面和元件

相册界面及动画元件的制作步骤如下：

	素材文件：光盘\素材文件\images
	结果文件：光盘\结果文件\第 23 章\23-2-1.fla
	教学文件：光盘\教学文件\第 23 章\23-2-1.avi

STEP 01：新建图像文件。新建 Flash 文件，设置舞台大小宽度为 650、高度为 400、背景颜色为#333333，在舞台上绘制一宽度为 630、高度为 380、填充颜色为#F8FFE9 的矩形，并居中于舞台，如左下图所示。

STEP 02：制作画册边框及背景。新建图层，再绘制一宽度为 610、高度为 360、填充颜色为#D8E7B8 的矩形，并居中于舞台如右下图所示。

STEP 03：新建用于大图像显示的影片剪辑元件。新建图层，绘制一个宽度为 400 像素、高度为 300 像素、填充颜色为#F8FFE9 的矩形，按【F8】键将矩形转换为影片剪辑元件“pic_mc”，并命名舞台上该元件实例的名称为“picmc”，如下图所示。

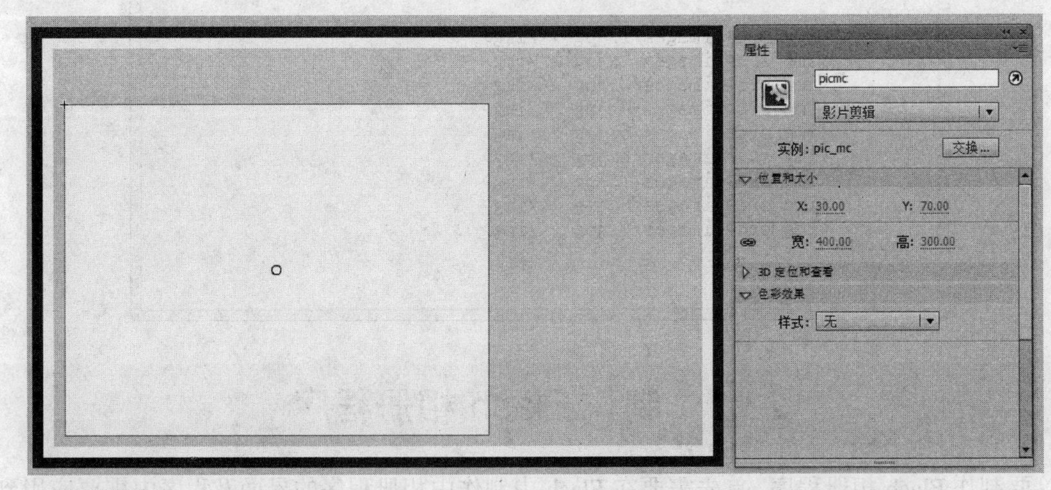

STEP 04：制作缩略图显示元件。复制“picmc”实例，并粘贴于新建图层中，通过“变形面板”调整实例的宽度和高度比例均为 20%，并调整实例位置，如下图所示。

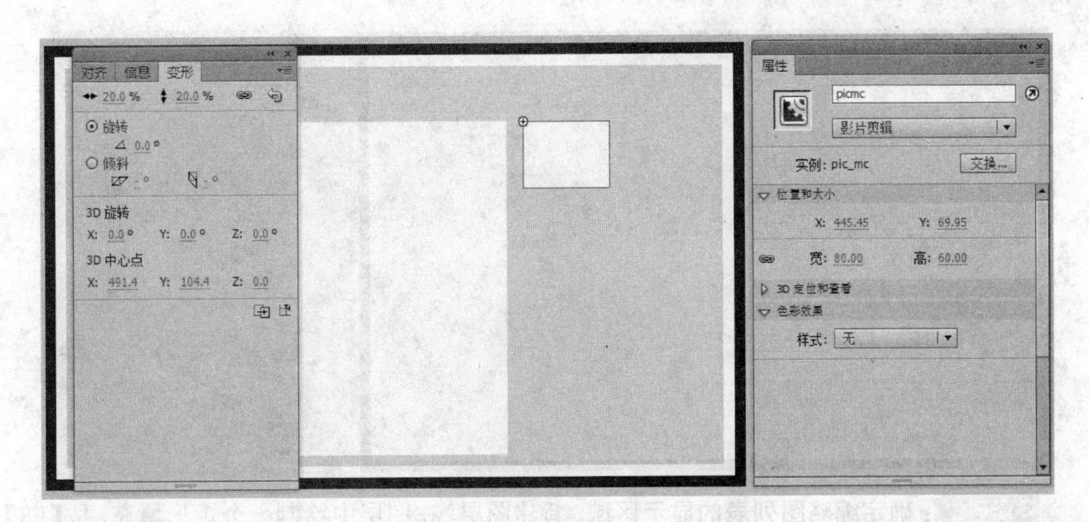

STEP 05：**将缩略图元件创建为影片剪辑类。**按【F8】键打开“转换为元件”对话框，设置元件名称为“smallpicclass”，选择元件类型为“影片剪辑”，单击“高级”按钮打开高级选项，选择“为 ActionScript 导出”选项，如左下图所示；单击“确定”按钮。

STEP 06：**通过分离元件得到形状。**按两次【Ctrl+B】组合键将元件实例分离为图形，得到用于确定缩略图显示位置的形状，如右下图所示。

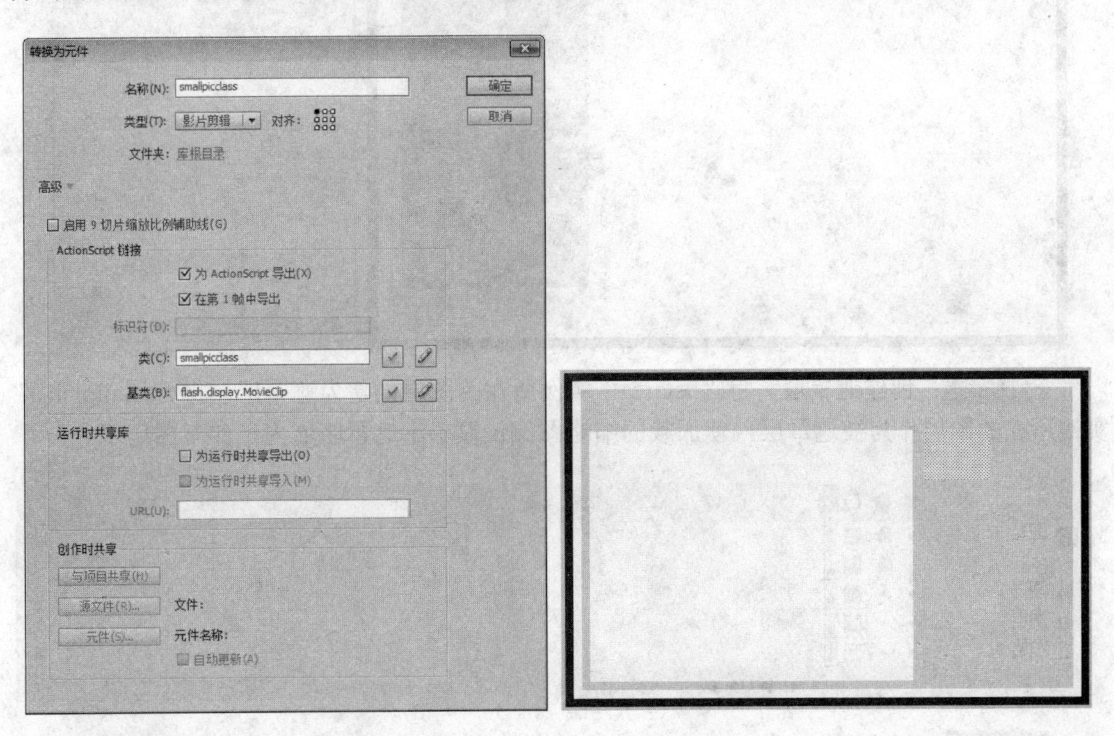

STEP 07：**将形状转换为影片剪辑元件。**按【F8】键将上一步分离得到的矩形形状转换为影片剪辑元件“小图列表”，并命名实例名称为“smallpiclist”，以用于程序中放置动态加载的缩略图像，如下图所示。

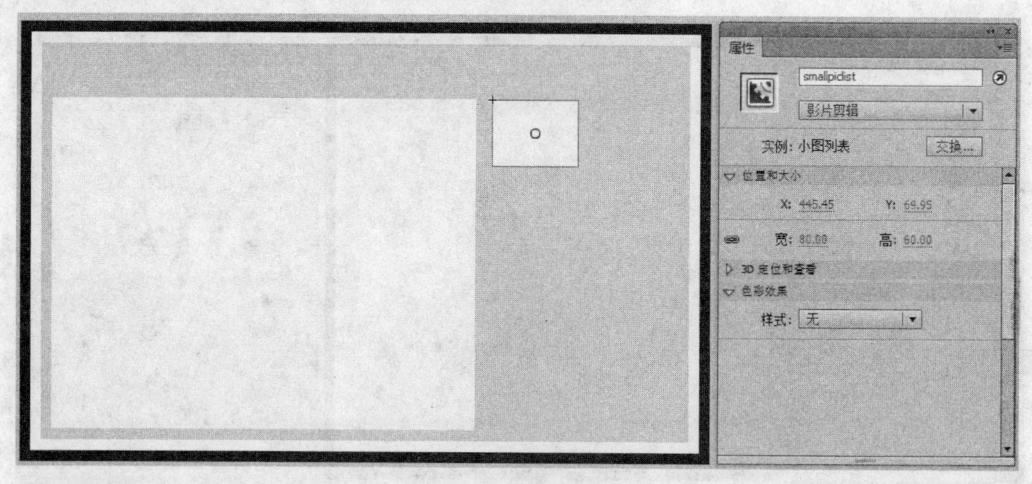

STEP 08：**确定缩略图列表的显示区域**。新建图层，在图层中绘制一个矩形填充，按【F8】键将矩形转换为影片剪辑元件“列表显示区域”，命名舞台上该元件实例的名称为“listarea”，该元件用于确定缩略图列表的显示区域，如下图所示。

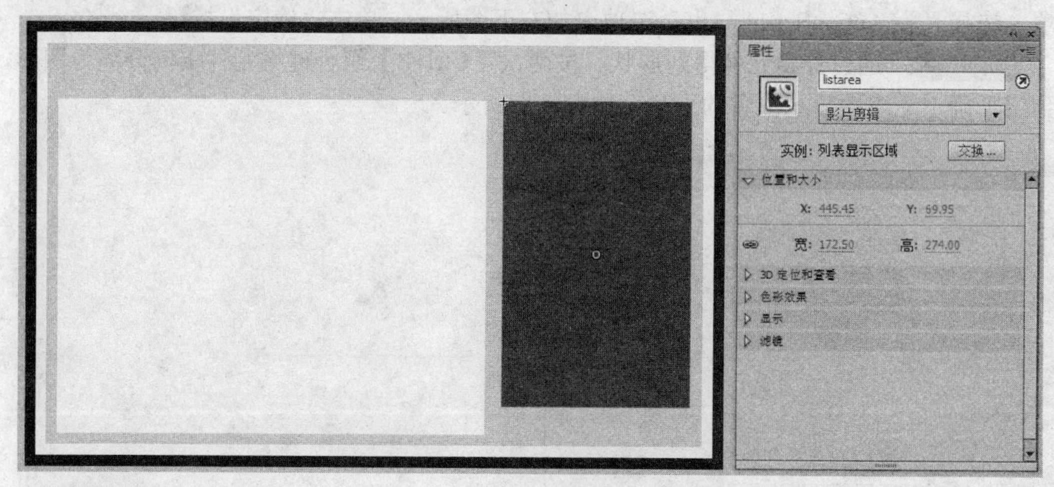

STEP 09：**创建遮罩层**。将“listarea”实例所在的图层创建为遮罩层，将“smallpiclist”实例所在的图层作为被遮罩层，使加载的缩略图像仅显示于遮罩区域内，如下图所示。

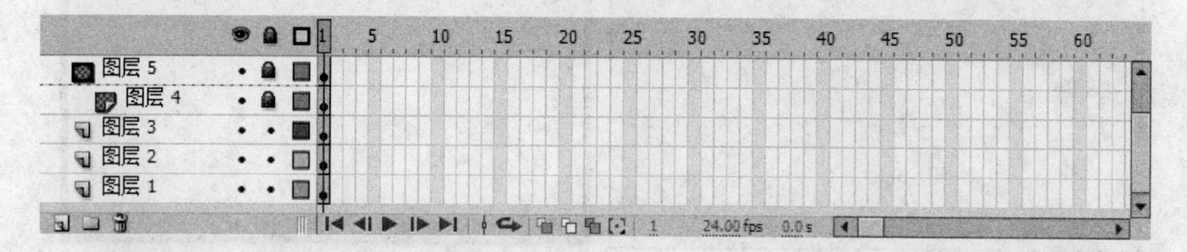

STEP 10：**新建图像切换动画元件**。新建图层，在舞台中绘制一宽度为 400 像素、高度为 300 像素、填充颜色白色的矩形，按【F8】键将矩形转换为影片剪辑元件“图像切换动画”，并命名舞台上该元件实例的名称为“motionmc”，如下图所示。

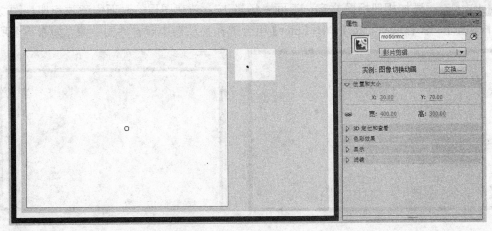

STEP 11：制作图像切换动画过程。在“库”面板中双击“图像切换动画”元件进入元件编辑状态，在第 1 帧到第 20 帧创建补间形状动画，动画过程为白色矩形从不透明放射状渐变变化为完全透明，如下图所示。

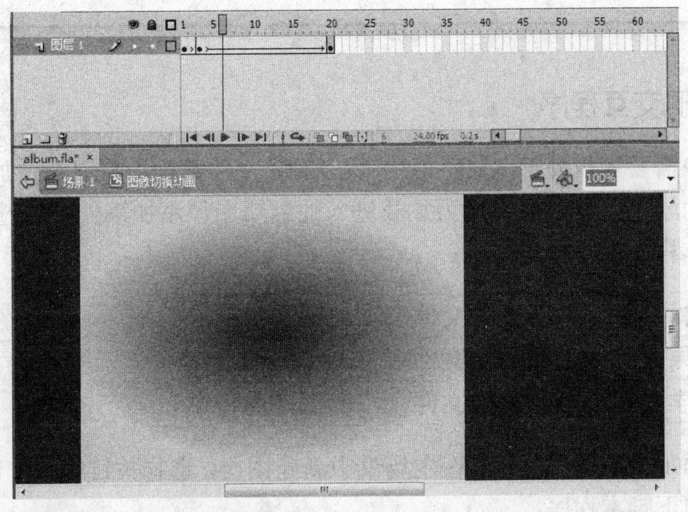

STEP 12：为图像切换动画添加脚本程序。新建图层，在第 20 帧插入关键帧，按【F9】键打开“动作”面板，添加代码“stop()”，如下图所示。

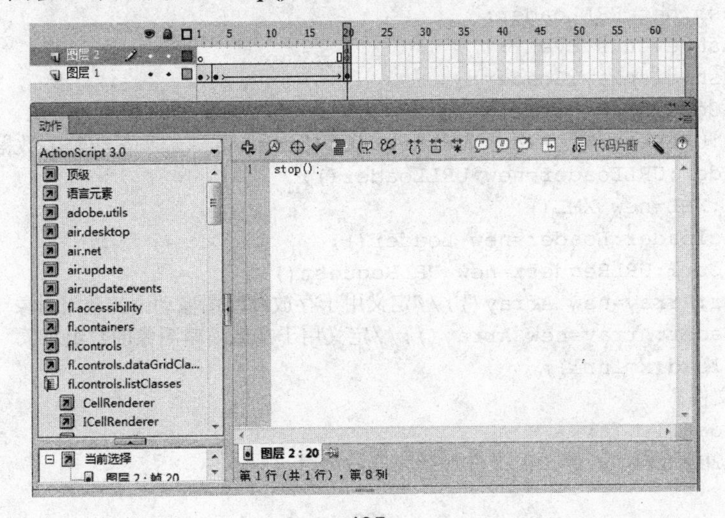

STEP 13：**添加相册标题文字**。返回“场景 1”，新建图层，画面中添加相册标题文字，如左下图所示；保存文件，按【Ctrl+Enter】组合键在播放器中查看界面效果，如右下图所示。

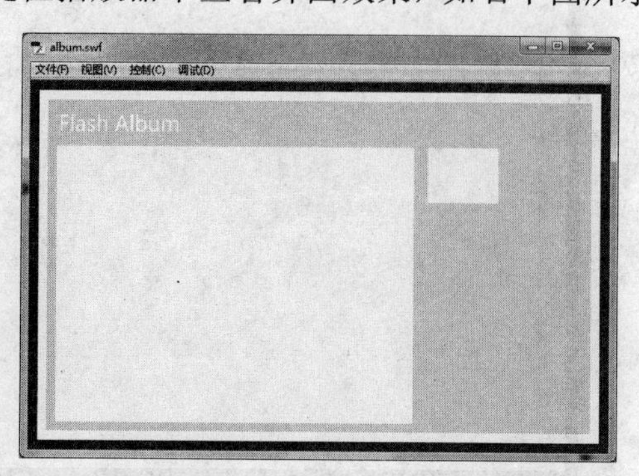

专家提示 在界面中背景区域及边框周围还可添加其他的动画效果，在丰富动画效果。

23.2.2 编写相册交互程序

在相册程序中需要加载外部 XML 文件，从 XML 文件数据中获取图像加载路径，然后将图像逐个加载到动画中，并且还需要为加载进入的缩略图像添加事件处理过程，从而实现交互动画效果，具体程序编写过程如下：

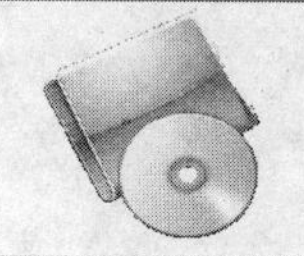	素材文件：光盘\素材文件\第 23 章\素材\
	结果文件：光盘\结果文件\第 23 章\23-2-2.fla
	教学文件：光盘\教学文件\第 23 章\23-2-2.avi

STEP 01：**添加主时间轴程序**。在主场景中新建图层，选择关键帧，按【F9】键打开“动作”面板，添加如下脚本程序：

```
import flash.net.URLRequest;
import flash.net.URLLoader;
import flash.events.Event;
import flash.display.Loader;
System.useCodePage = true;
var xmlurl:URLRequest = new URLRequest("images.xml");//XML 数据文件路径
var xmlloader:URLLoader=new URLLoader();
var picxml:XML=new XML();
var mainpicloader:Loader=new Loader();
var temppicurl:URLRequest=new URLRequest();
var picsarr:Array=new Array();//定义用于存放缩略图像动画的数组对象
var picsloader:Array=new Array();//定义用于加载缩略图像的数组对象
xmlloader.load(xmlurl);
//加载 XML 文件;
function loadpics(e)
{//定义图像加载过程，用于 XML 文件加载完成后调用
```

```
    picxml = XML(xmlloader.data);//将加载的 XML 文件内容保存到 XML 对象中
    temppicurl.url = picxml.child("img")[0].attribute("src");//读取 XML 中第 1
幅图像路径
    mainpicloader.load(temppicurl);
    picmc.addChild(mainpicloader);
    //加载 XML 中第 1 幅图像到大图像显示区域;
    for (var i in picxml.child("img"))
    {
        picsloader[i]=new Loader();
        temppicurl.url = picxml.child("img")[i].attribute("src");
        picsloader[i].load(temppicurl);
        picsarr[i]=new smallpicclass();
        picsarr[i].picmc.addChild(picsloader[i]);
        picsarr[i].x = (1 - i % 2) * 90;
        picsarr[i].y=int((i-1)/2)*70;
        smallpiclist.addChild(picsarr[i]);
    }
}
function showthispic(obj)
{//交换大图与缩略图
    picmc.addChild(obj.picmc.getChildAt(1));
    obj.picmc.addChild(picmc.getChildAt(1));
    motionmc.gotoAndPlay(2);
}
xmlloader.addEventListener(Event.COMPLETE,loadpics);//XML 文件加载完成后调整过
程：loadpics
```

STEP 02：添加缩略图元件事件处理过程。双击“库”面板中的元件“smallpicclass”进入元件编辑状态，新建图层，选择关键帧后在“动作”面板中输入以下代码：

```
this.addEventListener("click",thisclk);
function thisclk(e)
{//鼠标单击事件处理
    MovieClip(root).showthispic(this);
    //调用主时间轴中定义的函数“showthispic”，并将当前对象作为参数传递到该函数;
}
this.addEventListener("rollOver",thisrollover);
function thisrollover(e)
{//鼠标指向事件处理
this.alpha = 0.8;//设置当前对象不透明度为 80%
}
this.addEventListener("rollOut",thisrollout);
function thisrollout(e)
{//鼠标离开事件处理
this.alpha = 1;//设置当前对象不透明度为 100%
}
```

23.2.3 测试动画和程序

为验证动画和程序中是否有错误或存在 Bug，常常需要在播放器中进行反复测试，同时

为了适应动画在网络中应用，还可通过 Flash 测试播放器测试不同网速环境下动画内容的加载过程及加载时间等，具体测试过程如下：

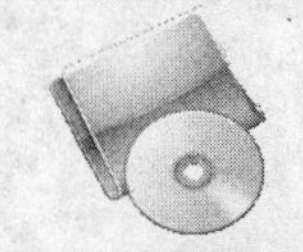	素材文件：光盘\素材文件\无
	结果文件：光盘\结果文件\无
	教学文件：光盘\教学文件\第 23 章\23-2-3.avi

STEP 01：设置要测试的下载速度。按【Ctrl+Enter】组合键在测试播放器中播放动画，在菜单“视图→下载设置”中选择要测试的下载速度，如下图所示。

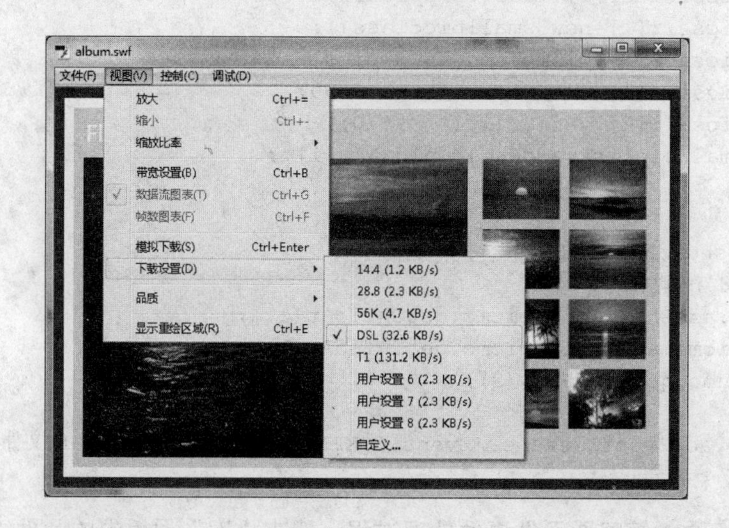

STEP 02：模拟下载测试。再次按【Ctrl+Enter】组合键即可进入模拟下载测试状态，此时动画将模拟所选择的网络下载速度，逐步加载动画，如下图所示可看到相册中图像逐一加载的过程。

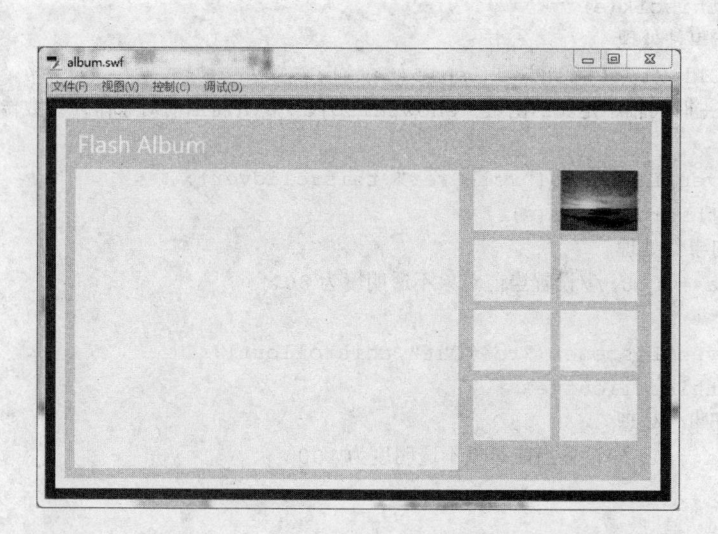

STEP 03：查看数据加载详情。执行“视图→带宽设置”命令可打开“带宽设置”窗口和“数据流图表”窗口，在进行模拟下载测试时，在“带宽设置”窗口中将显示当前正在加

载的数据及加载的百分比，如左下图所示；数据加载完成后效果如右下图所示。

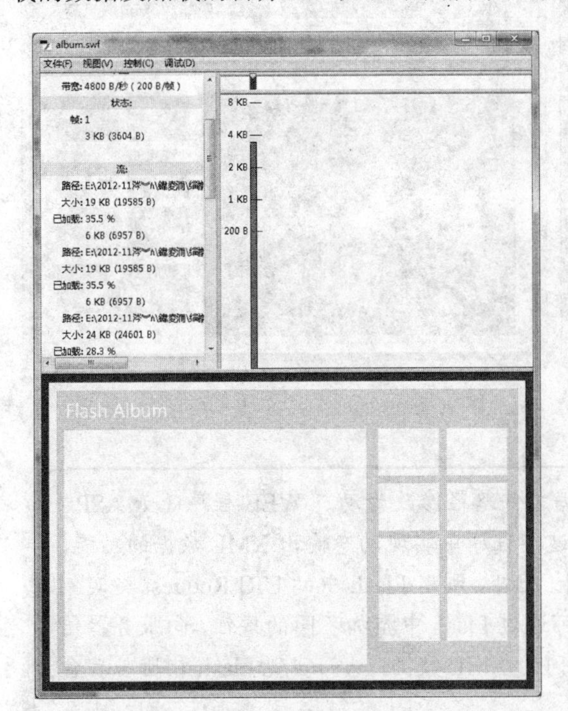

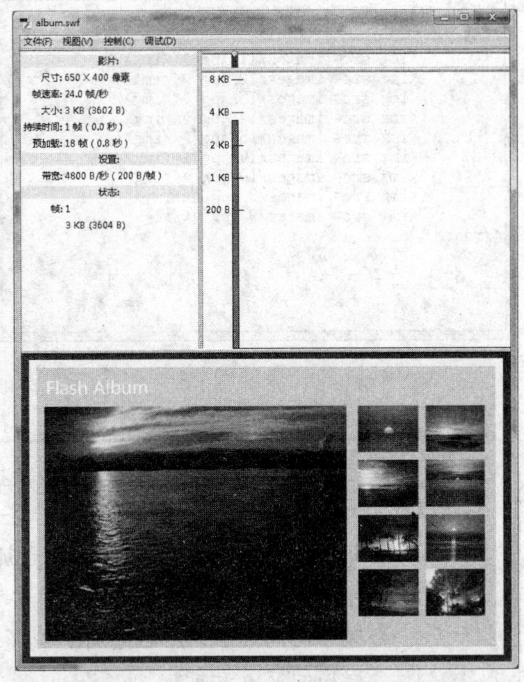

STEP 04：测试图像切换交互动画。在本例制作的相册动画中，单击右侧的缩略图像可在左侧的大图区域中显示该图像，并将左侧原来的图像切换到当前点击的缩略图位置，如左下图所示为单击前的效果，右下图为单击缩略图后逐渐显示出所选图像的效果，多次点击不同的图像，测试不同图像切换效果，确定动画效果和程序无误。

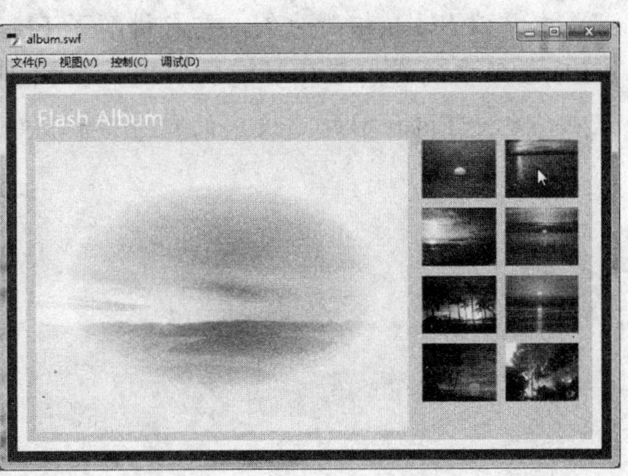

STEP 05：修改 XML 文件后测试动画。为保证加载的动态数据发生变化后程序不出现错误，故新建 XML 文件“images2.xml”，重新添加 XML 图像路径，如左下图所示；然后回在 Flash 中修改加载的 XML 数据文件路径为“images2.xml”，按【Ctrl+Enter】组合键测试动画，相册中加载的图像变为新设置的图像，用与前面相同的方式测试动画效果及程序，测试效果如右下图所示。

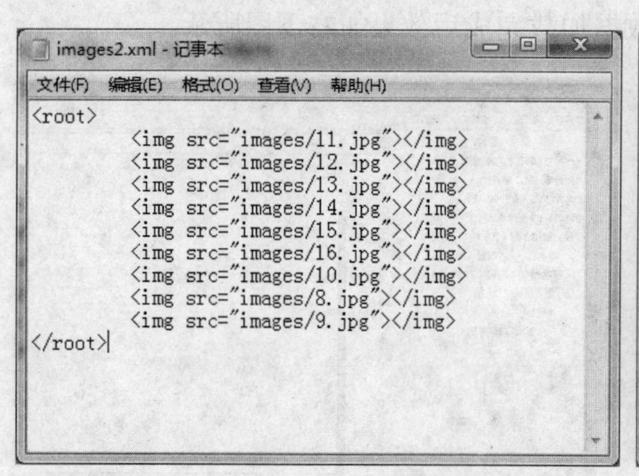

专家提示

将 Flash 中加载的 XML 数据文件路径修改为动态 WEB 程序（如 ASP、PHP、JSP、ASPX 等），然后在这类程序中实现动态输出 XML 数据的功能，即可实现相册中图像的动态更新。此外，利用 Flash 中的 URLRequest 类实例可向 WEB 程序传递参数，因些可通过 Flash 中添加不同的按钮，向服务器传递不同的参数，然后重新加载不同的 XML 数据，从而实现 Flash 相册与后台程序的交互功能。

本章小结

本章以 Flash 相册为例，重点讲解了 Flash 中加载外部数据、图像、动态添加元件实例等 WEB 应用中的常用程序功能的实现。在 Flash 网站建设中，几乎都会应用到本章案例中的知识点，也是 Flash 网站建设中的重点知识。